Lambacher Schweizer 10

Mathematik für Gymnasien

Hessen

berarbeitet von
Edmund Herd
Andreas König
Michael Stanzel
Andrea Stühler

Ernst Klett Verlag
Stuttgart · Leipzig

Lambacher Schweizer 10, Mathematik für Gymnasien, Hessen

Begleitmaterial
Zu diesem Buch gibt es ergänzend:
– Lösungsheft (ISBN 978-3-12-734703-6)

1. Auflage 1 5 4 3 2 1 | 2013 12 11 10 09

Alle Drucke dieser Auflage sind unverändert und können im Unterricht nebeneinander verwendet werden.
Die letzten Zahlen bezeichnen jeweils die Auflage und das Jahr des Druckes.

Autoren: Manfred Baum, Martin Bellstedt, Dr. Dieter Brandt, Heidi Buck, Detlef Dornieden, Christina Drüke-Noe, Prof. Rolf Dürr, Hans Freudigmann, Dieter Greulich, Prof. Dr. Heiko Harborth, Dr. Dieter Haug, Edmund Herd, Thorsten Jürgensen-Engl, Andreas König, Rolf Reimer, Reinhard Schmitt-Hartmann, Ulrich Schönbach, Andrea Stühler, Dr. Peter Zimmermann
Berater: Michael Stanzel

Redaktion: Stefan Stöckle, Heike Thümmler

Gestaltung: Claudia Rupp, Stuttgart
Umschlaggestaltung: Soldankommunikation, Stuttgart
Titelbild: Getty Images (PhotoDisc / Reese / Neleman), München
Illustrationen: Uwe Alfer, Waldbreitbach; Jochen Ehmann, Stuttgart
Satz: media office gmbh, Kornwestheim
Reproduktion: Meyle + Müller Medien-Management, Pforzheim
Druck: Druckhaus Götz GmbH, Ludwigsburg

Printed in Germany
ISBN 978-3-12-734701-2

Moderner Mathematikunterricht mit dem Lambacher Schweizer

Mathematik – vielseitig und schülerorientiert

Ein zeitgemäßer Mathematikunterricht soll Kindern und Jugendlichen neben Rechenfertigkeiten zahlreiche weitere Fähigkeiten vermitteln, die grundlegend für die Allgemeinbildung sowie hilfreich zum Verstehen der Umwelt sind.

Das Erlernen solcher fachlicher und überfachlicher **Basisfähigkeiten** wird im Lambacher Schweizer in einem vielfältigen Aufgabenangebot für die Schülerinnen und Schüler ermöglicht. Auf den Seiten „Wiederholen – Vertiefen – Vernetzen" und im Sachthema werden zudem die Inhalte der sechs Kapitel des Buches noch einmal für integriertes und vernetzendes Lernen aufbereitet. Das Sachthema behandelt unter dem Oberthema „Mathematik in Berufen" Inhalte aus allen Kapiteln des Buches und schult Fähigkeiten, wie das Lösen von Problemen, das Argumentieren und das Begründen. Es lässt sich sowohl für den Einstieg in die Kapitel als auch zur Wiederholung und Festigung im Anschluss an die Kapitel nutzen.

Im neuen hessischen Lehrplan werden die Inhalte des Mathematikunterrichts fünf zentralen und schülerverständlichen **Leitideen** zugeordnet, die über die achtjährige Gymnasialzeit hin Bestand haben und sich im Lambacher Schweizer durchgängig wiederfinden: Zahl, Messen, Raum und Form, Funktionaler Zusammenhang sowie Daten und Zufall. Dies bietet den Schülerinnen und Schülern die Chance, Zusammenhänge über die Kapitel hinaus herzustellen und damit ein größeres Verständnis für die Mathematik zu erlangen.

Um grundlegende Fertigkeiten und Inhalte, sogenanntes **Basiswissen**, bei den Schülerinnen und Schülern langfristig zu sichern, werden mit der Frage „Kannst du das noch?" Aufgaben zu früheren Themen eingestreut. Weitere Möglichkeiten zum selbst kontrollierten Üben sind mit den Aufgaben zu „Bist du sicher?" und in den „Trainingsrunden" am Ende eines Kapitels gegeben.

Das achtjährige Gymnasium

Die Verkürzung der gymnasialen Schulzeit in Hessen und die Anpassung des Lehrplans führen zu einigen Änderungen des Lernstoffes und seiner Abfolge. Der gesamte Lehrplan und seine Zielsetzungen werden im Lambacher Schweizer passgenau umgesetzt.

Der Einstieg in die Differenzialrechnung erfolgt nun bereits in der 10. Klasse. Der Lambacher Schweizer hat sich dieser Herausforderung gestellt. So werden der Ableitungsgedanke sowie die Eigenschaften von Funktionen auf vereinfachtem Niveau eingeführt. Im weiteren Verlauf wird dann diese grundlegende mathematische Idee immer wieder vertieft. Ein gegenüber früher unveränderter Lehrgang würde die Schülerinnen und Schüler nur ungenügend auf die Inhalte in den abiturrelevanten beiden letzten Jahrgänge vorbereiten. Eine teilweise heuristische Erarbeitung der Ableitung und der Untersuchung von Funktionen ermöglicht somit einen schnelleren Weg zur Interpretation des Ableitungsgedankens in der Realität und deren Modellierung durch Funktionen.

Dieses Vorgehen bietet im Sinne des spiralförmigen Lernens eine solide Grundlage für ein vertieftes mathematisches Verständnis der Differenzialrechnung in den Klassen 11 und 12. Die Problemlösefähigkeit wird über alle Kapitel weiter gestärkt. Darüber hinaus werden die in vorangegangenen Schuljahren konsequent geübten Fertigkeiten im Begründen aufgegriffen.

Einsatz des Taschenrechners und des Computers in Klasse 10

Der Lehrplan bietet in Hessen verschiedene Möglichkeiten für einen sinnvollen Einsatz des Taschenrechners und des Computers. Ein sinnvoller Einsatz des grafikfähigen Taschenrechners bietet sich insbesondere im Kapitel IV „Modellieren" an.

Inhaltsverzeichnis

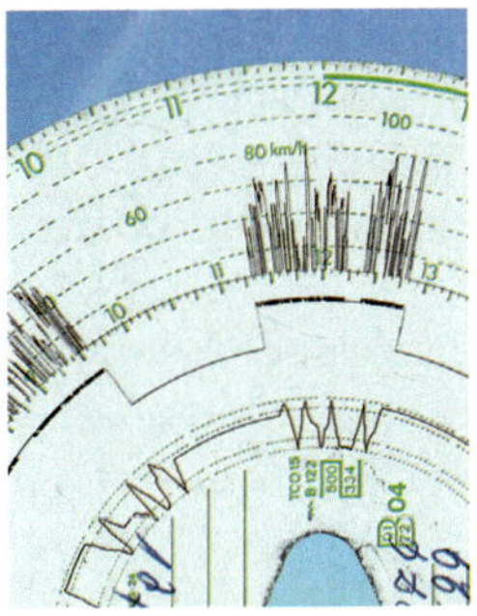

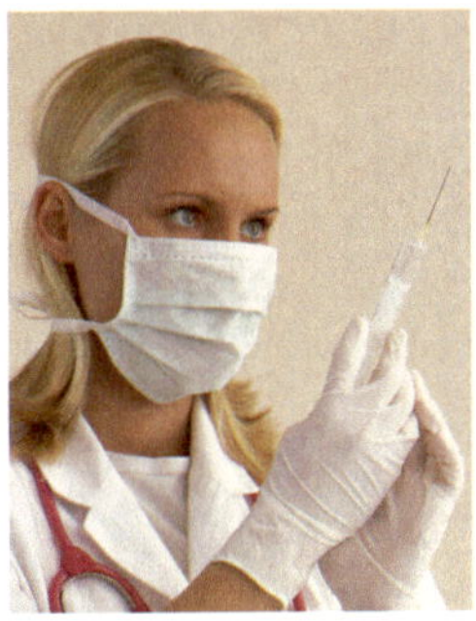

Im Kapitel IV „Modellieren" bietet sich der Einsatz eines grafikfähigen Taschenrechners an.

Lernen mit dem Lambacher Schweizer

Liebe Schülerinnen und Schüler,

auf diesen zwei Seiten stellen wir euer neues Mathematikbuch vor, das euch im Mathematikunterricht begleiten und unterstützen soll.

Wie ihr im Inhaltsverzeichnis sehen könnt, besteht das Buch aus sechs **Kapiteln** und einem **Sachthema**. In den Kapiteln lernt ihr nacheinander neue mathematische Inhalte kennen. Im Sachthema „Mathematik in Berufen“ trefft ihr wieder auf die Inhalte der Kapitel und könnt erfahren, welche mathematischen Fragestellungen in verschiedenen Berufen eine Rolle spielen.

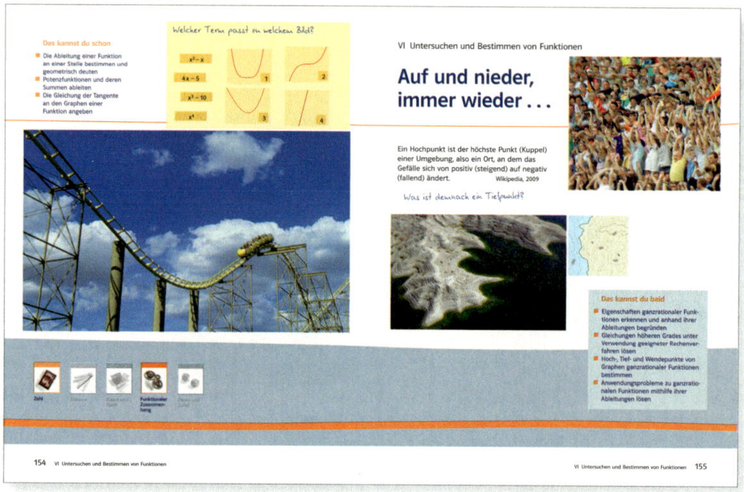
Das kannst du schon
- Die Ableitung einer Funktion an einer Stelle bestimmen und geometrisch deuten
- Potenzfunktionen und deren Summen ableiten
- Die Gleichung der Tangente an den Graphen einer Funktion angeben

Welcher Term passt zu welchem Bild?

VI Untersuchen und Bestimmen von Funktionen

Auf und nieder, immer wieder ...

Ein Hochpunkt ist der höchste Punkt (Kuppel) einer Umgebung, also ein Ort, an dem das Gefälle sich von positiv (steigend) auf negativ (fallend) ändert. Wikipedia, 2009

Was ist demnach ein Tiefpunkt?

Das kannst du bald
- Eigenschaften ganzrationaler Funktionen erkennen und anhand ihrer Ableitungen begründen
- Gleichungen höheren Grades unter Verwendung geeigneter Rechenverfahren lösen
- Hoch-, Tief- und Wendepunkte von Graphen ganzrationaler Funktionen bestimmen
- Anwendungsprobleme zu ganzrationalen Funktionen mithilfe ihrer Ableitungen lösen

154 VI Untersuchen und Bestimmen von Funktionen

VI Untersuchen und Bestimmen von Funktionen 155

In den Kapiteln geht es darum, neue Inhalte kennenzulernen, zu verstehen, zu üben und zu vertiefen.
Sie beginnen mit einer **Auftaktseite**, auf der ihr entdecken und lesen könnt, was euch in dem Kapitel erwartet.

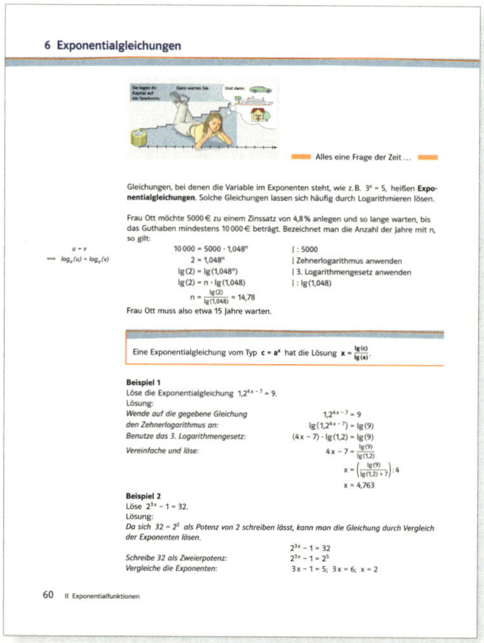
6 Exponentialgleichungen

Alles eine Frage der Zeit ...

Gleichungen, bei denen die Variable im Exponenten steht, wie z. B. $3^x = 5$, heißen **Exponentialgleichungen**. Solche Gleichungen lassen sich häufig durch Logarithmieren lösen.

Frau Ott möchte 5000 € zu einem Zinssatz von 4,8 % anlegen und so lange warten, bis das Guthaben mindestens 10 000 € beträgt. Bezeichnet man die Anzahl der Jahre mit n, so gilt:

$10\,000 = 5000 \cdot 1{,}048^n$ | : 5000
$2 = 1{,}048^n$ | Zehnerlogarithmus anwenden
$\lg(2) = \lg(1{,}048^n)$ | 3. Logarithmengesetz anwenden
$\lg(2) = n \cdot \lg(1{,}048)$ | : lg(1,048)
$n = \frac{\lg(2)}{\lg(1{,}048)} \approx 14{,}78$

Frau Ott muss also etwa 15 Jahre warten.

Eine Exponentialgleichung vom Typ $c = a^x$ hat die Lösung $x = \frac{\lg(c)}{\lg(a)}$.

Beispiel 1
Löse die Exponentialgleichung $1{,}2^{4x-7} = 9$.

Beispiel 2
Löse $2^{3x} - 1 = 32$.

60 II Exponentialfunktionen

Die Kapitel sind in **Lerneinheiten** unterteilt, die euch immer einen mathematischen Schritt voranbringen. Zum **Einstieg** findet ihr stets eine Anregung oder eine Frage zu dem Thema der Lerneinheit. Ihr könnt euch dazu alleine Gedanken machen, euch in der Gruppe besprechen oder mit der ganzen Klasse gemeinsam mit eurer Lehrerin oder eurem Lehrer diskutieren.

Im **Merkkasten** findet ihr die wichtigsten Inhalte der Lerneinheit zusammengefasst. Ihr solltet ihn deshalb sehr aufmerksam lesen.

Vor den Aufgaben findet ihr **Beispielaufgaben**. Sie zeigen euch, wie ihr die nachfolgenden Aufgaben lösen sollt. Hilfreiche Hinweise sind in kursiver Schrift ergänzt.

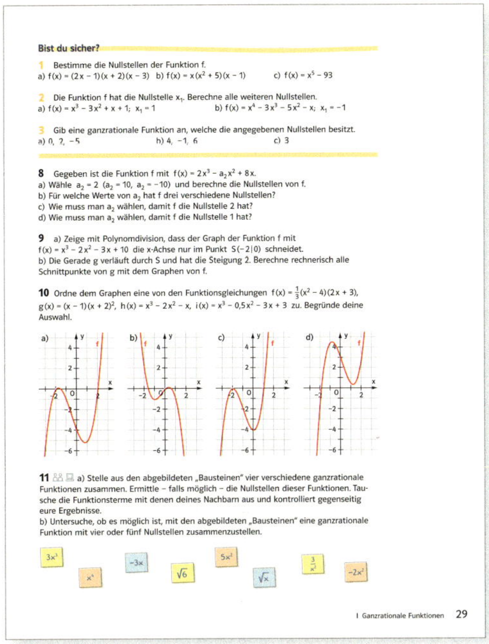

Bist du sicher?

1 Bestimme die Nullstellen der Funktion f.
a) $f(x) = (2x - 1)(x + 2)(x - 3)$ b) $f(x) = x(x^2 + 5)(x - 1)$ c) $f(x) = x^5 - 93$

2 Die Funktion f hat die Nullstelle x_1. Berechne alle weiteren Nullstellen.
a) $f(x) = x^3 - 3x^2 + x + 1;\ x_1 = 1$ b) $f(x) = x^4 - 3x^3 - 5x^2 - x;\ x_1 = -1$

3 Gib eine ganzrationale Funktion an, welche die angegebenen Nullstellen besitzt.
a) 0, 2, −5 b) 4, −1, 6 c) 3

8 Gegeben ist die Funktion f mit $f(x) = 2x^3 - a_2x^2 + 8x$.
a) Wähle $a_2 = 2$ ($a_2 = 10$, $a_2 = -10$) und berechne die Nullstellen von f.
b) Für welche Werte von a_2 hat f drei verschiedene Nullstellen?
c) Wie muss man a_2 wählen, damit f die Nullstelle 2 hat?
d) Wie muss man a_2 wählen, damit f die Nullstelle 1 hat?

9 a) Zeige mit Polynomdivision, dass der Graph der Funktion f mit $f(x) = x^3 - 2x^2 - 3x + 10$ die x-Achse nur im Punkt $S(-2|0)$ schneidet.
b) Die Gerade g verläuft durch S und hat die Steigung 2. Berechne rechnerisch alle Schnittpunkte von g mit dem Graphen von f.

10 Ordne dem Graphen eine von den Funktionsgleichungen $f(x) = \frac{1}{3}(x^2 - 4)(2x + 3)$, $g(x) = (x - 1)(x + 2)^2$, $h(x) = x^3 - 2x^2 - x$, $i(x) = x^3 - 0{,}5x^2 - 3x + 3$ zu. Begründe deine Auswahl.

11 a) Stelle aus den abgebildeten „Bausteinen" vier verschiedene ganzrationale Funktionen zusammen. Ermittle – falls möglich – die Nullstellen dieser Funktionen. Tausche die Funktionsterme mit denen deines Nachbarn aus und kontrolliert gegenseitig eure Ergebnisse.
b) Untersuche, ob es möglich ist, mit den abgebildeten „Bausteinen" eine ganzrationale Funktion mit vier oder fünf Nullstellen zusammenzustellen.

$3x^3$ x^4 $-3x$ $\sqrt{6}$ $5x^2$ $\sqrt{x}$ $\frac{3}{x^2}$ $-2x^2$

I Ganzrationale Funktionen 29

Im Aufgabenblock **Bist du sicher?** könnt ihr alleine testen, ob ihr die grundlegenden Aufgaben zu dem neu gelernten Stoff lösen könnt. Die Lösungen dazu findet ihr hinten im Buch.

Mit den **Kannst-du-das-noch?**-Aufgaben könnt ihr altes Wissen wiederholen. Oft bereitet es euch auf das nächste Kapitel vor.

Immer wieder gibt es Aufgaben, die mit oder gekennzeichnet sind. Hier bietet es sich besonders an, mit einem Partner oder einer Gruppe zu arbeiten.

Wiederholen – Vertiefen – Vernetzen

Auf den Seiten **Wiederholen – Vertiefen – Vernetzen** findet ihr Aufgaben, die den Lernstoff verschiedener Lerneinheiten und manchmal auch der Kapitel miteinander verbinden.

Rückblick

Training

Am Ende des Kapitels findet ihr jeweils zwei Seiten, die euch helfen, das Gelernte abzusichern. Auf den **Rückblick**seiten sind die wichtigsten Inhalte des Kapitels zusammengefasst. Und in den **Trainingsrunden** könnt ihr noch einmal üben, was ihr im Kapitel gelernt habt. Sie eignen sich auch gut als Vorbereitung für Klassenarbeiten. Die Lösungen dazu findet ihr auf den hinteren Seiten des Buches.

Exkursion Horizonte

Exkursion Entdeckungen

Besonders viel Spaß wünschen wir euch bei den **Exkursionen** am Ende der Kapitel. Ihr erfahrt zum Beispiel Historisches zum Streit über die Ableitung, und es werden sonderbare Funktionen, die hilfreich sind, vorgestellt. Darüber hinaus könnt ihr in kleinen Projekten interessante Fragestellungen mithilfe von Modellen lösen.

Ihr könnt euch also auf euer Mathematikbuch verlassen. Es gibt euch viele Hilfestellungen für den Unterricht und die Klassenarbeiten und vor allem möchte es euch zeigen: Mathematik ist sinnvoll und kann Freude machen.

Wir wünschen euch viel Erfolg!
Das Autorenteam und der Verlag

Das kannst du schon

- Beziehungen zwischen Größen aufschreiben und darstellen
- Zuordnungen und Funktionen unterscheiden
- Quadratische Funktionen beschreiben
- Funktionsgleichungen aufstellen

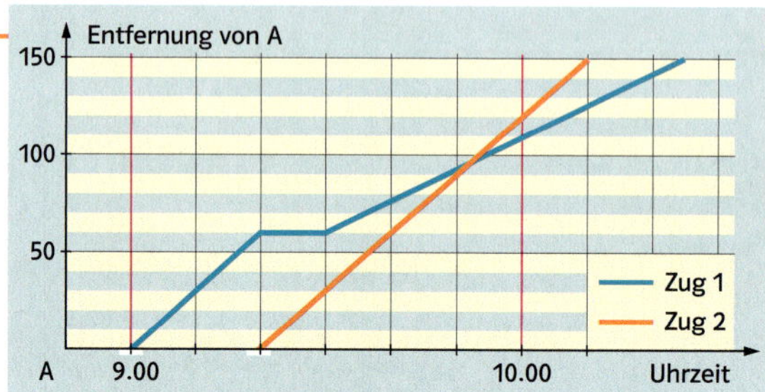

Zahl

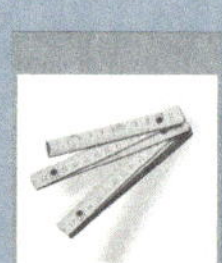
Messen

Raum und Form

Funktionaler Zusammenhang

Daten und Zufall

I Ganzrationale Funktionen

Wie Funktionen funktionieren – zum Zweiten!

Wie zeigt der Graph die Abhängigkeit zweier Größen?
Funktionsvorschrift, Funktionsterm, Funktionsgleichung – was ist was?
$f(x) = a\,x^2$ – für große a wird es ganz schön eng – oder?
Nullstellen – wenn ja, wie viele?
Ganz genau hinschauen – punktsymmetrisch oder achsensymmetrisch?

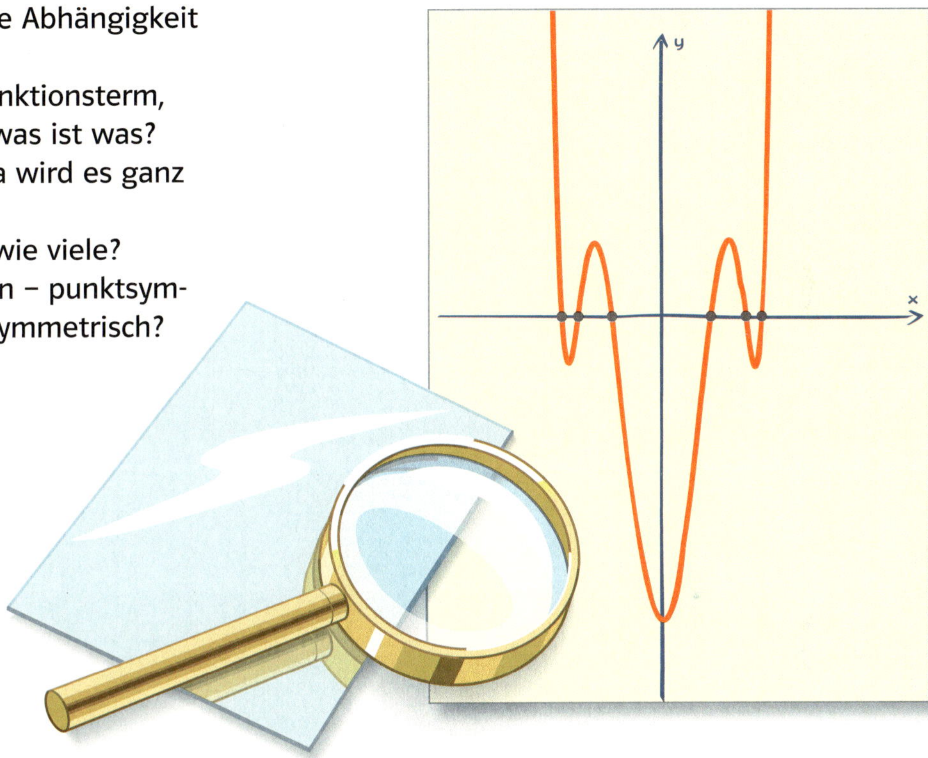

Das kannst du bald

- Sprech- und Schreibweisen bei Funktionen sicher anwenden
- Eine Normalparabel strecken oder verschieben
- Ganzrationale Funktionen untersuchen

1 Abhängigkeiten darstellen und interpretieren

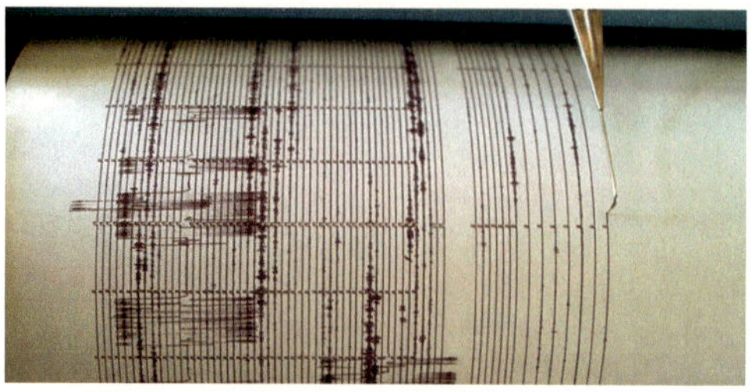

Ein Seismograph überträgt die Erschütterung der Erde direkt auf Papier.

Abhängigkeiten zwischen Größen kommen in vielen verschiedenen Zusammenhängen vor. So ist zum Beispiel das Volumen einer Kugel vom zugehörigen Radius abhängig. Für den Zusammenhang zwischen dem Radius r und dem Volumen V gilt $V = \frac{4}{3}\pi r^3$. Mithilfe dieser Gleichung kann man also zu jedem beliebigen Radius r das zugehörige Volumen V berechnen.
Allerdings lässt sich nicht jeder Zusammenhang durch eine Gleichung beschreiben. In solchen Fällen werden die Daten häufig in einer Tabelle zusammengestellt oder grafisch veranschaulicht. An Graphen kann man Werte ablesen, den Verlauf interpretieren und Vermutungen über den weiteren Verlauf anstellen.

Jahr	Glas	Kunststoff
93	4,22	1,51
94	4,13	1,55
95	3,95	1,57
96	3,81	1,50
97	3,71	1,52
98	3,64	1,62
99	3,79	1,74
00	3,69	1,81
01	3,24	1,91
02	3,14	2,11
03	3,22	2,23
04	2,96	2,28

Tab. 1

Tab. 1 und Fig. 1 stellen beispielsweise den Verbrauch der Verpackungsmaterialien Glas und Kunststoff (in Mio. Tonnen) in Deutschland für die Jahre 1993 bis 2004 gegenüber.

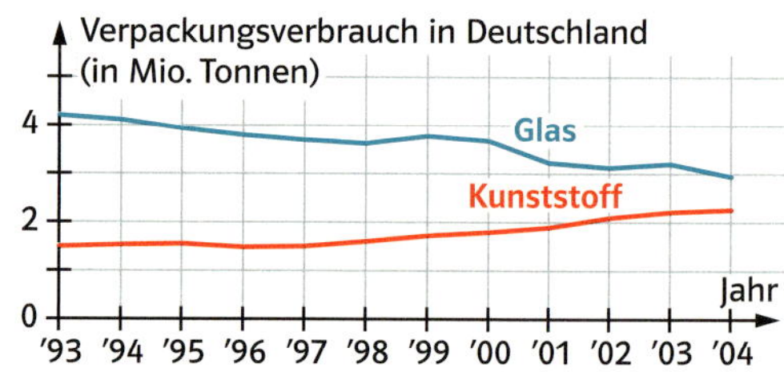

Fig. 1

Abhängigkeiten zwischen zwei Größen kann man in **Tabellen** dokumentieren oder durch **Graphen** veranschaulichen.
Lassen sich Abhängigkeiten zwischen zwei Größen durch eine **Gleichung** beschreiben, so kann man für jeden Ausgangswert den zugehörigen Wert berechnen.

Beispiel 1
Lemminge und andere Wühlmäuse sind bekannt für extreme Schwankungen ihrer Populationsdichte. Fig. 2 zeigt das Ergebnis einer Untersuchung in der kanadischen Provinz Manitoba. Welche Informationen kann man dem Verlauf des Graphen entnehmen?

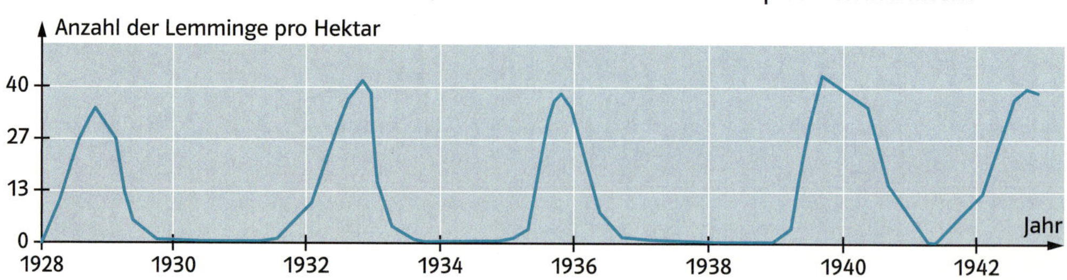

Fig. 2

Lösung:
Man kann beispielsweise folgende Informationen entnehmen:
- Die Populationszyklen bei Lemmingen sind nicht gleich lang.
- Ein Populationszyklus dauert etwa drei bis vier Jahre.
- Sobald eine Dichte von rund 40 Tieren pro Hektar erreicht wird, bricht die Population zusammen.

(Aus dem Graphen kann man keine Ursache für das Zusammenbrechen der Population entnehmen.)

Beispiel 2
Eine Klasse plant, beim Schulfest Grillwürste zu verkaufen. Der Einkaufspreis für eine Wurst mit Brötchen beträgt 1,10 €, der geplante Verkaufspreis 2,00 €. Es entstehen feste Kosten in Höhe von 80,00 € für Geschirr, Grill und anderes Zubehör.
a) Es werden 70 Würste verkauft. Wie hoch ist der Gewinn?
b) Gib eine Formel an, mit deren Hilfe man für jede Anzahl n der verkauften Würste den Gewinn berechnen kann.
c) Ab welcher Anzahl verkaufter Würste wird ein Gewinn erzielt?
d) Die Klasse möchte sich nur dann mit dem Grillstand am Schulfest beteiligen, wenn zu erwarten ist, dass für sie mindestens 100 € übrig bleiben. Von welcher Anzahl verkaufter Würste muss dann ausgegangen werden?
Lösung:
a) Gewinn (in €): $G = 2{,}00 \cdot 70 - (1{,}10 \cdot 70 + 80) = -17$
Bei 70 verkauften Würsten macht die Klasse noch keinen Gewinn, sondern einen Verlust von 17 €.
b) Gewinn (in €): $G = 2{,}00 \cdot n - (1{,}10 \cdot n + 80) = 0{,}90 \cdot n - 80$
c) Es soll gelten: $G > 0$, also $0{,}90 \cdot n - 80 > 0$. Dies ist für $n > \frac{80}{0{,}90} = 88{,}\overline{8}$ der Fall.
Ab 89 verkauften Würsten erzielt die Klasse einen Gewinn.
d) Es soll gelten: $G \geqq 100$, also $0{,}90 \cdot n - 80 \geqq 100$. Dies ist für $n \geqq \frac{180}{0{,}90} = 200$ der Fall. Es müssen mindestens 200 Würste verkauft werden.

Aufgaben

1 Eine Mountainbike-Tour im spanischen El-Ports-Gebirge hat das abgebildete Höhenprofil.

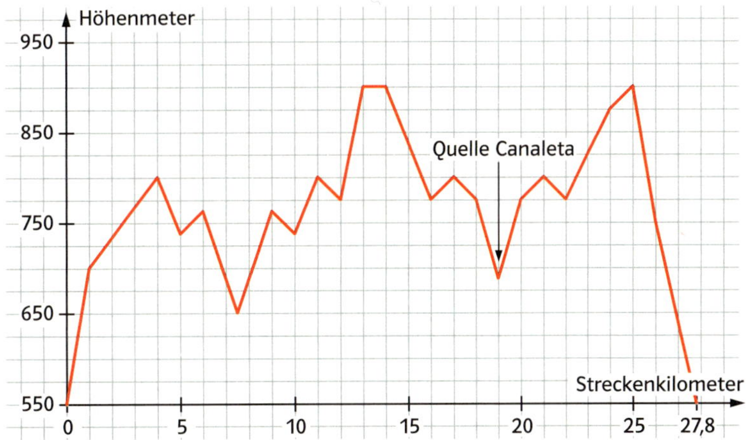

a) Wie viele Höhenmeter sind beim ersten Anstieg zu überwinden?
b) Wie groß ist der Gesamtanstieg, der bei der Tour zu überwinden ist?
c) Zur Quelle Canaleta führt nur eine Sackgasse. Wie äußert sich dies im Graphen? Wie lang ist vermutlich diese Sackgasse?
d) Wo kann es eine weitere Sackgasse geben?
e) Welche Landschaftsform findet man zwischen Streckenkilometer 13 und Streckenkilometer 14?
f) Wie steil ist die letzte Abfahrt ab Streckenkilometer 26? Gib das Gefälle in Prozent und den Steigungswinkel an.

2 Fig. 1 zeigt den Zusammenhang zwischen der Geschwindigkeit eines Fahrzeugs und seinem Kraftstoffverbrauch.
a) Bei welchen Geschwindigkeiten beträgt der Verbrauch 10 l pro 100 km?
b) Man fährt im 4. Gang. Bei welcher Geschwindigkeit ist dann der Verbrauch am geringsten? Wie hoch ist dieser Verbrauch?
c) Um wie viel Prozent sinkt der Verbrauch, wenn man bei $60\,\frac{\text{km}}{\text{h}}$ im 4. Gang statt im 3. Gang fährt?

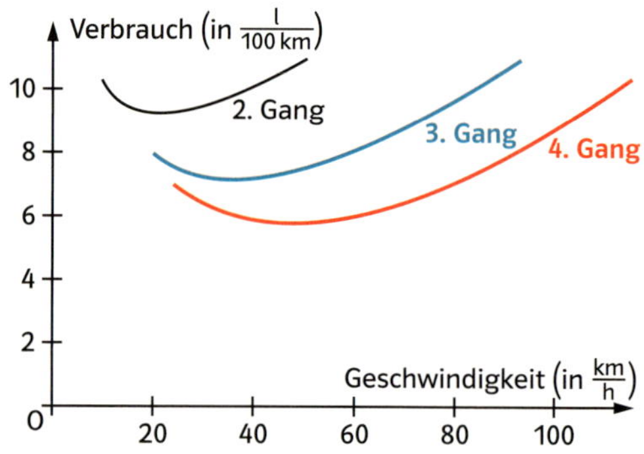

Fig. 1

3 Omnibusfahrten müssen mithilfe eines Fahrtenschreibers auf einer Tachoscheibe aufgezeichnet werden.
a) Wie lange dauerte die aufgezeichnete Fahrt insgesamt?
b) Nach 4,5 Stunden muss der Fahrer eine Pause von 45 Minuten einlegen. Hat der Fahrer diese Bestimmung eingehalten?
c) Wie hoch war die maximale Geschwindigkeit?
d) Begründe, ob der Bus zwischen 8 Uhr und 9.30 Uhr auf der Autobahn fuhr.

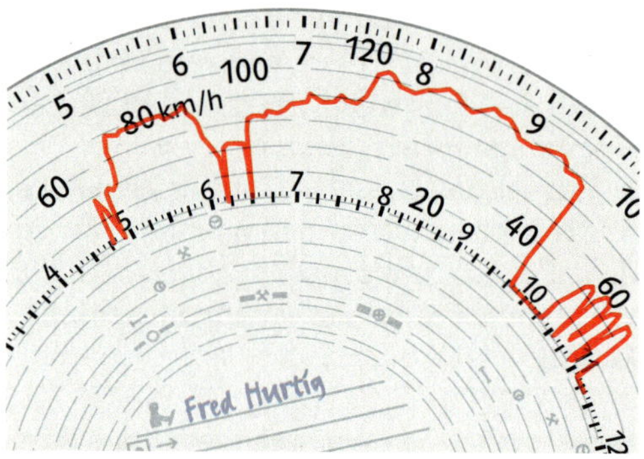

Fig. 2

e) Interpretiere den Graphen im Abschnitt zwischen 10.15 Uhr und 11 Uhr.
f) Wie lang ist die Strecke etwa, die zwischen 5.10 Uhr und 5.55 Uhr zurückgelegt wurde?

4 Bei der Herstellung von x Stücken eines Artikels entstehen Gesamtkosten von K Geldeinheiten. Dabei ist $K(x) = 0{,}02\,(x - 10)^3 + 20$.
a) Erstelle eine Wertetabelle für $0 \leqq x \leqq 22$ und skizziere den Graphen für die Gesamtkosten in Abhängigkeit von der Stückzahl.
b) Der Artikel wird für 2 Geldeinheiten pro Stück verkauft. Wie groß sind die Einnahmen, wenn x Stück verkauft werden? Zeichne in das vorhandene Koordinatensystem den Graphen für die Einnahmen ein. Lies aus dem Graphen ab, bei welchen Stückzahlen ein Gewinn erzielt wird.
c) Gib eine Formel an, mit deren Hilfe man für jede Anzahl n von verkauften Artikeln den Gewinn berechnen kann. Zeichne den zugehörenden Graphen und lies ab, bei welcher verkauften Anzahl der Gewinn am größten ist.

5 Bei einem Rechteck mit dem Umfang 20 cm hat eine Seite die Länge x cm. Notiere für die folgende Größe jeweils einen Term mit x als einziger Variable.
a) Länge der anderen Seite
b) Flächeninhalt des Rechtecks
c) Länge der Diagonalen
d) Flächeninhalt des dem Rechteck umbeschriebenen Kreises

6 Zwei Autovermieter bieten Mietwagen zu folgenden Konditionen an:
Vermieter A verlangt eine Grundgebühr von 85 € und 0,35 € je gefahrenem Kilometer.
Vermieter B verlangt 50 € Grundgebühr und 0,50 € pro gefahrenem Kilometer.
Für welchen Vermieter sollte man sich entscheiden? Begründe.

2 Funktionen

„... Oh, du hast auch 69 € bezahlt. Bist du auch in Gießen zugestiegen?“ ...

Bei der mathematischen Beschreibung (Modellierung) einer Situation erhält man oft Zuordnungen zwischen Größen. Dabei wird häufig einem Wert x der einen Größe **genau ein** Wert y der anderen Größe zugeordnet. Dies ist z. B. dann der Fall, wenn beim Laufen der „verstrichenen Zeit“ der „zurückgelegte Weg“ zugeordnet wird. Keine Eindeutigkeit liegt hingegen bei der Zuordnung *Höhe der Sonne über dem Meer → Tageszeit* vor.
Eindeutige Zuordnungen nennt man **Funktionen**.

Bei Funktionen sind folgende Sprech- und Schreibweisen üblich:

f; g; A ...	sind Bezeichnungen für Funktionen.
$\mathbf{D_f}$	ist die Menge aller x-Werte, auf die f angewendet wird. Sie heißt **Definitionsmenge** der Funktion f.
$\mathbf{f(x_0)}$ („f von x_0“)	ist der **Funktionswert von f an der Stelle x_0**, also derjenige Wert, der der Zahl x_0 durch die Funktion f zugeordnet wird.
$\mathbf{W_f}$	ist die Menge aller Funktionswerte. Sie heißt **Wertemenge** von f.
$f\colon x \to 3x^2 + 5$	ist die **Funktionsvorschrift**, welche ausdrückt, dass jedem Wert für x die Summe aus 5 und dem Dreifachen ihres Quadrats zugeordnet wird. Man nennt $3x^2 + 5$ den **Funktionsterm**.
$f(x) = 3x^2 + 5$	ist die **Funktionsgleichung**, mithilfe derer man zu jedem Wert x_0 der Definitionsmenge denjenigen Funktionswert berechnen kann, der zu diesem x_0 gehört. Beispielsweise erhält man für $x_0 = -4$: $f(-4) = 3 \cdot (-4)^2 + 5 = 53$.
Der **Graph von f**	ist die Menge aller Punkte $P(x \mid y)$, deren Koordinaten die Gleichung $y = f(x)$, hier also $y = 3x^2 + 5$ erfüllen. Weil bei Funktionen jedem x-Wert genau ein y-Wert zugeordnet wird, werden Graphen von Funktionen von keiner Parallelen zur y-Achse in mehr als einem Punkt geschnitten.

Die Bezeichnung x_0 steht für einen festen (aber unbekannten) x-Wert.

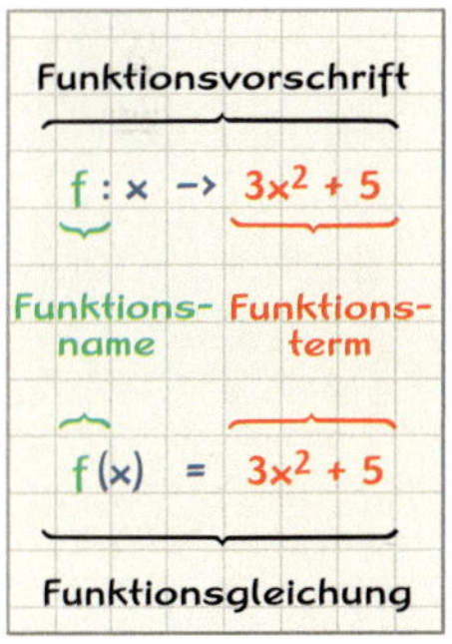

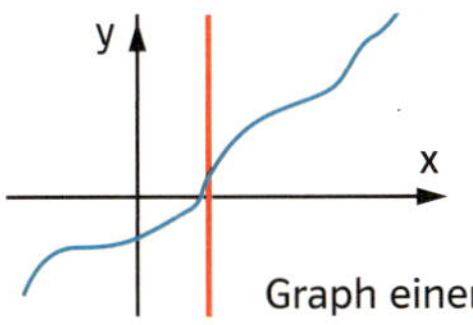

Graph einer Funktion

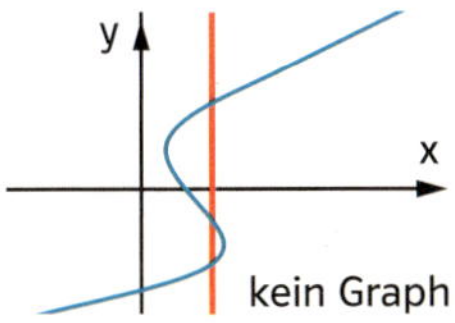

kein Graph einer Funktion

Eine Zuordnung, die jedem Wert aus der Definitionsmenge D **genau einen** Wert aus der Wertemenge W zuordnet, nennt man **Funktion**.

Die Definitionsmenge einer Funktion wird häufig als **Intervall** angegeben.

[7; 10]: geschlossenes Intervall; 7 und 10 gehören zum Intervall.

(7; 10): offenes Intervall; 7 und 10 gehören nicht zum Intervall.

Mengenschreibweise	Intervallschreibweise	grafische Darstellung
$\{x \mid a \leqq x \leqq b\}$	$[a; b]$	
$\{x \mid a < x < b\}$	$(a; b)$ oder $]a; b[$	
$\{x \mid a < x \leqq b\}$	$(a; b]$ oder $]a; b]$	
$\{x \mid a \leqq x < b\}$	$[a; b)$ oder $[a; b[$	
$\{x \mid x \geqq a\}$	$[a; +\infty)$ oder $[a; +\infty[$	
$\{x \mid x > a\}$	$(a; +\infty)$ oder $]a; +\infty[$	
$\{x \mid x \leqq b\}$	$(-\infty; b]$ oder $]-\infty; b]$	
$\{x \mid x < b\}$	$(-\infty; b)$ oder $]-\infty; b[$	

Das Zeichen ∞ für unendlich wurde 1655 von dem Engländer John Wallis (1616–1703) eingeführt. Vermutlich orientierte er sich dabei an dem spätrömischen Symbol ∞ für 1000. Die Schweizer Briefmarke zeigt das Zeichen neben einer Sanduhr, dem Symbol der endlos dahinfließenden Zeit.

Weiterhin wird vereinbart: $\mathbb{R}^+ = (0; +\infty)$, $\mathbb{R}_0^+ = [0; +\infty)$, $\mathbb{R}^- = (-\infty; 0)$, $\mathbb{R}_0^- = (-\infty; 0]$.

Fig. 1 zeigt die Graphen einiger elementarer Funktionen.

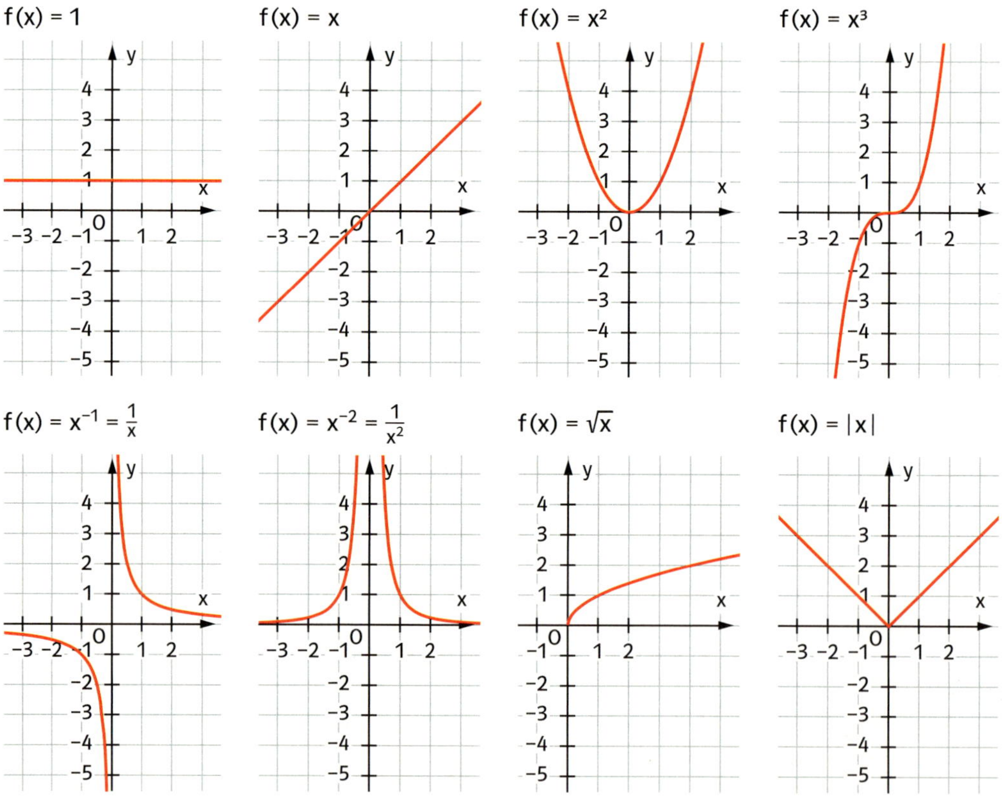

Fig. 1

Beispiel 1

Gegeben ist die Funktion $f: x \to \frac{6}{x^2}$.
Bestimme die Definitionsmenge von f und zeichne den Graphen von f im Intervall $[-4; 4]$ mithilfe einer Wertetabelle. Notiere die Wertemenge von f.

Lösung:

Definitionsmenge: $D_f = \mathbb{R} \setminus \{0\}$. *Der Nenner des Bruchs darf nicht den Wert 0 annehmen.*
Wertetabelle: vgl. Tab. 1. Graph: vgl. Fig. 1. Wertemenge: $W_f = \mathbb{R}^+$

x	−4	−3	−2	−1	0	1	2	3	4
f(x)	0,375	$0,\overline{6}$	1,5	6	–	6	1,5	$0,\overline{6}$	0,375

Tab. 1

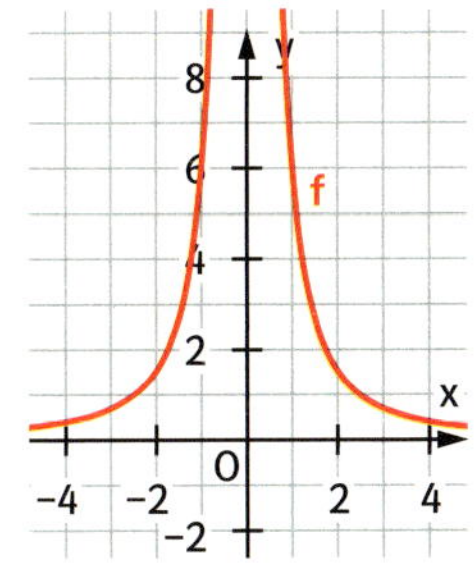

Fig. 1

Beispiel 2

Gegeben ist die Funktion f mit $f(x) = 3\sqrt{4 - x^2}$.

a) Bestimme die Funktionswerte an den Stellen $x_1 = -1$ und $x_2 = \sqrt{3}$.

b) Berechne $f(0)$, $f(2)$ und $f\left(\frac{3}{2}\right)$.

c) Bestimme die Definitionsmenge, zeichne den Graphen von f und gib die Wertemenge an.

Lösung:

a) $f(-1) = 3\sqrt{4 - (-1)^2} = 3\sqrt{3}$ $\qquad f(\sqrt{3}) = 3\sqrt{4 - \sqrt{3}^2} = 3$

b) $f(0) = 6$; $f(2) = 0$; $f\left(\frac{3}{2}\right) = \frac{3}{2}\sqrt{7}$

c) $D_f = [-2; 2]$, *da die Bedingung* $4 - x^2 \geqq 0$ *erfüllt sein muss.* Graph: vgl. Fig. 2
$W_f = [0; 6]$

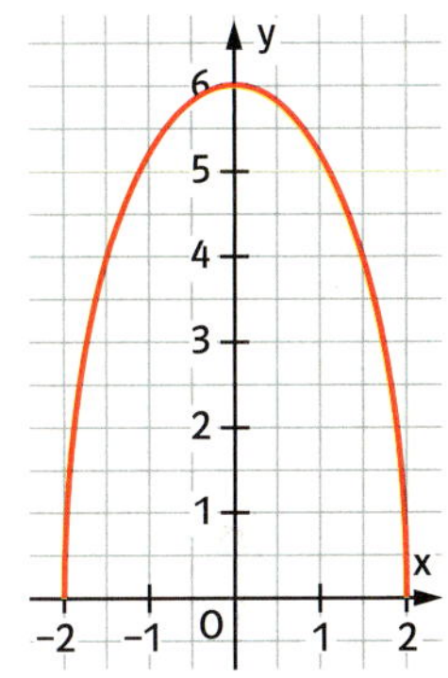

Fig. 2

Beispiel 3 Gleichheit von Funktionen

Gegeben sind die Funktionen f mit $f(x) = (x + 2)^2 - 4$ und g mit $g(x) = x(x + 4)$. Handelt es sich um die gleiche Funktion?

Lösung:

Es ist $D_f = D_g = \mathbb{R}$. Es ist zu zeigen, dass $f(x) = g(x)$ für alle $x \in \mathbb{R}$ gilt. Durch Umformung erreicht man: $(x + 2)^2 - 4 = x^2 + 4x + 4 - 4 = x^2 + 4x = x(x + 4)$. Damit ist $f(x) = g(x)$ für alle $x \in \mathbb{R}$. Es handelt sich also um die gleiche Funktion.

Beispiel 4

Ein 12 cm langer Papierstreifen soll in gleich lange Stücke geschnitten werden. Bestimme für die Funktion *Anzahl a der Stücke → Länge l der Stücke (in cm)* die Funktionsgleichung und die Definitionsmenge.

Lösung:

Funktionsgleichung: $l(a) = \frac{12}{a}$

Da die Anzahl a nur positiv und ganzzahlig sein kann, gilt $D_l = \mathbb{N} \setminus \{0\}$.

Aufgaben

1 Gegeben sind die Funktionen $f: x \to -\frac{1}{x}$, $g: x \to 2x - 3$ und $h: x \to \sqrt{x + 3} - 3$.

a) Bestimme die Funktionswerte von f, g und h an den Stellen $x_1 = -2$, $x_2 = 0{,}1$ und $x_3 = 78$.

b) Bestimme die Definitionsmengen von f, g und h.

c) Zeichne die Graphen der Funktionen f, g und h mithilfe einer Wertetabelle und bestimme die Wertemengen der Funktionen.

d) Prüfe, welcher der Punkte $P(1\,|\,-1)$ und $Q(5{,}5\,|\,8)$ auf dem Graphen von f, g oder h liegt.

2 a) Bearbeite die Aufgabenteile a) bis c) aus Aufgabe 1 für die Funktionen $u: x \to -x^3 + 1$, $v: x \to \frac{1}{x+4}$ und $w: x \to \frac{1}{x-1}$.
b) Prüfe, welcher der Punkte $R\left(-1 \middle| -\frac{1}{2}\right)$ und $S\left(\frac{1}{2} \middle| \frac{7}{8}\right)$ auf dem Graphen von u, v oder w liegt.

3 Welcher der abgebildeten Graphen gehört zu einer Funktion? Begründe.

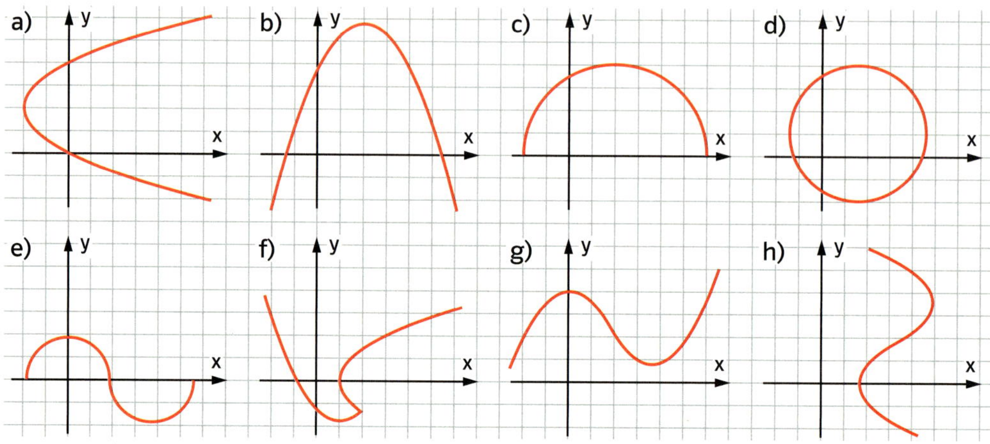

Fig. 1

4 Drücke die Aussage in mathematischer Kurzschrift aus.
a) Durch die Funktion f wird der Zahl 3 die Zahl 10 zugeordnet.
b) Die Funktion g nimmt an der Stelle 5 den Funktionswert 12 an.
c) Die Zahl 3 gehört nicht zur Definitionsmenge der Funktion f.
d) Die Funktion f ordnet der Zahl 4 einen größeren Funktionswert zu als der Zahl 5.
e) Die Funktionen f und g nehmen für $x = 2$ denselben Funktionswert an.
f) Alle Funktionswerte der Funktion g sind positiv.

5 Ein Rechteck mit den Seitenlängen a und b hat den Flächeninhalt $A = 20\,m^2$.
a) Wie lautet die Funktionsgleichung der Funktion $f: a \to b$? Berechne Funktionswerte an drei unterschiedlichen Stellen.
b) Gib die Definitionsmenge und die Wertemenge von f an.
c) Zeichne den Graphen von f.

Bist du sicher?

1 Gegeben sind die beiden Funktionen $f: x \to \frac{1}{\sqrt{x}} - 2$ und $g: x \to \frac{1}{x+3}$.
a) Bestimme die Definitionsmengen D_f und D_g.
b) Bestimme die Funktionswerte von f und g an den Stellen $x_1 = 9$ und $x_2 = 0{,}25$.
c) Zeichne den Graphen von f und g und notiere die Wertemengen W_f und W_g.

2 Mit einem 1km langen Zaun soll ein rechteckiges Feld an einem geraden Fluss eingezäunt werden. Der Flächeninhalt A des Feldes (in m^2) ist von der gewählten Länge des Rechtecks (in m) abhängig. Wie lautet die Funktionsgleichung der Funktion $x \to A$? Welche Definitionsmenge ist für die Funktion sinnvoll?

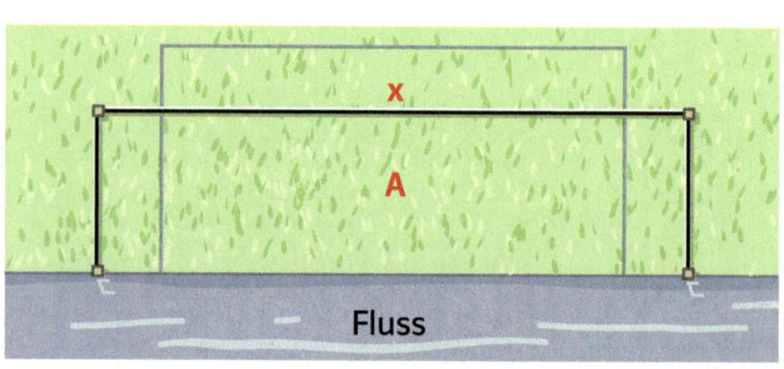

Fig. 2

6 Ist die Aussage wahr oder falsch? Begründe.

a) Eine Parallele zur x-Achse kann nicht Graph einer Funktion sein.

b) Eine Parallele zur y-Achse kann nicht Graph einer Funktion sein.

c) Jede Parallele zur x-Achse hat mit dem Graphen einer beliebigen Funktion höchstens einen Punkt gemeinsam.

d) Jede Parallele zur y-Achse hat mit dem Graphen einer beliebigen Funktion höchstens einen Punkt gemeinsam.

7 Bestimme die Definitionsmenge und zeichne den Graphen der Funktion. Bestimme die Wertemenge anhand der Zeichnung.

a) $f: x \to 3x - 0{,}5$ b) $f: x \to x^2 + 1$ c) $f: x \to 3^x$ d) $f: x \to \frac{1}{x}$

e) $f: x \to \frac{1}{3 - x}$ f) $f: x \to \sqrt{x - 3}$ g) $f: x \to \sqrt{x^2 - 49}$ h) $f: x \to \frac{1}{\sqrt{x - 5}}$

8 Untersuche, ob es sich um gleiche Funktionen handelt.

a) $f(x) = 3x^2$; $g(t) = (3t)^2$ b) $u(a) = a^2$; $v(b) = (-b)^2$

c) $s(c) = (c - 1)^2 - 1$; $t(d) = d(d - 2)$ d) $f(x) = x^2$; $g(t) = t^2$

e) $f(x) = \frac{1}{x}$; $g(x) = \frac{x}{x^2}$ f) $f(x) = \frac{x^2 - 2x + 1}{x - 1}$; $g(x) = x - 1$

9 Formuliere einen Text, der eine Funktion f mit der folgenden Definitionsmenge beschreibt.

a) $D_f = [0; 7]$ b) $D_f = [0; +\infty)$ c) $D_f = \mathbb{N}$

10 In einer Studie wurde der Einfluss der Ernährung auf den Blutdruck untersucht.

a) Ist es sinnvoll, die einzelnen Messpunkte miteinander zu verbinden?

b) Gib für die drei dargestellten Funktionen jeweils die Definitionsmenge und die Wertemenge an.

c) Warum beginnt die y-Achse nicht mit dem Wert 0?

d) Um wie viel Prozent sank der Blutdruck bei der Diät „viel Obst, wenig Fett" im Verlauf der Studie?

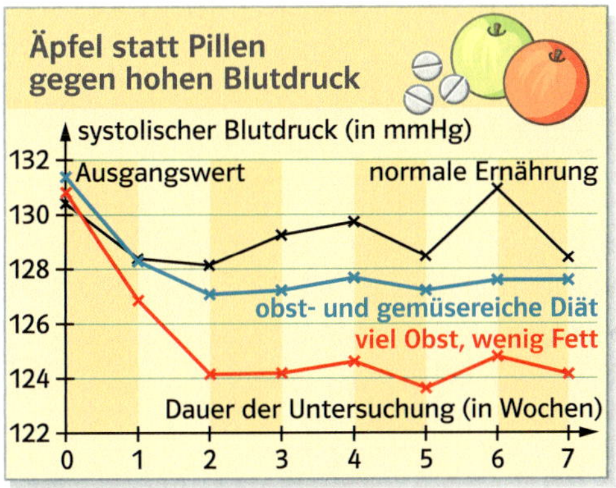

Systolischer Blutdruck: Druck beim Zusammenziehen der Hauptkammern des Herzmuskels. Diastolischer Blutdruck: Druck beim Erschlaffen des Herzmuskels.

11 Die Funktion h ordnet jeder natürlichen Zahl n die Anzahl der Primzahlen zu, die kleiner oder gleich n sind.

a) Stelle für $n = 1, 2, \dots, 20$ eine Wertetabelle auf. Zeichne den Graphen.

b) Für welche $n \in \mathbb{N}$ gilt $h(n) = 11$?

12 Durch folgende Vorschrift wird eine Funktion f mit $D_f = \mathbb{N}$ definiert: $f(0) = 1$, $f(n) = 2 \cdot f(n - 1)$.

a) Berechne die Funktionswerte $f(n)$ für $1 \leqq n \leqq 5$.

b) Gib eine Gleichung der Funktion f an.

13 Die Graphen der Funktionen f und g schneiden sich in einem Punkt S. Zeichne und lies Näherungswerte für die Koordinaten von S aus der Grafik ab.

a) $f(x) = x^3$; $g(x) = x^2 + 2$ b) $f(x) = x^3 - 1$; $g(x) = (x - 2)^2$

c) $f(x) = (x - 2)^3$; $g(x) = -1{,}5x + 5{,}5$ d) $f(x) = \frac{1}{x^2}$; $g(x) = (x - 1)^3 + 2$

Energiebilanz verschiedener Verkehrsmittel pro Reisenden:

Flugzeug:	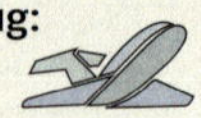	0,41 kWh pro Kilometer + 95,2 kWh pro Start (bei mittlerer Auslastung)
Auto:		0,80 kWh pro Kilometer (bei einem Insassen)
Bahn:		0,09 kWh pro Kilometer (bei mittlerer Auslastung)

„Vielleicht sollten wir doch lieber das Flugzeug nehmen …“

Funktionen, deren Gleichung man in der Form **f(x) = mx + b** schreiben kann, heißen **lineare Funktionen**. Der Graph einer linearen Funktion ist eine **Gerade**.
Eine Gerade ist durch zwei Angaben eindeutig bestimmt. Sind m und b bekannt, so kann man die Geradengleichung $y = mx + b$ direkt angeben.
Da $f(0) = b$ ist, verläuft die Gerade durch den Punkt $P(0|b)$ der y-Achse. Daher heißt b auch **y-Achsenabschnitt**.

Eine Gerade mit der Steigung 0 ist eine Parallele zur x-Achse

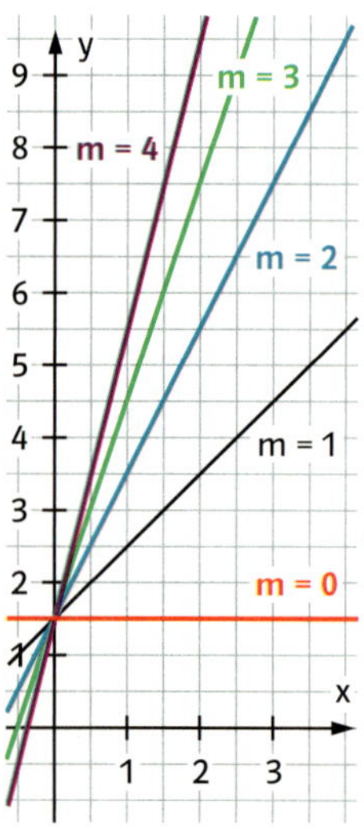

Fig. 1

In Fig. 2 lautet die Gleichung der roten Geraden $y = \frac{3}{4}x$, die der blauen Geraden $y = \frac{3}{4}x + 2$. Der Faktor $m = \frac{3}{4}$ kann so gedeutet werden: Wächst x um eine Einheit, so wächst y um $\frac{3}{4}$ Einheiten. Die Zahl $\frac{3}{4}$ ist die **Steigung** der Geraden. Geraden mit der gleichen Steigung sind zueinander parallel.

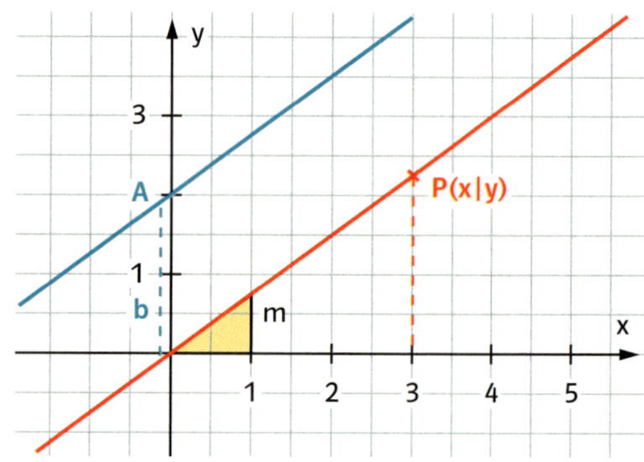

Fig. 2

Sind zwei Punkte der Geraden gegeben, so lässt sich die Steigung mithilfe eines Steigungsdreiecks berechnen. Die Gerade in Fig. 3 verläuft durch die Punkte $P(x_P|y_P)$ und $Q(x_Q|y_Q)$. Im **Steigungsdreieck** PRQ ist $m = \frac{\overline{RQ}}{\overline{PR}} = \frac{y_Q - y_P}{x_Q - x_P}$. Der Quotient $\frac{y_Q - y_P}{x_Q - x_P}$ wird auch **Änderungsrate** genannt. Lineare Funktionen sind die einzigen Funktionen mit konstanter Änderungsrate. Die Steigung m stimmt mit der Änderungsrate der Funktionswerte überein.

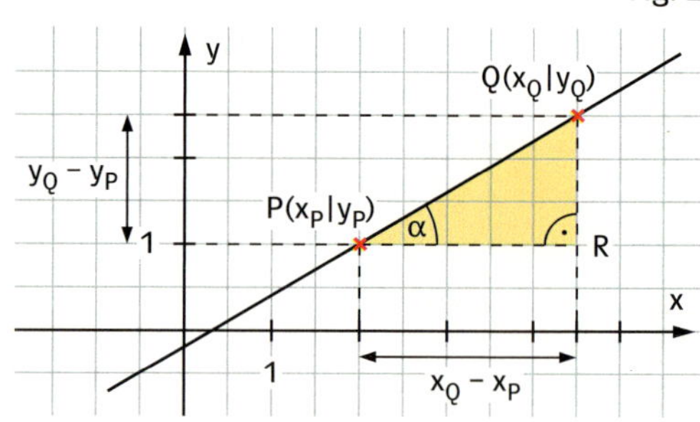

Fig. 3

Eine Funktion, deren Gleichung man in der Form $f(x) = mx + b$ $(m, b \in \mathbb{R})$ schreiben kann, heißt **lineare Funktion**. Der Graph einer linearen Funktion ist eine **Gerade** mit der **Steigung** m und dem **y-Achsenabschnitt** b.

Nullstelle

Die Nullstelle einer linearen Funktion ist diejenige Stelle, an der der Funktionsgraph die x-Achse schneidet. An dieser Stelle ist der Funktionswert 0. Zur Berechnung der Nullstelle einer linearen Funktion muss also die Gleichung $mx + b = 0$ gelöst werden.

Durch Auflösen der Gleichung nach x erhält man:

$mx + b = 0 \quad | - b$

$mx = -b \quad | : m \ (m \neq 0)$

$x = -\frac{b}{m}$

Jede lineare Funktion f mit $f(x) = mx + b$ $(m \neq 0)$ hat genau eine Nullstelle $x_0 = -\frac{b}{m}$.

Orthogonalität

Schneiden sich zwei Geraden, bilden sie zwei Paare jeweils gleich großer Winkel (Fig. 1). Im Sonderfall sind alle vier Winkel gleich groß: die Geraden sind **orthogonal** (Fig. 2). In diesem Fall gibt es einen einfachen Zusammenhang zwischen den Steigungen.

Da sich die Steigungen von Geraden bei Verschiebungen nicht ändern, genügt es, die Überlegungen an Ursprungsgeraden durchzuführen.

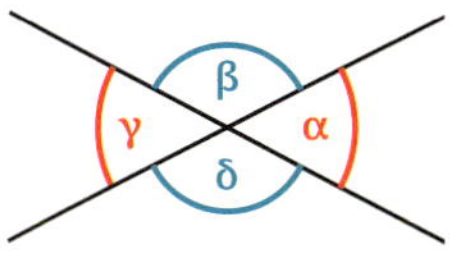

$\alpha = \gamma;\ \beta = \delta$

Fig. 1

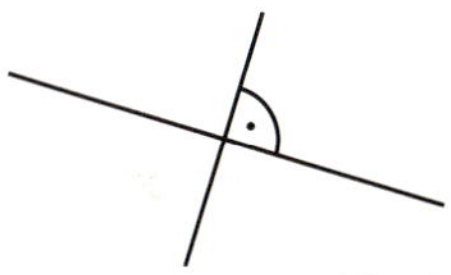

Fig. 2

Dreht man eine gegebene Ursprungsgerade g um 90° um O, erhält man die zu g orthogonale Gerade h. Ist $P_1(a|b)$ ein Punkt auf g, dann liegt $P_2(-b|a)$ auf h.

Die Steigung von g ist $m_1 = \frac{b}{a}$, die Steigung von h ist $m_2 = \frac{a-0}{-b-0} = -\frac{a}{b}$. Somit gilt $m_1 \cdot m_2 = -1$. Umgekehrt kann man aus $m_1 \cdot m_2 = -1$ auf Orthogonalität schließen.

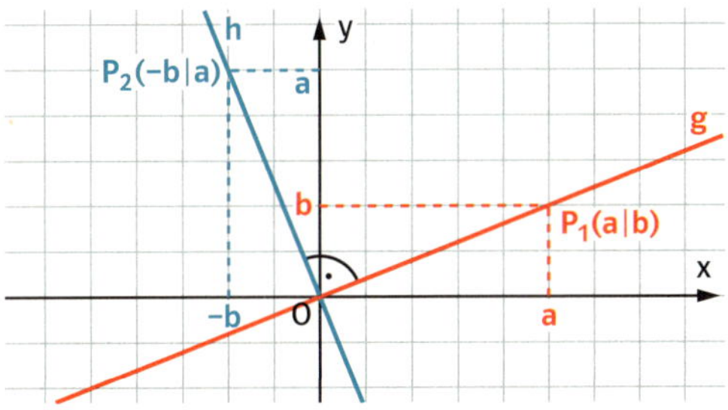

Fig. 3

Beispiel 1

Die Gerade g verläuft durch die Punkte $P(-2|3)$ und $Q(2|1)$.

a) Zeichne die Gerade und ermittle die Gleichung von g.

b) Berechne die Nullstelle von g.

c) Berechne die Koordinaten des Schnittpunktes von g und h mit $h(x) = 4{,}5x - 3$.

d) Überprüfe deine Ergebnisse anhand einer Zeichnung.

Lösung:

a) Zeichnung: vgl. Fig. 3

Aus den Koordinaten von P und Q ergibt sich $m = \frac{1-3}{2-(-2)} = \frac{-2}{4} = -\frac{1}{2}$.

Um b zu ermitteln, setzt man die Koordinaten von P (oder Q) in die Gleichung $y = -\frac{1}{2}x + b$ *ein.*

$3 = -\frac{1}{2} \cdot (-2) + b$

$3 = 1 + b$

$2 = b$

Geradengleichung: $y = -\frac{1}{2}x + 2$

b) Nullstelle: *y muss gleich null sein.*

$-\frac{1}{2}x + 2 = 0 \quad | - 2$

$-\frac{1}{2}x = -2 \quad | \cdot (-2)$

$x = 4$

Nullstelle: $x_0 = 4$

c) *Gleichsetzen der Funktionsterme von g und h:*

$-\frac{1}{2}x + 2 = 4{,}5x - 3 \quad | - 4{,}5x - 2$

$-5x = -5 \quad | : (-5)$

$x = 1$ *(x-Koordinate von S)*

Berechnen der y-Koordinate von S:

$y = 4{,}5 \cdot 1 - 3$

$y = 1{,}5$

Die Geraden g und h schneiden sich im Punkt $S(1|1{,}5)$

d) abgelesene Werte: vgl. Fig. 4

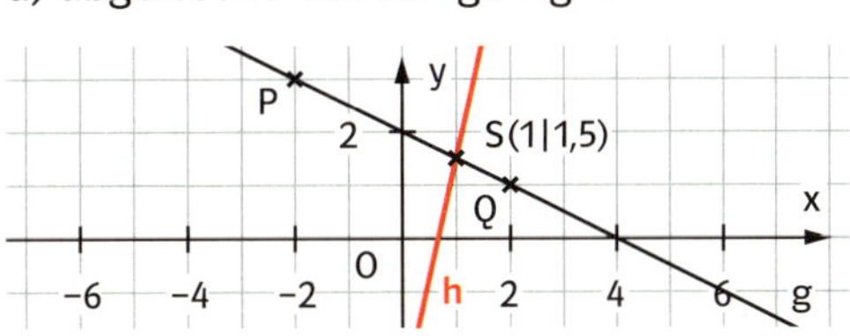

Fig. 4

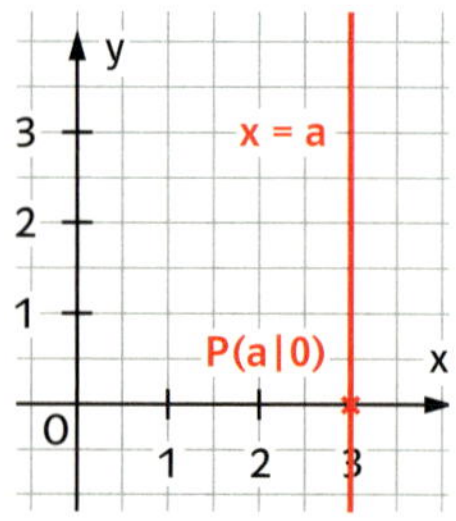

Eine Gerade mit der Gleichung $x = a$ ist parallel zur y-Achse. Es handelt sich hierbei nicht um den Graphen einer Funktion.

Beispiel 2 Sonderfälle
Bestimme die Gleichung der Geraden, die durch den Punkt $S(5|1)$ verläuft und
a) parallel zur x-Achse ist,
b) parallel zur y-Achse ist.
Lösung:
a) Die Gerade hat die Steigung $m = 0$. Durch Einsetzen der Koordinaten des Punktes S erhält man $1 = 0 \cdot 5 + b$, also $b = 1$. Die Gerade hat die Gleichung $y = 1$.
b) Für die Parallele zur y-Achse durch $S(5|1)$ gilt: Alle Punkte auf dieser Parallelen haben den gleichen x-Wert. Also gilt $x = 5$.

Aufgaben

1 Bestimme die Gleichung der Geraden g durch die Punkte A und B. Bestimme auch den Schnittpunkt von g mit der x-Achse.
a) $A(1|2)$, $B(5|4)$ b) $A(-2|3)$, $B(3|-2)$ c) $A(-1{,}5|3)$, $B(4|4{,}5)$ d) $A(-4|-3)$, $B(1|3)$

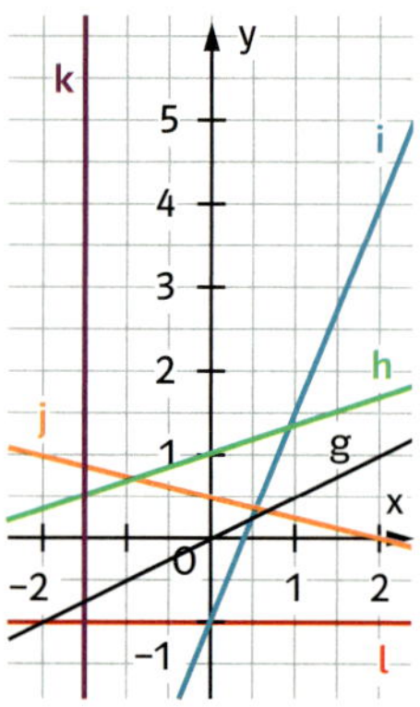

Fig. 1

2 Untersuche rechnerisch, ob die Punkte A, B und C auf einer gemeinsamen Geraden liegen.
a) $A(-1{,}5|0{,}5)$, $B(2|2)$, $C(3{,}5|2{,}5)$
b) $A(-10|1)$, $B(-2|-1)$, $C(2|-2)$
c) $A(0|11)$, $B(11|0)$, $C(5{,}4|5{,}6)$
d) $A(1|1)$, $B(7{,}5|6)$, $C(2{,}5|3)$

3 Gib die Gleichungen der Geraden g, h, i, j, k und l in Fig. 1 an.
b) Bestimme die Gleichungen der Geraden g, h, i und j in Fig. 2.

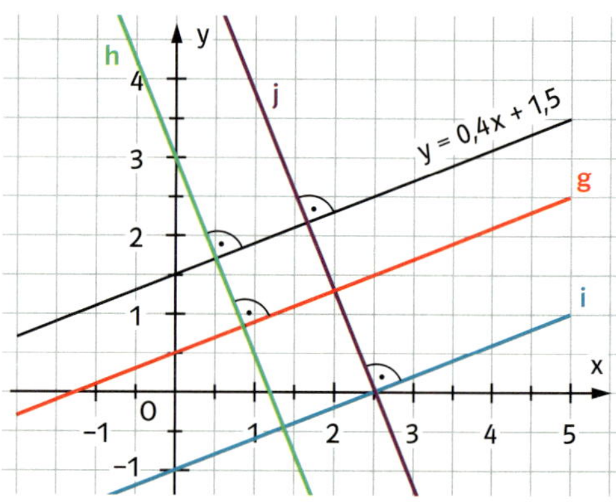

Fig. 2

4 Untersuche rechnerisch.
a) Liegt der Punkt $P(10|12)$ auf der Geraden durch den Ursprung $O(0|0)$ und $Q(0{,}25|0{,}2)$?
b) Geht die Orthogonale zu $y = 7x - 21$ durch $P(0|3)$ auch durch $Q(14|1)$?
c) Ist $-x + 4y - 6 = 0$ die Parallele zu $y = -0{,}25x$ durch den Punkt $P(-6|0)$?

5 Gegeben ist die Gerade durch $P(-2|2{,}5)$ und $Q(1|1)$. Bestimme die Koordinaten des Punktes der Geraden, welcher
a) die x-Koordinate 2 hat,
b) die y-Koordinate 2 hat,
c) auf der x-Achse liegt,
d) auf der y-Achse liegt.

6 Gegeben ist das Dreieck ABC mit $A(3|3)$, $B(-3|1)$ und $C(0|-2)$. Bestimme die Gleichung der Parallelen zu
a) BC durch A,
b) CA durch B,
c) AB durch C.

7 a) Bestimme c so, dass die Gerade $y = 0{,}5x + c$ durch $R(4|3)$ verläuft.
b) Bestimme m und c so, dass die Gerade $y = mx + c$ durch $P(7|-2)$ und $Q(2|4)$ verläuft.

8 Die Geraden g, h und k mit $g(x) = -0{,}8x + 1$, $h(x) = -4x + 17$ und $k(x) = \frac{5}{4}x - 4$ bilden ein Dreieck.
a) Bestimme die Koordinaten der Eckpunkte des Dreiecks.
b) Ist das Dreieck rechtwinklig?

4 Quadratische Funktionen

„Eine solche Schablone müsste es geben …“

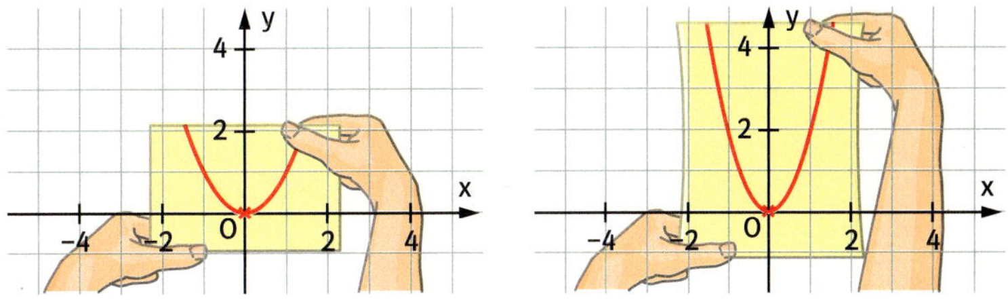

Eine Funktion, deren Gleichung man in der Form $f(x) = ax^2 + bx + c$ schreiben kann, heißt **quadratische Funktion**. Der Graph einer quadratischen Funktion ist eine **Parabel**.

Die einfachste quadratische Funktion hat die Gleichung $f(x) = x^2$. Ihr Graph ist eine **Normalparabel**. Sie ist achsensymmetrisch zur y-Achse. Ihr tiefster Punkt ist der Punkt $S(0|0)$. Er wird als **Scheitelpunkt** oder **Scheitel** bezeichnet.

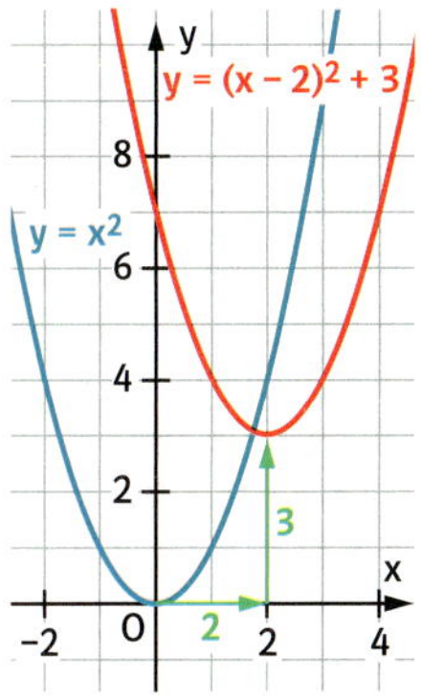

Fig. 1

Verschiebung der Normalparabel
Verschiebt man die Normalparabel um 3 Einheiten nach oben und um 2 Einheiten nach rechts, so hat die verschobene Parabel den Scheitelpunkt $S(2|3)$. Die Gleichung der neuen Funktion lautet $f(x) = (x - 2)^2 + 3$.
Allgemein: Verschiebt man die Parabel mit der Gleichung $y = x^2$ um d Einheiten parallel zur x-Achse und um e Einheiten parallel zur y-Achse, so erhält man die Parabel mit der Gleichung $y = (x - d)^2 + e$ und dem Scheitelpunkt $S(d|e)$.

Streckung in y-Richtung
Eine Abbildung, die jedem Punkt $(x|y)$ den Punkt $(x|a \cdot y)$ zuordnet, heißt **Streckung**. Der Faktor a ist der **Streckfaktor**.
Streckt man die Normalparabel von der x-Achse ausgehend mit einem Faktor a, so wird jedem Punkt $(x|x^2)$ der Punkt $(x|a \cdot x^2)$ zugeordnet. Vergleicht man für ein beliebiges x_0 den zugehörigen Wert y_b der blauen Parabel in Fig. 2 und y_0 der Normalparabel, so stellt man fest: y_b ist dreimal so groß wie y_0. Für die grüne Parabel gilt entsprechend $y_g = 0{,}5 \cdot y_0$.
Für $a > 1$ ist die gestreckte Parabel enger als die Normalparabel, für $0 < a < 1$ ist die gestreckte Parabel weiter als die Normalparabel.

Kombinaton von Streckung und Verschiebung
Streckt man in x-Richtung verschobene Normalparabeln mit der Gleichung $y = (x - d)^2$, so verhalten sich diese ebenso wie die Normalparabel mit der Gleichung $y = x^2$. Jedem Punkt $(x|(x - d)^2)$ wird der Punkt $(x|a \cdot (x - d)^2)$ zugeordnet (Fig. 3).

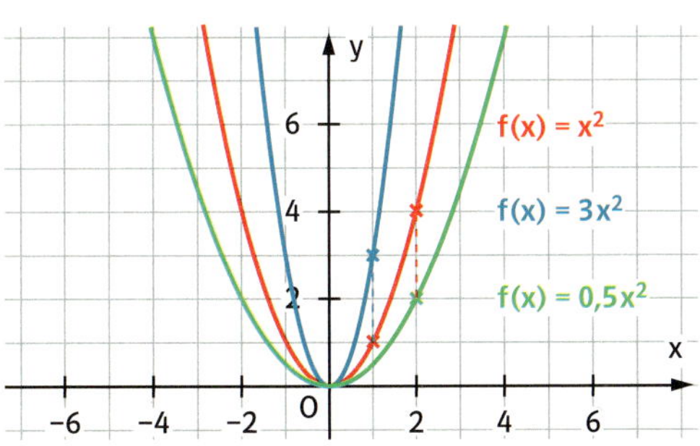

Fig. 2

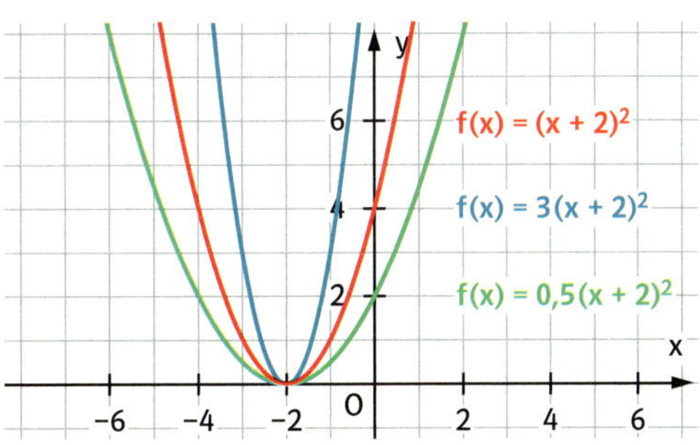

Fig. 3

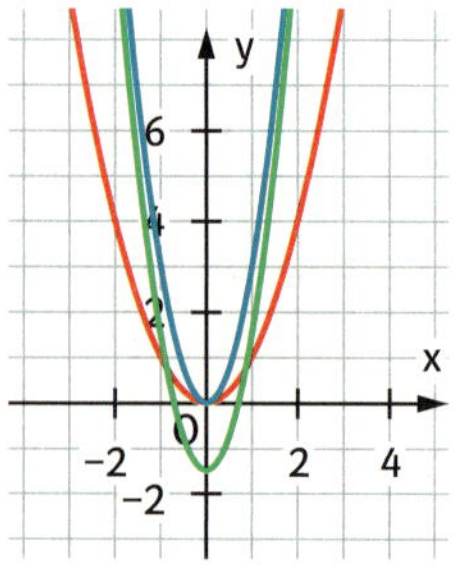
Fig. 1

Betrachtet man in y-Richtung verschobene Normalparabeln, so muss die Reihenfolge von Streckung und Verschiebung beachtet werden.
Streckt man die Normalparabel zunächst von der x-Achse aus in y-Richtung mit dem Faktor $a = 3$ und verschiebt sie anschließend um 1,5 Einheiten nach unten, so gehören zu den nacheinander entstehenden Parabeln die Gleichungen
$y = x^2$, $y = 3x^2$ und schließlich $y = 3x^2 - 1{,}5$.
Die gestreckte und anschließend verschobene Parabel hat den Scheitelpunkt $(0\,|\,-1{,}5)$.

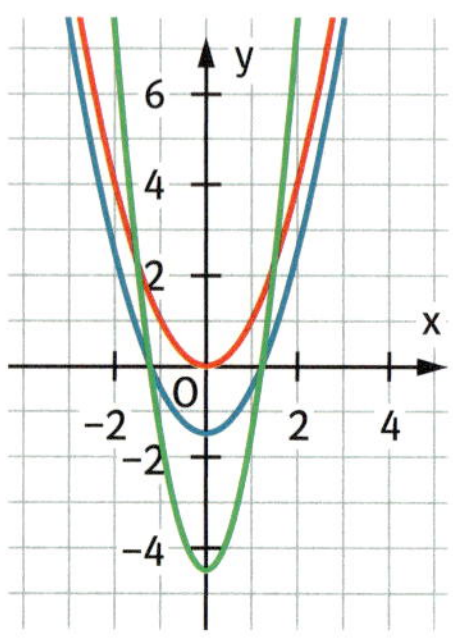
Fig. 2

Verschiebt man die Normalparabel zuerst um 1,5 Einheiten nach unten und streckt die verschobene Normalparabel mit dem Faktor 3, so entstehen nacheinander Parabeln mit den Gleichungen
$y = x^2$, $y = x^2 - 1{,}5$ und $y = 3 \cdot (x^2 - 1{,}5) = 3x^2 - 4{,}5$.
Da die Streckung der blauen Parabel mit der Gleichung $y = x^2 - 1{,}5$ und dem Scheitelpunkt $(0\,|\,-1{,}5)$ von der x-Achse aus erfolgt, wird die Lage des Scheitelpunktes durch die Streckung verändert. Die gestreckte Parabel hat den Scheitelpunkt $(0\,|\,3 \cdot (-1{,}5))$, also $(0\,|\,-4{,}5)$.
Wie man Fig. 2 entnehmen kann, haben aber die blaue und die grüne Parabel die gleichen Nullstellen, da die Parabel von der x-Achse aus „in die Länge gezogen" wird.

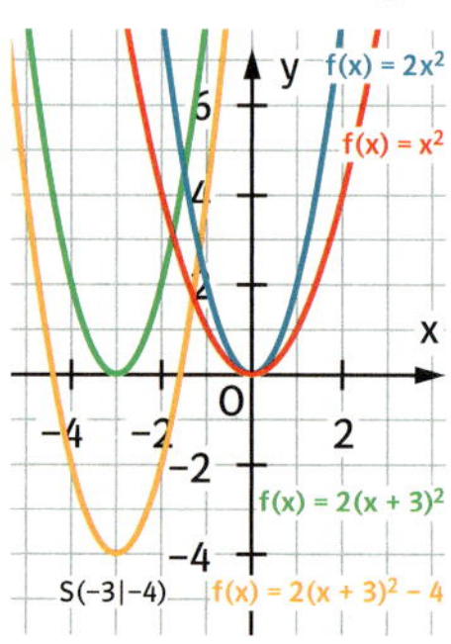

Fig. 3

Kombiniert man Verschiebungen von gestreckten Parabeln, so geht man dabei wie bei der Verschiebung der Normalparabel vor.
Streckt man die Normalparabel mit dem Faktor 2, verschiebt sie anschließend um 3 Einheiten nach links und zuletzt um 4 Einheiten nach unten, so lautet die Gleichung der entstandenen Parabel $f(x) = 2(x + 3)^2 - 4$.
Die gestreckte, verschobene Parabel hat den Scheitelpunkt $S(-3\,|\,-4)$ (Fig. 3).

Verschiebt man zuerst und streckt die verschobene Parabel anschließend, so entsteht die Parabel mit der Gleichung $y = 2 \cdot ((x + 3)^2 - 4) = 2(x + 3)^2 - 8$. Diese Parabel hat den Scheitelpunkt $(-3\,|\,-8)$.

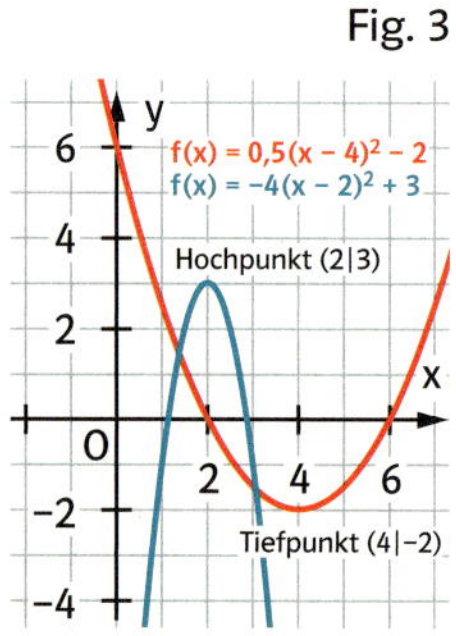

Fig. 4

Spiegelung an der x-Achse:
Ist der Streckfaktor a negativ, so wird die Parabel zusätzlich zur Streckung an der x-Achse gespiegelt.

Für einen negativen Faktor a ist die Parabel dann nach unten geöffnet, der Scheitelpunkt ist der höchste Punkt der Parabel **(Hochpunkt)**.

Für positives a ist die Parabel nach oben geöffnet, der Scheitelpunkt ist der tiefste Punkt der Parabel **(Tiefpunkt)**.

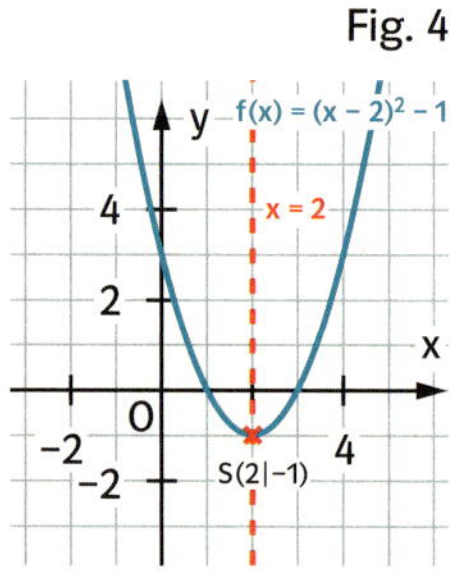

Fig. 5

Eine Funktion, deren Gleichung man in der Form $f(x) = ax^2 + bx + c$ $(a, b, c \in \mathbb{R}$, $a \neq 0)$ bzw. $f(x) = a(x - d)^2 + e$ $(a, d, e \in \mathbb{R}$, $a \neq 0)$ schreiben kann, heißt **quadratische Funktion**. Ihr Graph ist eine **Parabel** mit dem **Scheitelpunkt** $S(d\,|\,e)$.

Die Graphen quadratischer Funktionen mit der Gleichung $f(x) = a(x - d)^2 + e$ sind symmetrisch zu der zur y-Achse parallelen Geraden durch den Scheitelpunkt, also zur Geraden $x = d$.

Scheitelform

Jede Funktionsgleichung in der Scheitelform $f(x) = a(x-d)^2 + e$ kann durch Ausmultiplizieren in die Form $f(x) = ax^2 + bx + c$ gebracht werden.
Umgekehrt kann man eine Funktionsgleichung, die in der Form $f(x) = ax^2 + bx + c$ gegeben ist, durch **quadratische Ergänzung** in die Scheitelform $f(x) = a(x-d)^2 + e$ bringen.
Diese Umformung hat den Vorteil, dass man den Scheitelpunkt $(d|e)$ der Parabel direkt aus der Funktionsgleichung ablesen kann.

Die Graphen aller quadratischen Funktionen können durch Verschieben, Strecken und Spiegeln der Normalparabel erzeugt werden.

Schnittpunkte mit den Koordinatenachsen

Für die quadratische Funktion mit der Gleichung $f(x) = ax^2 + bx + c$ ist $f(0) = c$.
Der **Schnittpunkt** der zugehörigen Parabel **mit der y-Achse** ist also $P(0|c)$.
Die Schnittpunkte der Parabel mit der x-Achse findet man, indem man diejenigen Stellen bestimmt, an denen der zugehörige Funktionswert gleich null ist, die **Nullstellen**.
Eine quadratische Funktion kann keine, eine oder zwei Nullstellen haben.
Zur Bestimmung der Nullstellen muss die quadratische Gleichung $ax^2 + bx + c = 0$ gelöst werden. Dazu kann man verschiedene Lösungsformeln oder die quadratische Ergänzung anwenden; in manchen Fällen können die Nullstellen mithilfe des Satzes von Vieta bestimmt werden.

Beispiel 1 Scheitelform

Bestimme den Scheitelpunkt der Parabel mit der Gleichung $y = 4x^2 + 6x + 1$.

Lösung:

$$\begin{aligned} y &= 4x^2 + 6x + 1 \\ &= 4 \cdot \left(x^2 + \tfrac{6}{4}x\right) + 1 \\ &= 4 \cdot \left(x^2 + 2 \cdot \tfrac{3}{4}x + \left(\tfrac{3}{4}\right)^2 - \left(\tfrac{3}{4}\right)^2\right) + 1 \\ &= 4 \cdot \left(x^2 + 2 \cdot \tfrac{3}{4}x + \left(\tfrac{3}{4}\right)^2 - \left(\tfrac{3}{4}\right)^2\right) + 1 \\ &= 4 \cdot \left(\left(x + \tfrac{3}{4}\right)^2 - \tfrac{9}{16}\right) + 1 \\ &= 4\left(x + \tfrac{3}{4}\right)^2 - \tfrac{9}{4} + 1 \\ &= 4\left(x + \tfrac{3}{4}\right)^2 - \tfrac{5}{4} \end{aligned}$$

Die Parabel hat den Scheitelpunkt $S\left(-\frac{3}{4}\middle|-\frac{5}{4}\right)$.

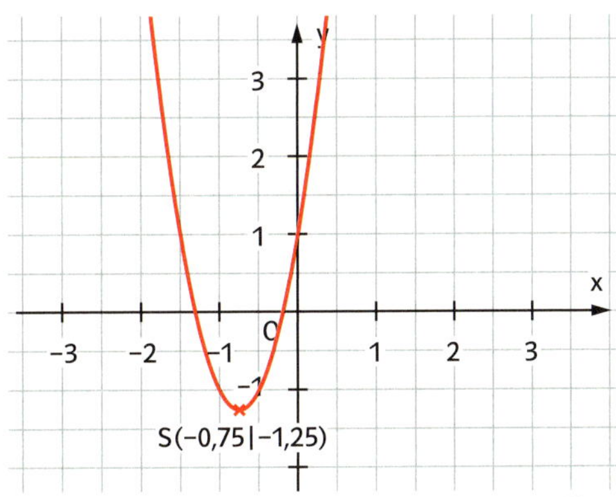

Fig. 1

Beispiel 2 Nullstellenbestimmung

Bestimme die Nullstellen und den Hochpunkt der quadratischen Funktion mit der Gleichung $f(x) = -2x^2 + x + 3$.

Lösung:

1. Möglichkeit: pq-Formel:

$-2x^2 + x + 3 = 0 \quad | : (-2)$

$x^2 - \frac{1}{2}x - \frac{3}{2} = 0$, *also* $p = -\frac{1}{2}$ *und* $q = -\frac{3}{2}$

$x_{1/2} = \frac{1}{4} \pm \sqrt{\left(-\frac{1}{4}\right)^2 - \left(-\frac{3}{2}\right)}$

$\phantom{x_{1/2}} = \frac{1}{4} \pm \sqrt{\frac{25}{16}}$

$x_1 = \frac{1}{4} + \frac{5}{4} = \frac{6}{4} = 1{,}5$

$x_2 = \frac{1}{4} - \frac{5}{4} = -\frac{4}{4} = -1$

2. Möglichkeit: allgemeine Lösungsformel

$-2x^2 + x + 3 = 0$, *also* $a = -2$, $b = 1$, $c = 3$

$x_{1/2} = \frac{-1 \pm \sqrt{1^2 - 4 \cdot (-2) \cdot 3}}{2 \cdot (-2)}$

$\phantom{x_{1/2}} = \frac{-1 \pm \sqrt{25}}{-4}$

$x_1 = \frac{-1-5}{-4} = \frac{-6}{-4} = \frac{3}{2} = 1{,}5$

$x_2 = \frac{-1+5}{-4} = \frac{4}{-4} = -1$

Die Funktion f hat die Nullstellen $x_1 = 1{,}5$ und $x_2 = -1$.

pq-Formel:
$x_{1/2} = -\frac{p}{2} \pm \sqrt{\left(\frac{p}{2}\right)^2 - q}$

Allgemeine Lösungsformel:
$x_{1/2} = \frac{-b \pm \sqrt{b^2 - 4ac}}{2a}$

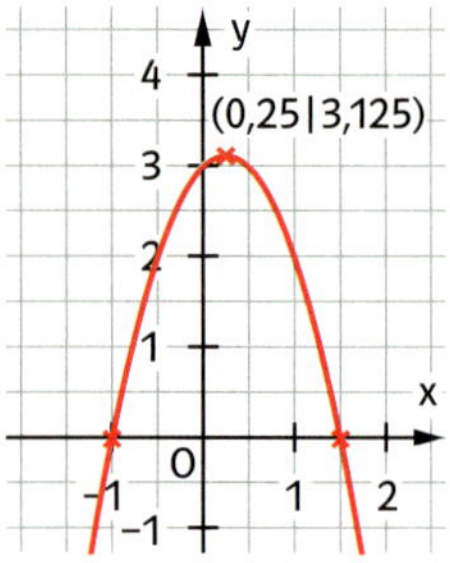

Wegen des negativen Streckfaktors $a = -2$ ist die Parabel nach unten geöffnet, der gesuchte Hochpunkt ist der Scheitelpunkt.
Aufgrund der Symmetrieeigenschaften einer Parabel liegt die x-Koordinate des Scheitelpunktes in der Mitte zwischen den beiden Nullstellen, also bei $x_S = \frac{1{,}5 + (-1)}{2} = \frac{1}{4}$. Der zugehörige Funktionswert ist $f\left(\frac{1}{4}\right) = -2 \cdot \left(\frac{1}{4}\right)^2 + \frac{1}{4} + 3 = \frac{25}{8} = 3{,}125$. Die Parabel hat den Hochpunkt $S\left(\frac{1}{4} \middle| 3\frac{1}{8}\right)$.

Aufgaben

1 Bestimme die Nullstellen der quadratischen Funktion.
a) $f(x) = x^2 - 5x - 14$ b) $f(x) = -2x^2 + 8x - 3{,}5$ c) $f(x) = x^2 - 6x$
d) $f(x) = \frac{1}{2}x^2 + 3x + 4{,}5$ e) $f(x) = -x^2 + 4x - 6$ f) $f(x) = \frac{1}{3}x^2 + x - \frac{5}{6}$
g) $f(x) = 6x^2 + 7x - 5$ h) $f(x) = \frac{1}{9}x^2 - 2x + 9$ i) $f(x) = -x^2 + 6x - 5$

2 Bestimme von jeder Parabel den Scheitelpunkt sowie die Schnittpunkte mit der x-Achse.
a) $y = -\frac{1}{4}x^2 - 6$ b) $y = x^2 + 5x$ c) $y = x^2 - 4x - 45$
d) $y = \frac{1}{5}x^2 - \frac{4}{5}x - 3$ e) $y = x^2 - 3x - 28$ f) $y = \frac{1}{2}x^2 + 4x - 10$
g) $y = x^2 + 8x + 10$ h) $y = x^2 + 2x - 11$ i) $y = \frac{1}{3}x^2 + \frac{1}{2}x + 4$

3 Für welchen Wert von k hat die quadratische Gleichung zwei Lösungen, genau eine Lösung bzw. keine Lösung?
a) $4x^2 + 8x + k = 0$ b) $x^2 - 3x - k = 0$ c) $\frac{1}{2}x^2 + kx + 8 = 0$ d) $x^2 + kx + k = 0$

4 Bestimme die Koordinaten der Schnittpunkte von Gerade und Parabel.
a) p: $y = 2x^2 - 3x + 2$; g: $y = 3x - 2$ b) p: $y = 4x^2 + x - 10$; g: $y = -2x + 5$
c) p: $y = x^2 + 2x - 1$; g: $y = 0{,}5x - 4$ d) p: $y = 0{,}5x^2 + 3x - 4$; g: $y = 3x - 2$
e) p: $y = x^2 + 2x - 7$; g: $y = -5x + \frac{1}{4}$ f) p: $y = 2x^2 + 5x - 1$; g: $y = -\frac{1}{2}x + \frac{1}{2}$

5 Bestimme die Gleichungen der Parabeln in Fig. 1.

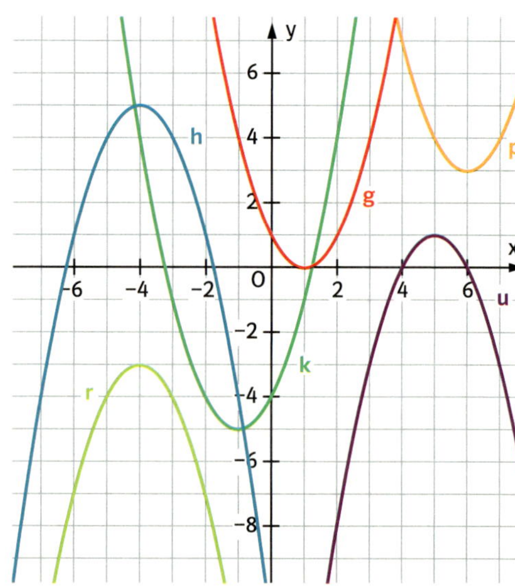

Fig. 1

6 Mit einer Normalparabel werden folgende Abbildungen durchgeführt:
Vx: Verschieben um 1 Einheit nach rechts,
Vy: Verschieben um 4 Einheiten nach unten,
St: Strecken mit dem Faktor 3,
Sp: Spiegeln an der x-Achse.
Wie lauten die Gleichungen der entstehenden Parabeln, wenn man die Abbildungen in folgender Reihenfolge ausführt? Bestimme jeweils auch den Scheitelpunkt der zuletzt entstandenen Parabel.
In welchen Fällen beeinflusst ein Vertauschen der Abbildungsreihenfolge die Lage des Scheitelpunktes der zuletzt entstandenen Parabel?
a) Vx, Sp, Vy b) St, Vy, Vx c) Sp, Vx, St d) Vy, St, Sp

7 Bestimme die Gleichungen der Parabeln in Fig. 1 und Fig. 2.

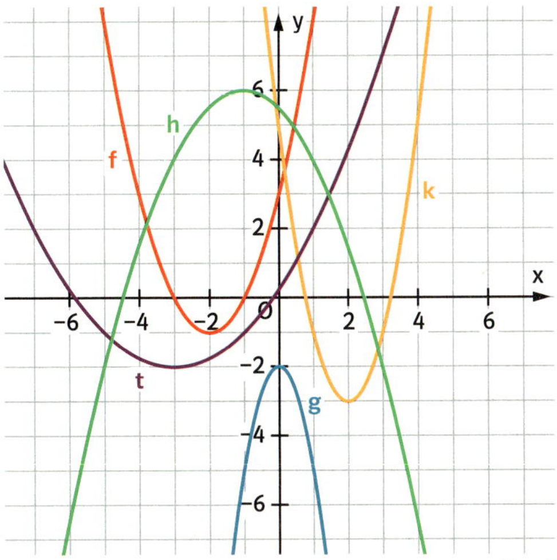

Fig. 1

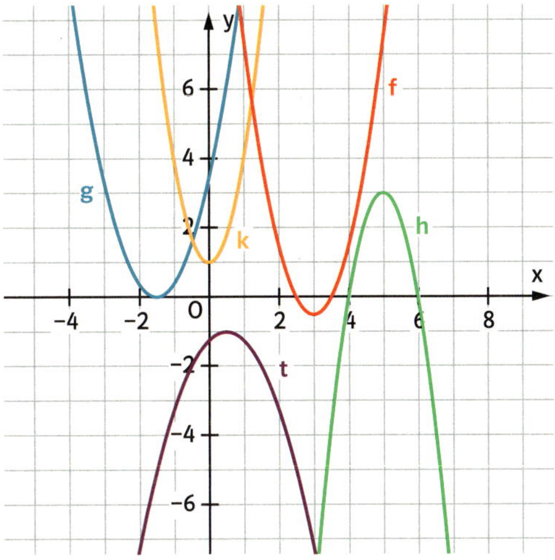

Fig. 2

8 Gegeben ist eine quadratische Funktion f mit $f(x) = x^2 - 8x + 12$.
a) Bestimme den Scheitelpunkt der zughörigen Parabel sowie die Schnittpunkte mit den Koordinatenachsen.
b) Bestimme die Gleichung der Geraden g durch die Punkte $A(1|f(1))$ und $B(5|f(5))$.
c) Wie lautet die Gleichung der zu g parallelen Geraden h, die die Parabel nur in einem Punkt berührt? Gib auch die Koordinaten dieses Punktes an.

9 Gegeben sind die Parabeln p_1 mit der Gleichung $y = -x^2 + 5x - 1$ und p_2 mit der Gleichung $y = \frac{1}{4}x^2 - \frac{5}{2}x + 9$.
a) Berechne die Koordinaten der Schnittpunkte der beiden Parabeln.
b) Wie weit muss die Parabel p_1 nach unten geschoben werden, damit sich die beiden Parabeln p_1 und p_2 nur noch in einem Punkt berühren?
c) Wie weit muss die Parabel p_2 nach oben geschoben werden, damit sich die beiden Parabeln p_1 und p_2 nur noch in einem Punkt berühren?

10 Bestimme die Nullstellen der Funktion. Führe eine geeignete Substitution durch.
a) $f(x) = x^4 - 13x^2 + 36$
b) $g(x) = 16x^4 - 40x^2 + 9$
c) $f(t) = 32t^4 - 2t^2 - 9$
d) $g(r) = r^6 - 19r^3 - 216$
e) $f(x) = (x + 1)^3 + (x + 1)^2 - 6(x + 1)$

11 a) Zeige mithilfe der pq-Formel: Die quadratische Gleichung $ax^2 + bx + c = 0$ hat die Lösungen $x_1 = \frac{-b + \sqrt{b^2 - 4ac}}{2a}$ und $x_2 = \frac{-b - \sqrt{b^2 - 4ac}}{2a}$.
b) Zeige: $x_1 + x_2 = -\frac{b}{a}$ sowie $x_1 \cdot x_2 = \frac{c}{a}$.

12 Bei einem geworfenen Ball kann die Flugbahn durch eine Parabel mit $y = -0{,}1x^2 + 0{,}5x + 1{,}8$ beschrieben werden. Hierbei entspricht x (in m) der horizontalen Entfernung vom Abwurfpunkt und y (in m) der Höhe des Balls.
a) In welcher Höhe wurde der Ball abgeworfen?
b) Bestimme die maximale Höhe des Balls.
c) Wo trifft der Ball auf dem Boden auf?
d) Bearbeite die Teilaufgaben b) und c), wenn der Ball von einer allgemeinen Höhe h abgeworfen wird.

5 Ganzrationale Funktionen

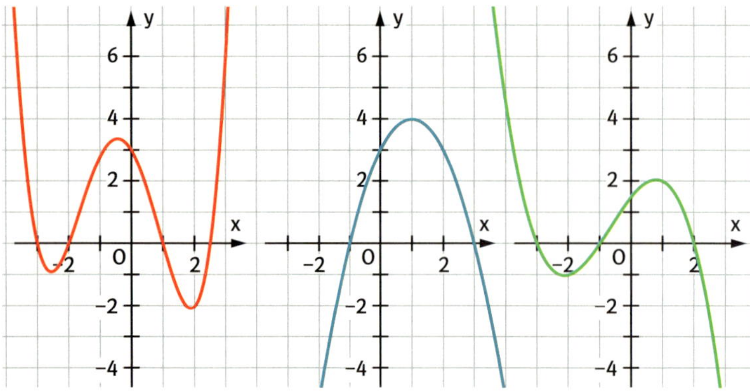

„Sieh mal, es gibt immer eine Nullstelle mehr als Scheitelpunkte!“

Funktionen mit Funktionsgleichungen wie $g(x) = 4x^3 - 3x^2 + x - 7$ oder $k(x) = -8x^5 + 2x^3$ nennt man **ganzrationale Funktionen**. Ganzrationale Funktionen sind Summen von Potenzfunktionen. Die höchste vorkommende Potenz der Variablen nennt man **Grad** der ganzrationalen Funktion. Die Funktion g hat also den Grad 3, die Funktion k ist eine ganzrationale Funktion fünften Grades.

$(x + 3)(x - 4)(x - 1)$
$= (x^2 - x - 12)(x - 1)$
$= 1x^3 - 2x^2 - 11x + 12$

$(5x - 2)(x^2 + 1)$
$= 5x^3 - 2x^2 + 5x - 2$

Auch die Funktionen f mit $f(x) = (x + 3)(x - 4)(x - 1)$ und h mit $h(x) = (5x - 2)(x^2 + 1)$ sind ganzrationale Funktionen dritten Grades, denn ihre Funktionsterme können durch Ausmultiplizieren in die Form $a_3x^3 + a_2x^2 + a_1x + a_0$ gebracht werden, wobei a_0, a_1, a_2 und a_3 reelle Zahlen sind. Allgemein nennt man Terme der Form $a_nx^n + a_{n-1}x^{n-1} + \ldots + a_2x^2 + a_1x + a_0$ **Polynome**, die reellen Zahlen $a_0, \ldots, a_n$ heißen Koeffizienten.

Nullstellen

$f(x) = (x + 3)(x - 4) \cdot (x - 1)$

$f(-3) = (-3 + 3)(-3 - 4) \cdot (-3 - 1)$
$= 0 \cdot (-7) \cdot (-4)$
$= 0$

$f(4) = (4 + 3)(4 - 4) \cdot (4 - 1)$
$= 7 \cdot 0 \cdot 3 = 0$

$f(1) = (1 + 3)(1 - 4) \cdot (1 - 1)$
$= 4 \cdot (-3) \cdot 0 = 0$

Liegt eine ganzrationale Funktion in der Produktdarstellung vor, dann wird das Bestimmen der Nullstellen einfacher, denn der Wert eines Produktes ist dann null, wenn mindestens einer der Faktoren null ist. Die Funktion f besitzt also die drei Nullstellen $x_1 = -3$, $x_2 = 4$ und $x_3 = 1$. Die Terme $(x - x_k)$, aus denen man die Nullstellen direkt ablesen kann, nennt man **Linearfaktoren**.
Die Funktion h hat nur die Nullstelle $x_1 = 0{,}4$, weil der Faktor $(x^2 + 1)$ nie null wird. Der Funktionsterm von h lässt sich daher auch nicht weiter in Linearfaktoren zerlegen.

Für lineare und quadratische Funktionen lassen sich mit den bekannten Verfahren alle Nullstellen exakt bestimmen. Für Funktionen, deren Grad größer als 5 ist, gibt es keine allgemeine Lösungsformel zur exakten Berechnung der Nullstellen. Für die Grade 3 und 4 sind die Formeln so kompliziert, dass man häufig anders vorgeht. Kennt man beispielsweise eine Nullstelle der Funktion, so kann man oft weitere Nullstellen bestimmen.

Liegt der Term einer ganzrationalen Funktion als Produkt aus Linearfaktoren vor, so erhält man durch Ausmultiplizieren die Polynomdarstellung des Funktionsterms.
$f(x) = (x + 3) \cdot (x - 4) \cdot (x - 1) = (x^2 - x - 12) \cdot (x - 1) = x^3 - 2x^2 - 11x + 12$
Also ist $(x^3 - 2x^2 - 11x + 12) : (x - 1) = (x^2 - x - 12)$.

Umgekehrt kann man ein Polynom durch schrittweises Dividieren durch einzelne Linearfaktoren in ein Produkt umformen. Dazu wendet man das Verfahren der **Polynomdivision** an.

Polynomdivision

Zur Bestimmung des ersten Linearfaktors muss eine Nullstelle der Funktion bekannt sein. Diese kann beispielsweise durch Ausprobieren bestimmt werden.
Die Funktion dritten Grades f mit $f(x) = x^3 - 2x^2 - 11x + 12$ hat die Nullstelle $x_1 = 1$, denn $f(1) = 1 - 2 - 11 + 12 = 0$. Der gesuchte erste Linearfaktor ist $(x - 1)$. Der Funktionsterm von f lässt sich also schreiben als $f(x) = g(x) \cdot (x - 1)$; dabei ist g eine ganzrationale Funktion vom Grad 2.
Zur Bestimmung des Terms von g wird die Division $g(x) = f(x) : (x - 1)$ ausgeführt.

$$\begin{array}{l}
(x^3 - 2x^2 - 11x + 12) : (x - 1) = x^2 - x - 12 \\
\underline{-(x^3 - 1x^2)} \\
\qquad -x^2 - 11x \\
\qquad \underline{-(-x^2 + \quad x)} \\
\qquad\qquad -12x + 12 \\
\qquad\qquad \underline{-(-12x + 12)} \\
\qquad\qquad\qquad 0
\end{array}
\qquad
\begin{array}{l}
-12x : x = -12 \\
-x^2 : x = -x \\
x^3 : x = x^2
\end{array}$$

Es ist $g(x) = x^2 - x - 12$, also $f(x) = (x^2 - x - 12) \cdot (x - 1)$. Zur Bestimmung weiterer Nullstellen von f genügt es also, die Nullstellen von g zu bestimmen, denn jede Nullstelle x_k von g ist wegen $f(x_k) = 0 \cdot (x_k - 1) = 0$ auch eine Nullstelle von f. Da g eine quadratische Funktion ist, lassen sich die weiteren Nullstellen $x_2 = -3$ und $x_3 = 4$ durch Anwenden einer Lösungsformel bestimmen. Die vollständige **Linearfaktorzerlegung** der Funktion f lautet $f(x) = (x + 3)(x - 4)(x - 1)$.

Mehr als drei Linearfaktoren können bei einer ganzrationalen Funktion dritten Grades nicht vorkommen, andernfalls würden beim Ausmultiplizieren höhere Potenzen von x entstehen. Also hat eine ganzrationale Funktion vom Grad 3 höchstens drei Nullstellen. Ebenso kann eine Funktion 4. Grades höchstens vier Nullstellen haben. Allgemein hat eine ganzrationale Funktion vom Grad n höchstens n Nullstellen.
Hat eine ganzrationale Funktion vom Grad n genau n Nullstellen, so lässt sich der Funktionsterm vollständig in Linearfaktoren zerlegen.

Eine Funktion f, deren Gleichung in der Form $f(x) = a_n x^n + a_{n-1} x^{n-1} + \ldots + a_2 x^2 + a_1 x + a_0$ geschrieben werden kann, heißt **ganzrationale Funktion** n-ten Grades $(n \in \mathbb{N},\ a_n \neq 0)$.
Eine ganzrationale Funktion vom Grad n hat höchstens n Nullstellen.
Sind $x_1, x_2, \ldots, x_n$ die Nullstellen von f, so lautet die Linearfaktordarstellung von f
$f(x) = a_n(x - x_1) \cdot (x - x_2) \cdot \ldots \cdot (x - x_n)$.

Beispiel 1

Bestimme alle Nullstellen der Funktion f mit $f(x) = x^3 - 19x + 30$.

Lösung:

Durch Probieren findet man die erste Nullstelle $x_1 = 2$, denn $f(2) = 8 - 38 + 30 = 0$. Durch Polynomdivision erhält man $f(x) = (x - 2)(x^2 + 2x - 15)$. Durch Lösen der quadratischen Gleichung $x^2 + 2x - 15 = 0$ erhält man die anderen beiden Nullstellen $x_2 = 3$ und $x_3 = -5$.

$$\begin{array}{l}
(x^3 + 0x^2 - 19x + 30) : (x - 2) = x^2 + 2x - 15 \\
\underline{-(x^3 - 2x^2)} \\
\qquad 2x^2 - 19x \\
\qquad \underline{-(2x^2 - \ 4x)} \\
\qquad\qquad -15x + 30 \\
\qquad\qquad \underline{-(-15x + 30)} \\
\qquad\qquad\qquad 0
\end{array}$$

Tipp:
Die Polynomdivision wird übersichtlicher, wenn man den Summanden $0x^2$ ergänzt.

Beispiel 2
Bestimme alle Nullstellen der Funktion f mit $f(x) = 5x^4 + 5x^3 - 25x^2 + 5x - 30$ und notiere die Linearfaktorzerlegung des Funktionsterms.
Lösung:
Zunächst kann der Faktor 5 ausgeklammert werden, es ist $f(x) = 5(x^4 + x^3 - 5x^2 + x - 6)$. Da die Konstante -6 das Produkt der Nullstellen ist, sind nur die Zahlen 2, -2, 3 und -3 mögliche Nullstellen. Durch Ausprobieren bestätigt man $f(2) = 0$ und $f(-3) = 0$. Dividiert man den Term $x^4 + x^3 - 5x^2 + x - 6$ nacheinander durch die Linearfaktoren $(x - 2)$ und $(x + 3)$, so erhält man zunächst $f(x) = 5(x - 2)(x^3 - 3x^2 + x - 3)$ und schließlich $f(x) = 5(x - 2)(x + 3)(x^2 + 1)$. Eine weitere Zerlegung des Funktionsterms von f in Linearfaktoren ist nicht möglich. Der Faktor $x^2 + 1$ lässt sich nicht weiter in Linearfaktoren aufspalten, da die Gleichung $x^2 + 1 = 0$ keine Lösung hat.

Beispiel 3
Bestimme alle Nullstellen der Funktion f mit $f(x) = x^3 - 28x$.
Lösung:
Durch Ausklammern von x erhält man $f(x) = x(x^2 - 28)$. Wendet man die 3. binomische Formel an, so erhält man $f(x) = x(x + \sqrt{28})(x - \sqrt{28})$. Aus dieser Darstellung lassen sich die Nullstellen $x_1 = 0$, $x_2 = -\sqrt{28}$ und $x_3 = \sqrt{28}$ ablesen.

Aufgaben

1 Entscheide, ob f ganzrational ist. Gib in diesem Fall den Grad und die Koeffizienten an.
a) $f(x) = (x - 1)^2(x - 7)$ b) $f(x) = 1 + \sqrt{2} \cdot x$ c) $f(x) = 1 + 2\sqrt{x}$
d) $f(x) = x^2 - \frac{3}{x}$ e) $f(x) = x^2 - \frac{x}{3}$ f) $f(x) = x^5 + \sqrt{x}$

2 Ermittle die Nullstellen der Funktion.
a) $f(x) = (1 - 2x)(x - 2)$ b) $f(t) = (2t + 1)(6 - 4t)$ c) $g(x) = (0{,}4x - 1{,}2)(x^2 + 4)$
d) $m(x) = \frac{1}{2}x + \frac{2}{3}x^2$ e) $k(t) = 2t^2 - \sqrt{2} \cdot t$ f) $h(u) = 3u^2 - \frac{1}{3}u^4$

3 Führe die Polynomdivision aus.
a) $(x^3 + 2x^2 - 17x + 6) : (x - 3)$ b) $(2x^3 + 2x^2 - 21x + 12) : (x + 4)$
c) $(4x^3 - 7x^2 + 2) : (x - 1)$ d) $(x^4 + 2x^3 - 4x^2 - 9x - 2) : (x + 2)$

4 Die Funktion f hat die Nullstelle x_1. Berechne alle weiteren Nullstellen.
a) $f(x) = x^3 + 11x^2 + 23x - 35;\ x_1 = -7$ b) $f(x) = x^3 + 8{,}5x^2 - 61x - 32{,}5;\ x_1 = -0{,}5$

5 Finde durch Probieren eine Nullstelle. Berechne danach die weiteren Nullstellen.
a) $f(x) = x^3 - 6x^2 + 11x - 6$ b) $f(x) = x^3 + x^2 - 4x - 4$ c) $f(x) = 4x^3 - 13x + 6$
d) $f(x) = 4x^3 - 8x^2 - 11x - 3$ e) $f(x) = 4x^3 - 3x - 1$ f) $f(x) = 5x^3 + 15x^2 - \frac{9}{5}x + \frac{1}{5}$

6 Gib zwei ganzrationale Funktionen dritten Grades an, welche genau die angegebenen Nullstellen besitzen.
a) 1, 2, -3 b) 7 c) $0{,}1 + \sqrt{2}$, $1 - \sqrt{2}$ d) 4, $\sqrt{5}$, $-\sqrt{5}$

7 Notiere den Funktionsterm von f als Produkt.
a) $f(x) = 4x^3 + 12x^2 - 44x - 132$ b) $f(x) = \frac{1}{4}x^4 - \frac{1}{2}x^3 + \frac{5}{4}x^2 - 2{,}5x$
c) $f(x) = x^5 - 13x^3 + 36$ d) $f(x) = -3x^3 - 44x^2 - 27x + 14$

Bist du sicher?

1 Bestimme die Nullstellen der Funktion f.
a) $f(x) = (2x - 1)(x + 2)(x - 3)$ b) $f(x) = x(x^2 + 5)(x - 1)$ c) $f(x) = x^5 - 93$

2 Die Funktion f hat die Nullstelle x_1. Berechne alle weiteren Nullstellen.
a) $f(x) = x^3 - 3x^2 + x + 1;\ x_1 = 1$ b) $f(x) = x^4 - 3x^3 - 5x^2 - x;\ x_1 = -1$

3 Gib eine ganzrationale Funktion an, welche die angegebenen Nullstellen besitzt.
a) 0, 2, −5 b) 4, −1, 6 c) 3

8 Gegeben ist die Funktion f mit $f(x) = 2x^3 - a_2x^2 + 8x$.
a) Wähle $a_2 = 2$ ($a_2 = 10$, $a_2 = -10$) und berechne die Nullstellen von f.
b) Für welche Werte von a_2 hat f drei verschiedene Nullstellen?
c) Wie muss man a_2 wählen, damit f die Nullstelle 2 hat?
d) Wie muss man a_2 wählen, damit f die Nullstelle 1 hat?

9 a) Zeige mit Polynomdivision, dass der Graph der Funktion f mit $f(x) = x^3 - 2x^2 - 3x + 10$ die x-Achse nur im Punkt $S(-2|0)$ schneidet.
b) Die Gerade g verläuft durch S und hat die Steigung 2. Berechne rechnerisch alle Schnittpunkte von g mit dem Graphen von f.

10 Ordne dem Graphen eine von den Funktionsgleichungen $f(x) = \frac{1}{3}(x^2 - 4)(2x + 3)$, $g(x) = (x - 1)(x + 2)^2$, $h(x) = x^3 - 2x^2 - x$, $i(x) = x^3 - 0{,}5x^2 - 3x + 3$ zu. Begründe deine Auswahl.

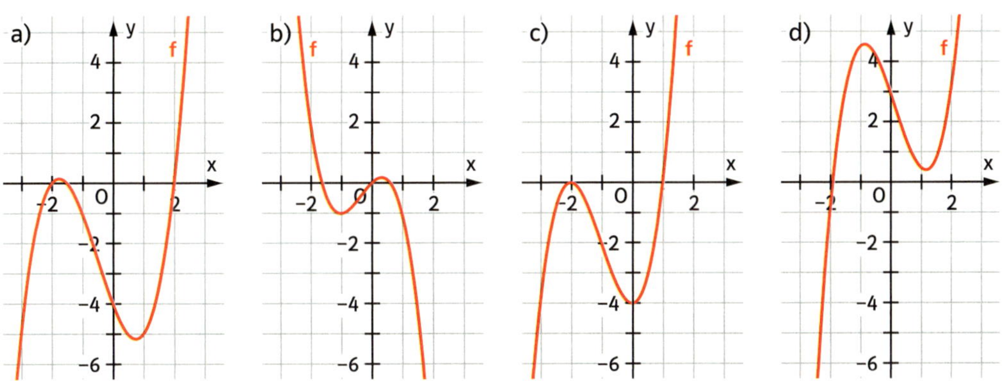

11 a) Stelle aus den abgebildeten „Bausteinen" vier verschiedene ganzrationale Funktionen zusammen. Ermittle – falls möglich – die Nullstellen dieser Funktionen. Tausche die Funktionsterme mit denen deines Nachbarn aus und kontrolliert gegenseitig eure Ergebnisse.
b) Untersuche, ob es möglich ist, mit den abgebildeten „Bausteinen" eine ganzrationale Funktion mit vier oder fünf Nullstellen zusammenzustellen.

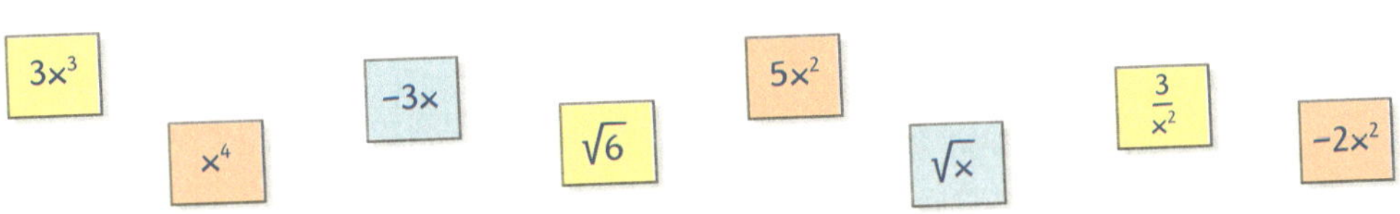

6 Weitere Eigenschaften ganzrationaler Funktionen

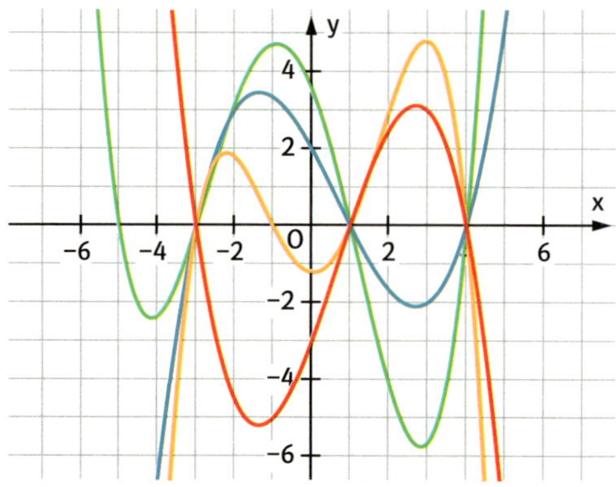

$f(x) = -\frac{1}{4}(x + 3)(x - 1)(x - 4)$

„Woher soll man denn wissen, welches der Graph der Funktion f ist?“
„Zwei der abgebildeten Graphen können wir auf jeden Fall ausschließen.“

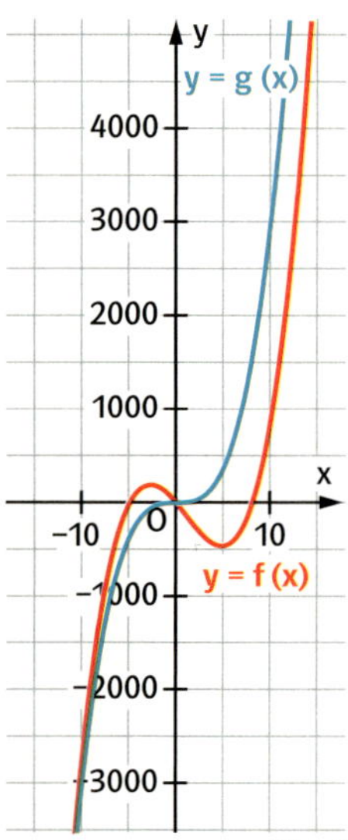

Fig. 1

$\frac{3}{10} = 0{,}3$
$\frac{3}{1000} = 0{,}003$
$\frac{3}{100\,000} = 0{,}000\,03$
$\frac{3}{10\,000\,000} = 0{,}000\,000\,3$

Kennt man die Nullstellen einer ganzrationalen Funktion, so ist diese Information oft nicht ausreichend, um nähere Aussagen über den Verlauf des Funktionsgraphen zu machen. Häufig interessiert man sich deshalb für den Verlauf des Funktionsgraphen für sehr große oder sehr kleine Werte von x.

Verhalten eines Funktionsgraphen für $x \to \pm\infty$
Die folgende Wertetabelle zeigt zu den Funktionen f mit $f(x) = 3x^3 - 9x^2 - 120x$ und g mit $g(x) = 3x^3$ Funktionswerte für immer größer werdende x-Werte:

x	1	10	100	1000	10 000	100 000
f(x)	−126	900	$\approx 2{,}9 \cdot 10^6$	$\approx 2{,}99 \cdot 10^9$	$\approx 3 \cdot 10^{12}$	$\approx 3 \cdot 10^{15}$
g(x)	3	3000	$3 \cdot 10^6$	$3 \cdot 10^9$	$3 \cdot 10^{12}$	$3 \cdot 10^{15}$

Die Werte der Tabelle lassen vermuten, dass sich die Funktionswerte f(x) und g(x) für größer werdende x-Werte immer weniger unterscheiden. Diese Vermutung kann man bestätigen, wenn man den Funktionsterm von f zu einem Produkt umformt:
$f(x) = 3x^3 - 9x^2 - 120x = 3x^3\left(\frac{3x^3}{3x^3} - \frac{9x^2}{3x^3} - \frac{120x}{3x^3}\right) = 3x^3\left(1 - \frac{3}{x} - \frac{40}{x^2}\right)$ für $x \neq 0$.

Beim zweiten Faktor liegen die Summanden $-\frac{3}{x}$ und $-\frac{40}{x^2}$, bei denen x bzw. x^2 im Nenner steht, für sehr große x-Werte nahe bei null. Der Wert des zweiten Faktors $\left(1 - \frac{3}{x} - \frac{40}{x^2}\right)$ ist dann etwa 1. Diese Überlegung gilt auch für sehr kleine x-Werte (wie etwa $x = -100\,000$). Für sehr große und für sehr kleine x-Werte ist also $f(x) \approx 3x^3 = g(x)$ (Fig. 1).

Da für immer größer werdende x-Werte der Wert von $g(x) = 3x^3$ beliebig groß wird, gilt dies auch für f(x). Man schreibt dafür „Für $x \to \infty$ gilt: $f(x) \to \infty$.“ und sagt: „Für x gegen unendlich strebt f(x) gegen unendlich.“
Da für immer kleiner werdende x-Werte der Wert von $3x^3$ immer kleiner wird, strebt für x gegen minus unendlich f(x) gegen minus unendlich. Man schreibt: „Für $x \to -\infty$ gilt $f(x) \to -\infty$.“
Diese Überlegung lässt sich auf alle ganzrationalen Funktionen übertragen. Für $x \neq 0$ gilt: $f(x) = a_n x^n + a_{n-1}x^{n-1} + \ldots + a_2x^2 + a_1x + a_0 = a_n x^n\left(1 + \frac{a_{n-1}}{a_n x} + \ldots + \frac{a_1}{a_n x^{n-1}} + \frac{a_0}{a_n x^n}\right)$
Für x-Werte mit großem Betrag unterscheidet sich der Term in der Klammer nur sehr wenig von 1. Es ist also $f(x) \approx a_n x^n$.

Symmetrie

Vergleicht man bei den Funktionen f mit $f(x) = x^4 - 3x^2 - 2$, g mit $g(x) = x^3 - 2x$ und h mit $h(x) = -2x^7 + 5x^2$ die Funktionswerte an den Stellen 1 und −1, 2 und −2 sowie a und −a, so stellt man fest:

$f(1) = f(-1)$	$g(1) = -g(-1)$	Bei der Funktion h	$h(1) = 3 \neq h(-1) = 7$
$f(2) = f(-2)$	$g(2) = -g(-2)$	besteht kein solcher	$h(1) = 3$
$f(a) = f(-a)$	$g(a) = -g(-a)$	Zusammenhang:	$\neq -h(-1) = -7$

Wie man auch den Graphen in Fig. 1 entnehmen kann, ist der Graph der Funktion f achsensymmetrisch zur y-Achse, der Graph der Funktion g ist punktsymmetrisch zum Ursprung (0|0). Beim Graphen der Funktion h liegt keine erkennbare Symmetrie vor.

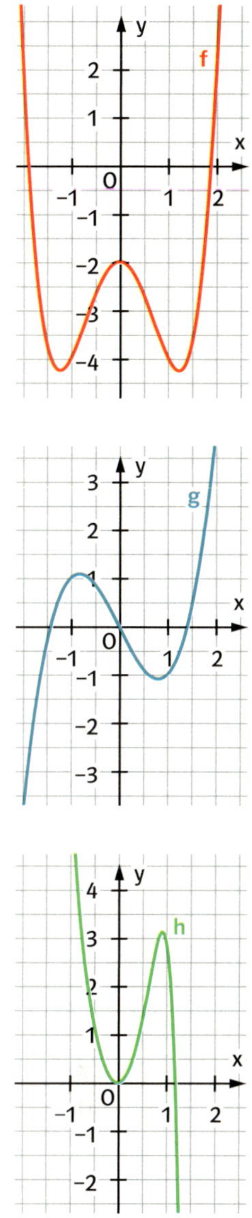

Fig. 1

Der Graph einer Funktion f mit der Eigenschaft $f(x) = f(-x)$ für alle $x \in D_f$ ist **achsensymmetrisch** zur y-Achse.
Der Graph einer Funktion f mit der Eigenschaft $f(x) = -f(-x)$ bzw. $f(-x) = -f(x)$ für alle $x \in D_f$ ist **punktsymmetrisch** zum Ursprung (0|0).

Treten bei einem Polynom nur gerade Potenzen von x auf, das heißt, hat es die Form $a_{2n}x^{2n} + \ldots + a_2x^2 + a_0$, so gilt stets $f(x) = f(-x)$. Der Graph der zugehörigen ganzrationalen Funktion ist achsensymmetrisch zur y-Achse.
Der Summand a_0 enthält wegen $a_0 = a_0x^0$ eine Potenz von x mit geradem Exponenten.

Treten nur ungerade Potenzen von x auf, das heißt, hat das Polynom die Form $a_{2n-1}x^{2n-1} + \ldots + a_3x^3 + a_1x$, so gilt stets $f(-x) = -f(x)$. Der Graph der zugehörigen ganzrationalen Funktion ist punktsymmetrisch zum Ursprung.

Eigenschaften ganzrationaler Funktionen und ihrer Graphen
Verhalten für $x \to \pm\infty$
Für $x \to \pm\infty$ wird das Verhalten einer ganzrationalen Funktion vom Summanden mit der höchsten Potenz von x bestimmt. Für betragsgroße x gilt $f(x) \approx a_nx^n$.

Symmetrie
Enthält der Funktionsterm nur Potenzen von x mit geraden Exponenten, dann ist $f(x) = f(-x)$. Der Graph ist achsensymmetrisch zur y-Achse.
Enthält der Funktionsterm nur Potenzen von x mit ungeraden Exponenten, dann ist $f(-x) = -f(x)$. Der Graph ist punktsymmetrisch zum Ursprung.

Beispiel 1
Gegeben ist die Funktion f mit $f(x) = -0{,}5x^4 + 3x^2 - 2$.
Untersuche den Graphen von f auf Symmetrie und beschreibe, wie sich f für $x \to \pm\infty$ verhält.
Lösung:
Der Funktionsterm enthält nur Potenzen von x mit geraden Exponenten. Daher ist der Graph achsensymmetrisch zur y-Achse.
Für betragsmäßig große x verhält sich f wie die Funktion g mit $g(x) = -0{,}5x^4$. Für $x \to +\infty$ streben die Funktionswerte gegen $-\infty$, für $x \to -\infty$ streben die Funktionswerte ebenfalls gegen $-\infty$, was sich auch durch das Symmetrieverhalten der Funktion ergibt.

Aufgaben

1 Untersuche das Verhalten der Funktion f für $x \to \pm\infty$.

a) $f(x) = 4x^5 - 3x^2 + 12$ b) $f(x) = -2x^6 + 5x^4 - 23$ c) $f(x) = 0{,}4x^3 + 7x^2 - 3x + 1$

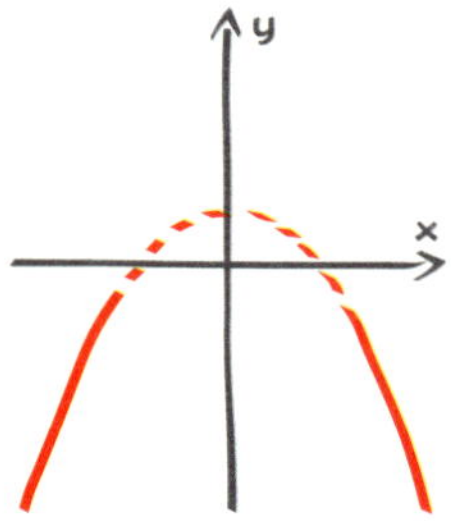

Fig. 1

2 Gib eine Funktion $g: x \to a_n x^n$ an, die das Verhalten von f für betragsmäßig große Werte von x bestimmt.

a) $f(x) = 4 - 3x^3 + x^2 - x^5$ b) $f(x) = 2(1 - x)(x^2 - 1)$ c) $f(x) = (2x^2 + 1)(x - 4x^3)$

3 Gib mithilfe einer Skizze wie in Fig. 1 an, wie sich die Funktionswerte von f für betragsmäßig große x verhalten.

a) $f(x) = 3x^5 - 2x^2 + 10$ b) $f(x) = \frac{1}{4}x^4 + 7x^3 - 5x + 1$ c) $f(x) = -x^7 + 23x^4 + 100x$

d) $f(x) = -x^2 + x^4 + 1$ e) $f(x) = -x(x + 3)^2$ f) $f(x) = (x - 1)(x + 2)(x + 5)$

4 Welche Funktion hat einen zur y-Achse bzw. zum Ursprung symmetrischen Graphen?

a) $f(x) = -x^4 - 5x^2 + 3$ b) $f(x) = x^5 - 3x^3 - 1$ c) $f(x) = x^5 + 3x^3 + x^2 - 4x$

d) $f(x) = x \cdot (x^2 - 5)$ e) $f(x) = (x - 2)^2 + 1$ f) $f(x) = x(x - 1)(x + 1)$

5 Untersuche das Verhalten von f für $x \to \pm\infty$. Bestimme die Nullstellen von f und berechne den Funktionswert an der Stelle 0. Fertige mit diesen Informationen eine Skizze des Funktionsgraphen an. Kontrolliere dein Ergebnis mithilfe eines geeigneten Programms.

a) $f(x) = x^3 + 2x^2 - 13x + 10$ b) $f(x) = x^3 - 16x$

c) $f(x) = x^4 - 5x^2 + 4$ d) $f(x) = x^4 + 3{,}5x^3 - x^2 - 6{,}5x + 3$

6 Ordne den Graphen die Funktionsgleichungen zu, ohne zu rechnen. Begründe deine Entscheidung.

$f(x) = 0{,}5(x - 4)(x + 1)(x - 3)$ $g(x) = 0{,}2x(x - 4)(x + 1)(x - 3)$

$h(x) = -0{,}25(x - 4)(x + 1)(x - 3)$ $k(x) = -\frac{1}{5}(x^2 - 4)(x + 1)(x - 3)$

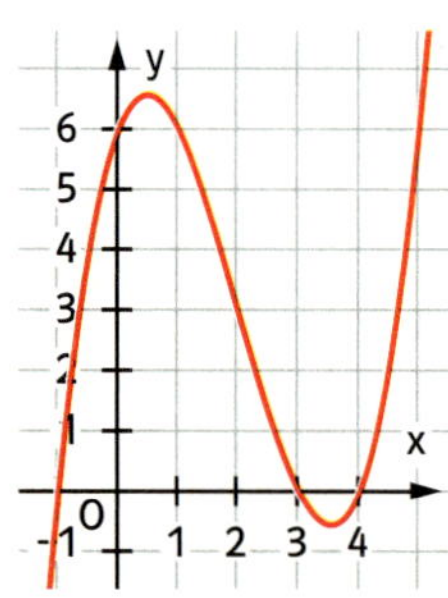

Fig. 2

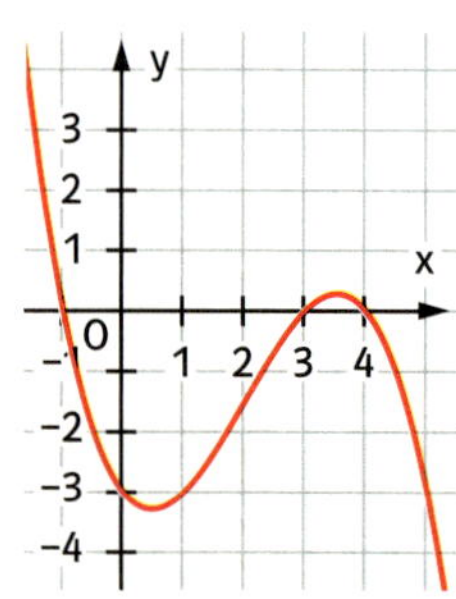

Fig. 3

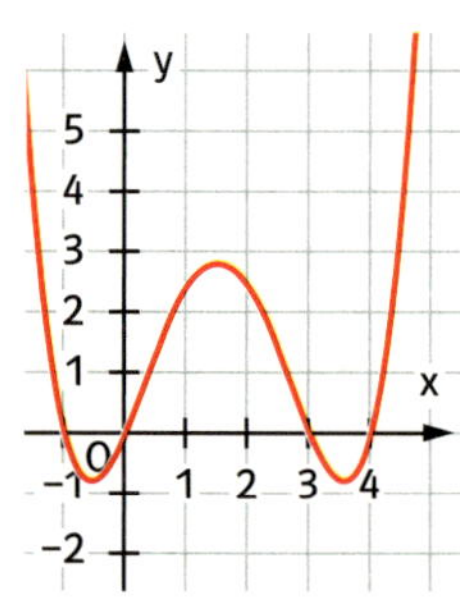

Fig. 4

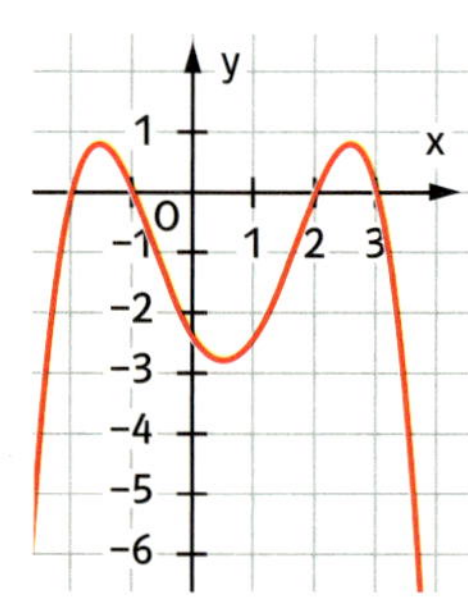

Fig. 5

7 Bestimme alle Stellen, für welche die Funktion den Wert 3 annimmt.

a) $f(x) = x^3 - 2x + 3$ b) $f(x) = x^3 + x - 7$ c) $f(x) = x^4 - 6x^2 + 3$

8 Gib eine ganzrationale Funktion dritten Grades an, für die $f(4) = 5$ gilt.

9 Notiere einen Funktionsterm einer ganzrationalen Funktion dritten Grades mit folgenden Eigenschaften:

(1) f hat die Nullstellen $x_1 = 0$ und $x_2 = -6$.

(2) Der Graph von f ist punktsymmetrisch zum Ursprung.

(3) Für $x \to -\infty$ gilt $f(x) \to \infty$.

Bist du sicher?

1 Ordne die Funktionsterme den abgebildeten Graphen zu (ein Funktionsterm bleibt übrig). Beschreibe, wie du die Funktionen erkannt hast.

$f(x) = -2x^3 + 4x^2 - x$; $g(x) = 2x^3 + 2x^2 - x$; $h(x) = 2x^3 - x$;
$i(x) = 2x^3 - 1$; $j(x) = -2x^3 + 4x^2 - 1$

a) 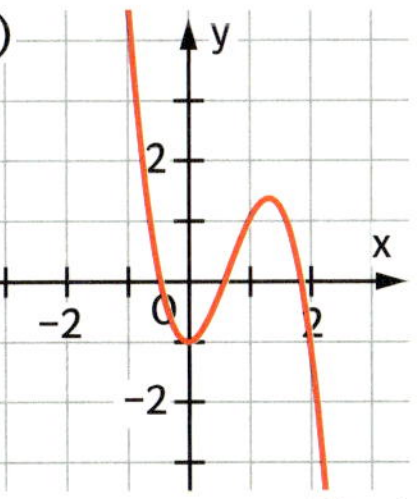
Fig. 1

b) 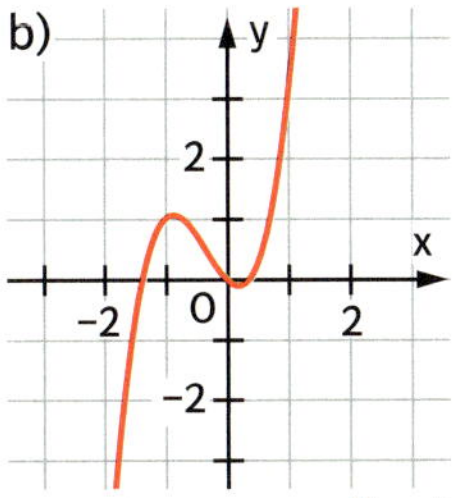
Fig. 2

c) 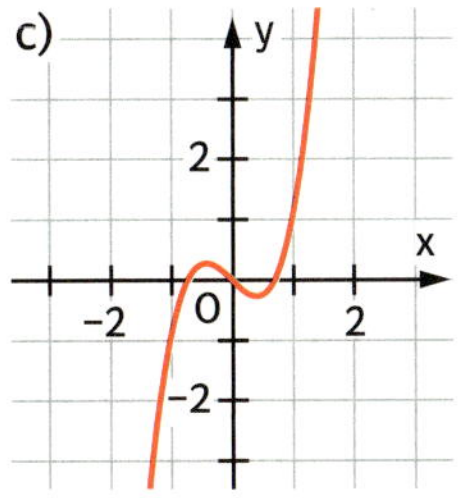
Fig. 3

d) 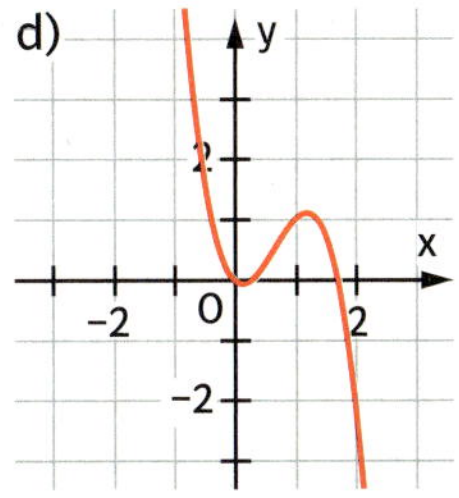
Fig. 4

2 Skizziere den Graphen der Funktion f. Dokumentiere ausführlich, wie du aufgrund des Terms auf den Verlauf des Graphen geschlossen hast.

a) $f(x) = -x^3 + 3x$ b) $f(x) = x^5 + 2x^2 - 2$

10 Für welche reelle Zahl t ist der Graph von f symmetrisch zur y-Achse bzw. zum Ursprung? Gib jeweils auch die Art der Symmetrie an.

a) $f(x) = x^3 + t$ b) $f(x) = x^2 + t$ c) $f(x) = (x + t)^2$
d) $f(x) = (x^2 + t) \cdot x^3$ d) $f(x) = (x - t)(x + 1)$ e) $f(x) = x^t - x$

11 a) Zeige: Wenn der Funktionsterm einer ganzrationalen Funktion einen konstanten Summanden enthält, dann kann der Graph dieser Funktion nicht punktsymmetrisch sein.
b) Unter welchen Bedingungen ist der Graph einer solchen Funktion achsensymmetrisch?
c) Gibt es eine Funktion, deren Graph sowohl punkt- als auch achsensymmetrisch ist?

12 Gib an, welche Aussagen aufgrund des Graphen in Fig. 5
a) für die Funktion f, b) für die Funktion g
zutreffen.
(1) Der Graph ist symmetrisch zur y-Achse.
(2) Im Funktionsterm kommen Potenzen mit geraden und ungeraden Exponenten vor.
(3) Im Funktionsterm ist die Zahl vor der höchsten Potenz negativ.
(4) Der Grad der Funktion ist ungerade.
(5) Der Grad der Funktion ist mindestens 3.

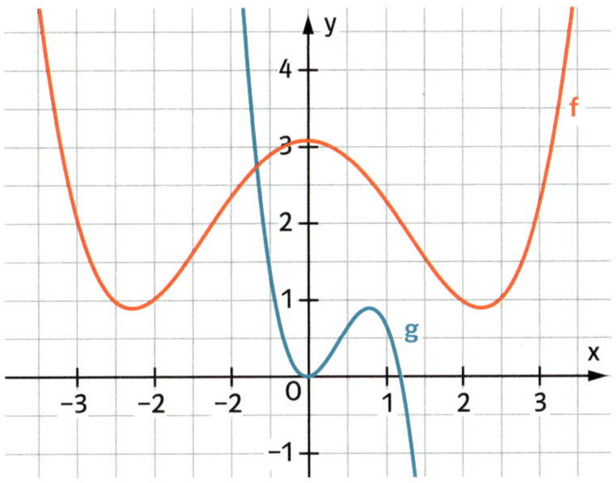
Fig. 5

13 Zeichne mit einem geeigneten Programm die Graphen dreier verschiedener ganzrationaler Funktionen. Notiere die Funktionsgleichungen auf einem Blatt Papier. Dein Nachbar soll die Graphen den Funktionsgleichungen zuordnen.
Wie kannst du vorgehen, damit die Aufgabe für deinen Nachbarn besonders einfach oder besonders schwierig wird?

14 Zeige: Ist der Graph einer Funktion symmetrisch zur y-Achse, dann ist der Graph von $x \rightarrow f(x - c)$ symmetrisch zur Geraden $x = c$.

Wiederholen – Vertiefen – Vernetzen

1 Untersuche, ob es sich bei dem Viereck ABCD um ein Parallelogramm, ein Trapez oder um keines von beidem handelt.

a) A(0|0), B(2|−5), C(7|−3), D(5|2)
b) A(1|0), B(8|−2), C(7|1), D(−1|3)
c) A(0|−4), B(3|−3), C(1|3), D(−2|2)
d) A(2|0), B(8|−1), C(9|0), D(6|0,5)

2 Gegeben ist das Dreieck ABC mit A(−1|−1), B(4|0), C(2|3).

a) Bestimme jeweils eine Gleichung der Geraden, auf denen die Dreiecksseiten liegen.
b) Ist das Dreieck rechtwinklig?
c) Berechne die Seitenlängen des Dreiecks.
d) Eine Gerade g verläuft durch A und teilt das Dreieck in zwei flächengleiche Teile. Bestimme eine Gleichung von g.

3 Wie lautet die Gleichung einer Geraden, die

a) zur x-Achse parallel ist und durch A(3|−2) verläuft,
b) zur y-Achse parallel ist und von B(0|17) den Abstand 4 hat,
c) durch die Mitte von PQ mit P(2|3) und Q(4|1) verläuft und die Steigung 0,5 hat?

4 Wie lang sind die Seitenhalbierenden im Dreieck ABC?

a) A(−1|0), B(2|1), C(0,5|4)
b) A(−0,75|1), B(0|−2), C(6|1)

5 a) Zeige rechnerisch, dass die Punkte A(−8|6) und B($5\sqrt{3}$|5) vom Ursprung den gleichen Abstand haben. Wo liegen alle Punkte, die vom Ursprung den Abstand 10 haben?
b) Welche Bedingung erfüllen die Koordinaten eines Punktes P(x|y), falls P vom Ursprung den Abstand 10 hat?

6 a) Liegt der Punkt P(−2,8|2,1) auf dem Kreis um O(0|0) mit Radius 3,5?
b) Gibt es einen Kreis um M(3|1), auf dem die Punkte Q(0|−8) und R(7|9,5) liegen?

7 Zeige: Der Zusammenhang zwischen dem Kraftstoffverbrauch eines Fahrzeugs und der CO_2-Emission ist annähernd linear (Fig. 2).

8 Zeige unter Verwendung des Höhensatzes: Für die Steigungen von zwei zueinander orthogonalen Geraden f und g gilt $m_f \cdot m_g = -1$.

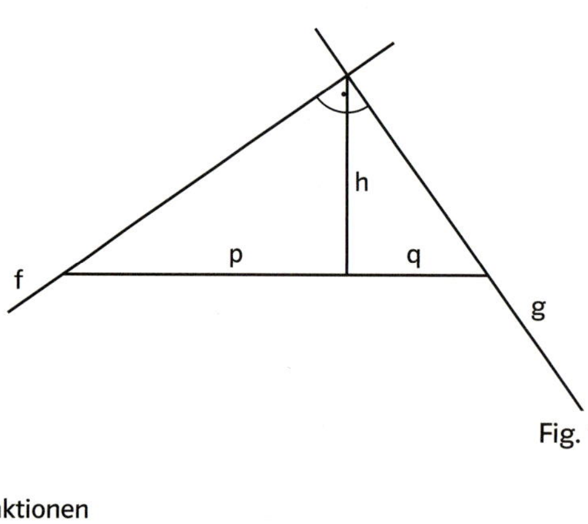

Fig. 1

Kraftstoffverbrauch (in l/100 km) innerorts	außerorts	kombiniert	CO_2-Emission (in g/km) kombiniert
5,5	3,8	4,4	104
6,5	4,8	5,5	129
6,0	4,1	4,8	114
7,3	5,1	5,9	140
7,7	5,0	6,0	140
6,1	4,4	5,0	118
7,5	4,8	5,8	137
8,6	5,2	6,4	151
8,0	5,3	6,3	148
9,0	5,5	6,8	159
7,9	5,2	6,2	145
8,8	5,5	6,7	157
8,2	5,7	6,6	156
8,9	6,1	7,2	169
9,5	6,2	7,5	176
9,0	6,3	7,3	172

Fig. 2

9 Bestimme die Nullstellen der Funktion.

a) $f(x) = 0{,}5x - 2{,}4$ b) $g(t) = 3t^2 - 3t - 4$ c) $f(x) = (1 - 2x)(x - 2)$
d) $f(s) = s^3 - 2s^2 + 5s$ e) $g(x) = (0{,}4x - 1{,}2)(x^2 + 4)$ f) $f(u) = u^4 + u^2 - 6$

10 a) Notiere den Funktionsterm der Funktion f mit $f(x) = (x - 5)(x + 8)(x + 0{,}5)$ als Polynom. Dividiere nacheinander durch die drei Linearfaktoren.
b) Dividiere den Funktionsterm auch durch $(x + 4)$. Was bedeutet das Ergebnis?

11 Gegeben ist die Funktion f mit $f(x) = \frac{1}{2}x + 2$.
a) Bestimme die Nullstelle von f.
b) Zeichne den Graphen von f und die Gerade $g: x = 6$ in ein gemeinsames Koordinatensystem.
c) Berechne den Flächeninhalt des Dreiecks, welches vom Graphen der Funktion f, der Geraden g und der x-Achse gebildet wird.
d) Gegeben ist die Funktion h mit $h(x) = \frac{1}{4}x + t$.
Wähle für t nacheinander die Werte 0,5, 1 und 4. Zeichne jeweils den Graphen der Funktion h und bestimme den Flächeninhalt des Dreiecks, welches vom Graphen von h, der Geraden $g: x = 6$ und der x-Achse gebildet wird.
e) Bestimme den Wert für t so, dass das Dreieck, das vom Graphen der Funktion h, der Geraden g und der x-Achse gebildet wird, flächengleich zum Dreieck aus Teilaufgabe c) ist.
f) Die Gerade $x = a$ $(a > -4)$ ist eine zu g parallele Gerade. Gib den Flächeninhalt F(a) der in Teilaufgabe c) betrachteten Fläche in Abhängigkeit von a an.
g) Die Zuordnung $a \rightarrow F(a)$ ist eine Funktion mit der Definitionsmenge $D_F = [-4; +\infty)$. Stelle eine Wertetabelle für F auf und zeichne den Graphen von F.

12 Ein Erdwall hat im Querschnitt betrachtet die Form einer Parabel (Fig. 1). Der Wall ist 2 m hoch und auf 1 m Höhe 10 m breit. Wie breit ist der Erdwall an seiner Basis?

13 Die Flugbahn einer Kugel beim Kugelstoßen wird beschrieben durch $f(x) = -0{,}08x^2 + 0{,}56x + 1{,}44$ (x und f(x) jeweils in m). Berechne die Stoßweite.

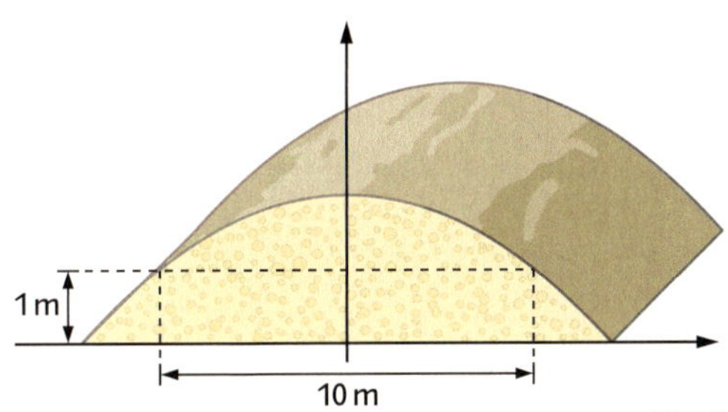

Fig. 1

14

- $f(x) = x^4 + 2x^2 - 1$
- $f(x) = x^5 - 2x$
- $f(x) = -x^3 + x^2$
- $f(x) = 6x^2 + 2$
- $f(x) = -x^2$
- $f(x) = -x^4 + 3x^3 + x^2$
- $f(x) = x^5 + 4x - 1$
- $f(x) = x^7 + 2x^3 - 8x$
- $f(x) = 3x + 1$
- $f(x) = x^3 - x^2$

a) Die Graphen welcher Funktionen sind achsensymmetrisch zur y-Achse?
b) Die Graphen welcher Funktionen sind punktsymmetrisch zum Ursprung $O(0|0)$?
c) Für welche der Funktionen gilt für $x \rightarrow \infty$ auch $f(x) \rightarrow \infty$?
d) Die Graphen welcher Funktionen verlaufen durch den Ursprung?

Wiederholen – Vertiefen – Vernetzen

15 Untersuche, ob die beschriebene Veränderung des Funktionsterms einer ganzrationalen Funktion f die Nullstellen von f verändert.
a) Der Funktionsterm von f wird mit 2 multipliziert.
b) Der Funktionsterm von f wird durch 2 dividiert.
c) Zum Funktionsterm von f wird 2 addiert.
d) Der Funktionsterm von f wird quadriert.

16 Gegeben ist die Funktion f mit $f(x) = -\frac{1}{2}x^3 + \frac{3}{2}x^2 + 18x + 16$.
a) Berechne die Nullstellen der Funktion f.
b) Bestimme den Schnittpunkt des Graphen von f mit der y-Achse.
c) Untersuche, ob der Graph von f symmetrisch zur y-Achse oder zum Koordinatenursprung verläuft.
d) Untersuche das Verhalten von f für $x \to \infty$ und $x \to -\infty$.
e) Berechne $f(-3)$, $f(4)$ sowie $f(6)$ und skizziere den Verlauf des Graphen von f.

17 Gegeben ist die Funktion f mit $f(x) = (x^2 - 4)\left(x^2 + \frac{1}{2}\right)$.
a) Berechne die Nullstellen der Funktion f.
b) Bestimme den Schnittpunkt des Graphen von f mit der y-Achse.
c) Untersuche, ob der Graph von f symmetrisch zur y-Achse oder zum Koordinatenursprung verläuft.
d) Untersuche das Verhalten von f für $x \to \infty$ und $x \to -\infty$.
e) Berechne $f(1{,}5)$ und skizziere den Verlauf des Graphen von f.

18 Emil und Tom haben die Eigenschaften einiger ganzrationaler Funktionen auf Kärtchen notiert.

(1) Der Graph von f ist symmetrisch zur y-Achse.

(5) f besitzt keine Nullstellen.

(4) f hat genau drei Nullstellen.

(3) Der Grad von f ist kleiner als 3.

(2) Für $x \to \pm\infty$ gilt $f(x) \to -\infty$.

a) Gib eine ganzrationale Funktion f an, welche die Eigenschaften (1) und (3) erfüllt, nicht aber die Eigenschaften (2) und (5).
b) Gib eine ganzrationale Funktion f an, welche die Eigenschaften (2) und (4) besitzt.
c) Gib eine ganzrationale Funktion f an, welche die Eigenschaft (4), nicht jedoch die Eigenschaft (2) besitzt.
d) Begründe, dass es keine ganzrationale Funktion f mit den Eigenschaften (3) und (4) geben kann.

19 Gegeben ist die Funktion f mit $f(x) = \frac{1}{8}x^4 - x^2 - \frac{9}{8}$.
a) Weist der Graph von f eine spezielle Symmetrie auf?
b) Bestimme die Schnittpunkte des Graphen mit den Koordinatenachsen.
c) Fertige mithilfe der Ergebnisse aus den Teilaufgaben a) und b) eine Skizze des Graphen an.
d) Wie muss der Graph von f verschoben werden, damit er genau drei gemeinsame Punkte mit der x-Achse hat? Gib die Koordinaten dieser Punkte an.

Zur historischen Entwicklung des Funktionsbegriffes

Das Wort „functio“ tritt erstmals 1673 in einem Manuskript von Gottfried Wilhelm Leibniz auf. Er gebraucht dort „Funktion“ im Sinne von „eine Funktion haben“. So hat z.B. eine Tangente die Funktion, eine Kurve in einem Punkt zu berühren. Die erste Definition stammt von Johann Bernoulli. In einer Arbeit aus dem Jahre 1718, die in Paris veröffentlicht wurde, schreibt er:

Gottfried Wilhelm Leibniz (1646 – 1716)

„On appelle ici Fonction d'une grandeur variable, une quantité composée de quelque manière que ce soit de cette grandeur variable & de constantes.“

„Man nennt Funktion einer veränderlichen Größe eine Größe, die auf irgendeine Weise aus dieser veränderlichen Größe und aus Konstanten zusammengesetzt ist.“
In heutiger Sprechweise definiert Bernoulli also eine Funktion als Term.

Johann Bernoulli (1667 – 1748)

Im Jahre 1748 erscheint die „Introductio“ von Leonhard Euler. In diesem epochemachenden Werk macht er den Funktionsbegriff zur Grundlage der Analysis. Er schreibt:

„§ 4. Functio quantitatis variabilis est expressio analytica quomodocunque composita ex illa quantitate variabili et numeris seu quantitatibus constantibus.“

„Eine Funktion einer veränderlichen Größe ist ein analytischer Ausdruck, der auf irgendeine Weise aus der veränderlichen Größe und aus Zahlen oder konstanten Größen zusammengesetzt ist.“

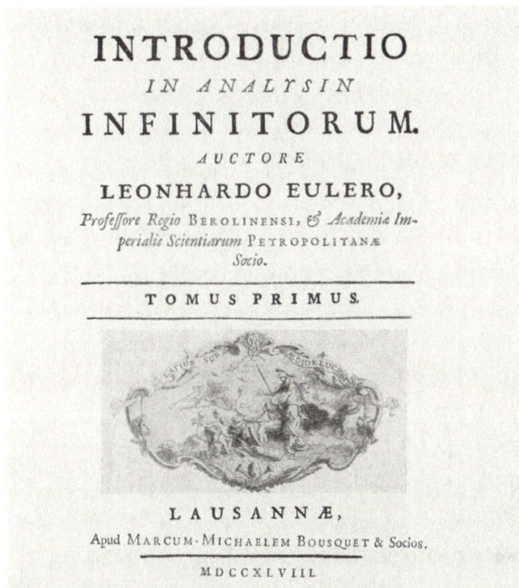

INTRODUCTIO
IN ANALYSIN
INFINITORUM.
AUCTORE
LEONHARDO EULERO,
Professore Regio Berolinensi, & Academiæ Imperialis Scientiarum Petropolitanæ Socio.
TOMUS PRIMUS.
LAUSANNÆ,
Apud Marcum-Michaelem Bousquet & Socios.
MDCCXLVIII.

Leonhard Euler (1707 – 1783)

Der Begriff „analytisch“ wird bei Euler nicht präzisiert. Sein Funktionsbegriff zielt auf eine gesetzmäßige Abhängigkeit zweier Größen, die durch einen Term mathematisch beschrieben wird.
In der Folgezeit werden durch Untersuchungen an der schwingenden Saite und besonders durch Arbeiten über die Wärmeleitung von Jean Baptiste Joseph Fourier Funktionen bekannt, die durch einen Term beschrieben werden können, deren Graphen aber Knicke und Sprünge haben.
Hierdurch sieht sich Johann Peter Gustav Lejeune Dirichlet genötigt, die Vorstellung einer gesetzmäßigen Abhängigkeit gänzlich aufzugeben und auch völlig „gesetzlose“ Zuordnungen zuzulassen. Auf ihn geht die moderne Auffassung des Funktionsbegriffs zurück.

Jean Baptiste Joseph Fourier (1768 – 1830)

„Eine Funktion heißt y von x, wenn jedem Werte der veränderlichen Größe x innerhalb eines gewissen Intervalles ein bestimmter Wert von y entspricht; gleichviel, ob y in dem ganzen Intervalle nach demselben Gesetze von x abhängt oder nicht; ob die Abhängigkeit durch mathematische Operationen ausgedrückt werden kann oder nicht.“

Johann Peter Gustav Lejeune Dirichlet (1805 – 1859)

Rückblick

Funktionen

Eine Zuordnung, die jedem Wert aus der Definitionsmenge D genau einen Wert aus der Wertemenge W zuordnet, nennt man Funktion.

Lineare Funktionen

Eine Funktion, deren Gleichung man in der Form $f(x) = mx + b$ $(m, b \in \mathbb{R})$ schreiben kann, heißt lineare Funktion. Der Graph einer linearen Funktion ist eine Gerade mit der Steigung m und dem y-Achsenabschnitt b.
Eine Parallele zur y-Achse hat die Gleichung $x = c$, eine zur x-Achse parallele Gerade hat die Gleichung $y = a$.

Steigung und Orthogonalität

Eine Gerade g durch die Punkte $P(x_P | y_P)$ und $Q(y_Q | y_Q)$ hat die Steigung $m = \frac{y_Q - y_P}{x_Q - x_P}$.
Zwei Geraden sind parallel, wenn $m_1 = m_2$ gilt.
Zwei Geraden sind orthogonal, wenn $m_1 \cdot m_2 = -1$ gilt.

gegeben: $P(-2{,}5 | 2)$, $Q(1{,}5 | 0)$

$$m = \frac{0 - 2}{1{,}5 - (-2{,}5)} = \frac{-2}{4} = -\frac{1}{2}$$

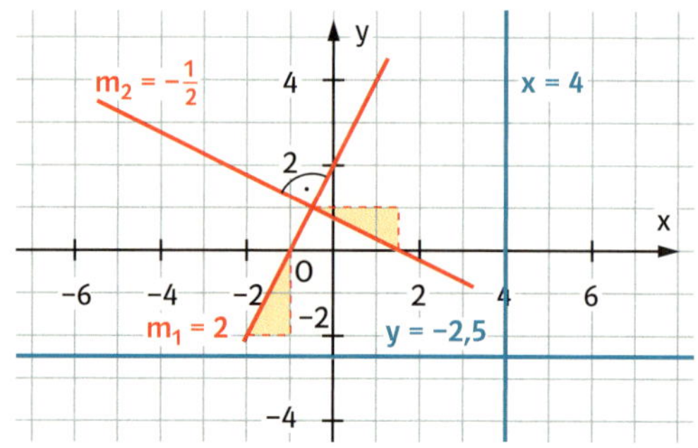

$$m_1 \cdot m_2 = 2 \cdot \left(-\frac{1}{2}\right) = -1$$

Quadratische Funktionen

Eine Funktion, deren Gleichung man in der Form $f(x) = ax^2 + bx + c$ $(a, b, c \in \mathbb{R},\ a \neq 0)$ bzw. $f(x) = a(x - d)^2 + e$ $(a, d, e \in \mathbb{R},\ a \neq 0)$ schreiben kann, heißt quadratische Funktion. Ihr Graph ist eine Parabel mit dem Scheitelpunkt $S(d | e)$.

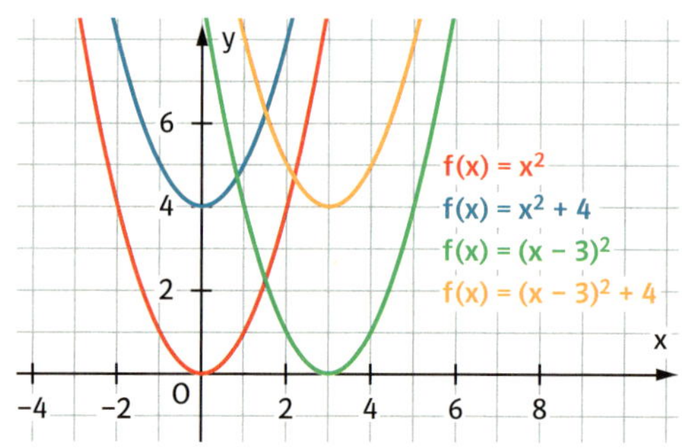

Ganzrationale Funktionen

Eine Funktion f, deren Gleichung man in der Form
$f(x) = a_n x^n + a_{n-1} x^{n-1} + \ldots + a_2 x^2 + a_1 x + a_0$ $(n \in \mathbb{R},\ a_n \neq 0)$
schreiben kann, heißt ganzrationale Funktion n-ten Grades.

Eigenschaften ganzrationaler Funktionen

- Nullstellen
  Eine Zahl x_1 mit $f(x_1) = 0$ heißt Nullstelle der Funktion f.
  Ist x_1 eine Nullstelle, dann ist $f(x) = g(x) \cdot (x - x_1)$. Der Funktionsterm von g ist ein Polynom vom Grad $n - 1$. Eine ganzrationale Funktion vom Grad n hat höchstens n Nullstellen.
- Verhalten für $x \to \pm\infty$
  Für $x \to \pm\infty$ wird das Verhalten einer ganzrationalen Funktion vom Summanden mit der höchsten Potenz von x bestimmt. Für betragsgroße x gilt $f(x) \approx a_n x^n$.
- Symmetrie
  Enthält der Funktionsterm einer ganzrationalen Funktion nur Potenzen mit geraden Exponenten, dann ist $f(x) = f(-x)$. Der Graph ist achsensymmetrisch zur y-Achse.
  Enthält der Funktionsterm nur Potenzen mit ungeraden Exponenten, dann ist $f(-x) = -f(x)$. Der Graph ist punktsymmetrisch zum Ursprung.

$f\colon x \to x^3 - 2x^2 - 5x + 6$
Der Grad von f ist 3.
$f(1) = 0$; Nullstelle: $x_1 = 1$

$$
\begin{aligned}
&(x^3 - 2x^2 - 5x + 6) : (x - 1) = x^2 - x - 6\\
&\underline{-(x^3 - x^2)}\\
&\quad -x^2 - 5x + 6\\
&\quad \underline{-(x^2 + x)}\\
&\qquad -6x + 6\\
&\qquad \underline{-(-6x + 6)}\\
&\qquad\qquad 0
\end{aligned}
$$

Aus $x^2 - x - 6 = 0$ ergeben sich die weiteren Nullstellen $x_2 = -2$ und $x_3 = 3$. Der Graph von f ist weder achsen- noch punktsymmetrisch.

Training

Runde 1

1 Gegeben ist die Funktion f mit $f(x) = \sqrt{9 - x^2} - 1$.
a) Gib die Definitionsmenge von f an.
b) Zeichne den Graphen von f für die angegebene Definitionsmenge mithilfe einer Wertetabelle.
c) Lies die Wertemenge von f aus der Zeichnung ab.

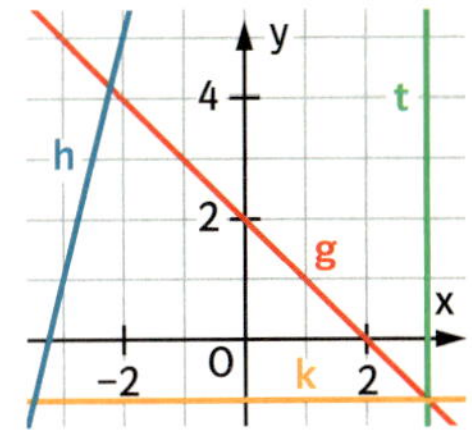

Fig. 1

2 Bestimme die Gleichungen der Geraden in Fig. 1.

3 Gegeben sind die Geraden $g: y = 2x - 1{,}5$ und $h: 2x + 5y = 9$.
a) Zeichne g und h in ein gemeinsames Koordinatensystem.
b) Entscheide rechnerisch, ob die Geraden g und h orthogonal zueinander sind.
c) Bestimme die Schnittpunkte von g und h mit der x-Achse.

4 Bestimme die Nullstellen der Funktion f.
a) $f(x) = x^2 - 4{,}5x - 17{,}5$ b) $f(x) = 0{,}5x^3 - x^2 - 4x$ c) $f(x) = \frac{1}{4}x^4 - \frac{3}{2}x^2 + 2$

5 Zeige, dass x_1 eine Nullstelle der Funktion f ist. Bestimme anschließend alle weiteren Nullstellen von f.
a) $f(x) = x^3 - x^2 - 3x - 1$; $x_1 = -1$ b) $f(x) = x^4 - 6x^3 + 11x^2 - 6x$; $x_1 = 3$

6 Gegeben ist die Funktion f mit $f(x) = x^3 - 21x - 20$.
a) Berechne die Schnittpunkte von f mit den Koordinatenachsen.
b) Untersuche den Graphen von f auf Symmetrie und gib das Verhalten von f für $x \to \pm\infty$ an.
c) Skizziere den Graphen von f.

Runde 2

1 a) Bestimme die Gleichung der Geraden g durch die Punkte $P(-3|5)$ und $Q(7|12)$.
b) Bestimme die Gleichung einer zu g parallelen Gerade h durch den Punkt $T(5|1)$.
c) Bestimme die Gleichung einer zu g orthogonalen Gerade k durch den Punkt $K(-14|8)$.

2 Berechne die Nullstellen und die Koordinaten des Scheitelpunktes.
a) $f(x) = (x - 5)(x + 2)$ b) $f(x) = 5x^2 - 7{,}5x$ c) $f(x) = 5x^2 - 8x - 21$

3 Bestimme alle Nullstellen der Funktion f und notiere die Linearfaktordarstellung des Funktionsterms.
a) $f(x) = 3x^3 - 25{,}5x^2 - 48x + 30$ b) $f(x) = x^4 + 2x^3 - 21x^2 - 22x + 40$

4 Untersuche die Funktion f auf Symmetrie.
a) $f(x) = -0{,}2x^3 + 6x$ b) $f(x) = (x - 1)^3$ c) $f(x) = (x^2 + 4)\left(x - \frac{1}{2}\right)$ d) $f(x) = 1 - 3x^4$

5 Für welchen Wert von k hat die quadratische Gleichung $5x^2 + 8x + k = 0$ zwei Lösungen, eine Lösung bzw. keine Lösung?

6 Eine Funktion f vom Grad 4 hat die Nullstellen $x_1 = -2$, $x_2 = 1$, $x_3 = 4$ und $x_4 = 0$.
Für $x \to +\infty$ und für $x \to -\infty$ gilt $f(x) \to -\infty$.
Notiere eine mögliche Gleichung der Funktion f.

Lösungen auf den Seiten 221–224.

Das kannst du schon

- Mit Potenzen rechnen
- Graphen und Terme interpretieren
- Funktionen und Terme mittels Tabelle, Graph oder mit Worten beschreiben

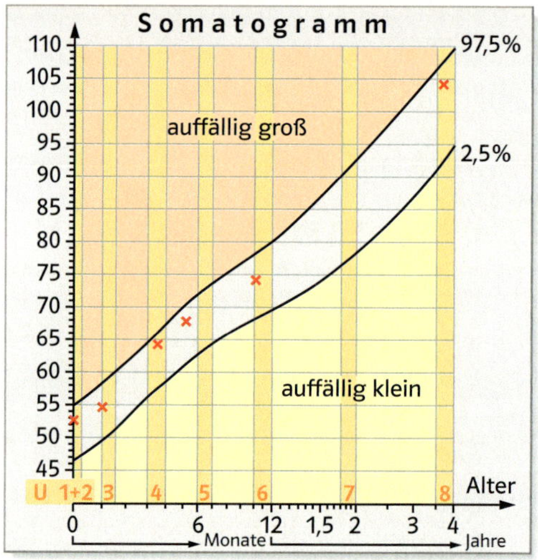

Somatogramm

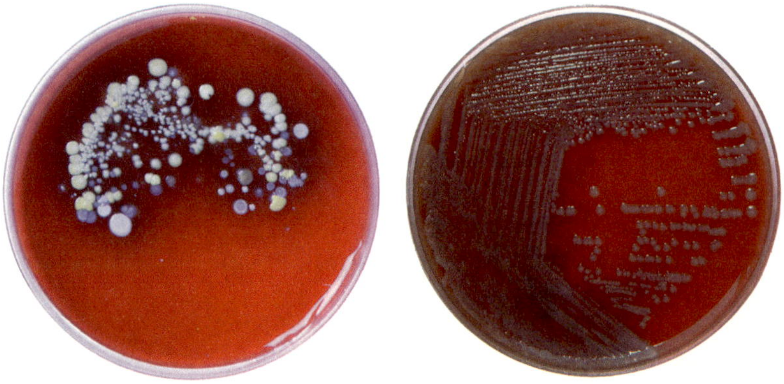
Bakterienwachstum in einer Petrischale

Wie viel mehr, wie viel weniger?

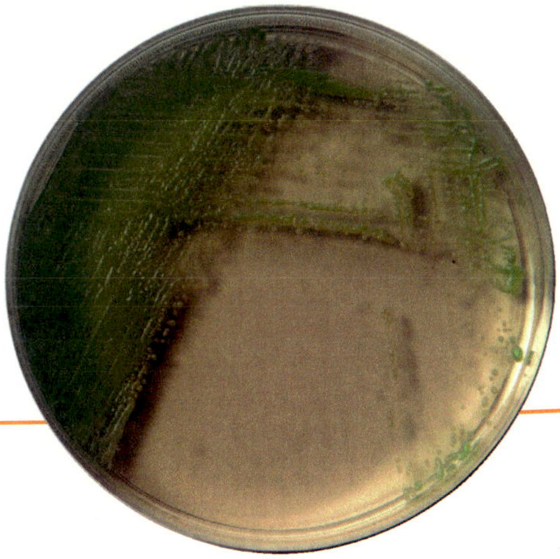

Das einzig Bleibende im Leben ist die Veränderung.

Laotse

Das kannst du bald

- Änderungen unterscheiden
- Exponentielles Wachstum verstehen
- Exponentialfunktionen bestimmen
- Wachstum rekursiv oder explizit beschreiben
- Mit Logarithmen rechnen

1 Wachstumsvorgänge

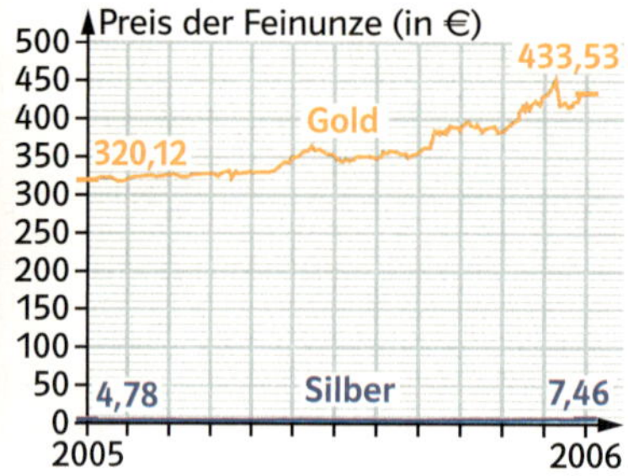

Frankfurt. Das Jahr 2005 war ein gutes Börsenjahr: Fast alle Aktienwerte sind deutlich gestiegen, ebenso die Preise für Edelmetalle. Wer am Jahresanfang Silber oder Gold besaß, durfte sich am Jahresende über einen beachtlichen Wertzuwachs freuen, wobei die Besitzer von Silber im Vergleich zu den Goldbesitzern noch größere Gewinne gemacht haben.

Bei vielen Größen verändert sich der **Bestand B** mit der Zeit, zum Beispiel die Einwohnerzahl einer Stadt oder das Körpergewicht eines Menschen.

Nach dem Konsum von Alkohol kann man diesen im Blut nachweisen. In einem Experiment wird nach dem Konsum die im Blut befindliche Alkoholmenge in jeweils gleichen Zeitabständen gemessen. Fig. 1 und Fig. 2 zeigen Messwerte für einen Erwachsenen nach dem Konsum von 50 g Alkohol (zum Beispiel etwa 1 Liter Bier).

Ein erwachsener Mensch hat etwa 5 Liter Blut. Der Alkoholgehalt in seinem Blut drei Stunden nach dem Verzehr eines Liters Bier beträgt also noch 0,9 g pro Liter Blut. Das sind etwa 0,9 Promille.

Zeit t nach Einnahme (in h)	Alkoholmenge B(t) (in g)
0	0
1	3,5
2	5,0
3	4,5
4	3,75
5	3,0
6	2,25

Fig. 1

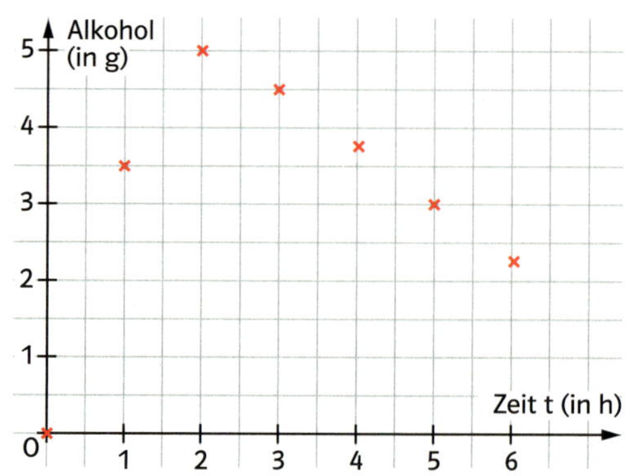

Fig. 2

Um zu beschreiben, wie schnell sich der Blutalkohol im Lauf der Zeit ändert, betrachtet man die Änderungen innerhalb von Zeitschritten. Dabei kann man unterschiedlich vorgehen.

1. Man betrachtet die **(absolute) Änderung** für einen Zeitschritt. Dazu berechnet man die Differenz der Werte.
Änderung von der 1. zur 2. Stunde:
$B(2) - B(1) = 5{,}0 - 3{,}5 = 1{,}5$
Die Alkoholmenge im Blut nimmt von der 1. zur 2. Stunde um 1,5 g zu.
Änderung von der 2. zur 3. Stunde:
$B(3) - B(2) = 4{,}5 - 5{,}0 = -0{,}5$
Die Alkoholmenge im Blut nimmt von der 2. zur 3. Stunde um 0,5 g ab.

2. Man betrachtet die **relative** oder **prozentuale Änderung** für einen Zeitschritt.
Relative Änderung von der 1. zur 2. Stunde:
$\frac{B(2) - B(1)}{B(1)} = \frac{1{,}5}{3{,}5} \approx 0{,}43 = 43\,\%$
Die Alkoholmenge im Blut nimmt von der 1. zur 2. Stunde um 43 % zu.
Relative Änderung von der 2. zur 3. Stunde:
$\frac{B(3) - B(2)}{B(2)} = \frac{-0{,}5}{5} = -0{,}1 = -10\,\%$
Die Alkoholmenge im Blut nimmt von der 2. zur 3. Stunde um 10 % ab.

Wie im Beispiel kann der Bestand zu- oder abnehmen. Solche Veränderungen fasst man unter dem Begriff **Wachstum** zusammen.

Für jeden Zeitschritt zwischen zwei Zeitpunkten n und $n+1$ kann man das **Wachstum** eines Bestandes B auf verschiedene Weisen beschreiben.

1. Man gibt die **absolute Änderung** als Differenz $d = B(n+1) - B(n)$ von aufeinanderfolgenden Werten an.
2. Man gibt die **relative** oder **prozentuale Änderung** als Quotient $p = \frac{B(n+1) - B(n)}{B(n)}$ an.

Beispiel

Die öffentlichen Ausgaben in Deutschland für die Jahre 2002, 2003 und 2004 betrugen 993 Milliarden €, 1001 Milliarden € und 990 Milliarden €.

a) Gib jeweils die jährliche Änderung und die jährliche prozentuale Änderung an.

b) Die Ausgaben für 2005 änderten sich gegenüber 2004 um 0,6%. Bestimme die Höhe der Ausgaben für 2005.

Lösung:

a)

	2003 gegenüber 2002	2004 gegenüber 2003
Änderung	8 Milliarden €	−11 Milliarden €
relative Änderung	$\frac{8}{993} \approx 0{,}0081$ Zunahme etwa 0,81%	$\frac{-11}{1001} \approx -0{,}011$ Abnahme etwa 1,1%

b) *Die Zunahme von 0,6% entspricht einer Multiplikation mit dem Faktor 1,006.*

$990 \cdot 1{,}006 \approx 996$ Die Ausgaben im Jahr 2005 betrugen etwa 996 Milliarden €.

Aufgaben

1 Berechne den Bestand nach zwei Zeitschritten.

a) Janika bekommt monatlich 20€ Taschengeld. Jedes Jahr soll es um 5€ erhöht werden.

b) Max verdient 10€ in der Stunde. Jedes Jahr soll der Stundenlohn um 5% steigen.

c) Eine Kerze wird angezündet. Jede Minute brennt sie um 2mm herunter.

d) Ein Computer kostet 1000€. Jedes Jahr verliert er die Hälfte seines Wertes.

e) Eine Hefekultur mit 5g Hefe verdreifacht stündlich ihre Masse.

2 Aus dem Wirtschaftsteil einer Zeitung:

A Der Umsatz des Unternehmens hat sich im letzten Jahr von 3,2 Millionen € auf 3,45 Millionen € erhöht.

B Der Gewinn der Firma betrug im letzten Jahr 560 000€ und hat sich in diesem Jahr um 7,8% verringert.

C Im abgelaufenen Jahr wurden 45 600 Geräte verkauft. Das war gegenüber dem vorausgegangenen Jahr eine Steigerung von 6500. Auch im kommenden Jahr sollen wieder 6500 Geräte mehr verkauft werden.

D In diesem Jahr konnte die Verschuldung um 8% auf 62 000€ gedrückt werden. Auch im kommenden Jahr ist eine Verringerung der Schulden um 8% geplant.

a) Bestimme für A die absolute Änderung und die relative Änderung.

b) Wie groß ist bei B der Gewinn in diesem Jahr?

c) Bestimme für C die prozentualen Änderungen im abgelaufenen bzw. kommenden Jahr.

d) Bestimme für D die Änderungen im abgelaufenen bzw. kommenden Jahr.

3 In Fig. 1 ist ein Wachstumsvorgang in Zeitschritten von einer Stunde grafisch dargestellt.
a) Bestimme die absolute und die prozentuale Änderung für jeden Zeitschritt.
b) Ist der Zeitschritt mit der größten absoluten Zunahme auch derjenige mit der größten prozentualen Zunahme? Begründe.
c) Die prozentuale Änderung von der 5. zur 6. Stunde beträgt −20%. Wie groß ist B(6)?

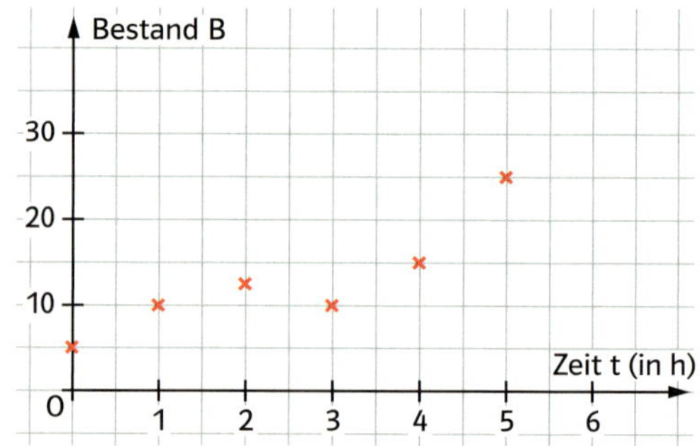

Fig. 1

4 a) Für einen Bestand gilt B(1) = 1,6. Er nimmt von n = 1 zu n = 2 um 12% zu. Berechne B(2).
b) Für einen Bestand gilt B(8) = 34. Er nimmt von n = 8 zu n = 9 um 4,3% ab. Berechne B(9).
c) Ein Bestand nimmt von n = 4 zu n = 5 um 7,5% auf B(5) = 12,8 zu. Berechne B(4).

Bist du sicher?

1 Die Tabelle zeigt die Entwicklung eines Bestandes. Bestimme für jeden Zeitschritt die Änderung und die prozentuale Änderung.

n	0	1	2	3	4
B(n)	80	76	80	100	80

2 Für einen Wachstumsvorgang gilt B(8) = 2500. Bestimme B(9), wenn für den Zeitschritt von n = 8 zu n = 9 gilt:
a) Die relative Änderung ist −25%.
b) Die relative Zunahme ist 0,3%.
c) Die Änderung ist 8.
d) Die relative Änderung ist 100%.

5 Die Grafik in Fig. 2 zeigt die Entwicklung der Anzahl von DSL-Anschlüssen in Deutschland.
a) In welchem Zeitschritt ist die absolute Änderung am größten, in welchem die relative Änderung?
b) Wie kann es vorkommen, dass der Zeitschritt mit der größten absoluten Änderung nicht mit dem Zeitschritt mit der größten relativen Änderung übereinstimmt?

Fig. 2

6 Auf dem Meer verursachen die Gezeiten einen Wechsel von Niedrigwasser zu Hochwasser in etwa 6 Stunden. Die Tabelle zeigt den Pegelstand h (in m) für Helgoland für die Zeit t (in h) nach Niedrigwasser. Zwischen t = 6 und t = 12 sinkt die Wasserhöhe entsprechend wieder auf h = 0,4.

t	0	1	2	3	4	5	6
h(t)	0,4	0,5	0,85	1,45	1,9	2,2	2,4

a) Stelle die Entwicklung der Wasserhöhe von t = 0 bis t = 12 grafisch dar.
b) Bestimme die Wasserhöhe für t = 22 und die absolute Änderung von t = 22 zu t = 23.
c) Die Differenz der Pegelstände von Niedrigwasser und Hochwasser bezeichnet man als Tidenhub. Berechne für t = 0 bis t = 6 die relative Änderung des Wasserstands in Bezug auf den Tidenhub.

2 Lineares und exponentielles Wachstum

Herr Mayer sieht jeden Morgen nach den Goldfischen in seinem Teich. An einem Samstag stellt er fest, dass $1\,m^2$ des $64\,m^2$ großen Teichs mit Algen bedeckt ist. Schon einen Tag darauf sind es $2\,m^2$. Da für die Fische eine algenfreie Oberfläche überlebenswichtig ist, nimmt er sich für den nächsten Samstag eine Reinigung vor.

In einem Wildtierpark hat man in drei aufeinanderfolgenden Jahren den Bestand an Gnus gezählt. Anfangsbestand: 30 000; nach einem Jahr: 33 000; nach zwei Jahren: 36 100.
Die Verwaltung des Tierparks versucht, die weitere Entwicklung der Gnuanzahl vorherzusagen, also eine Prognose zu erstellen. Dabei kann man verschiedene Ergebnisse erhalten.

Prognose 1:
Man vermutet als Ursache des Anstiegs eine gleichbleibende Zuwanderung aus umliegenden Gebieten.
Die Prognose lautet:
Die Anzahl der Gnus wird jährlich um ca. 3000 zunehmen.

Prognose 2:
Man vermutet als Ursache die Abnahme der Anzahl von Raubtieren, sodass immer mehr Gnus Junge aufziehen können.
Die Prognose lautet:
Die Anzahl der Gnus wird jährlich um ca. 10 % des aktuellen Bestandes zunehmen.

prognosis *(griech.): Vorhersage, Voraussage*

Kennt man den Bestand B(n) nach n Jahren, so lässt sich hieraus bei beiden Prognosen der Bestand B(n + 1) nach n + 1 Jahren berechnen.

$B(n+1) = B(n) + 3000$

$B(n+1) = B(n) + B(n) \cdot 0{,}1 = B(n) \cdot (1 + 0{,}1) = B(n) \cdot 1{,}1$

Schrittweise **(rekursiv)** ergibt sich also für den Bestand B(n):

recurrere *(lat.): zurückgehen*

n (in Jahren)	0	1	2	3	...	10
B(n) (in Tsd.)	30	33	36	39	...	60

+3000 +3000 +3000 +3000

n (in Jahren)	0	1	2	3	...	10
B(n) (in Tsd.)	30	33	36,3	39,9	...	77,8

· 1,1 · 1,1 · 1,1 · 1,1

Bei Prognose 1 wird davon ausgegangen, dass die Anzahl jährlich hinzukommender Gnus konstant ist. Einen solchen Vorgang bezeichnet man als **lineares Wachstum**.
Prognose 2 bedeutet, dass die Anzahl der Gnus jährlich um den gleichen Faktor wächst. Einen solchen Vorgang bezeichnet man als **exponentielles Wachstum**.
Beide Entwicklungen lassen sich auch grafisch darstellen:

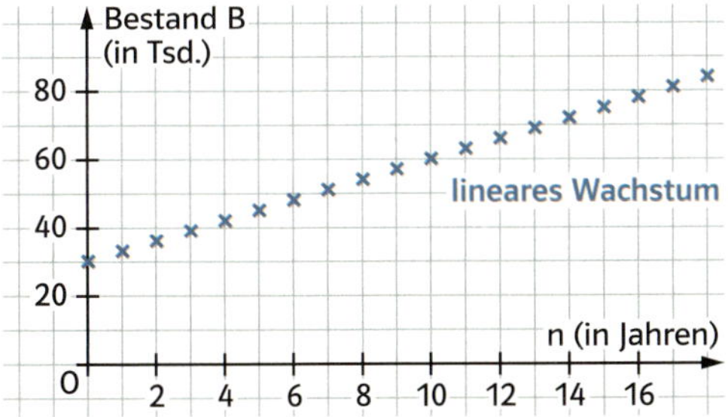

Fig. 1

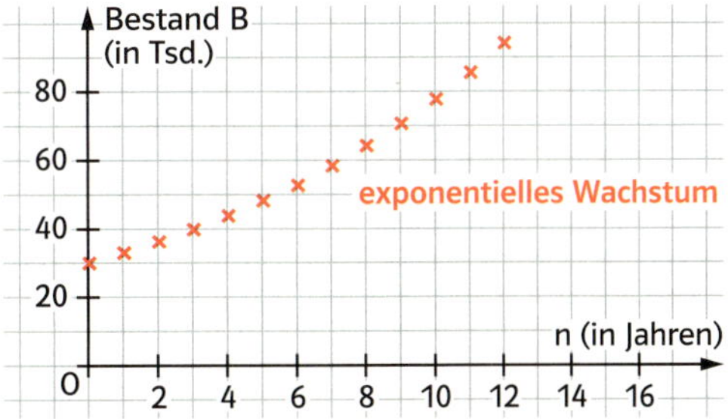

Fig. 2

Bei der grafischen Darstellung von linearem Wachstum liegen die Punkte auf einer Geraden. Deshalb heißt es „lineares“ Wachstum.

explicare *(lat.): entwickeln*

Der Bestand B(n) lässt sich auch direkt **(explizit)** aus dem Anfangsbestand B(0) berechnen.

$B(0) = 30\,000$
$B(1) = B(0) + 3000 = 33\,000$
$B(2) = B(1) + 3000$
$\quad = B(0) + 2 \cdot 3000 = 36\,000$
$B(3) = B(2) + 3000$
$\quad = B(0) + 3 \cdot 3000 = 39\,000$
Der Bestand nach n Jahren beträgt
$B(n) = B(0) + n \cdot 3000.$

$B(0) = 30\,000$
$B(1) = B(0) \cdot 1{,}1 = 33\,000$
$B(2) = B(1) \cdot 1{,}1$
$\quad = B(0) \cdot 1{,}1^2 = 36\,300$
$B(3) = B(2) \cdot 1{,}1$
$\quad = B(0) \cdot 1{,}1^3 = 39\,930$
Der Bestand nach n Jahren beträgt
$B(n) = B(0) \cdot 1{,}1^n.$

Bei linearem Wachstum ist die Differenz der Bestände zweier aufeinanderfolgender Jahre $d = B(n+1) - B(n) = B(n) - B(n-1)$ konstant; diese nennt man **Wachstumsrate.**
Bei exponentiellem Wachstum ist die relative Änderung $p = \frac{B(n) - B(n-1)}{B(n-1)}$ konstant. Der Bestand $B(n-1)$ ändert sich dabei um $p \cdot B(n-1)$. Es gilt: $B(n) = B(n-1) + p \cdot B(n-1)$ $= B(n-1) \cdot (1+p)$. Da sich p nicht ändert, ist auch das Verhältnis der Bestände zweier aufeinanderfolgender Jahre $q = (1+p) = \frac{B(n)}{B(n-1)}$ konstant. Dieses Verhältnis nennt man **Wachstumsfaktor**.

Der Wachstumsfaktor q ist stets positiv.
$0 < q < 1$: Abnahme
$q > 1$: Zunahme

Eine negative Wachstumsrate d bedeutet Abnahme.

Lineares Wachstum
Die Differenz $d = B(n) - B(n-1)$ ist konstant und heißt Wachstumsrate.
rekursive Berechnung:
$B(n) = B(n-1) + d$
explizite Berechnung:
$B(n) = B(0) + n \cdot d$

Exponentielles Wachstum
Der Quotient $q = \frac{B(n)}{B(n-1)}$ ist konstant und heißt Wachstumsfaktor.
rekursive Berechnung:
$B(n) = q \cdot B(n-1)$
explizite Berechnung:
$B(n) = B(0) \cdot q^n$

Beispiel 1 Unterscheiden von linearem und exponentiellem Wachstum
Untersuche für beide Tabellen, ob lineares oder exponentielles Wachstum vorliegt und begründe deine Entscheidung. Berechne jeweils B(14).

n	0	1	2	3	4	5
B(n)	9,4	8,2	7,0	5,8	4,6	3,4

n	0	1	2	3	4
B(n)	1,6	2,0	2,5	3,125	3,906

Lösung:
Die Differenz d aufeinanderfolgender Bestände ist immer $d = -1{,}2$. Es handelt sich um lineares Wachstum (lineare Abnahme).
Es gilt $B(14) = 9{,}4 + 14 \cdot (-1{,}2) = -7{,}4$.

Der Quotient q aufeinanderfolgender Bestände ist immer $q = 1{,}25$. Es handelt sich um exponentielles Wachstum (exponentielle Zunahme).
Es gilt $B(14) = 1{,}6 \cdot 1{,}25^{14} \approx 36{,}38$.

Beispiel 2 Beschreiben von exponentieller Abnahme
In einem Testbericht steht: „Das Auto kostet neu 24 800 €. Es ist mit einer Wertminderung von jährlich 18 % des jeweiligen Restwerts zu rechnen."
a) Stelle die Entwicklung des Fahrzeugwertes für die ersten fünf Jahre in einer Tabelle zusammen.
b) Berechne den Restwert des Fahrzeugs nach zehn Jahren.

Lösung:
a) In jedem Jahr ist die prozentuale Änderung $p = -0{,}18$ gleich. Es handelt sich um exponentielles Wachstum. Der Wachstumsfaktor ist $q = -0{,}18 + 1 = 0{,}82$.
Es gilt: $B(1) = 0{,}82 \cdot 24\,800 = 20\,336$; $B(2) = 0{,}82 \cdot 20\,336 \approx 16\,676$ usw.

n (in Jahren)	0	1	2	3	4	5
Wert (in €)	24800	20336	16676	13674	11213	9194

b) Für den Fahrzeugwert nach zehn Jahren gilt: $B(10) = 24\,800 \cdot 0{,}82^{10} \approx 3409$.
Nach zehn Jahren ist das Auto noch etwa 3400 € wert.

Aufgaben

1 Handelt es sich um lineares oder um exponentielles Wachstum? Berechne B(20).

a)

n	0	1	2	3	4	5
B(n)	1	3	5	7	9	11

b)

n	0	1	2	3	4	5
B(n)	1	2	4	8	16	32

c)

n	0	1	2	3	4	5
B(n)	2	3,6	6,48	11,66	21,00	37,79

d)

n	0	1	2	3	4	5
B(n)	10	8	6,4	5,12	4,10	3,28

2 Untersuche, ob es sich bei den Wachstumsprozessen um lineares oder um exponentielles Wachstum oder um keines von beiden handelt.
Bestimme B(5).

Auch Sachverhalte, bei denen keine Zeitschritte auftreten, lassen sich als Wachstumsvorgänge auffassen.

	n = 0	n = 1	n = 2	n = 3
a) B(n) ist die Anzahl der Streichhölzer.				
b) B(n) ist die Anzahl der Würfelchen.				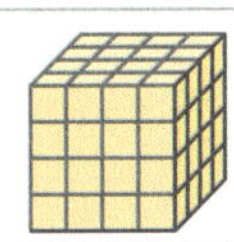

3 Ein Bestand mit dem Anfangswert $B(0) = 5000$ nimmt monatlich um 4 % ab.
a) Stelle die Entwicklung des Bestandes in den ersten 12 Monaten in einer Tabelle dar.
b) Wie groß ist jeweils die Änderung, wie groß die prozentuale Änderung des Bestandes von $n = 0$ zu $n = 1$ bzw. von $n = 20$ zu $n = 21$?

4 Handelt es sich um lineares oder um exponentielles Wachstum? Berechne B(1) bis B(6) und B(12). Erläutere, was B(12) im gegebenen Zusammenhang bedeutet.
a) Der Umsatz im Januar beträgt $B(1) = 100\,000$ €. Er erhöht sich monatlich um 3000 €.
b) Babys wiegen bei der Geburt durchschnittlich 3200 g. Sie nehmen wöchentlich um 4 % zu.
c) Die Schulden einer Firma betragen zurzeit 1 Million Euro. Es ist beabsichtigt, die Schulden von Jahr zu Jahr zu halbieren.

5 Bei einem exponentiellen Wachstumsvorgang ist der Anfangsbestand $B(0) = 200$.
Bestimme B(6) bei
a) einem Wachstumsfaktor von 1,2,
b) einer prozentualen Zunahme von 25 %,
c) einer prozentualen Abnahme von 15 %,
d) einem Wachstumsfaktor von 0,92.

Bist du sicher?

1 Untersuche, ob lineares oder exponentielles Wachstum vorliegt. Berechne B(9).

a)

n	0	1	2	3	4
B(n)	33,00	29,70	26,73	24,06	21,65

b)

n	0	1	2	3	4
B(n)	5,03	4,88	4,73	4,58	4,43

2 Martinas Uhr geht gegenüber einer Funkuhr in einer Woche um 5 s vor. Im Moment geht sie bereits 15 s vor. Nach wie vielen Wochen beträgt die Abweichung 1 min?

3 Eine Wohnung kostet 120 000 €. Stelle die Wertentwicklung für die nächsten sechs Jahre zusammen und berechne den Wert in 20 Jahren unter der Annahme, dass der Wert
a) jährlich um 2400 € sinkt,
b) jährlich um 1,5 % steigt.

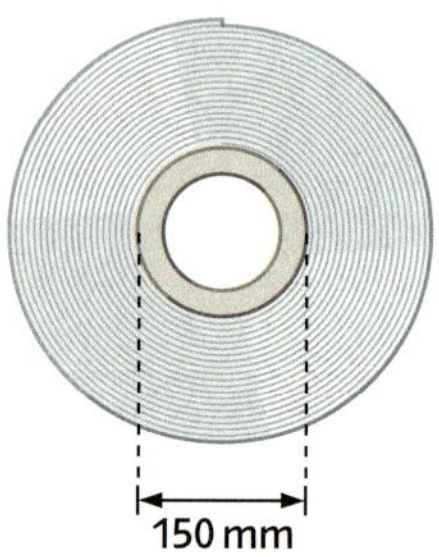

Fig. 1

6 Papier mit einer Stärke von 0,2 mm wird auf eine Rolle gewickelt (Fig. 1).
a) Auf welchen Durchmesser wächst die Rolle mit x Lagen an?
b) Wie viele Lagen sind auf der Rolle, wenn der Durchmesser 1,80 m beträgt?

7 Nach dem Besuch eines Weinfestes hat Herr Rompel um Mitternacht einen Blutalkoholspiegel von 1,5 ‰. Jede Stunde wird der Alkoholgehalt im Blut um 0,15 ‰ abgebaut. Morgens um 7 Uhr will er mit dem Auto zur Arbeit fahren. Droht ihm bei einem Unfall Führerscheinentzug, weil mehr als 0,3 ‰ Alkohol im Blut nachgewiesen werden können?

8 Bei einer Kiefer bilden sich in der Regel jährlich an jedem Zweigende fünf neue Triebe. Ein junger Kiefernast hat drei Zweigenden. Mit wie vielen Enden kann man nach einem Jahr rechnen, mit wie vielen nach zwei, drei bzw. vier Jahren?

9 Die Papierformate nach DIN entstehen durch fortlaufendes Halbieren. So ergibt etwa ein DIN-A4-Blatt beim Halbieren zwei DIN-A5-Blätter. Ein DIN-A0-Blatt hat einen Flächeninhalt von 1 m². Berechne den Flächeninhalt eines DIN-A3- (A4-, A5-) Blattes.

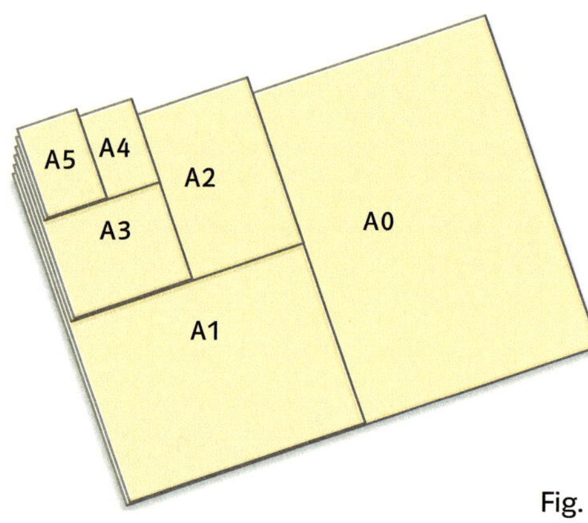

Fig. 2

10 Ein hängender Tropfstein in einer Höhle wächst jährlich um durchschnittlich 3 mm.
a) Der Tropfstein ist 1,062 m lang. Wie alt ist er vermutlich?
b) In wie vielen Jahren wird der Stein voraussichtlich 1,5 m lang sein?

Höhe über NN (in km)	Luftdruck (in hPa)
0	1013
1	899
2	795
3	701
4	616
5	540
6	472
7	411
8	356

Tab. 1

11 a) Der Luftdruck nimmt exponentiell mit der Höhe über dem Meeresspiegel ab. Überprüfe dies an Tab. 1 (NN: Normal-Null, also Meereshöhe; hPa: Hektopascal).
b) Um etwa wie viel Prozent nimmt der Luftdruck pro Kilometer Höhe ab?

12 Eine Seerosenart verdoppelt täglich die von ihr bedeckte Teichfläche. Am Anfang wird eine Seerose in einen Teich gepflanzt. Nach 30 Tagen ist der ganze Teich bedeckt.
a) Nach wie vielen Tagen ist der Teich zur Hälfte bedeckt?
b) Nach wie vielen Tagen ist der Teich vollständig bedeckt, wenn man am Anfang zwei Seerosen statt einer Seerose pflanzt?

3 Exponentialfunktionen

Christina: „Und wie viele Menschen lebten 1950?"
Stefanie: „Nimm doch einen Zwischenwert."
Christina: „Aber kurz vorher war doch der Zweite Weltkrieg!"

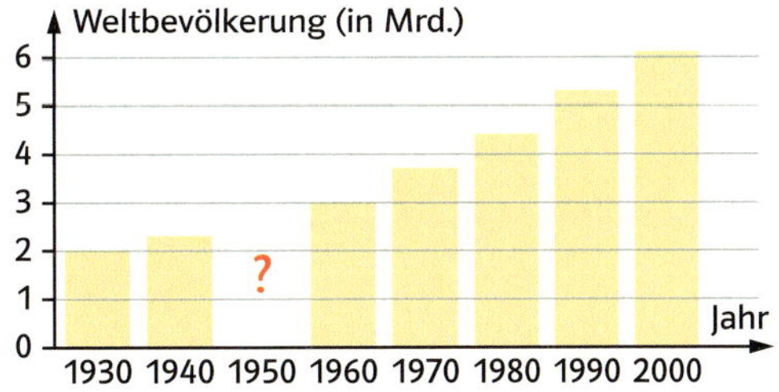

Bei einer Bakterienkultur wächst die Anzahl der Bakterien stündlich um 80%. Zu Beginn der Beobachtung wurden 50 Millionen Bakterien gezählt. Die Anzahl der Bakterien (in Millionen) nach n Stunden lässt sich also mit $B(n) = 50 \cdot 1{,}8^n$ berechnen.

Zeit (in Stunden)	0	1	2	3	4
Bestand (in Mio.)	50	90	162	291,6	524,88

(Zeit jeweils +1, Bestand jeweils $\cdot 1{,}8$)

Bestand (in Mio.) nach 1h: $B(1) = 90$
Bestand (in Mio.) nach 2h: $B(2) = 162$

Bei exponentiellem Wachstum gibt der Wachstumsfaktor a an, mit welcher Zahl man den jeweiligen Bestand multiplizieren muss, wenn die Zeit um eine Einheit wächst. Für exponentielles Wachstum gilt allgemein: Wächst die erste Größe (Zeit) um immer einen festen Betrag, so wächst die zweite Größe (Bestand) stets um den gleichen Faktor.

Damit kann man nun auch berechnen, wie viele Bakterien z.B. nach einer halben Stunde vorhanden sind. Der Bestand wächst stündlich um den Faktor 1,8. Innerhalb einer halben Stunde wächst er dann um den Faktor $1{,}8^{\frac{1}{2}}$, denn $1{,}8^{\frac{1}{2}} \cdot 1{,}8^{\frac{1}{2}} = 1{,}8^1$. Der Bestand nach einer halben Stunde kann also durch $B\left(\frac{1}{2}\right) = 50 \cdot 1{,}8^{\frac{1}{2}}$ berechnet werden. Nach einer weiteren halben Stunde beträgt der Bestand
$B\left(\frac{1}{2}\right) \cdot 1{,}8^{\frac{1}{2}} = 50 \cdot 1{,}8^{\frac{1}{2}} \cdot 1{,}8^{\frac{1}{2}} = 50 \cdot 1{,}8^1 = B(1)$.

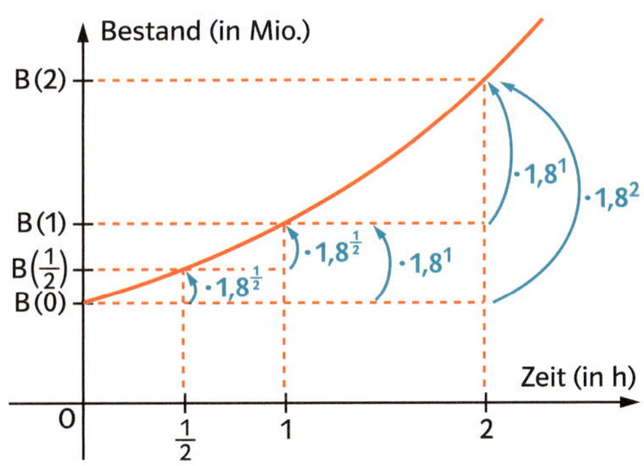

Zeit (in Stunden)	0	0,5	1	1,5	2
Bestand (in Mio.)	50	≈ 67,1	90	≈ 120,7	162

(Zeit jeweils $+\frac{1}{2}$, Bestand jeweils $\cdot 1{,}8^{\frac{1}{2}}$)

Bestand (in Mio.) nach $\frac{1}{2}$h: $B\left(\frac{1}{2}\right) \approx 67{,}1$
Bestand (in Mio.) nach 1,5h: $B(1{,}5) \approx 120{,}7$

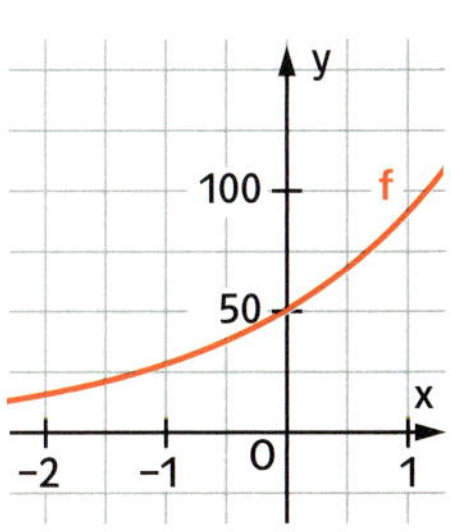

Das Wachstum kann also durch die Funktion f mit der Gleichung $f(x) = 50 \cdot 1{,}8^x$ beschrieben werden. Mithilfe der Funktionsgleichung lassen sich auch Bestände berechnen, die vor dem Beobachtungsbeginn vorhanden waren. Der Bestand eine Stunde vor Beobachtungsbeginn ist nämlich gleich $f(0) : 1{,}8 = f(0) \cdot 1{,}8^{-1} = f(-1)$. Analog ergibt sich für den Bestand 45 Minuten vor dem Beobachtungsbeginn: $f(0) : 1{,}8^{\frac{1}{4}} : 1{,}8^{\frac{1}{4}} : 1{,}8^{\frac{1}{4}} = f(0) \cdot 1{,}8^{-\frac{3}{4}}$ $= 50 \cdot 1{,}8^{-\frac{3}{4}} = f\left(-\frac{3}{4}\right)$.

Eine Funktion f mit der Gleichung $\mathbf{f(x) = b \cdot a^x}$ $(a > 0,\ a \neq 1)$ heißt **Exponentialfunktion**. Hierbei ist a der **Wachstumsfaktor** und b der Funktionswert an der Stelle $x = 0$. Er wird auch **Anfangswert** genannt.

Eigenschaften der Funktion f mit $f(x) = a^x$

1. Ist $a > 1$, so nehmen die Funktionswerte zu, wenn x größer wird; die Funktion ist **zunehmend**.
   Ist $0 < a < 1$, so nehmen die Funktionswerte ab, wenn x größer wird; die Funktion ist **abnehmend**.
2. Alle Graphen von f mit $f(x) = a^x$ verlaufen durch den Punkt $P(0\,|\,1)$.
3. Spiegelt man den Graphen von f mit $f(x) = a^x$ an der y-Achse, so erhält man den Graphen von g mit $g(x) = a^{-x} = \left(\frac{1}{a}\right)^x$.

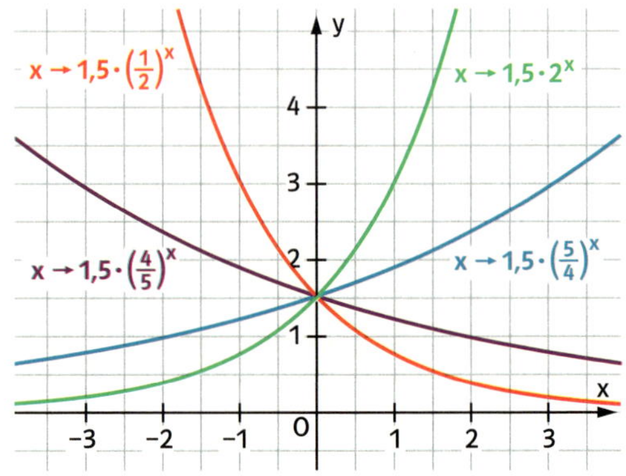

Streckung des Graphen

Den Übergang von der Funktion f mit $f(x) = a^x$ zur Funktion g mit $g(x) = b \cdot a^x$ kann man als Streckung des Graphen von f in Richtung der y-Achse mit dem Streckfaktor b auffassen, da alle Funktionswerte von f mit dem Faktor b multipliziert werden. Der Graph von g verläuft durch den Punkt $P(0\,|\,b)$.

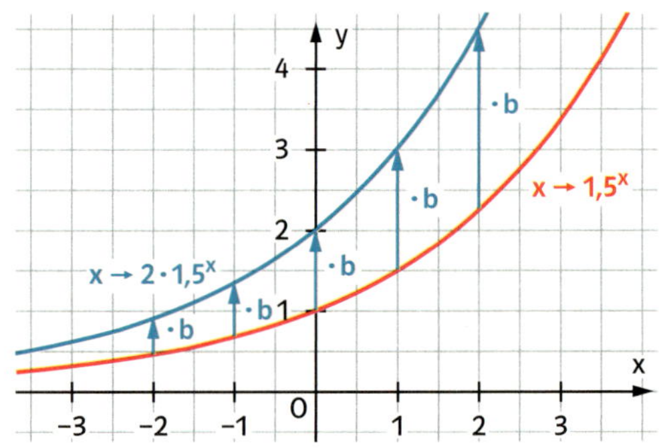

Beispiel

Bestimme die Gleichung einer Exponentialfunktion f mit $f(x) = a^x$, deren Graph durch

a) $P(3\,|\,5)$, b) $Q(-2\,|\,9)$

verläuft.

Lösung:

a) Aus $a^3 = 5$ folgt $a = \sqrt[3]{5}$, also $f(x) = \left(\sqrt[3]{5}\right)^x$. b) Aus $a^{-2} = 9$ folgt $a = \frac{1}{3}$, also $f(x) = \left(\frac{1}{3}\right)^x$.

Aufgaben

1 Der Graph einer Exponentialfunktion f mit $f(x) = a^x$ verläuft durch den Punkt P. Bestimme a und gib an, ob die Funktion zu- oder abnimmt.

a) $P(1\,|\,3)$ b) $P(1\,|\,0{,}25)$ c) $P(2\,|\,6)$ d) $P(-1\,|\,3)$

2 Zeichne den Graphen der Funktion f mithilfe einer Wertetabelle. Zeichne dann den Graphen von g durch Multiplikation der Funktionswerte von f mit dem Streckfaktor.

a) $f(x) = 1{,}2^x;\ g(x) = 3 \cdot 1{,}2^x$ b) $f(x) = 0{,}4^x;\ g(x) = 5 \cdot 0{,}4^x$ c) $f(x) = 2^x;\ g(x) = 0{,}3 \cdot 2^x$

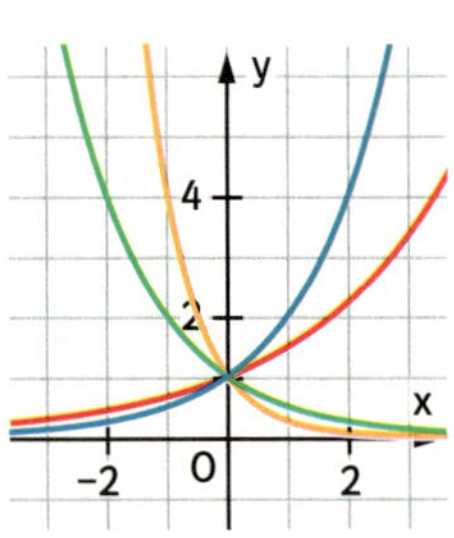

Fig. 1

3 Die Graphen in Fig. 1 gehören zu Exponentialfunktionen f mit $f(x) = a^x$. Bestimme jeweils den Wert von a.

Bist du sicher?

1 Zeichne die Graphen der Funktionen f, g, h und i und vergleiche sie miteinander.
a) $f(x) = 2^x$ b) $g(x) = 3 \cdot \left(\frac{1}{2}\right)^x$ c) $h(x) = -3 \cdot \left(\frac{1}{2}\right)^x$ d) $i(x) = \frac{1}{2} \cdot 2^x$

2 Hannah legt 1000 € auf einem Sparbuch zu einem Zinssatz von 2,5 % an.
a) Gib eine Funktion K an, mit der man das Kapital K(t) nach t Jahren berechnen kann.
b) Bestimme das Kapital nach einem, zwei bzw. dreieinhalb Jahren.

4 Zeichne für $x \geqq 0$ die Graphen von f und g mit $f(x) = 2^x$ und $g(x) = x^2$ in dasselbe Koordinatensystem. Untersuche, welche der beiden Funktionen „stärker zunimmt".

5 Ein Bestand kann näherungsweise durch die Funktion f mit $f(t) = 20 \cdot 0{,}95^t$ (t in Tagen) beschrieben werden.
a) Wie groß ist der Bestand nach 3; 4; 8; 16 bzw. 24 Stunden?
b) Wie groß war der Bestand vor einem, zwei bzw. drei Tagen?
c) Gib die tägliche und die wöchentliche Abnahme in Prozent an.

Info

Verschieben des Graphen in y-Richtung
Der Graph der Funktion h mit $h(x) = b \cdot a^x + e$ ist gegenüber dem Graphen der Funktion g mit $g(x) = b \cdot a^x$ um e Einheiten in Richtung der y-Achse verschoben, da zu jedem Funktionswert von g der Summand e addiert wird (Fig. 1).

Verschieben des Graphen in x-Richtung
Den Graphen der Funktion k mit $k(x) = b \cdot a^{x-d}$ erhält man, indem man den Graphen der Funktion g mit $g(x) = b \cdot a^x$ um d Einheiten in Richtung der x-Achse verschiebt (Fig. 2). Wegen $a^{x-d} = a^{-d} \cdot a^x = \frac{1}{a^d} \cdot a^x$ kann man diese Verschiebung auch als Streckung des Graphen von g in Richtung der y-Achse mit dem Faktor $\frac{1}{a^d}$ auffassen.

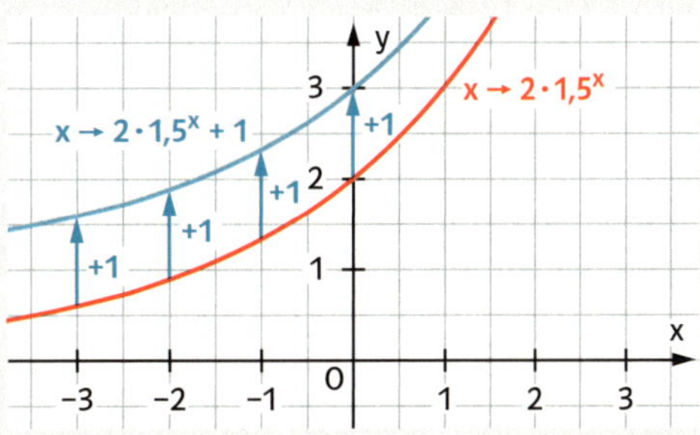

Fig. 1

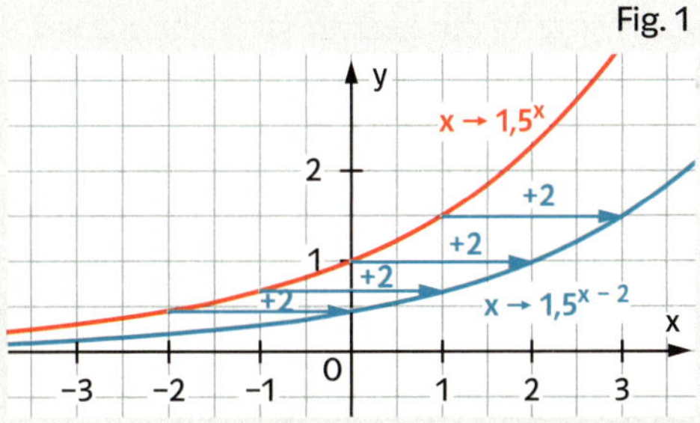

Fig. 2

Verschieben um 1 nach oben bedeutet e = 1.

Verschieben um 2 nach rechts bedeutet d = 2.

6 Ordne die Funktionen mit den angegebenen Gleichungen den Graphen am Rand zu.
a) $f(x) = 0{,}5^x$ b) $f(x) = 0{,}5^x + 2$ c) $f(x) = 0{,}5^{x-1}$ d) $f(x) = 0{,}5^{x-1} + 1$

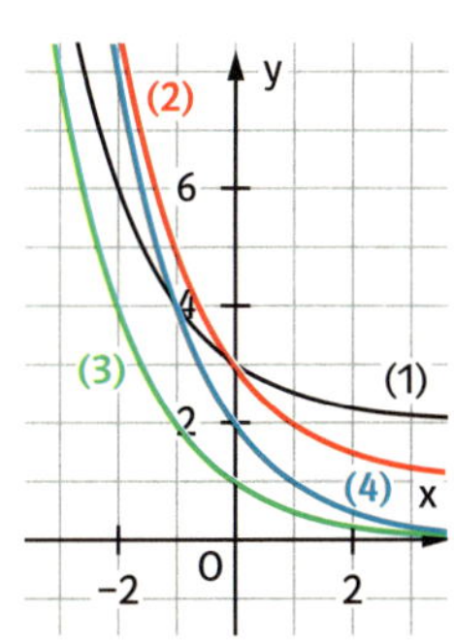

7 Wie ändert sich bei einer Funktion f mit $f(x) = a^x$ der Funktionswert f(x), wenn man
a) x um 1 vergrößert, b) x um 2 verkleinert, c) x verdoppelt,
d) x halbiert, e) x mit 3 multipliziert, f) x durch 3 dividiert?

8 Für welche Werte von a ist die Exponentialfunktion zunehmend, für welche Werte von a ist sie abnehmend?
a) $f(x) = (a + 1)^x$ b) $f(x) = (1 - a)^x$ c) $f(x) = \left(\frac{a}{2}\right)^x$ d) $f(x) = (3a)^x$

4 Bestimmung von Exponentialfunktionen

nach 1 Tag

nach 2 Tagen

nach 3 Tagen

Sina: „Ich habe ja ganz vergessen, die Linsen zu Beginn zu zählen!"

Exponentielles Wachstum lässt sich durch eine Exponentialfunktion f mit $f(x) = b \cdot a^x$ beschreiben. Kennt man den Bestand zu zwei Zeitpunkten, so lassen sich der Anfangswert b und der Wachstumsfaktor a bestimmen. Damit wird es möglich, den Bestand zu jedem beliebigen Zeitpunkt zu berechnen.

Salmonellen sind nur mithilfe des Mikroskops sichtbare Bakterien, die sich unter günstigen Bedingungen sehr schnell vermehren. Das Wachstum der Population verläuft exponentiell, lässt sich also durch eine Exponentialfunktion beschreiben. Morgens um 9 Uhr beträgt die Konzentration in einer frisch zubereiteten Speise 70 Salmonellen pro Gramm. Am frühen Nachmittag um 15 Uhr beträgt sie bereits etwa 18,35 Millionen Salmonellen pro Gramm.

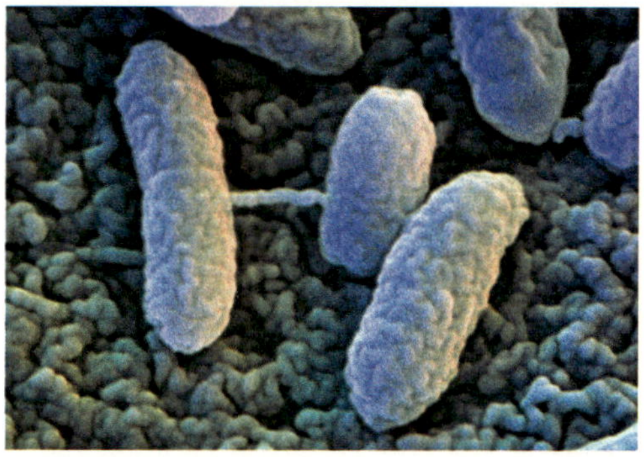

Grundsätzlich kann man den Beginn der Messung frei wählen.

Bezeichnet man mit x die Anzahl der Stunden seit Zubereitung der Speise und mit f(x) die Anzahl der Bakterien in der Speise, so gilt: $f(0) = 70$ und $f(6) = 18\,350\,000$. Setzt man diese Werte in die Funktionsgleichung ein, so erhält man die Gleichungen $70 = b \cdot a^0$ und $18\,350\,000 = b \cdot a^6$. Aus der ersten Gleichung ergibt sich direkt $b = 70$. Setzt man diesen Wert für b in die zweite Gleichung ein, so erhält man $18\,350\,000 = 70 \cdot a^6$. Damit erhält man $a^6 \approx 262\,143$ bzw. $a \approx \sqrt[6]{262\,143} \approx 8{,}0$.
Das Wachstum wird also näherungsweise durch $f(x) = 70 \cdot 8^x$ beschrieben.
Der Wachstumsfaktor beträgt $a \approx 8$. Das bedeutet, dass die Anzahl der Bakterien innerhalb einer Stunde auf das Achtfache wächst.

Zur Bestimmung des Anfangswertes b und des Wachstumsfaktors a der zum exponentiellen Wachstum gehörenden Funktion f mit der Gleichung $f(x) = b \cdot a^x$ genügt es, zwei beliebige Wertepaare zu kennen.

Besonders einfach ist die Bestimmung des Anfangswertes und des Wachstumsfaktors, wenn man neben dem Funktionswert von $x = 0$ auch den von $x = 1$ kennt. Unabhängig vom Wert von a und b gilt nämlich stets $f(0) = b \cdot a^0 = b$ und $f(1) = b \cdot a^1 = ab$, also $a = \frac{f(1)}{f(0)}$. Demzufolge verläuft der Graph der Funktion in jedem Fall durch die Punkte $P(0|b)$ und $Q(1|ab)$.

Beispiel 1
Bestimme a und b so, dass der Graph der Funktion f mit $f(x) = b \cdot a^x$ durch P und Q verläuft.

a) $P(0|1{,}5)$; $Q(1|1{,}8)$ b) $P(0|3)$; $Q(2|12)$ c) $P(-1|24)$; $Q(1{,}5|0{,}75)$

Lösung:

a) Da $P(0|1{,}5)$ auf dem Graphen liegt, ist $b = f(0) = 1{,}5$. Da auch der Funktionswert an der Stelle $x = 1$ bekannt ist, erhält man $a = \frac{f(1)}{f(0)} = \frac{1{,}8}{1{,}5} = \frac{6}{5} = 1{,}2$.

b) Da $P(0|3)$ auf dem Graphen liegt, ist $b = f(0) = 3$.
Setzt man die Koordinaten von Q in die Funktionsgleichung ein, so erhält man:

$12 = 3 \cdot a^2 \quad | : 3$

$4 = a^2$

Also ist $a = 2$, da $a > 0$ sein muss.

c) *Einsetzen in die Funktionsgleichung:* $b \cdot a^{-1} = 24$ und $b \cdot a^{1{,}5} = 0{,}75 = \frac{3}{4}$

Auflösen der 1. Gleichung nach b: $b = 24a$

Einsetzen in die 2. Gleichung: $24a \cdot a^{1{,}5} = \frac{3}{4}$

$a^{2{,}5} = \frac{1}{32}$ bzw. $a^{\frac{5}{2}} = \frac{1}{32}$

Potenzieren mit $\frac{2}{5}$, um a^1 zu erhalten: $a = \left(\frac{1}{32}\right)^{\frac{2}{5}} = \frac{1}{4}$

Berechnen von b durch Einsetzen in die 1. Gleichung: $b \cdot \left(\frac{1}{4}\right)^{-1} = 24$; $4b = 24$, also $b = 6$

Beispiel 2
Gegeben ist die Funktion f mit $f(x) = 2^{3x+5}$. Schreibe die Funktionsgleichung in der Form $f(x) = b \cdot a^x$.

Lösung:

Forme den Funktionsterm um; wende dazu die Potenzgesetze an:

$2^{3x+5} = 2^{3x} \cdot 2^5 = 2^5 \cdot (2^3)^x = 32 \cdot 8^x$, also $f(x) = 32 \cdot 8^x$.

Beispiel 3
a) Cäsium 137 hat eine Halbwertszeit von 33 Jahren. Gib den Wachstumsfaktor für ein Jahr an. Wie viel Prozent beträgt die jährliche Abnahme?
b) Zu Beginn einer Beobachtung sind 250 mg Cäsium 137 vorhanden. Bestimme die Exponentialfunktion, die den Zerfall von Cäsium 137 mit diesem Anfangswert beschreibt.

Bei der Reaktorkatastrophe von Tschernobyl im Jahr 1986 wurde neben Jod 131 vor allem Cäsium 137 freigesetzt.

Lösung:

a) *Der Zerfall des Cäsiums wird durch eine Funktion f mit $f(x) = b \cdot a^x$ beschrieben.*

Nach der Halbwertszeit T_H gilt: $b \cdot a^{T_H} = \frac{1}{2}b$

Einsetzen der gegebenen Halbwertszeit: $b \cdot a^{33} = \frac{1}{2}b$

Daraus folgt (da $b \neq 0$): $a^{33} = \frac{1}{2}$; $a = \left(\frac{1}{2}\right)^{\frac{1}{33}} \approx 0{,}979$

Aus $a \approx 0{,}979$ (= 97,9 %) ergibt sich eine jährliche Abnahme von etwa 2,1 %.

b) Anfangswert: $b = 250$ (mg); $f(x) = 250 \cdot 0{,}979^x$

Aufgaben

1 Bestimme a und b so, dass der Graph der Funktion f mit $f(x) = b \cdot a^x$ durch die Punkte P und Q verläuft.

a) $P(0|5)$, $Q(1|1)$ b) $P\left(0|\frac{1}{2}\right)$, $Q(1|1)$ c) $P(0|\sqrt{2})$, $Q(1|2)$
d) $P(2|1)$, $Q(3|5)$ e) $P(1|5)$, $Q(4|40)$ f) $P(5|24)$, $Q(8|3)$
g) $P(3|15)$, $Q(5|3)$ h) $P(0|b)$, $Q(1|d)$ i) $P(0|b)$, $Q(c|1)$

2 Zeichne in dasselbe Koordinatensystem die Graphen der Exponentialfunktionen $f(x) = \left(\frac{3}{2}\right)^x$, $f(x) = \frac{1}{2} \cdot \left(\frac{3}{2}\right)^x$, $f(x) = \frac{3}{2} \cdot \left(\frac{3}{2}\right)^x$, $f(x) = \frac{1}{2} \cdot \left(\frac{2}{3}\right)^x$, $f(x) = \left(\frac{2}{3}\right)^{x+1}$ und $f(x) = \frac{1}{2} \cdot \left(\frac{2}{3}\right)^{x+1}$.
Vergleiche die Graphen. Wie gehen sie auseinander hervor?

3 Fig. 1 bis Fig. 4 zeigen die Graphen von Exponentialfunktionen. Bestimme die zugehörigen Funktionsgleichungen.

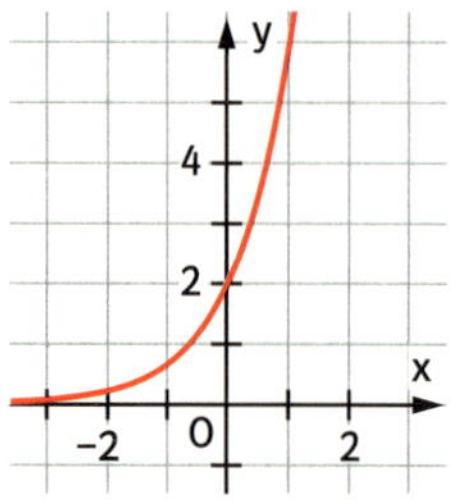

Fig. 1

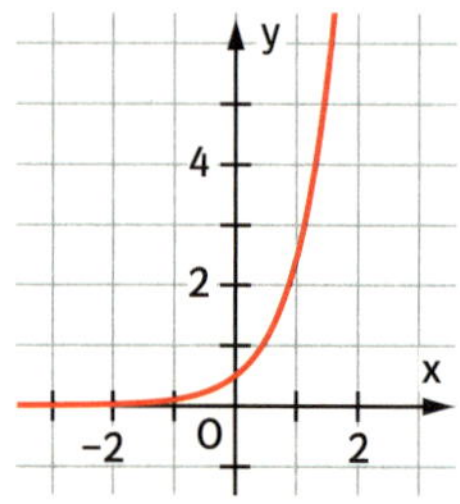

Fig. 2

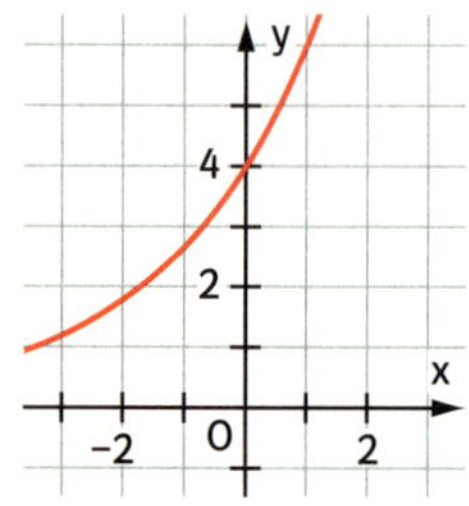

Fig. 3

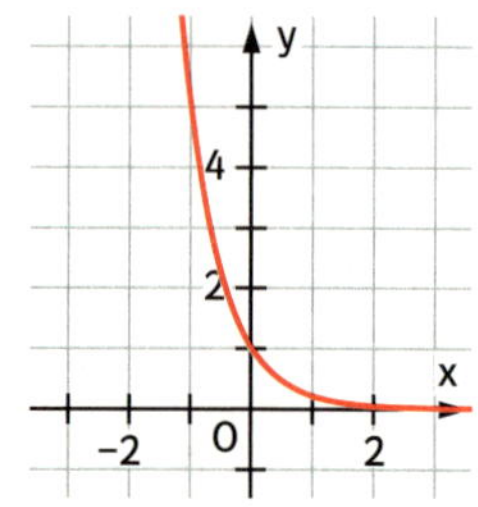

Fig. 4

4 Schreibe die Funktion in der Form $f(x) = b \cdot a^x$. Zeichne ihren Graphen.
a) $f(x) = 2^{x-1}$ b) $f(x) = 2^{2x}$ c) $f(x) = 2^{2x+4}$ d) $f(x) = \left(\frac{1}{2}\right)^{x-1}$
e) $f(x) = \left(\sqrt{2}\right)^{2x+4}$ f) $f(x) = \left(\sqrt{3}\right)^{4x-2}$ g) $f(x) = \left(\sqrt{2}\right)^{3x+5}$ h) $f(x) = \left(\sqrt[3]{5}\right)^{6x-3}$

5 In einem See verringert sich je 1 m Wassertiefe die Helligkeit (Beleuchtungsstärke) um 40 %. In 1 m Wassertiefe zeigt der Belichtungsmesser 3000 Lux.
a) Die Funktion *Tiefe → Beleuchtungsstärke* hat die Gleichung $f(x) = b \cdot a^x$. Bestimme a und b. Zeichne den Graphen.
b) Bestimme am Graphen, nach wie viel m jeweils die Beleuchtungsstärke halbiert wird.

Bist du sicher?

1 Der Graph der Exponentialfunktion f mit $f(x) = b \cdot a^x$ verläuft durch die Punkte P und Q. Bestimme die Koeffizienten a und b und prüfe, ob R auf dem Graphen liegt.
a) $P\left(0\middle|\frac{1}{2}\right)$, $Q(1|5)$, $R(2|10)$ b) $P(0|3)$, $Q(3|24)$, $R(2|12)$ c) $P(0|9)$, $Q\left(5\middle|\frac{1}{9}\right)$, $R(-2|27)$

2 Eine Wassermelone wiegt 0,3 kg. Sie verdoppelt unter idealen Bedingungen alle sechs Tage ihr Gewicht. Die Funktion *Zahl der Tage → Gewicht (in kg)* hat die Gleichung $f(x) = b \cdot a^x$. Bestimme a und b.

6 Strontium 90 hat eine Halbwertszeit von 28 Jahren. Zu Beginn der Beobachtung sind 100 mg vorhanden.
a) Gib den Wachstumsfaktor für ein Jahr an. Wie lautet die zugehörige Funktionsgleichung?
b) Wie viel mg Strontium 90 sind nach 50 Jahren noch vorhanden?

7 In einem zylindrischen Gefäß wird der Zerfall von Bierschaum untersucht. Die Höhe der Schaumsäule verringert sich alle 15 Sekunden um 9 %.
a) Um wie viel Prozent verringert sich die Höhe der Schaumsäule in einer Minute?
b) Zu Beginn der Beobachtung beträgt die Schaumhöhe 10 cm. Bestimme die Exponentialfunktion *Zeit (in min) → Schaumhöhe (in cm)*. Zeichne den Graphen.
c) Man spricht von „sehr guter Bierschaumhaltbarkeit“, wenn die Halbwertszeit des Schaumzerfalls größer als 110 Sekunden ist. Überprüfe am Graphen, ob sehr gute Bierschaumhaltbarkeit vorliegt.

8 Milchsäurebakterien (streptococcus lactis) verdoppeln ihre Anzahl bei 37 °C etwa jede halbe Stunde. Bestimme die Funktion *Zeit (in h) → Anzahl der Bakterien* für eine Bakterienkultur mit anfangs 100 Bakterien.

Lässt man frische Milch einige Tage offen stehen, so wird sie dickflüssig und schmeckt sauer; es ist Sauermilch entstanden. Dies ist auf eine Massenvermehrung von Milchsäurebakterien zurückzuführen. Auch zur Herstellung von Sauerkraut und Joghurt werden Milchsäurebakterien verwendet.

9 An einem Sommertag wird Apfelsaft aus dem Kühlschrank in ein Glas gegossen. Die Temperatur des Saftes ist 14° niedriger als die Raumtemperatur. Diese Temperaturdifferenz halbiert sich bei gleichbleibender Raumtemperatur alle 40 Minuten. Bestimme die Exponentialfunktion *Zeit (in h) → Temperaturdifferenz (in Grad)* und zeichne ihren Graphen.

10 Die gedämpfte Schwingung eines Federpendels wurde aufgezeichnet. Die Entfernung des Umkehrpunktes zur Ruhelage heißt Amplitude. Die Amplitude nimmt mit der Zeit exponentiell ab.
a) Bestimme aus Fig. 1 die Amplitude nach jeweils 10 Sekunden. Um welchen Faktor ändert sich die Amplitude alle 10 Sekunden?
b) Die Exponentialfunktion *Zeit (in s) → Amplitude (in cm)* kann durch $f(x) = b \cdot a^{\frac{x}{10}}$ beschrieben werden. Bestimme a und b.

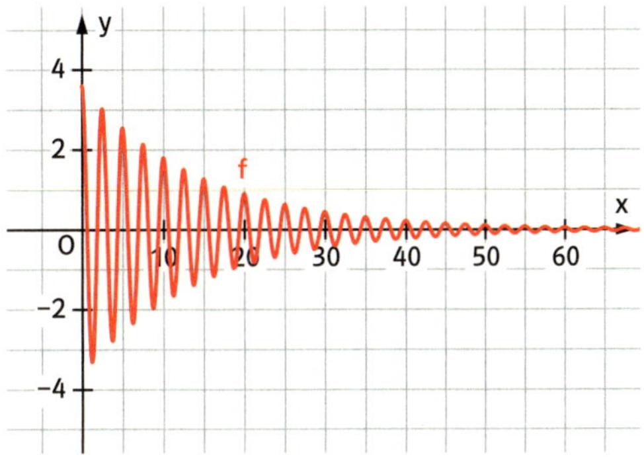

Fig. 1

11 Beim Tauchen wird im Körper mehr Stickstoff gelöst als an der Erdoberfläche. Die Menge hängt von der Tauchtiefe und -dauer ab. Beim Auftauchen wird der über den normalen Wert im Körper gelöste Stickstoff wieder abgebaut. Im Allgemeinen ist jedoch die Auftauchzeit zu kurz, um allen überflüssigen Stickstoff abzubauen. Taucht man zu schnell auf, kann es zur Dekompressionskrankheit kommen: Der Stickstoff perlt in Bläschen aus. Diese können dann die Blutbahn verstopfen oder Gelenke blockieren. Der Körper verträgt nur eine gewisse Übersättigung.
Bei einer wissenschaftlichen Untersuchung wurde die Veränderung des Stickstoffgehaltes in einem Gewebe nach dem Auftauchen in Abständen von 10 Minuten gemessen.

Zeit (in min)	0	10	20	30	40	50	60
p (in %)	100	52,3	24,1	14	5,9	3,0	1,8

a) Zeichne die Werte in ein Koordinatensystem.
b) Untersuche, ob exponentielles Wachstum vorliegt.
c) Ermittle eine Funktionsgleichung, die den Verlauf der Werte näherungsweise beschreibt.

Kannst du das noch?

12 Für die Seiten des Dreiecks ABC gilt a = 6 cm, b = 8 cm und c = 12 cm.
a) Zeige durch Rechnung, dass das Dreieck nicht rechtwinklig ist.
b) Wie groß ist der Winkel am Eckpunkt C?
c) Berechne die Größe des Winkels am Eckpunkt B mithilfe des Sinussatzes.
d) Bestimme den Abstand des Eckpunktes C von der Seite c rechnerisch.
e) Überprüfe deine Ergebnisse, indem du das Dreieck ABC zeichnest.
f) Berechne den Flächeninhalt des Dreiecks.
g) Wie lang muss die Seite a sein, damit das Dreieck ABC rechtwinklig wird?

5 Logarithmen

Ein Blatt Papier ist etwa 0,1 mm dick. Faltet man das Blatt einmal, wird der Stapel doppelt so dick. Wenn man es oft genug faltet, entspricht die Dicke der Entfernung bis zum Mond (≈ 384 000 km).

$a^u = b$

$a = b^{\frac{1}{u}}$ $u = \log_a(b)$

Ist in einer Gleichung der Form $a^u = b$ die Basis a gesucht, so muss eine Potenzgleichung gelöst werden. Die Lösung der Gleichung $x^3 = 125$ findet man durch Potenzieren mit dem Kehrwert des Exponenten: $x = 125^{\frac{1}{3}} = \sqrt[3]{125} = 5$. Es treten jedoch auch Gleichungen mit Potenzen auf, in denen der Exponent gesucht wird, z. B. $2^x = 16$.

Die Gleichung $2^x = 16$ lässt sich leicht lösen, da 16 eine Potenz von 2 ist: $16 = 2^4$, also $x = 4$. Die Gleichung $2^x = 5$ ist auf diese Weise nicht lösbar, weil sich 5 nicht als Zweierpotenz mit rationalem Exponenten schreiben lässt. Da 2^x jeden beliebigen positiven Wert annehmen kann, sind alle Gleichungen der Form $2^x = c$ mit $c > 0$ lösbar. Die Lösungen lassen sich näherungsweise am Graphen der Funktion f mit $f(x) = 2^x$ ablesen. Für $2^x = 5$ ergibt sich $x \approx 2{,}3$. Man bezeichnet x als den **Logarithmus** von 5 zur Basis 2 und schreibt kurz $x = \log_2(5)$.

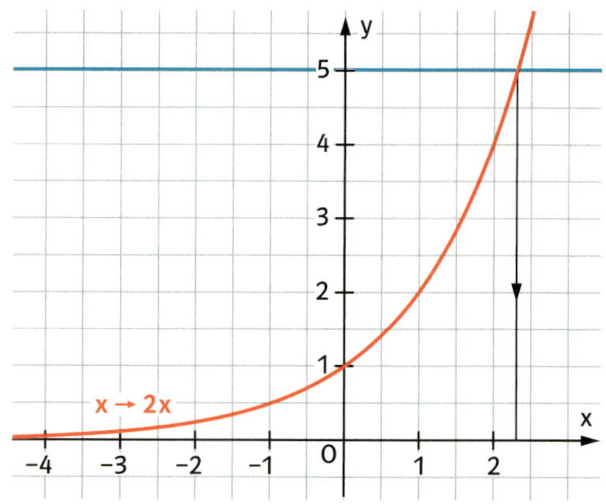

logos arithmos (griech.): Verhältniszahl

Dies lässt sich auf jede positive Basis a mit $a \neq 1$ übertragen. Zu jeder positiven Zahl b gibt es genau eine Zahl x, sodass $b = a^x$ gilt. Diese Zahl x heißt $\mathbf{\log_a(b)}$.

Die Bezeichnung Logarithmus wurde von dem schottischen Mathematiker John Napier (1550 bis 1617) eingeführt.

Der **Logarithmus von b zur Basis a** $(a > 0,\ b > 0,\ a \neq 1)$ ist diejenige Zahl, mit der man a potenzieren muss, um b zu erhalten. Man schreibt kurz $\mathbf{\log_a(b)}$.
Die Gleichung $a^x = b$ ist gleichwertig mit der Gleichung $x = \log_a(b)$.

Nach der Definition des Logarithmus gilt $\log_a(a^q) = q$ und $a^{\log_a(b)} = b$. Die Operationen Potenzieren von a und Logarithmieren zur Basis a heben sich also gegenseitig auf und sind damit Umkehroperationen zueinander wie zum Beispiel Addieren und Subtrahieren.

Potenzgesetze:
$a^x \cdot a^y = a^{x+y}$
$a^x : a^y = a^{x-y}$
$a^x \cdot b^x = (a\,b)^x$
$(a^x)^y = a^{xy}$

Beim Rechnen mit Logarithmen gelten bestimmte Gesetze. Beispielsweise gilt:
$\log_a(u \cdot v) = \log_a(u) + \log_a(v)$ für $u > 0,\ v > 0,\ a > 0,\ a \neq 1$. Dies kann man so begründen:
Man setzt $x = \log_a(u)$ und $y = \log_a(v)$. Dann ist nach Definition $a^x = u$ und $a^y = v$.

Damit gilt:	$\log_a(u \cdot v) = \log_a(a^x \cdot a^y)$
Anwenden der Potenzgesetze ergibt:	$= \log_a(a^{x+y})$
Mit der Definition des Logarithmus gilt:	$= x + y = \log_a(u) + \log_a(v)$

Darüber hinaus gilt für jede reelle Zahl r: $\log_a(u^r) = r \cdot \log_a(u)$.
Man setzt $x = \log_a(u)$. Dann ist nach Definition $a^x = u$.

Damit gilt: $\log_a(u^r) = \log_a((a^x)^r)$

Anwenden der Potenzgesetze ergibt: $= \log_a(a^{x \cdot r})$

Mit der Definition des Logarithmus gilt: $= x \cdot r = r \cdot \log_a(u)$

Logarithmengesetze

Für $u > 0,\ v > 0,\ a > 0,\ a \neq 1$ gilt:

1. $\log_a(u \cdot v) = \log_a(u) + \log_a(v)$,
2. $\log_a(u : v) = \log_a(u) - \log_a(v)$,
3. $\log_a(u^r) = r \cdot \log_a(u)$.

Die Begründung des 2. Logarithmengesetzes erfolgt in Aufgabe 15.

Jede positive Zahl hat unendlich viele Logarithmen. Es genügt, den Logarithmus zu einer bestimmten Basis zu kennen. Damit kann man alle anderen Logarithmen berechnen.
Logarithmen zur Basis 10 nennt man **Zehnerlogarithmen**. Man bezeichnet sie kurz mit lg:
$\mathbf{\log_{10}(b) = lg(b)}$.

Manche Taschenrechner können nur Zehnerlogarithmen berechnen.

Man kann Logarithmen zu jeder Basis mithilfe von Zehnerlogarithmen berechnen.

Begründung: Man setzt $x = \log_a(u)$. Dann ist nach Defintion: $a^x = u$.

Anwenden des Zehnerlogarithmus ergibt: $\lg(a^x) = \lg(u)$.

Anwenden des 3. Logarithmengesetzes ergibt: $x \cdot \lg(a) = \lg(u)$.

Auflösen der Gleichung nach x ergibt: $x = \frac{\lg(u)}{\lg(a)}$.

Also gilt: $\log_a(u) = \frac{\lg(u)}{\lg(a)}$.

Beispiel 1 Logarithmen bestimmen

Bestimme den Logarithmus. Begründe dein Ergebnis.

a) $\log_2(8)$ b) $\lg(100\,000)$ c) $\log_9\left(\frac{1}{81}\right)$ d) $\log_3(\sqrt{27})$

Lösung:

a) $\log_2(8) = 3$, denn $2^3 = 8$ oder $\log_2(8) = \log_2(2^3) = 3$

b) $\lg(100\,000) = 5$, denn $10^5 = 100\,000$ oder $\lg(100\,000) = \lg(10^5) = 5$

c) $\log_9\left(\frac{1}{81}\right) = -2$, denn $9^{-2} = \frac{1}{9^2} = \frac{1}{81}$ oder $\log_9\left(\frac{1}{81}\right) = \log_9(9^{-2}) = -2$

d) $\log_3(\sqrt{27}) = \frac{3}{2}$, denn $3^{\frac{3}{2}} = (3^3)^{\frac{1}{2}} = \sqrt{27}$ oder $\log_3(\sqrt{27}) = \log_3\left(3^{\frac{3}{2}}\right) = \frac{3}{2}$

Die erste Begründung benutzt die Logarithmusdefinition, die zweite die Tatsache, dass sich Potenzieren und Logarithmieren gegenseitig aufheben.

Beispiel 2 Beliebige Logarithmen mithilfe von Zehnerlogarithmen berechnen

Berechne den Logarithmus. Runde, falls erforderlich, auf zwei Dezimalen.

a) $\log_5(10)$ b) $\log_2(200)$ c) $\log_3(5^4)$ d) $\log_{\sqrt{10}}(0{,}01)$

Lösung:

a) $\log_5(10) = \frac{\lg(10)}{\lg(5)} \approx 1{,}43$ b) $\log_2(200) = \frac{\lg(200)}{\lg(2)} \approx 7{,}64$

c) $\log_3(5^4) = 4 \cdot \log_3(5) = \frac{4 \cdot \lg(5)}{\lg(3)} \approx 5{,}86$ d) $\log_{\sqrt{10}}(0{,}01) = \frac{\lg(0{,}01)}{\lg(\sqrt{10})} = \frac{-2}{0{,}5} = -4$

Beispiel 3

Löse die Gleichung $\lg(x) = 2 \cdot \lg(5) + \lg(3)$.

Lösung:

$\lg(x) = 2 \cdot \lg(5) + \lg(3) = \lg(5^2 \cdot 3) = \lg(75)$, also $x = 75$; $L = \{75\}$

Beispiel 4

a) Schreibe $\lg(\sqrt{x^3})$ als Vielfaches von $\lg(x)$.

b) Schreibe $\lg(u) - 3 \cdot \lg(v)$ als einen einzigen Logarithmus.

Lösung:

a) *Wende das 3. Logarithmengesetz an:* $\lg(\sqrt{x^3}) = \lg\left(x^{\frac{3}{2}}\right) = \frac{3}{2} \cdot \lg(x)$

b) *Wende das 3. und 2. Logarithmengesetz an:* $\lg(u) - 3 \cdot \lg(v) = \lg(u) - \lg(v^3) = \lg\left(\frac{u}{v^3}\right)$

Aufgaben

Beispiel zu Aufgabe 1:
$2^5 = 32$; $5 = \log_2(32)$

1 Schreibe als Logarithmus wie im Beispiel auf dem Rand.

a) $4^3 = 64$ b) $7^2 = 49$ c) $3^{-2} = \frac{1}{9}$ d) $\left(\frac{1}{3}\right)^{-3} = 27$

e) $36^{0,5} = 6$ f) $8^0 = 1$ g) $(\sqrt{10})^{-6} = \frac{1}{1000}$ h) $x^y = z$

Beispiel zu Aufgabe 2:
$\log_4(16) = 2$; $4^2 = 16$

2 Schreibe als Potenzgleichung wie im Beispiel auf dem Rand

a) $\log_5(125) = 3$ b) $\log_5(0,2) = -1$ c) $\log_5(5) = 1$ d) $\log_5(1) = 0$

e) $\log_{0,5}(8) = -3$ f) $\log_{0,2}(0,04) = 2$ g) $\log_{\sqrt{2}}(0,25) = -4$ h) $\log_b(a) = c$

3 Bestimme den Logarithmus. Begründe dein Ergebnis.

a) $\log_2(64)$ b) $\lg(1)$ c) $\log_3(\sqrt{3})$ d) $\log_7(7)$

e) $\log_2\left(\frac{1}{16}\right)$ f) $\log_5\left(\frac{1}{\sqrt{5}}\right)$ g) $\log_6\left(\frac{1}{\sqrt[3]{6}}\right)$ h) $\log_{\sqrt[3]{6}}\left(\frac{1}{6}\right)$

4 Berechne ohne Verwendung eines Taschenrechners.

a) $\log_3(9^4)$ b) $\lg(10^{1,5})$ c) $\log_5(125^{-1})$ d) $\log_a(a^3)$

e) $\log_4(2^{200})$ f) $\lg(10^{-120})$ g) $\log_{0,5}(2^5)$ h) $\log_3(\sqrt{27}^{-1})$

5 Berechne näherungsweise mit dem Taschenrechner. Runde auf zwei Dezimalen.

a) $\lg(6)$ b) $\lg(60)$ c) $\lg(600)$ d) $\log_2(5^4)$

e) $\log_5(4^2)$ f) $\log_{0,5}(0,1)$ g) $\log_{0,5}(10)$ h) $\log_2(10)$

6 Bestimme.

a) $\log_a(a)$ b) $\log_a(1)$ c) $\log_a\left(\frac{1}{a}\right)$ d) $\log_a(a^n)$ e) $\log_a\left(\frac{1}{a^n}\right)$

7 Vergleiche.

a) $\log_2(8)$ und $\log_8(2)$ b) $\log_a(b)$ und $\log_b(a)$

Bist du sicher?

1 Bestimme den Logarithmus ohne Verwendung eines Taschenrechners.

a) $\log_3(81)$ b) $\log_7(\sqrt{7})$ c) $\log_2(0,25)$ d) $\lg(1)$

2 Berechne näherungsweise mit dem Taschenrechner. Runde auf zwei Dezimalen.

a) $\lg(4)$ b) $\lg(0,25)$ c) $\log_4(30)$ d) $\log_{0,25}(30)$

e) $\log_4\left(\frac{1}{30}\right)$ f) $\log_3(2)$ g) $\log_3(6)$ h) $\log_3(18)$

8 Berechne a bzw. b.

a) $\log_b(25) = 2$ b) $\log_b\left(\frac{1}{49}\right) = -2$ c) $\log_b(16) = -4$ d) $\log_b(\sqrt{125}) = \frac{3}{2}$

e) $\log_3(a) = 4$ f) $\log_4(a) = 3$ g) $\log_9(a) = 1,5$ h) $\lg(a) = -4$

9 Schreibe als Summe oder Produkt „einfacher" Logarithmen.

a) $\lg(3x)$ b) $\log_a(abc)$ c) $\lg(u^2)$ d) $\log_a(2ab^2)$
e) $\log_a\left(\frac{5e}{f}\right)$ f) $\log_a\left(\frac{uv}{w}\right)$ g) $\log(\sqrt{x})$ h) $\log_a(\sqrt[4]{b})$
i) $\log_a\left(\frac{x^2y^3}{u^2v^3}\right)$ j) $\log_a\left(\frac{1}{a^2b^4c^7}\right)$ k) $\log_2\left(\frac{r^2st^4}{u^3v}\right)$ l) $\log_a\left(\sqrt{a^{11}b^3c^5}\right)$

10 Schreibe als einen einzigen Logarithmus.

a) $\lg(x) + \lg(2y)$ b) $\log_a(u^2) - \log_a(u)$ c) $\log_a(ab) - \log_a(a^2b)$
d) $\log_a\left(\frac{1}{x}\right) - \log_a\left(\frac{2}{x}\right)$ e) $2\lg\left(\frac{1}{a}\right) + \lg(a^2)$ f) $\log_a(x) - \log_a(\sqrt{x})$
g) $\log_a(2u) - 2\log_a(u) + \log_a(u^2) + \log_a\left(\frac{1}{u}\right)$ h) $\lg(\sqrt{x}) - \lg(\sqrt{4x}) + \lg\left(\frac{1}{2}x^2\right) + \lg(4)$

11 Löse näherungsweise mit dem Taschenrechner. Kontrolliere mit der „Potenztaste".

a) $10^x = 6$ b) $10^x = 11$ c) $10^x = 0{,}5$ d) $10^x = 1{,}7$ e) $10^x = 17$

12 Ist die Gleichung lösbar? Begründe deine Antwort.

a) $2^x = 3$ b) $2^x = \frac{1}{3}$ c) $2^x = -3$ d) $2^x = -\frac{1}{3}$ e) $2^x = 0$

13 Löse die Gleichung wie im Beispiel 4, also ohne Taschenrechner.

a) $\log_a(x) = 2\log_a(3)$ b) $\lg(x) = \lg(6) - \lg(3)$ c) $\lg(x) = 2\lg(5) + 3\lg(2)$
d) $3\log_a(x) = 27$ e) $2\lg(x) = \lg(16) + \lg(9)$ f) $\log_a(bx) = 1 + \log_a(5)$

14 Löse nach x auf. Es stehen u und v für reelle Zahlen mit $u > v > 0$.

a) $\log_a(x) = 2\log_a(u) + \frac{1}{2}\log_a(v)$ b) $\log_a(x) = \log_a(u + v) - \log_a(u - v)$
c) $3\log_a(x) = 4\log_a(u) - 2\log_a(v)$ d) $2\log_a(x) + 3\log_a(u^2 + v^2) = 0$

15 Beweise das 2. Logarithmengesetz. Gehe wie beim Beweis des 1. Gesetzes vor.

16 a) Beweise $\log_a\left(\frac{1}{u}\right) = -\log_a(u)$. Benutze dazu das 2. (das 3.) Logarithmengesetz.
b) Wende auf $u : v = u \cdot \frac{1}{v}$ das 1. Logarithmengesetz und dann die Regel aus Teilaufgabe a) an. Welche Regel hast du so bewiesen?
c) Beweise $\log_a(\sqrt[n]{u}) = \frac{1}{n}\log_a(u)$.

17 $\lg(3)$ ist eine irrationale Zahl. Fig. 1 zeigt die Beweisschritte dazu.
a) Begründe jeden einzelnen Schritt. Wieso ergibt sich aus (3) ein Widerspruch?
b) Zeige entsprechend, dass auch $\log_2(3)$ eine irrationale Zahl ist.
c) Versuche, den Beweis auch für $\log_4(8)$ durchzuführen.

Angenommen, $\lg(3)$ ist ein Bruch $\frac{p}{q}$, dann gilt:
(1) $10^{\frac{p}{q}} = 3$
(2) $\left(10^{\frac{p}{q}}\right)^q = 3^q$
(3) $10^p = 3^q$

Fig. 1

Kannst du das noch?

18 a) Zeichne das Dreieck ABC mit den Eckpunkten $A(1|1)$, $B(4|0)$ und $C(5|3)$ und spiegele es an der ersten Winkelhalbierenden. Gib die Koordinaten der Bildpunkte A′, B′ und C′ an.
b) Spiegele das Bilddreieck A′B′C′ an der zweiten Winkelhalbierenden.
c) Spiegele das Dreieck ABC am Koordinatenursprung und vergleiche das Bilddreieck mit dem Bilddreieck aus Teilaufgabe b).

19 Zeichne die Gerade mit der Gleichung $y = 2x - 2$ und spiegele sie an der ersten Winkelhalbierenden. Wie lautet die Gleichung der Bildgeraden?

6 Exponentialgleichungen

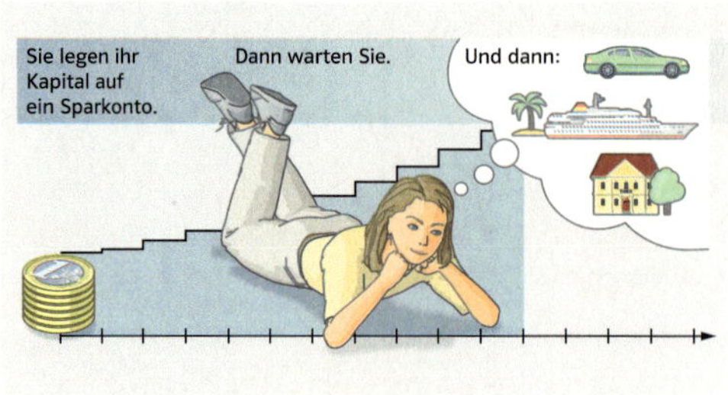

Alles eine Frage der Zeit …

Gleichungen, bei denen die Variable im Exponenten steht, wie z. B. $3^x = 5$, heißen **Exponentialgleichungen**. Solche Gleichungen lassen sich häufig durch Logarithmieren lösen.

Frau Ott möchte 5000 € zu einem Zinssatz von 4,8 % anlegen und so lange warten, bis das Guthaben mindestens 10 000 € beträgt. Bezeichnet man die Anzahl der Jahre mit n, so gilt:

$u = v$
$\iff \log_a(u) = \log_a(v)$

$$10\,000 = 5000 \cdot 1{,}048^n \quad | : 5000$$
$$2 = 1{,}048^n \quad | \text{ Zehnerlogarithmus anwenden}$$
$$\lg(2) = \lg(1{,}048^n) \quad | \text{ 3. Logarithmengesetz anwenden}$$
$$\lg(2) = n \cdot \lg(1{,}048) \quad | : \lg(1{,}048)$$
$$n = \frac{\lg(2)}{\lg(1{,}048)} \approx 14{,}78$$

Frau Ott muss also etwa 15 Jahre warten.

Eine Exponentialgleichung vom Typ $\mathbf{c = a^x}$ hat die Lösung $\mathbf{x = \frac{\lg(c)}{\lg(a)}}$.

Beispiel 1
Löse die Exponentialgleichung $1{,}2^{4x-7} = 9$.
Lösung:

Wende auf die gegebene Gleichung den Zehnerlogarithmus an:
$$1{,}2^{4x-7} = 9$$
$$\lg(1{,}2^{4x-7}) = \lg(9)$$
Benutze das 3. Logarithmengesetz:
$$(4x - 7) \cdot \lg(1{,}2) = \lg(9)$$
Vereinfache und löse:
$$4x - 7 = \frac{\lg(9)}{\lg(1{,}2)}$$
$$x = \left(\frac{\lg(9)}{\lg(1{,}2)} + 7\right) : 4$$
$$x \approx 4{,}763$$

Beispiel 2
Löse $2^{3x-1} = 32$.
Lösung:
Da sich $32 = 2^5$ als Potenz von 2 schreiben lässt, kann man die Gleichung durch Vergleich der Exponenten lösen.

$$2^{3x-1} = 32$$
Schreibe 32 als Zweierpotenz:
$$2^{3x-1} = 2^5$$
Vergleiche die Exponenten:
$$3x - 1 = 5;\; 3x = 6;\; x = 2$$

Beispiel 3

Wassermelonen wachsen sehr schnell. Unter idealen Bedingungen nimmt ihr Gewicht täglich um 12% zu. In wie vielen Tagen hat eine Wassermelone ihr Gewicht verdoppelt?

Lösung:

Ein tägliches Wachstum von 12% entspricht dem Wachstumsfaktor 1,12. Das Wachstum wird daher durch $f(x) = b \cdot 1{,}12^x$ beschrieben. Verdoppelung bedeutet: f(x) nimmt in der Zeit x gegenüber $f(0) = b$ um den Faktor 2 zu.

$$f(x) = 2 \cdot f(0)$$
$$b \cdot 1{,}12^x = 2 \cdot b$$
$$1{,}12^x = 2$$
$$x \cdot \lg(1{,}12) = \lg(2)$$
$$x = \frac{\lg(2)}{\lg(1{,}12)} \approx 6{,}12$$

Die Verdoppelungszeit hängt nicht vom Anfangsgewicht b ab.

Die Melone benötigt etwa 6 Tage, um ihr Gewicht zu verdoppeln.

Beispiel 4

Löse die Exponentialgleichung $7^{x-1} = 3 \cdot 5^x$.

Lösung:

Wende auf die Gleichung den Zehnerlogarithmus an:
$$7^{x-1} = 3 \cdot 5^x$$
$$\lg(7^{x-1}) = \lg(3 \cdot 5^x)$$
Wende die Logarithmengesetze an:
$$(x-1) \cdot \lg(7) = \lg(3) + \lg(5^x)$$
Multipliziere aus:
$$x \cdot \lg(7) - \lg(7) = \lg(3) + x \cdot \lg(5)$$
$$x \cdot \lg(7) - x \cdot \lg(5) = \lg(3) + \lg(7)$$
Klammere x aus:
$$x \cdot [\lg(7) - \lg(5)] = \lg(3) + \lg(7)$$
Löse nach x auf:
$$x = \frac{\lg(3) + \lg(7)}{\lg(7) - \lg(5)} \approx 9{,}05$$

Aufgaben

1 Löse wie in Beispiel 1. Gib die Lösungen auf drei Nachkommastellen genau an.

a) $4^x = 12$ b) $2{,}4^x = 3{,}9$ c) $1{,}14^y = 0{,}7$ d) $0{,}45^z = 1{,}9$
e) $3{,}7^{2x} = 5$ f) $1{,}46^{3x} = 0{,}8$ g) $8{,}2^{-x} = 4{,}9$ h) $5{,}6^{-2x} = 1{,}4$
i) $2 \cdot 3^x = 1{,}4$ j) $6 \cdot 1{,}5^y = 2{,}3$ k) $1{,}3 \cdot 5^{-x} = 2{,}8$ l) $0{,}9 \cdot 1{,}4^t = 3{,}2$

2 a) $10^{x-1} = 6$ b) $6^{x+1} = 108$ c) $5^{1-2x} = 17$ d) $10^{5x+1} = 2$
e) $3 \cdot 8^{-x-2} = 25$ f) $(7^{2x-1})^2 = 36$ g) $5 \cdot 2^{-3x+4} = 1$ h) $3 \cdot 4^{5-x} = 1$

3 Löse durch Vergleich der Exponenten wie in Beispiel 2.

a) $5^{2x-3} = 5$ b) $6^{4x-5} = 216$ c) $4^{2x-1} = 64$ d) $3^{2x+1} = 3^{x+2}$
e) $3^x = \frac{1}{81}$ f) $25^{x+1} = \frac{1}{5}$ g) $7^{x-2} = \sqrt{7}$ h) $3^{5x} = \sqrt[3]{3^2}$

4 Eine Braunalge verdoppelt jede Woche ihre Höhe. Zu Beginn der Beobachtung ist sie 1,20 m hoch. Das Wasser ist an dieser Stelle 30 m tief. Wie viele Wochen dauert es, bis die Braunalge an die Wasseroberfläche gelangt?

Bist du sicher?

1 Bestimme die Lösung der Exponentialgleichung.

a) $3^x = \frac{1}{81}$ b) $10^{1-x} = 2{,}5$ c) $5^x + 3 = 8 - 3 \cdot 5^x$ d) $6^{-x} = -36$

2 Um Röntgenstrahlen abzuschirmen, verwendet man Bleiplatten. Bei einer Plattendicke von 1 mm wird die vorhandene Strahlung um 5% vermindert. Welche Dicke müsste eine Bleiplatte haben, damit die Strahlung um die Hälfte abnimmt?

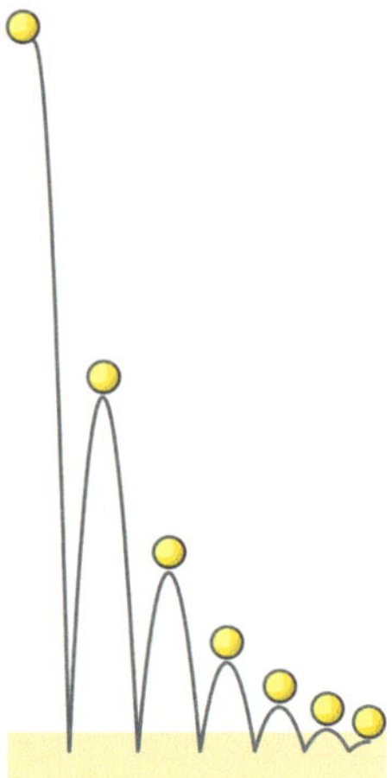

5 Bei der Geburt von Lea hat ihre Oma auf einem Sparbuch 100 € zu 2,8 % angelegt.
a) Wie viel Geld ist an Leas 18. Geburtstag auf dem Sparbuch vorhanden?
b) An ihrem 18. Geburtstag beschließt Lea, das Guthaben so lange auf dem Sparbuch zu lassen, bis sich der ursprüngliche Betrag verdoppelt hat. Wie lange muss sie noch warten?

6 In Glücktal geht man davon aus, dass der Wert einer Wohnung jährlich um 1,5 % zunimmt.
a) Nach wie vielen Jahren ist eine für 80 000 € gekaufte Wohnung 90 000 € wert?
b) Wie viel muss eine Wohnung kosten, damit ihr Wert in 15 Jahren 120 000 € beträgt?
c) Wie groß müsste die jährliche Wertsteigerung sein, damit der Wert einer Wohnung in 16 Jahren von 60 000 € auf 80 000 € steigt?

7 Bei Versuchen mit einem Gummiball wird festgestellt, dass nach jeweils sechsmaligem Aufspringen die Höhe nur noch 10 % der Anfangshöhe beträgt. Es wird angenommen, dass sich die Höhe bei jedem Aufspringen um den gleichen Prozentsatz vermindert. Bestimme den Prozentsatz.

8 Die Bevölkerung eines Staates A beträgt 60 Millionen Einwohner und wächst jährlich um 3 %, die eines Staates B beträgt 110 Millionen Einwohner und wächst jährlich um 1 %. Nach wie vielen Jahren haben beide Staaten etwa die gleiche Einwohnerzahl?

9 Zwei verschieden große Bakterienkulturen wachsen beide täglich um 8 %. Begründe, dass es in beiden Fällen gleich lang dauert, bis sich der Bestand jeweils verdoppelt hat.

10 Berechne die Halbwertszeit.
a) Phosphor 32: Jeden Tag zerfallen 4,7 % der vorhandenen Atome.
b) Cobalt 58: Jeden Tag zerfällt 1 % der vorhandenen Atome.
c) Polonium 218: Jede Minute zerfallen 20 % der vorhandenen Atome.

11 Die Temperatur eines Glases Tee beträgt 90 °C. Der Tee kühlt ab; die Temperaturdifferenz zur Raumtemperatur von 20 °C nimmt jede Minute um 10 % ab. Nach wie vielen Minuten beträgt die Temperatur des Tees nur noch 50 °C?

12 Bestimme die Lösungsmenge.
a) $4^x = 2$ b) $4^x = -2$ c) $4^{x^2} = 2$ d) $2^{x^2} = 4$

13 Löse durch Logarithmieren.
a) $2^x = 3^{x-1}$ b) $7^{x+1} = 2^{7x}$ c) $5^{2y} = 4^{1-y}$ d) $4^{2z+1} = 10^{3z}$
e) $3 \cdot 1{,}4^{3t} = 2^{t-1}$ f) $4 \cdot 5^{x-1} = 10^{x+1}$ g) $7 \cdot 6^{2x} = 11^{x+3}$ h) $\left(\frac{3}{4}\right)^{3x-2} = \left(\frac{2}{5}\right)^{2x-3}$

14 Schreibe als Exponentialgleichung und löse dann.
a) $\sqrt[3]{5^{7-x}} = 5^{x-2}$ b) $\sqrt[5]{2^x} = \sqrt[3]{\left(\frac{1}{2}\right)^7}$ c) $\sqrt[4]{3^{2x+5}} = \sqrt{27^x}$ d) $\sqrt{2^{3x}} \cdot \sqrt[3]{5^{2x}} = 1$

15 Forme mithilfe der Potenzgesetze in eine Gleichung der Form $b^x = a$ um. Löse die erhaltene Gleichung.
a) $2^x + 3 = 2^{x+1}$ b) $7 \cdot 2^x = 13 \cdot 3^x$ c) $3^{2x} \cdot 9^{-x} = 5$ d) $2^{x+1} + 2^{x+2} = 48$

16 Löse die Gleichung, falls sie eine Lösung hat. Begründe sonst, wenn sie nicht lösbar ist.
a) $1^x = 3$ b) $1^x = 1$ c) $1^x = -1$ d) $1^x = 1^{2x+1}$

Wiederholen – Vertiefen – Vernetzen

1 Passen die verschiedenen Aussagen über die Wasserhyazinthe zusammen?

„Dieser Fluss ist fast vollständig mit Wasserhyazinthen zugewachsen. Etwa alle 15 bis 20 Tage verdoppelt das driftende Pflanzengeflecht seine Ausmaße.“

(Projektwerkstatt The waterhyacinth chair 2000)

„... Große Schädlinge in fremden Biotopen seien der Nilbarsch und im afrikanischen Viktoria-See die Wasserhyazinthe. Sie wächst so schnell, dass sich die von ihr bedeckte Fläche in 12 Tagen verdoppelt ...“

(Frankfurter Rundschau, 12. 5. 01)

... Die Wasserhyazinthe breitet sich mit einem Tempo aus, „bei dem einem schwindlig werden könnte: In vier Monaten werden aus einer Pflanze 600!“

(Katalog Tee-Kampagne 2000)

2 In der Amtssprache der Vereinten Nationen (UN) heißen die Entwicklungsländer „Less Developed Countries“ (LDC), die anderen Länder „More Developed Countries“ (MDC). Das Unterscheidungskriterium ist das Pro-Kopf-Einkommen. In Fig. 1, 2 und 3 sind einige Informationen über LDC und MDC zusammengestellt.

Weltbevölkerung

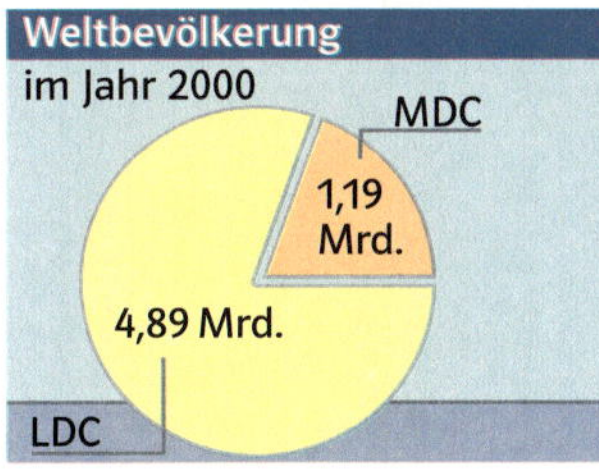

Fig. 1

Vermutete Wachstumsraten der Bevölkerung

	LDC	MDC
2000 – 2010	1,34 %	0,25 %
2010 – 2020	1,14 %	0,16 %

Fig. 2

Energiebedarf pro Person und Stunde

Fig. 3

a) Wie viel Prozent der Weltbevölkerung lebten im Jahr 2000 in den LDC, wie viel Prozent in den MDC? Wie wird diese Verteilung vermutlich im Jahr 2020 aussehen?

b) Bestimme den gesamten Energiebedarf pro Stunde in den LDC bzw. den MDC im Jahr 2020, wenn man jeweils eines der folgenden Modelle voraussetzt.

I. Der Energiebedarf pro Person bleibt auf dem Stand des Jahres 2000.
II. Der Energiebedarf nimmt in den LDC pro Jahr um 4 %, in den MDC um 1 % zu.
III. Der Energiebedarf nimmt in den LDC pro Jahr um 2 % zu, in den MDC um 0,2 % ab.

3 Ein Somatogramm hilft dem Kinderarzt zu erkennen, ob ein Kleinkind auffällig groß oder klein ist. Die beiden Linien sind so gezogen, dass zwischen ihnen die Körpergrößen von 95 % aller Kinder in dem entsprechenden Alter liegen.
In der Zeile „U“ sind die Zeitpunkte der acht Vorsorgeuntersuchungen ablesbar.
a) Wie groß sind Kinder im Mittel bei der Geburt, nach 6 Monaten, nach 1 Jahr, nach 1,5 Jahren und nach 2 Jahren? Lies dazu aus dem Somatogramm jeweils die beiden Werte auf den durchgezogenen Linien ab.
b) Berechne mit den Mittelwerten aus a) die halbjährliche Änderung und die prozentuale Änderung.

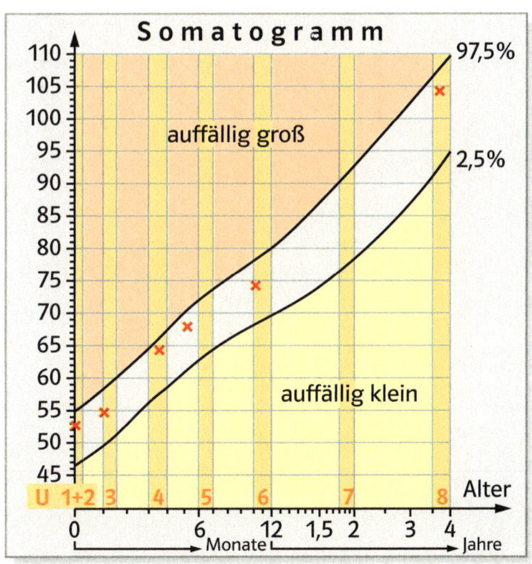

Fig. 4

Somatisch ist ein medizinischer Ausdruck für „auf den Körper bezogen“.

4 Ein Quadrat Q_0 hat die Seitenlänge $a_0 = 2\,\text{cm}$ und die Eckpunkte A_0, B_0, C_0 und D_0 (Fig. 1). Diesem Quadrat wird ein neues Quadrat Q_1 mit den Eckpunkten A_1, B_1, C_1, D_1 so umbeschrieben, dass die Eckpunkte von Q_0 die Seitenmitten von Q_1 sind. Entsprechend erhält man aus Q_1 das Quadrat Q_2 und so weiter.
a) Bestimme die Seitenlängen a_1 und a_2. Gib allgemein eine Formel für a_n an.
b) Für welche Werte von n ist der Flächeninhalt des Quadrats Q_n größer als $1\,\text{m}^2$?

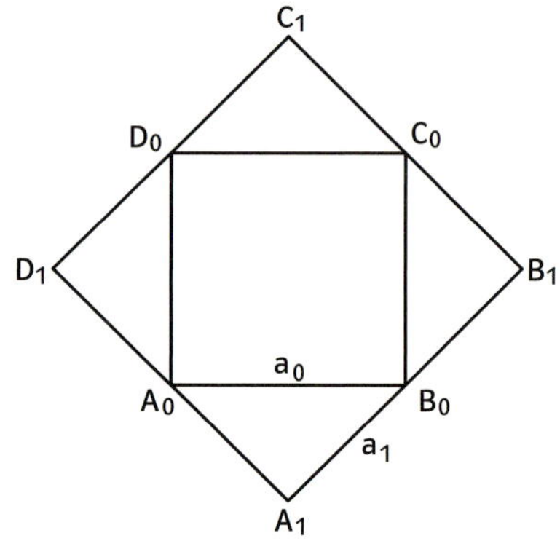

Fig. 1

5 Ein Quadrat Q_0 hat die Seitenlänge $a_0 = 10\,\text{cm}$ und die Eckpunkte A_0, B_0, C_0 und D_0 (Fig. 2). Diesem Quadrat wird ein neues Quadrat Q_1 mit den Eckpunkten A_1, B_1, C_1, D_1 so einbeschrieben, dass die Eckpunkte von Q_1 auf den Diagonalen von Q_0 liegen und die Länge der Diagonalen von Q_1 nur noch 0,9-mal so lang sind wie die Diagonalen von Q_0. Entsprechend erhält man aus Q_1 das Quadrat Q_2 und so weiter.
a) Bestimme die Seitenlängen a_1 und a_2. Gib allgemein eine Formel für a_n an.
b) Für welche Werte von n ist der Flächeninhalt des Quadrats Q_n kleiner als $1\,\text{mm}^2$?

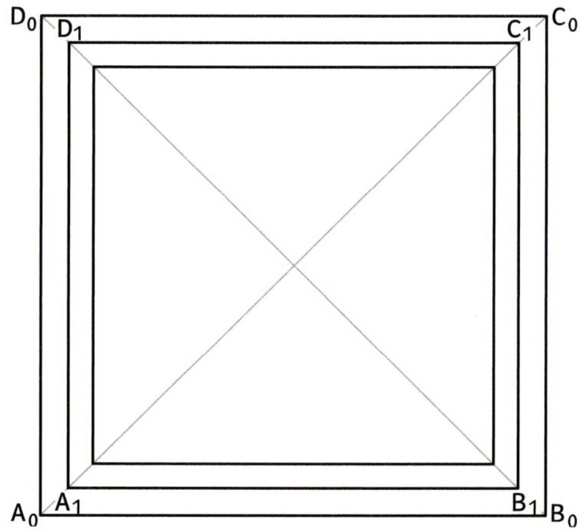

Fig. 2

6 Ägypten hatte im Jahr 2000 eine Einwohnerzahl von 71,1 Millionen. Für die nächsten Jahre erwartet man ebenso wie seit 1990 ein Bevölkerungswachstum von jährlich 1,75 %.
a) Bestimme die zugehörige Wachstumsfunktion und damit die erwarteten Einwohnerzahlen für die Jahre 2020 bzw. 2030.
b) Berechne die Einwohnerzahl aus den Jahren 1995 und 1990.
c) Wann wird Ägypten mehr als 90 Millionen Einwohner haben?

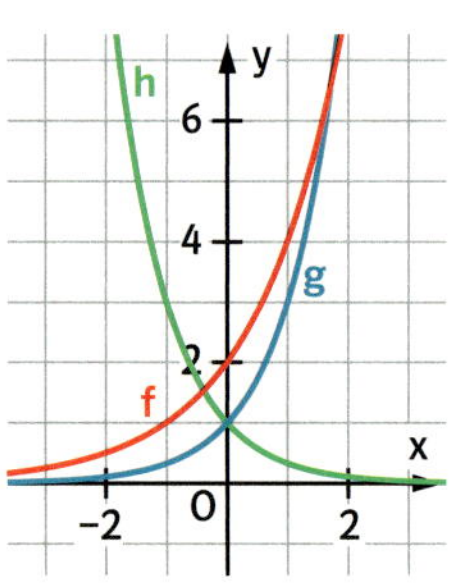

Fig. 3

7 Der Graph der Exponentialfunktion f mit $f(x) = c \cdot a^x$ verläuft durch die Punkte P und Q. Bestimme den zugehörigen Funktionsterm und prüfe, ob R auf dem Graphen liegt.
a) $P(0|2)$, $Q(1|6)$, $R\left(-2\middle|\frac{2}{9}\right)$ b) $P(0|3)$, $Q\left(2\middle|\frac{3}{4}\right)$, $R(1|1)$ c) $P(1|4)$, $Q\left(-1\middle|\frac{1}{4}\right)$, $R(3|64)$

8 In Fig. 3 sind die Graphen von drei Exponentialfunktionen abgebildet. Bei welcher Funktion ist der Wachstumsfaktor a am größten, bei welcher am kleinsten?

9 Zeige: Jede Streckung des Graphen einer Exponentialfunktion f mit der Gleichung $f(x) = a^x$ kann man auch als Verschiebung des Graphen in x-Richtung ansehen.

10 Bestimme y, a bzw. x.
a) $y = \log_7(49)$ b) $y = \log_5(0{,}008)$ c) $y = \log_{0,5}(8)$ d) $y = \log_{27}\left(\frac{1}{3}\right)$
e) $\log_a\left(\frac{1}{27}\right) = -3$ f) $\log_a\left(\frac{1}{9}\right) = -4$ g) $\log_{27}(x) = \frac{4}{3}$ h) $\log_{16}(x) = -\frac{5}{4}$

Wiederholen – Vertiefen – Vernetzen

11 Gib die Lösungen der Exponentialgleichung auf zwei Nachkommastellen genau an.

a) $2 \cdot 3^x = 0{,}8$ b) $5 \cdot \left(\frac{2}{3}\right)^x = \frac{2}{5}$ c) $\frac{2}{3} \cdot \left(\frac{7}{5}\right)^x = \sqrt{2}$ d) $4 + 3 \cdot 2^x = 6{,}9$

e) $3 \cdot 2^{x-4} = 7$ f) $2{,}8 \cdot 1{,}6^{1-x} = 3{,}2$ g) $4 \cdot 1{,}5^{2x-1} = 6{,}5$ h) $5 \cdot 2^{3x+2} = 11$

i) $5^{x+1} = 8^{2x}$ j) $2{,}8^{3x} \cdot 1{,}5^x = 10$ k) $0{,}4 \cdot 3{,}2^x = 2^{3x-1}$ l) $3^{4x} \cdot 4^x = 5^{x+2}$

12 Durch welche Abbildungen kann man sich den Graphen der Funktion aus dem Graphen von $x \to 2^x$ entstanden denken?

a) $x \to 2^{x+2}$ b) $x \to 2^{x+1}$ c) $x \to 2^x + 1$ d) $x \to 2^{2x}$

13 Bestimme die Lösungen.

a) $\lg(1 - 3x) = 0{,}8$ b) $\lg(x^2 - 24) = 3$ c) $\log_2(x - 1) = 2{,}5$ d) $\log_3(1 - x) = -0{,}3$

14 Der pH-Wert ist ein Maß für die Stärke der sauren oder basischen Wirkung einer wässrigen Lösung. Der pH-Wert ist der mit −1 multiplizierte dekadische Logarithmus der Wasserstoffionenkonzentration (H^+), genauer der Oxoniumionenkonzentration (H_3O^+) in $\frac{\text{mol}}{\text{l}}$. Neutrale Lösungen haben einen pH-Wert von 7. Unterhalb von 7 spricht man von saurer Wirkung (Säure), oberhalb von 7 von basischer Wirkung (Lauge). So hat eine Seifenlauge mit dem pH-Wert 8,5 eine H^+-Konzentration von $10^{-8{,}5}\,\frac{\text{mol}}{\text{l}}$.

pondus Hydrogenii *(lat.): Gewicht des Wasserstoffs*

a) Welchen pH-Wert hat eine Seifenlauge mit doppelt so großer H^+-Konzentration?

b) Saurer Regen mit dem bislang höchsten Säuregehalt hatte einen pH-Wert von 2,4. Um das Wievielfache war die H^+-Konzentration gegenüber neutralem Wasser erhöht?

15 Die Exponentialgleichung $2^{2x} - 6 \cdot 2^x + 8 = 0$ lässt sich zu einer quadratischen Gleichung umformen, wenn man 2^x durch eine neue Variable, zum Beispiel u, ersetzt. Wegen $2^{2x} = (2^x)^2$ ergibt sich $u^2 - 6u + 8 = 0$ mit den Lösungen $u_1 = 2$ und $u_2 = 4$. Nun sind noch die Exponentialgleichungen $2^x = 2$ und $2^x = 4$ zu lösen. Man erhält die Lösungen 1 und 2 für x. Löse entsprechend, indem du zunächst durch eine geeignete Substitution in eine quadratische Gleichung umformst.

*Das Ersetzen eines Terms durch eine neue Variable heißt **Substitution.***
substituere *(lat.): ersetzen*

a) $10^{2x} - 5 \cdot 10^x + 4 = 0$ b) $3^{2x+1} + 2 \cdot 3^{x+2} - 648 = 0$ c) $5^{x-1} = 10{,}2 \cdot (\sqrt{5})^{x-2} - 0{,}4$

16 Fig. 1 zeigt eine Folge geometrischer Figuren. Das Konstruktionsprinzip ist bei jedem Schritt dasselbe:
Jede vorhandene Strecke wird gedrittelt. Oberhalb der mittleren Teilstrecke wird ein gleichseitiges Dreieck „aufgesetzt".

a) Gib für die Länge der Streckenzüge nach dem ersten und nach dem zweiten Schritt jeweils einen Term an.

b) Mit welchem Term lässt sich die Länge des Streckenzuges nach n Schritten berechnen? Wie lang ist der Streckenzug nach 20 Schritten, wenn man mit einer 6,25 cm langen Strecke a beginnt?

c) Nach wie vielen Schritten ist der Streckenzug 100-mal (10^6-mal, 10^{50}-mal) so lang wie die Anfangsstrecke a?

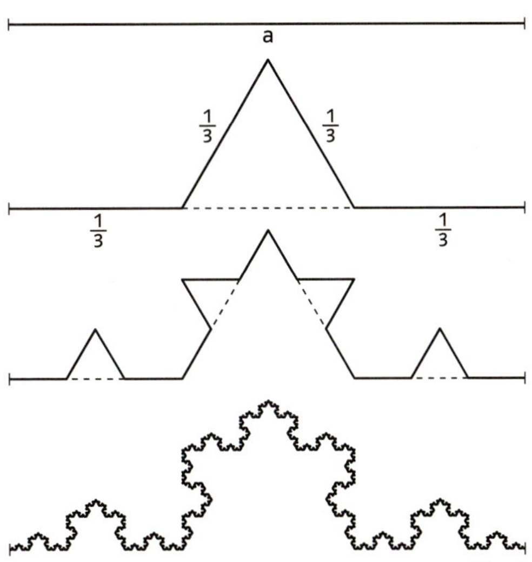

Fig. 1

Anwendungen des Logarithmus

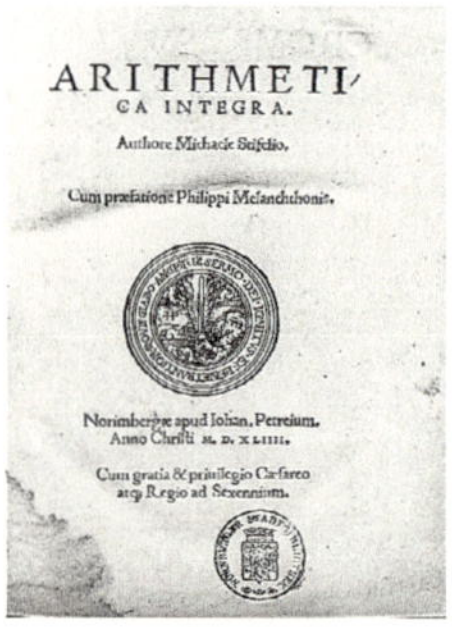

Von Michael Stifel (1487 – 1567) gingen wichtige Impulse zur Weiterentwicklung der Mathematik aus. So führte er die negativen Zahlen in der heutigen Form ein. Dabei untersuchte er in seiner „Arithmetica integra" auch die beiden Zahlenfolgen:

−3	−2	−1	0	1	2	3	4	5	6
$\frac{1}{8}$	$\frac{1}{4}$	$\frac{1}{2}$	1	2	4	8	18	32	64

Er schrieb dazu:

„$\frac{1}{8}$ multipliziert mit 64 ergibt 8. So auch −3 addiert zu 6 ergibt 3: Es ist aber −3 der Exponent von $\frac{1}{8}$, so auch 6 der Exponent der Zahl 64." Mit „Exponent" meinte Stifel den Zweier-Logarithmus, also kurz $\log_2\left(\frac{1}{8} \cdot 64\right) = \log_2(8) = 3 = (-3) + 6 = \log_2\left(\frac{1}{8}\right) + \log_2(64)$.

Justus Bürgi (1552 – 1632)

Die praktische Bedeutung dieser Entdeckung erkannte zuerst (vermutlich 1588) der Schweizer Uhrmacher und Erbauer astronomischer Instrumente Justus Bürgi (1552 – 1632). Er war Freund und Mitarbeiter des schwäbischen Astronomen und Mathematikers Johannes Kepler (1571 – 1630). Bürgi baute für Kepler nicht nur Instrumente, sondern half ihm auch bei seinen umfangreichen Berechnungen, die schließlich zur Entdeckung der drei nach Kepler benannten Gesetze über die Planetenbewegungen führten (vgl. Band 9, Seite 140 f.).

John Napier (1550 – 1617)

Bei diesen Berechnungen mussten häufig 8-stellige Zahlen multipliziert werden. Die Multiplikation zweier 8-stelliger Zahlen bedeutet aber 64-mal das kleine Einmaleins anwenden, Überträge beachten und schließlich acht Teilprodukte addieren. Die Logarithmen ermöglichen nun, die Multiplikation durch eine Addition zu ersetzen. Fig. 1 macht die Idee deutlich.

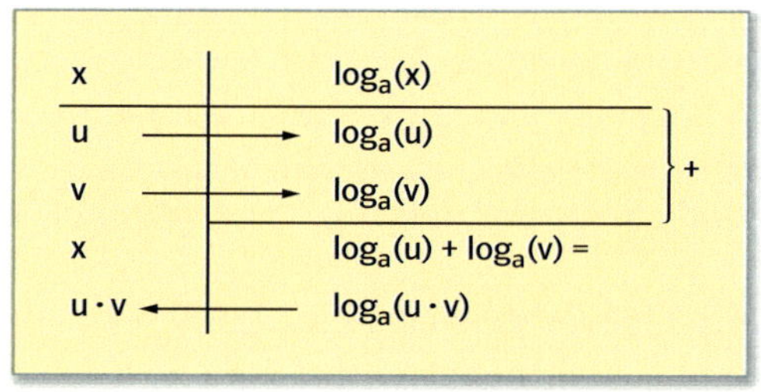

Fig. 1

Ausschnitt aus einer Logarithmentafel, wie sie in der Schule benutzt wurde.
(Es werden nur Nachkommastellen angegeben, hier von lg(2,000) bis lg(2,129)).

N	0	1	2	3	4	5	6	7	8	9
200	3010	3012	3015	3017	3019	3021	3023	3025	3028	3030
201	3032	3034	3036	3038	3041	3043	3045	3047	3049	3051
202	3054	3056	3058	3060	3062	3064	3066	3069	3071	3073
203	3075	3077	3079	3081	3084	3086	3088	3090	3092	3094
204	3096	3098	3101	3103	3105	3107	3109	3111	3113	3115
205	3118	3120	3122	3124	3126	3128	3130	3132	3134	3137
206	3139	3141	3143	3145	3147	3149	3151	3153	3156	3158
207	3160	3162	3164	3166	3168	3170	3172	3174	3176	3179
208	3181	3183	3185	3187	3189	3191	3193	3195	3197	3199
209	3201	3204	3206	3208	3210	3212	3214	3216	3218	3220
210	3222	3224	3226	3228	3230	3233	3235	3237	3239	3241

Fig. 2

Für den praktischen Umgang benötigt man eine Tafel, die zu x den Wert von $\log_a(x)$ angibt. Eine solche **Logarithmentafel** (vgl. Fig. 2) wurde 1603 – 1611 von Bürgi berechnet. (Unabhängig von Bürgi brachte auch der schottische Lord John Napier eine Logarithmentafel heraus.) Benutzt man nach einer Idee von Henry Briggs (1574 – 1660) Zehnerlogarithmen, so benötigt man nur Tafeln für Zahlen zwischen 1 und 10, denn es gilt zum Beispiel

$$\lg(207{,}8) = \lg(100 \cdot 2{,}078) = 2 + \lg(2{,}078).$$

x	lg(x)	
	0,3233	lg(2,105) ablesen
207,8	+ 2,3176	lg(207,8) ablesen
437,4	2,6409	addieren und x zu
		lg(x) = 2,6409 bestimmen

Fig. 3

Fig. 3 zeigt, wie man 2,105 · 207,8 mithilfe der Logarithmentafel berechnen kann.
Es ist also 2,105 · 207,8 = 437,4.
Bis zur Verbreitung des Taschenrechners, also bis etwa 1980, wurden im Mathematikunterricht noch Logarithmentafeln für Berechnungen benutzt.

Anwendungen des Logarithmus

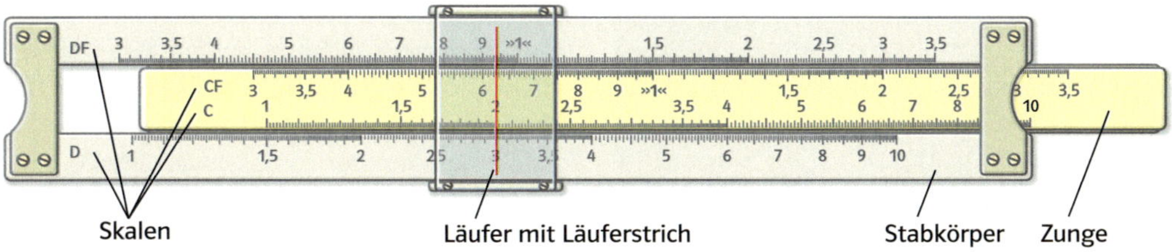

Fig. 1

Eine weitere geschichtlich wichtige Anwendung der Logarithmen stellt der **Rechenstab** (manchmal auch Rechenschieber genannt) dar. Fig. 1 zeigt eine einfache Ausführung. Bis vor etwa 30 Jahren gehörte ein Rechenstab in der Brusttasche zum „Outfit" eines jeden Technikers.

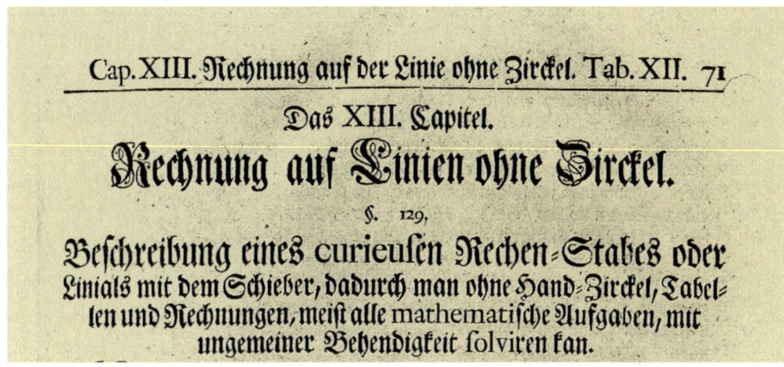

Cap. XIII. Rechnung auf der Linie ohne Zirckel. Tab. XII. 71

Das XIII. Capitel.

Rechnung auf Linien ohne Zirckel.

§. 129.

Beſchreibung eines curieuſen Rechen-Stabes oder Linials mit dem Schieber, dadurch man ohne Hand-Zirckel, Tabellen und Rechnungen, meiſt alle mathematiſche Aufgaben, mit ungemeiner Behendigkeit ſolviren kan.

1727 veröffentlichts Jacob Leupold sein Buch „Theatrum Arithmetico-Geometricum" mit dem deutschen Untertitel „Schauplatz der Rechen- und Messkunst". Das XIII. Kapitel handelt vom Rechenstab.

Beim Rechnen mit Logarithmen werden diese addiert, beim Rechenstab werden Strecken auf einer logarithmischen Skala aneinandergefügt. Die Idee zu dieser Skala hatte der englische Theologe und Astronom Edmund Gunter (1581–1626). Auf einem 24 Zoll langen Brett hatte er eine logarithmische Skala aufgetragen. Mithilfe eines Zirkels konnte man damit multiplizieren.

Beispiel: $3{,}7 \cdot 2{,}4$ soll bestimmt werden. In den Zirkel wird der Abstand von 1 bis 2,4 genommen und nach 3,7 angetragen. So erhält man das Produkt $3{,}7 \cdot 2{,}4 = 8{,}9$ (Fig. 2).

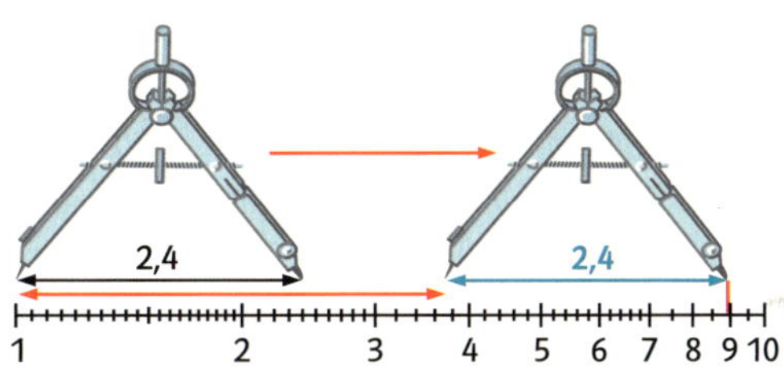

Fig. 2

Mathematisch gesehen wurden Strecken der Länge $\log_a(3{,}7)$ und $\log_a(2{,}4)$ aneinandergefügt. Die Summe ergibt $\log_a(3{,}7) + \log_a(2{,}4) = \log_a(3{,}7 \cdot 2{,}4)$, sodass man das Produkt an der Skala ablesen kann.

Nur drei Jahre später hatte Edmund Wingate (1593–1656) die Idee, statt eines Zirkels eine zweite Skala zu nehmen.

Stellt man (wie in Fig. 1) jetzt z. B. die 1 der Skala C über die 1,4 der Skala D und den Läuferstrich über 1,8 auf der Skala C, so kann man auf der Skala D das Produkt 2,52 ablesen. Man hat nämlich mittels der logarithmischen Skalen $\log_a(1{,}8)$ und $\log_a(1{,}4)$ addiert.

Entsprechend kann man auch dividieren. Man stellt die zu dividierenden Zahlen (z. B. 2,52 und 1,8) auf den Skalen D und C übereinander. Unter der 1 der Skala C kann man dann den Quotienten ablesen.

Eine Sonderform des Rechenstabes gibt es noch heute als „Benzin-Rechner" zur Bestimmung des durchschnittlichen Benzinverbrauchs. Bei ihm ist die logarithmische Skala zu einem Kreis zusammengebogen. Der Zunge des Rechenstabes entspricht eine zweite, innere Scheibe.

Halbwertszeiten

Halbwertszeit
Nach dieser Zeit ist jeweils die Hälfte der Atomkerne eines radioaktiven Isotops zerfallen.

Die Zahl hinter den Elementnamen gibt an, wie viele Protonen und Neutronen das Atom enthält. Man nennt sie Nukleonenzahl.

Isotop	Halbwertszeit	Zerfallsart
C 14	5730 a	β⁻
Sr 90	28,79 a	β⁻
Tc 99	6 h / 211 100 a	γ / β⁻
I 131	8,02 d	β⁻
Cs 137	30,17 a	β⁻
Pu 239	24 110 a	α

Am 26. April 1986 ereignete sich im Atomkraftwerk Tschernobyl bei Kiew ein schwerer Reaktorunfall. Bei dem GAU (Größter Anzunehmender Unfall) wurden große Mengen der radioaktiven Stoffe I 131 und Cs 137 und in geringem Umfang auch Sr 90 freigesetzt. Diese Stoffe wurden durch den Wind über große Teile Europas verbreitet. Durch Ablagerungen auf Böden und Pflanzen gelangten diese Stoffe auch in die Nahrungskette.
Radioaktive Stoffe wandeln sich unter Abgabe von Strahlung in andere Stoffe um (sie „zerfallen“). Die Menge des radioaktiven Ausgangsstoffes nimmt dabei exponentiell ab. Die Geschwindigkeit der Abnahme („Zerfallsgeschwindigkeit“) kann mithilfe der **Halbwertszeit** beschrieben werden. Eine Halbwertszeit von z. B. 8 Tagen bedeutet, dass nach jedem Zeitschritt von 8 Tagen nur noch jeweils die halbe Menge des radioaktiven Stoffes vorliegt.

1 a) Wie lange dauert es jeweils, bis bei den radioaktiven Stoffen I 131 bzw. Cs 137 nur noch ein Achtel einer bestimmten Ausgangsmenge vorliegt?
b) Wie viel Prozent einer bestimmten Ausgangsmenge liegt von den radioaktiven Stoffen I 131 bzw. Cs 137 nach zehn Halbwertszeiten noch vor?

2 Der radioaktive Zerfall eines Stoffes verläuft exponentiell. Die nach der Zeit t vorhandene Menge B(n) eines Stoffes lässt sich also durch $B(n) = B(0) \cdot q^n$ berechnen.
a) Bestimme den Wachstumsfaktor q für den Zerfall von Cs 137, wenn n die Zeitschritte in Jahren sind.
b) Vervollständige in deinem Heft die grafische Darstellung in Fig. 1 in Zeitschritten von zehn Jahren.
c) Wann werden nur noch 5 % des in Tschernobyl freigesetzten Cäsiums in der Umwelt vorhanden sein?

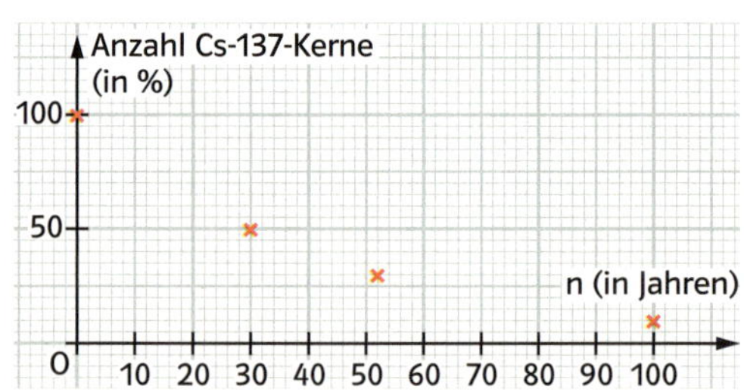

Fig. 1

Übrigens ...
Plutonium schädigt sowohl durch Strahlung als auch durch chemische Giftwirkung. Auch das Zerfallsprodukt ist giftig – also keinesfalls eine „harmlose Materie“.

3 In einem Leitartikel der Badischen Zeitung über Strombedarf ging es auch um Risiken von Atomkraftwerken.
a) Wie viel Prozent einer Ausgangsmenge Plutonium ist nach 24 000 Jahren bzw. nach 48 000 Jahren noch vorhanden?
b) Nimm zum Artikel Stellung.

„Die wichtigste Zahl dabei ist die Halbwertszeit von Plutonium, des giftigsten Stoffes überhaupt: 24 000 Jahre. Doppelt so lange also dauert es, bis Plutonium sich in eine nicht mehr strahlende, harmlose Materie verwandelt hat.“ *(29.7.1998)*

Halbwertszeiten

Die C-14-Methode (Radiokarbonmethode) zur Altersbestimmung
Überall auf der Erde findet man das Element Kohlenstoff (chemisches Zeichen C). Pflanzen nehmen beim Atmen CO_2 auf und damit auch Kohlenstoff. Durch die Nahrungskette gelangt Kohlenstoff in Tiere und Menschen.
Ein Teil des auf der Erde vorkommenden Kohlenstoffs ist das radioaktive Kohlenstoffisotop C14. Obwohl es mit einer Halbwertszeit von 5730 Jahren zerfällt, ist sein Anteil immer gleich, weil es durch kosmische Strahlung ständig neu gebildet wird.
Stirbt ein Organismus, so wird kein Kohlenstoff mehr aufgenommen. Das radioaktive C14 zerfällt, der nichtradioaktive Kohlenstoff bleibt nahezu erhalten. Damit verändert sich das Verhältnis von radioaktivem und nichtradioaktivem Kohlenstoff im Laufe der Zeit.

4 Wie viel des ursprünglichen Gehalts an Kohlenstoff C14 wird noch gemessen, wenn der Organismus 5730 Jahre bzw. 11500 Jahre tot ist?

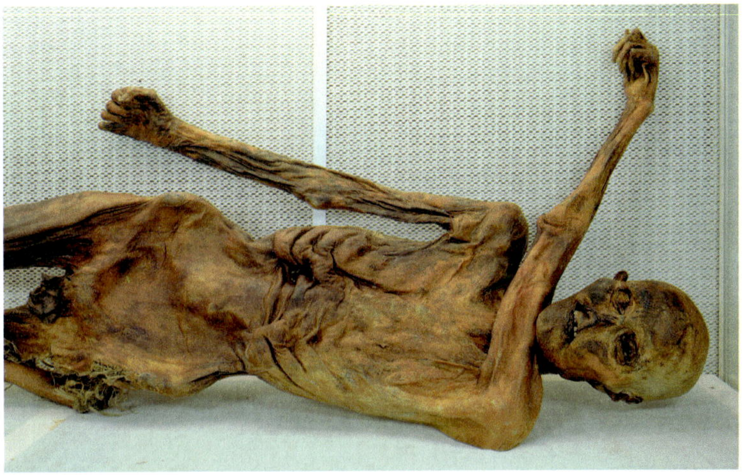

5 Wie lange ist ein Organismus tot, wenn der ursprüngliche Anteil von C14 auf 12,5 % gesunken ist?

6 Im Jahr 1991 wurde in den Ötztaler Alpen die Gletschermumie „Ötzi" gefunden. Die Mumie enthielt nur noch ca. 53 % des Kohlenstoffs C14, der in lebendem Gewebe enthalten ist. Vor wie vielen Jahren hat „Ötzi" etwa gelebt?

7 Zeichne einen Graphen, der dem Alter einer Probe den noch vorhandenen C-14-Gehalt nach einer Halbwertszeit, nach zwei Halbwertszeiten, nach drei Halbwertszeiten usw. zuordnet. Ergänze diesen Graphen mit Werten in Schritten von 1000 Jahren.

8 Die Lasceaux-Höhle in Frankreich ist berühmt für ihre Höhlenmalereien. Holzkohle aus einer Fundstelle in der Höhle hatte im Jahr 1950 einen C-14-Gehalt von ca. 6,3 % verglichen mit dem C-14-Gehalt in lebendem Holz.
Wann entstanden diese Höhlenmalereien vermutlich?

Mit dem Graphen aus Aufgabe 7 kann man die Ergebnisse der Aufgaben 8 und 9 überprüfen.

9 Das Alter der kleinen Frauenfiguren wurde mit der C-14-Methode bestimmt. Die Elfenbein-Figur von Gönnersdorf (links) enthielt ca. 15,5 %, die Figur von Lespugue aus Mammutelfenbein ca. 5,5 % des ursprünglichen C-14-Gehalts.
Wie alt sind die beiden Figuren etwa?

Rückblick

Absolute Änderung und prozentuale Änderung
Die Änderung eines Bestandes in einem Zeitschritt kann man wie folgt angeben.
absolute Änderung: $d = B(n+1) - B(n)$
prozentuale Änderung: $p = \frac{B(n+1) - B(n)}{B(n)}$

n (in Jahren)	0	1	2	3
Bestand B(n)	23	24	30	28

Im Zeitschritt von $n = 1$ zu $n = 2$ gilt:
absolute Änderung: $d = 30 - 24 = 6$,
prozentuale Änderung: $p = \frac{30 - 24}{24} = 25\,\%$

Lineares Wachstum
Wenn bei einem Wachstum die absolute Änderung d bei jedem Schritt gleich ist, liegt ein lineares Wachstum vor.
rekursive Berechnung: $B(n) = B(n-1) + d$; $B(0)$ ist bekannt
explizite Berechnung: $B(n) = B(0) + n \cdot d$

n (in Jahren)	0	1	2	3
Bestand B(n)	80	77	74	71

$B(0) = 80$ und $B(n) = B(n-1) + (-3)$
$B(n) = 80 + n \cdot (-3)$

Exponentielles Wachstum
Wenn bei einem Wachstum die relative Änderung p bei jedem Zeitschritt gleich ist, liegt ein exponentielles Wachstum vor.
rekursive Berechnung: $B(n) = B(n-1) \cdot (1+p)$; $B(0)$ ist bekannt
explizite Berechnung: $B(n) = B(0) \cdot (1+p)^n$.

n (in Jahren)	0	1	2	3
Bestand B(n)	32	40	50	62,5

$B(0) = 32$ und $B(n) = 1{,}25 \cdot B(n-1)$
$B(n) = 32 \cdot 1{,}25^n$

Exponentialfunktion
Eine Funktion f mit der Gleichung $f(x) = b \cdot a^x$ $(a > 0,\ a \neq 0)$ heißt Exponentialfunktion. Hierbei ist a der Wachstumsfaktor und b der Funktionswert an der Stelle $x = 0$ (Anfangswert).
Eigenschaften:
Ist $a > 1$, so nehmen die Funktionswerte für größer werdende Werte von x zu; die Funktion ist zunehmend.
Ist $0 < a < 1$, so nehmen die Funktionswerte für größer werdende Werte von x ab; die Funktion ist abnehmend.
Der Graph der Funktion verläuft durch die Punkte $P(0\,|\,b)$ und $Q(1\,|\,ab)$.

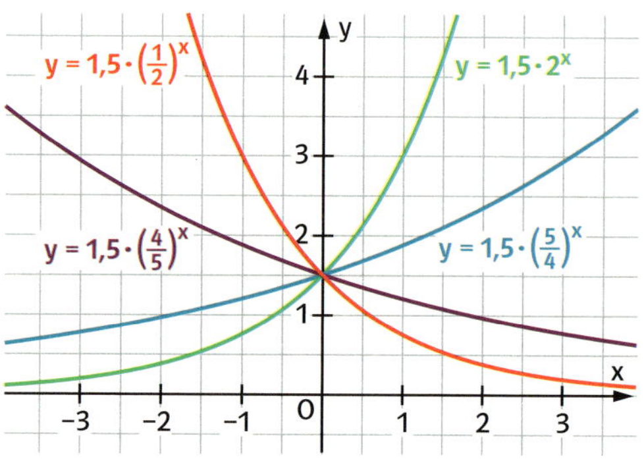

Logarithmen
Der Logarithmus von b zur Basis a $(a > 0,\ b > 0,\ a \neq 1)$ ist diejenige Zahl, mit der man a potenzieren muss, um b zu erhalten. Man schreibt kurz $\log_a(b)$.
Es gilt: $a^x = b$ ist gleichwertig mit $x = \log_a(b)$. Potenzieren von a und Logarithmieren zur Basis a heben sich gegenseitig auf und sind Umkehroperationen zueinander: $\log_a(a^q) = q$ und $a^{\log_a(b)} = b$.

Aus $2^x = 32$ folgt $x = \log_2(32) = 5$.
$\lg(1000) = 3$, denn $10^3 = 1000$

$\log_3(3^4) = 4$
$5^{\log_5(6)} = 6$

Logarithmengesetze
(für $u > 0,\ v > 0,\ a > 0,\ a \neq 1$)
1. $\log_a(u \cdot v) = \log_a(u) + \log_a(v)$
2. $\log_a(u : v) = \log_a(u) - \log_a(v)$
3. $\log_a(u^r) = r \cdot \log_a(u)$

Darüber hinaus glit: $\log_a(u) = \frac{\lg(u)}{\lg(a)}$.

$\lg(5x) = \lg(5) + \lg(x)$
$\lg(5 : x) = \lg(5) - \lg(x)$
$\lg(2^{1000}) = 1000\lg(2)$

Exponentialgleichungen
Eine Exponentialgleichung vom Typ $c = a^x$ hat die Lösung $x = \frac{\lg(c)}{\lg(a)}$.

$2^x = 3 \iff x = \frac{\lg(3)}{\lg(2)} \approx 1{,}585$

Training

Runde 1

1 Schreibe als Logarithmus wie im Beispiel auf dem Rand.

a) $5^3 = 125$ b) $2^{-3} = \frac{1}{8}$ c) $10^{\frac{2}{3}} = \sqrt[3]{100}$ d) $3^{-\frac{1}{2}} = \frac{1}{\sqrt{3}}$

Beispiel zu Aufgabe 1:
$5^2 = 25$; $2 = \log_5(25)$

2 Löse die Exponentialgleichung.

a) $10^x = 0{,}01$ b) $3^{2x} - 15 = 12$ c) $4^{x+1} = 0{,}5$ d) $2^{2-x} - 2^{-x} = 24$

3 Bestimme die Exponentialfunktion, deren Graph durch die Punkte P und Q verläuft.

a) $P(0|6)$, $Q(1|2)$ b) $P(2|1)$, $Q(5|27)$ c) $P(0|4)$, $Q(2|1)$ d) $P(-2|5)$, $Q(2|20)$

4 In einem Land nimmt die Bevölkerungszahl jährlich um 2,7% zu. Im Jahr 2008 lebten dort 14 Millionen Menschen.

a) Welche Bevölkerungszahl ist für 2018 zu erwarten?

b) Wie lange würde es dauern, bis die Zahl auf das Eineinhalbfache gestiegen ist?

c) Beantworte die Fragen aus a) und b), wenn von einer jährlich gleichen absoluten Zunahme von 2,7% der Zahl des Jahres 2008 ausgegangen wird.

5 Innerhalb von fünf Tagen wandelt sich die Hälfte von anfänglich 100 mg des radioaktiven Stoffes Radium E in Radium F um (Halbwertszeit 5 Tage). Die Masse von Radium E nimmt exponentiell nach der Formel $B(n) = B(0) \cdot k^n$ (n in Tagen) ab.

a) Bestimme $B(0)$ und k. Wie viel Radium E ist nach 30 Tagen noch vorhanden?

b) Wann sind 99,9% der ursprünglichen Menge Radium E zerfallen?

Runde 2

1 Bestimme ohne Taschenrechner.

a) $\log_6(216)$ b) $\log_2(0{,}125)$ c) $\log_{0,5}(8)$ d) $\lg(0{,}000\,001)$

2 Löse die Exponentialgleichung durch Logarithmieren.

a) $5^{1-2x} = 17$ b) $(7^{2x-1})^2 = 36$ c) $10^x - 25 = 975$ d) $4^{2x+1} = 64$

3 Ein Erstklässler benötigt für seine Hausaufgaben täglich etwa 20 Minuten. Er nimmt sich vor, ganz fleißig zu sein und will im 2. Schuljahr die eineinhalbfache Zeit für Hausaufgaben aufwenden, im 3. Schuljahr wieder eineinhalbmal so viel wie im 2. Schuljahr usw.

a) Schreibe einen Term auf, mit dem man den täglichen Zeitbedarf für die Hausaufgaben im n-ten Schuljahr berechnen kann, wenn der Vorsatz des Kindes aufrecht erhalten wird.

b) In welchem Schuljahr wird der Zeitbedarf erstmals mehr als vier Stunden täglich betragen, wenn der Vorsatz umgesetzt wird? Beurteile das Vorhaben des Kindes.

4 In einem Experiment wurde gemessen, wie die Menge des radioaktiven Elementes I 131 (Jod 131) durch radioaktiven Zerfall abnimmt (Fig. 1).

a) Bestimme mit Daten aus dem Graphen das Zerfallsgesetz für I 131 in der Form $B(n) = B(0) \cdot k^n$ (n in Tagen).

b) Wie viel Prozent einer vorhandenen Stoffmenge zerfällt innerhalb eines Tages?

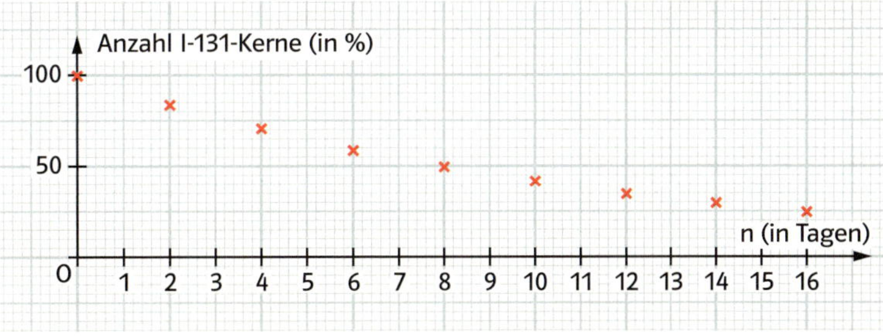

Fig. 1

Das kannst du schon

- Eigenschaften ganzrationaler Funktionen beschreiben
- Graphen ganzrationaler Funktionen skizzieren
- Periodische Vorgänge mithilfe von trigonometrischen Funktionen beschreiben
- Eigenschaften von Exponentialfunktionen beschreiben

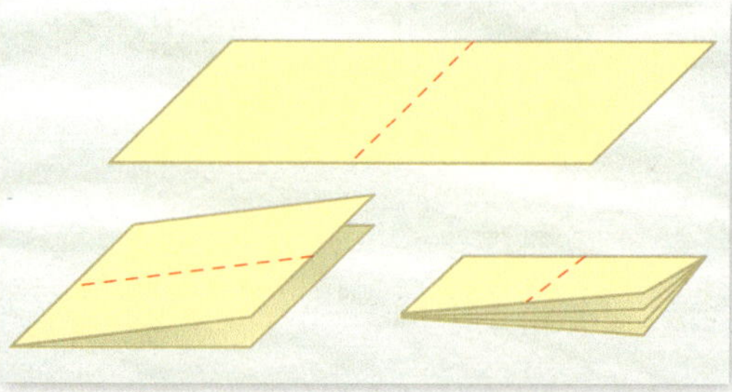

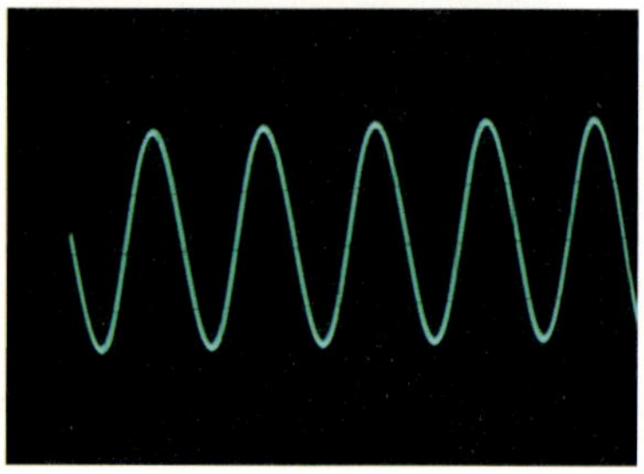

Zahl

Messen

Raum und Form

Funktionaler Zusammenhang

Daten und Zufall

III Vertiefung des Funktionsbegriffes

Was bleibt – was ändert sich?

Wie sieht das Spiegelbild einer Parabel an der Winkelhalbierenden aus?
Kann aus einer verschobenen Sinusfunktion eine Kosinusfunktion werden?

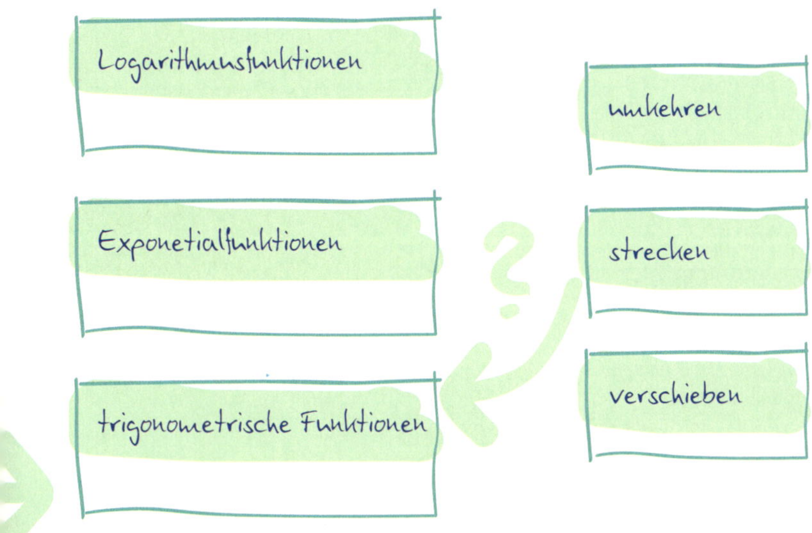

Das kannst du bald

- Funktionen umkehren
- Gleichungen von Umkehrfunktionen bestimmen
- Graphen von Umkehrfunktionen konstruieren
- Eigenschaften von Tangens- und Logarithmusfunktion beschreiben
- Winkel im Grad- und im Bogenmaß angeben
- Den Graphen einer gestreckten und verschobenen Sinusfunktion beschreiben

1 Umkehrfunktion

„Du bist mein Vater, aber ich bin nicht dein Sohn."

Bei einem Würfel ist durch die Funktion $f: k \rightarrow V$ jeder Kantenlänge k das entsprechende Volumen zugeordnet. Das jeweilige Volumen kann man mithilfe der Funktionsgleichung $f(k) = k^3$ berechnen. Umgekehrt kann man zu jedem Volumen V die zugehörige Kantenlänge k berechnen. Die Zuordnung $\overline{f}: V \rightarrow k$ ist die **Umkehrzuordnung** der Funktion f. Ihre Gleichung lässt sich in Wurzel- oder Potenzschreibweise angeben: $\overline{f}(V) = \sqrt[3]{V}$ oder $\overline{f}(V) = V^{\frac{1}{3}}$.

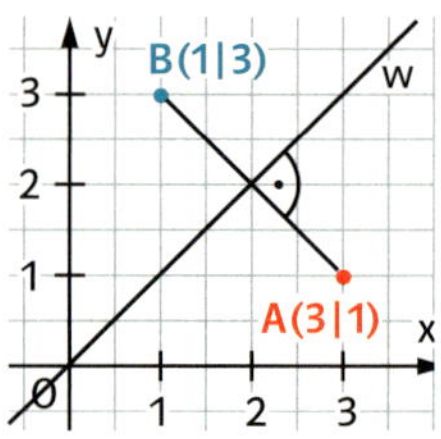

Fig. 1

Die Umkehrung der Zuordnungsrichtung bewirkt einen Tausch der Koordinaten jedes Punktes des Graphen (vgl. Tab. 1). Ist beispielsweise **A(3|1)** ein Punkt des Graphen der Funktion, dann ist **B(1|3)** ein Punkt des Graphen der Umkehrzuordnung (Fig. 1).
Ist allgemein $P(a|b)$ ein Punkt des Graphen der Funktion, so ist $Q(b|a)$ ein Punkt des Graphen der Umkehrzuordnung. Der Punkt Q entsteht durch Spiegelung des Punktes P an der Winkelhalbierenden w. Die Graphen von Funktion und Umkehrzuordnung liegen folglich symmetrisch zu w (Fig. 2).

Funktion $k \rightarrow V$	Umkehrzuordnung $V \rightarrow k$
(k in cm; V in cm^3)	
$0 \rightarrow 0$	$0 \rightarrow 0$
$0{,}5 \rightarrow 0{,}125$	$0{,}125 \rightarrow 0{,}5$
$1 \rightarrow 1$	$1 \rightarrow 1$
$\sqrt[3]{2} \rightarrow 2$	$2 \rightarrow \sqrt[3]{2}$
$\sqrt[3]{5} \rightarrow 5$	$5 \rightarrow \sqrt[3]{5}$
$2 \rightarrow 8$	$8 \rightarrow 2$
$3 \rightarrow 27$	$27 \rightarrow 3$

Tab. 1

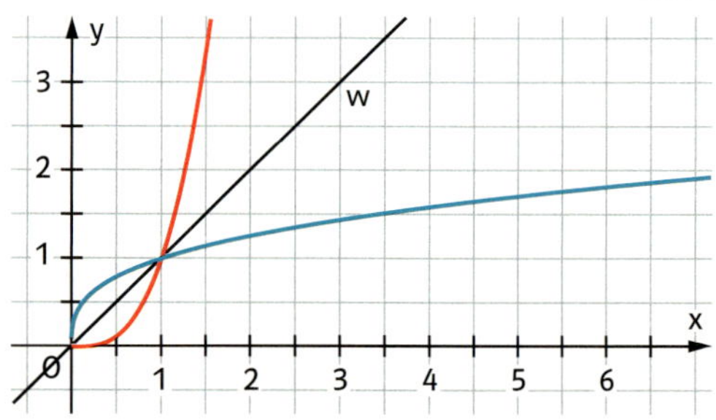

Fig. 2

Für gerade Zahlen n gilt: $(-a)^n = a^n$.
Für ungerade Zahlen n gilt: $(-a)^n = -a^n \neq a^n$.

Nicht jede Umkehrzuordnung ist wieder eine Funktion. Eine Potenzfunktion $x \rightarrow x^n$ mit geradem Exponenten n ordnet sowohl a als auch $-a$ die Zahl a^n zu. Die Umkehrzuordnung von $x \rightarrow x^2$ beispielsweise ordnet der Zahl 4 die Zahlen 2 und -2 zu. Die Umkehrzuordnung ist also keine Funktion (Fig. 3).
Ist n ungerade, so werden verschiedenen x-Werten auch verschiedene Funktionswerte zugeordnet. Deshalb ist die Umkehrzuordnung der Funktion $x \rightarrow x^3$ wieder eine Funktion (Fig. 4).
Beschränkt man bei der Funktion $f: x \rightarrow x^2$ die Definitionsmenge D_f auf $\mathbb{R}_0^+$, so ist auch die Umkehrzuordnung von f eine Funktion.

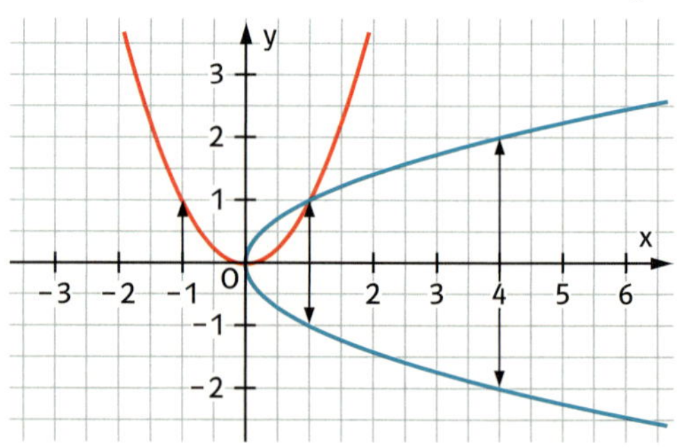
Fig. 3

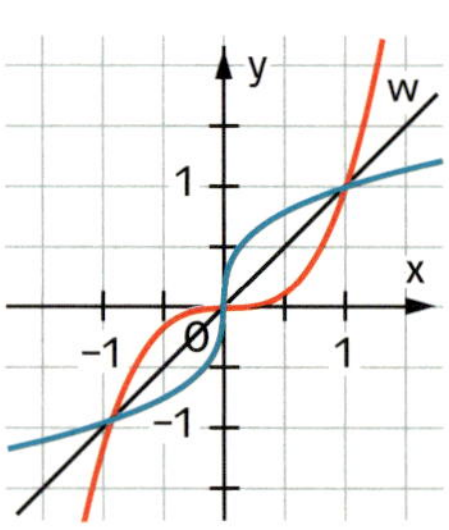

Fig. 4

Eine Funktion $f: x \to y$ heißt umkehrbar, wenn ihre Umkehrzuordnung $\bar{f}$ wieder eine Funktion ist. Die Funktion $\bar{f}$ ist dann die Umkehrfunktion von f. Die Gleichung der Umkehrfunktion erhält man, indem man in der Gleichung der Funktion f die Variablen x und y vertauscht und die entstandene Gleichung nach y auflöst.
Potenzfunktionen sind für $x \geqq 0$ umkehrbar. Vertauscht man in der Gleichung $y = x^n$ einer Potenzfunktion die Variablen, so erhält man $x = y^n$. Daraus folgt $y = \sqrt[n]{x}$. Dies ist die Gleichung der Umkehrfunktion $\bar{f}: x \to \sqrt[n]{x}$.

Ist die Umkehrzuordnung einer Funktion f wieder eine Funktion, so ist die Funktion f **umkehrbar**. Ihre Umkehrzuordnung heißt **Umkehrfunktion $\bar{f}$**.
Jede auf $x \geqq 0$ beschränkte Potenzfunktion $f: x \to x^n$ $(n \in \mathbb{N}, n \neq 0)$ ist umkehrbar.
Ihre Umkehrfunktion ist die **Wurzelfunktion** $\bar{f}: x \to x^{\frac{1}{n}}$ bzw. $x \to \sqrt[n]{x}$ $(x \geqq 0)$.
Die Graphen von f und $\bar{f}$ liegen symmetrisch zur ersten Winkelhalbierenden.

Die Winkelhalbierende, die durch den ersten Quadranten verläuft, heißt erste Winkelhalbierende.

Beispiel 1 Umkehrbarkeit prüfen
Skizziere den Graphen der Funktion f. Entscheide anhand des Graphen, ob die Funktion umkehrbar ist. Bestimme gegebenenfalls die Gleichung der Umkehrfunktion $\bar{f}$ sowie deren Definitionsbereich und skizziere ihren Graphen.

a) $f: x \to (x-2)^2$; $D_f = \mathbb{R}_0^+$

b) $f: x \to x^2 + 1$; $D_f = \mathbb{R}_0^+$

Lösung:

a) Graph von f: vgl. Fig. 1
Die eingezeichnete Parallele zur x-Achse schneidet den Graphen in den Punkten (1|1) und (3|1). Den Zahlen 1 und 3 wird also derselbe y-Wert 1 zugeordnet. Die Umkehrzuordnung ordnet deshalb der Zahl 1 die Zahlen 1 und 3 zu.
Die Umkehrzuordnung ist keine Funktion.

b) Graph von f: vgl. Fig. 2
Es gibt keine Parallele zur x-Achse, die den Graphen zweimal schneidet (Fig. 2).
Die Funktion ist umkehrbar.

$y = x^2 + 1$ | Variablen tauschen
$x = y^2 + 1$ | -1
$x - 1 = y^2$ | $(\ )^{\frac{1}{2}}$
$\sqrt{x-1} = y$
$\bar{f}: x \to \sqrt{x-1}$ $(x \geqq 1)$

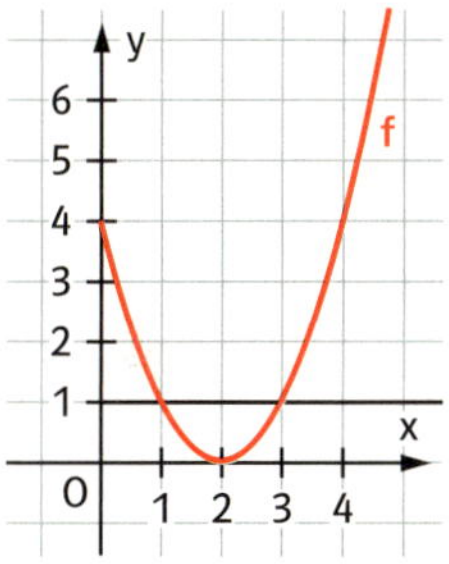

Fig. 1

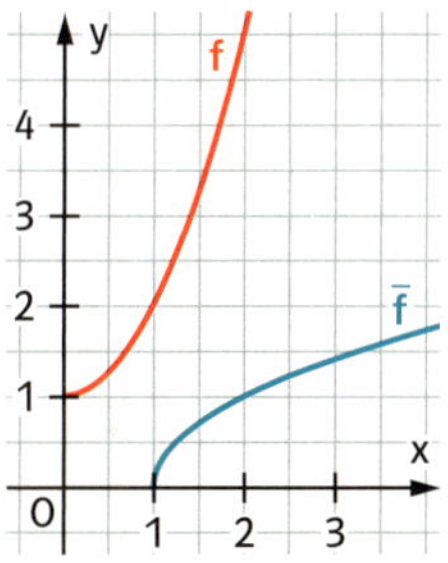

Fig. 2

Beispiel 2 Umkehrfunktion bestimmen
Bestimme für $x \geqq 0$ die Gleichung der Umkehrfunktion $\bar{f}$ zur Funktion f mit

a) $f(x) = x^5$, b) $f(x) = \frac{1}{3}x^4$, c) $f(x) = 2 \cdot \sqrt{x}$.

Lösung:

a) $y = x^5$ | Variablen tauschen
$x = y^5$ | $(\ )^{\frac{1}{5}}$
$x^{\frac{1}{5}} = y$
$\bar{f}(x) = \sqrt[5]{x}$

b) $y = \frac{1}{3}x^4$ | Variablen tauschen
$x = \frac{1}{3}y^4$ | $\cdot 3$
$3x = y^4$ | $(\ )^{\frac{1}{4}}$
$(3x)^{\frac{1}{4}} = y$
$\bar{f}(x) = \sqrt[4]{3x}$

c) $y = 2\sqrt{x}$
$y = 2 \cdot x^{\frac{1}{2}}$ | Variablen tauschen
$x = 2 \cdot y^{\frac{1}{2}}$ | $:2$
$\frac{1}{2}x = y^{\frac{1}{2}}$ | $(\ )^2$
$\left(\frac{1}{2}x\right)^2 = \left(y^{\frac{1}{2}}\right)^2$
$\frac{1}{4}x^2 = y$
$\bar{f}(x) = \frac{1}{4}x^2$

Aufgaben

1 Bestimme zur Funktion f die Gleichung der Umkehrfunktion $\bar{f}$. Zeichne die Graphen von f und $\bar{f}$.

a) f: $x \to x^4$; $x \geqq 0$

b) f: $x \to \frac{1}{5}x^3$; $x \geqq 0$

c) f: $x \to x^{\frac{1}{2}}$; $x \geqq 0$

d) f: $x \to -2 \cdot x^{\frac{1}{2}}$; $x \geqq 0$

2 In Fig. 1 sind für verschiedene Exponenten z die Graphen der Funktionen $x \to x^z$ im 1. Quadranten gezeichnet.

a) Welche der Funktionen sind Umkehrfunktionen zueinander? Was kannst du über die beiden Exponenten aussagen?

b) Welche Punkte haben alle Graphen gemeinsam? Begründe.

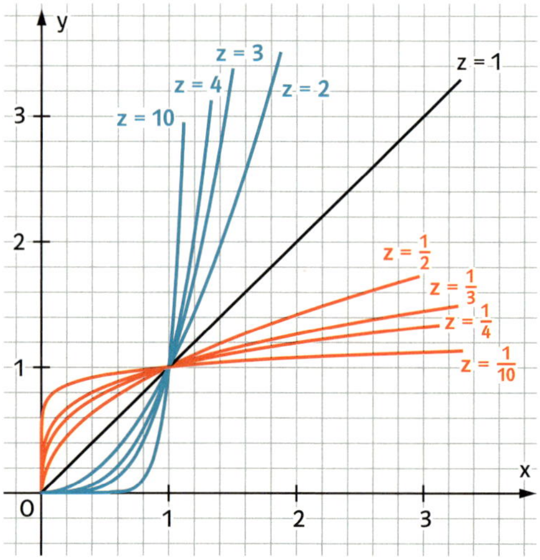

Fig. 1

3 a) Begründe: Die Funktion f: $x \to 3x^2 - 5$ mit $D_f = \mathbb{R}$ ist nicht umkehrbar.

b) Ist die Funktion f: $x \to 3x^2 - 5$ für $x \geqq 0$ umkehrbar? Gib in diesem Fall die Gleichung der Umkehrfunktion an und skizziere beide Graphen.

4 Entscheide anhand der Graphen in Fig. 2, ob die zugehörigen Funktionen umkehrbar sind. Schreibe die Funktionsgleichung und gegebenenfalls die Gleichung der Umkehrfunktion auf.

5 Zeichne den Graphen der Funktion. Schränke, falls nötig, die Definitionsmenge so ein, dass eine umkehrbare Funktion entsteht. Bestimme dann die Gleichung der Umkehrfunktion.

a) $f(x) = 0{,}5x^2$ b) $f(x) = x^3 - 2$

c) $f(x) = 0{,}5x^3 - 2$ d) $f(x) = (x + 1)^2$

e) $f(x) = (x - 3)^3$ f) $f(x) = 2(x - 1)^2$

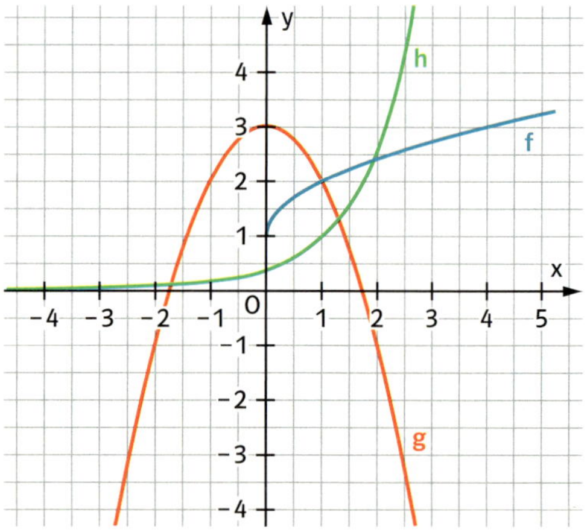

Fig. 2

6 Zu welcher Funktion f ist $\bar{f}$ die Umkehrfunktion?

a) $\bar{f}$: $x \to \sqrt{x}$ b) $\bar{f}$: $x \to x^{\frac{1}{4}}$ c) $\bar{f}$: $x \to x^{\frac{3}{2}}$ d) $\bar{f}$: $x \to x - 1$

e) $\bar{f}$: $x \to \sqrt{x - 2}$ f) $\bar{f}$: $x \to x$ g) $\bar{f}$: $x \to x^2$ h) $\bar{f}$: $x \to (x - 2)^2$

7 **Umkehrfunktionen bei linearen Funktionen**

a) Gib deinem Nachbarn die Gleichung einer linearen Funktion und lasse ihn die Gleichung der zugehörigen Umkehrfunktion bestimmen.

b) Zeichne die Graphen beider Funktionen in ein Koordinatensystem. Kannst du so überprüfen, ob die Gleichung der Umkehrfunktion richtig bestimmt ist?

c) Betrachtet gemeinsam weitere Beispiele. Bestimmt dann allgemein zur linearen Funktion f: $x \to mx + b$; $(m \neq 0)$ die Gleichung der Umkehrfunktion $\bar{f}$.

2 Logarithmusfunktion

„Der Graph wird den oberen Rand der Tafel nie erreichen."
„Logisch! Die ist ja auch viel zu schmal. Ich denke, dass man auch dann nicht oben ankommt, wenn sie so breit wäre wie eine Kinoleinwand."
„Und wenn sie zehn Kilometer breit wäre?"

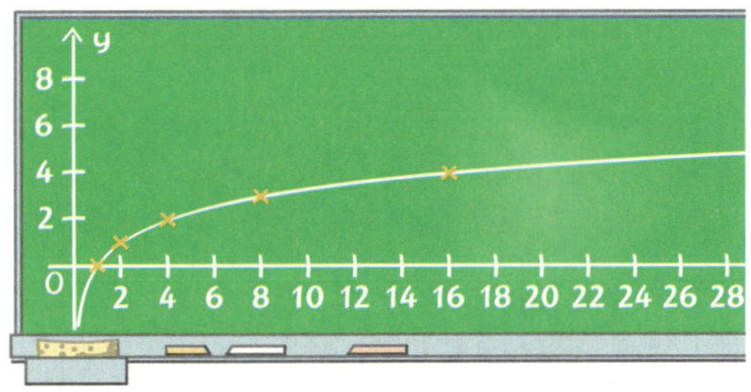

Die Exponentialfunktion f: $x \to a^x$ ist für $a \neq 1$ entweder überall zunehmend oder überall abnehmend. Sie ist also umkehrbar. Für die Umkehrfunktion $\bar{f}$ gilt dann $\bar{f}$: $a^x \to x$.
Mit $y = a^x$ erhält man $x = \log_a(y)$, also $\bar{f}$: $y \to \log_a(y)$.
Bezeichnet man wie üblich die unabhängige Größe mit x, so ergibt sich $\bar{f}$: $x \to \log_a(x)$.
$\bar{f}$ heißt **Logarithmusfunktion**. Die zugehörige Funktionsgleichung lautet $\bar{f}(x) = \log_a(x)$. Spiegelt man den Graphen der Exponentialfunktion an der ersten Winkelhalbierenden, so erhält man den Graphen der zugehörigen Logarithmusfunktion (Fig. 1).

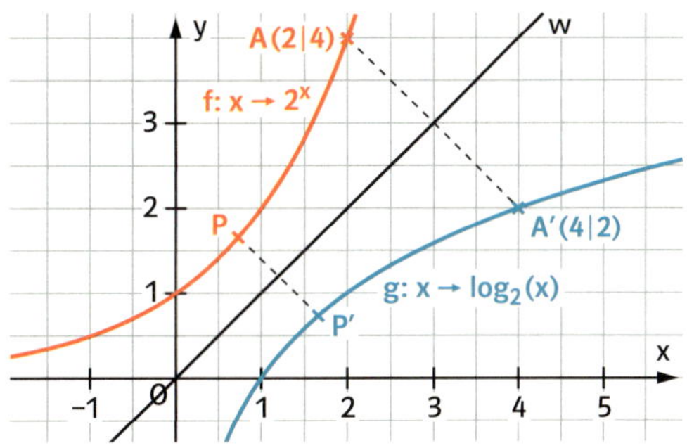

Fig. 1

Zur Erinnerung:
$a^{\log_a(x)} = x$
$\log_a(a^x) = x$

Die **Logarithmusfunktion** $x \to \log_a(x)$ $(a > 0,\ a \neq 1)$ ist die Umkehrfunktion der Exponentialfunktion $x \to a^x$. Sie ist nur für positive x-Werte definiert.

Eigenschaften der Logarithmusfunktion:
Für $a > 1$ gilt:
- Die Funktionswerte nehmen zu, wenn x größer wird. Die Funktion ist **zunehmend**.
- Der Graph verläuft für $x > 1$ über der x-Achse, für $0 < x < 1$ unter der x-Achse.
- Für $x \to \infty$ gilt $\log_a(x) \to \infty$, für $x \to 0$ gilt $\log_a(x) \to -\infty$.

Für $0 < a < 1$ gilt:
- Die Funktionswerte nehmen ab, wenn x größer wird. Die Funktion ist **abnehmend**.
- Für $x > 1$ sind die Funktionswerte negativ, für $0 < x < 1$ sind sie positiv.
- Für $x \to \infty$ gilt $\log_a(x) \to -\infty$, für $x \to 0$ gilt $\log_a(x) \to \infty$.

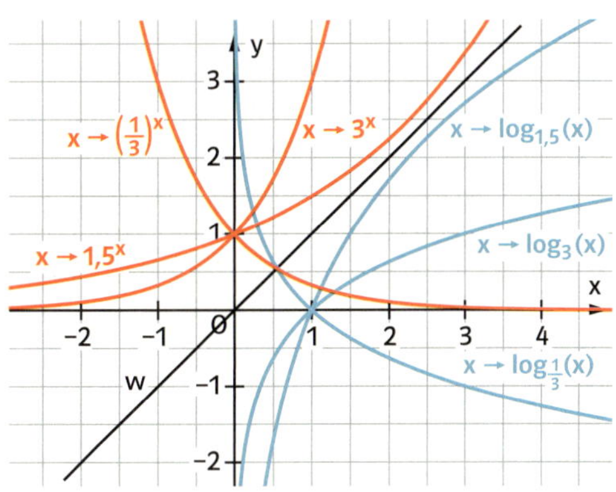

Fig. 2

Für beliebige Werte von a $(a \neq 0,\ a \neq 1)$ gilt:
- Alle Graphen von f mit $f(x) = \log_a(x)$ verlaufen durch den Punkt P(1|0).
- Spiegelt man den Graphen von f mit $f(x) = \log_a(x)$ an der x-Achse, so erhält man den Graphen von g mit $g(x) = -\log_a(x) = \log_{\frac{1}{a}}(x)$ (Fig. 2).

$\log_{\frac{1}{a}}(x) = \frac{\log_a(x)}{\log_a\left(\frac{1}{a}\right)}$
$= \frac{\log_a(x)}{-\log_a(a)} = \frac{\log_a(x)}{-1}$
$= -\log_a(x)$

Beispiel 1

Fig. 1 zeigt die Graphen zweier Logarithmusfunktionen $x \to \log_a(x)$. Bestimme a.

Lösung:

Man liest die Koordinaten eines Punktes des Graphen ab und wählt, wenn möglich, einen „Gitterpunkt", jedoch nicht (1|0). Dann setzt man die Koordinaten in $\log_a(x) = y$ ein.

(1) P(2,5|1) liegt auf dem Graphen. Aus $\log_a(2{,}5) = 1$ folgt $a^1 = 2{,}5$, also $a = 2{,}5$.

(2) Q(3|0,5) liegt auf dem Graphen. Aus $\log_a(3) = \frac{1}{2}$ folgt $a^{\frac{1}{2}} = 3$, also $a = 9$.

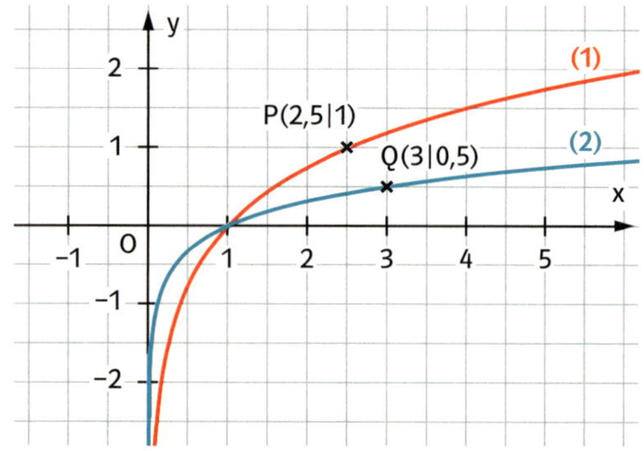

Fig. 1

Beispiel 2

a) Zeichne den Graphen der Funktion f mit $f(x) = \log_2(x)$ und verschiebe ihn um drei Einheiten nach oben. Gib die Gleichung der Funktion g an, die zum verschobenen Graphen gehört.

b) Zeichne den Graphen von h mit $h(x) = \log_2(8x)$ in ein neues Koordinatensystem. Vergleiche mit dem Graphen von g und begründe das Ergebnis.

c) Zeige: $k(x) = \log_3\left(\frac{1}{3}x\right)$ und $t(x) = \log_3(x) - 1$ sind Gleichungen derselben Funktion.

Lösung:

a) siehe Fig. 2

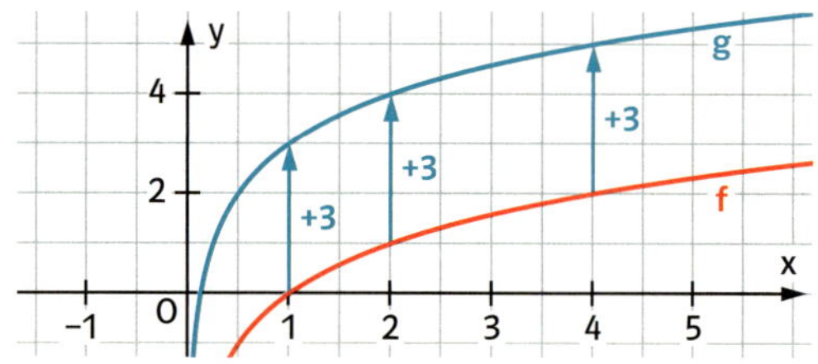

Fig. 2

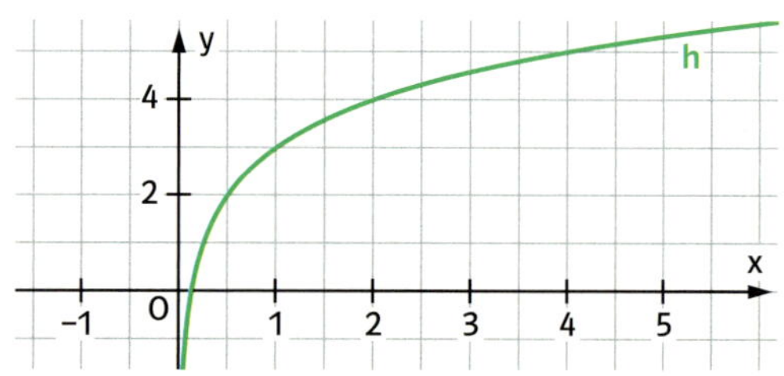

Fig. 3

b) Die Graphen sind identisch (siehe Fig. 3).

Begründung: Es ist $g(x) = \log_2(x) + 3$. Wegen $\log_2(8x) = \log_2(8) + \log_2(x) = 3 + \log_2(x)$ stimmen die beiden Funktionsterme überein und damit auch die zugehörigen Graphen.

c) $\log_3\left(\frac{1}{3}x\right) = \log_3\left(\frac{1}{3}\right) + \log_3(x) = -1 + \log_3(x)$. Die Funktionsterme von k und t sind äquivalent. Deshalb sind $k(x) = \log_3\left(\frac{1}{3}x\right)$ und $t(x) = \log_3(x) - 1$ Gleichungen derselben Funktion.

Aufgaben

1 a) Zeichne den Graphen der Funktion mit der Gleichung $f(x) = 1{,}2^x$ und spiegele ihn an der ersten Winkelhalbierenden. Wie lautet die Gleichung der Umkehrfunktion?

b) Zeichne die Umkehrfunktion von $g: x \to 0{,}8^x$ und lies daran eine Näherungslösung für die Gleichung $0{,}8^x = 2$ ab.

2 a) Konstruiere den Graphen von $x \to \log_3(x)$ aus dem Graphen der Umkehrfunktion.

b) Für welche x-Werte sind die Funktionswerte größer als 4, für welche kleiner als $\frac{1}{4}$?

3 a) Strecke den Graphen der Funktion $f: x \to \log_2(x)$ mit dem Streckfaktor 2.

b) Begründe: Die Graphen von $h: x \to \log_2(x^2)$ und $k: x \to 2 \cdot \frac{\lg(x)}{\lg(2)}$ stimmen mit dem gestreckten Graphen aus Teilaufgabe a) überein.

Die Logarithmusfunktion $x \to \log_a(x)$ ist die Umkehrfunktion der Exponentialfunktion $x \to a^x$.
Damit ist auch die Exponentialfunktion $x \to a^x$ Umkehrfunktion der Logarithmusfunktion $x \to \log_a(x)$.

4 Gib die Gleichung der Umkehrfunktion an.

a) $f(x) = 5^x$ b) $f(x) = \left(\frac{1}{3}\right)^x$ c) $f(x) = \left(\frac{2}{5}\right)^x$ d) $f(x) = \left(\sqrt{3}\right)^x$ e) $f(x) = 100^x$
f) $f(x) = \log_4(x)$ g) $f(x) = \log_{2,5}(x)$ h) $f(x) = \log_{0,6}(x)$ i) $f(x) = \lg(x)$ j) $f(x) = \log_{\sqrt{5}}(x)$

5 Fig. 1 zeigt die Graphen verschiedener Logarithmusfunktionen $x \to \log_a(x)$. Bestimme a mithilfe geeigneter Punkte.

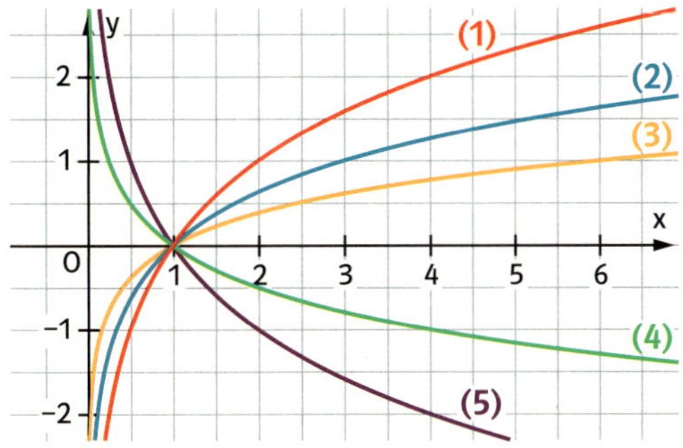

Fig. 1

6 a) Begründe: Der Graph der Logarithmusfunktion $x \to \log_a(x)$ verläuft stets durch den Punkt $P(a|1)$.
b) Überprüfe mit der Eigenschaft aus Teilaufgabe a), soweit möglich, deine Lösungen von Aufgabe 5.

7 Bestimme diejenige Logarithmusfunktion $x \to \log_a(x)$, deren Graph durch den Punkt P geht.

a) $P(9|3)$ b) $P(100|2)$ c) $P(3|9)$
d) $P(0{,}5|-1)$ e) $P\left(\sqrt{5}\,\middle|\,\frac{1}{2}\right)$ f) $P\left(\sqrt[3]{4}\,\middle|\,\frac{2}{3}\right)$

8 Auf Seite 77 wurde als Eigenschaft der Logarithmusfunktion angegeben:
Die Graphen von $x \to \log_a(x)$ und $x \to \log_{\frac{1}{a}}(x)$ liegen symmetrisch zur x-Achse.
Begründe dies mithilfe einer Eigenschaft der zugehörigen Umkehrfunktion.

9 Zeichne in ein Koordinatensystem die Graphen von $f: x \to 2^x$ und $g: x \to 3 \cdot 2^x$. Gib die Gleichung der Umkehrfunktionen an. Zeichne die Graphen der Umkehrfunktionen. Wie liegen sie zueinander?

10 Zeichne den Graphen der Funktion sowie den Graphen ihrer Umkehrfunktion. Gib die Funktionsgleichung der Umkehrfunktion an.

a) $f(x) = 4 \cdot 2^x$ b) $g(x) = 2 \cdot \left(\frac{1}{2}\right)^x$ c) $h(u) = 5\lg(u)$ d) $i(v) = 3\log_4(v)$

11 Bestimme die Umkehrfunktion.

a) $f(x) = 5^x$ b) $g(t) = 2 \cdot 3^t$ c) $h(s) = 0{,}2 \cdot 4{,}5^s$ d) $i(r) = 4 \cdot 2^{3r}$
e) $r(a) = \log_{0,5}(a)$ f) $s(b) = 3\lg(b)$ g) $t(m) = 4\log_5(m)$ h) $w(x) = 0{,}5\lg(x^2)$

12 Zeige: Für die Exponentialfunktion f mit $f(x) = a^x$ gilt $f(u + v) = f(u) \cdot f(v)$.
Gib eine entsprechende Eigenschaft für die Logarithmusfunktion g mit $g(x) = \log_a(x)$ an. Welcher Rechenregel für Logarithmen entspricht diese Eigenschaft?

13 a) Zeichne die Graphen von $f: x \to \log_2(x)$ und von $g: x \to \log_2(4x)$ in ein gemeinsames Koordinatensystem. Wie geht der Graph von f aus dem Graphen von g hervor? Begründe deine Antwort, indem du $\log_2(4x)$ geeignet umformst.
b) Wie kann man den Graphen $x \to \log_2(r \cdot x)$ mit $r > 0$ aus dem Graphen von f erhalten? Begründe deine Antwort.

14 Beweise: Die Funktionswerte von $x \to \log_a(x)$ und $x \to \log_b(x)$ unterscheiden sich nur um einen konstanten Faktor. Zeige dazu, dass es eine Zahl k gibt, die nicht von x abhängt, sodass für alle x gilt: $\log_b(x) = k \cdot \log_a(x)$.

3 Trigonometrische Funktionen – Bogenmaß

Am nördlichen Polarkreis geht die Sonne am 21. Juni nicht unter.

Kreisumfang:
$U = 2\pi r$
Kreisbogenlänge:
$b = \frac{\alpha}{360°} \cdot U$

Durch den Punkt P_α in Fig. 1 wird zusammen mit der positiven x-Achse ein Kreisbogen b festgelegt. Für seine Länge gilt $b = \frac{\alpha}{360°} \cdot 2\pi r$. Das Verhältnis $x = \frac{b}{r}$ hängt also nicht vom Radius des Kreises, sondern nur von α ab und heißt **Bogenmaß** von α. Daraus folgt $x = \frac{\alpha}{360°} \cdot 2\pi$.
Bogenmaße werden oft als Vielfache oder Teile von π angeben (Tab. 1).

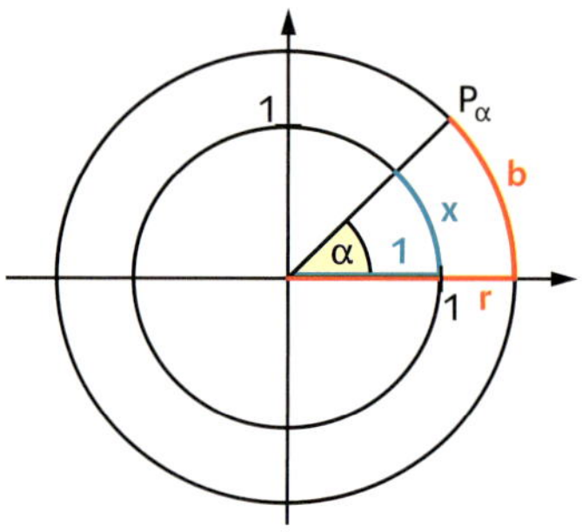

Fig. 1

Kennt man einen Winkel im Bogenmaß, so kann man mithilfe der Gleichung $\alpha = \frac{x}{2\pi} \cdot 360°$ sein Gradmaß berechnen.

α	x
0°	0
30°	$\frac{\pi}{6}$
45°	$\frac{\pi}{4}$
60°	$\frac{\pi}{3}$
90°	$\frac{\pi}{2}$
120°	$\frac{2\pi}{3}$
135°	$\frac{3\pi}{4}$
180°	π
270°	$\frac{3\pi}{2}$
360°	2π

Tab. 1

Jeden Winkel kann man entweder im **Gradmaß** α oder im **Bogenmaß** x angeben.
Dabei gilt $x = \frac{\alpha}{360°} \cdot 2\pi$ und $\alpha = \frac{x}{2\pi} \cdot 360°$.

Das Bogenmaß kann man zur Definition der Sinus- und der Kosinusfunktion verwenden. Die Funktion $x \to \sin(x)$ ordnet jedem Bogen x einen Sinuswert zu. Ebenso wird durch $x \to \cos(x)$ jedem Bogen x ein Kosinuswert zugeordnet. Wie beim Gradmaß sind das die Koordinaten des Punktes P_x (Fig. 2). Es gilt $P_x(\cos(x) | \sin(x))$.
Die so definierten Funktionen sin und cos heißen **trigonometrische Funktionen**.

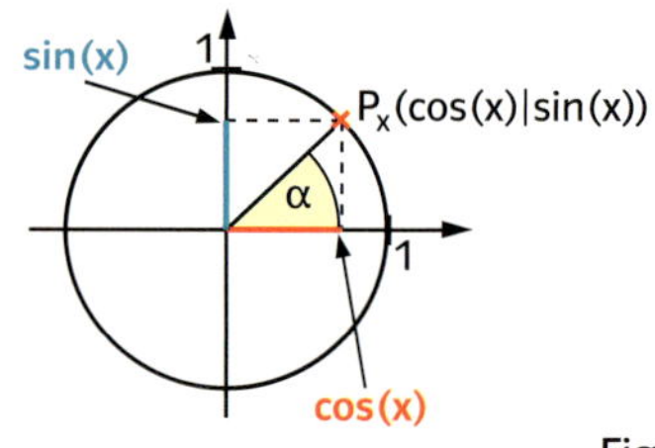

Fig. 2

Fasst man eine reelle Zahl als Bogenmaß eines Winkels auf, so werden dadurch die trigonometrischen Funktionen mit den Gleichungen $f(x) = \sin(x)$ und $g(x) = \cos(x)$ für alle reellen Zahlen definiert.
Für ihre Funktionswerte gilt $-1 \leqq f(x) \leqq 1$ und $-1 \leqq g(x) \leqq 1$.
Beide Funktionen sind periodisch mit der Periodenlänge 2π.

In einem Koordinatensystem mit gleicher Einteilung der beiden Achsen sehen die Graphen der Funktionen f: $x \to \sin(x)$ und g: $x \to \cos(x)$ so aus (vgl. Aufgaben 4 und 5):

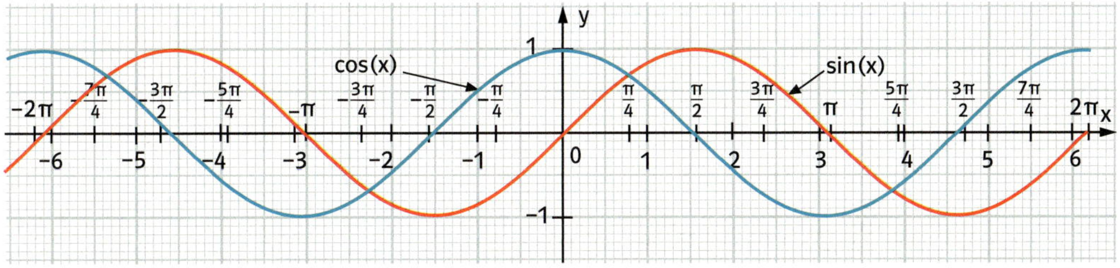

Fig. 1

Eigenschaften der trigonometrischen Funktionen
Alle Eigenschaften der Sinusfunktion und der Kosinusfunktion lassen sich leicht auf die trigonometrischen Funktionen übertragen.

Eigenschaft	Für alle reellen Zahlen x gilt
Periodenlänge 2π	$\sin(x + k \cdot 2\pi) = \sin(x)$ mit $k \in \mathbb{Z}$ $\cos(x + k \cdot 2\pi) = \cos(x)$ mit $k \in \mathbb{Z}$
Verschiebt man den Graphen der einen Funktion parallel zur x-Achse, so erhält man den Graphen der anderen Funktion.	$\cos(x) = \sin\left(x + \frac{\pi}{2}\right)$ $\sin(x) = \cos\left(x - \frac{\pi}{2}\right)$
Nullstellen	$\sin(x) = 0$, wenn $x = k\pi$ mit $k \in \mathbb{Z}$ $\cos(x) = 0$, wenn $x = \frac{\pi}{2} + k\pi$ mit $k \in \mathbb{Z}$
größte Funktionswerte	$\sin(x) = 1$, wenn $x = \frac{\pi}{2} + k \cdot 2\pi$ mit $k \in \mathbb{Z}$ $\cos(x) = 1$, wenn $x = k \cdot 2\pi$ mit $k \in \mathbb{Z}$
kleinste Funktionswerte	$\sin(x) = -1$, wenn $x = \frac{3}{2}\pi + k \cdot 2\pi$ mit $k \in \mathbb{Z}$ $\cos(x) = -1$, wenn $x = \pi + k \cdot 2\pi$ mit $k \in \mathbb{Z}$
gleiche Funktionswerte	$\sin(x) = \sin(\pi - x)$ $\cos(x) = \cos(2\pi - x)$
betragsgleiche, aber nicht gleiche Funktionswerte	$\sin(2\pi - x) = -\sin(x)$ $\cos(\pi - x) = -\cos(x)$
Summe der Quadrate (Satz des Pythagoras)	$\sin^2(x) + \cos^2(x) = 1$

Beispiel 1
Bestimme mithilfe des Taschenrechners auf drei Nachkommastellen gerundete Werte für alle reellen Zahlen x zwischen 0 und 2π, für die gilt:
a) $\sin(x) = 0{,}7$ b) $\cos(x) = -0{,}3$ c) $\sin(x) = -0{,}4$
Lösung:
a) Der Taschenrechner liefert $x_1 \approx 0{,}775$. Zweite Lösung: $x_2 = \pi - x_1 \approx 2{,}366$.
b) Der Taschenrechner liefert $x_1 \approx 1{,}875$. Zweite Lösung: $x_2 = 2\pi - x_1 \approx 4{,}408$.
c) Der Taschenrechner liefert $x_0 \approx -0{,}412$. Die beiden gesuchten Werte sind $x_1 = \pi - x_0 \approx 3{,}553$ und $x_2 = x_0 + 2\pi \approx 5{,}872$.

Der Taschenrechner muss auf RAD umgestellt werden, wenn mit dem Bogenmaß gerechnet werden soll.

Beispiel 2
Bestimme auf drei Nachkommastellen gerundete Werte für alle reellen Zahlen, für die $\cos(x) = 0{,}8$ ist.
Lösung:
$x_k \approx 0{,}644 + k \cdot 2\pi$ oder $x_m \approx (2\pi - 0{,}644) + m \cdot 2\pi = 5{,}640 + m \cdot 2\pi$ mit $k, m \in \mathbb{Z}$

Beispiel 3
Bestimme ohne Taschenrechner alle reellen Zahlen x, für die gilt:
a) $\cos(x) = \frac{1}{2}\sqrt{3}$ b) $\cos(x) = 0{,}5$ c) $\sin(x) = \frac{1}{2}\sqrt{3}$ d) $\sin(x) = -0{,}5$
Lösung:
Bestimme jeweils zuerst die beiden Werte zwischen 0 und 2π.
a) $x_1 = \frac{\pi}{6}$; $x_2 = 2\pi - \frac{\pi}{6} = \frac{11}{6}\pi$. Also gilt $x_k = \frac{\pi}{6} + k \cdot 2\pi$ oder $x_m = \frac{11}{6}\pi + m \cdot 2\pi$ $(k, m \in \mathbb{Z})$.
b) $x_1 = \frac{\pi}{3}$; $x_2 = 2\pi - \frac{\pi}{3} = \frac{5}{3}\pi$. Also gilt $x_k = \frac{\pi}{3} + k \cdot 2\pi$ oder $x_m = \frac{5}{3}\pi + m \cdot 2\pi$ $(k, m \in \mathbb{Z})$.
c) $x_1 = \frac{\pi}{3}$; $x_2 = \pi - \frac{\pi}{3} = \frac{2}{3}\pi$. Also gilt $x_k = \frac{\pi}{3} + k \cdot 2\pi$ oder $x_m = \frac{2}{3}\pi + m \cdot 2\pi$ $(k, m \in \mathbb{Z})$.
d) $x_0 = -\frac{\pi}{6}$; also $x_1 = 2\pi + x_0 = \frac{11}{6}\pi$; $x_2 = \pi - \left(-\frac{\pi}{6}\right) = \frac{7}{6}\pi$.
Also gilt $x_k = \frac{7}{6}\pi + k \cdot 2\pi$ oder $x_m = \frac{11}{6}\pi + m \cdot 2\pi$ $(k, m \in \mathbb{Z})$.

Aufgaben

1 Gib die Winkel im Bogenmaß als Vielfache von π und als Dezimalzahl an. Runde die Dezimalzahl auf Tausendstel.
a) 180°; 90°; 270°; 45°; 135°; 225°; 315° b) 1°; 7°; 23°; 68°; 112°; 137°; 318°

2 Gib die Winkel im Gradmaß an.
a) π; $\frac{\pi}{2}$; $\frac{\pi}{4}$; $\frac{3}{4}\pi$; $\frac{5}{4}\pi$; $\frac{\pi}{3}$; $\frac{2}{3}\pi$; $\frac{\pi}{6}$; $\frac{5}{6}\pi$; $\frac{11}{6}\pi$ b) $\frac{\pi}{10}$; $\frac{3}{10}\pi$; $\frac{7}{10}\pi$; $\frac{\pi}{18}$; $\frac{5}{18}\pi$; $\frac{\pi}{180}$; $\frac{7}{180}\pi$; $\frac{7}{18}\pi$

3 Bestimme das Gradmaß zum Bogenmaß.
a) 2,3; 4,7; −2,1; −3,6; 5,8; −5,4 b) 6,8; 13,4; 34,8; −102,9; 435,8; 1024

4 Fig. 1 verdeutlicht, wie man Funktionswerte der Sinusfunktion grafisch ermitteln und damit direkt Punkte des Graphen konstruieren kann. Zeichne auf diese Art den Graphen der Sinusfunktion in einem Koordinatensystem mit gleicher Einteilung auf beiden Achsen. Wähle als Einheit 2 cm.

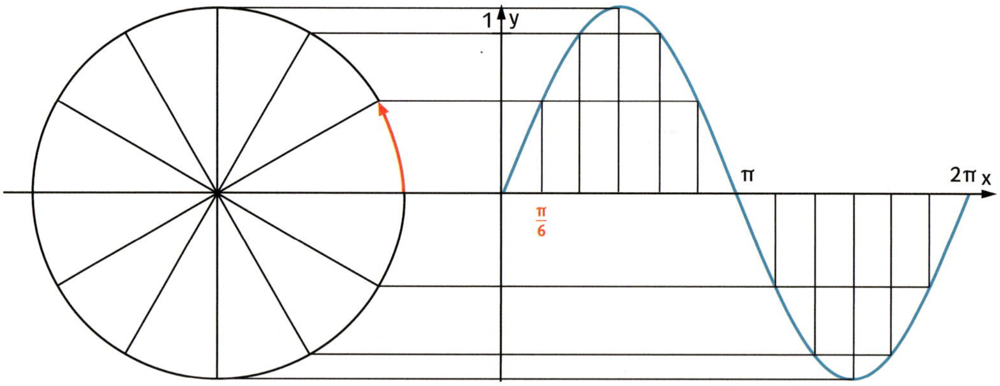

Fig. 1

5 Zeichne den Graphen der Kosinusfunktion wie in Aufgabe 4.

6 Bestimme mit dem Taschenrechner. Runde auf Tausendstel.
a) $\cos(5{,}86)$ b) $\sin(-2{,}55)$ c) $\cos(-8{,}21)$ d) $\cos(6{,}2)$

7 Bestimme die Funktionswerte ohne Taschenrechner.
a) $\sin\left(\frac{\pi}{4}\right)$ b) $\cos\left(\frac{\pi}{4}\right)$ c) $\sin\left(\frac{5}{6}\pi\right)$ d) $\cos\left(-\frac{2}{3}\pi\right)$

8 Bestimme ohne Taschenrechner alle reellen Zahlen x, für die gilt:
a) $\sin(x) = 0{,}5$ b) $\cos(x) = \frac{1}{2}\sqrt{2}$ c) $\cos(x) = -\frac{1}{2}\sqrt{3}$ d) $\sin(x) = -\frac{1}{2}\sqrt{3}$

9 Bestimme mithilfe des Taschenrechners auf drei Nachkommastellen gerundete Werte für alle reellen Zahlen x mit $0 \leqq x \leqq 2\pi$, für die gilt:
a) $\sin(x) = 0{,}9396$ b) $\sin(x) = 0{,}5519$ c) $\cos(x) = 0{,}6294$ d) $\cos(x) = -0{,}8870$

Bist du sicher?

1 Bestimme alle reellen Zahlen x. Runde auf drei Nachkommastellen.
a) $\sin(x) = 0{,}63$ b) $\cos(x) = -0{,}55$ c) $\sin(x) = -\frac{1}{2}$ d) $\cos(x) = -\frac{1}{2}\sqrt{2}$

10 a) Übertrage die Tabelle in dein Heft und fülle sie mithilfe des Taschenrechners aus. Was fällt dir auf?
b) Begründe am Einheitskreis, dass für kleine Werte von x gilt: $\sin(x) \approx x$.

x	0,1	0,01	0,001	0,0001
sin (x)				
x − sin (x)				

12 Ein Kreis mit dem Radius 1 rollt auf einer zur x-Achse parallelen Geraden g. Beim Start befindet sich der Mittelpunkt des Kreises am Punkt $(0|0)$ und der Punkt P am Punkt $(0|-1)$. Während des Rollens bewegt sich der Punkt P auf einer Kurve.
a) Begründe: Wenn der Kreis die Strecke s zurückgelegt hat, d.h., wenn sich der Mittelpunkt auf dem Punkt $(s|0)$ befindet, hat sich der Punkt P auf den Punkt $P_s(x(s)|y(s))$ mit $x(s) = s - \sin(s)$ und $y(s) = -\cos(s)$ bewegt.

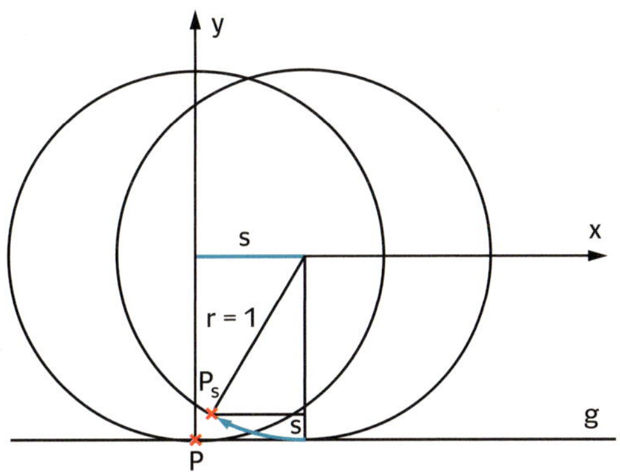

b) Lege eine Wertetabelle für die Funktionen $s \to x(s)$ und $s \to y(s)$ für Werte von 0 bis $\frac{\pi}{2}$ mit der Schrittweite $\frac{\pi}{20}$ an. Trage die so berechneten Punkte P_s in ein Koordinatensystem ein und zeichne die Bahn des Punktes P für zwei volle Umdrehungen des Kreises.

Kannst du das noch?

12 a) Wo schneidet die Gerade mit der Gleichung $y = 3x - 5$ die Koordinatenachsen?
b) Bestimme Steigung und y-Achsenabschnitt der Gerade mit $2x - 5y = 4$.
c) Wie lautet die Gleichung der Geraden durch die Punkte $P(2|4)$ und $Q(-2|3)$?
d) Wo schneiden sich die Geraden mit den Gleichungen $2x - 3y = -1$ und $5x - 2 = 3y$?
e) Die Gerade mit der Gleichung $y = -2x + 6$, die beiden Koordinatenachsen und die Parallele zur y-Achse durch den Punkt $P(2|0)$ bilden ein Trapez. Berechne seinen Flächeninhalt.
f) Um wie viel Prozent ist der Flächeninhalt des von der Geraden aus Teilaufgabe e) und den Koordinatenachsen gebildeten Dreiecks größer als der des Trapezes?

13 a) Zeige, dass die Geraden mit den Gleichungen $-4x + 2y = 10$, $x + 3y = 1$ und $4x - 2y = -3$ kein Dreieck bilden.
b) Warum gibt es keinen Punkt, den alle drei Geraden gemeinsamen haben?
c) Berechne die Schnittpunkte von jeweils zwei der Geraden.

4 Tangensfunktion

Nina: „Bei 14 % Steigung ist $\tan(\alpha) = 0{,}14$. Der zugehörige Winkel ist $\alpha = 8°$ groß. Bei 14 % Gefälle ist $\tan(\alpha) = -0{,}14$, denn es geht ja bergab. Der zugehörige Winkel α ist dann $\alpha = -8°$ groß. Also gibt es für negative Winkel auch Tangenswerte."
Tom: „Logisch, bei negativen Winkeln sind die Tangenswerte eben negativ."

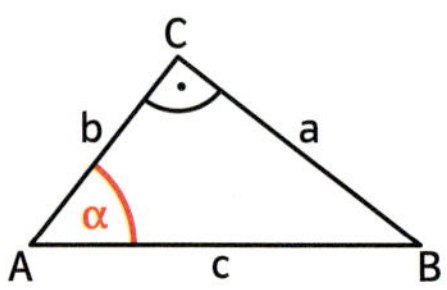

$\tan(\alpha) = \frac{a}{b}$

Im rechtwinkligen Dreieck ist der Tangens eines Winkels als Verhältnis der Gegenkathete zur Ankathete definiert. Auf diese Art kann man nur Winkeln α mit $0 \leqq \alpha < 90°$ einen Tangenswert zuordnen.

Mithilfe des Einheitskreises gelingt es, auch Winkeln α mit $\alpha > 90°$ oder $\alpha < 0°$ einen Tangenswert zuzuordnen. Zeichnet man durch den Punkt $Q(1|0)$ eine Tangente an den Kreis, so entsteht das rechtwinklige Dreieck OQP_α (Fig. 1). Die Seite $\overline{QP_\alpha}$ ist die Gegenkathete von α. Die Ankathete $\overline{OQ}$ von α hat die Länge eins. Im ersten Quadranten gilt also $P_\alpha(1|\tan(\alpha))$.

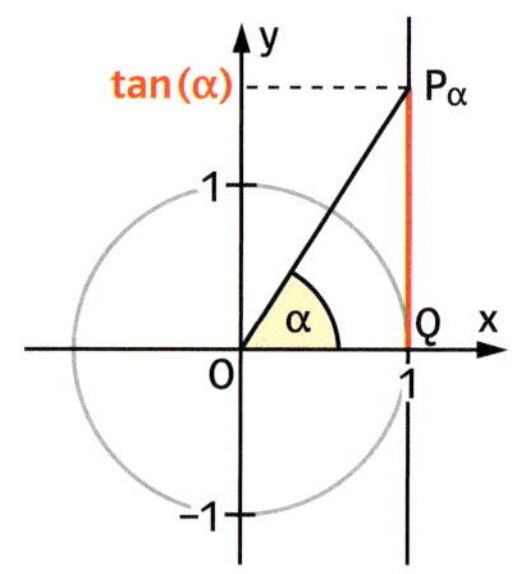

Fig. 1

Dreht man nun die Strecke $\overline{OP_\alpha}$ gegen den Uhrzeigersinn, so lässt sich zu jedem Winkel α mit $\alpha \neq 90°$ und $\alpha \neq 270°$ ein Schnittpunkt mit der Tangente durch Q finden (Fig. 2).

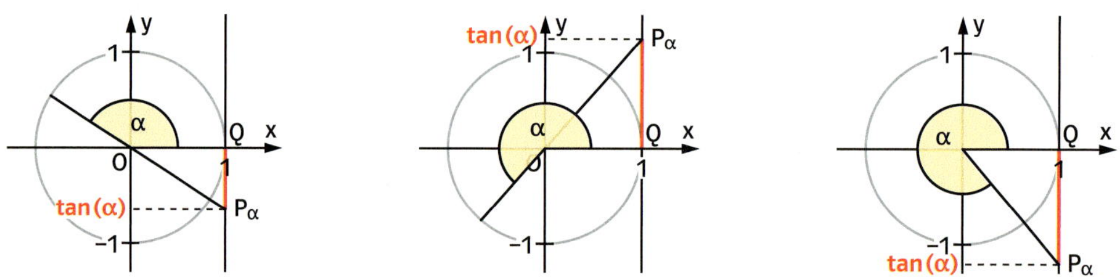

Fig. 2

Bei Drehungen der Strecke $\overline{OP_\alpha}$ können auch Winkel über 360° oder negative Winkel auftreten. Wie man die Definition des Tangens auch auf solche Winkel überträgt, zeigen Fig. 3 und Fig. 4.

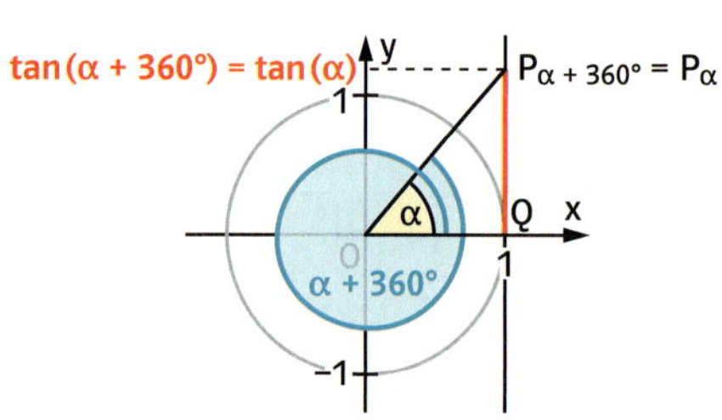

Fig. 3

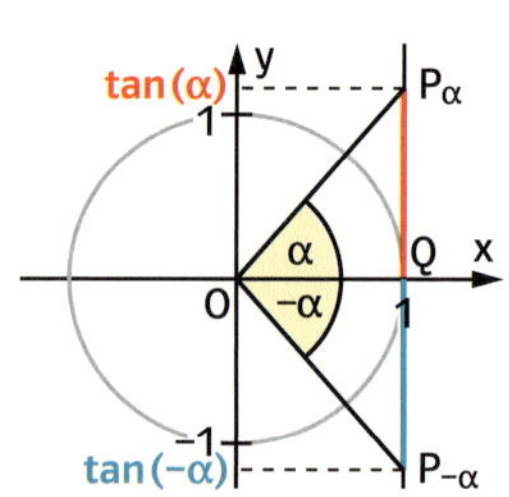

Fig. 4

Auf diese Art kann jedem Winkel α mit $\alpha \neq 90° + k \cdot 180°$ ($k \in \mathbb{Z}$) ein Tangenswert zugeordnet werden.

Eigenschaften der Tangensfunktion:

1. Die Tangensfunktion ist für Winkel α mit $\alpha \neq 90° + k \cdot 180°$ definiert ($k \in \mathbb{Z}$).
2. Für alle Winkel α mit $\alpha \neq 90° + k \cdot 180°$ ($k \in \mathbb{Z}$) gilt $\tan(\alpha + k \cdot 180°) = \tan(\alpha)$.
3. Für alle Winkel α mit $\alpha \neq 90° + k \cdot 180°$ gilt $\tan(\alpha) = \frac{\sin(\alpha)}{\cos(\alpha)}$.
4. Für alle Winkel α mit $\alpha \neq 90° + k \cdot 180°$ ($k \in \mathbb{Z}$) gilt $\tan(-\alpha) = -\tan(\alpha)$.
5. Je näher der Wert von α bei $90° + k \cdot 180°$ ($k \in \mathbb{Z}$) liegt, desto größer wird der Betrag von $\tan(\alpha)$.

Die Begründungen dieser Eigenschaften erfolgen in den Aufgaben.

Die Tangensfunktion ist periodisch mit der Periodenlänge 180°.
Der Graph der Tangensfunktion ist punktsymmetrisch zum Ursprung.
Zu den Winkeln α mit $\alpha = 90° + k \cdot 180°$ ($k \in \mathbb{Z}$) gibt es keinen Tangenswert.
Die Funktionswerte der Tangensfunktion liegen zwischen $-\infty$ und $+\infty$.

Kennt man die Werte von $\tan(\alpha)$ für $0° \leqq \alpha < 90°$, so kann man den Graphen von $x \rightarrow \tan(\alpha)$ zeichnen. Fig. 1 zeigt den Graphen von $\tan(\alpha)$ für $-360° \leqq \alpha \leqq 360°$.

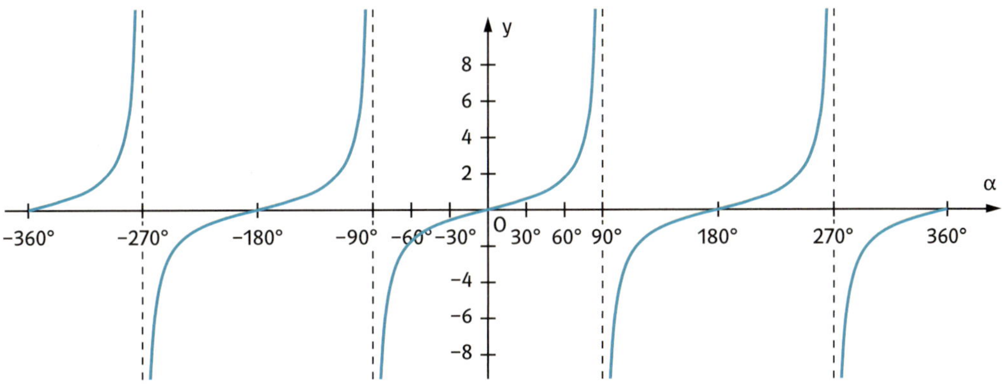

Fig. 1

Am Einheitskreis oder an diesem Graphen kann man zu jedem Winkel α Näherungswerte für $\tan(\alpha)$ ablesen. Genauere Näherungen liefert der Taschenrechner.
Am Einheitskreis oder am Graphen kann man zu einem Tangenswert einen zugehörigen Winkel ablesen. Weitere passende Winkel erhält man, wenn man die oben beschriebenen Eigenschaften verwendet.
Der Taschenrechner berechnet zu jedem Tangenswert den Winkel α_0, der zwischen $-90°$ und $+90°$ liegt. Für $\tan(\alpha) \geqq 0$ sind α_0 und $\alpha_0 + 180°$, für $\tan(\alpha) \leqq 0$ sind $\alpha_0 + 180°$ und $\alpha_0 + 360°$ jeweils die passenden Winkel zwischen 0° und 360°.

Beispiel 1

a) Lies am Einheitskreis ab, welcher Tangenswert zu $\alpha = 130°$ ($\alpha = -140°$) gehört.
b) Bestimme mithilfe eines Einheitskreises die Lösungen der Gleichung $\tan(\alpha) = 2{,}5$ für $0° \leqq \alpha \leqq 360°$.
Lösung:
a) $\tan(\alpha) \approx -1{,}2$ ($\tan(\alpha) \approx 0{,}8$); Fig. 2
b) $\alpha_1 \approx 68°$; $\alpha_2 \approx 248°$ (Fig. 3)

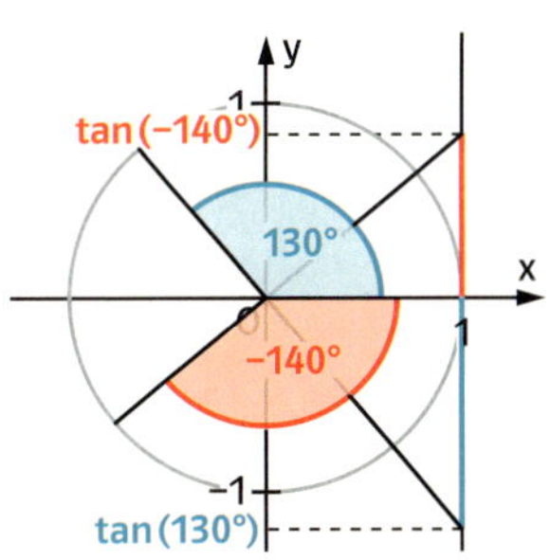

Fig. 2

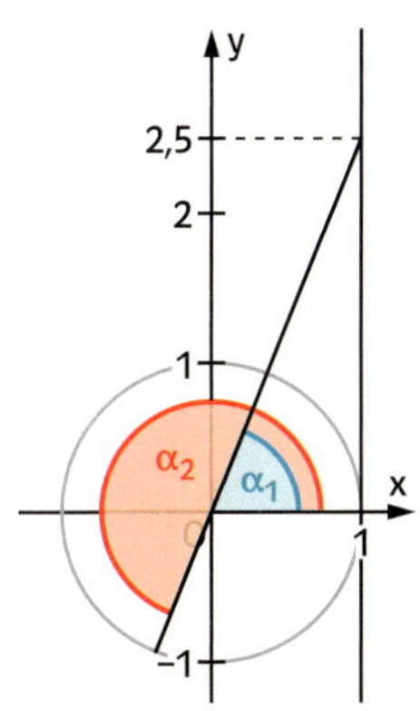

Fig. 3

Beispiel 2

Bestimme mit dem Taschenrechner auf eine Nachkommastelle gerundete Näherungswerte für alle Winkel α zwischen 0° und 360°, für die gilt:

a) $\tan(\alpha) = 2$, b) $\tan(\alpha) = -3$.

Lösung:

a) *Der Taschenrechner liefert eine Näherungslösung* $\alpha_1 \approx 63{,}4°$. *Dann ist auch* $\alpha_2 = \alpha_1 + 180°$ *eine Näherungslösung.*

$\alpha_1 = 63{,}4°$ und $\alpha_2 = 63{,}4° + 180° = 243{,}4°$

b) *Hier ist* $\tan(\alpha) < 0$. *Der Taschenrechner liefert daher eine Näherungslösung* $\alpha_0 \approx -71{,}6°$. *Dann sind* $\alpha_1 = \alpha_0 + 180°$ *und* $\alpha_2 = \alpha_0 + 360°$ *Näherungslösungen zwischen 0° und 360°.*

$\alpha_1 = -71{,}6° + 180° = 108{,}4°$ und $\alpha_2 = -71{,}6° + 360° = 288{,}4°$

Aufgaben

1 Zeichne einen Einheitskreis (Einheit = 10 cm) und bestimme zeichnerisch Näherungswerte für tan(α).

a) $\alpha = 20°$ b) $\alpha = 130°$ c) $\alpha = 200°$ d) $\alpha = 290°$ e) $\alpha = 350°$

2 Bestimme die Funktionswerte mit dem Taschenrechner.

a) $\tan(10°)$ b) $\tan(50°)$ c) $\tan(170°)$ d) $\tan(-230°)$ e) $\tan(735°)$

3 Begründe am Einheitskreis: Für alle Winkel α mit $\alpha \neq 90° + k \cdot 180°$ mit $k \in \mathbb{Z}$ gilt: $\tan(\alpha) = \frac{\sin(\alpha)}{\cos(\alpha)}$.

4 Begründe.

a) Die Tangensfunktion ist periodisch mit der Periodenlänge 180°.

b) Der Graph der Tangensfunktion ist symmetrisch zum Ursprung.

c) $\tan(180° + \alpha) = \tan(180° - \alpha)$ für $\alpha \neq 90° + k \cdot 180°$ $(k \in \mathbb{Z})$

d) $\tan(\alpha) = -\tan(180° - \alpha)$ für $\alpha \neq 90° + k \cdot 180°$ $(k \in \mathbb{Z})$

e) Tangenswerte können beliebig groß werden.

f) $\tan(\alpha) = \frac{1}{\tan(90° - \alpha)}$ für $\alpha \neq k \cdot 90°$ $(k \in \mathbb{Z})$

5 Bestimme, falls möglich, exakte Funktionswerte.

a) $\tan(0°)$ b) $\tan(30°)$ c) $\tan(45°)$ d) $\tan(60°)$ e) $\tan(90°)$

6 Bestimme mithilfe der Ergebnisse von Aufgabe 5 exakte Funktionswerte.

a) $\tan(120°)$ b) $\tan(-150°)$ c) $\tan(210°)$ d) $\tan(-225°)$

e) $\tan(330°)$ f) $\tan(-315°)$ g) $\tan(405°)$ h) $\tan(-780°)$

7 Bestimme ohne Taschenrechner alle Winkel α zwischen 0° und 360°, für die gilt:

a) $\tan(\alpha) = \tan(10°)$, b) $\tan(\alpha) = \tan(-20°)$, c) $\tan(\alpha) = \tan(150°)$,

d) $\tan(\alpha) = \tan(-240°)$, e) $\tan(\alpha) = \tan(95°)$, f) $\tan(\alpha) = \tan(-201°)$.

8 Gib alle Winkel α an, für die gilt

a) $\tan(\alpha) = 0$, b) $\tan(\alpha) = 1$, c) $\tan(\alpha) = -1$.

9 Gib alle Winkel α mit $-360° \leqq \alpha \leqq 360°$ an, für die die Tangensfunktion

a) positiv ist, b) negativ ist, c) zunimmt, d) abnimmt.

10 Bestimme ohne Taschenrechner alle Winkel, für die gilt:

a) $\tan(\alpha) = \sqrt{3}$ b) $\tan(\alpha) = -\sqrt{3}$ c) $\tan(\alpha) = \frac{1}{\sqrt{3}}$ d) $\tan(\alpha) = -\frac{1}{3}\sqrt{3}$

11 Bestimme mit dem Taschenrechner auf eine Nachkommastelle gerundete Näherungswerte für alle Winkel α zwischen 0° und 360°, für die gilt:

a) $\tan(\alpha) = 2{,}1$ b) $\tan(\alpha) = -3{,}5$ c) $\tan(\alpha) = 100$ d) $\tan(\alpha) = -0{,}1$

Info

Die Tangensfunktion im Bogenmaß

Wie bei der Sinusfunktion und der Kosinusfunktion kann man zur Definition der Tangensfunktion das Bogenmaß verwenden.
Man kann jede reelle Zahl x als Bogenmaß eines Winkels α auffassen und so die Tangensfunktion auch für reelle Zahlen definieren.

Graph der Tangensfunktion:

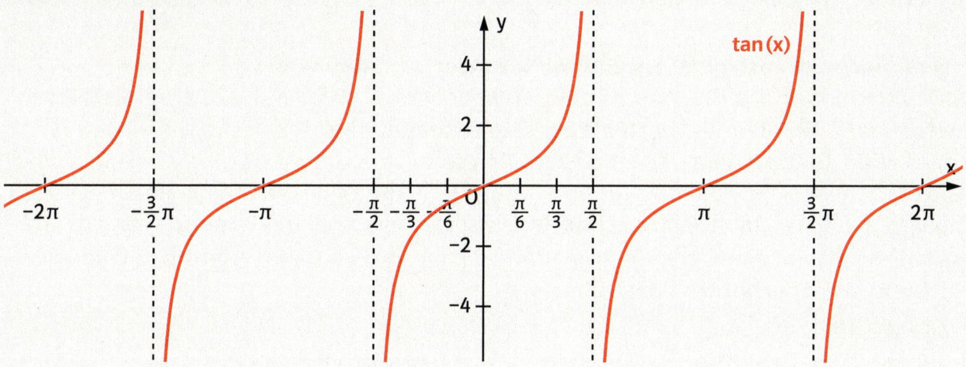

Eigenschaften der Tangensfunktion

Eigenschaft	Für alle $x \neq \frac{\pi}{2} + d \cdot \pi$ $(d \in \mathbb{Z})$ gilt
Periodenlänge π	$\tan(x + k \cdot \pi) = \tan(x)$ $(k \in \mathbb{Z})$
Punktsymmetrie zum Ursprung	$\tan(-x) = -\tan(x)$
Nullstellen	$\tan(x) = 0$, wenn $x = k \cdot \pi$ $(k \in \mathbb{Z})$
gleiche Funktionswerte	$\tan(x) = \frac{1}{\tan\left(\frac{\pi}{2} - x\right)}$
betragsgleiche, aber nicht gleiche Funktionswerte	$\tan(x) = -\tan(k \cdot \pi - x)$ $(k \in \mathbb{Z})$ $\tan\left(k \cdot \frac{\pi}{2} + x\right) = -\tan\left(k \cdot \frac{\pi}{2} - x\right)$ $(k \in \mathbb{Z})$
Verhalten in der Nähe der Definitionslücken	$\lvert\tan(x)\rvert \to \infty$ für $x \to \frac{\pi}{2} + k \cdot \pi$ $(k \in \mathbb{Z})$

12 Bestimme ohne Taschenrechner alle reellen Zahlen x, für die gilt:

a) $\tan(x) = 1$ b) $\tan(x) = -1$ c) $\tan(x) = \sqrt{3}$ d) $\tan(x) = -\sqrt{3}$
e) $\tan(x) = \frac{1}{\sqrt{3}}$ f) $\tan(x) = -\frac{1}{\sqrt{3}}$ g) $\tan(x) \geqq 1$ h) $\tan(x) < 0$

13 Bestimme alle reellen Zahlen x. Runde auf drei Nachkommastellen.

a) $\tan(x) = 0{,}5$ b) $\tan(x) = -0{,}95$ c) $\tan(x) = 15{,}65$ d) $\tan(x) = -232$
e) $\tan(x) = -4$ f) $\tan(x + 1) = 0{,}5$ g) $\tan(x) > 1{,}5$ h) $\tan(x) \leqq -1{,}5$

5 Funktionen der Form $x \rightarrow \sin(b \cdot x - d)$

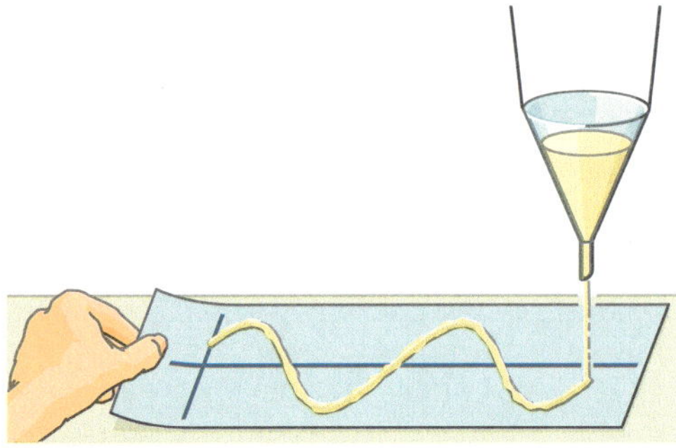

„Das sieht aus wie eine Sinuskurve."
„Aber ich dachte, dass Sinuskurven immer durch den Ursprung gehen."
„Naja, vielleicht ist es eine Kosinuskurve."
„Blödsinn, die fangen doch bei eins an."

Der Graph der Funktion $x \rightarrow a \cdot \sin(bx - d)$ lässt sich durch Verschieben und Strecken aus dem Graphen von $x \rightarrow \sin(x)$ erzeugen.

Positive Werte von d verschieben den Graphen nach rechts, negative Werte von d verschieben ihn nach links.

Verschieben um d parallel zur x-Achse:
$g(x) = f(x - d)$

1. Verschieben des Graphen parallel zur x-Achse: $x \rightarrow \sin(x - d)$
Durch Verschieben des Graphen der Sinusfunktion um $\frac{\pi}{2}$ parallel zur x-Achse nach links entsteht der Graph der Kosinusfunktion. Das bedeutet, dass $f(x) = \sin\left(x + \frac{\pi}{2}\right)$ und $g(x) = \cos(x)$ Gleichungen derselben Funktion sind.
Allgemein: Verschiebt man den Graphen von $f: x \rightarrow \sin(x)$ um eine beliebige reelle Zahl d parallel zur x-Achse, so erhält man den Graphen der Funktion $g: x \rightarrow \sin(x - d)$. Für $d = -\frac{\pi}{2}$ handelt es sich um eine Verschiebung um $\frac{\pi}{2}$ nach links. Für $d = \pi$ ergibt sich eine Verschiebung um π nach rechts (Fig. 1).

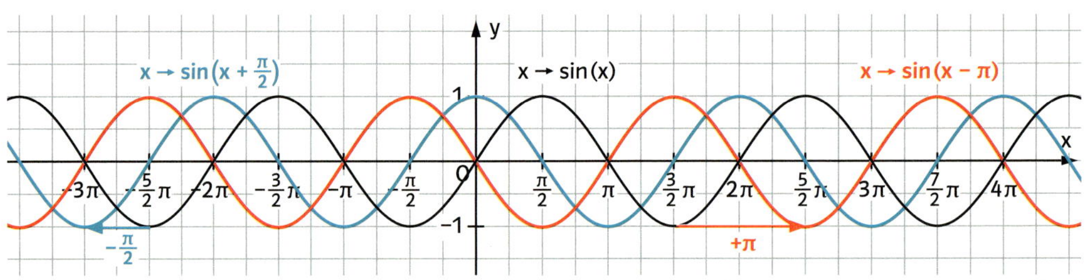

Fig. 1

Verschieben parallel zur x-Achse ändert die Periodenlänge $p = 2\pi$ nicht. Die Hälfte der Differenz zwischen dem größten und dem kleinsten Funktionswert einer Sinusfunktion heißt **Amplitude A**. Verschieben parallel zur x-Achse ändert die Amplitude $A = 1$ nicht.

2. Strecken des Graphen in x-Richtung: $x \rightarrow \sin(b \cdot x)$
Vergleicht man die Funktionswerte der Funktionen $f: x \rightarrow \sin(x)$ und $g: x \rightarrow \sin(2x)$, so stellt man fest: Die Funktion g hat an der Stelle x denselben Funktionswert wie die Funktion f an der Stelle 2x. Es gilt $g(x) = f(2x)$.
Die folgende Wertetabelle verdeutlicht diesen Zusammenhang.

Strecken in x-Richtung mit dem Faktor $\frac{1}{|b|}$:
$g(x) = f(b \cdot x)$

x	$-\pi$	$-\frac{3}{4}\pi$	$-\frac{1}{2}\pi$	$-\frac{1}{4}\pi$	0	$\frac{1}{4}\pi$	$\frac{1}{2}\pi$	$\frac{3}{4}\pi$	π
sin(x)	0	$-\frac{1}{2}\sqrt{2}$	−1	$-\frac{1}{2}\sqrt{2}$	0	$\frac{1}{2}\sqrt{2}$	1	$\frac{1}{2}\sqrt{2}$	0
sin(2x)	0	−1	0	−1	0	1	0	1	0

Strecken mit dem Faktor $\frac{1}{2}$ bewirkt eine Halbierung der Periodenlänge $p = \frac{1}{2} \cdot 2\pi = \pi$.

Der Graph der Funktion g entsteht durch Strecken mit dem Faktor $\frac{1}{2}$ (Fig. 1).

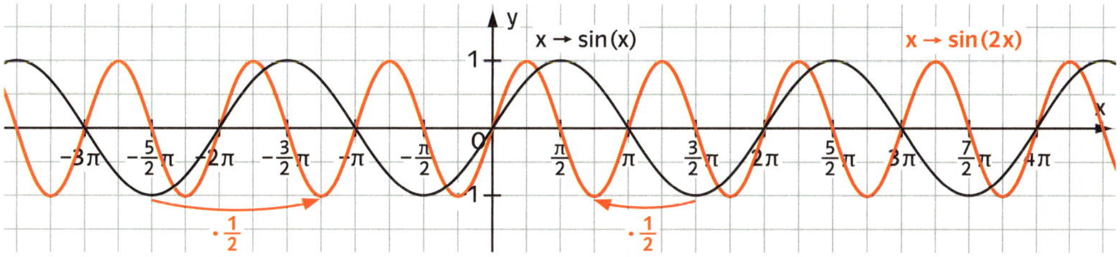

Fig. 1

Allgemein: Streckt man den Graphen von $f: x \to \sin(x)$ mit einem positiven Faktor $\frac{1}{b}$ in x-Richtung, so erhält man den Graphen der Funktion $g: x \to \sin(b \cdot x)$. Negative Streckfaktoren bewirken zusätzlich noch eine Spiegelung des Graphen an der y-Achse.

Die Periodenlänge der Funktion g ist $p = \frac{2\pi}{|b|}$. Die Amplitude $A = 1$ bleibt beim Strecken in x-Richtung unverändert.

3. Strecken des Graphen in y-Richtung: $x \to a \cdot \sin(x)$

Für die Funktionen $f: x \to \sin(x)$ und $g: x \to a \cdot \sin(x)$ gilt $g(x) = a \cdot f(x)$.
Alle Funktionswerte werden mit a multipliziert. Dadurch wird der Graph von f mit dem Faktor $|a|$ gestreckt. Ist $a < 0$, so wird zusätzlich noch an der x-Achse gespiegelt. Durch diese Streckung ändert sich die Periodenlänge $p = 2\pi$ nicht.
Die Amplitude dagegen verändert sich. Es gilt $A = |a|$.

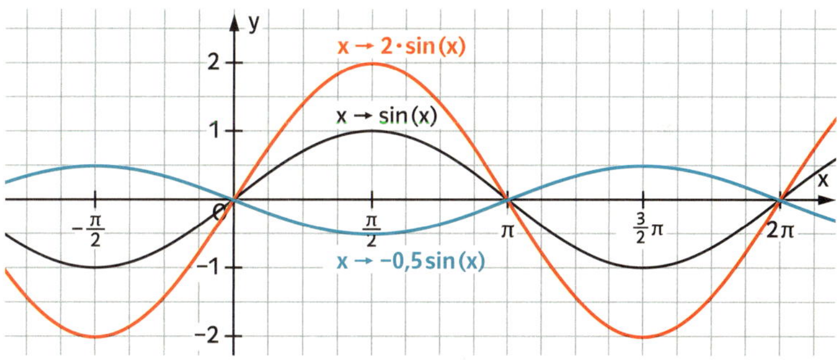

Fig. 2

4. Hintereinanderausführung von Streckungen und Verschiebung

Fig. 3 zeigt, wie man sich den Graphen der Funktion $x \to 3 \cdot \sin\left(2x - \frac{\pi}{2}\right)$ aus dem Graphen von $x \to \sin(x)$ durch Hintereinanderausführung von Verschiebung und Streckungen entstanden denken kann.

1. Schritt: Verschieben in x-Richtung
mit $d = \frac{\pi}{2}$: $x \to \sin\left(x - \frac{\pi}{2}\right)$
2. Schritt: Strecken in x-Richtung
mit $\frac{1}{b} = \frac{1}{2}$: $x \to \sin\left(2x - \frac{\pi}{2}\right)$
3. Schritt: Stecken in y-Richtung
mit $a = 3$: $x \to 3 \cdot \sin\left(2x - \frac{\pi}{2}\right)$

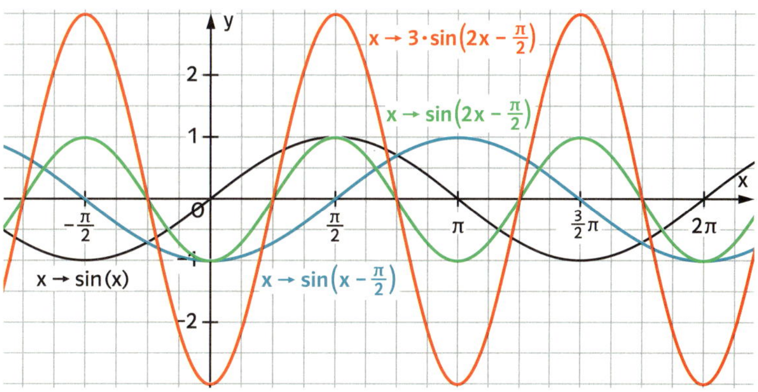

Fig. 3

Zeitlich periodische Vorgänge, wie zum Beispiel Schwingungen, lassen sich mithilfe von Funktionen der Form $x \to \sin(bx - d)$ beschreiben. Zur Beschreibung benutzt man hier die Dauer einer ganzen Schwingung, die **Schwingungsdauer T**. Den Streckfaktor schreibt man in der Form $\frac{1}{b} = \frac{T}{2\pi}$. Bezeichnet man die Zeit mit t, so erhält die Funktion die Form $t \to \sin\left(\frac{2\pi}{T}t - d\right)$. Die **Phasenverschiebung** d gibt an, um welchen Teil einer vollen Schwingung der Graph parallel zur t-Achse verschoben ist.

Die Phasenverschiebung $d = \frac{\pi}{2}$ bedeutet beispielsweise, dass der Graph um eine Viertelschwingung gegenüber dem Graphen von $t \to \sin\left(\frac{2\pi}{T}t\right)$ verschoben ist.

- *Verschieben um d parallel zur x-Achse*
- *Strecken mit $\frac{1}{|b|}$ in x-Richtung*
- *Strecken mit a in y-Richtung ergibt $g(x) = a \cdot f(bx - d)$.*

Den Graphen von $x \rightarrow a \cdot \sin(bx - d)$ kann man sich aus dem Graphen von $x \rightarrow \sin(x)$ wie folgt entstanden denken:

1. Verschieben in x-Richtung mit d: $x \rightarrow \sin(x - d)$
   Positive Werte von d verschieben den Graphen nach rechts, negative nach links.
2. Strecken in x-Richtung mit dem Faktor $\frac{1}{|b|}$: $x \rightarrow \sin(bx - d)$
   Negative Werte von b spiegeln zusätzlich an der y-Achse. Periodenlänge: $p = \frac{2\pi}{|b|}$.
3. Strecken in y-Richtung mit dem Faktor $|a|$: $x \rightarrow a \cdot \sin(bx - d)$
   Negative Werte von a spiegeln zusätzlich an der x-Achse. Amplitude: $A = |a|$.

„Entstehungsgeschichte":
Verschieben mit $d = -\pi$
Strecken mit $b = 2$
Strecken mit $a = \frac{3}{2}$

Beispiel 1

a) Bestimme Amplitude und Periodenlänge der Funktion $f: x \rightarrow \frac{3}{2}\sin(2x + \pi)$.

b) Wie kann man sich den Graphen von f aus dem Graphen der Sinusfunktion entstanden denken?

c) Skizziere den Graphen von f schrittweise.

Lösung:

a) $A = |a| = \frac{3}{2}$; $p = \frac{2\pi}{b} = \frac{2\pi}{2} = \pi$

b) Der Graph der Sinusfunktion wurde um π Einheiten nach links verschoben. Die Periodenlänge und damit auch die x-Werte aller Punkte wurden mit $\frac{1}{b} = \frac{1}{2}$ multipliziert. Schließlich wurden alle y-Werte mit $\frac{3}{2}$ multipliziert.

c) vgl. Fig. 1

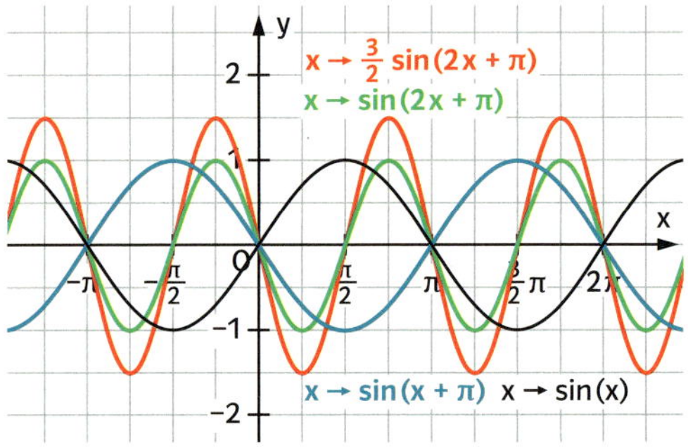

Fig. 1

„Entstehungsgeschichte":
Verschieben mit $d = \frac{\pi}{3}$
Strecken mit $b = \frac{2}{3}$
Strecken mit $a = \frac{3}{2}$

Beispiel 2

Fig. 2 zeigt den Graphen einer Sinusfunktion der Form $x \rightarrow a\sin(bx - d)$. Bestimme die Werte von a, b und d.

Lösung:

Die Amplitude ist $\frac{3}{2}$. Das bedeutet $a = \frac{3}{2}$.
Die Periodenlänge beträgt $p = 3\pi$.
Aus $p = \frac{2\pi}{b} = 3\pi$ erhält man $b = \frac{2}{3}$. Der Graph schneidet die x-Achse mit Vorzeichenwechsel von „−" nach „+" bei $+\frac{\pi}{2}$. Dort ist $bx - d = 0$. Einsetzen von $b = \frac{2}{3}$ und $x = \frac{\pi}{2}$ ergibt $d = \frac{\pi}{3}$. Damit erhält man:
$x \rightarrow \frac{3}{2}\sin\left(\frac{2}{3}x - \frac{\pi}{3}\right)$.

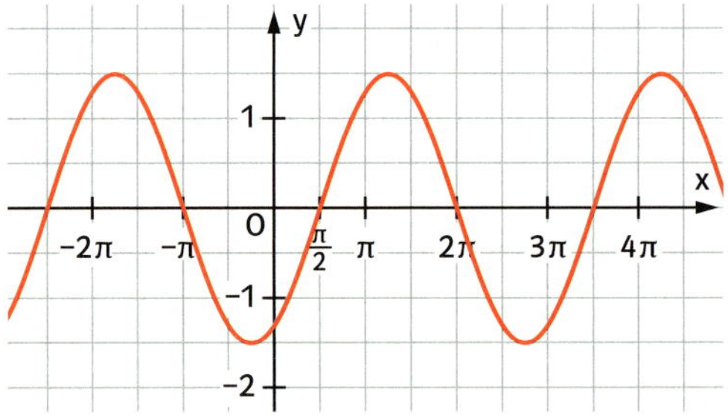

Fig. 2

Aufgaben

1 Bestimme Amplitude und Periodenlänge der Funktion. Skizziere den Graphen im Intervall $[-\pi; 2\pi]$. Wähle eine passende Achseneinteilung.

a) $x \rightarrow 3\sin(x)$　b) $x \rightarrow \frac{1}{2}\sin(x)$　c) $x \rightarrow \sin(-x)$　d) $x \rightarrow -\frac{5}{2}\sin(-x)$
e) $x \rightarrow 2\sin(\pi x)$　f) $x \rightarrow 1{,}5\sin(3\pi x)$　g) $x \rightarrow -2\sin(1{,}5\pi x)$　h) $x \rightarrow -2\sin\left(\frac{5}{2\pi}x\right)$

2 Skizziere den Graphen der Funktion im Intervall $[-\pi; 2\pi]$.

a) $x \rightarrow 2\sin(x - \pi)$　b) $x \rightarrow -\frac{1}{2}\sin\left(x - \frac{\pi}{2}\right)$　c) $x \rightarrow \frac{3}{4}\sin\left(\frac{1}{2}x + \frac{3}{4}\pi\right)$

3 Schreibe den Funktionsterm in der Form $a\sin\left(\frac{2\pi}{T}t - d\right)$ und bestimme Schwingungsdauer, Amplitude und Phasenverschiebung. Skizziere den Graphen im Intervall $[-\pi; 2\pi]$.

a) $t \to \cos(t)$
b) $t \to 2\sin\left(\frac{\pi}{5}t + \frac{2}{5}\right)$
c) $t \to -\frac{1}{2}\cos\left(4t + \frac{\pi}{2}\right)$

4 Der blaue Graph in Fig. 1 beschreibt den zeitlichen Verlauf der Spannung des technischen Wechselstroms in einer Oberlandleitung, der rote den der Spannung, mit der die Deutsche Bahn ihre E-Loks betreibt. Die Amplitude beim technischen Wechselstrom ist $20\,000\sqrt{2}$ Volt, beim Bundesbahnstrom $15\,000\sqrt{2}$ Volt. Gib für beide Spannungsverläufe einen Funktionsterm der Form $t \to a \cdot \sin\left(\frac{2\pi}{T}t\right)$ an.

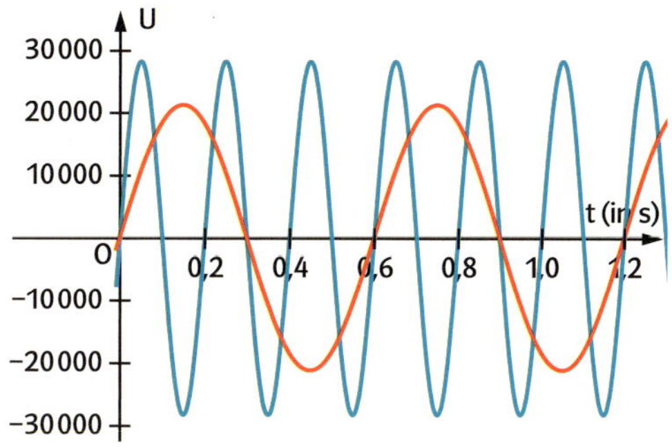

Fig. 1

5 Das Pendel einer Pendeluhr benötigt für eine volle Schwingung genau zwei Sekunden. Die maximale Entfernung s_{max} des unteren Endes des Pendels von der Mitte beträgt 5 cm. Die zeitliche Abhängigkeit der Entfernung s von der Mitte lässt sich mithilfe der Funktion $s: t \to a\sin(bt)$ beschreiben.

a) Bestimme a und b und skizziere den Graphen von s.

b) Nach welcher Zeit befindet sich das untere Ende des Pendels in der halben maximalen Entfernung von der Mitte?

c) Wie weit ist das untere Ende des Pendels nach 1 s (3 s, 1,5 s, 2,5 s) von der Mitte entfernt?

d) Skizziere die Funktion s im Intervall [0 s; 5 s].

Bist du sicher?

1 Für eine Schwingung gilt $T = 0{,}5\,s$, $d = \frac{\pi}{4}$ und $s_{max} = 1{,}5\,cm$. Schreibe die zugehörige Schwingungsgleichung in der Form $s(t) = a\sin(bt - d)$.

2 a) Wie kann man sich den Graphen der Funktion $f: x \to \sin(x + \pi)$ aus dem Graphen von $g: x \to \sin(x)$ entstanden denken? Skizziere beide Graphen.

b) Skizziere die Graphen von $h: x \to \sin(-x)$ und $k: x \to \sin(x - \pi)$ und vergleiche.

c) Nenne vier Möglichkeiten, wie man sich den Graphen von $h: x \to \sin(-x)$ aus dem Graphen von $g: x \to \sin(x)$ entstanden denken kann.

6 Gib zu den Graphen einen Funktionsterm der Form $a\sin(bx - d)$ an.

a)

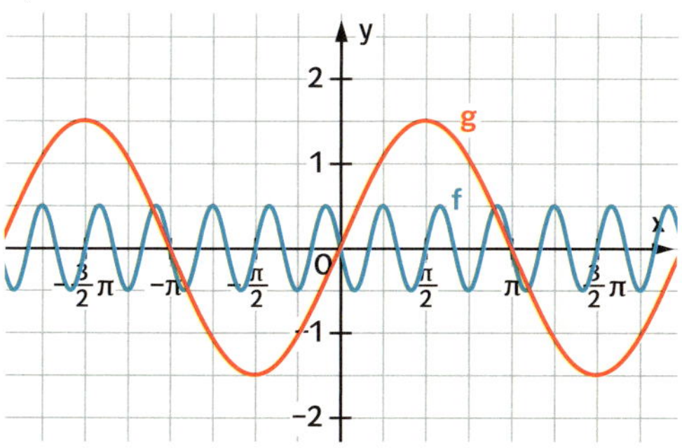

b)

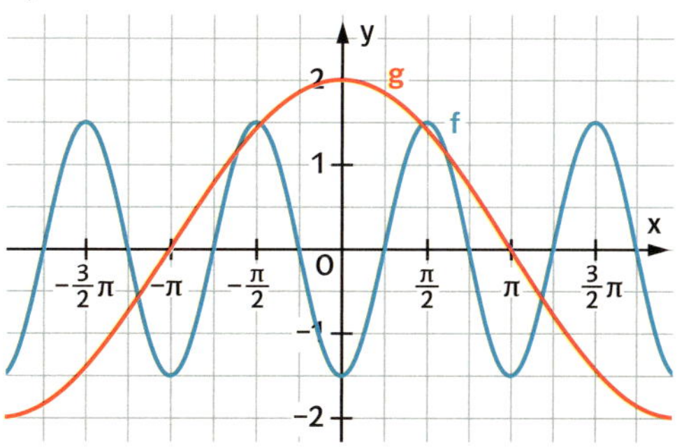

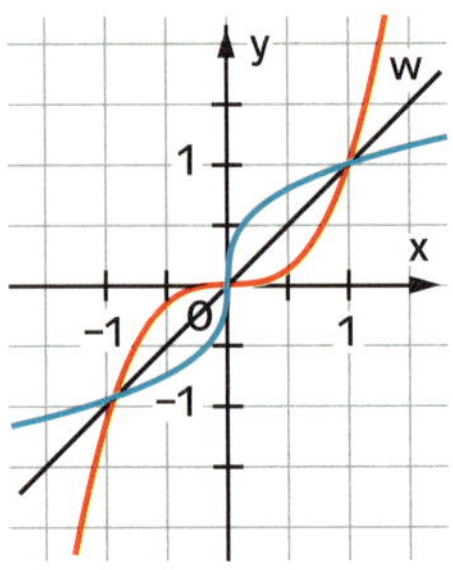

Fig. 1

1 Bei der Bildung der Umkehrfunktion von $p: x \to x^3$ kann die Beschränkung $x \geqq 0$ aufgehoben werden (Fig. 1). Die Gleichung der Umkehrfunktion $\overline{p}$ muss dann intervallweise angegeben werden: $\overline{p}(x) = \sqrt[3]{x}$ für $x \geqq 0$ und $\overline{p}(x) = -\sqrt[3]{-x}$ für $x < 0$.
Gib entsprechend zur Funktion f die Gleichung der Umkehrfunktion $\overline{f}$ intervallweise an.
a) $f: x \to -x^3$ b) $f: x \to 0{,}1x^5$ c) $f: x \to x^{-3}$ d) $f: x \to -\frac{2}{x^3}$

2 a) Begründe: Jede lineare Funktion f mit $f(x) = mx + b$ mit $m \neq 0$ ist umkehrbar.
b) Wie lautet die Gleichung der Umkehrfunktion von f mit $f(x) = 2x - 5$?
c) Welche Punkte haben der Graph der Funktion f mit $f(x) = -\frac{1}{2}x + 3$ und der Graph der Umkehrfunktion von f gemeinsam?
d) Begründe: Die Schnittpunkte der Graphen einer Funktion und ihrer Umkehrfunktion liegen stets auf der ersten Winkelhalbierenden.
e) Zwei Geraden schneiden sich auf der ersten Winkelhalbierenden, die zugehörenden linearen Funktionen sind aber nicht Umkehrfunktionen voneinander. Finde die Gleichungen zweier linearer Funktionen, für die dies zutrifft.
f) Zeige: Wenn zwei lineare Funktionen Umkehrfunktionen voneinander sind, dann ist die Steigung der einen Geraden der Kehrwert der Steigung der anderen Geraden.
g) Ist die Umkehrung der Behauptung aus Teilaufgabe f) ebenfalls richtig? Begründe.
h) Die Steigungen zweier linearer Funktionen sind Kehrwerte voneinander und ihre Graphen schneiden sich auf der ersten Winkelhalbierenden. Sind die Funktionen dann auch Umkehrfunktionen voneinander?
i) Prüfe, ob sich die Graphen der Funktionen mit den Gleichungen $f(x) = 3x - 2$ und $g(x) = -\frac{1}{3}x + \frac{4}{3}$ auf der ersten Winkelhalbierenden schneiden.
j) Begründe ohne weitere Rechnung: $f(x) = 3x - 2$ und $g(x) = -\frac{1}{3}x + \frac{4}{3}$ können nicht Umkehrfunktionen voneinander sein.

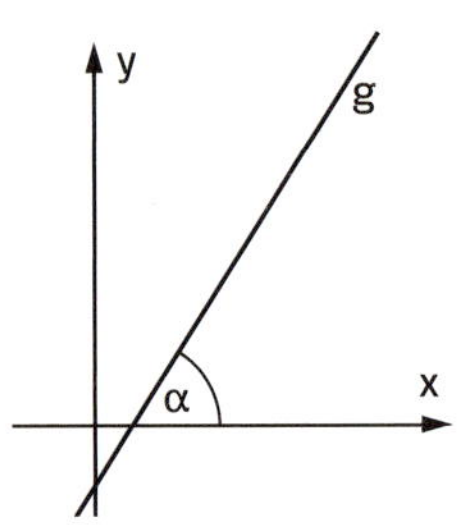

Fig. 2

3 Wenn g eine Gerade ist und α der Winkel zwischen der x-Achse und g, dann nennt man α den Steigungswinkel der Geraden (Fig. 2).
Zeige: Für den Steigungswinkel α einer Geraden mit der Steigung m gilt $\tan(\alpha) = m$.

4 Bestimme den Steigungswinkel der Geraden.
a) $y = 0{,}6x + 3$ b) $y = -2{,}4x + 8$ c) $y = -102x - 1995$

5 Zeige mit dem Ergebnis von Aufgabe 3: Genau dann, wenn zwei Geraden mit den Steigungen m_1 und m_2 orthogonal sind, gilt $m_1 \cdot m_2 = -1$.

6 Für welche Winkel α gelten die angegebenen Termvereinfachungen?
a) $\cos(\alpha) \cdot \sqrt{1 + \tan^2(\alpha)} = \cos(\alpha)$ b) $\sin(\alpha) \cdot \sqrt{1 + \tan^2(\alpha)} = -\tan(\alpha)$

7 a) Beweise: $\frac{1}{\cos^2(\alpha)} = 1 + \tan^2(\alpha)$.
b) Für einen Winkel α mit $180° \leqq \alpha \leqq 270°$ gilt $\tan(\alpha) = 3\sqrt{3}$. Bestimme $\cos(\alpha)$.
c) Gib eine Formel an, mit der man $|\sin(\alpha)|$ berechnen kann, wenn man $\tan(\alpha)$ kennt.

8 Prüfe die Richtigkeit der Termvereinfachung.
a) $\frac{\tan(\alpha)}{1 + \tan^2(\alpha)} = \sin(\alpha) \cdot \cos(\alpha)$ b) $\cos^2(\alpha) + \cos^2(\alpha) \cdot \tan^2(\alpha) = 1$
c) $\frac{1 - \cos^2(\alpha)}{\sin(\alpha) \cdot \cos(\alpha)} = \tan(\alpha)$ d) $1 - \frac{1}{\sin^2(\alpha)} = -\frac{1}{\tan^2(\alpha)}$

Wiederholen – Vertiefen – Vernetzen

9 a) Zeichne die Graphen der Funktionen f: $x \to \sin\left(x - \frac{5}{4}\pi\right)$ und g: $x \to \sin\left(x + \frac{3}{4}\pi\right)$ in dasselbe Koordinatensystem und vergleiche. Begründe das Ergebnis.
b) Zeichne die Graphen der Funktionen f: $x \to \sin\left(x - \frac{\pi}{3}\right)$ und g: $x \to \sin\left(x + \frac{2}{3}\pi\right)$ in dasselbe Koordinatensystem und vergleiche. Begründe das Ergebnis.
c) Zeige: $x \to -2\sin\left(x + \frac{\pi}{6}\right)$ und $x \to 2\sin\left(x - \frac{5}{6}\pi\right)$ beschreiben dieselbe Funktion.

10 a) Bestimme die Gleichung der Funktion, deren Graph aus dem Graphen von $x \to \sin(x)$ dadurch entsteht, dass zuerst mit $d = -2$ verschoben, dann mit $\frac{1}{b} = 3$ und mit $a = 1{,}5$ gestreckt wird.
b) Welche Funktion ergibt sich, wenn man zuerst die Streckungen mit $\frac{1}{b} = 3$ und $a = 1{,}5$ durchführt und zuletzt mit $d = -2$ verschiebt? Was ist der Grund für die Veränderung?
c) Es wird zuerst mit $\frac{1}{b} = 3$ und $a = 1{,}5$ gestreckt. Welche Verschiebung muss man durchführen, wenn man dieselbe Funktion erhalten möchte wie in Teilaufgabe a)?

Verschiebt man den Graphen von f: $x \to f(x)$ um k Einheiten parallel zur y-Achse, so entsteht der Graph von g: $x \to f(x) + k$.

11 Gib zum Graphen eine mögliche Funktionsgleichung an.

a)
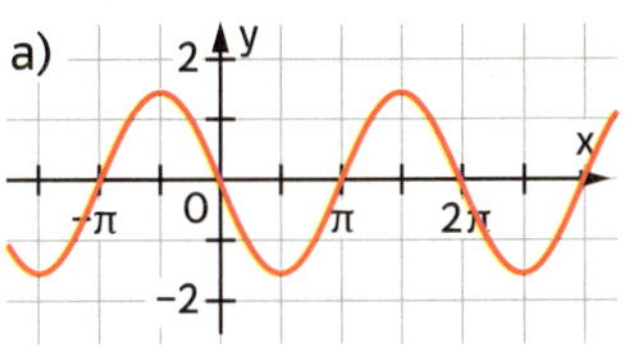

b)
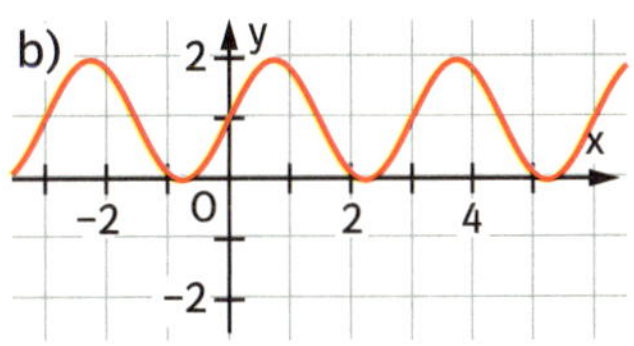

c)
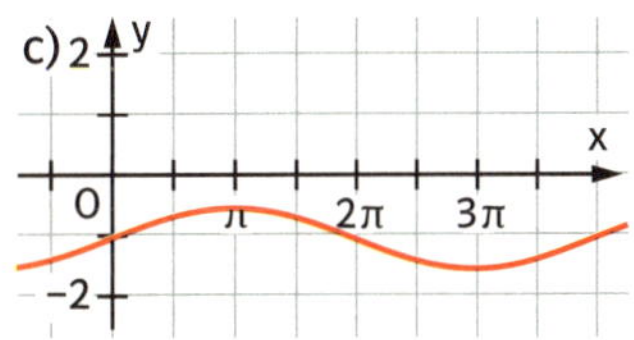

12 Gib zum Graphen der Funktion die Amplitude, die Periodenlänge und einen möglichen Funktionsterm an.

a)
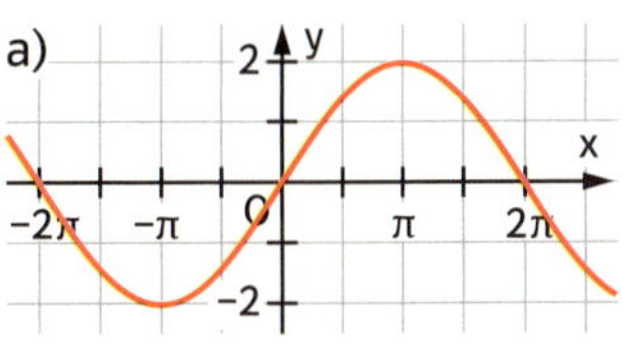

b)
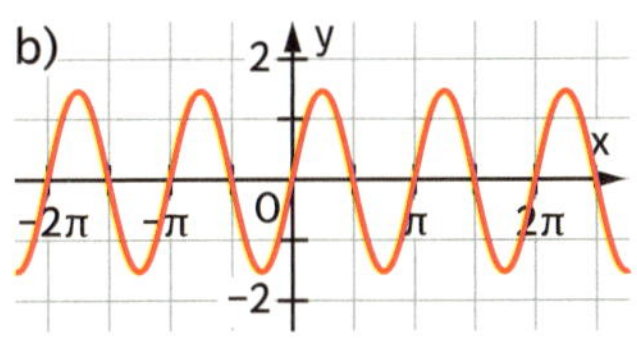

c)
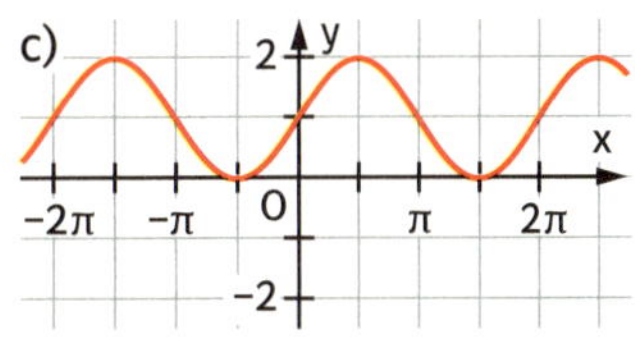

13 Bestimme die Amplitude und die Periodenlänge der Funktion. Skizziere dann den Graphen im Intervall $[-2\pi;\ 2\pi]$. Wähle eine passende Achseneinteilung.

a) $x \to 1{,}5\sin(x)$
b) $x \to 2\sin\left(x - \frac{\pi}{2}\right)$
c) $x \to \sin(2\pi x)$
d) $x \to 3\sin(2x - \pi)$
e) $x \to 2\sin\left(3x - \frac{3}{2}\pi\right)$
f) $x \to -\frac{1}{2}\sin\left(\frac{\pi}{2}x + \frac{\pi}{4}\right)$

14 Je zwei Funktionsterme und ein Graph gehören zusammen. Ordne zu.

$f(x) = \frac{1}{2}\sin(2x)$ $g(x) = 2\cos(x)$ $h(x) = -2\sin\left(x - \frac{\pi}{2}\right)$

$i(x) = 2\sin(x - \pi) + 1$ $j(x) = -2\sin(x) + 1$ $k(x) = \frac{1}{2}\cos\left(2x - \frac{\pi}{2}\right)$

(1)
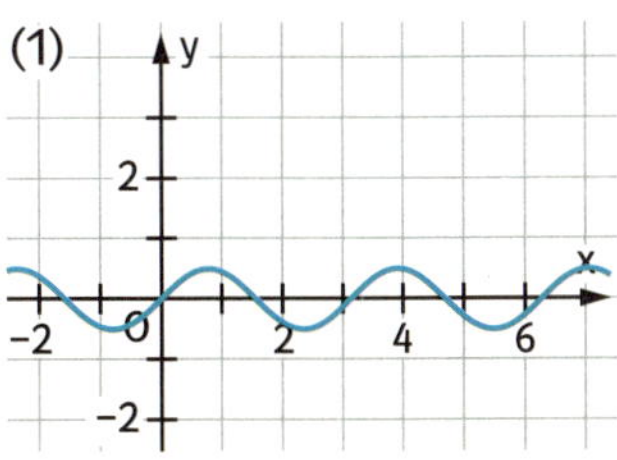

(2)
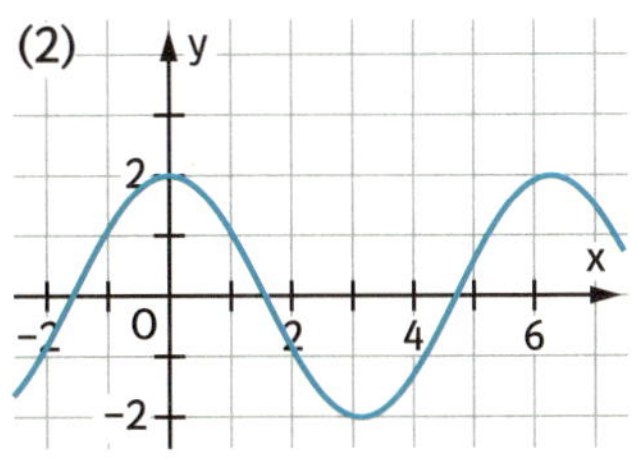

(3)
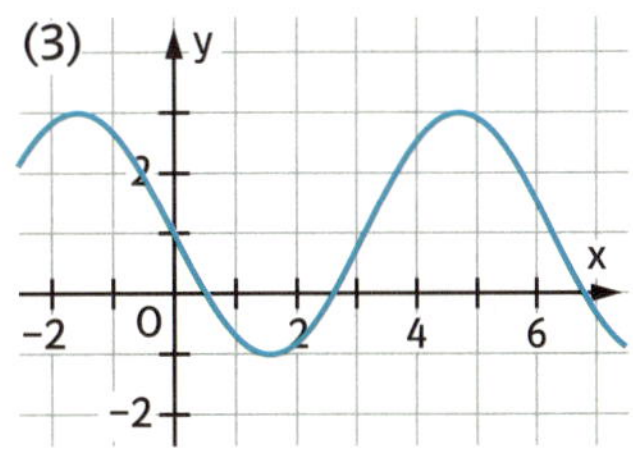

Erdbeben und Mathematik

Wie kann man Erdbeben untersuchen?
Fachleute, die Erdbeben beobachten und auswerten, nennt man Seismologen. Sie untersuchen die von einem Erdbeben hervorgerufenen Schäden und Veränderungen im Gelände, messen mithilfe von Seismographen die Bodenbewegungen an der Erdoberfläche und zeichnen diese auf.

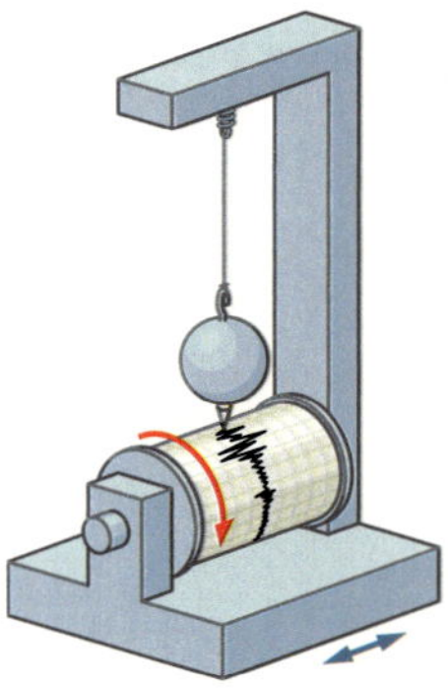

Fig. 1

Das Prinzip eines Seismographen zeigt Fig. 1. Der frei aufgehängte Pendelkörper des Seismographen bleibt aufgrund der Trägheit bei Erschütterungen in Ruhe. Der am Körper befestigte Stift zeichnet die Ausschläge auf einem mit dem Boden verbundenen Papier auf, das sich an dem Stift vorbeibewegt. Fig. 2 zeigt das aufgezeichnete Seismogramm eines Erdbebens.

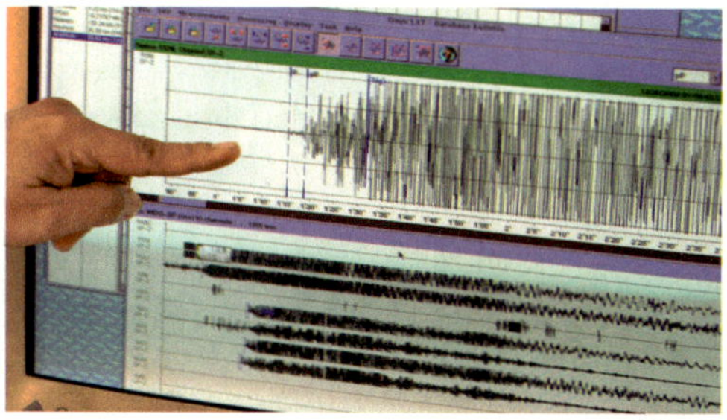

Fig. 2

Ein „Live-Seismogramm" findest du im Internet unter http://geoweb.zamg.ac.at.

Der amerikanische Seismologe Charles Francis Richter (1900 – 1985) hat ein Verfahren entwickelt, um verschiedene Erdbeben miteinander vergleichen zu können. Hierbei wird die Intensität I, die der Seismograph von einem Erdbeben aufzeichnet, mit der Intensität I_0 eines gerade noch wahrnehmbaren Bebens verglichen.
Die Stärke S eines Bebens ist dann festgelegt durch: $S = \lg\left(\frac{I}{I_0}\right)$.
Ein Beben der Stärke 1 hat also die 10-fache Intensität eines gerade noch wahrnehmbaren Bebens; ein Beben der Stärke 4 ist 100-mal so stark wie ein Beben der Stärke 2.

Die bei Stärkenstufen oberhalb von 7 freigesetzte Energie kann mit der Energie verglichen werden, die beim Einschlag eines Meteoriten frei wird.
So entspricht die Stufe 7 bis 7,9 einem Einschlag, bei dem der Meteorit einen Durchmesser von 100 m bis 200 m hat. Bei der Stufe 8 bis 8,9 hätte der Meteorit sogar einen Durchmesser von 250 m bis 700 m.

Stufen der Richterskala

Stärke	Wirkung	Energie (in Tonnen TNT)	Anzahl von Beben pro Jahr
0 bis 1,9	unmerklich, nur mit Instrumenten nachweisbar	0,001 bis 0,7	sehr große Zahl
2 bis 2,9	freihängende Pendel schwingen leicht	1 bis 22	300 000
3 bis 3,9	aneinanderstehende Gläser klirren leise	30 bis 700	49 000
4 bis 4,9	Bäume und Masten schaukeln leicht	10^3 bis $22 \cdot 10^3$	6200
5 bis 5,9	Möbel bewegen sich, im Putz bilden sich Risse	$30 \cdot 10^3$ bis $700 \cdot 10^3$	800
6 bis 6,9	Fundamente verschieben sich	10^6 bis $22 \cdot 10^6$	120
7 bis 7,9	nur wenige Gebäude bleiben stehen, Spalten im Boden, vernichtende Flutwellen möglich	$30 \cdot 10^6$ bis $700 \cdot 10^6$	18
8 bis 8,9	flächendeckende Zerstörungen, bis zu 40 m hohe Flutwellen möglich	10^9 bis $22 \cdot 10^9$	alle fünf Jahre ein Beben
über 9	Zerstörungen wie zuvor, zusätzlich: lokale Erdschollen verschieben sich, Landesteile können erscheinen oder verschwinden		unbekannt

1 a) Welche Stärke auf der Richterskala hat ein Beben der Intensität $100\,I_0$ ($10\,000\,I_0$)?
b) Um welchen Faktor erhöht sich die Intensität I_0 bei einem Beben der Stärke 8,5?

Trinitrotoluol (TNT) ist der am häufigsten verwendete Explosivstoff.

Man kann die Stärke eines Bebens auch mit der Energiemenge vergleichen, die einer entsprechenden Menge Sprengstoff entspricht. Der Zusammenhang zwischen der Stärke S eines Bebens und der Menge M des Sprengstoffes TNT mit vergleichbarer Energie lässt sich näherungsweise in der Gleichung $S = 2 + \frac{2}{3}\lg(M)$ zusammenfassen.

2 a) Leite aus der Gleichung $S = 2 + \frac{2}{3}\lg(M)$ die Gleichung $M = 10^{\frac{3}{2}(S-2)}$ her.
b) Zeige: In der Richterskala steigt die Energie stufenweise etwa um den Faktor 32.

Die fünf stärksten Erdbeben seit 1900:

9,5	22.5.1960	Pazifischer Ozean vor der Küste Chiles
9,2	28.3.1964	Prince William Sund, Alaska
9,1	9.3.1957	Andreanof, Alaska
9,0	4.11.1952	Kamchatka
9,0	26.12.2004	Indischer Ozean

Die Richterskala ist prinzipiell nach „oben offen“. Höhere Werte als 10 sind aber kaum denkbar, da Gestein nicht genügend Energie speichern kann. Die Energie entlädt sich bereits bei kleineren Stärkestufen durch Bewegung, die zum Zerbröckeln des Gesteins führt. Bei Stärke 10 müsste ein ganzer Kontinent aufreißen. Die Energie, die zu einer Stärke von 100 gehört, wäre so groß, dass die Erdkugel zerbrechen würde. Der bisher höchste gemessene Wert von 9,5 trat 1960 bei einem Seebeben vor der Küste Chiles auf. Das Seebeben am 26.12.2004 im Indischen Ozean hatte die Stärke 9,0.

Wie liegt das Epizentrum eines Bebens?
Vom Epizentrum breiten sich Wellen kreisförmig aus. P-Wellen besitzen die höchste Ausbreitungsgeschwindigkeit v_P, die zwischen $6\,\frac{km}{s}$ und $14\,\frac{km}{s}$ betragen kann. Sie erreichen daher als Erste einen bestimmten Erdbebendetektor (daher der Name Primärwelle oder P-Welle).

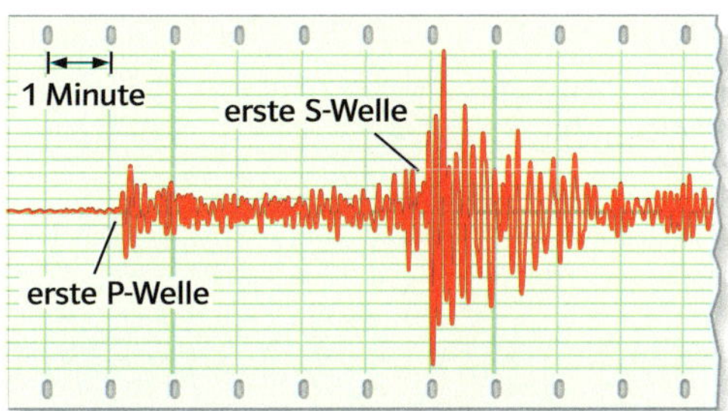

Das Epizentrum eines Erdbebens ist der Punkt auf der Erdoberfläche, der genau senkrecht über dem sogenannten Erdbebenherd, also dem Ausgangspunkt des Bebens in der Erdkruste, liegt.

***epíkentros** (griech.): über dem Mittelpunkt*

Die S-Wellen (Sekundärwellen) sind transversale Scherwellen, die sich mit Geschwindigkeiten v_S von $3{,}5\,\frac{km}{s}$ bis $7{,}4\,\frac{km}{s}$ ausbreiten können und daher den obigen Erdbebendetektor erst nach den P-Wellen erreichen. Aus der Zeitspanne, die zwischen dem Eintreffen von ersten S- und ersten P-Wellen liegt, lässt sich die Entfernung zum Zentrum des Bebens, dem Epizentrum, bestimmen, wenn die Ausbreitungsgeschwindigkeiten der Wellen bekannt sind. Wird diese Messung von drei verschiedenen Stationen durchgeführt, so lässt sich daraus das Epizentrum des Bebens konstruktiv bestimmen.

3 Zeige, dass sich der Abstand x zwischen dem Epizentrum und einer Messstation mit der Gleichung $x = \frac{t}{\frac{1}{v_s} - \frac{1}{v_p}}$ berechnen lässt. (v_p, v_s: Ausbreitungsgeschwindigkeiten der P-Wellen und der S-Wellen; t: Zeitspanne zwischen dem Eintreffen der ersten P-Welle und dem Eintreffen der ersten S-Welle)

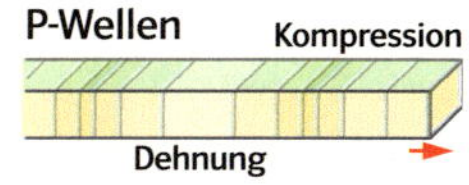

P-Wellen sind Longitudinalwellen und erzeugen Kompression und Dehnung.

4 Die Seismogramme (Fig. 1) zeigen Messungen dreier Stationen zum selben Erdbeben.
a) Bestimme die Abstände, die die Messstationen A, B und C vom Epizentrum des Bebens haben. Rechne mit $v_p = 4\,\frac{km}{s}$ und $v_s = 7{,}5\,\frac{km}{s}$.
b) In einem Koordinatensystem mit dem Maßstab 1 cm für 500 km liegen die Messstationen bei A(0|0), B(2|4) und C(4|2). Konstruiere die Lage des Epizentrums.

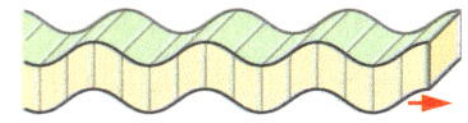

S-Wellen sind Transversalwellen und erzeugen Verwerfungen der Erdoberfläche.

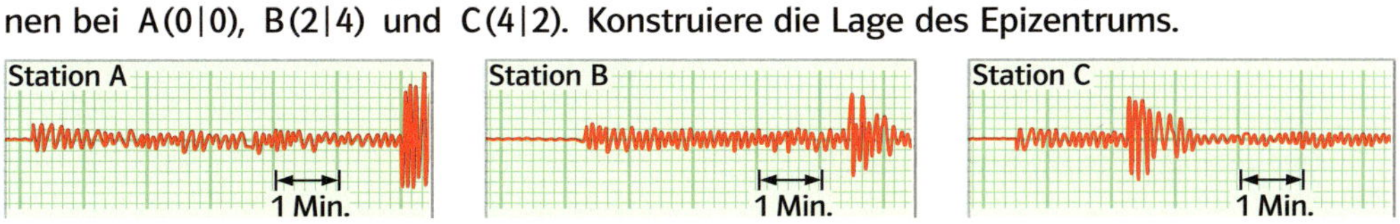

Fig. 1

Rückblick

Funktion und Umkehrfunktion
Ist die Umkehrzuordnung einer Funktion f wieder eine Funktion, so ist die Funktion f **umkehrbar**. Ihre Umkehrzuordnung heißt **Umkehrfunktion $\bar{f}$**.
Die Graphen von f und $\bar{f}$ liegen symmetrisch zur Winkelhalbierenden des ersten Quadranten.
Man erhält die Funktionsgleichung der Umkehrfunktion $\bar{f}$ zu einer gegebenen Funktion f, indem man in der zu f gehörenden Gleichung die Variablen x und y vertauscht und die entstehende Gleichung nach y auflöst.

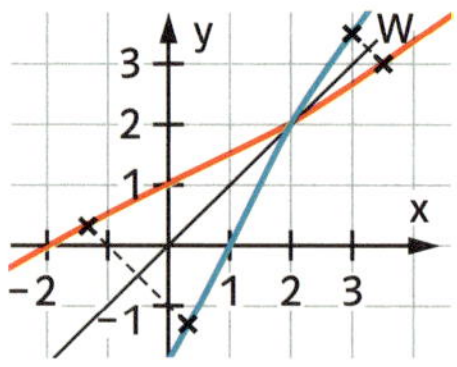

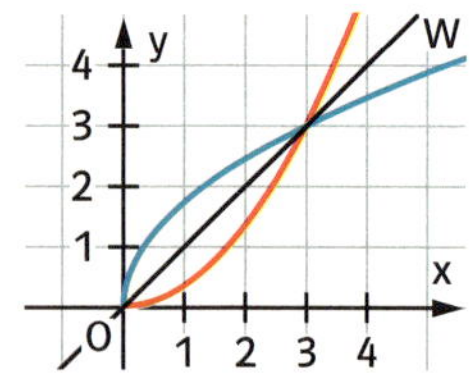

f: $x \to 0{,}5x^2$, $x \geqq 0$, mit Umkehrfunktion $\bar{f}$
f: $x \to 0{,}5x^2$
$y = 0{,}5x^2$ | Variablen tauschen
$x = 0{,}5y^2$ | $\cdot 2$
$2x = y^2$ | $(\ )^{\frac{1}{2}}$
$\sqrt{2x} = y$
$\bar{f}$: $x \to \sqrt{2x}$; $x \geqq 0$

Logarithmusfunktion
Die Logarithmusfunktion $x \to \log_a(x)$ $(a > 0,\ a \neq 1)$ ist die Umkehrfunktion der Exponentialfunktion $x \to a^x$. Sie ist nur für positive x-Werte definiert.
Es gilt $\log_a(b) = x \iff a^x = b$.

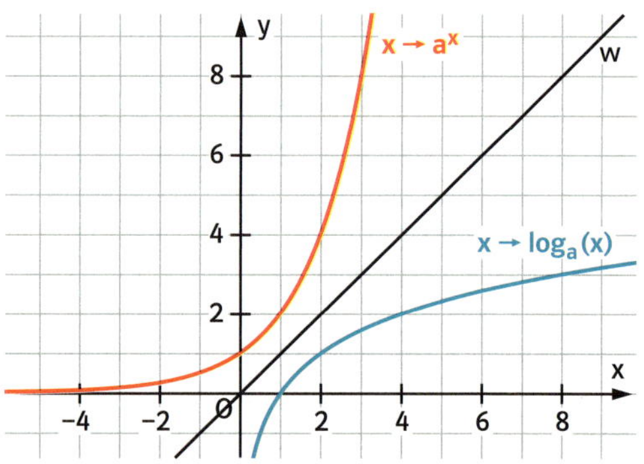

Trigonometrische Funktionen
Fasst man eine reelle Zahl als Bogenmaß eines Winkels auf, so werden dadurch die trigonometrischen Funktionen $f: x \to \sin(x)$ und $g: x \to \cos(x)$ für alle reellen Zahlen definiert.
Für ihre Funktionswerte gilt $-1 \leqq f(x) \leqq 1$ und $-1 \leqq g(x) \leqq 1$.
Beide Funktionen sind periodisch mit der Periodenlänge 2π.
Die Funktion $h: x \to \tan(x)$ ist für alle reelle Zahlen x außer $x \neq \frac{\pi}{2} + k\pi$ mit $k \in \mathbb{Z}$ definiert. Sie ist periodisch mit der Periodenlänge π.

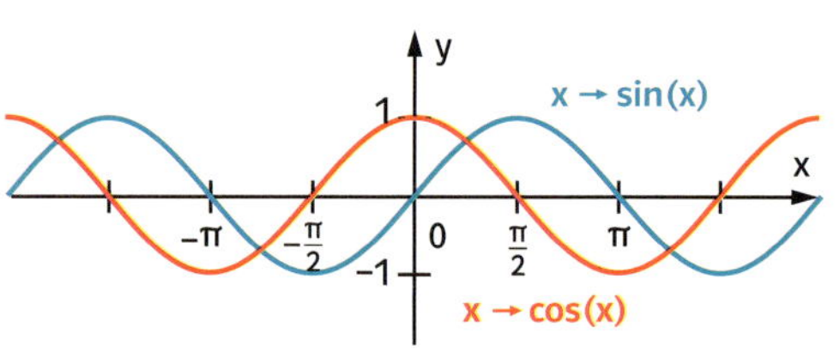

Funktionen der Form $x \to a\sin(bx - d)$
Den Graphen der Funktion $x \to a\sin(bx - d)$ kann man sich aus dem Graphen der Funktion $x \to \sin(x)$ wie folgt entstanden denken:

1. Verschieben in x-Richtung um d: $x \to \sin(x - d)$
   Positive Werte von d verschieben den Graphen nach rechts, negative nach links.
2. Strecken in x-Richtung mit dem Faktor $\frac{1}{|b|}$: $x \to \sin(bx - d)$
   Negative Werte von b spiegeln zusätzlich an der y-Achse.
   Periodenlänge: $p = \frac{2\pi}{|b|}$.
3. Strecken in y-Richtung mit dem Faktor $|a|$: $x \to a\sin(bx - d)$
   Negative Werte von a spiegeln zusätzlich an der x-Achse.
   Amplitude: $A = |a|$.

Verschieben um π nach rechts
Strecken mit $b = 2$ und $a = 1{,}5$

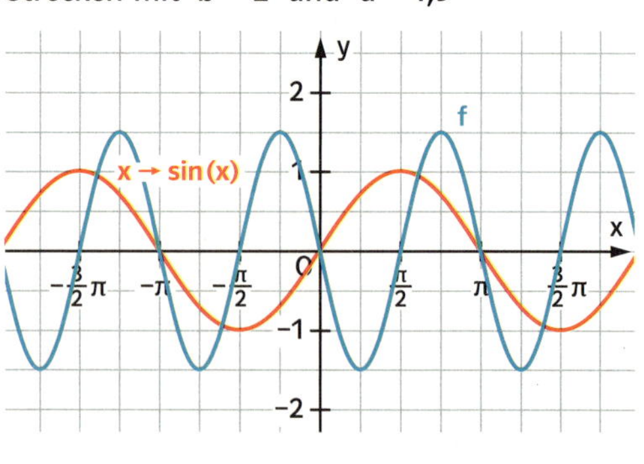

$f(x) = 1{,}5 \cdot \sin(2x - \pi)$

Training

Runde 1

1 Bestimme zur gegebenen Funktion für $x \geqq 0$ jeweils die Gleichung der Umkehrfunktion. Bestimme die gemeinsamen Punkte der Graphen von f und $\overline{f}$.
a) $f(x) = 0{,}5x^2$ b) $f(x) = (2x)^{\frac{1}{4}}$ c) $f(x) = (x+4)^2$ d) $f(x) = x^3 - 6$

2 Für welche Winkel α zwischen 0° und 360° ist
a) $\sin(\alpha)$ positiv und $\tan(\alpha)$ negativ, b) $\tan(\alpha) < 1$ und $\cos(\alpha)$ positiv?

3 Mithilfe der Gleichung $\sin\left(x + \frac{\pi}{2}\right) = \cos(x)$ ist es möglich, jede Sinusfunktion auch als Kosinusfunktion zu betrachten. Schreibe die Sinusfunktion als Kosinusfunktion.
a) $f(x) = \sin(x+\pi)$ b) $f(x) = -2\sin(-x+\pi)$ c) $f(x) = \sin(x) - 1$ d) $f(x) = \sin(-3x)$

4 Skizziere den Graphen im Intervall $[-2\pi;\ 2\pi]$.
a) $f\colon x \to 0{,}5\sin(x)$ b) $f\colon x \to 2\sin(2x-\pi)$ c) $f\colon x \to \sin(0{,}5x+1)$ d) $f\colon x \to \cos(x-\pi)$

5 Gib zum Graphen die Periodenlänge, die Amplitude und eine mögliche Funktionsgleichung an.

a)
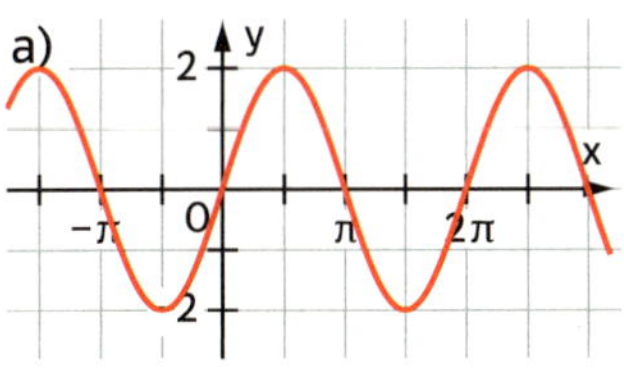

b)
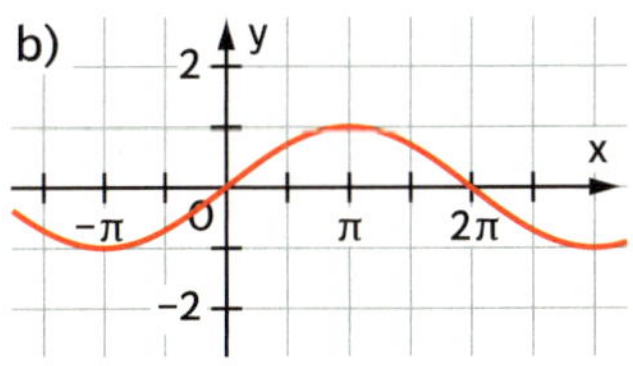

c)
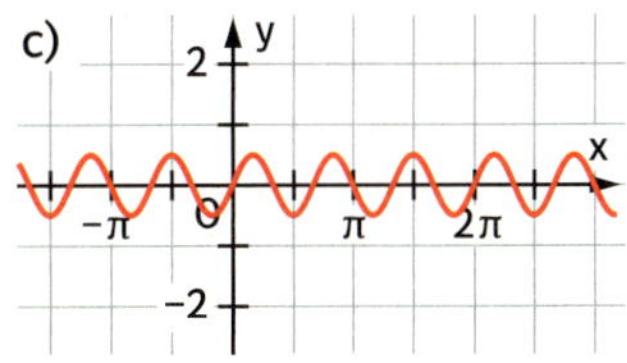

Runde 2

1 Wie lautet die Gleichung der Umkehrfunktion $\overline{f}$? Skizziere f und $\overline{f}$ in dasselbe Koordinatensystem. Wie liegen die beiden Graphen zueinander?
a) $f\colon x \to \left(\frac{5}{4}\right)^x$ b) $f\colon x \to 3\log_2(x)$ c) $f\colon x \to 1 + \log_3(x)$ d) $f\colon x \to 3^{x-1}$

2 Bestimme exakte Funktionswerte
a) für $\sin(\alpha)$, wenn $\cos(\alpha) = -0{,}1$ und $180° \leqq \alpha \leqq 270°$ ist,
b) für $\cos(\alpha)$, wenn $\sin(\alpha) = 0{,}8$ und $\tan(\alpha) < 0$ ist.

3 Mithilfe der Gleichung $\cos\left(x - \frac{\pi}{2}\right) = \sin(x)$ ist es möglich, jede Kosinusfunktion auch als Sinusfunktion zu betrachten. Schreibe die Kosinusfunktion als Sinusfunktion.
a) $f(x) = \cos(x+\pi)$ b) $f(x) = -2\cos(-x+\pi)$ c) $f(x) = \cos(x) + 1$ d) $f(x) = \cos(2x)$

4 Berechne alle Nullstellen und skizziere den Graphen.
a) $f(x) = 2\sin(x)$ b) $g(x) = 0{,}5\sin(2x+\pi)$ c) $h(x) = 2\sin(x) - 1$ d) $k(x) = \cos(2x-\pi)$

5 Gib zum Graphen die Periodenlänge, die Amplitude und eine mögliche Funktionsgleichung an.

a)
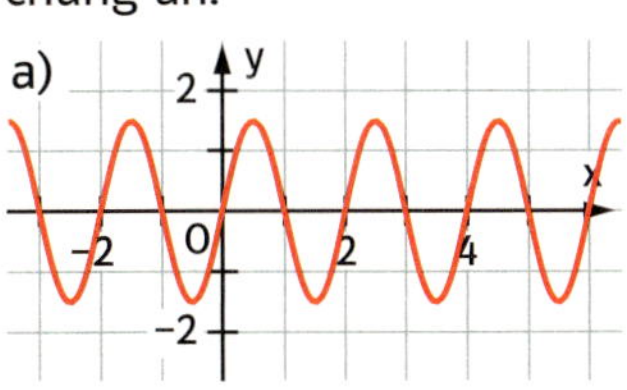

b)
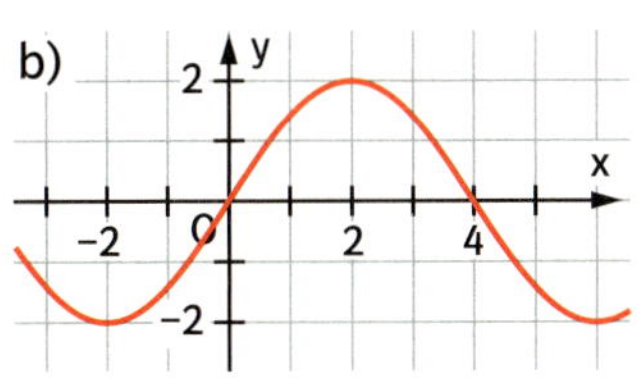

c)
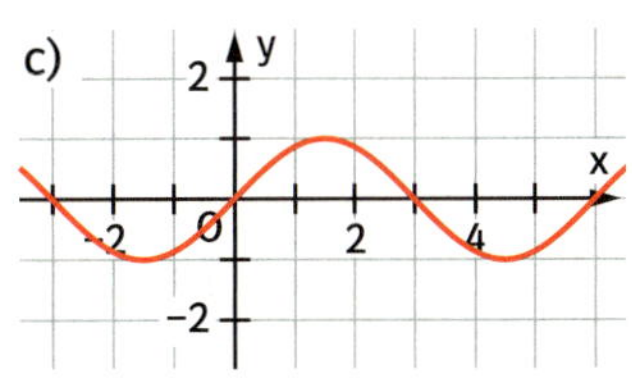

Lösungen auf den Seiten 226–227.

Das kannst du schon

- Textaufgaben bearbeiten
- Funktionen verschiedener Funktionsklassen analysieren
- Einfache Sachzusammenhänge mathematisch beschreiben

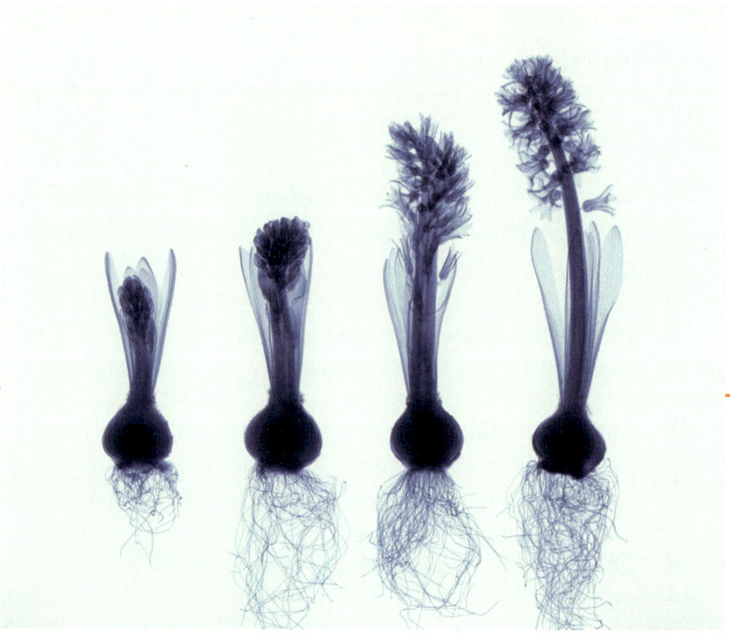

Flugsimulator

Researcher with model whale flipper. In wind tunnel tests, the modified whale flipper showed 8 percent better lift properties than a normal airplane wing.

Zahl

Messen

Raum und Form

Funktionaler Zusammenhang

Daten und Zufall

Realität modellieren – Modelle realisieren

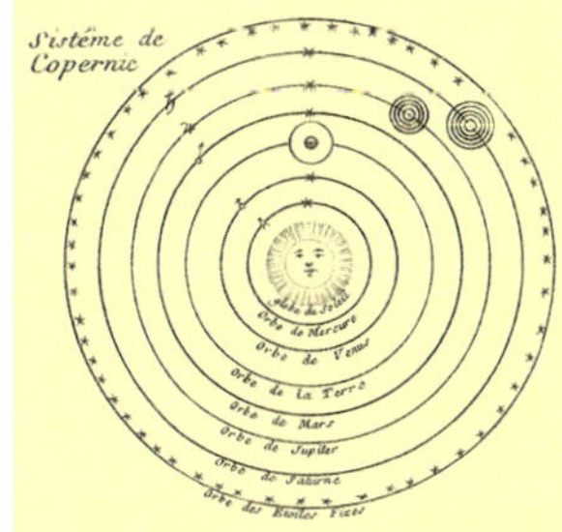

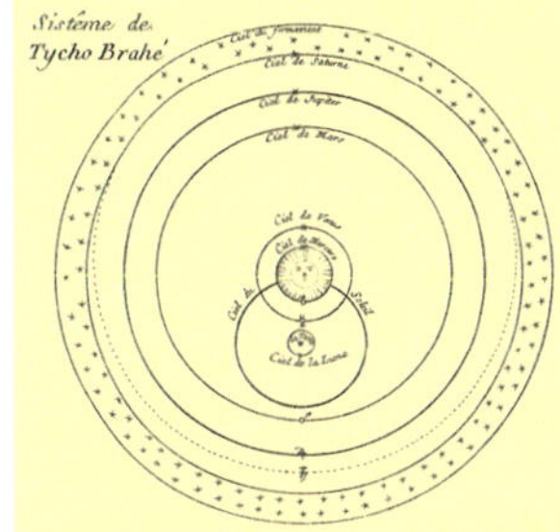

Soll ein komplexer, noch wenig durchschauter Originalbereich O besser verstanden oder beherrschbar werden, so versucht man, O durch einen Modellbereich M zu imitieren, simulieren, rekonstruieren, der in gewissen Zügen (Strukturelementen) dem Originalbereich gleicht oder ähnelt, aber einfacher oder bekannter ist, mit dem Ziel, Folgerungen in M auf O zurückzuspiegeln und so also O besser in den Griff zu bekommen.

H. Freudenthal

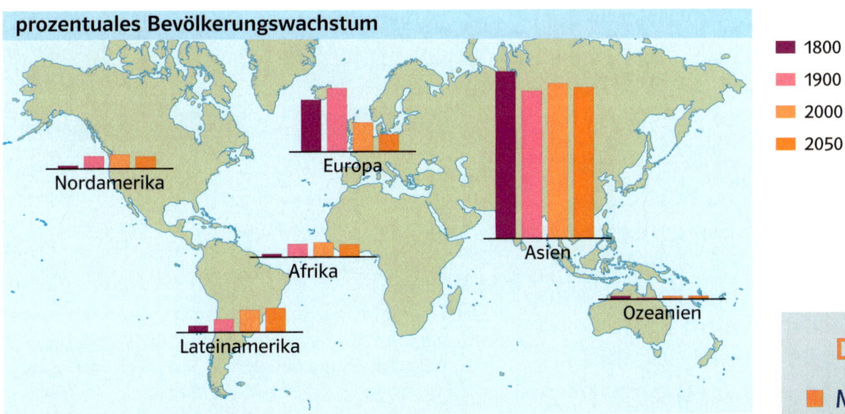

Das kannst du bald

- Mathematische Modelle für Wachstumsprozesse, periodische Vorgänge und andere Anwendungen entwickeln
- Durch Modellieren gewonnene Lösungen kritisch bewerten
- Den Modellierungskreislauf anwenden

1 Modellieren von Wachstumsvorgängen

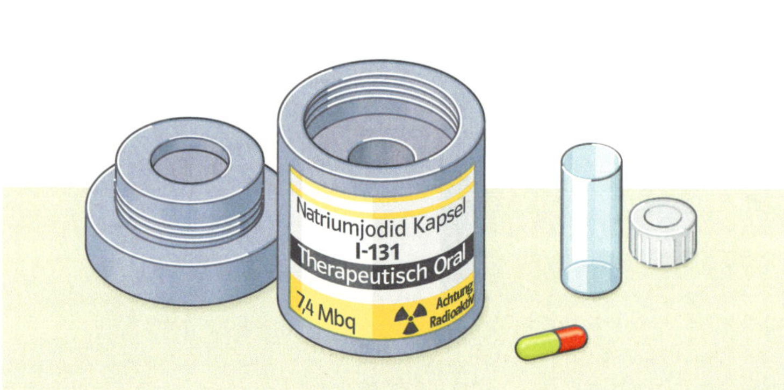

Radioaktives Jod 131 wird in der Medizin vor allem bei der Diagnose und Behandlung von Schilddrüsenerkrankungen benutzt. Im Laufe der Zeit wandeln sich die Jodatome in gasförmige Xenonatome um und senden dabei eine radioaktive Strahlung aus. Ein Wissenschaftler untersucht diesen radioaktiven Zerfall und misst die Jodmasse in Abhängigkeit von der Zeit. Die Messung ist aber immer noch nicht abgeschlossen …

Wachstumsprozesse, die durch Potenzfunktionen beschrieben werden können, werden auch als potenzielles Wachstum bezeichnet.

Wachstumsvorgänge können je nach Art des Wachstums mit verschiedenen **mathematischen Modellen** beschrieben werden. Daraus ergibt sich die Möglichkeit, zumindest näherungsweise Aussagen über die Wirklichkeit zu gewinnen. Für lineares Wachstum verwendet man lineare Funktionen, für exponentielles Wachstum Exponentialfunktionen. In manchen Fällen geht aus den Voraussetzungen direkt hervor, welche Art von Wachstum vorliegt. In vielen Situationen ist dies jedoch nicht sofort erkennbar.

In einem langfristig angelegten Schulprojekt wurden Stabheuschrecken gezüchtet und gezählt.

Anzahl der Tage	0	90	100	105	130
Anzahl der Tiere	7	30	33	35	50

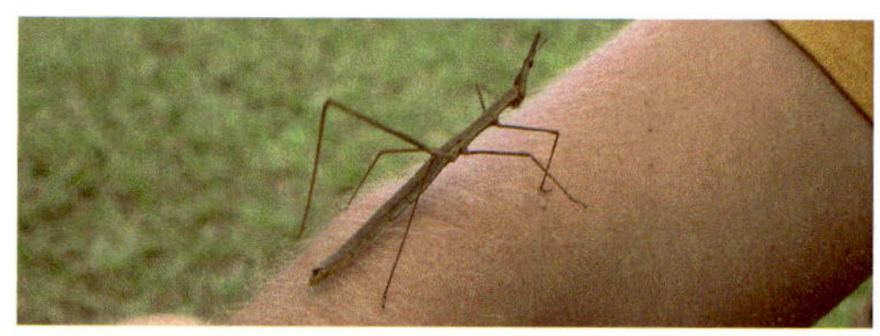

Die Schüler möchten vorhersagen, wie viele Stabheuschrecken nach 200 Tagen ungefähr leben werden. Die grafische Darstellung der Daten (Fig. 1) lässt exponentielles Wachstum vermuten. Da lineares Wachstum jedoch auch nicht ausgeschlossen erscheint, ist es sinnvoll, sowohl ein exponentielles als auch ein lineares Wachstumsgesetz zu bestimmen.

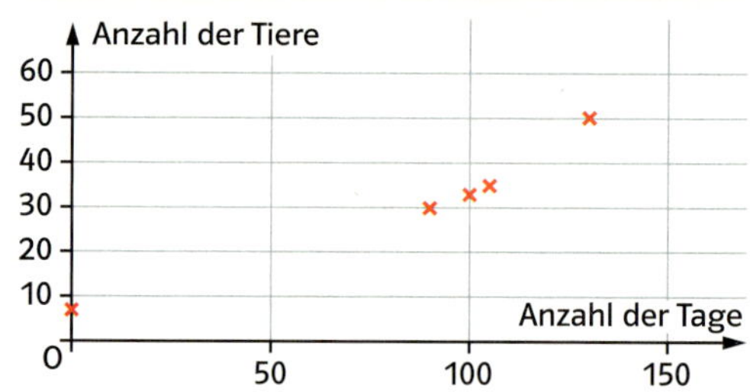

Fig. 1

Mithilfe ausgewählter Datenpaare werden Funktionsgleichungen ermittelt. Verwendet man zum Beispiel die Daten der ersten und der vierten Zählung, also die Datenpaare (0|7) und (105|35), so erhält man Gleichungen von Funktionen g und f, die jeder Zeit x in Tagen die Anzahl an Stabheuschrecken zuordnen:

Zur Erinnerung:
$a^{105} = 5 \quad |\,(\ )^{\frac{1}{105}}$
$a^{\frac{105}{105}} = a^1 = 5^{\frac{1}{105}} \approx 1{,}015$
Potenzgleichungen mit geraden Exponenten haben zwei betragsgleiche Lösungen, von denen die negative im Zusammenhang mit Wachstum nicht sinnvoll ist.

lineare Funktion g, also $g(x) = mx + b$
- Aus (0|7) erhält man die Gleichung $7 = m \cdot 0 + b$, also $b = 7$.
- Aus (105|35) erhält man $35 = m \cdot 105 + 7$, also $m = 0{,}2\overline{6} \approx 0{,}27$.

Funktionsgleichung: $g(x) = 0{,}27x + 7$

Exponentialunktion f, also $f(x) = c \cdot a^x$
- Aus (0|7) erhält man die Gleichung $7 = c \cdot a^0 = c \cdot 1$, also $c = 7$.
- Aus (105|35) erhält man $35 = 7 \cdot a^{105}$, also $5 = a^{105}$ und damit $a \approx 1{,}015$.

Funktionsgleichung: $f(x) = 7 \cdot 1{,}015^x$

Um zu beurteilen, welche der beiden Funktionen die Situation besser beschreibt, vergleicht man die Originaldaten mit den berechneten Funktionswerten. Diese werden auf ganze Zahlen gerundet, weil es sich um Anzahlen von Individuen handelt.

Anzahl der Tage	0	90	100	105	130
Anzahl der Tiere (Originaldaten)	7	30	33	35	50
berechnete Werte mit $g(x) = 0{,}27x + 7$	7	31	34	35	42
berechnete Werte mit $f(x) = 7 \cdot 1{,}015^x$	7	27	31	33	48

Man erkennt, dass die Abweichungen der Originaldaten von den berechneten Werten bei der linearen Funktion insgesamt größer sind als bei der Exponentialfunktion. Die Situation lässt sich also durch ein exponentielles Wachstumsgesetz besser beschreiben als durch ein lineares Wachstumsgesetz.
Damit kann man vorhersagen, dass nach 200 Tagen etwa 138 Stabheuschrecken leben werden, denn $f(200) = 7 \cdot 1{,}015^{200} \approx 137{,}5 \approx 138$.

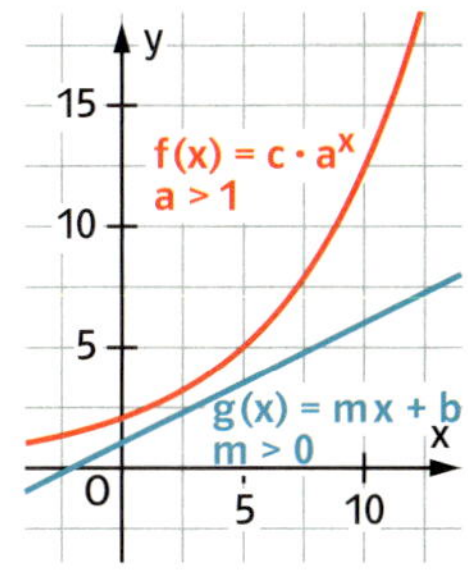

Zunahme

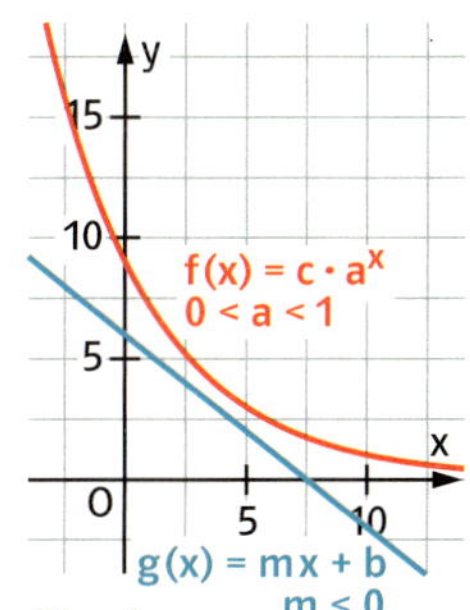

Abnahme

Viele **Wachstumsvorgänge** können beschrieben werden als

lineares Wachstum mit dem Wachstumsgesetz $g(x) = mx + b$, wobei m die **Wachstumsrate** angibt und b der **Anfangswert** für $x = 0$ ist.
Man spricht auch von linearem Wachstum, wenn $m < 0$ ist. In diesem Fall nimmt der Bestand linear ab.

exponentielles Wachstum mit dem Wachstumsgesetz $f(x) = c \cdot a^x$, wobei a den **Wachstumsfaktor** angibt und c der **Anfangswert** für $x = 0$ ist.
Man spricht auch von exponentiellem Wachstum, wenn $0 < a < 1$ ist. In diesem Fall nimmt der Bestand exponentiell ab.

Beispiel 1 Vorgegebenes Wachstumsmodell anwenden
Ein Kapital von 15 000 € wird bei einer Bank mit einem festen Zinssatz von jährlich 3,3 % angelegt. Dabei werden die Zinsen jeweils am Jahresende dem Kapital gutgeschrieben.
a) Auf wie viel Euro ist das Kapital nach Ablauf von vier Jahren angewachsen?
b) Nach wie vielen Jahren ist das Kapital auf 18 000 € angewachsen?
Lösung:
a) Da das Kapital jährlich um 3,3 % anwächst, liegt exponentielles Wachstum vor.
Ansatz: $f(x) = c \cdot a^x$
Wachstumsfaktor: $a = 1 + 0{,}033 = 1{,}033$
Anfangswert: $c = 15\,000$
Funktionsgleichung: $f(x) = 15\,000 \cdot 1{,}033^x$
Kapital nach vier Jahren: $f(4) = 15\,000 \cdot 1{,}033^4 \approx 17\,080{,}184$
Nach vier Jahren beträgt das Kapital 17 080,18 €.

$p = 3{,}3\,\% = 0{,}033$
$a = 1 + p$

b) *Um zu bestimmen, wann das Kapital auf 18 000 € gewachsen ist, muss man die Gleichung $15\,000 \cdot 1{,}033^x = 18\,000$ lösen.*
$15\,000 \cdot 1{,}033^x = 18\,000 \quad | : 15\,000$
$1{,}033^x = 1{,}2 \quad |$ Logarithmieren
$x = \log_{1{,}033}(1{,}2) = \frac{\lg(1{,}2)}{\lg(1{,}033)} \approx 5{,}62$

Wenn man sich das Geld am Jahresende auszahlen lässt, muss man sechs Jahre warten, bis das Kapital auf über 18 000 € angewachsen ist.

Zur Erinnerung:
lg steht für $\log_{10}$, den dekadischen Logarithmus. Dieser lässt sich mit dem Taschenrechner direkt bestimmen.

Beispiel 2 Modell aufstellen und die Qualität des Modells überprüfen
Die Tabelle zeigt die Bevölkerungsentwicklung eines Dorfes.

Jahr	1991	1992	1993	1994	2004	2007
Bevölkerungszahl	512	501	488	479	365	345

Welche Bevölkerungszahl kann für das Jahr 2015 prognostiziert werden?
Lösung:
Da sich die ersten vier Daten jeweils auf aufeinanderfolgende Jahre beziehen, kann man aus diesen leicht die Wachstumsrate m für ein mögliches lineares Wachstum und den Wachstumsfaktor a für ein mögliches exponentielles Wachstum bestimmen.

Modellierung durch ein lineares Wachstumsgesetz: $g(x) = mx + c$

Jahr	1991	1992	1993	1994	2004	2007
Bevölkerungszahl	512	501	488	479	365	345

-11 $\quad -13$ $\quad -9$

Für ein lineares Wachstum erhält man durch Bilden des Mittelwertes von -11, -13 und -9 die Wachstumsrate $m = -11$.
Wachstumsgesetz: $g(x) = -11x + 512$

Modellierung durch ein exponentielles Wachstumsgesetz: $f(x) = c \cdot a^x$

Jahr	1991	1992	1993	1994	2004	2007
Bevölkerungszahl	512	501	488	479	365	345

$\cdot 0{,}998$ $\quad \cdot 0{,}974$ $\quad \cdot 0{,}982$

Wenn keine der beiden Funktionsgleichungen die Situation zufriedenstellend beschreibt, kann man zum Aufstellen der Funktionsgleichungen auch andere Wertepaare verwenden – siehe auch Beispiel 3.

Wenn man als Startwert $x = 0$ das Jahr 1991 festlegt, dann entsprechen die Jahre 1992, 1993, 1994, 2004 und 2007 den Werten 1, 2, 3, 13 und 16 für x.
Damit erhält man den Anfangswert $c = f(0) = 512$.
Für ein exponentielles Wachstum erhält man durch Bilden des Mittelwertes von 0,998, 0,974 und 0,982 den Wachstumsfaktor $a = 0{,}985$.
Wachstumsgesetz: $f(x) = 512 \cdot 0{,}985^x$

Die Berechnung der Funktionswerte für die beiden Modelle ergibt:

Jahr	1991	1992	1993	1994	2004	2007
x	0	1	2	3	13	16
Bevölkerungszahl	**512**	**501**	**488**	**479**	**365**	**345**
lineares Modell	512	501	490	479	369	336
exponentielles Modell (ganzzahlig gerundet)	512	504	497	489	421	402

Die Abweichungen von den Originaldaten sind bei der linearen Funktion insgesamt geringer, sodass eher von linearem Wachstum ausgegangen werden kann.
Im Jahre 2015 (hier ist $x = 24$) sind ca. 250 Einwohner zu erwarten, denn $f(24) = -11 \cdot 24 + 512 = 248$.

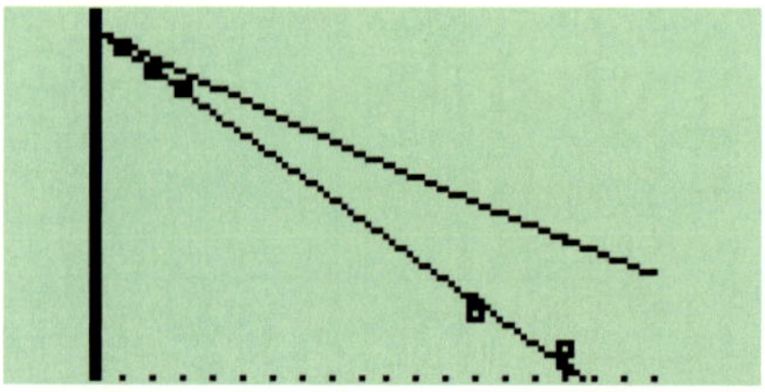

Fig. 1

Beispiel 3 Ausgleichskurven mit dem GTR bestimmen

Zeit (in Tagen)	1	5	10	20	25	40
Bestand A	1,83	1,60	0,84	0,60	0,20	0,06

Zeit (in Tagen)	1	5	10	20	25	40
Bestand B	1,5	8,6	15,9	35,0	38,2	56,0

regredi (lat.): *zurückschreiten*
Man führt die eine Größe auf die andere zurück.

a) Führe mit dem GTR für beide Messreihen eine lineare und eine exponentielle Regression durch.
b) Beurteile die Regressionen im Vergleich.
Lösung:
a) *Die Datenreihen unter STAT und EDIT in Listen eingeben: die Zeit in L1, den Bestand A in L2 und den Bestand B in L3. Unter STAT und CALC die entsprechenden Befehle aufrufen und eine Variable, unter der der Term gespeichert werden soll, auswählen, zum Beispiel Y1.*

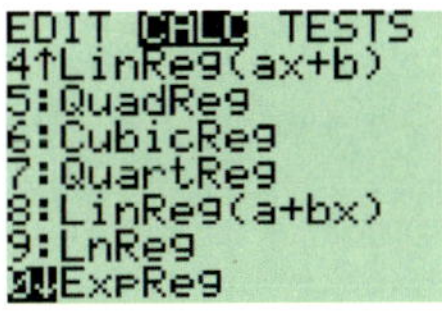

Bestand A:

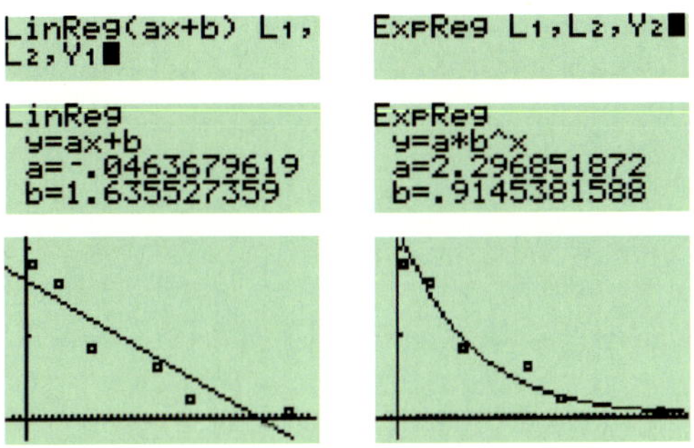

Bestand B:

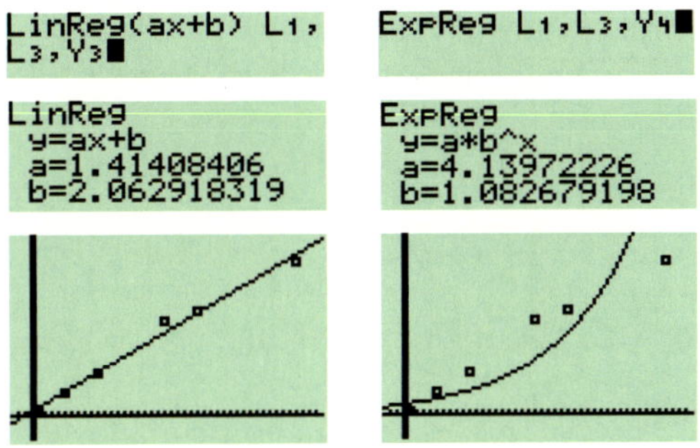

b) Die zeitliche Entwicklung des Bestandes A wird nur durch die exponentielle Regression zufriedenstellend modelliert. Eine lineare Regression kommt für diese Messreihe eher nicht in Betracht. Bei der Entwicklung des Bestandes B ist es genau umgekehrt.

Aufgaben

Bei den Aufgaben dieses Kapitels ist der GTR nahezu unverzichtbar. Auf seine Nutzung wird nicht gesondert hingewiesen.

1 Stelle zu der Messreihe eine Funktionsgleichung auf, sodass die Abweichungen von den Originaldaten möglichst gering sind. Die Variable t gibt die Zeit in Stunden und B(t) den von der Zeit abhängigen Bestand an.

a)

t (in h)	1	2	4	6	8
B(t)	5,8	9,2	12,9	23,6	30,2

b)

t (in h)	4	5	8	12	15
B(t)	13,4	18,9	50,1	199,5	546,2

2 Die Messreihe enthält Daten, die in gleichen Zeitabständen erhoben wurden. Stelle die Datenreihe grafisch dar und entscheide, welches Wachstumsmodell die Messreihe treffend beschreibt.

a) 20,4; 19,5; 18,7; 17,8; 16,9; 15,9
b) 15; 10; 7; 4,5; 2,6; 2,2; 1,2; 1; 0,8
c) 0,55; 1,00; 1,80; 3,90; 4,90; 8,95; 16,3
d) 20; 15; 11,25; 8,44; 6,33; 4,74
e) 1,3; 3,66; 6,03; 8,38; 10,75; 13,11; 15,45
f) 5,25; 5,46; 5,68; 5,91; 6,14; 6,39; 6,64

3 Ein Ferkel wiegt 10 kg. Sein Gewicht nimmt wöchentlich um rund 4 % zu.
a) Entscheide, um welche Wachstumsform es sich hierbei handelt. Stelle eine Funktionsgleichung zur Beschreibung der Situation auf und zeichne den Graphen.
b) Berechne, wie viel das Schwein nach 50 Wochen wiegt. Erläutere, unter welchen Voraussetzungen das berechnete Ergebnis realistisch ist.
c) Nach wie vielen Wochen wiegt das Schwein etwa 50 kg?

4 Das Bevölkerungswachstum in den USA von 1860 bis 1920 ist in der Tabelle dargestellt.

Jahr	1860	1870	1880	1890	1900	1910	1920
Bevölkerungszahl (in Mio.)	31,43	39,82	50,16	62,95	75,99	91,92	105,71

a) Entwickle ein lineares und ein exponentielles Modell zur Bevölkerungsentwicklung in den USA. Vergleiche die Modelle.
b) Beurteile beide Modelle unter Berücksichtigung der Tatsache, dass die USA im Jahr 1790 etwa 3,93 Millionen Einwohner hatten.

5 Bier wird auch nach der Bierschaumhaltbarkeit beurteilt. Diese wird als gut bezeichnet, wenn die Halbwertszeit des Schaumzerfalls größer als 110 Sekunden ist. Die Halbwertszeit gibt die Zeit an, in der die Hälfte des Schaums zerfallen ist, in der sich also die Höhe des Schaums auf die Hälfte reduziert. Modelliere den Schaumzerfall mithilfe einer geeigneten Regression und beurteile die Bierschaumqualität.

a)

Zeit (in s)	0	50	170	300	600
Schaumhöhe (in cm)	10,1	8,2	4,8	3,0	0,9

b)

Zeit (in s)	0	20	400	500
Schaumhöhe (in cm)	9,2	8,2	0,4	0,2

6 Die Datenreihe soll mithilfe einer Exponentialfunktion modelliert werden.

x	0	2	3	5	6	7	9	11	14	15	18	19
y	6,0	5,3	5,4	5,7	5,8	4,5	6,2	6,5	7,0	7,2	7,0	7,8

a) Stelle die Daten grafisch dar und bestimme eine geeignete Funktionsgleichung.
b) Welche Werte „passen nicht so gut" zur Datenreihe, sind sogenannte „Ausreißer"?
c) Führe eine erneute Modellierung durch, bei der zunächst einer der „Ausreißer" nicht berücksichtigt wird. In weiteren Modellierungen sollen dann zwei und schließlich alle „Ausreißer" unberücksichtigt bleiben. Was stellst du dabei fest?
d) Welche Folgerungen ergeben sich hinsichtlich des Umgangs mit „Ausreißern" innerhalb einer Datenreihe?

Bist du sicher?

1 Die Anzahl der in Deutschland registrierten Personenautos nimmt jedes Jahr zu.

Jahr	1994	1995	1996	1997	1998	1999	2000
Anzahl (in Mio.)	39,2	39,9	40,5	41	41,3	41,7	42,4

Jahr	2001	2002	2003	2004	2005	2006
Anzahl (in Mio.)	43,8	44,4	44,66	45,02	45,36	46,09

a) Stelle die Daten grafisch dar und bestimme eine geeignete Funktionsgleichung.
b) Beurteile, wie gut deine Funktionsgleichung aus Teilaufgabe a) die Daten beschreibt. Erläutere.
c) Prognostiziere, wie viele Autos im Jahr 2015 in Deutschland registriert sein werden.

7 Die Datenreihe kann mit der Gleichung $f(t) = 0{,}2 \cdot 1{,}1^t$ modelliert werden. Welche Gleichung ergibt sich, wenn die Zeit nicht in Tagen, sondern in Wochen angegeben wird?

Zeit t (in Tagen)	0	7	14	21	28	35	42	49
Bestand	0,20	0,39	0,76	1,48	2,88	5,62	10,96	21,35

8 In einem artesischen Brunnen in Dresden wurde die Wassertemperatur (in °C) in verschiedenen Tiefen (in m) gemessen. Man erhielt die folgenden Messdaten.

Tiefe (in m)	40	150	220	270
Temp. (in °C)	1,2	4,7	9,3	10,5

Welche Temperatur herrscht in einer Tiefe von 350 m? Begründe deine Aussage.

Informiere dich über artesische Brunnen im Internet.

Wachstum abschnittsweise beschreiben

9 Die Daten der Messreihe lassen ein unterschiedliches Wachstum für verschiedene Zeitabschnitte vermuten. In Fig. 1 sind die Daten aus a) dargestellt.
Gib geeignete Zeitabschnitte an und bestimme für diese jeweils eine geeignete Funktionsgleichung.

a)

Zeit t (in s)	0	1	2	3	4	6	8	10	12	14	16	18
Bestand B	0,13	0,26	0,49	0,94	1,71	4,30	6,82	7,30	7,91	8,24	8,91	9,43

b)

Zeit t (in s)	0	1	3	4	6	8	9	13	15	17	18	19
Bestand B	2,9	4,1	7,6	10,0	15,2	19,3	15	10	8	7	6	6,2

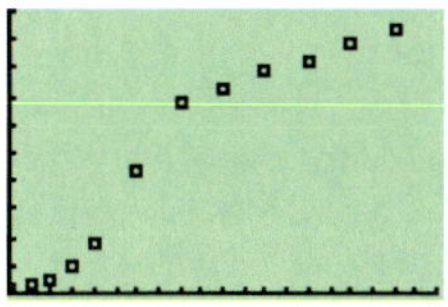

Fig. 1

10 In Fig. 2 sind die Außenhandelsdaten (Export und Import) der Bundesrepublik Deutschland zwischen 1960 und 2004 in Milliarden Euro dargestellt.
a) Beschreibe die Entwicklung der Export- und Importzahlen mithilfe von Fig. 2.
b) Lassen sich Export- und Importzahlen auf der Basis der Daten vergangener Jahrzehnte für die nächsten Jahre prognostizieren? Begründe deine Aussage(n).

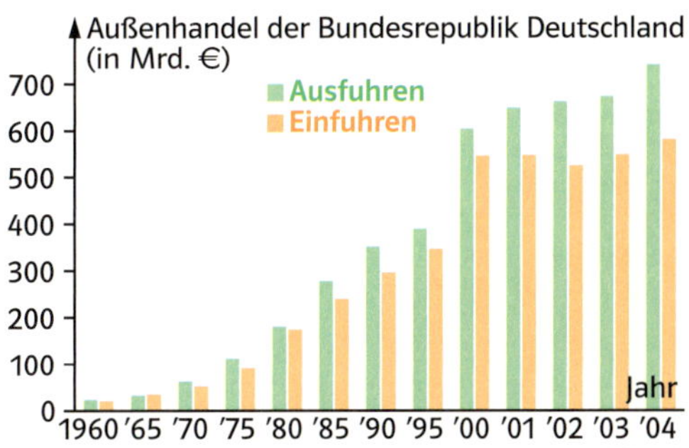

Fig. 2

11 Die Lufttemperatur nimmt mit zunehmender Höhe ab. Der genaue Zusammenhang ist orts- und zeitabhängig. Bis zu einer Höhe von 20 km kann man die Lufttemperatur nach dem Modell der ICAO-Atmosphäre berechnen. Hierbei werden folgende Vereinfachungen vorgenommen:
- Auf Meereshöhe beträgt die Temperatur 15 °C.
- Im Höhenbereich zwischen 0 m und 11 000 m nimmt die Temperatur linear ab.
- Im Höhenbereich oberhalb von 11 000 m herrscht eine Temperatur von −56,5 °C.

a) Stelle die Abhängigkeit der Lufttemperatur von der Höhe grafisch dar. Stelle für dieses Modell bereichsweise gültige Gleichungen auf.
b) Wie groß ist nach diesem Modell die Temperaturveränderung unterhalb von 11 000 m, wenn die Höhe um einen Meter zunimmt?
c) Ist es praktisch möglich, die durch das Modell prognostizierte Temperaturveränderung bei einem Höhenunterschied von 10 m zu überprüfen? Wie genau müsste man dazu die Temperatur messen können?

***ICAO** (engl.): International Civil Aviation Organization – internationale Zivilluftfahrt-Organisation*

2 Modellieren von periodischen Vorgängen

In der Bildfolge fehlen die Bilder für den Zeitraum zwischen 13 Uhr und 20 Uhr. Man könnte die Bildfolge allerdings geeignet ergänzen.

Als Tageslänge wird die Zeit zwischen Sonnenauf- und Sonnenuntergang bezeichnet. Sie hängt von der Jahreszeit und der geografischen Breite des jeweiligen Ortes ab.

Viele periodische Vorgänge können mithilfe von Sinusfunktionen modelliert werden. So ändert sich zum Beispiel die Tageslänge an einem bestimmten Ort periodisch im Jahresrhythmus. Da die verschiedenen Tageslängen im Laufe eines Jahres regelmäßig wiederkehren, kann die Tageslänge mit einer Gleichung der Form $f(x) = a \cdot \sin(bx - d) + e$ näherungsweise berechnet werden (x in Tagen, f(x) in Stunden).

In Grasehein, einem Ort in der Eifel, wurden die folgenden Tageslängen gemessen:

Datum	21.03.	21.06.	21.12.
Tag im Jahr	80	172	355
Tageslänge (in h)	12,27	16,65	7,90

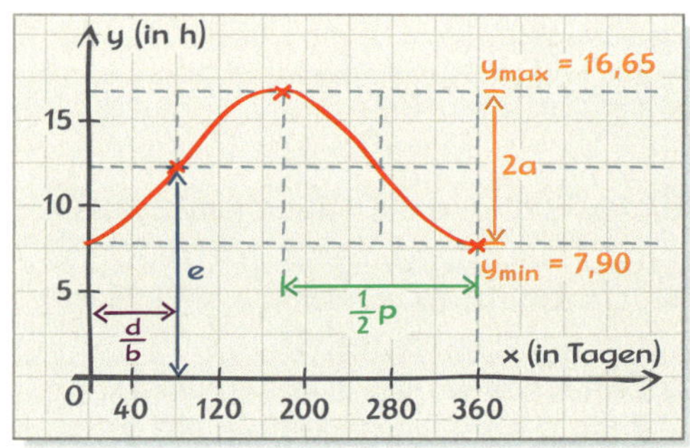

Fig. 1

Da in unseren Breiten der 21.6. der längste Tag ist, der 21.12. der kürzeste Tag und der 21.3. der Tag mit mittlerer Länge, ist das Maximum der modellierenden Sinusfunktion mit 16,65 und das Minimum mit 7,9 festgelegt. Mit diesen Angaben lässt sich eine Skizze anfertigen (Fig. 1), mit deren Hilfe die Parameter a, b, c und d in der Funktionsgleichung $f(x) = a \cdot \sin(bx - d) + e$ bestimmt werden können:

- Die mittlere Tageslänge 12,27 gibt die Verschiebung der Sinuskurve in y-Richtung an. Also ist $d = 12{,}27$.
- Die Periodendauer ist ein Jahr, also 365 Tage; damit ist $p = 365$. Für den Parameter b folgt daraus $b = \frac{2\pi}{p} = \frac{2\pi}{365} \approx 0{,}0172$.
- Der Parameter d ergibt sich aus dem Zeitpunkt, an dem erstmals im Jahr die mittlere Tageslänge angenommen wird. Dies ist am 21.03. der Fall, also am 80. Tag im Jahr. Damit ist $d = b \cdot 80 \approx 1{,}376$.
- Die Differenz $y_{max} - y_{min}$ entspricht der doppelten Amplitude. Daraus ergibt sich $a = \frac{y_{max} - y_{min}}{2} = \frac{16{,}65 - 7{,}90}{2} = 4{,}375$.

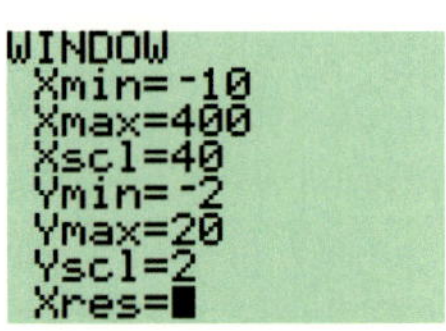

Funktionsgleichung: $f(x) = 4{,}375 \cdot \sin(0{,}0172x - 1{,}376) + 12{,}27$

Der Graph von f veranschaulicht die Veränderung der Tageslängen im Jahresverlauf (Fig. 2). Für die Tageslänge zum Beispiel am 21.04., dem 111. Tag des Jahres, erhält man den Funktionswert $f(111) = 4{,}375 \cdot \sin(0{,}0172 \cdot 111 - 1{,}376) + 12{,}27 \approx 14{,}49$.

In Grasehein hat der 21.04. somit eine Tageslänge von etwa 14,49 h.

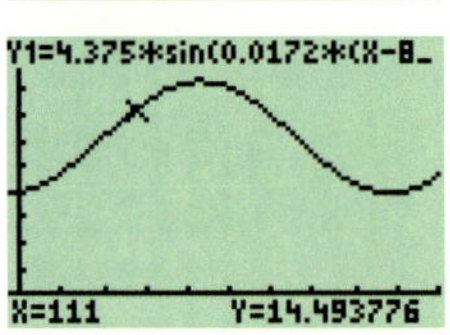

Fig. 2

Vergleicht man nun die mithilfe der modellierenden Funktion f berechneten Werte mit den über das gesamte Jahr erhobenen Messwerten, so wird deutlich, dass sich die Tageslängen insgesamt gut vorhersagen lassen (Tab. 1). Die berechneten Werte weichen maximal um 0,24 h nach oben und maximal um 0,29 h nach unten von den gemessenen Werten ab. Das entspricht Abweichungen von etwa 14,4 min bzw. 17,4 min.

Datum	21.02.	21.03.	21.04.	21.05.	21.06.	21.07.	21.08.	21.09.	21.10.	21.11.	21.12.
Tag im Jahr	52	80	111	141	172	202	233	264	294	325	355
gemessene Tageslänge (in h)	10,30	12,27	14,24	15,82	16,65	15,90	14,23	12,25	10,31	8,66	7,90
berechnete Tageslänge (in h)	10,24	12,27	14,49	16,06	16,64	16,05	14,41	12,17	10,02	8,43	7,90
Abweichung (in h)	−0,06	0	+0,25	+0,24	−0,01	+0,15	+0,18	−0,08	−0,29	−0,23	0

Das Vorzeichen bei den Abweichungen zeigt, ob der berechnete Wert nach oben oder nach unten vom Messwert abweicht.

Tab. 1

Mithilfe von Sinusfunktionen der Form $f(x) = a\sin(bx - d) + e$ lässt sich eine Vielzahl periodischer Vorgänge beschreiben. Zum Aufstellen der Funktionsgleichung ist es hilfreich, wenn das Maximum y_{max} und das Minimum y_{min} der zu beschreibenden Funktion bekannt sind. Dann lassen sich die Parameter a, b, d und e bestimmen:

- Das arithmetische Mittel der Extremwerte y_{max} und y_{min} gibt an, wie weit die Sinuskurve in y-Richtung verschoben ist. Es gilt $e = \frac{y_{max} + y_{min}}{2}$.
- Aus der Periode p des Vorgangs erhält man $b = \frac{2\pi}{p}$.
- Zur Bestimmung des Parameters d kann man die Stelle betrachten, an der das arithmetische Mittel der Extremwerte angenommen wird, bevor ein Maximum folgt, sodass $f\left(\frac{d}{b}\right) = e$ ist.
- Die Amplitude a ergibt sich, wenn man die Differenz der Extremwerte halbiert, das heißt $a = \frac{y_{max} - y_{min}}{2}$.

lineare Regression
exponentielle Regression
Sinusregression

Ähnlich wie bei der Bestimmung von Regressionsgeraden zu linearen Zusammenhängen oder der Bestimmung von Exponentialfunktionen zu exponentiellen Wachstumsprozessen lässt sich auch bei periodischen Vorgängen mithilfe des GTR eine geeignete Sinusfunktion bestimmen, deren Funktionswerte von den gegebenen Originaldaten möglichst wenig abweichen.

Man verwendet dazu den Befehl SinReg, den man unter STAT im Untermenü CALC findet (Fig. 1). Der Einsatz des Befehls SinReg erfordert außer den Werten der Datenreihe, die unter STAT im Menü EDIT als Listen eingegeben werden, die Eingabe der Periode. Die Kenntnis der Extremwerte y_{min} und y_{max} ist nicht erforderlich.

Die Periode eines periodischen Vorgangs ergibt sich häufig bereits aus dem Sachzusammenhang oder kann, zumindest näherungsweise, anhand einer grafischen Darstellung der Datenreihe erschlossen werden. Für die Veranschaulichung von Datenreihen steht zum Beispiel auch der Befehl STATPLOT des GTR zur Verfügung.

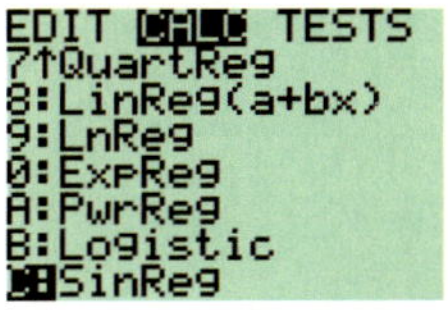

Fig. 1

Der GTR gibt den Funktionsterm der modellierenden Sinusfunktion in der Form $a\sin(bx + d) + e$ an.

Beispiel Diagrammdaten durch Sinusregression ergänzen

Die jeweils auf einen Monat bezogenen mittleren Temperaturen sind langjährig ermittelte Durchschnittswerte.

Bei dem Diagramm zu den mittleren Monatstemperaturen in Karlsruhe fehlt der Zeitraum von September bis Dezember (Fig. 1).
a) Entwickle eine Sinusfunktion s, mit deren Hilfe sich das Diagramm vervollständigen lässt. Berechne Näherungswerte für die Temperaturen im September, Oktober, November und Dezember.
b) Bestimme mit dem GTR eine Sinusfunktion f, die den in Fig. 1 dargestellten Zusammenhang möglichst gut beschreibt (Sinusregression).

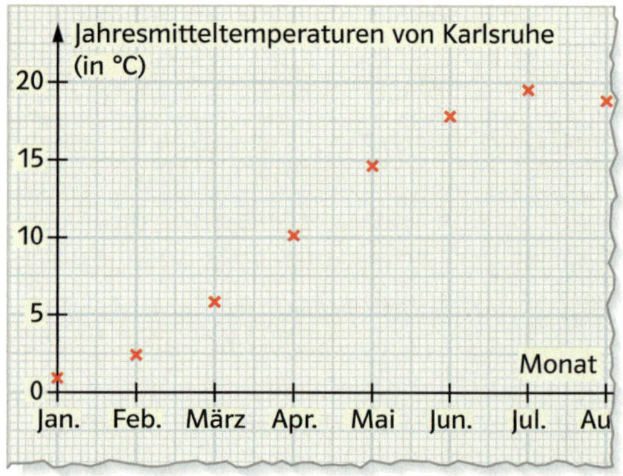

Fig. 1

Lösung:

Messwerte zum Vergleich:

September	15,2 °C
Oktober	10,1 °C
November	5,2 °C
Dezember	2,0 °C

a) *Die mittleren Monatstemperaturen treten im Laufe der Jahre regelmäßig wieder auf, sodass von einem periodischen Vorgang mit der Periode 1 Jahr ausgegangen werden kann. Die Zeit wird in Monaten gerechnet; dabei wird dem Monat Januar der x-Wert 1 zugeordnet, dem Monat Febraur der x-Wert 2 usw.*
Temperaturminimum von etwa 1 °C im Januar, also $y_{min} = s(1) = 1$
Temperaturmaximum von etwa 19 °C im Juli, also $y_{max} = s(7) = 19$
Die mittlere Temperatur von $\frac{1\,°C + 19\,°C}{2}$ wird im April erreicht. Also ist $s(4) = 10$.
Die Periode ist 12 Monate lang. Aus $p = 12$ folgt $b = \frac{2\pi}{12} = \frac{\pi}{6}$. Der Parameter d ergibt sich zu $d = b \cdot 4 = \frac{2}{3}\pi$, die Verschiebung in y-Richtungn ist $e = 10$.
Für die Amplitude ergibt sich $a = \frac{19 - 1}{2} = 9$.
Funktionsgleichung: $s(x) = 9\sin\left(\frac{\pi}{6}x - \frac{2}{3}\pi\right) + 10$
Berechnung der fehlenden Temperaturen: $s(9) \approx 14{,}5$; $s(10) \approx 10{,}0$; $s(11) \approx 5{,}5$; $s(12) \approx 2{,}2$
Die mittleren Monatstemperaturen für September bis Dezember sind etwa 14,5 °C, 10,0 °C, 5,5 °C und 2,2 °C. Die berechneten Werte weichen nur unwesentlich von den gemessenen Werten ab.
Die Werte sind nur Näherungen, weil der angenommene Sinusverlauf Abweichungen, zum Beispiel durch jährlich wiederkehrende Kalt- oder Warmfronten, nicht berücksichtigt.

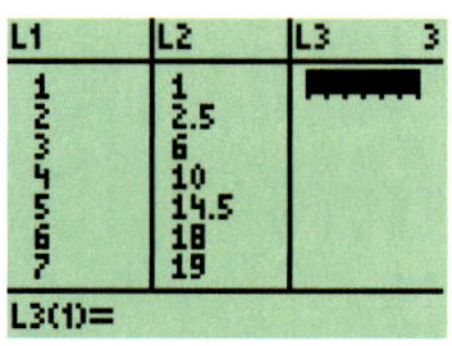

Fig. 2

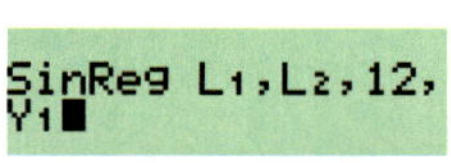

Fig. 3

Fig. 4

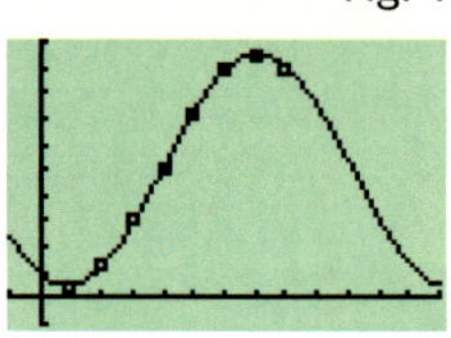
Fig. 5

b) *Die Datenreihe als Listen L1 und L2 in den GTR eingeben (Fig. 2); Sinusregression wählen und L1, L2 sowie 12 und eine Variable angeben, unter der der Funktionsterm gespeichert werden soll (Fig. 3); Sinusregression durchführen (Fig. 4) und grafisch darstellen (Fig. 5).*
Die vom GTR bestimmte Sinusfunktion f stimmt in sehr guter Näherung mit der in Teilaufgabe a) entwickelten Sinusfunktion s überein.

Aufgaben

1 Zu einem periodischen Vorgang ist eine Datenreihe gegeben. Welche der Funktionen $f_1: x \to 15\sin(0{,}523x) + 10$, $f_2: x \to 2{,}5 \cdot \sin(1{,}2x - 2{,}4)$ und $f_3: x \to 5 \cdot \sin(0{,}523x)$ beschreibt die Datenreihe in guter Näherung? Begründe.

a)

x	1	2	3	4	8	9	10	14	15	16
f(x)	12,5	14,2	15,0	14,3	5,6	5,0	5,7	14,3	15,0	14,4

b)

x	0	1	2	3	4	5	6	7	8	9
f(x)	0	−1,2	−2,5	−0,8	2,1	2,2	−0,4	−2,6	2,0	2,2

2 Das langjährige Monatsmittel der Lufttemperatur (in °C) an einem Ort lässt sich in Abhängigkeit von der Zeit x (in Monaten) durch eine Funktion $f: x \to a\sin(bx - d) + e$ näherungsweise beschreiben. Skizziere den Sachverhalt. Bestimme den Funktionsterm von f unter der Voraussetzung, dass die Extremwerte der Temperatur im Januar und Juli liegen.

a) Stuttgart: 1 °C im Januar, 19 °C im Juli
b) Jakutsk: −43 °C im Januar, 19 °C im Juli
c) Sydney: 22 °C im Januar, 12 °C im Juli
d) Singapur: 26 °C im Januar, 27 °C im Juli

3 Tab. 1 zeigt die jeweils zur Monatsmitte gemessenen Sonnenhöchststände α in Hannover. Beschreibe die Zeitabhängigkeit der Sonnenhöchststände mithilfe einer geeigneten Funktion. Beurteile die Qualität der modellierenden Funktion.

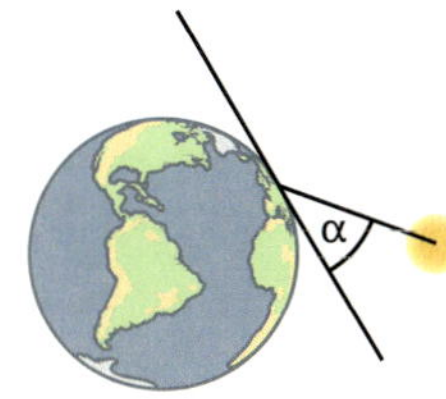

Jan.	Feb.	März	April	Mai	Juni	Juli	Aug.	Sept.	Okt.	Nov.	Dez.
17°	25°	37°	48°	59°	64°	61°	53°	40°	29°	20°	16°

Tab. 1

4 Die Wassertiefe bei der Einfahrt zu einem Hafen variiert infolge der Gezeiten. Am Tag der Beobachtung ist das Wasser bei Wasserhöchststand um 4.20 Uhr etwa 5,2 m tief. Bei Tiefststand um 10.32 Uhr liegt die Wassertiefe bei 2,0 m.

a) Bestimme eine von der Zeit abhängige Funktion, mit der sich die Veränderung der Wassertiefe näherungsweise beschreiben lässt.

b) Ein größeres Schiff benötigt mindestens 3 m Wassertiefe, um anlegen zu können. In welchem Zeitraum ist das an diesem Tag möglich? Welcher Zeitraum steht am Folgetag zur Verfügung?

Statt Wasserhöchststand und Wassertiefststand sagt man auch Hochwasser und Niedrigwasser.

5 Fig. 1 zeigt Gezeitenkurven für Hamburg und für Büsum.

a) Erläutere den Kurvenverlauf im Vergleich. Welche der Kurven lässt sich besser durch eine Sinusfunktion annähern? Begründe.

b) Lies für beide Diagramme geeignete Wertepaare ab und führe jeweils eine Sinusregression mit dem GTR durch. Beurteile die jeweilige Qualität der Modellierung.

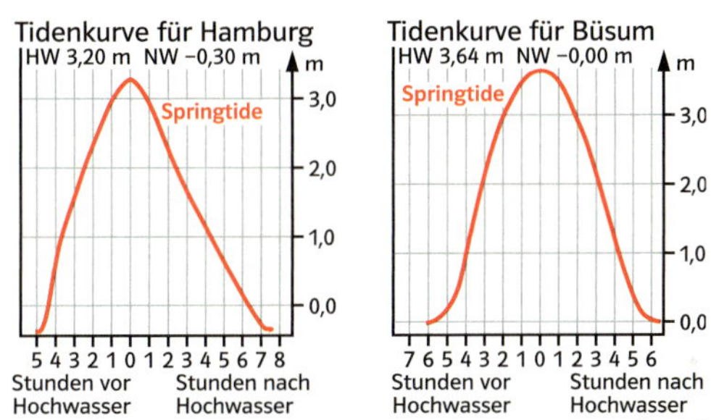

Fig. 1

Im Anschluss an Vollmond und Neumond kommt es zu einer verstärkten Gezeitenbewegung, die als Springtide bezeichnet wird.

6 Für Jäger gilt das Bundesjagdgesetz (BJagdG). Im § 19, Absatz 1, Ziffer 4 heißt es:

> (1) Verboten ist
> Schalenwild, ausgenommen Schwarzwild, sowie Federwild zur Nachtzeit zu erlegen; als Nachtzeit gilt die Zeit von eineinhalb Stunden nach Sonnenuntergang bis eineinhalb Stunden vor Sonnenaufgang; [...]

Herr Wild plant am Abend des 11. Oktobers, am nächsten Tag zur Jagd zu gehen. Zum Sonnenauf- und -untergang hat er sich in unregelmäßigen Abständen Notizen gemacht.

Datum	01.01.	15.01.	25.05.	21.06.	04.07.
Sonnenaufgang	8.30 Uhr	8.10 Uhr	5.25 Uhr	5.02 Uhr	5.08 Uhr
Sonnenuntergang	16.10 Uhr	16.44 Uhr	21.28 Uhr	21.36 Uhr	21.34 Uhr

a) In welcher Zeitspanne darf Herr Wild kein Schalenwild schießen? Begründe.

b) Erstelle eine grafische Darstellung zu den möglichen Jagdzeiten für ein ganzes Jahr im Sinne einer „Jagdvorschrift".

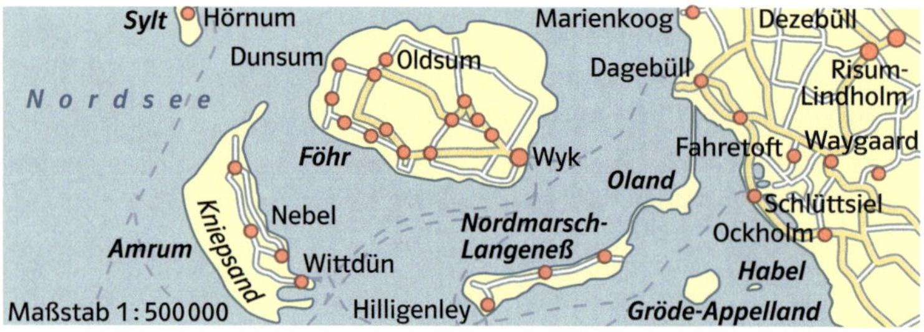

Mit der Maßstabsangabe auf Karten lassen sich nicht nur Entfernungen abschätzen, sondern mit etwas Geschick auch Flächeninhalte, zum Beispiel von Inseln, bestimmen.

In der ersten und zweiten Lerneinheit dieses Kapitels wurden verschiedene mathematischen Modelle erarbeitet und angewendet. Wenn eine reale Situation mathematisch beschrieben wird, spricht man auch von **Modellierung**.
Dabei muss vor dem Aufstellen einer geeigneten Funktionsgleichung oder eines Terms eine Reihe von Fragen geklärt werden:
Wie lässt sich der Sachverhalt so weit vereinfachen, dass überhaupt ein Modell entwickelt werden kann? Welches Modell ist geeignet? Wie überprüft man die Qualität des Modells? Wie kann man das Modell verbessern?
Die Vorgehensweise beim Modellieren wird zum Beispiel bei der Volumenberechnung eines Körpers, dessen Geometrie rechnerisch nicht unmittelbar zugänglich ist, deutlich.

Im Internet wird das Volumen des Gröninger Fasses mit 140 000 l bis 145 000 l angegeben.

Das Volumen von Riesenweinfässern wie dem Gröninger Fass (Fig. 1) kann aufgrund der Größe nur schwer direkt durch Messen bestimmt werden. Deshalb untersucht man ein kleineres Fass mit vergleichbarer Geometrie und bekanntem Volumen und entwickelt ein Modell zur Berechnung seines Volumens. Dieses Modell kann dann auf das große Fass übertragen werden.

Fig. 1

Fig. 2

Vereinfachen – Modell aufstellen
Das Fass in Fig. 2 hat ein Volumen von 600 Litern. Seine Maße (Fig. 3) sind:
- äußere Höhe: 122 cm,
- äußerer Durchmesser von Deckel und Boden: 78 cm,
- Durchmesser auf halber Höhe: 96 cm,
- Wanddicke: 3 cm,
- Versenkung oben und unten: 4 cm.

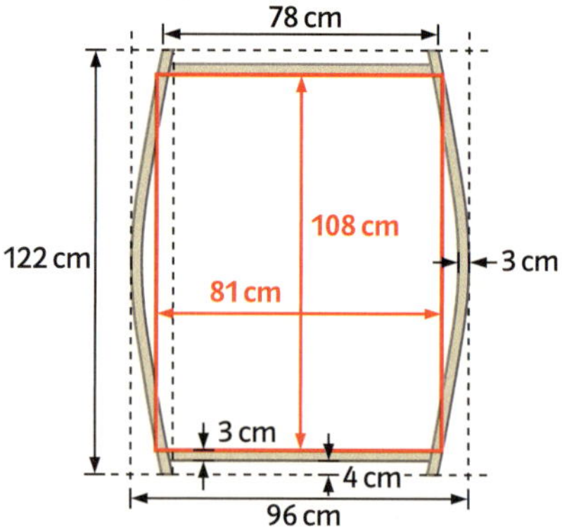

Fig. 3

$122 - 2 \cdot 3 - 2 \cdot 4 = 108$

Das Fass kann vereinfacht als Zylinder aufgefasst werden. Der Innenraum dieses Zylinders hat wegen der Wandstärke und der Versenkung von Deckel und Boden eine Höhe von 108 cm. Als Innendurchmesser wird in erster Näherung der Mittelwert aus dem maximalen inneren Fassdurchmesser und dem am Fassende gemessenen Innendurchmesser gewählt. Man erhält 81 cm.

$96 - 2 \cdot 3 = 90$
$78 - 2 \cdot 3 = 72$
$\frac{1}{2}(90 + 72) = 81$

Volumenberechnung mithilfe des mathematischen Modells
Mit der Volumenformel $V_Z = \pi r^2 \cdot h$ für Zylinder und $r = 40{,}5\,\text{cm}$, $h = 108\,\text{cm}$ errechnet man ein Volumen von etwa $556\,500\,\text{cm}^3$, also von ungefähr 556,5 Litern.

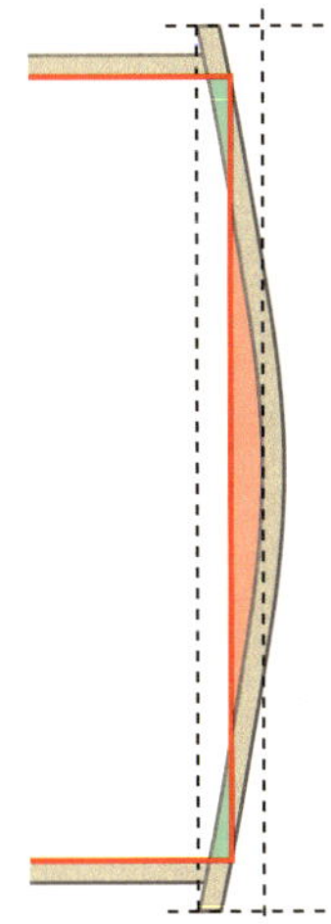

Fig. 1

Überprüfen, ob das Ergebnis realistisch ist, und das Modell gegebenenfalls verfeinern
Das Ergebnis der Modellrechnung weicht vom tatsächlichen Volumen des Fasses um etwa 43,5 Liter nach unten ab. Das entspricht einem Fehler von ca. 7%. Der aufgetretene Fehler kann nur mit der Wahl des Durchmessers zusammenhängen, der für die Volumenberechnung zugrunde gelegt wurde. Offensichtlich ist das vom Näherungszylinder „vernachlässigte“ Volumen im mittleren Bereich des Fasses größer als das gegenüber den realen Verhältnissen „hinzukommende“ Volumen an den Enden des Fasses (Fig. 1).
Um ein Zylindervolumen von $600\,l = 600\,000\,\text{cm}^3$ bei einer Höhe von 108 cm zu realisieren, müsste der Zylinderradius also größer gewählt werden als der Mittelwert aus minimalem Innenradius r_{min} und maximalem Innenradius r_{max}.
Aus $\pi r_1^2 \cdot 108\,\text{cm} = 600\,000\,\text{cm}^3$ erhält man $r_1 = \sqrt{\frac{600\,000}{\pi \cdot 108}}\,\text{cm} \approx 42{,}1\,\text{cm}$. Der Radius r_1 ergibt sich ebenso in guter Näherung, wenn man zu r_{min} zwei Drittel der Differenz $r_{max} - r_{min}$ addiert (Fig. 2):

$$r \approx r_{min} + \tfrac{2}{3}(r_{max} - r_{min}) = \tfrac{1}{3} r_{min} + \tfrac{2}{3} r_{max}$$
$$= \tfrac{1}{3}(r_{min} + 2 r_{max}) = 42\,\text{cm}.$$

Daraus ergibt sich ein verfeinertes Modell für die Berechnung eines Fassvolumens: Man berechnet das Volumen eines Näherungszylinders und wählt für dessen Radius $r_1 = \frac{1}{3}(r_{min} + 2 r_{max})$.

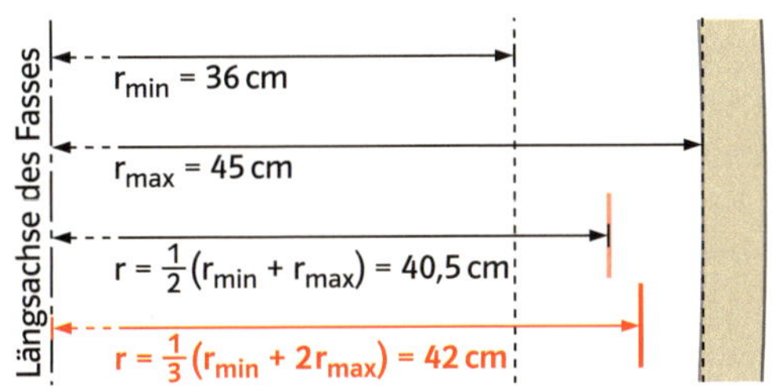

Fig. 2

Verfeinertes Modell anwenden und die Qualität des neuen Modells überprüfen
Mit $r_1 = 42\,\text{cm}$ und $h = 108\,\text{cm}$ ergibt sich ein Zylindervolumen von etwa 598,5 Litern. Die relative Abweichung vom tatsächlichen Fassvolumen ist nunmehr kleiner als 0,3%.

Verfeinertes Modell übertragen
Das Gröninger Fass hat einen maximalen Innendurchmesser von etwa 5,00 m und einen minimalen Innendurchmesser von etwa 4,40 m. Die Innenhöhe des Fasses beträgt ungefähr 7,80 m. Für den Radius r_1 des Näherungszylinders erhält man $r_1 = \frac{1}{3}(r_{min} + 2 r_{max})$ $= \frac{1}{3}(2{,}20\,\text{m} + 2 \cdot 2{,}50\,\text{m}) = 2{,}40\,\text{m}$. Das Zylindervolumen ergibt sich daraus zu etwa $141{,}1\,\text{m}^3$. Es kann in guter Näherung davon ausgegangen werden, dass das Gröninger Fass ein Volumen von etwa 141 000 Litern hat.

Modellierungskreislauf

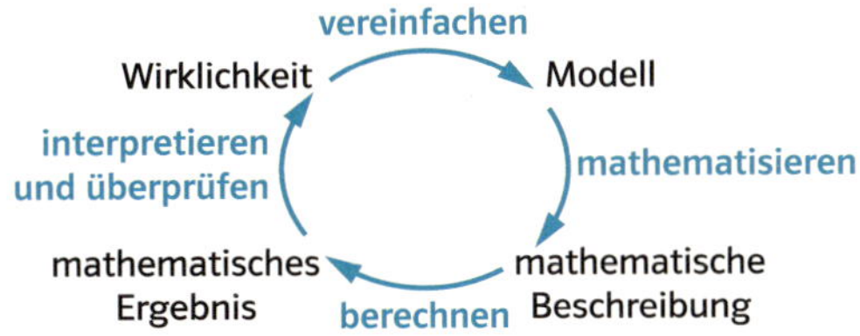

Wenn sich ein Modell bei Überpüfung als unzureichend erweist, entwickelt man ein neues, verfeinertes Modell; der Kreislauf wiederholt sich ein weiteres Mal.

Erst wenn die Qualität eines mathematischen Modells durch ein oder mehrere Beispiele gesichert ist, kann man es auf vergleichbare Probleme übertragen (Verallgemeinerung).

Beispiel Modell entwickeln
Bestimme die Länge des Feuerwehrschlauches (Fig. 2) möglichst genau. Beschreibe dein Vorgehen.
Lösung:

Fig. 1

Fig. 2

Um ein Modell zu entwickeln, rollt man beispielsweise ein 6,20 m langes Seil wie in Fig. 1 auf und versucht, die Länge des Seils zu berechnen.

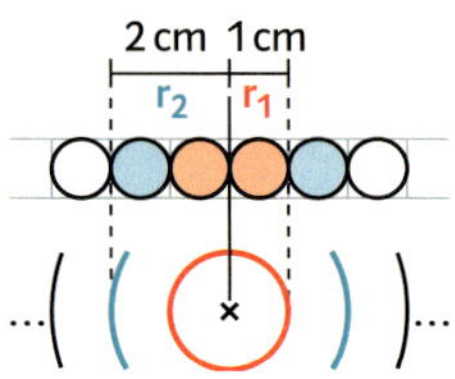

Fig. 3

Vereinfachen – Modell aufstellen
Man kann die „Schnecke" näherungsweise als Anordnung konzentrischer Kreise auffassen. Dabei unterscheiden sich die Radien benachbarter Kreise um die Dicke des Seils. Den Umfang der einzelnen Kreise berechnet man mit der Formel $U = 2\pi r$. Die Seilschnecke besteht aus „14 Kreisen". Die Summe aller Umfänge ist ein Näherungswert für die Seillänge.

Berechnen der Seillänge mithilfe des Modells
Mit dem Seildurchmesser $d \approx 1\,\text{cm}$ ergeben sich die Umfänge $U_1 = 2\pi \cdot r_1 \approx 2\pi \cdot 1\,\text{cm}$, $U_2 = 2\pi \cdot r_2 \approx 2\pi \cdot 2\,\text{cm}$, …, $U_{14} = 2\pi \cdot r_{14} \approx 2\pi \cdot 14\,\text{cm}$ als Außenrandlinien der 14 Kreise (Fig. 3). Für die Summe gilt $U_1 + \ldots + U_{14} \approx 660\,\text{cm}$.

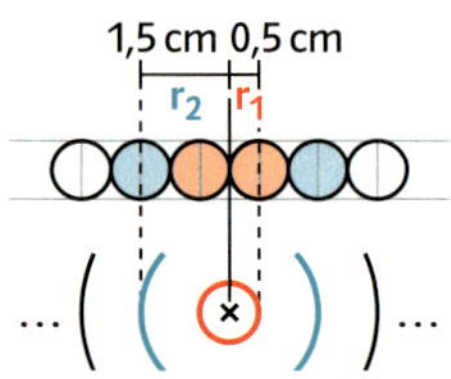

Fig. 4

Überprüfen des Ergebnisses und Verfeinern des Modells
Die Abweichung der berechneten Seillänge von der tatsächlichen beträgt etwa 6,5 %. Um das Modell zu verfeinern, könnte man statt der Außenrandlinie des Seils die Mittellinie verwenden. Es ergeben sich die Radien $r_1 \approx 0{,}5\,\text{cm}$, $r_2 \approx 1{,}5\,\text{cm}$, …, $r_{14} \approx 13{,}5\,\text{cm}$ (Fig. 4). Nun erhält man eine Umfangssumme von etwa 616 cm, was einer Abweichung von 0,6 % entspricht.

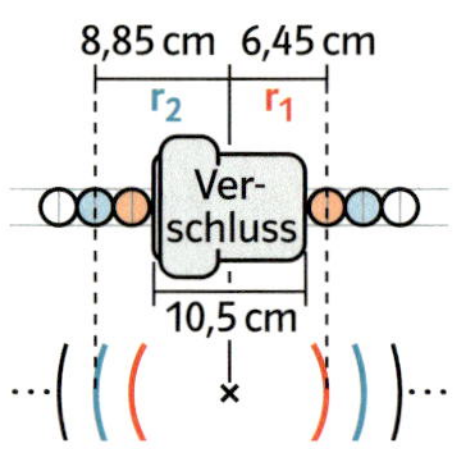

Fig. 5

Übertragen des verfeinerten Modells auf den Feuerwehrschlauch
Es liegen „11 Kreise" vor. Der erste Kreis hat bei einer durchschnittlichen Schlauchdicke von 2,4 cm den Radius $r_1 \approx \frac{1}{2} \cdot 10{,}5\,\text{cm} + 1{,}2\,\text{cm} = 6{,}45\,\text{cm}$ (Fig. 5). Die weiteren Radien sind jeweils um 2,4 cm größer. Es ergibt sich ein Gesamtumfang von etwa 1275 cm. Nach diesem Modell ist der Schlauch also ungefähr 13 m lang.

Aufgaben

1 Mit einem Experiment wird untersucht, wie die Verlängerung einer Feder von der Masse eines angehängten Gewichtes abhängt.

Masse (in g)	0	100	200	300	400
Verlängerung (in cm)	0	5	10	14,5	21

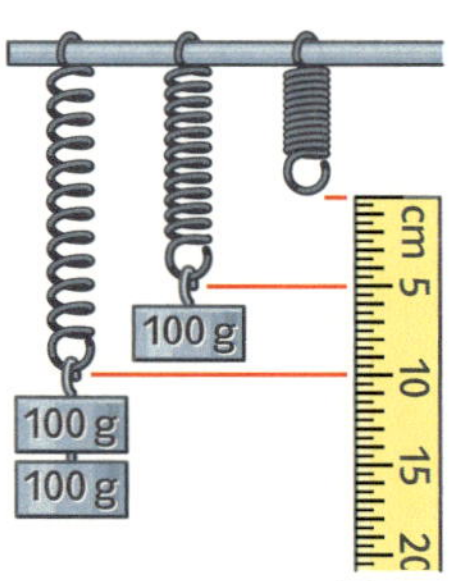

Fig. 6

a) Modelliere die Messreihe mithilfe einer geeigneten Gleichung. Kontrolliere, ob dein Modell mit allen Daten der Tabelle übereinstimmt. Erläutere.
b) Mache eine Vorhersage über die Verlängerung der Feder bei einer Masse von 40 g (480 g; 1500 g). Kann die Masse beliebig gewählt werden?
c) Eine andere Feder verlängert sich bei einer Masse von 400 g um 25 cm. Welche Verlängerung ergibt sich bei einer Masse von 950 g (30 g; 3500 g)?

2 Auf der Internetseite eines niederländischen Automobilclubs steht: „Benzin ist zurzeit in den Niederlanden sehr teuer. Ein Liter kostet 131 Cent – in Deutschland zahlt man zurzeit 120 Cent. Wenn Sie also weniger als 30 km von einer deutschen Tankstelle entfernt wohnen, lohnt es sich für Sie, in Deutschland zu tanken! Aber überprüfen Sie dies selber!"

a) Welche Vereinfachungen wurden zum Aufstellen dieser Aussage getroffen? Stellt ein Modell auf, mit dem der niederländische Automobilclub gearbeitet haben könnte.
b) Formuliert für andere Länder entsprechende Empfehlungen. Nehmt zum Beispiel an, dass ein Liter Benzin in Österreich 100 Cent, in Dänemark 119 Cent, in Frankreich 114 Cent und in Belgien 113 Cent kostet.

3 Das Luftschiff „Graf Zeppelin" (Fig. 3) hatte bei einer Länge von 236,6 m und einem maximalen Durchmesser von 30,5 m ein Volumen von etwa 105 000 m^3.

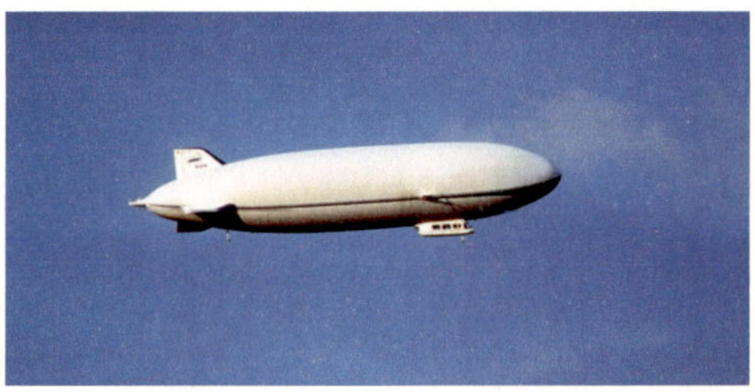
Fig. 1

Fig. 2

Fig. 3

Fig. 4

a) Entwickle für das Luftschiff „Graf Zeppelin" ein Modell zur Berechnung des Volumens. Beschreibe und begründe dein Vorgehen.
b) Auf welche der in Fig. 1, Fig. 2 und Fig. 4 abgebildeten Körper lässt sich das in a) entwickelte Modell übertragen? Entwickle gegebenenfalls ein besser geeignetes Modell.

Bist du sicher?

1 Beschreibe, wie sich das Volumen eines Luftballons näherungsweise berechnen lässt und welche Messungen dazu erforderlich sind.
Wie kann man das tatsächliche Volumen eines Luftballons experimentell bestimmen und so die Qualität des mathematischen Modells überprüfen?

4 Förster verwenden zur Bestimmung von Baumhöhen unterschiedliche Modellrechnungen.

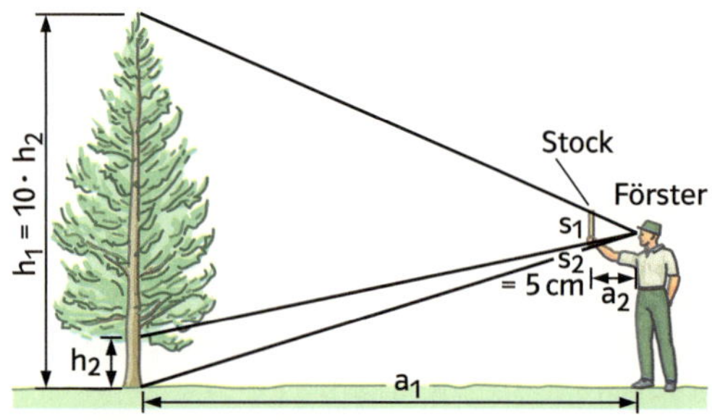

Bei den beschriebenen Verfahren wird ähnlich wie beim Schießen ein Auge zugekniffen. Man sagt: Das Ziel wird anvisiert.

1. Man hält einen 50 cm langen Zollstock mit ausgestrecktem Arm senkrecht vor sich hoch und geht so weit an den Baum heran, bis sich das untere Ende des Zollstocks (0 cm) mit dem Baumstammfuß und das obere Ende (50 cm) mit der Baumspitze deckt. Dann merkt man sich die Stelle des Stammes, die man erkennt, wenn man über die 5-cm-Markierung hinweg visiert. Am Stamm misst man nun die Höhe bis zu der gemerkten Stelle und multipliziert mit 10.

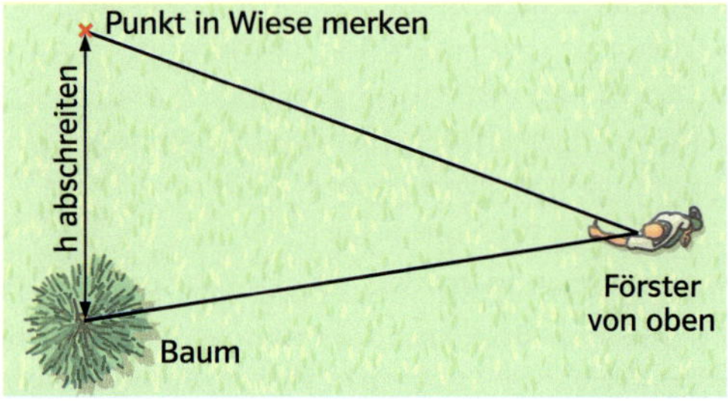

2. Man geht so weit an den Baum heran, bis die Faust zusammen mit dem ausgestreckten Daumen den Baum in seiner vollen Länge abdeckt. Dann dreht man die Faust um 90° und merkt sich den Punkt im Gelände, bei dem der Daumen endet und der etwa gleich weit entfernt ist wie der Baum. Von diesem Punkt aus schreitet man die Entfernung zum Baum ab.

a) Erläutert euch gegenseitig die Verfahren und wendet sie bei Gegenständen an, deren Höhe ihr zur Kontrolle messen könnt.

b) Bestimmt die Höhen von Bäumen, Häusern, Türmen oder Masten, deren Höhen man nicht direkt messen kann.

In der Exkursion auf den Seiten 182 und 183 findest du weitere Projekte zum Thema Modellieren.

5 **Ein Projekt**

Im Straßenbau werden zum Transport von Datenkabeln sehr große Kabeltrommeln verwendet (Fig. 1). Es soll untersucht werden, wie viel Meter Kabel ohne Überstand auf eine Trommel passen, wenn die Trommelmaße $d_1 = 300\,cm$, $d_2 = 120\,cm$, $l = 456\,cm$ und $a = 26\,cm$ gegeben sind und das Kabel einen Durchmesser von 30 cm hat.

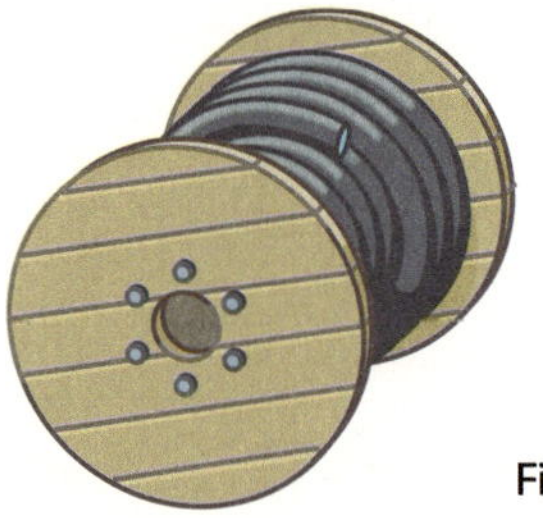

Fig. 1

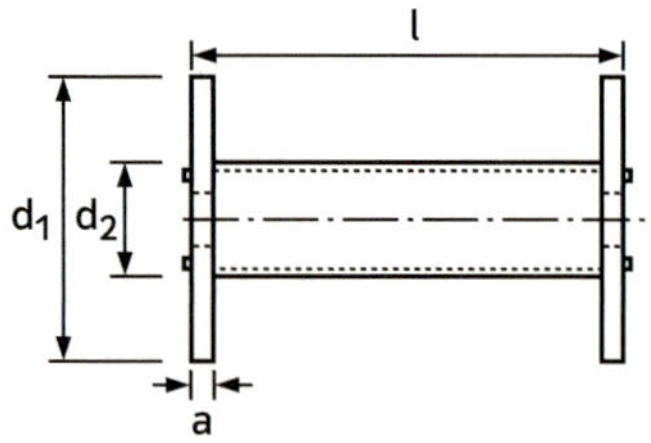

Fig. 2

a) Entwickelt, zum Beispiel mithilfe einer Kabeltrommel aus dem Haushalt, Modelle zur Berechnung der Kabellänge. Erklärt euch die verschiedenen Lösungen gegenseitig und diskutiert ihre Qualität.

b) Übertragt das in Teilaufgabe a) entwickelte Modell auf die Kabeltrommel für Datenkabel aus dem Straßenbau.

Wiederholen – Vertiefen – Vernetzen

1 In einem Nachschlagewerk über Redensarten findet man nähere Erläuterungen zu dem Begriff „Elefantenrennen" (Tab. 1).
„Von ihnen geht eine erhöhte Unfallgefahr aus", kommentiert ein Polizist diese Rennen. „Deshalb sind sie auch mit einem Bußgeld von momentan 40 € und einem Punkt in Flensburg zu bestrafen."
Untersuche, wie lange Elefantenrennen dauern können. Begründe dein Vorgehen. Beschreibe, welche Annahmen und Vereinfachungen du bei deiner Modellrechnung vorgenommen hast.

Tipp:
Fertige eine Skizze der Situation an.

Redensart	Erläuterung	Ergänzungen
Elefantenrennen	kilometerlange Überholmanöver von LKWs und damit verbundene Blockierung des nachfolgenden PKW-Verkehrs auf Autobahnen	Hier wird überholt, auch wenn der Geschwindigkeitsunterschied nicht wie vorgeschrieben mindestens fünf Stundenkilometer beträgt.

Tab. 1

2 Realistisch oder unrealistisch?
Beurteile, ob die Aussagen realistisch sind. Begründe deine Antwort mithilfe einer geeigneten Modellrechnung. Beschreibe, welche Vereinfachungen du für deine Modellierung vorgenommen hast.
a) Achim und Michael treiben Sport: Achim joggt, Michael fährt als Amateur Rennrad. Michael fährt in seinem Training durchschnittlich $35\,\frac{km}{h}$. Achim sagt: „Gib mir 10 Minuten Vorsprung, dann holst du mich mit deiner Geschwindigkeit in 20 Minuten ein."
b) Anna-Maria behauptet: „Die Fließgeschwindigkeit des Rheins beträgt ca. $4\,\frac{km}{h}$."

Rheinauf An	Rheinauf Ab		Rheinab An	Rheinab Ab
	9.10	Köln	17.10	
10.15	10.20	Porz	16.25	16.35
12.05	12.10	Mondorf	15.20	15.30
12.55	13.00	Bonn City, Alter Zoll	14.50	15.00
13.05	13.10	Bonn, Bundeshaus	14.35	14.45
13.20	13.25	Bonn, Oberkassel	14.25	14.30
13.35		Bonn, Bad Godesberg		14.20

Die Virusgeschichte ist frei erfunden.

3 Beurteile, ob die „unfassbare“ Prognose der Mathematiker stimmen kann.

Neuartige Krankheit breitet sich aus

Hamburg „Man darf diese Krankheit nicht unterschätzen“, warnt der Mediziner Prof. Dr. Timm. Diese Einschätzung beruht auf langjährigen Untersuchungen und der Erkenntnis, dass ein Gegenmittel für dieses Virus noch nicht gefunden wurde.
1994 entdeckte man das HBZG-Virus zum ersten Mal bei einem Fisch in der Elbe bei Brunsbüttel. In der Nähe steckten sich innerhalb kürzester Zeit mehrere Dutzend anderer Fische an. Die große Ansteckungsgefahr bewegte damals die Regierung, Gelder in Millionenhöhe für die Erforschung des Virus bereitzustellen. Zwar konnte man das Krankheitsbild bei den erkrankten Tieren etwas beeinflussen, doch der „große Wurf“ sei bisher nicht gelungen. „Das Einzige, was wir sicher wissen, ist Folgendes: Ein am Virus erkrankter Fisch steckt bei Nichtbehandlung pro Tag mit einer Wahrscheinlichkeit von 50 % einen anderen Fisch an.“ Mathematiker haben nun herausgefunden, dass bei sechs erkrankten Tieren in 30 Tagen über 1 000 000 weitere Fische erkranken. Unfassbar!

4 Friedi ist Bergsteigerin. In einem Ratgeber hat sie gelesen, dass beim Menschen Störungen der Leistungs- und der Konzentrationsfähigkeit auftreten, wenn der Partialdruck des Sauerstoffs 130 hPa unterschreitet. Um herauszufinden, ob sie ohne Probleme die Zugspitze (2962 m) ersteigen kann, sucht sie nähere Informationen im Internet. Mit einer Suchmaschine findet sie zwei Hinweise:

Suchergebnis mit den Suchbegriffen „Luftdruck“ und „hPa“

Luftdruck in Abhängigkeit von der Höhe: 1013 **hPa** in 0 m Höhe; 963 **hPa** in 400 m Höhe; 952 **hPa** in 500 m Höhe; 941 **hPa** in 600 m Höhe; 898 **hPa** in 1000 m Höhe

Suchergebnis mit den Suchbegriffen „Sauerstoff“ und „Partialdruck“

Die atmosphärische Luft enthält unter normalen Bedingungen 21 Volumenprozent **Sauerstoff**.
Diesem Volumendruck entspricht ein **Partialdruck** von 213 mbar …
Der **Partialdruck** berechnet sich als prozentualer Anteil des Gesamtdruckes …

Untersuche bei weiteren Sportarten, ob man Prognosen über Zeitpunkte von neuen Weltrekorden abgeben kann.

5 In der Tabelle sind die Weltrekorde im Weitsprung der Männer von 1924 bis 1991 dargestellt (Stand: 2006).
a) Stelle die Daten grafisch dar. Beschreibe, welcher Zusammenhang zwischen dem Jahr und der Weite bei den angegebenen Weltrekorden bestehen könnte. Kontrolliere, wie aussagekräftig deine Modellierung ist.
b) Kann man eine Prognose abgeben, wann der Weltrekord bei 9,50 m liegen wird? Begründe.
Kläre, welcher Definitionsbereich bei der Modellierung aus Teilaufgabe a) verwendet werden kann.

Weite	Name	Land	Jahr
7,76 m	LeGendre	USA	07.07.24
7,89 m	Hubbard	USA	13.06.25
7,90 m	Hamm	USA	07.07.28
7,93 m	Cator	Haiti	09.09.28
7,98 m	Nambu	Japan	27.10.31
8,13 m	Owens	USA	25.05.35
8,21 m	Boston	USA	12.08.60
8,24 m	Boston	USA	27.05.61
8,28 m	Boston	USA	16.07.61
8,31 m	Ter-Owanesjan	UdSSR	10.06.62
8,31 m	Boston	USA	15.08.64
8,34 m	Boston	USA	12.09.64
8,35 m	Boston	USA	29.05.65
8,35 m	Ter-Owanesjan	UdSSR	19.10.67
8,90 m	Beamon	USA	18.10.68
8,95 m	Powell	USA	30.08.91

6 Die Stoffwechselintensität P bei Tieren und Menschen ist definiert als die pro Zeiteinheit mit den Nahrungsmitteln aufgenommene Energie. Diese hängt von der Körpermasse ab. Im Jahre 1952 hat der amerikanische Biologe Kleiber diesen Zusammenhang näher analysiert. Als Grundlage dienten ihm dabei die Daten aus Tab. 1.
Stelle ein mathematisches Modell auf, das den Zusammenhang zwischen der Masse und der Stoffwechselintensität beschreibt.

Tier	Masse (in kg)	Stoffwechselintensität in $\left(\frac{J}{s}\right)$
Maus	0,021	0,17
Ratte	0,282	1,36
Meerschweinchen	0,410	1,70
Katze	3,00	7,38
Kaninchen	4,33	8,22
Hund	6,6	13,93
Schimpanse	38,0	52,82
Schaf	46,4	60,78
Mensch	70,0	80,00
Kuh	600	384,0

Tab. 1

1 Joule pro Sekunde bezeichnet man als 1 Watt: $1\,W = 1\frac{J}{s}$.

7 Die Dichte von Wasser wird oft mit $1000\,\frac{kg}{m^3}$ angegeben. Dies ist aber nur ein Näherungswert, weil die Dichte auch von der Temperatur abhängt (Tab. 2).

Temperatur (in °C)	0	5	10	15	20	50	98
Dichte in $\left(\frac{kg}{m^3}\right)$	999,840	999,964	999,699	999,099	998,203	988,030	959,774

Tab. 2

a) Begründe, warum diese Daten weder durch ein lineares noch durch ein exponentielles noch durch ein beschränktes Wachstumsgesetz beschrieben werden können.
Versuche, die Daten durch ein quadratisches Wachstum zu beschreiben.
b) Erläutere, was man unter der „Anomalie des Wassers" versteht. Recherchiere in entsprechender Fachliteratur oder im Internet und stelle den Zusammenhang zur gegebenen Datenreihe her.

8 Eine Firma möchte Streichholzschachteln mit ihrem Firmennamen zu Werbezwecken verschenken. In eine Schachtel sollen 50 Hölzer passen. Die Schachtel soll ansprechend auf die Kunden wirken und der Materialverbrauch dabei möglichst klein gehalten werden.
a) Untersucht, ob bei handelsüblichen Streichholzschachteln der Materialverbrauch minimal ist.
b) Entwerft eine Streichholzschachtel, die die beschriebenen Anforderungen erfüllt. Stellt der Firma euren Entwurf in einem geeigneten Schreiben vor.

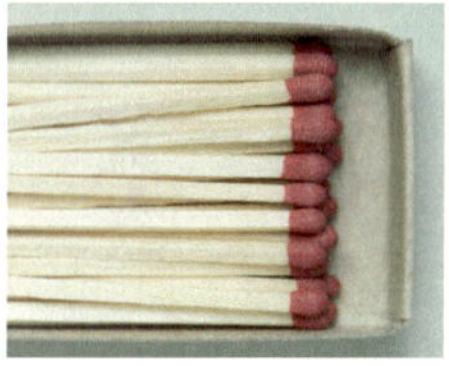

9 Johann muss bei seiner Gesellenprüfung zum Steinmetz folgende Aufgabe bearbeiten:
„Von einer rechteckigen Sandsteinplatte, die 150 cm lang, 100 cm breit und 6 cm dick ist, ist durch einen Transportunfall eine Ecke abgebrochen (Fig. 1). Die Bruchstelle wurde bereits etwas begradigt.
Fertigen Sie aus dieser Steinplatte eine rechteckige Tischplatte für einen Gartentisch an, die einen möglichst großen Flächeninhalt besitzt."

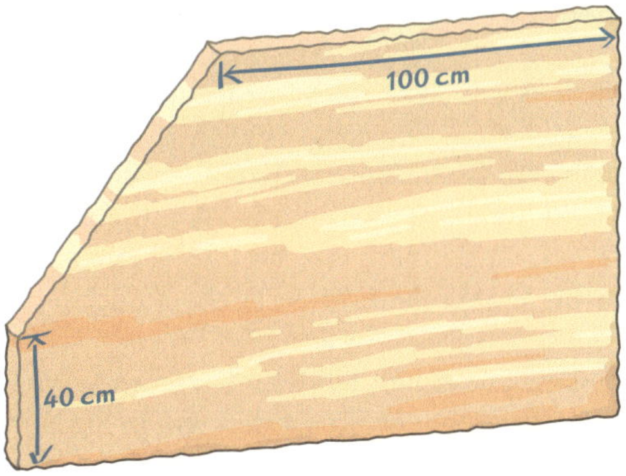

Fig. 1

Bevölkerungsentwicklungen

Am 11. Mai 2000 überschritt Indiens Einwohnerzahl offiziell die Milliardengrenze. Während Indien im Jahre 1955 noch 400 Millionen Einwohner hatte, wuchs die Einwohnerzahl innerhalb der nächsten elf Jahre um 25% an. Danach dauerte es 34 Jahre bis zu einer Verdoppelung der Einwohnerzahl. In den letzten Jahrzehnten hat sich das Wachstum der indischen Bevölkerung nur wenig abgeschwächt und lag Ende 2006 bei 1,63% pro Jahr, was einem jährlichen Bevölkerungszuwachs von etwa 18 Millionen Menschen entspricht. Damit hat Indien im Moment den größten absoluten Bevölkerungszuwachs aller Staaten der Erde. Der relative Zuwachs liegt jedoch nur wenig über dem Weltdurchschnitt.

Siehe auch www.census.gov/ipc/www/idb/

1 Untersucht, ob die Aussage eines Demographen von Ende 2006 richtig ist: „Indien ist eines der wenigen Länder, in denen die Bevölkerungszunahme linear verläuft."

2 Auf einer Internetseite des indischen Innenministeriums soll die Einwohnerzahl Indiens jede Sekunde näherungsweise aktualisiert werden. Entwickelt für den Internetanbieter eine Gleichung zur Berechnung.

3 Sammelt Daten bezüglich des Bevölkerungswachstums auch zu anderen Ländern und stellt die Entwicklungen anschaulich dar.

Gezeiten – ein natürlicher periodischer Vorgang soll ins Internet

Für Küstenbewohner und Urlauber der Nordsee sind die Gezeiten von großem Interesse. Im Internet findet man viele Seiten mit Angaben zu den Gezeiten (Gezeitenkalender).

Pegelort: **Emden, Große Seeschleuse**

Position:
53°20'13" N 7°11'11" E

Zeitangabe:
Gesetzliche Zeit
Sommerhalbjahr MESZ / Winterhalbjahr MEZ

Wasserstand bezogen auf:
Seekartennull

	Datum		Zeit	Wasserstand in m
DO	20.07.2006	NW	02:26	0.7
DO	20.07.2006	HW	08:38	3.6
DO	20.07.2006	NW	14:48	0.7
DO	20.07.2006	HW	21:10	3.8
FR	21.07.2006	NW	03:28	0.7
FR	21.07.2006	HW	09:47	3.7
FR	21.07.2006	NW	16:02	0.7
FR	21.07.2006	HW	22:25	3.8

Fig. 1

4 Beschreibt, welche Informationen man Fig. 1 entnehmen kann. Schlagt Fachbegriffe gegebenenfalls im Lexikon nach.

Ihr könnt auch Gezeitendaten von anderen Orten analysieren.

5 Entwickelt ein Rechenverfahren für einen Internetanbieter, mit dem man einen Gezeitenkalender für Emden wie in Fig. 1 möglichst genau entwickeln kann. Klärt dabei zusätzlich auch, in welchen Zeitabschnitten sich der Wasserstand am stärksten verändert.

Hast du Töne?

Der Begriff Ton aus der Akustik wird in einem Lexikon definiert:
„Einem Ton liegt eine reine Sinusschwingung zugrunde. Die Amplitude der Schwingung gibt dabei die Lautstärke, die Frequenz die Höhe des Tones an. Je höher die Frequenz einer Schwingung ist, d. h. je schneller die Schallquelle schwingt, desto höher ist der Ton."

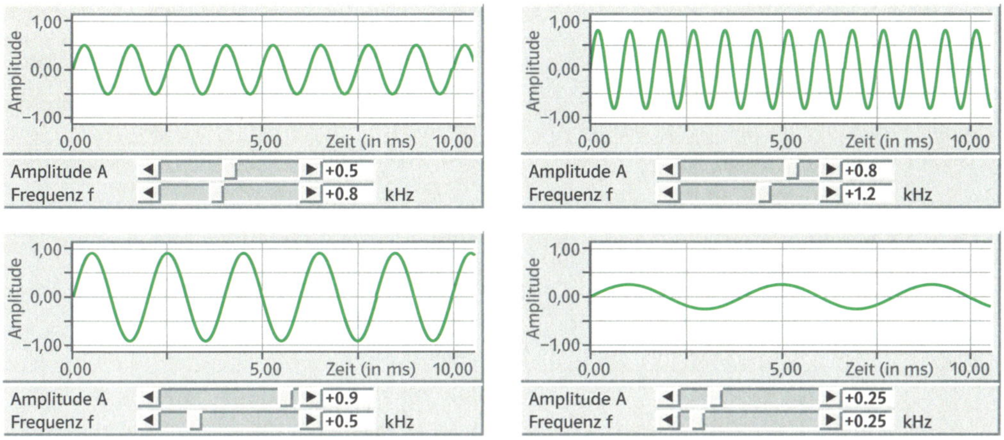

Fig. 1

Die vier Abbildungen sind Ausschnitte aus einem Java-Applet, in dem die Parameter Amplitude und Frequenz verändert werden können.

Schwingt eine Stimmgabel 440-mal pro Sekunde, so sendet sie einen Ton mit der Frequenz 440 Hz aus (Kammerton a).

6 Erläutert die Bildfolge in Fig. 1. Entwickelt geeignete Funktionsgleichungen, die die dargestellten Schwingungen beschreiben.

Mit Modellierungen eigene Meinungen bilden

In einem Artikel der Schülerzeitung des Albert-Schweitzer-Gymnasiums in Berlin wird angeregt, sich an der Diskussion zum Thema „Tempo 100 auf unseren Autobahnen" mit einer eigenen Meinung zu beteiligen.

Autobahnen: Tempo 100 – Bilden Sie sich Ihre Meinung

Berlin Aussagen wie „Tempo 100 erhöht den Verkehrsfluss" oder „bei Tempo 100 gibt es viel mehr Staus" hört man bei politischen Diskussionen immer wieder. Entscheidend ist, wie viele Autos in einer Stunde an einer bestimmten Stelle vorbeifahren oder anders ausgedrückt: wie viele Autos bei der Geschwindigkeit von x km/h auf der Länge x km fahren. Das kann jeder schnell ermitteln. Man muss nur folgende Vereinfachungen vornehmen: (1) Alle Autos fahren mit der gleichen konstanten Geschwindigkeit. (2) Alle Autos haben die gleiche Länge. (3) Alle Autos halten den gleichen Abstand zum nächsten Auto. Wie groß der gehaltene Abstand ist, kann man mit der „2-Sekunden-Abstand-Regel" oder mit der Fahrschulfaustformel" (sinnvoller Abstand = Anhalteweg = Reaktionsweg + Bremsweg = 3-mal die Geschwindigkeit durch 10 + Quadrat der Geschwindigkeit durch 100) oder mit der Regel „Halber-Tacho" festlegen.
Was meinen Sie?
Sind Sie eher für oder eher gegen ein „Tempo-100-Gesetz" für unsere Autobahnen?

7 a) Der Schülerzeitungsartikel enthält Hinweise zur Modellierung des Verkehrsflusses. Sucht diese Hinweise heraus und begründet, dass sich aus ihnen verschiedene Modellierungsmöglichkeiten ergeben.
b) Konkretisiert die zu Teilaufgabe a) erarbeiteten Modellierungsmöglichkeiten, zum Beispiel in arbeitsteiligen Gruppen.
c) Bewertet die verschiedenen Modellrechnungen zum Verkehrsfluss im Vergleich. Wie beeinflusst welche Modellrechnung eure Meinung zum „Tempo-100-Gesetz"?

Rückblick

Modellieren von Wachstumsvorgängen

- lineares Wachstum
  Funktionsgleichung: $g(x) = mx + b$
  m: Änderung pro Zeitschritt (Wachstumsrate)
  ($m > 0$: Zunahme, $m < 0$: Abnahme)
  b: Anfangswert für $x = 0$
- exponentielles Wachstum
  Funktionsgleichung: $f(x) = c \cdot a^x$
  a: prozentuale Änderung pro Zeitschritt (Wachstumsfaktor)
  ($a > 1$: Zunahme, $0 < a < 1$: Abnahme)
  c: Anfangswert für $x = 0$

Eine Zählung von Zaunkönigpaaren ergab:

Jahr	*1994*	*1996*	*1998*	*2002*	*2006*
Anzahl an Paaren	*20*	*28*	*39*	*77*	*149*

Man rechnet die Zeit x in Jahren und beginnt im Jahr 1994 mit $x = 0$.
Mit den Werten von 1994 und 1998 erhält man beim Ansatz von exponentiellem Wachstum $c = 20$ und $a \approx 1{,}18$, also $f(x) = 20 \cdot 1{,}18^x$.
Für die einzelnen Jahre erhält man:

Jahr	*1994*	*1996*	*1998*	*2002*	*2006*
berechnete Anzahl an Paaren	*20*	*28*	*39*	*75*	*146*
Abweichung	*0*	*0*	*0*	*−2*	*−3*

Die Abweichungen dieses Modells sind gering, allerdings mit wachsender Zeitdauer zunehmend.

Modellieren von periodischen Vorgängen

Funktionsgleichung: $f(x) = a\sin(bx - d) + e$
Maximum der zu beschreibenden Größe: y_{max}
Minimum der zu beschreibenden Größe: y_{min}
Bestimmung der Parameter a, b, d und e:

- Verschiebung in y-Richtung: $e = \frac{y_{max} + y_{min}}{2}$
- Ist p die Periode, so gilt $b = \frac{2\pi}{p}$. Die Periode lässt sich zum Beispiel aus der Lage der Maxima und Minima ablesen.
- Für d gilt $f\left(\frac{d}{b}\right) = e$, und auf die Stelle $\frac{d}{b}$ folgt ein Maximum.
- Amplitude: $a = \frac{y_{max} - y_{min}}{2}$

Bei Luftfeuchtigkeitsmessungen in Celle am 23.5.2007 wurde der höchste Wert mit 83 % um 6 Uhr und der tiefste Wert mit 43 % um 18 Uhr ermittelt.
x: Zeit in Stunden, f(x): Luftfeuchtigkeit in %. Der Uhrzeit 0 Uhr wird der x-Wert 0 zugeordnet.
Der Mittelwert $e = \frac{83 + 43}{2} = 63$ wird in der Mitte zwischen der Minimal- und Maximalstelle angenommen, also bei …, $x = 0$, $x = 12$, $x = 24$, … Da auf $x = 0$ das Maximum folgt, wird $\frac{d}{b} = 0$ gewählt, also $d = 0$.
Die Periodendauer beträgt 24 h, also ist $p = 24$. Damit folgt $b = \frac{2\pi}{24} \approx 0{,}2618$.
Amplitude: $a = \frac{83 - 43}{2} = 20$
$f(x) = 20\sin(0{,}2618x) + 63$

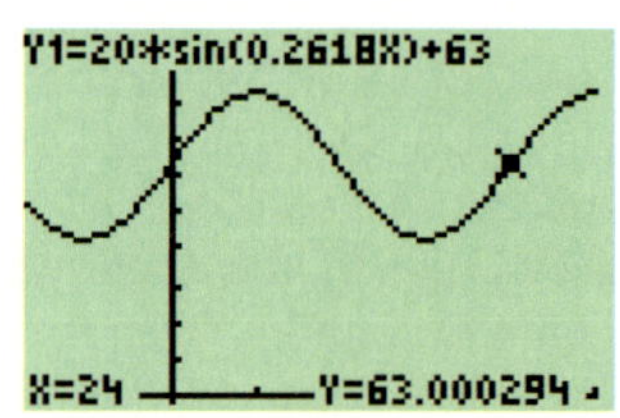

Modellierungskreislauf

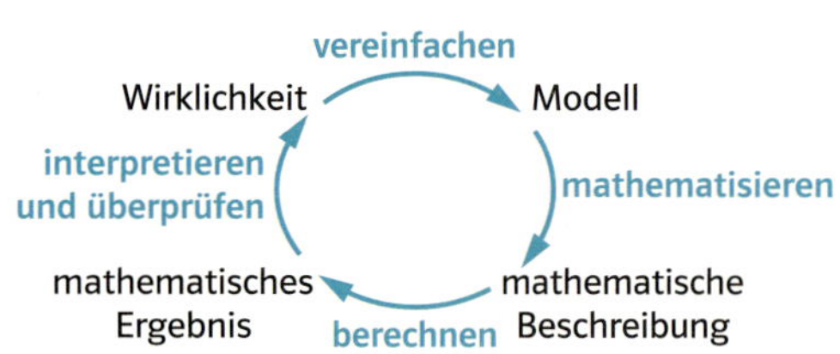

Wenn sich ein Modell bei Überprüfung als unzureichend erweist, entwickelt man ein neues, verfeinertes Modell; der Kreislauf wiederholt sich ein weiteres Mal.

Training

Runde 1

1 Die Tabelle zeigt die Bevölkerungsentwicklung in den USA zwischen 1790 und 1860.

Jahr	1790	1800	1810	1820	1830	1840	1850	1860
Bevölkerungszahl (in Mio.)	3,93	5,31	7,24	9,64	12,87	17,07	23,19	31,43

Vergleiche hierzu auch Aufgabe 4 auf Seite 104.

a) Beschreibe die Bevölkerungsentwicklung in den USA durch ein geeignetes mathematisches Modell.
b) Prognostiziere die Bevölkerungszahl der USA für das Jahr 2003. Beurteile das Ergebnis.

Im Jahr 2003 hatten die USA etwa 300 Millionen Einwohner.

2 Die Tabelle zeigt für die Mittelmeerstadt Algier die langjährigen Mittelwerte der monatlichen Niederschlagsmengen in Millimetern. Ein Millimeter entspricht dabei der Menge von einem Liter Wasser je Quadratmeter Bodenfläche.

Jan.	Feb.	März	April	Mai	Juni	Juli	Aug.	Sept.	Okt.	Nov.	Dez.
110	83	74	41	46	17	2	4	42	80	128	135

a) Wie lassen sich die jeweiligen Niederschlagsmengen näherungsweise berechnen?
b) Beurteile die Qualität deiner Modellierung und verbessere sie gegebenenfalls.

3 Wie viele Strohballen werden in Fig. 1, wie viele Kubikmeter Sand in Fig. 2 benötigt?

Fig. 1

Fig. 2

Runde 2

1 Kapitalwachstum kann mit dem Modell des Zuwachses bei einfachem Zins mit der Formel $K_n = K_0(1 + np)$ berechnet werden, wobei n die Anzahl der Zinsperioden, p den Zinssatz bezogen auf die Zinsperiode, K_0 das Startkapital und K_n das Kapital nach der n-ten Zinsperiode angibt.
a) Welche Form des Wachstums wird bei diesem Modell angenommen? Begründe.
b) Begründe oder widerlege: Wachstum nach dem Modell des einfachen Zinses beruht auf wiederholter Addition des Zinses $K_0 p$.
c) Beurteile, inwieweit diese Art des Kapitalwachstums realistisch ist.

2 Stelle zu der Messreihe eine Funktionsgleichung auf, sodass die Abweichungen möglichst gering sind. Die Variable t gibt die Anzahl der Zeitschritte und B(t) den von der Zeit abhängigen Bestand an.

a)

t	0	3	6	11	12
B(t)	12,1	26,6	58,4	216,9	281,9

b)

t	1	3	4	7	9	18
B(t)	6,8	4,5	3,5	1,9	1,1	0,2

Lösungen auf den Seiten 228 – 229.

Das kannst du schon

- Funktionen darstellen
- Eigenschaften von Funktionen aus ihren Darstellungen erkennen
- Steigungen von Geraden bestimmen
- Optimierungsaufgaben lösen

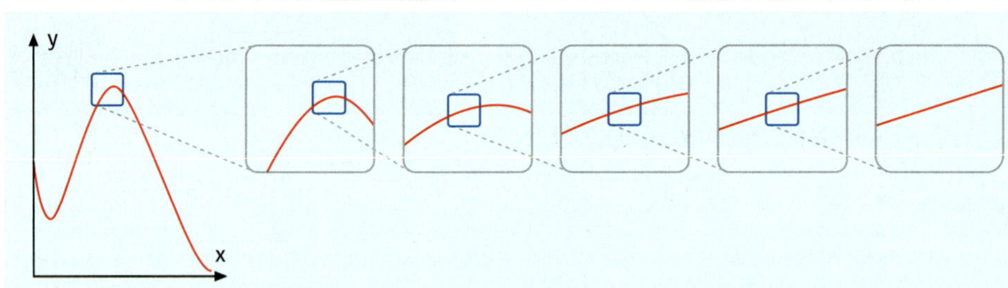

Zahl Messen Raum und Form **Funktionaler Zusammenhang** Daten und Zufall

Der genaue Blick auf Veränderungen

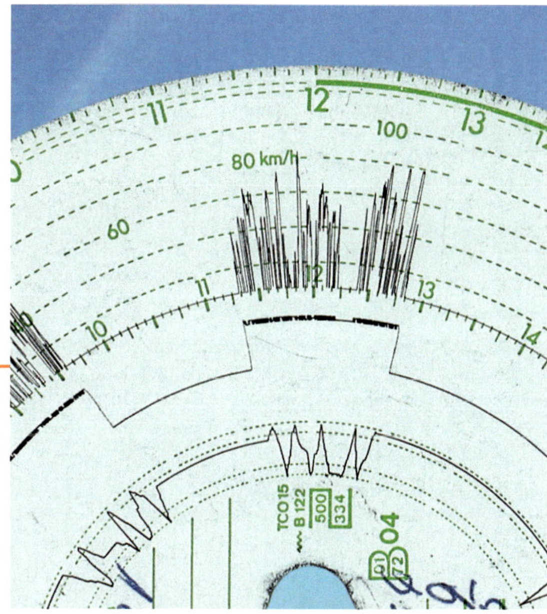

Der Graph gibt die Geschwindigkeit eines Autos während einer Fahrt an. Am Graphen lässt sich ablesen, wie sich die Geschwindigkeit des Autos ändert.

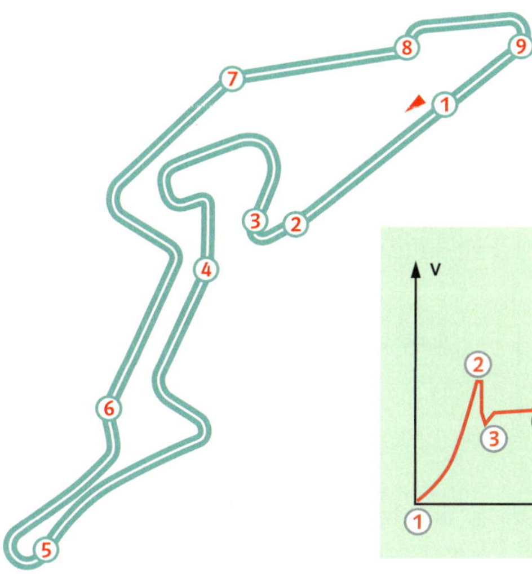

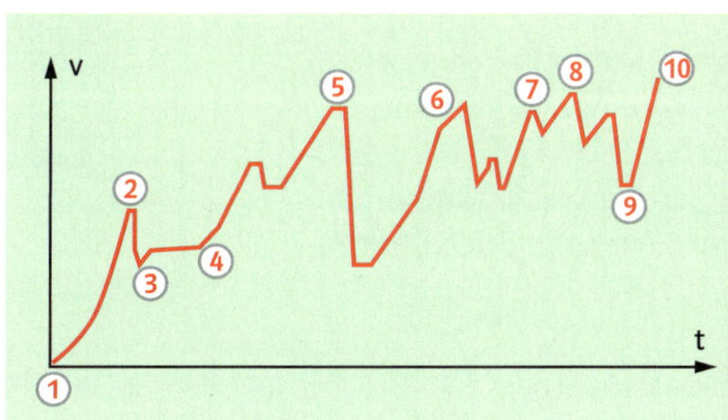

Das kannst du bald

- Die Steigung eines beliebigen Graphen in einem Punkt bestimmen
- Die mittlere und die lokale Änderungsrate einer Funktion angeben
- Die Ableitung einer Funktion bilden und geometrisch deuten

1 Differenzenquotient und Steigung

„Wenn ich zwischendurch eine Pause einlege, kann ich trotzdem schnell fahren!“

Am 25. September 1888 wurde in Wiesbaden die Nerobergbahn eröffnet. Diese Wasserballastbahn stellt die Verbindung vom Nerotal zum Wiesbadener Hausberg, dem Neroberg, her. Im Gegensatz zu anderen Bergbahnen wurde die Technik der Nerobergbahn seither unverändert beibehalten.
In der Angabe der technischen Daten heißt es: „Bei einer Gesamtlänge von 438,5 m schafft die Bahn einen Höhenunterschied von 83 m mit einer mittleren Steigung von ca. 19 %.“ Das bedeutet auf einer horizontalen Strecke von 100 m einen Höhenunterschied von durchschnittlich 19 m. Die gesamte Länge der Nerobergbahn entspricht also in horizontaler Richtung einer Strecke von etwa 430 m.

Stellt man die Strecke in einem Koordinatensystem dar und legt den Anfangspunkt in den Ursprung, so haben Anfang und Ende der Bahn die Koordinaten $A(0|0)$ und $E(430|83)$. Eine Gerade durch diese beiden Punkte hat die Steigung $m = \frac{83 - 0}{430 - 0} = \frac{83}{430} \approx 0{,}19$.

Der in den technischen Daten angegebene Wert für die größte Steigung auf der Strecke beträgt allerdings 26 %. Die Strecke steigt also nicht überall gleichmäßig an, sondern verläuft an unterschiedlichen Stellen verschieden steil.

Die durchschnittliche Steigung in einem bestimmten Streckenabschnitt wird durch die Steigung der Geraden durch Anfangs- und Endpunkt dieses Abschnitts beschrieben. Diese Gerade ist in diesem Fall eine Sekante. Die Steigung m dieser Geraden berechnet sich als Quotient der Differenzen aus y- und x-Koordinaten von Anfangs- und Endpunkt: $m = \frac{y_Q - y_P}{x_Q - x_P}$ (Fig. 1).

secare (lat.): schneiden

Der Quotient wird deshalb als **Differenzenquotient** bezeichnet.

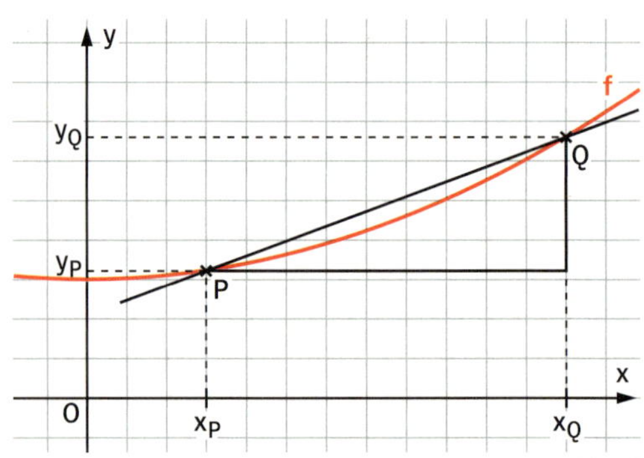

Fig. 1

Die Funktion f ist auf einem Intervall I definiert und $x_0, x_1 \in I$.
Die Steigung der Sekante durch die Punkte $A(x_0|f(x_0))$ und $B(x_1|f(x_1))$ wird **Differenzenquotient** genannt und durch $\frac{f(x_1) - f(x_0)}{x_1 - x_0}$ berechnet.

*Bei Anwendungen bezeichnet man den Differenzenquotienten auch als **mittlere Änderungsrate**.*

Bezeichnet man beim Differenzenquotienten $\frac{f(x_1) - f(x_0)}{x_1 - x_0}$ den Abstand zwischen den Stellen x_0 und x_1 mit h, so ist $x_1 = x_0 + h$.
Für den Differenzenquotient erhält man dann $\frac{f(x_0 + h) - f(x_0)}{x_0 + h - x_0} = \frac{f(x_0 + h) - f(x_0)}{h}$.

Die maximale Steigung der Bahnstrecke von 26% wird möglicherweise nur in einem sehr kleinen Bereich, vielleicht sogar nur an einer einzigen Stelle erreicht. In diesem Fall wird dort die Steigung der Bahnstrecke durch die Steigung der Tangente an den Graphen in diesem Punkt angegeben.
Um einen Näherungswert für die Steigung des Funktionsgraphen in einem Punkt $(x_0|f(x_0))$ zu bestimmen, kann man den Wert des Differenzenquotienten für immer kleinere Abstände zwischen x_0 und x_1 betrachten, also für Werte von h nahe bei 0.

Unter der **Steigung eines Funktionsgraphen in einem Punkt** $P(x_0|f(x_0))$ versteht man die Steigung der Tangente an den Graphen in diesem Punkt.

***tangere** (lat.): berühren, anschmiegen*

Die Tangente an einen Kreis hat mit diesem nur einen einzigen gemeinsamen Punkt, in welchem sie sich dem Verlauf des Kreises anschmiegt (Fig. 1). Auch bei Funktionsgraphen schmiegt sich die Tangente im Berührpunkt dem Verlauf des Graphen an. Sie kann mit diesem aber außer dem Berührpunkt noch weitere gemeinsame Punkte haben (Fig. 2).

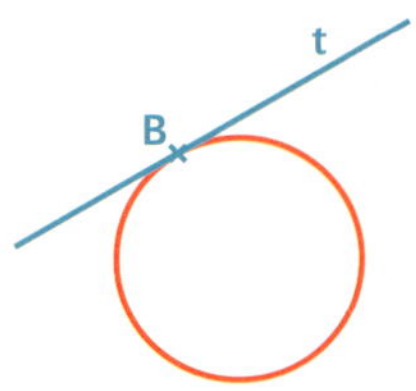

Fig. 1

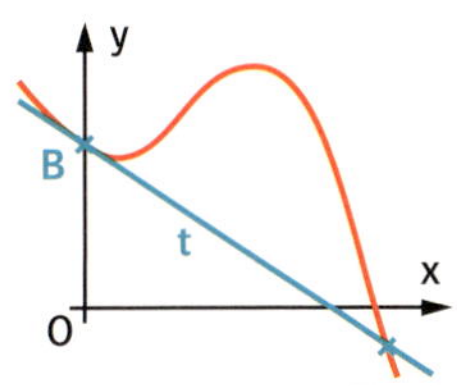

Fig. 2

Will man einen Näherungswert für die Steigung des Graphen in einem Punkt S bestimmen, so kann man die Steigung der Sekante durch S und einen zweiten, dicht bei S liegenden Punkt R berechnen (Fig. 3). Natürlich kann man zu diesem Zweck auch einen Punkt T links von S wählen.
Für eine näherungsweise geometrische Bestimmung der Steigung des Graphen im Punkt S zeichnet man nach Augenmaß eine Gerade so durch den Punkt S, dass sie sich möglichst gut an den Graphen von f anschmiegt (Fig. 4). Anschließend bestimmt man die Steigung dieser Geraden. Der so erhaltene Wert ist eine Näherung für die Steigung des Graphen im Punkt S.

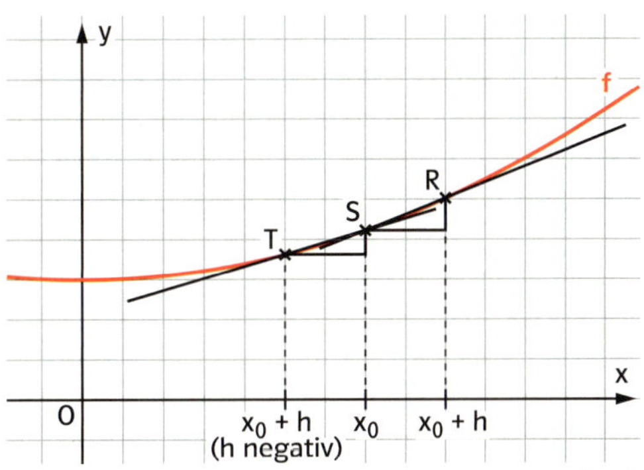

Fig. 3

Fig. 4

Beispiel 1

a) Bestimme für die Funktion h mit $h(x) = x^2$ den Wert des Differenzenquotienten im Intervall [7; 9].

b) Bestimme den Wert des Differenzenquotienten der Funktion f (Fig. 1) im Intervall [2; 7].

Lösung:

a) Der Wert des Differenzenquotienten entspricht der Steigung m der Sekante durch die Punkte $(7|h(7))$ und $(9|h(9))$, also

$m = \frac{h(9) - h(7)}{9 - 7} = \frac{9^2 - 7^2}{9 - 7} = \frac{81 - 49}{9 - 7} = \frac{32}{2} = 16.$

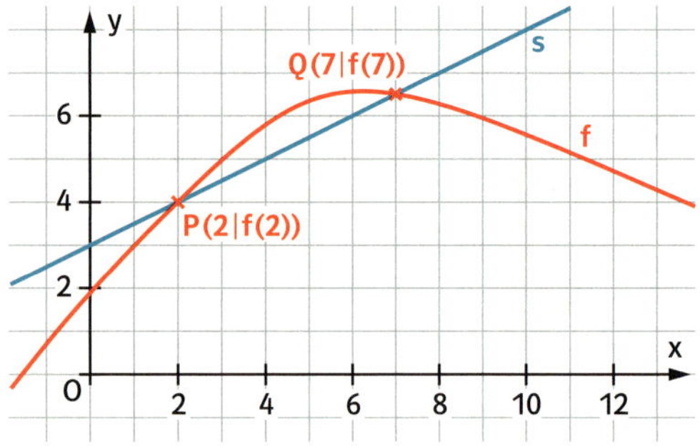

Fig. 1

b) *Man zeichnet die Sekante s durch die Punkte $P(2|f(2))$ und $Q(7|f(7))$. Die Steigung von s entspricht dem gesuchten Differenzenquotienten:*

$m = \frac{f(7) - f(2)}{7 - 2} = \frac{6,5 - 4}{7 - 2} = 0,5.$

Beispiel 2

Bestimme näherungsweise die Steigung des Graphen der Funktion f mit $f(x) = x^2$ im Punkt $P(1|f(1))$

a) geometrisch mithilfe der Steigung der Tangente im Punkt $P(1|f(1))$,

b) mithilfe des Differenzenquotienten für kleine Werte von h.

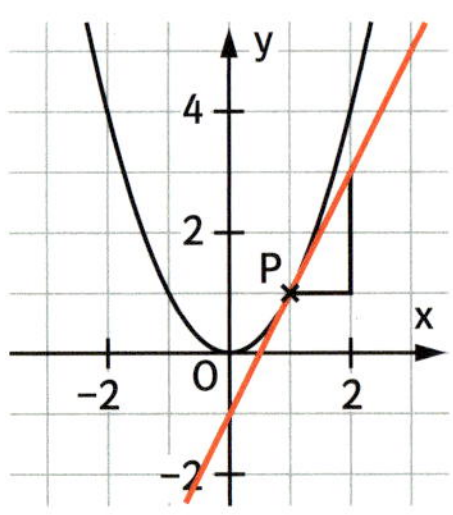

Fig. 2

Lösung:

a) Die Steigung der nach Augenmaß eingezeichneten Tangente an den Graphen von f im Punkt $P(1|1)$ ist 2 (vgl. Fig. 2).
Die Steigung des Graphen von f im Punkt P ist demnach etwa gleich 2.

b) Als Differenzenquotient erhält man für:

$h = 1$: $\frac{f(1+1) - f(1)}{(1+1) - 1} = \frac{4 - 1}{1} = 3$

$h = 0,1$: $\frac{f(1+0,1) - f(1)}{(1+0,1) - 1} = \frac{1,21 - 1}{0,1} = 2,1$

$h = 0,01$: $\frac{f(1+0,01) - f(1)}{(1+0,01) - 1} = \frac{1,0201 - 1}{0,01} = 2,01$

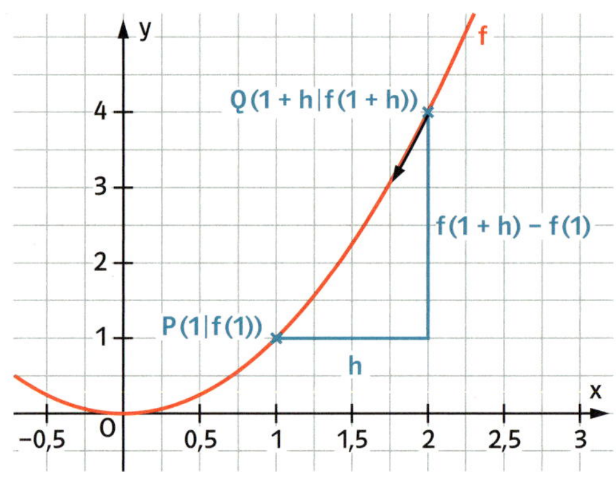

Fig. 3

Der Wert des Differenzenquotienten nähert sich immer mehr dem Wert 2 an. Die Steigung des Graphen von f im Punkt $(1|f(1))$ ist vermutlich 2.

Aufgaben

1 a) In welchen der Punkte A bis D in Fig. 4 ist die Steigung des Graphen positiv?
b) Ordne die Punkte A bis D entsprechend der zugehörigen Steigungen. Beginne mit der kleinsten Steigung.

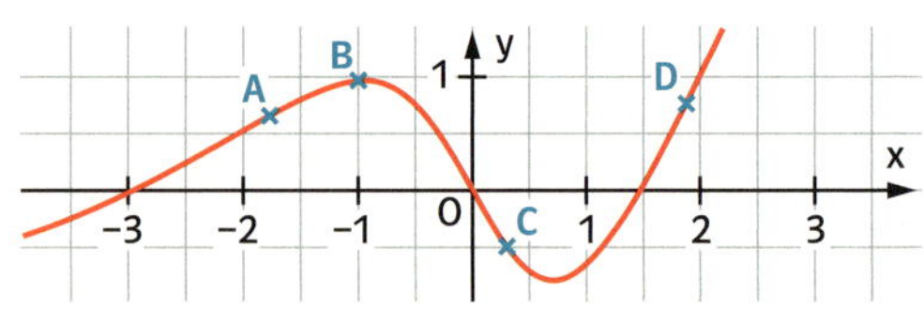

Fig. 4

2 Gegeben ist die Funktion $f: x \to \frac{1}{x} + 2$. Bestimme den Wert des Differenzenquotienten

a) im Intervall [0,1; 1],
b) im Intervall [2; 12],
c) im Intervall [0,01; 0,02],
d) im Intervall [100; 1000].

3 Die Höhe einer Kressepflanze wurde über mehrere Tage bestimmt.

Zeit t (in Tagen)	1	2	3	4	5	6	7	8	9
Höhe h (in mm)	0	0	0	0	1	2	4	6	7

Wie groß ist die mittlere Änderungsrate der Funktion $t \to h$

a) für den gesamten Messzeitraum,
b) für die ersten drei Tage,
c) für die letzten drei Tage,
d) für die mittleren drei Tage?

4 Stelle eine Vermutung über die Steigung des Graphen von f im Punkt $(2|f(2))$ auf, indem du den Wert des Differenzenquotienten für kleine Werte von h berechnest.

a) $f(x) = x^2$
b) $f(x) = \frac{2}{x}$
c) $f(x) = 2x^2 - 3$
d) $f(x) = x^4$
e) $f(x) = x^3$
f) $f(x) = 4x - x^2$
g) $f(x) = \sqrt{x}$
h) $f(x) = 5$

5 Lies anhand der Tangente t die Steigung des Graphen von f im Punkt $(x_0|f(x_0))$ ab.

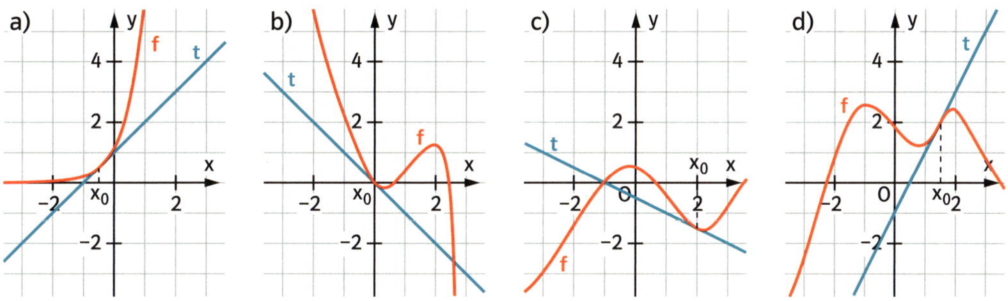

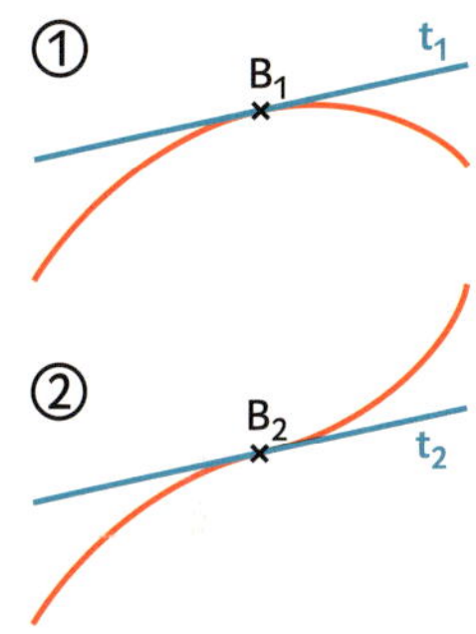

Auch t_2 ist Tangente.

Bist du sicher?

1 Zeichne den Graphen der Funktion $f: x \to x^2$ und bestimme den Differenzenquotienten geometrisch im angegebenen Intervall. Überprüfe dein Ergebnis rechnerisch.

a) $[0; 2]$
b) $[-1; 3]$
c) $[-1; 1]$
d) $[-2; -1]$

6 a) Finde mithilfe des Differenzenquotienten einen möglichst genauen Wert für die Steigung des Graphen von f im Punkt $P(-1|f(-1))$.

(I) $f(x) = x^2 + 1$
(II) $f(x) = x^3$
(III) $f(x) = 0{,}5x^2$
(IV) $f(x) = -x^3$

b) Zeichne jeweils den Graphen von f und die Gerade durch den Punkt $P(-1|f(-1))$ mit der in Teilaufgabe a) vermuteten Steigung. Überprüfe, ob die eingezeichnete Gerade die Tangente im Punkt P sein kann.

7 Zeichne den Graphen der Funktion f sowie nach Augenmaß die Tangente im Punkt P. Bestimme damit die Steigung des Graphen von f im Punkt P.

a) $f(x) = -\frac{1}{2}x^2 + 4$; $P(-2|f(-2))$
b) $f(x) = \frac{1}{x}$; $P(2|f(2))$
c) $f(x) = x^3 + 2$; $P(1|f(1))$

8 a) Zeichne einen Funktionsgraphen, der im Punkt $P(1|2)$ die Steigung -1, im Punkt $Q(3|-4)$ die Steigung 0,5 und im Punkt $R(5|0)$ die Steigung 2 hat.
b) Zeichne einen Funktionsgraphen, der im Punkt $P(-4|0)$ die Steigung 3, im Punkt $Q(0|2)$ die Steigung -2 und im Punkt $R(2|6)$ die Steigung 2 hat.

9 Begründe mithilfe des Funktionsgraphen, welches Vorzeichen die Steigung des Graphen der Funktion f mit $f(x) = -x^2 + 5$ im Punkt $P(x_0|f(x_0))$ hat.

a) $x_0 = 3$
b) $x_0 = -5$
c) $x_0 = 100$
d) $x_0 = 0$

„Für $h = 0$ erhalte ich immer $\frac{0}{0}$ ...“
„Durch 0 darf man doch nicht teilen!“
„Also ich bekomme immer unterschiedliche Werte heraus.“

Möchte man die Steigung eines Funktionsgraphen in einem Punkt P berechnen, so muss man die Steigung der Tangente an den Graphen der Funktion in diesem Punkt berechnen.

Dazu kann man die Steigung der Sekante durch P und Q für immer kleinere Werte von h betrachten. Je kleiner der Wert von h ist, desto mehr entspricht die Steigung der Sekante durch P und Q der Steigung der Tangente im Punkt P.
Ist aus der Sekante durch zwei „unendlich dicht“ beieinanderliegende Punkte die Tangente t im Punkt P geworden, so entspricht dies dem Fall $h = 0$.

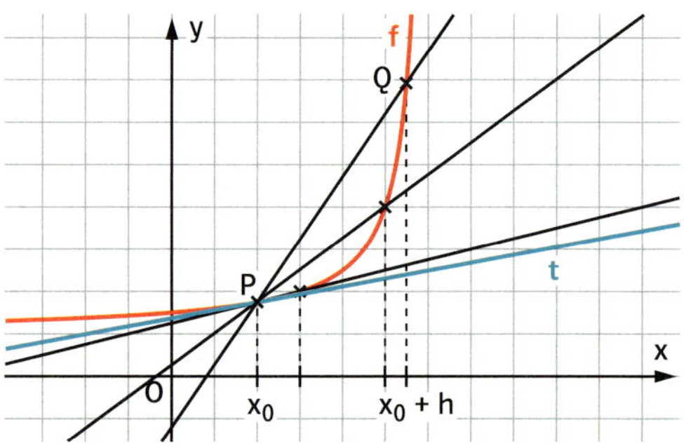

Der Differenzenquotient $\frac{f(x_0 + h) - f(x_0)}{h}$ zeigt ein bemerkenswertes Verhalten: Je näher der Punkt Q beim Punkt P liegt, desto näher liegen sowohl Zähler als auch Nenner des Differenzenquotienten beim Wert null. Der Quotient jedoch kann sich immer mehr einem festen Wert a nähern. Kommt er diesem Wert a beliebig nahe, so bezeichnet man a als **Grenzwert**. Hierfür schreibt man:

limes *(lat.): Grenze*

$\lim\limits_{h \to 0} \frac{f(x_0 + h) - f(x_0)}{h} = a$ und liest: „Limes h gegen null von $\frac{f(x_0 + h) - f(x_0)}{h}$ ist a.“
Den Grenzwert des Differenzenquotienten bezeichnet man auch als **Ableitung** von f an der Stelle x_0.

Steigung des Graphen entspricht Ableitung der Funktion

*Bei Anwendungen bezeichnet man die Ableitung auch als **lokale Änderungsrate**.*

Besitzt der Differenzenquotient $\frac{f(x_0 + h) - f(x_0)}{h}$ für $h \to 0$ einen Grenzwert, dann heißt dieser Wert die **Ableitung von f an der Stelle x_0**. Man schreibt dafür $\mathbf{f'(x_0)}$ und liest „f Strich von x_0“.
Kurz: $f'(x_0) = \lim\limits_{h \to 0} \frac{f(x_0 + h) - f(x_0)}{h}$.
Die Ableitung der Funktion f an der Stelle x_0 entspricht der Steigung des Graphen von f im Punkt $P(x_0 | f(x_0))$.

Existiert der Grenzwert des Differenzenquotienten an einer Stelle x_0, dann besitzt die Funktion an der Stelle x_0 eine Ableitung. Die Funktion ist **differenzierbar an der Stelle x_0**. Funktionen, die an jeder Stelle ihres Definitionsbereichs differenzierbar sind, werden **differenzierbar** genannt. Beispielsweise sind alle ganzrationalen Funktionen differenzierbar.

Den Grenzwert des Differenzenqotienten kann man durch Termumformungen rechnerisch exakt bestimmen. Soll für die Funktion f mit $f(x) = x^2$ die Ableitung an der Stelle $x_0 = 3$ bestimmt werden, so kann man in mehreren Schritten vorgehen.

1. Schritt:
Man stellt den Term für den Differenzenquotienten auf.

$$f'(3) = \lim_{h \to 0} \frac{f(3+h) - f(3)}{h}$$
$$= \lim_{h \to 0} \frac{(3+h)^2 - 3^2}{h}$$

2. Schritt:
Man formt den Differenzenquotienten so um, dass ein Term entsteht, der auch für $h = 0$ definiert ist. Dies kann man zum Beispiel durch Ausklammern und anschließendem Kürzen oder durch Erweitern erreichen.

$$= \lim_{h \to 0} \frac{9 + 6h + h^2 - 9}{h}$$
$$= \lim_{h \to 0} \frac{6h + h^2}{h}$$
$$= \lim_{h \to 0} \frac{h(6+h)}{h}$$
$$= \lim_{h \to 0} (6 + h)$$

Der Differenzenquotient ist für $h = 0$ nicht definiert!

3. Schritt:
Man untersucht den umgeformten Term für $h \to 0$.

$$= 6$$

Die Ableitung von f an der Stelle $x_0 = 3$ ist $f'(3) = 6$.

Beispiel Ableitung berechnen
Berechne die Ableitung der Funktion f mit $f(x) = \frac{1}{x}$ an der Stelle $x_0 = 2$ und erläutere ihre Bedeutung.
Lösung:

1. Schritt: Differenzenquotient aufstellen

$$f'(2) = \lim_{h \to 0} \frac{f(2+h) - f(2)}{h} = \lim_{h \to 0} \frac{\frac{1}{2+h} - \frac{1}{2}}{h}$$

2. Schritt: Differenzenquotient umformen

$$= \lim_{h \to 0} \frac{\frac{2}{(2+h) \cdot 2} - \frac{2+h}{(2+h) \cdot 2}}{h}$$
$$= \lim_{h \to 0} \frac{\frac{2 - (2+h)}{(2+h) \cdot 2}}{h}$$
$$= \lim_{h \to 0} \frac{\frac{-h}{(2+h) \cdot 2}}{h}$$
$$= \lim_{h \to 0} \frac{-h}{(2+h) \cdot 2 \cdot h}$$
$$= \lim_{h \to 0} \left(\frac{h}{h} \cdot \frac{-1}{(2+h) \cdot 2}\right)$$

3. Schritt: Grenzwert für $h \to 0$ bestimmen

$$= \lim_{h \to 0} \left(-\frac{1}{(2+h) \cdot 2}\right) = -\frac{1}{4}$$

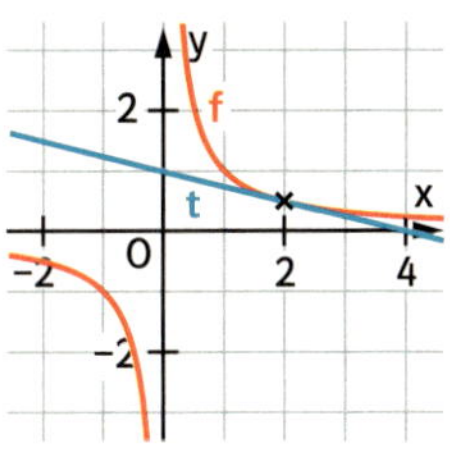

Fig. 1

Die Funktion f hat an der Stelle 2 die Ableitung $-\frac{1}{4}$. Das bedeutet: Die Steigung der blau dargestellten Tangente in Fig. 1 an den Graphen der Funktion f im Punkt $\left(2 \middle| \frac{1}{2}\right)$ ist $-\frac{1}{4}$. Der Graph der Funktion hat im Punkt $\left(2 \middle| \frac{1}{2}\right)$ die Steigung $-\frac{1}{4}$.

Aufgaben

1 Berechne die Ableitung der Funktion f mit der Gleichung $f(x) = -3x^2$ an der Stelle x_0.
a) $x_0 = 5$ b) $x_0 = -5$ c) $x_0 = -1{,}5$

2 Berechne $f'(x_0)$.
a) $f(x) = x^2;\ x_0 = 3$ b) $f(x) = 2x^2;\ x_0 = 1$ c) $f(x) = -x^2;\ x_0 = 2$
d) $f(x) = x^2;\ x_0 = 4$ e) $f(x) = -2x^2;\ x_0 = 3$ f) $f(x) = 2x^2;\ x_0 = 3$

3 a) $f(x) = 2x^2;\ x_0 = 3$ b) $f(x) = \frac{1}{x};\ x_0 = -1$ c) $f(x) = \frac{1}{x};\ x_0 = 4$
d) $f(x) = -\frac{3}{x};\ x_0 = 4$ e) $f(x) = -x + 2;\ x_0 = 3$ f) $f(x) = 4;\ x_0 = 7$

Bist du sicher?

1 a) Berechne $f'(-3)$ für $f(x) = 4x^2 + 2$. b) Berechne $f'(3)$ für $f(x) = \frac{1}{x}$.

2 Bestimme die Steigung der Tangente an den Graphen von f mit $f(x) = -0{,}5x^2 + 3$ im Punkt $(x_0 | f(x_0))$.
a) $x_0 = -2$ b) $x_0 = 0$ c) $x_0 = 5$

4 Berechne $f'(x_0)$.
a) $f(x) = x^3;\ x_0 = 2$ b) $f(x) = -x^3;\ x_0 = 1$ c) $f(x) = \frac{1}{3}x^3;\ x_0 = 1$
d) $f(x) = x^3 + 2;\ x_0 = 1$ e) $f(x) = -5x^3 + \frac{1}{2};\ x_0 = 0$ f) $f(x) = x^3 + 2x;\ x_0 = 2$

5 Berechne die Ableitung $f'(x_0)$.
a) $f(x) = \sqrt{x};\ x_0 = 10$ b) $f(x) = 2\sqrt{x};\ x_0 = 1$ c) $f(x) = -3\sqrt{x};\ x_0 = 8$
d) $f(x) = \sqrt{x} + 3;\ x_0 = 2$ e) $f(x) = -2\sqrt{x} - 3;\ x_0 = 3$ f) $f(x) = \sqrt{x} + x;\ x_0 = 1$

6 Berechne die Ableitung der Funktion f mit $f(x) = \sqrt{x}$ an der Stelle $x_0 = 1$.
Erweitere hierzu den Differenzenquotienten zunächst mit dem Term $\left(\sqrt{x_0 + h} + \sqrt{x_0}\right)$ und wende anschließend die dritte binomische Formel an.

*Die Durchschnittsgeschwindigkeit des Fahrzeugs entspricht der **mittleren Änderungsrate**, die Momentangeschwindigkeit der **lokalen Änderungsrate**.*

7 Bei einem Fahrzeug wird während einer Fahrt die zurückgelegte Strecke aufgezeichnet. Fig. 1 zeigt den Graphen der Funktion *Zeit t (in min) → Strecke s (in m)*. Die mittlere Änderungsrate von s in einem Zeitintervall h ist die Durchschnittsgeschwindigkeit des Fahrzeugs in diesem Intervall. Bestimme näherungsweise die Durchschnittsgeschwindigkeit für das Zeitintervall
a) von der 0. Minute bis zu 8. Minute,
b) von der 10. Minute bis zur 12. Minute.

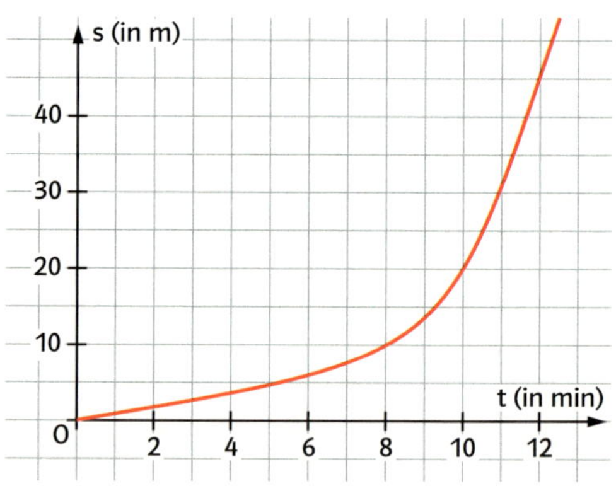

Fig. 1

8 Beschleunigt ein Auto aus dem Stand mit der Beschleunigung a, so gilt für den zurückgelegten Weg $s(t) = \frac{1}{2}at^2$. Welche Geschwindigkeit hat das Auto bei einer Beschleunigung von $a = 3\frac{m}{s^2}$ nach zwei Sekunden bzw. nach fünf Sekunden? In welcher Zeit hat das Auto bei einer Beschleunigung von $a = 3\frac{m}{s^2}$ von $0\frac{km}{h}$ auf $50\frac{km}{h}$ bzw. von $0\frac{km}{h}$ auf $100\frac{km}{h}$ beschleunigt?

3 Ableitungsfunktion

Am Graphen kann man ablesen, wann der Fahrer schnell oder langsam gefahren ist.

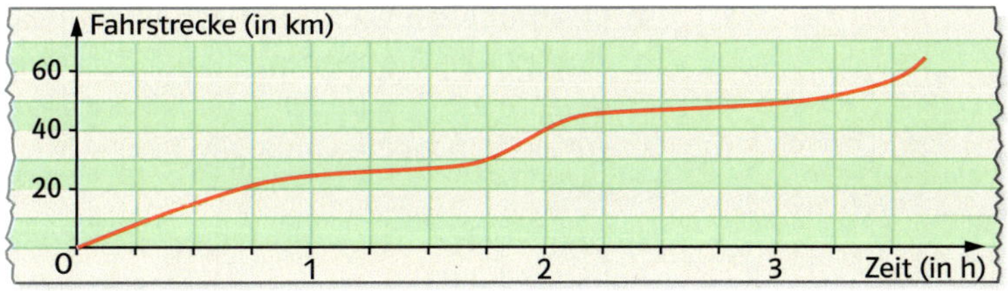

Bisher wurde die Ableitung einer Funktion f an einer bestimmten Stelle ermittelt. Es ist zweckmäßig, die Ableitung für jede beliebige Stelle x_0 in allgemeiner Form zu bestimmen. Dann lässt sich die Ableitung der Funktion f für jede beliebige Stelle berechnen, ohne dass der Grenzwert des Differenzenquotienten jedes Mal neu bestimmt werden muss. Beispielsweise erhält man die Ableitung der Funktion f mit der Gleichung $f(x) = x^2$ an einer beliebigen Stelle x_0 in gleicher Weise wie zum Beispiel die Ableitung an der Stelle 2.

Ableitung an der Stelle 2

$$f'(2) = \lim_{h \to 0} \frac{f(2+h) - f(2)}{h} = \lim_{h \to 0} \frac{(2+h)^2 - 2^2}{h}$$

$$= \lim_{h \to 0} \frac{4 + 4h + h^2 - 4}{h} = \lim_{h \to 0} \frac{4h + h^2}{h}$$

$$= \lim_{h \to 0} \frac{h(4+h)}{h} = \lim_{h \to 0} (4+h) = 4$$

Ableitung an einer beliebigen Stelle x_0

$$f'(x_0) = \lim_{h \to 0} \frac{f(x_0+h) - f(x_0)}{h} = \lim_{h \to 0} \frac{(x_0+h)^2 - x_0^2}{h}$$

$$= \lim_{h \to 0} \frac{x_0^2 + 2x_0h + h^2 - x_0^2}{h} = \lim_{h \to 0} \frac{2x_0h + h^2}{h}$$

$$= \lim_{h \to 0} \frac{h(2x_0+h)}{h} = \lim_{h \to 0} (2x_0 + h) = 2x_0$$

Aus $f'(x_0) = 2x_0$ erhält man zum Beispiel $f'(3) = 6$, $f'(8) = 16$ und $f'(-2) = -4$.

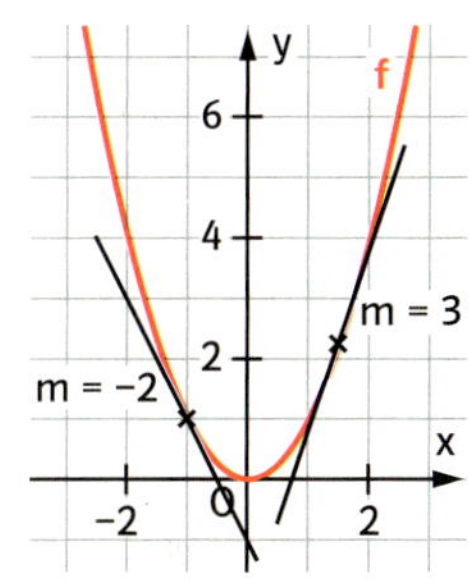

Fig. 1

Die Ableitung $f'(x_0) = 2x_0$ gibt die Steigung des Graphen der Funktion $f: x \to x^2$ an jeder beliebigen Stelle x_0 an. Also wird jedem $x_0 \in D_f$ die Ableitung $f'(x_0)$ eindeutig zugeordnet. Die Funktion **f′**, die jedem x die Ableitung f′(x) zuordnet, heißt **Ableitungsfunktion** von f. Statt Ableitungsfunktion schreibt man häufig auch nur Ableitung. Das Ermitteln der Ableitungsfunktion f′ nennt man Ableiten oder Differenzieren der Funktion f.

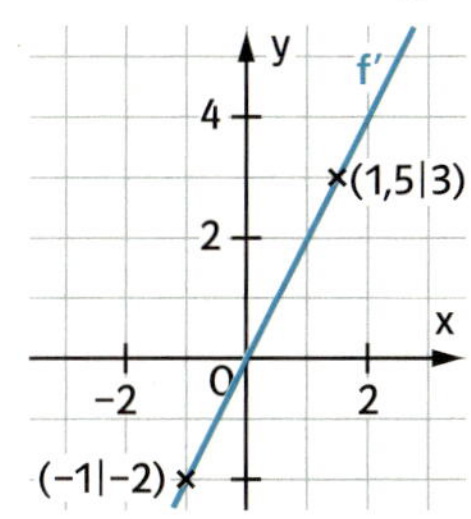

Fig. 2

Betrachtet man die Graphen von f und f′ (Fig. 1 und Fig. 2), so erkennt man:
- Ist die Steigung des Graphen von f positiv, so verläuft der Graph von f′ oberhalb der x-Achse.
- Ist die Steigung des Graphen von f null, so schneidet der Graph von f′ die x-Achse.
- Ist die Steigung des Graphen von f negativ, so verläuft der Graph von f′ unterhalb der x-Achse.

Ist eine Funktion f differenzierbar, so heißt die Funktion, die jeder Stelle x der Definitionsmenge D_f die Ableitung f′(x) an dieser Stelle zuordnet, **Ableitungsfunktion** f′ von f.

Ist auch die Ableitungsfunktion f′ einer Funktion f differenzierbar, so erhält man aus f′ durch Ableiten die Funktion f″. Aus f″ erhält man gegebenenfalls f‴, dann $f^{(IV)}$, $f^{(V)}$ usw. Man spricht dann von der 1., 2., 3. usw. Ableitung und insgesamt von höheren Ableitungen.

f″ wird als „f zwei Strich" gelesen.

Beispiel 1

Gegeben ist die Funktion f mit der Gleichung $f(x) = -x^2 + 3x$.

a) Bestimme die Gleichung der Ableitungsfunktion f'.

b) Zeichne die Graphen von f und f' in zwei untereinanderliegende Koordinatensysteme.

c) Berechne f'(2) und f'(−0,5). Erkläre die Bedeutung der berechneten Werte.

d) Für welche Werte von x gilt $f'(x) = 10$?

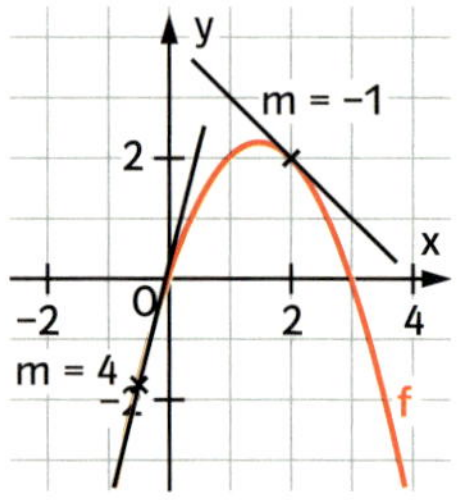

Fig. 1

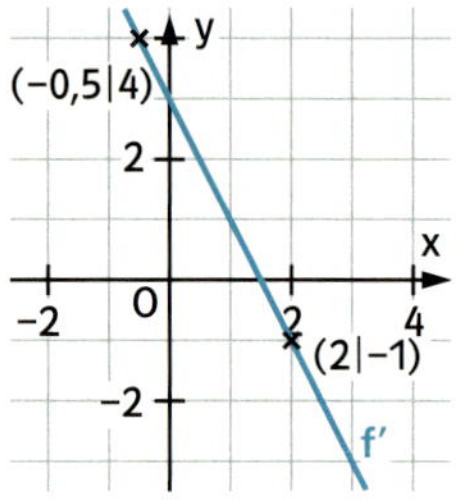

Fig. 2

Lösung:

a) $f'(x) = \lim\limits_{h \to 0} \frac{f(x+h) - f(x)}{h} = \lim\limits_{h \to 0} \frac{-(x+h)^2 + 3(x+h) - (-x^2 + 3x)}{h}$

$= \lim\limits_{h \to 0} \frac{-(x^2 + 2xh + h^2) + 3x + 3h + x^2 - 3x}{h} = \lim\limits_{h \to 0} \frac{-x^2 - 2xh - h^2 + 3x + 3h + x^2 - 3x}{h}$

$= \lim\limits_{h \to 0} \frac{-2xh - h^2 + 3h}{h} = \lim\limits_{h \to 0} \frac{h(-2x - h + 3)}{h} = \lim\limits_{h \to 0} (-2x - h + 3)$

$= -2x + 3$

Damit erhält man $f'(x) = -2x + 3$ als Funktionsgleichung der Ableitungsfunktion von f.

b) Siehe Fig. 1 und Fig. 2.

c) $f'(2) = -2 \cdot 2 + 3 = -1$.

Die Tangente an den Graphen der Funktion f im Punkt (2|2) hat die Steigung −1

$f'(-0{,}5) = -2 \cdot (-0{,}5) + 3 = 4$.

Die Tangente an den Graphen der Funktion f im Punkt (−0,5|−1,75) hat die Steigung 4.

d) Aus $f'(x) = 10$ ergibt sich $-2x + 3 = 10$, also $-2x = 7$. Man erhält $x = -3{,}5$.

Beispiel 2

Skizziere zum Graphen der Funktion f (Fig. 3) den Graphen der Ableitungsfunktion f' und erläutere dein Vorgehen.

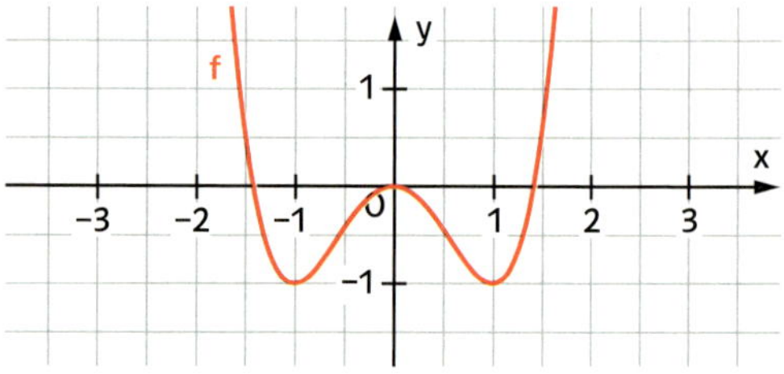

Fig. 3

Lösung:

An den Stellen −1, 0 und 1 hat der Graph von f jeweils Tangenten, die parallel zur x-Achse verlaufen. Folglich hat f' hier Nullstellen.

Die Steigung des Graphen von f ist für $x < -1$ sowie zwischen 0 und 1 negativ; der Graph von f' muss also in diesen beiden Intervallen unterhalb der x-Achse verlaufen. Zwischen −1 und 0 sowie für $x > 1$ ist die Steigung von f positiv; der Graph von f' muss somit in diesen beiden Intervallen oberhalb der x-Achse verlaufen.

Der Graph von f' ist in Fig. 4 skizziert.

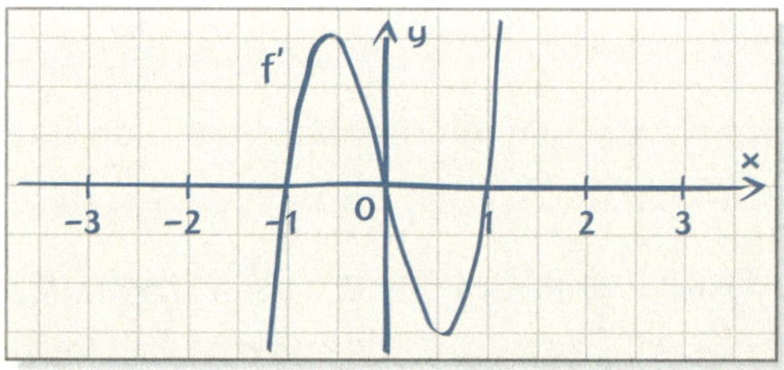

Fig. 4

Auf die Einteilung der y-Achse in Fig. 4 wird verzichtet, da bei dieser Vorgehensweise keine genauen Werte bestimmt werden.

Aufgaben

1 Gegeben ist die Funktion $f: x \to 3x^2 - 2$. Ergänze die Tabelle im Heft und skizziere anschließend den Graphen der Funktion f sowie den Graphen der Ableitungsfunktion f'.

x	−3	−2	−1	0	1	2	3
f(x)							
f'(x)							

2 Ordne den Graphen aus Fig. 1 den jeweils zugehörigen Graphen der Ableitungsfunktionen aus Fig. 2 zu. Begründe deine Entscheidung.

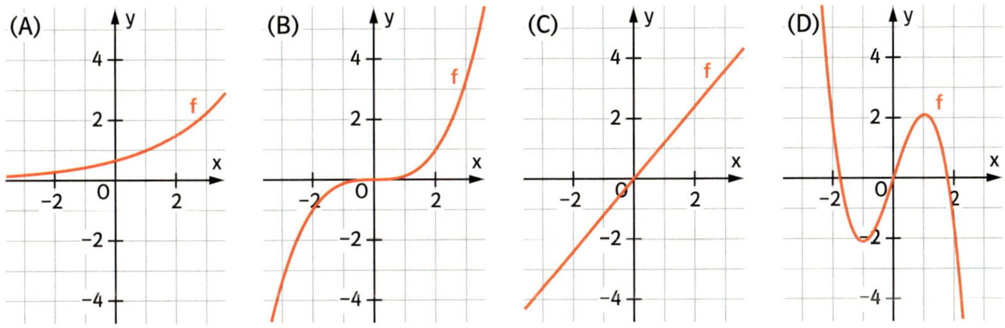

Fig. 1

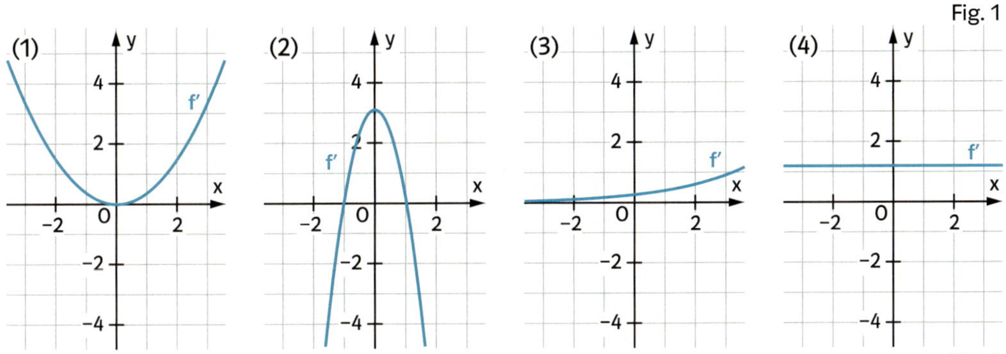

Fig. 2

3 Skizziere den Graphen von f′ in ein Koordinatensystem. Unterscheidet sich dein Ergebnis von dem deines Nachbarn? Woran könnte das liegen?

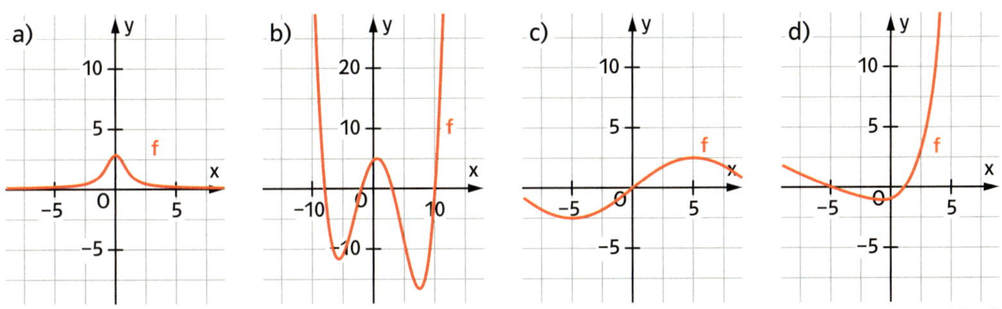

Fig. 3

4 In Fig. 4 sind die Graphen der Funktionen f und g dargestellt.
Skizziere die Graphen ihrer Ableitungsfunktionen f′ und g′. Was stellst du fest? Begründe.
Überprüfe deine Vermutung an weiteren selbst gewählten Beispielen.

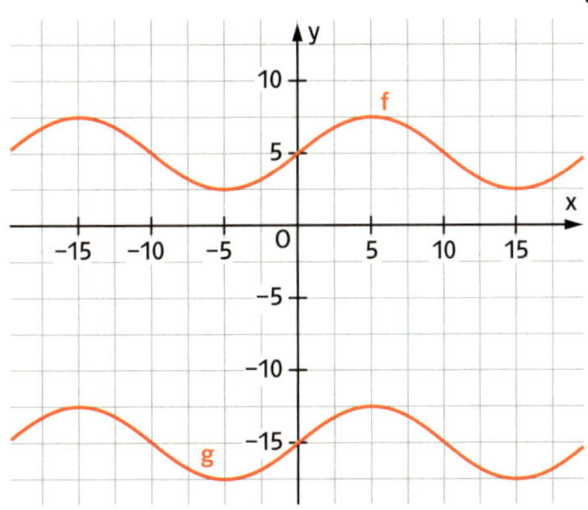

Fig. 4

5 Bestimme die Funktionsgleichung der Ableitungsfunktion.

a) $f(x) = 4x^2$ b) $f(x) = -5x^2 + 2x$
c) $f(x) = 4$ d) $f(x) = 2x - 1$

6 Ermittle die Funktionsgleichung der Ableitungsfunktion von f und skizziere die Graphen von f und von f'.

a) $f(x) = 3x + 7$ b) $f(x) = x^2 - 2x$ c) $f(x) = -\frac{1}{x}$

d) $f(x) = \frac{1}{x^2}$ e) $f(x) = x^3 + 1$ f) $f(x) = \sqrt{x}$

Bist du sicher?

1 Fig. 1 zeigt den Graphen einer Funktion f. Skizziere den Graphen von f'.

2 Ermittle die Funktionsgleichung der Ableitungsfunktion von f und skizziere die Graphen von f und von f'.

a) $f(x) = x^2 + x$

b) $f(x) = x^3 - 2$

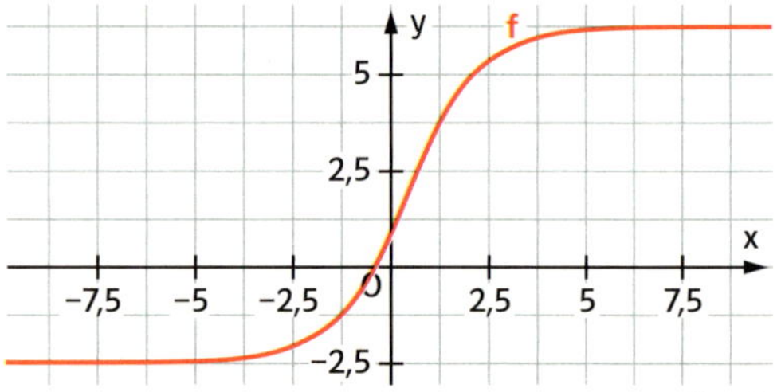

Fig. 1

7 Ergänze die folgenden Sätze sinnvoll in deinem Heft.

a) Wenn die Funktionswerte einer Funktion f für größer werdende Werte von x zunehmen, dann ist die zugehörige Ableitungsfunktion in diesem Intervall ...

b) Je größer die Steigung des Graphen von f ist, desto ...

c) Wenn eine Funktion f linear ist, dann ist die zugehörige Ableitungsfunktion ...

d) Wenn die Funktionswerte einer Funktion f konstant sind, dann ist die zugehörige Ableitungsfunktion ...

8 Wie verändert sich der Graph der Ableitungsfunktion f', wenn der Graph der Funktion f

a) nach unten verschoben wird, b) nach oben verschoben wird,

c) nach rechts verschoben wird, d) nach links verschoben wird?

9 In welchem Punkt $P(x_0 | f(x_0))$ ist die Tangente an den Graphen von f parallel zur Geraden g mit der Gleichung $g(x) = x - 2$?

a) $f(x) = 0{,}5x^2$ b) $f(x) = -x^2 - 2$ c) $f(x) = x^3$

10 Gegeben sind die Funktionen f, g und h mit $f(x) = x^2 + 3$, $g(x) = x^3$ und $h(x) = 2x + 6$.

a) Gibt es für die Funktionen f und g eine Stelle mit der gleichen Ableitung?

b) Gibt es für die Funktionen f und h eine Stelle mit der gleichen Ableitung?

11 Gegeben ist die Funktionsgleichung von f'. Ermittle die Gleichung der Ableitungsfunktion f''.

a) $f'(x) = 5x - 1$ b) $f'(x) = \frac{1}{x+3}$ c) $f'(x) = x^2 + x$

Die Ableitung s'(t) ist die Geschwindigkeit v(t) des Körpers.

12 Ein Körper fällt ohne Luftreibung so, dass er in der Zeit t den Weg $s(t) = \frac{1}{2}gt^2$ zurücklegt $\left(g \approx 10\frac{m}{s^2}\right)$. Wie groß ist die Geschwindigkeit des Körpers nach 3 s? Nach welcher Zeit hat er eine Geschwindigkeit von $10\frac{m}{s}$?

13 Die Funktion $w: t \to 10 + \frac{5}{t+1}$ gibt für ein 24-h-Zeitintervall näherungsweise an, wie viele Kubikmeter Wasser ein Auffangbecken zum Zeitpunkt t (in h) enthält. Bestimme die lokale Änderungsrate von w für $t = 1$ und $t = 8$. Interpretiere diese.

14 In Fig. 1 ist der Graph der Funktion *Uhrzeit → Flughöhe* während eines eineinhalbstündigen Fluges dargestellt.
a) Gib näherungsweise die lokale Änderungsrate der Flughöhe um 10.15 Uhr, um 10.45 Uhr und um 11.15 Uhr an.
b) Zu welchen Zeitpunkten war die lokale Änderungsrate der Flughöhe am größten? Wann war sie am kleinsten?

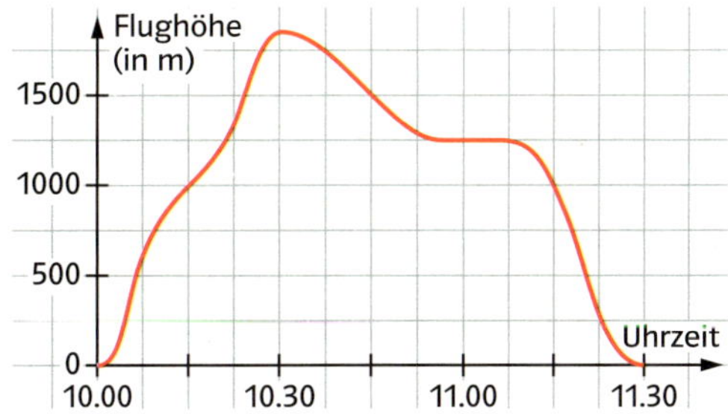

Fig. 1

15 Ein Fahrzeug wird abgebremst. Für den in der Zeit t (in s) zurückgelegten Weg s (in m) gilt $s(t) = 20t - t^2$ für $t \in [0; 10]$.
a) Berechne den zurückgelegten Weg nach fünf Sekunden bzw. nach acht Sekunden.
b) Bestimme näherungsweise die lokale Änderungsrate $s'(t)$ des Fahrzeugs nach sechs und nach zehn Sekunden.
c) Welche Bedeutung hat die lokale Änderungsrate?

16 Rollt ein Skateboardfahrer aus dem Stand einen Hang mit dem Neigungswinkel α hinunter, so lässt sich die zurückgelegte Strecke s (in m) mit der Gleichung $s(t) = 5\sin(\alpha)t^2$ berechnen, wenn man t in Sekunden einsetzt.
a) Die lokale Änderungsrate $s'(t)$ gibt an, mit welcher Momentangeschwindigkeit v $\left(\text{in } \frac{m}{s}\right)$ sich der Skateboardfahrer zum Zeitpunkt t bewegt.
Welche Geschwindigkeit hat der Fahrer für $\alpha = 20°$ und $\alpha = 40°$ nach 1,5 Sekunden?
b) Wie vereinfacht sich die Berechnung der Strecke s für $\alpha = 0°$ und für $\alpha = 90°$?
Wie lassen sich diese Sonderfälle anschaulich begründen?

17 Fig. 2 zeigt den Geschwindigkeitsverlauf bei einer Autofahrt. Die lokale Änderungsrate der Geschwindigkeit ist die Beschleunigung des Autos.
Skizziere den Graphen der Funktion *Zeit → Beschleunigung*.

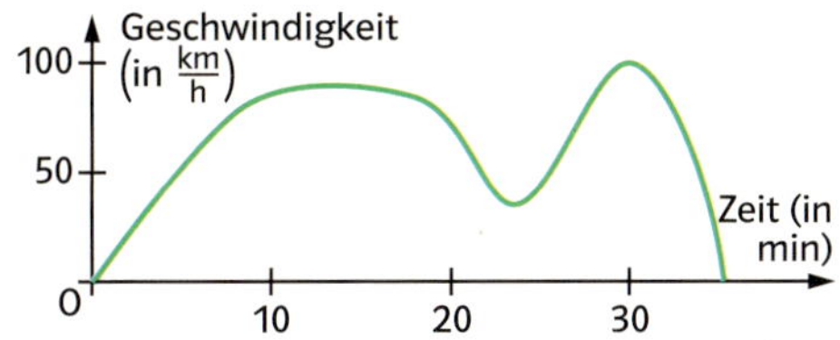

Fig. 2

Die Ableitung $v'(t)$ ist die Beschleunigung $a(t)$. Damit ist $s''(t) = v'(t) = a(t)$.

18 Fig. 3 zeigt die Bevölkerungsentwicklung in einer Region mithilfe des Graphen der Funktion *Jahr → Bevölkerungszahl*.
Skizziere den Graphen der zugehörigen Ableitungsfunktion und deute diese.

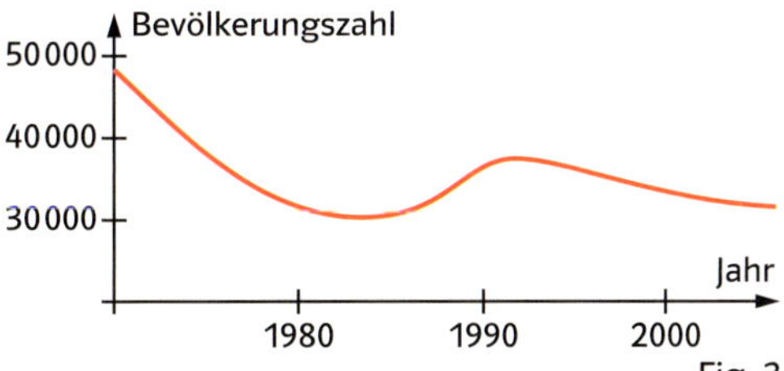

Fig. 3

4 Ableitungsregeln

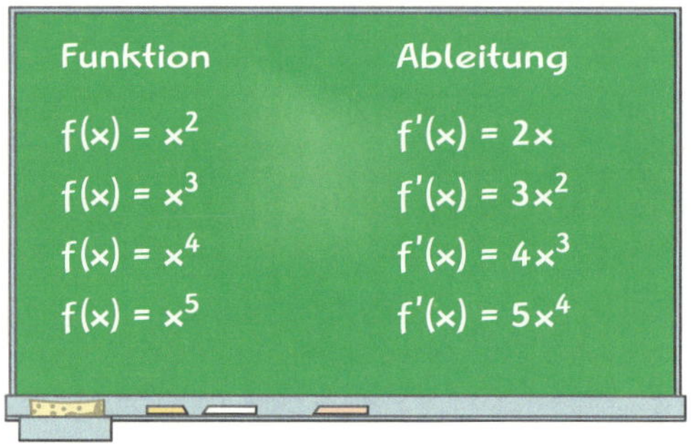

„Wie das wohl weitergeht?"
„Das ist ja klar. Aber wie fängt es an?"

Ist die Funktionsgleichung einer differenzierbaren Funktion bekannt, so lässt sich die Ableitung als Grenzwert des Differenzenquotienten bestimmen. Diese Vorgehensweise ist in der Regel sehr aufwendig.

Beim Ableiten von Potenzfunktionen zeigen sich jedoch Gesetzmäßigkeiten, die das Arbeiten vereinfachen.
In Tab. 1 sind die Funktionsterme von verschiedenen Potenzfunktionen sowie deren Ableitungsfunktionen aufgeführt. Daraus lassen sich folgende Vermutungen ableiten:

f(x)	x	x^2	x^3	x^{-1}	$\sqrt{x} = x^{\frac{1}{2}}$
f'(x)	1	2x	$3x^2$	$-x^{-2}$	$\frac{1}{2\sqrt{x}} = \frac{1}{2}x^{-\frac{1}{2}}$

Tab. 1

- Die Ableitung einer Potenzfunktion f ist ebenfalls eine Potenzfunktion.
- Beim Ableiten verringert sich der Exponent um 1.
- Der Exponent der Funktion wird zum Vorfaktor ihrer Ableitungsfunktion.

Für eine beliebige Potenzfunktion f mit $f(x) = x^n$, $n \in \mathbb{N}$, gilt $f'(x) = n \cdot x^{n-1}$, denn:

$$\begin{aligned} f'(x) &= \lim_{h \to 0} \frac{f(x+h) - f(x)}{h} \\ &= \lim_{h \to 0} \frac{(x+h)^n - x^n}{h} \\ &= \lim_{h \to 0} \frac{x^n + n \cdot x^{n-1} \cdot h + \ldots + n \cdot x \cdot h^{n-1} + h^n - x^n}{h} \\ &= \lim_{h \to 0} \frac{n \cdot x^{n-1} \cdot h + \ldots + n \cdot x \cdot h^{n-1} + h^n}{h} \\ &= \lim_{h \to 0} \frac{h \cdot (n \cdot x^{n-1} + n \cdot x^{n-2} \cdot h + \ldots + n \cdot x \cdot h^{n-2} + h^{n-1})}{h} \\ &= \lim_{h \to 0} (n \cdot x^{n-1} + n \cdot x^{n-2} \cdot h + \ldots + n \cdot x \cdot h^{n-2} + h^{n-1}) \\ &= n \cdot x^{n-1} \end{aligned}$$

$(a+b)^2 = a^2 + 2ab + b^2$

$(a+b)^3 = a^3 + 3a^2b + 3ab^2 + b^3$

$(a+b)^4 = a^4 + 4a^3b + 6a^2b^2 + 4ab^3 + b^4$

…

$(a+b)^n = a^n + n \cdot a^{n-1}b + \ldots + n \cdot ab^{n-1} + b^n$

Außer dem Summanden $n \cdot x^{n-1}$ enthalten alle weiteren Summanden mindestens einmal den Faktor h.

Potenzregel
Für eine Funktion f mit $f(x) = x^n$, $n \in \mathbb{N}$, gilt $f'(x) = n \cdot x^{n-1}$.

Diese Regel ist auch gültig, wenn n eine negative ganze Zahl ist (vgl. Aufgabe 17 auf Seite 140). Darüber hinaus kann man zeigen, dass die Regel auch für Potenzfunktionen der Form $f(x) = x^r$ mit $r \in \mathbb{R}$ gilt.

Für $f(x) = r \cdot g(x)$ gilt $f'(x) = r \cdot g'(x)$. Streckt man beispielsweise den Graphen der Funktion g mit $g(x) = x^2$ senkrecht zur x-Achse mit dem Streckfaktor $\frac{1}{4}$, so erhält man den Graphen der Funktion f mit $f(x) = \frac{1}{4}x^2$ (Fig. 1).
Hierbei werden alle Funktionswerte von g mit $\frac{1}{4}$ multipliziert. Mit der Streckung des Graphen von g werden auch die zugehörigen Steigungsdreiecke entsprechend gestreckt. Dies hat zur Folge, dass sich auch die Steigung in jedem Punkt mit dem Faktor $\frac{1}{4}$ verändert, wie man z. B. anhand der Steigungsdreiecke an der Stelle 2 erkennt (Fig. 1).

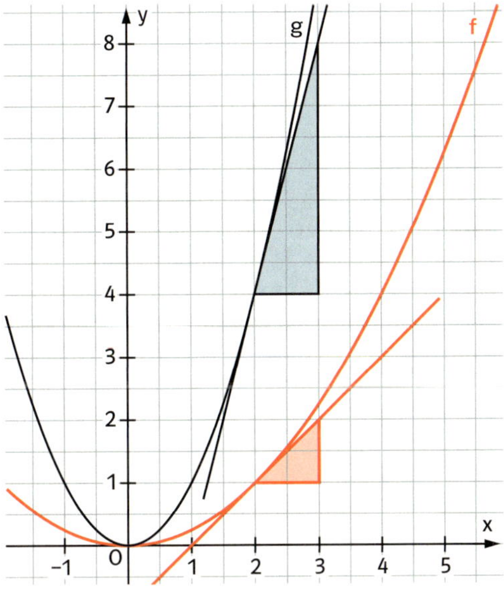

Fig. 1

Dieser Sachverhalt lässt sich auf beliebige Stellen übertragen, sodass $f'(x) = \frac{1}{4} \cdot g'(x)$ bzw. allgemein $f'(x) = r \cdot g'(x)$ folgt.
Dies lässt sich rechnerisch zeigen:

$$f'(x) = \lim_{h \to 0} \frac{f(x+h) - f(x)}{h} = \lim_{h \to 0} \frac{r \cdot g(x+h) - r \cdot g(x)}{h} = \lim_{h \to 0} \frac{r \cdot (g(x+h) - g(x))}{h}$$

Da der Faktor r im Zähler nicht von h abhängt, ist

$$f'(x) = r \cdot \lim_{h \to 0} \frac{g(x+h) - g(x)}{h} = r \cdot g'(x).$$

Faktorregel
Für eine Funktion f mit der Gleichung $f(x) = r \cdot g(x)$, $r \in \mathbb{R}$, gilt $f'(x) = r \cdot g'(x)$.

Konstante Faktoren bleiben beim Ableiten erhalten.

Viele Funktionen sind aus einfachen Grundfunktionen zusammengesetzt. Daher lohnt sich das Aufstellen einer Ableitungsregel für Funktionen, deren Funktionsterme Summen aus einfachen Grundfunktionen sind.
Für $f(x) = g(x) + k(x)$ gilt $f'(x) = g'(x) + k'(x)$, denn:

$$\begin{aligned} f'(x) &= \lim_{h \to 0} \frac{f(x+h) - f(x)}{h} \\ &= \lim_{h \to 0} \frac{g(x+h) + k(x+h) - (g(x) + k(x))}{h} \\ &= \lim_{h \to 0} \frac{g(x+h) + k(x+h) - g(x) - k(x)}{h} \\ &= \lim_{h \to 0} \left(\frac{g(x+h) - g(x)}{h} + \frac{k(x+h) - k(x)}{h} \right) \\ &= \lim_{h \to 0} \frac{g(x+h) - g(x)}{h} + \lim_{h \to 0} \frac{k(x+h) - k(x)}{h} \\ &= g'(x) + k'(x) \end{aligned}$$

Summenregel
Für eine Funktion f mit $f(x) = g(x) + k(x)$ gilt $f'(x) = g'(x) + k'(x)$.

Summen werden summandenweise abgeleitet.

Beispiel 1 Ableitungsregeln anwenden

Bestimme die Ableitungsfunktion von f mithilfe geeigneter Ableitungsregeln.

a) $f(x) = x^5$

b) $f(x) = \frac{8}{x}$

c) $f(x) = x^{-7} + 4x^3 + 5$

d) $f(x) = ax^6 - bx^4$

Lösung:

a) $f'(x) = 5x^{5-1} = 5x^4$ *Potenzregel mit $n = 5$*

b) $f'(x) = 8(-1 \cdot x^{-1-1}) = -8x^{-2} = -\frac{8}{x^2}$ *Faktor- und Potenzregel $\left(\frac{8}{x} = 8x^{-1}\right)$*

c) $f'(x) = -7x^{-7-1} + 4 \cdot 3x^{3-1} + 5 \cdot 0 \cdot x^{0-1}$ *Potenz-, Faktor- und Summenregel*
$= -7x^{-8} + 12x^2$ *$(5 = 5 \cdot x^0)$*

d) $f'(x) = a \cdot 6x^{6-1} - b \cdot 4x^{4-1}$ *Potenz-, Faktor- und Summenregel*
$= 6ax^5 - 4bx^3$ *(a und b sind konstante Faktoren.)*

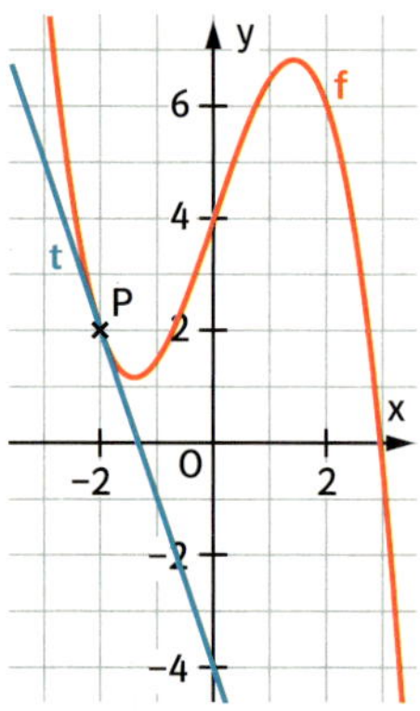

Fig. 1

Beispiel 2 Tangentengleichung bestimmen

Bestimme die Gleichung der Tangente an den Graphen der Funktion f mit $f(x) = -0{,}5x^3 + 3x + 4$ im Punkt $P(-2|f(-2))$ (Fig. 1).

Lösung:

Die Tangente ist die Gerade mit der Steigung $m = f'(-2)$, die den Graphen von f im Punkt $P(-2|f(-2))$ berührt.

$f(x) = -0{,}5x^3 + 3x + 4$; $f(-2) = -0{,}5 \cdot (-2)^3 + 3 \cdot (-2) + 4 = 2$, also $P(-2|2)$

$f'(x) = -1{,}5x^2 + 3$; $f'(-2) = -1{,}5 \cdot (-2)^2 + 3 = -3$, also $m = -3$

Es ist also $y = -3x + b$.

Einsetzen der Koordinaten des Berührpunktes P:

$2 = -3 \cdot (-2) + b$

$2 = 6 + b \quad | -6$

$-4 = b$

Die Gleichung der Tangente an den Graphen von f im Punkt $P(-2|2)$ lautet $y = -3x - 4$.

Aufgaben

1 Bestimme die Gleichung der Ableitungsfunktion.

a) $f(x) = x^3$ b) $f(x) = x^{10}$ c) $g(x) = x^{-4}$

d) $k(x) = 4x^7 - 5x^5$ e) $h(x) = 2x^3 + 5x^6$ f) $f(x) = -3x^{11} + 0{,}5x^{10}$

g) $h(x) = -4x^2 + 8x - 9$ h) $f(x) = 0{,}5x^6 + x^4 - x$ i) $k(x) = -8x^6 + x^3 - \pi x + 4$

2 a) $f(x) = x^{-4}$ b) $g(x) = x^{-7}$ c) $f(x) = x^{-10} + x^{-11}$

d) $h(x) = 5x^{-3} + 3x^{-5}$ e) $k(x) = -3x^{-1} - 2x$ f) $f(x) = -2x^{-4} + \frac{1}{4}x^{-8}$

g) $p(x) = 9x^3 - 5x^{-2}$ h) $f(x) = -5x^2 + x^{-2} - 2$ i) $f(x) = \frac{1}{3}x^9 + 8x^{-6}$

3 a) $f(x) = -4x^{-4} - \frac{1}{5}x^5$ b) $f(x) = \frac{1}{2}x^2 + 4x - 1$ c) $f(x) = -\frac{1}{4}x^8 - 2x^{-3} + \sqrt[5]{11}$

d) $f(x) = \frac{1}{x} - \sqrt[3]{7} \cdot x$ e) $g(x) = -\frac{1}{x^2} - \frac{3}{x^5}$ f) $f(x) = -\frac{3}{x^2} - 3x^2$

g) $h(x) = \sqrt{x}$ h) $f(x) = \sqrt[5]{x} - 2x^{-1}$ i) $f(x) = \frac{1}{\sqrt{x}}$

4 a) $f(x) = x(5 - x)$ b) $f(x) = (x + x^2)x$ c) $f(x) = x^2(x + 2) \cdot 5$

d) $f(x) = (x + 2)^2$ e) $f(x) = 2(x - 2)^2$ f) $f(x) = (x - 7)(x + 7)$

g) $f(x) = 4x(x - 2)(x + 2)$ h) $f(x) = \frac{1}{x}(x + 3)^2$ i) $f(x) = \frac{1}{x} \cdot \frac{1}{x^2}$

5 Bestimme die Gleichung der Ableitungsfunktion.

a) $f(t) = 2t^5 - t$ b) $g(a) = \sqrt{3} \cdot a^{-4} + 2a^3$ c) $f(v) = -5v^{-1} + \pi v^2$

d) $h(b) = \frac{1}{8}b^8 - 6b^2 + 3$ e) $f(y) = 7\sqrt{y}$ f) $f(q) = \frac{1}{q^2} - \frac{1}{3}q^6$

g) $q(f) = -3f^7 + \sqrt{5} \cdot f^3$ h) $b(c) = 5c^{-3} + \frac{1}{8}c^4$ i) $v(r) = \frac{4}{3}\pi r^3$

6 a) $f(x) = ax^2 + 2a$ b) $g(a) = ax^2 + \pi a$ c) $f(x) = x - t$

d) $f(t) = x - t$ e) $f(x) = t^3 + 3tx + x$ f) $v(t) = t^3 + 3tx + x$

g) $f(x) = x^3\sqrt{t}$ h) $f(t) = x^3\sqrt{t}$ i) $f(s) = x^3\sqrt{t}$

7 a) $f(a) = \frac{a}{x} + c$ b) $f(x) = \frac{a}{x} + c$ c) $f(x) = x^{c+1}$

d) $f(a) = a\sqrt{2} + 2\sqrt{a}$ e) $g(t) = -\frac{s}{t}$ f) $g(s) = -\frac{s}{t}$

g) $f(p) = \frac{7}{9}x^6 + px^4 - x$ h) $f(c) = 3(c-5)^2$ i) $g(b) = ab^2 + a^2b - ab$

8 Gib die erste, zweite und dritte Ableitung an.

a) $f(x) = 3x^4 + 2x^3$ b) $f(x) = 5x^4 - 8x^3 + x$ c) $f(x) = -\frac{1}{15}x^5 - \frac{1}{12}x^4 + 8$

d) $f(x) = 6x^7 + 9x^3$ e) $f(x) = \frac{1}{2}x^6 - \frac{1}{3}x^3 + \frac{1}{4}x^2$ f) $f(x) = 5x - 3$

9 Bilde so oft die Ableitung der Funktion f, bis für die n-te Ableitung $f^{(n)}(x) = 0$ gilt.

a) $f(x) = 3x^5 - 2x^3 + 6x$ b) $f(x) = -\frac{3}{8}x^4 - \frac{1}{12}x^3 + \frac{1}{14}x$ c) $f(x) = \sqrt{5} \cdot x^6 - \pi x^4 - 3$

10 Wie könnte der Graph einer Funktion aussehen, für die gilt:
Die (n + 1)-te Ableitung ist gleich der n-ten Ableitung?

11 Der Punkt P ist ein Punkt des Graphen von f. Bestimme die Gleichung der Tangente t im Punkt P. An welcher Stelle schneidet die Tangente die x-Achse?

a) $f: x \to -x^2$; $P(2|f(2))$ b) $f: x \to 2x^2 - x$; $P(-3|f(-3))$ c) $f: x \to -x^2 + 3$; $P(4|f(4))$

12 Bestimme die Gleichung der Tangente an den Graphen von f im Punkt $P_0(x_0|f(x_0))$.

a) $f(x) = x^4$ und $x_0 = 0{,}5$ b) $f(x) = 2x^{-2}$ und $x_0 = 3$ c) $f(x) = 2x^3 - 3x^{-2}$ und $x_0 = 2$

Bist du sicher?

1 Bestimme die Gleichung der Ableitungsfunktion der Funktion f.

a) $f(x) = \frac{3}{x} + 3x$ b) $f(x) = x^5 - \frac{12}{x^4}$ c) $f(x) = ax^3 + cx + d$

2 Bestimme die Gleichung der Tangente an den Graphen von $f: x \to 2x^3 - x^{-3}$ im Punkt $P(1|f(1))$.

13 a) Bestimme die Ableitung der Funktion $f: x \to 3x + 2$ an den Stellen 4 und 9.
b) Bestimme die Ableitung einer linearen Funktion g mit der Gleichung $g(x) = mx + b$ an einer beliebigen Stelle x_0.
c) Welche Aussage lässt sich allgemein über die Ableitungsfunktion einer linearen Funktion machen?

14 An welchen Stellen verläuft die Tangente an den Graphen der Funktion f parallel zur x-Achse?

a) $f(x) = 2x^3 + 5$ b) $f(x) = -3x^2 + 4x$ c) $f(x) = x^3 + 4{,}5x^2 - 4x + 1$

15 Leite die Summenregel für einen konstanten Summanden k her.

16 a) Bilde die erste Ableitung der Funktion f mit $f(x) = (2x + 5)(x^2 - 3)$.
b) Zeige mithilfe der Ergebnisse aus Teilaufgabe a), dass die Ableitung eines Produkts $u(x) \cdot v(x)$ nicht nach der Regel $u'(x) \cdot v'(x)$ gebildet wird.
c) Untersuche mithilfe geeigneter Beispiele, ob für drei Funktionen f, g und h aus $f(x) = g(x) : h(x)$ auch $f'(x) = g'(x) : h'(x)$ folgt.

17 Weise die Gültigkeit der Potenzregel für $n < 0$ nach.

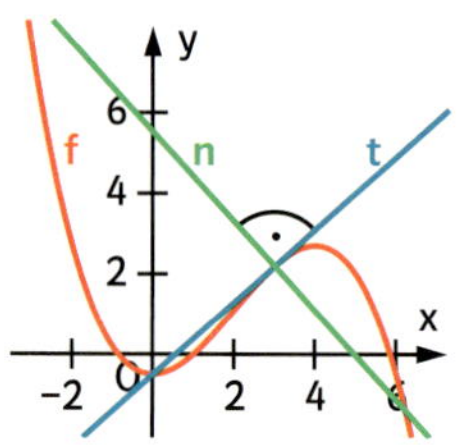

Info

Normale

$P_0(x_0 | f(x_0))$ ist ein Punkt des Graphen einer Funktion f.
Eine Gerade n durch P_0 heißt Normale des Graphen von f im Punkt P_0, wenn sie senkrecht zur Tangente t an den Graphen von f im Punkt P_0 ist.
Für die Steigung m_n der Normalen und die Steigung m_t der Tangente gilt $m_n = -\frac{1}{m_t}$ bzw. $m_n \cdot m_t = -1$.

18 Bestimme die Gleichung der Normalen an den Graphen der Funktion f im Punkt P.
a) $f(x) = \frac{1}{4}x^4$; $P(1 | f(1))$
b) $f(x) = \frac{2}{x}$; $P(-2 | f(-2))$
c) $f(x) = \sqrt{x}$; $P(4 | f(4))$
d) $f(x) = x^3 + 1$; $P(-0{,}5 | f(-0{,}5))$

19 Gegeben ist die Funktion f mit $f(x) = (x + 3)^2$.
a) Zeichne den Graphen der Funktion f.
b Bestimme die Gleichung der Tangente an den Graphen von f im Punkt $P(-4 | f(-4))$.
c) Bestimme die Gleichung der Normalen des Graphen von f im Punkt $P(-4 | f(-4))$. Zeichne die Tangente und die Normale ebenfalls ein.
d) Die Tangente, die Normale und die x-Achse schließen ein Dreieck ein. Berechne den Flächeninhalt dieses Dreiecks.
e) Die Tangente, die Normale und die y-Achse schließen ein Dreieck ein. Berechne den Flächeninhalt dieses Dreiecks.
f) Berechne die Koordinaten des zweiten Schnittpunktes des Graphen von f und der Normalen.

Kannst du das noch?

20 Berechne die übrigen Größen der Winkel und die Längen der Seiten eines Dreiecks ABC mit $c = 5\,\text{cm}$, $a = 7{,}5\,\text{cm}$ und $\beta = 110°$.

21 Zeige: $\sin^2(\alpha) + \frac{\sin^2(\alpha)}{\tan^2(\alpha)} = 1$.

22 a) Bestimme alle Winkel α zwischen 0° und 360°, für die $\cos(\alpha) = \cos(165°)$ gilt.
b) Bestimme alle Winkel α zwischen 0° und 360°, für die $\sin(\alpha) \approx -0{,}60182$ gilt.
c) Bestimme alle Winkel α zwischen 0° und 360°, für die $\sin(\alpha) = \cos(\alpha)$ gilt.

23 Skizziere die Graphen der Funktionen.
a) $f(x) = -4 \cdot \sin(x)$
b) $f(x) = 2 \cdot \cos\left(x - \frac{\pi}{2}\right)$
c) $f(x) = \sin(2x + \pi)$
d) $f(x) = \frac{1}{2} \cdot \cos\left(\frac{1}{2}x + 2\pi\right)$

5 Ableitung der Sinus- und Kosinusfunktion

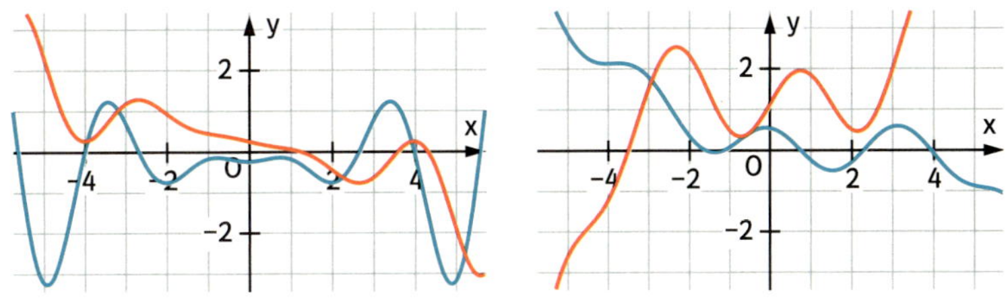

Funktion und Ableitung?

Um das Änderungsverhalten der Sinus- und Kosinusfunktion genauer untersuchen zu können, werden ihre Ableitungen benötigt.
Einen Überblick über den Verlauf der Graphen dieser Ableitungen erhält man durch **grafisches Differenzieren**. Dazu sind in Fig. 1 in verschiedenen Punkten die Tangenten an den Graphen der Sinusfunktion $f\colon x \to \sin(x)$ näherungsweise eingezeichnet. Ordnet man nun die abgelesenen Tangentensteigungen den jeweiligen Stellen zu, so erhält man den ungefähren Verlauf des Graphen der Ableitungsfunktion von f (Fig. 2). Dieser lässt vermuten, dass die Kosinusfunktion $g\colon x \to \cos(x)$ die Ableitung der Sinusfunktion f ist.

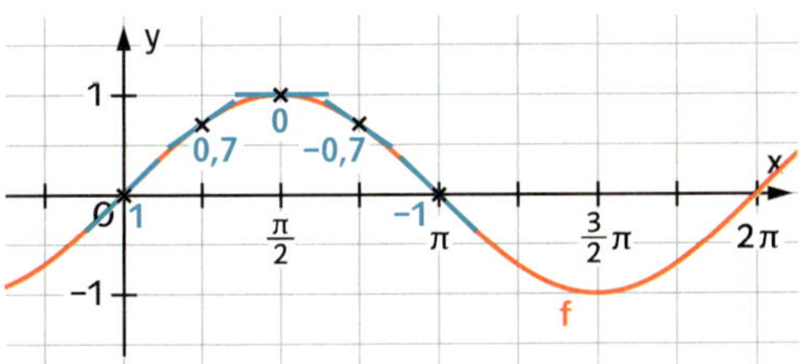

Fig. 1

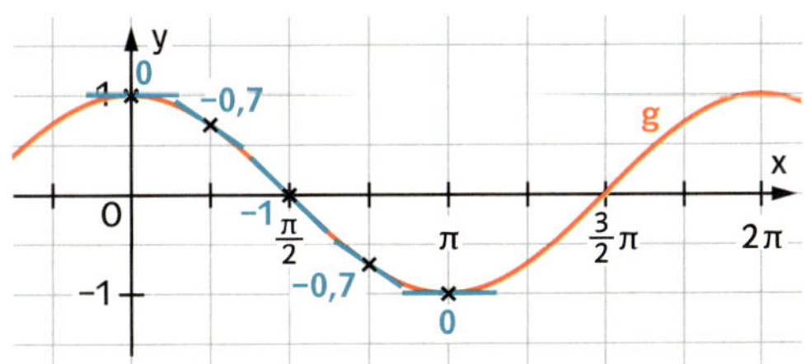

Fig. 3

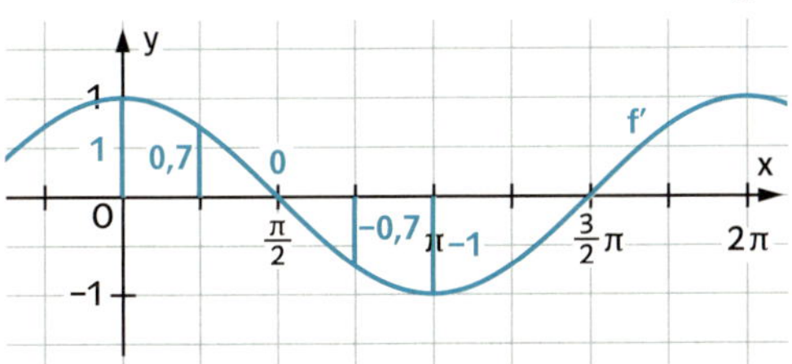

Fig. 2

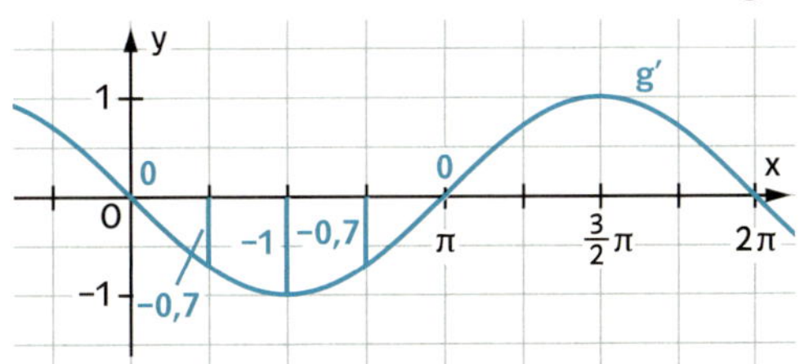

Fig. 4

In Fig. 3 ist das Verfahren entsprechend für die Kosinusfunktion $g\colon x \to \cos(x)$ dargestellt. Der Kurvenverlauf in Fig. 4 lässt vermuten, dass $g'(x) = -\sin(x)$ ist.

Um die Ableitung von f mit $f(x) = \sin(x)$ rechnerisch zu bestimmen, stellt man zunächst den Differenzenquotienten von f an einer Stelle x_0 auf:

$$f'(x_0) = \lim_{h \to 0} \frac{f(x_0 + h) - f(x_0)}{h} = \lim_{h \to 0} \frac{\sin(x_0 + h) - \sin(x_0)}{h}.$$

Durch Anwenden des Additionstheorems $\sin(\alpha + \beta) = \sin(\alpha)\cos(\beta) + \cos(\alpha)\sin(\beta)$ erhält man

$$\begin{aligned} f'(x_0) &= \lim_{h \to 0} \frac{\sin(x_0)\cos(h) + \cos(x_0)\sin(h) - \sin(x_0)}{h} \\ &= \lim_{h \to 0} \left(\frac{\sin(x_0)\cos(h) - \sin(x_0)}{h} + \frac{\cos(x_0)\sin(h)}{h} \right) \\ &= \lim_{h \to 0} \left(\sin(x_0)\frac{\cos(h) - 1}{h} + \cos(x_0)\frac{\sin(h)}{h} \right). \end{aligned}$$

h	$\frac{\sin(h)}{h}$
1	0,8415
0,5	0,9589
0,25	0,9896
0,125	0,9974
0,0625	0,9993
0,03125	0,9998

Tab. 1

Man kann zeigen (vgl. Aufgabe 8 auf Seite 147), dass $\frac{\cos(h) - 1}{h}$ für $h \to 0$ gegen 0 strebt. Weiterhin erkennt man am Graphen der Funktion $\frac{\sin(h)}{h}$ (Fig. 1), dass für $h \to 0$ gilt: $\frac{\sin(h)}{h} \to 1$. Damit ist
$f'(x_0) = \sin(x_0) \cdot 0 + \cos(x_0) \cdot 1 = \cos(x_0)$.

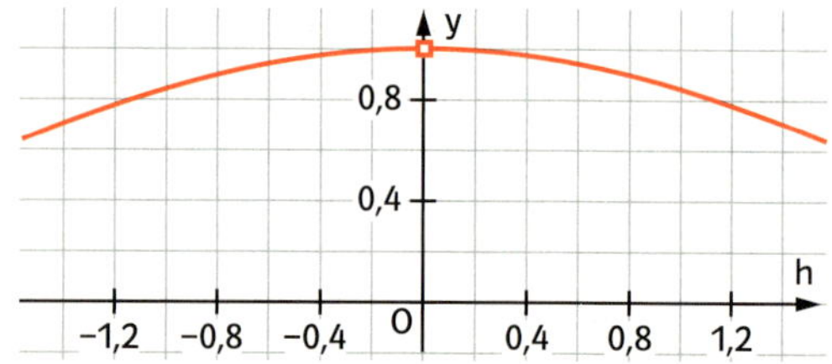

Fig. 1

Die Ableitung der Kosinusfunktion lässt sich ermitteln, wenn man ausnutzt, dass sich der Graph der Kosinusfunktion durch Verschieben des Graphen der Sinusfunktion ergibt. Verschiebt man den Graphen von f um $-\frac{\pi}{2}$ parallel zur x-Achse, so erhält man den Graphen von g (Fig. 2). Also erhält man den Graphen von g′, indem man den Graphen von f′ entsprechend verschiebt (Fig. 3). Spiegelt man den Graphen von g′ an der x-Achse, so entsteht der Graph von f. Damit ist $g'(x) = \cos\left(x + \frac{\pi}{2}\right) = -\sin(x)$.

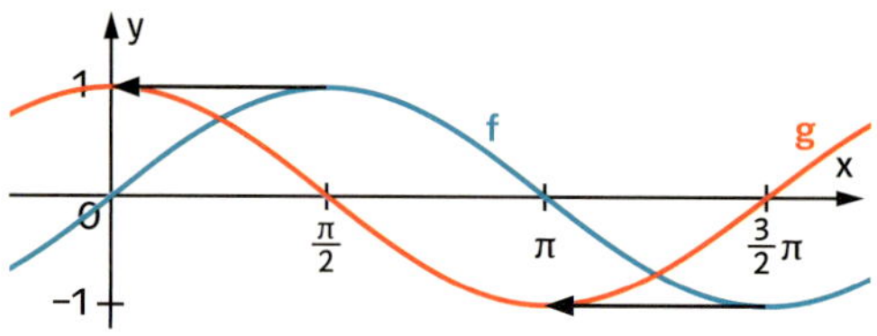

Fig. 2

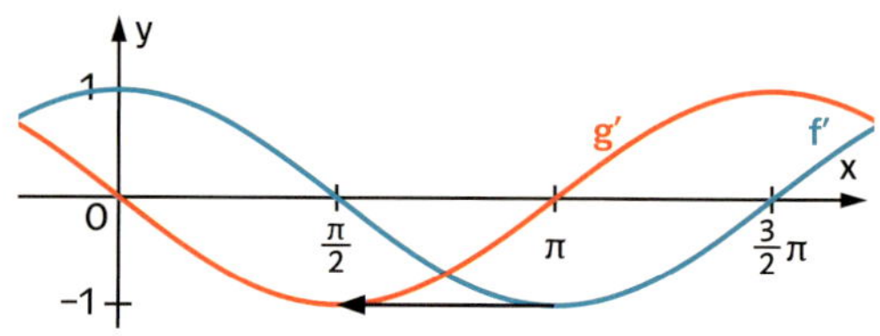

Fig. 3

$f(x) = \sin(x)$
$f'(x) = \cos(x)$
$g(x) = \cos(x)$
$g'(x) = -\sin(x)$

Für die Sinusfunktion f mit $f(x) = \sin(x)$ gilt: $f'(x) = \cos(x)$.
Für die Kosinusfunktion g mit $g(x) = \cos(x)$ gilt: $g'(x) = -\sin(x)$.

Beispiel 1 Ableitungen bilden
Bestimme zur Sinusfunktion $f\colon x \to \sin(x)$ die Ableitungen f′, f″, f‴ … Was stellst du fest?
Lösung:
$f'(x) = \cos(x)$, $f''(x) = -\sin(x)$, $f'''(x) = -\cos(x)$,
$f^{(IV)}(x) = -(-\sin(x)) = \sin(x) = f(x)$, $f^{(V)}(x) = f'(x) = \cos(x)$ …
Die vierte Ableitung $f^{(IV)}$ stimmt mit der Funktion f überein, die fünfte Ableitung $f^{(V)}$ mit f′ usw.; es ergibt sich $f^{(n+4)}(x) = f^{(n)}(x)$, $n \in \mathbb{N}$.

Die Funktion f selbst kann als 0. Ableitung $f^{(0)}$ aufgefasst werden.

Beispiel Tangentengleichung
Gegeben ist die Funktion f mit $f(x) = \sin(x)$.
a) Ermittle die Gleichung der Tangente in $P\left(\frac{\pi}{4}\middle|\frac{\sqrt{2}}{2}\right)$ an den Graphen von f.
b) Bestimme alle Stellen, an denen der Graph von f eine waagerechte Tangente hat.
Lösung:
a) Ansatz für die Tangentengleichung: $y = m \cdot x + c$.
Ableitung: $f'(x) = \cos(x)$. Steigung der Tangente: $f'\left(\frac{\pi}{4}\right) = \frac{\sqrt{2}}{2}$.
$P\left(\frac{\pi}{4}\middle|\frac{\sqrt{2}}{2}\right)$ und $m = f'\left(\frac{\pi}{4}\right) = \frac{\sqrt{2}}{2}$ in den Ansatz einsetzen: $\frac{\sqrt{2}}{2} = \frac{\sqrt{2}}{2} \cdot \frac{\pi}{4} + c$.
Mit $c = \frac{\sqrt{2}}{2} - \frac{\sqrt{2}}{8} \cdot \pi$ erhält man $y = \frac{\sqrt{2}}{2} \cdot x + \frac{\sqrt{2}}{2} - \frac{\sqrt{2}}{8} \cdot \pi \approx 0{,}707 \cdot x + 0{,}152$.
b) *Es muss $f'(x) = 0$ gelten.*
$\cos(x) = 0$ für $x = \frac{\pi}{2} + z \cdot \pi$; $z \in \mathbb{Z}$
Der Graph von f besitzt waagerechte Tangenten für $x = \frac{\pi}{2} + z \cdot \pi$, $z \in \mathbb{Z}$.

Aufgaben

1 Bestimme die Ableitungsfunktion.
a) $f(x) = 12 \cdot \sin(x)$ b) $f(x) = -2 \cdot \cos(x)$ c) $f(x) = \sqrt{5} \cdot \cos(x)$
d) $f(x) = \frac{1}{\pi} \cdot \sin(x)$ e) $f(x) = 5x^3 - \sin(x)$ f) $f(x) = 2\cos(x) - \sin(x)$

2 Bestimme die Steigung des Graphen der Funktion f an der Stelle $x = \pi$.
a) $f(x) = -9\sin(x)$ b) $f(x) = 5 + \cos(x)$ c) $f(x) = 5x - \cos(x)$
d) $f(x) = x^2 - \frac{1}{2}\cos(x)$ e) $f(x) = \frac{1}{x} + \frac{\sin(x)}{2}$ f) $f(x) = \frac{2}{x^2} + 2\sin(x)$

3 Bestimme rechnerisch die Gleichungen der Tangente und der Normalen an den Graphen von f im Punkt P.
a) $f(x) = \cos(x)$; $P\left(\frac{7}{4}\pi \middle| ?\right)$ b) $f(x) = 3\sin(x)$; $P\left(\frac{5\pi}{3} \middle| ?\right)$ c) $f(x) = x + 2\sin(x)$; $P\left(\frac{\pi}{4} \middle| ?\right)$

Bist du sicher?

1 Bestimme die Steigung der Tangente an den Graphen der Kosinusfunktion an der Stelle x_0.
a) $x_0 = \frac{\pi}{4}$ b) $x_0 = -\frac{3}{2}\pi$

2 Bestimme die Gleichung der Tangente an den Graphen der Funktion f im Punkt $P(x_P | y_P)$.
a) $f(x) = -2\sin(x)$; $x_P = 0$ b) $f(x) = x^2 + \sin(x)$; $x_P = \frac{\pi}{2}$

4 In welchen Punkten hat der Graph der Sinusfunktion in $[0; 2\pi]$ eine Steigung wie
a) die 1. Winkelhalbierende, b) die x-Achse, c) die Gerade mit der Gleichung $y = \frac{1}{2}x$?

5 Begründe, dass die Tangenten an den Graphen der Sinusfunktion maximal die Steigung 1 besitzen. Welche minimale Steigung können die Tangenten haben?

6 Gegeben sind die Funktionen f und g mit $f(x) = x + \sin(x)$ und $g(x) = x + \cos(x)$.
a) Bestimme Punkte, in denen die zugehörenden Graphen die Steigung 2 haben.
b) Bestimme Punkte, in denen die zugehörenden Graphen die Steigung 0 haben.

7 In welchen Punkten $P(x_0 | f(x_0))$ und $Q(x_0 | g(x_0))$ mit $0 \leqq x_0 \leqq 2\pi$ haben die Graphen von f und g parallele Tangenten? Runde sinnvoll.
a) $f(x) = 2\sin(x)$; $g(x) = x^2$ b) $f(x) = \sin(x) + 2\cos(x)$; $g(x) = x^3$

8 In Fig. 1 ist zum Graphen der Funktion $f: x \to \sin(x)$ außer der Tangente t im Punkt $(u | f(u))$ zusätzlich die Normale n eingezeichnet. Betrachte das Dreieck, das von der Tangente t, der Normalen n und der y-Achse eingeschlossen wird.
a) Überlege, ob es für jede Stelle u ein solches Dreieck gibt. Begründe deine Aussage.
b) Bestimme den Flächeninhalt des betrachteten Dreiecks für $u = \frac{3}{4}\pi$, für $u = -\pi$ und für $u = \frac{\pi}{3}$.

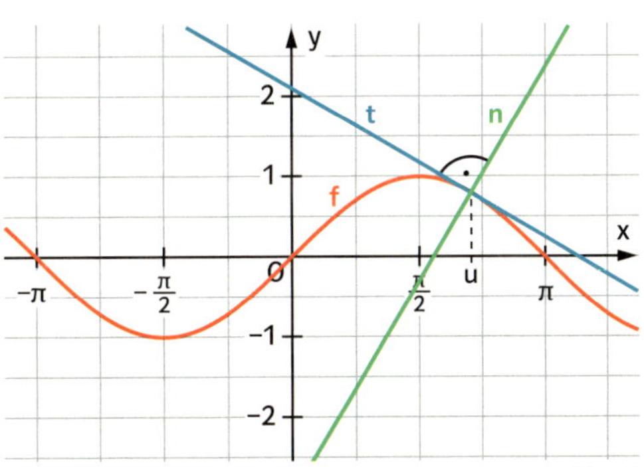

Fig. 1

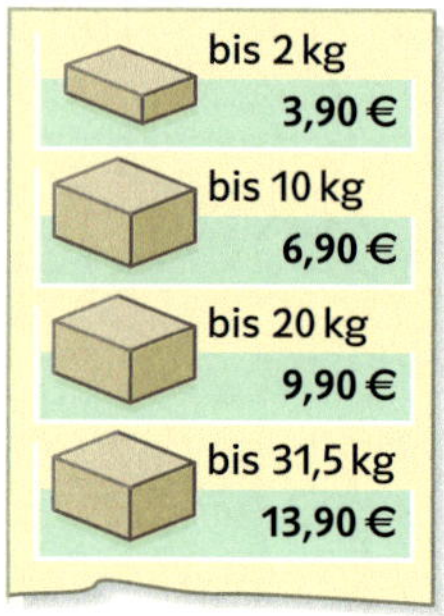

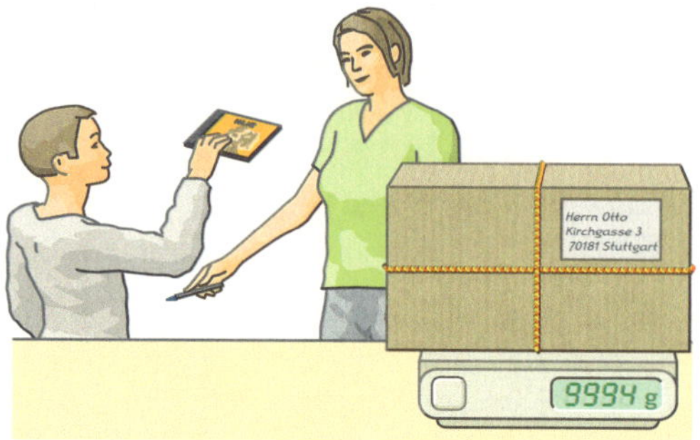

Mutter: „Das wird aber ein teurer Spaß.“

Der Graph der Funktion f mit

$$f(x) = \begin{cases} \frac{1}{2}x - 1 & \text{für } x \leqq 2 \\ \sqrt{x-2} + 1{,}5 & \text{für } x > 2 \end{cases}$$

macht einen „Sprung“ an der Stelle 2.
Nähert man sich der Sprungstelle von verschiedenen Seiten, bildet man also den rechts- und linksseitigen Grenzwert an der Stelle $x_0 = 2$, so erkennt man (Fig. 1):
Für $x \to 2$ und $x < 2$ gilt $f(x) \to 1$;
für $x \to 2$ und $x > 2$ gilt $f(x) \to 1{,}5$.
Der Grenzwert $\lim\limits_{h \to 0} f(x_0 + h)$ nimmt verschiedene Werte an, je nachdem von welcher Seite man sich der Sprungstelle nähert.

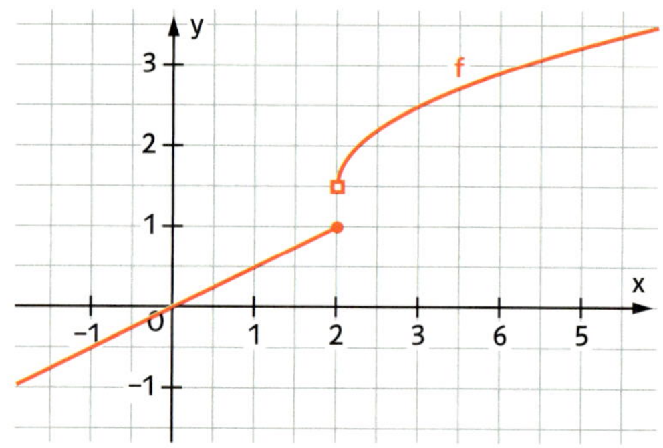

Fig. 1

Stetige Funktion: Funktionswert und Grenzwert stimmen überein.

Bei ganzrationalen Funktionen stimmen rechtsseitiger und linksseitiger Grenzwert an jeder Stelle x_0 überein. Man sagt: Die Funktion ist an der Stelle x_0 **stetig**. Für jede Stelle x_0 einer ganzrationalen Funktion gilt $\lim\limits_{h \to 0} f(x_0 + h) = f(x_0)$ (Fig. 2).

Anschaulich: Man kann den Graphen einer stetigen Funktion zeichnen, ohne den Stift abzusetzen.

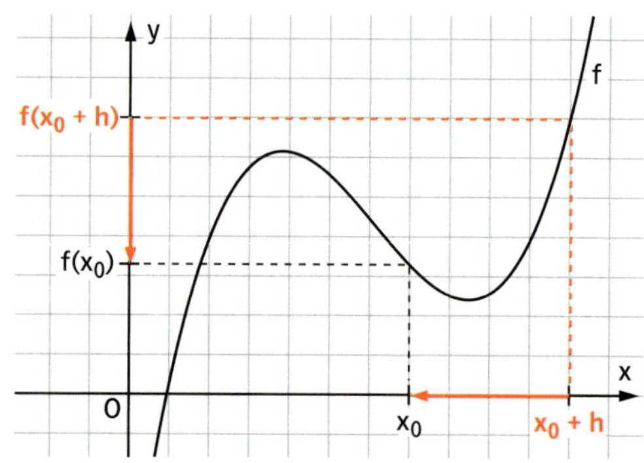

Fig. 2

Eine Funktion f mit der Definitionsmenge D heißt an der Stelle $x_0 \in D$ **stetig**, wenn linksseitiger und rechtsseitiger Grenzwert gleich sind und mit dem Funktionswert an der Stelle x_0 übereinstimmen, wenn also $\lim\limits_{h \to 0} f(x_0 + h) = f(x_0)$ gilt.

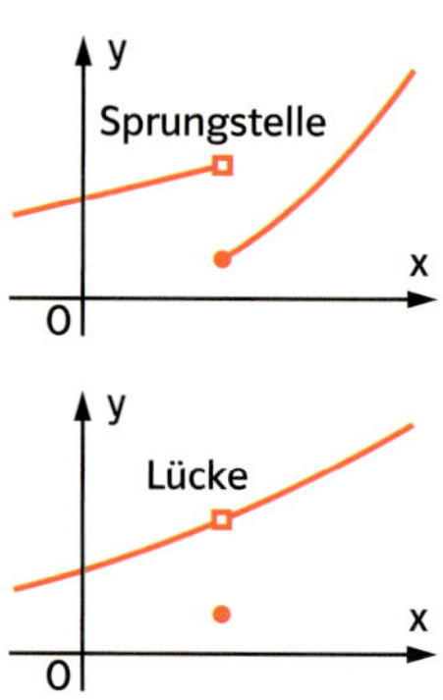

Fig. 3

Funktionen, die an jeder Stelle innerhalb eines Intervalls I stetig sind, nennt man **stetige Funktionen (auf I)**. Ist eine Funktion an einer Stelle unstetig, dann können verschiedene Fälle auftreten (Fig. 3): Zum Beispiel können rechtsseitiger und linksseitiger Grenzwert verschieden sein (Sprungstelle) oder der Grenzwert existiert zwar, aber es ist $\lim\limits_{h \to 0} f(x_0 + h) \neq f(x_0)$ (Lücke).

Die Funktion f mit

$$f(x) = \begin{cases} x^2 - 1 & \text{für } x < 2 \\ x^2 - 6x + 11 & \text{für } x \geqq 2 \end{cases}$$

ist an der Stelle $x_0 = 2$ stetig, der Grenzwert $\lim\limits_{h \to 0} f(2 + h)$ existiert und ist gleich f(2).
Versucht man jedoch, die Ableitung von f an der Stelle 2 zu bilden, so stellt man fest, dass der Grenzwert $\lim\limits_{h \to 0} \frac{f(2 + h) - f(h)}{h}$ nicht existiert.

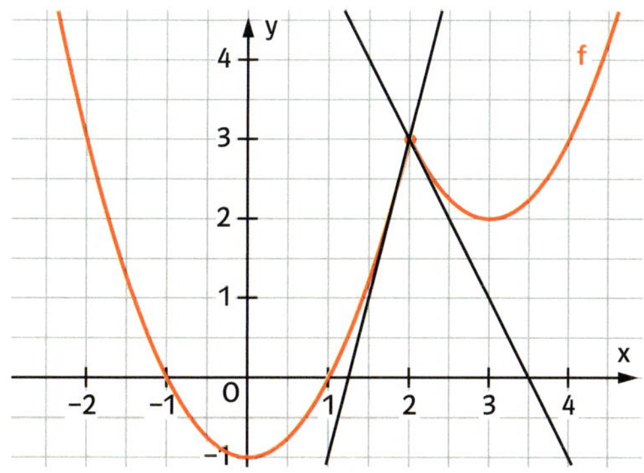

Fig. 1

Die Funktion f ist an der Stelle $x_0 = 2$ nicht differenzierbar, denn die Ableitungsfunktion der „linken Teilfunktion" lautet $f_1'(x) = 2x$. Damit hat sie an der Stelle $x_0 = 2$ die Ableitung $f_1'(2) = 4$. Die Ableitungsfunktion der „rechten Teilfunktion" lautet $f_2'(x) = 2x - 6$. Damit ist $f_2'(2) = -2$.
Rechtsseitiger und linksseitiger Grenzwert stimmen also nicht überein, der Grenzwert $\lim\limits_{h \to 0} \frac{f(2 + h) - f(2)}{h}$ existiert nicht. Die Funktion f ist an der Stelle $x_0 = 2$ zwar stetig, aber nicht differenzierbar.

Eine Funktion f heißt **differenzierbar** an einer Stelle $x_0 \in D$, wenn der Grenzwert $\lim\limits_{h \to 0} \frac{f(x_0 + h) - f(x_0)}{h}$ existiert.

Anschaulich: Eine Funktion ist auf ihrem Definitionsbereich differenzierbar, wenn ihr Graph keinen „Knick" hat.

Ist eine Funktion f an einer Stelle x_0 differenzierbar, so gilt: $\lim\limits_{h \to 0} \frac{f(x_0 + h) - f(x_0)}{h} = f'(x_0)$. Da für $h \to 0$ in $\frac{f(x_0 + h) - f(x_0)}{h}$ der Nenner gegen 0 strebt, muss auch der Zähler gegen 0 streben, da sonst der Grenzwert nicht existiert. Dies besagt: $\lim\limits_{h \to 0} f(x_0 + h) = f(x_0)$.
Die Funktion f ist demnach stetig.

Ist eine Funktion f an einer Stelle x_0 differenzierbar, dann ist f an der Stelle x_0 auch stetig.

Alle differenzierbaren Funktionen sind stetig, aber nicht alle stetigen Funktionen sind differenzierbar.

Beispiel
Zeige, dass die Funktion f mit $f(x) = x \cdot |x - 2|$ an der Stelle 2 stetig, aber nicht differenzierbar ist.
Lösung:
Es ist $x_0 = 2$, und $f(x) = \begin{cases} x^2 - 2x & \text{für } x \geqq 2 \\ -x^2 + 2x & \text{für } x < 2 \end{cases}$ ist an der Stelle 2 stetig, denn es ist

$f(2) = 0$, und für $x \to 2$ gilt $f(x) \to 0$.
$\lim\limits_{x \to x_0} f(x) = \lim\limits_{x \to 2} f(x \cdot |x - 2|) = 2 \cdot 0 = 0 = f(x_0)$. Für $x \neq 2$ ist $f'(x) = \begin{cases} 2x - 2 & \text{für } x > 2 \\ -2x + 2 & \text{für } x < 2 \end{cases}$.

Für $x \to 2$ und $x > 2$ gilt $f'(x) \to 2$. Für $x \to 2$ und $x < 2$ dagegen gilt $f'(x) \to -2$.
Die Funktion f ist also an der Stelle 2 nicht differenzierbar.

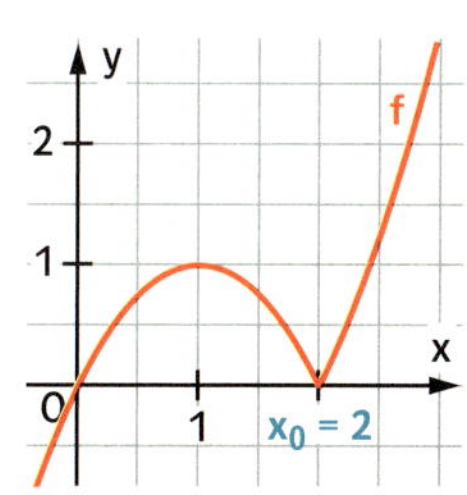

Die Stetigkeit von Funktionen wurde später als die Differenzierbarkeit zu einem Grundbegriff der Analysis. In ähnlicher Form wie heute wurde die Stetigkeit erstmals 1817 von Bernard Bolzano und kurz danach wohl unabhängig davon 1821 von Augustin Louis Cauchy definiert.

Bernard Bolzano (1781–1848) war Priester und Professor für Philosophie in Prag. Wegen seiner freiheitlichen Ansichten wurde er 1819 von Kaiser Franz entlassen und von der Universität verwiesen.

Augustin Louis Cauchy (1789–1857) war Professor an der Sorbonne in Paris. Politisch war er sehr konservativ und überzeugter Anhänger der Monarchie.

Aufgaben

1 Welche der folgenden Funktionen sind stetig bzw. unstetig? Begründe deine Antwort. Gib anschließend weitere Beispiele stetiger bzw. unstetiger Funktionen an.
a) An jedem Ort wird jeder Tageszeit eindeutig eine Temperatur zugeordnet.
b) Die Kfz-Steuer beträgt 13 € pro angefangene 100 cm^3 Hubraum.
c) Jedem Zeitpunkt innerhalb eines Jahres werden die Zinsen des Kapitals 1000 € zugeordnet.

2 An welchen der markierten Stellen ist die Funktion f stetig, an welchen differenzierbar, wenn der Graph wie folgt aussieht?

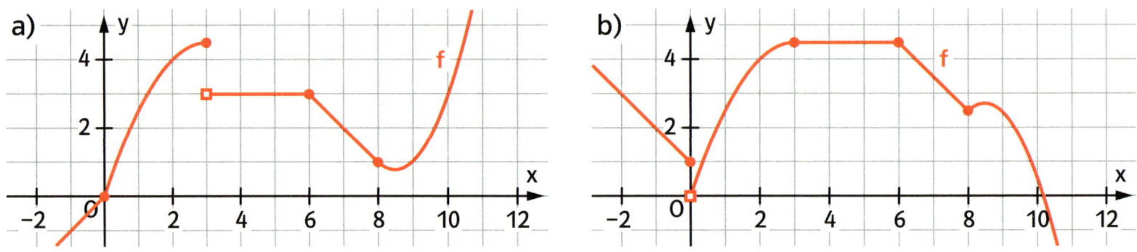

3 Skizziere den Graphen einer Funktion, die an der Stelle $x_0 = 2$
a) unstetig ist, b) nicht definiert ist, c) stetig ist,
d) stetig und differenzierbar ist, e) stetig und nicht differenzierbar ist.

4 Welche der Aussagen treffen auf die Funktionen (I) bis (IV) zu?

(I) $f(x) = \begin{cases} 1 & \text{für } x \in \mathbb{Q} \\ -1 & \text{für } x \in \mathbb{R}\setminus\mathbb{Q} \end{cases}$

(II) $f(x) = \begin{cases} 1 & \text{für } x \leqq 2 \\ 2x & \text{für } x > 2 \end{cases}$; $x_0 = 2$

(III) $f(x) = |x|$; $x_0 = 0$

(IV) $f(x) = \frac{1}{x}$; $x_0 = 0$

a) Eine Funktion, die an einer Stelle x_0 nicht definiert ist, kann dort auch nicht stetig sein.
b) Eine Funktion, die an einer Stelle x_0 definiert ist, muss dort nicht stetig sein.
c) Es gibt Funktionen, die an jeder Stelle x_0 ihrer Definitionsmenge unstetig sind.
d) Eine in x_0 stetige Funktion kann an dieser Stelle differenzierbar sein, muss es aber nicht.

5 Untersuche, ob die Funktion f an der Stelle x_0 stetig und gegebenenfalls differenzierbar ist.

a) $f(x) = \begin{cases} -x^2 + 8 & \text{für } x \leqq 2 \\ x^2 + x - 2 & \text{für } x > 2 \end{cases}$; $x_0 = 2$

b) $f(x) = \begin{cases} 2x - 12{,}5 & \text{für } x < 5 \\ 0{,}5x^2 - 3x & \text{für } x \geqq 5 \end{cases}$; $x_0 = 5$

6 Bestimme $t \in \mathbb{R}$ so, dass die Funktion f an der Stelle x_0 stetig ist.

a) $f(x) = \begin{cases} t - x^2 & \text{für } x \leqq 2 \\ \frac{t}{x} & \text{für } x > 2 \end{cases}$; $x_0 = 2$

b) $f(x) = \begin{cases} t\sin(x) & \text{für } x < \frac{\pi}{6} \\ t + x & \text{für } x \geqq \frac{\pi}{6} \end{cases}$; $x_0 = \frac{\pi}{6}$

7 Zeichne unter Verwendung eines PCs den Graphen der Funktion f und untersuche, ob f an der Stelle x_0 differenzierbar ist.

a) $f(x) = x \cdot |x|$; $x_0 = 0$

b) $f(x) = \begin{cases} 1 - x^2 & \text{für } x \leqq 1 \\ x^2 - 1 & \text{für } x > 1 \end{cases}$

Wiederholen – Vertiefen – Vernetzen

1 Bestimme die Ableitungsfunktion.

a) $f(x) = 2x^3$ b) $f(x) = x^{-3}$ c) $f(x) = -2x + 3x^5 + 2x$

d) $f(x) = \frac{1}{x^2}$ e) $f(x) = x^{-4} + x^5$ f) $f(x) = x + \sqrt{x}$

g) $f(x) = \sin(x) + 3x^2$ h) $f(x) = \sqrt{x} - 5\cos(x)$ i) $f(x) = 3\sin(x) + 3\cos(x)$

2 a) $f(x) = 1 + x^2$ b) $f(x) = 2(x + 1)$ c) $f(x) = (x + 1)^2$

d) $f(x) = x \cdot x$ e) $f(x) = x^5 : x$ f) $f(x) = \frac{1 + x}{x}$

g) $f(x) = a x^c$ h) $f(x) = x^{2 + c} + c^2$ i) $f(x) = x^3 + cx$

3 Bestimme die Funktionsgleichung der Tangente im Punkt $P_0(x_0 | f(x_0))$.

a) $f(x) = 0{,}1x^3$; $x_0 = 3$ b) $f(x) = \frac{2}{x}$; $x_0 = 4$ c) $f(x) = 3x^2 - 2$; $x_0 = -1$

4 In welchem Punkt $P_0(x_0 | f(x_0))$ verläuft die Tangente an den Graphen von f parallel zur Geraden g mit der Gleichung $g(x) = 10 - 3x$?

a) $f(x) = 2\sqrt{x}$ b) $f(x) = -\frac{1}{x}$ c) $f(x) = -0{,}01x^3$

d) $f(x) = x^2 + a$ e) $f(x) = bx^2$ f) $f(x) = bx^3 + c$

5 Gegeben sind die Funktionen $f: x \to -x^2 - 2x + 1$ und $g: x \to x^3 + 1$.

a) An welchen Stellen sind die Funktionswerte der beiden angegebenen Funktionen gleich groß?

b) An welchen Stellen sind die Ableitungen der beiden angegebenen Funktionen gleich groß?

6 In welchen Punkten hat der Graph von f die Steigung m? Gib die jeweiligen Tangentengleichungen an.

a) $f(x) = \frac{1}{3}x^3 - 8x$; $m = 1$ b) $f(x) = (2x + 1)^2$; $m = 8$ c) $f(x) = x^3 - 3x^2 + 6$; $m = 0$

d) $f(x) = -\frac{4}{x}$; $m = 1$ e) $f(x) = \frac{1}{x^2} + 2x$; $m = \frac{9}{4}$ f) $f(x) = x^5 + 5x^3 + 3$; $m = 4$

7 a) Fig. 1 zeigt den Graphen einer Ableitungsfunktion f′. Welche der folgenden Aussagen über die zugehörige Funktion sind zutreffend? Begründe.

(1) Die Steigung des Graphen von f ist zwischen −1 und 1 positiv.

(2) Die Steigung des Graphen von f ist zwischen 2 und 2,5 negativ.

(3) Die Steigung des Graphen von f ist für $x = -2{,}5$, für $x = -1{,}5$ und für $x = 2{,}5$ gleich groß.

b) Finde weitere Aussagen zur Funktion und lasse sie von deiner Nachbarin oder deinem Nachbarn überprüfen.

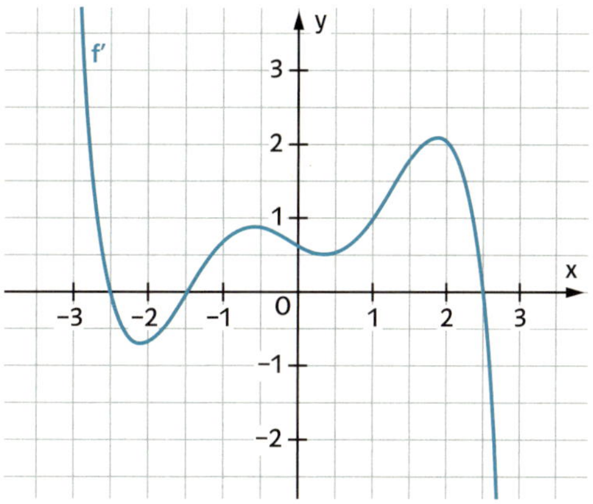

Fig. 1

8 Zeige: $\lim\limits_{h \to 0} \frac{\cos(h) - 1}{h} = 0$.

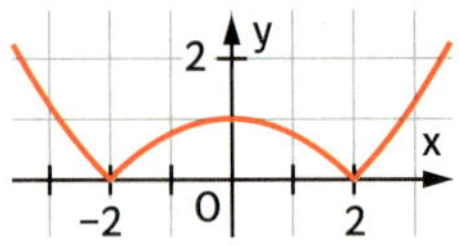

9 Untersuche die Funktion f mit

$$f(x) = \begin{cases} \frac{1}{4}x^2 - 1 & \text{für } x \leqq -2 \\ -\frac{1}{4}x^2 + 1 & \text{für } -2 < x < 2 \\ \frac{1}{4}x^2 - 1 & \text{für } x \geqq 2 \end{cases}$$

an den Stellen $x_1 = -2$ und $x_2 = 2$ auf Stetigkeit und Differenzierbarkeit.

1 Coulomb pro Sekunde = 1 Ampere

$1\frac{C}{s} = 1A$

10 Die durch ein elektrisches Bauteil fließende elektrische Ladung Q (in Coulomb) ist von der Zeit t (in s) abhängig (Fig. 1). Die lokale Änderungsrate Q′(t) entspricht der elektrischen Stromstärke I(t) (in Coulomb pro Sekunde).

a) Wie groß war die elektrische Stromstärke nach drei Sekunden, wie groß nach sechs Sekunden?

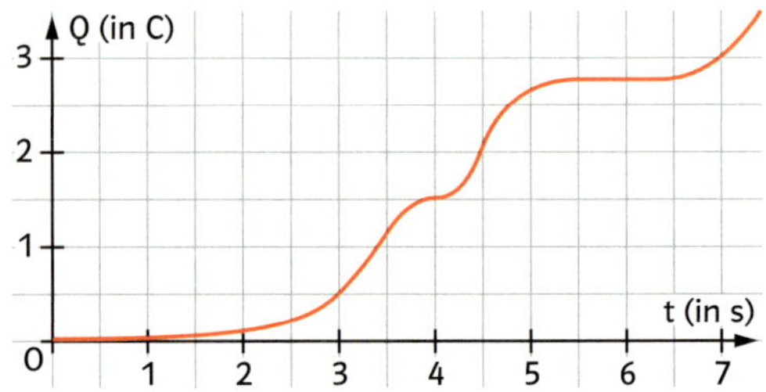

Fig. 1

b) Bestimme mithilfe von Fig. 1 den Zeitpunkt, an dem die elektrische Stromstärke am größten war.

11 Ein Ball liegt auf einem Garagendach und wird angestoßen. Er fällt in einem Bogen vom Dach. Die Höhe h (in m) gegenüber dem Boden in Abhängigkeit von der Zeit t (in s) lässt sich berechnen:

$h(t) = 3{,}2$ für $0 \leqq t \leqq 1$;
$h(t) = 3{,}2 - 5(t-1)^2$ für $1 \leqq t \leqq 1{,}8$;
$h(t) = 0$ für $1{,}8 \leqq t \leqq 3$.

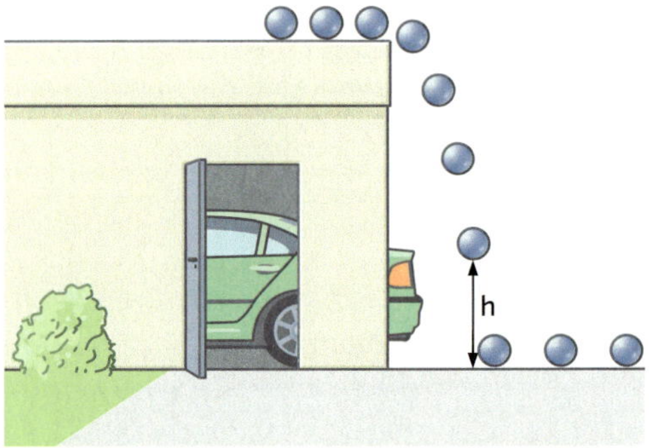

a) Bestimme die Ableitung der Funktion h für $t = 0{,}5$, $t = 1{,}5$ und $t = 2{,}5$.

b) Untersuche, ob die Funktion h an den Stellen 1 bzw. 1,8 differenzierbar ist.

12 Mithilfe der Fotosynthese wandelt ein Baum Kohlenstoffdioxid in Sauerstoff um, den er dann an seine Umgebung abgibt. Die abgegebene Sauerstoffmenge V (in l) hängt u.a. von der Tageszeit t (in h nach Sonnenaufgang) ab. Die Funktion V mit der Gleichung $V(t) = -1{,}1t^3 + 20t^2 + 10t$ gibt für einen Messzeitraum von zwölf Stunden während eines Tages näherungsweise an, wie viel Sauerstoff vom Baum insgesamt bis zum Zeitpunkt t an seine Umgebung abgegeben worden ist.

$6\,CO_2 + 12\,H_2O \rightarrow C_6H_{12}O_6 + 6\,O_2 + 6\,H_2O$

a) Wie viel Sauerstoff hat der Baum während der Messzeit an seine Umgebung insgesamt abgegeben? Zeichne den Graphen von V.

b) Welche Bedeutung hat V′(t)? Bestimme V′(3) und V′(10).

c) Bestimme anhand des Graphen näherungsweise, nach welcher Zeit der Baum am meisten Sauerstoff an seine Umgebung abgibt. Wie lässt sich das Ergebnis begründen?

Der Streit um die Ableitung

Der Ableitungsbegriff gehört zu den wohl größten geistigen Erkenntnissen in der Mathematik. Moderne Naturwissenschaft und Technik wären ohne Ableitungskalkül kaum denkbar. Die Betrachtung beliebig kleiner Größen war seit der Antike von Interesse. Vollständig hergeleitet wurde die Ableitung im 17. Jahrhundert im Zusammenhang mit Extremwertaufgaben und der Bestimmung von Tangenten und Flächeninhalten.

Ein Kalkül ist eine Methode zur systematischen Lösung bestimmter Probleme.

Nach Vorarbeiten von Fermat, Descartes, Barrows, Gregory und anderen waren es der Engländer Newton (Barrows Schüler) und der Deutsche Leibniz, die den Ableitungsbegriff systematisch entwickelten, Newton von 1665 bis 1666 und Leibniz von 1672 bis 1676. Beide veröffentlichten ihre Ergebnisse erst viel später: Newton 1671 (in „De Methodis Serierum et Fluxiorum") und 1704 („Opticks"), Leibniz sogar erst 1684. Auch wenn sich die Ergebnisse von Newton und Leibniz formal unterschieden, waren sie inhaltlich gleichwertig.

Fermat löste das Tangentenproblem bereits 1640. Da er keine Grenzwertbetrachtung durchführte, konnte er seine Ergebnisse allerdings nicht mathematisch exakt begründen.

Sir Isaac Newton (1643 – 1727)
Newton war Professor in Cambridge und einer der größten Mathematiker und Physiker aller Zeiten. Das von Newton verfasste Werk „Principia Mathematica", in dem er die Gravitation und die Bewegungsgesetze beschrieb, werden als eines der wichtigsten wissenschaftlichen Werke der Mathematik und Physik eingestuft.

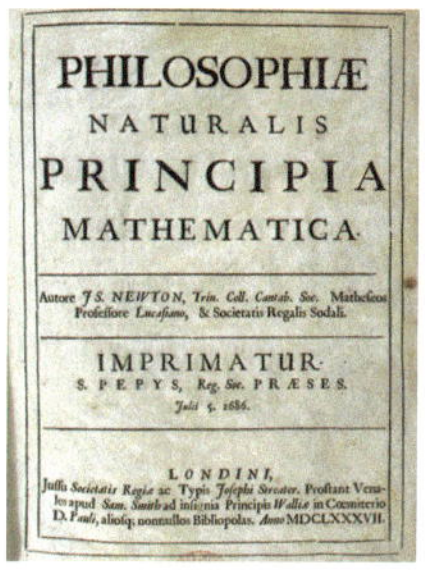
PHILOSOPHIÆ
NATURALIS
PRINCIPIA
MATHEMATICA
IMPRIMATUR
LONDINI

Newton fasste variable Größen wie x und y als zeitabhängig auf: $x(t)$ und $y(t)$. Diese nannte er „Fluenten" (Fließende). Mit $\dot{x}(t)$ und $\dot{y}(t)$ bezeichnete er die Zeitableitungen von x und y, also deren „Geschwindigkeiten", die er „Fluxionen" nannte. Wie Newton mit diesen Fluxionen arbeitete, soll an einem Beispiel verdeutlicht werden:

Die Schreibweise $\dot{x}$ wird heute noch in der Physik für die Ableitung einer zeitabhängigen Größe x verwendet.

Eine Kugel wird von einem Tisch waagerecht aus einer Höhe von einem Meter mit einer waagerechten Anfangsgeschwindigkeit von $2{,}5\,\frac{m}{s}$ gestoßen. Die horizontale Entfernung vom Abwurfpunkt x zur Zeit t lässt sich mit der Gleichung $x = 2{,}5\,\frac{m}{s} \cdot t$ berechnen. Die Ableitung $\dot{x} = 2{,}5\,\frac{m}{s}$ gibt die hier konstante horizontale Momentangeschwindigkeit der Kugel an. Die Höhe y kann man mit der Gleichung $y = 1\,m - \frac{1}{2}g \cdot t^2$ $\left(g \approx 10\,\frac{m}{s^2}\right)$ bestimmen. Damit ist die vertikale Momentangeschwindigkeit $\dot{y} = -g \cdot t$. Newton deutete den Quotienten $\frac{\dot{y}}{\dot{x}}$ als Steigung der Bahnkurve: $\frac{\dot{y}}{\dot{x}} = \frac{-g \cdot t}{2{,}5\,\frac{m}{s}} = \frac{-g \cdot \frac{x}{2{,}5\,\frac{m}{s}}}{2{,}5\,\frac{m}{s}} = \frac{-g \cdot x}{\left(2{,}5\,\frac{m}{s}\right)^2} = -\frac{g}{\left(2{,}5\,\frac{m}{s}\right)^2} \cdot x$. Dabei ersetzte er die Zeit t durch $\frac{x}{2{,}5\,\frac{m}{s}}$. Die Gleichung der Bahnkurve erhält man durch die gleiche Ersetzung aus $y = 1\,m - \frac{1}{2}g \cdot t^2$, also $y = 1\,m - \frac{g}{2 \cdot \left(2{,}5\,\frac{m}{s}\right)^2} \cdot x^2$. Die Bahnkurve ist der Graph der Funktion $f: x \to 1\,m - \frac{g}{2 \cdot \left(2{,}5\,\frac{m}{s}\right)^2} \cdot x^2$. Leitet man diese nach den bekannten Regeln ab, so erhält man mit $f'(x) = -\frac{g}{\left(2{,}5\,\frac{m}{s}\right)^2} \cdot x$ das gleiche Ergebnis wie Newton für den Quotienten $\frac{\dot{y}}{\dot{x}}$.

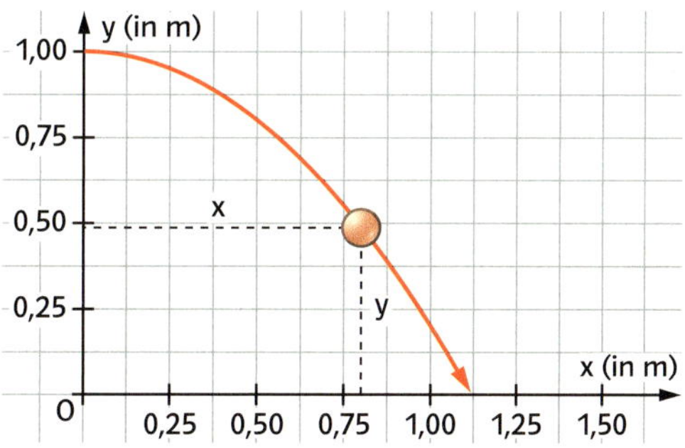

Fig. 1

Der Streit um die Ableitung

„Beim Erwachen hatte ich schon so viele Einfälle, dass der Tag nicht ausreichte, um sie niederzuschreiben." G. W. Leibniz

Gottfried Wilhelm Leibniz (1646–1716)
Leibniz gilt als letzter Universalgelehrter. Er war Jurist, Diplomat, Politiker, Philosoph, Historiker, Theologe, Naturwissenschaftler und Mathematiker.
In einem Manuskript von Leibniz trat 1673 erstmals das Wort „functio" auf. Er gebrauchte dort „Funktion" im Sinne von „eine Funktion haben".

Leibniz ging bei der Lösung des Tangentenproblems ähnlich wie Newton vor, benutzte aber eine dem Problem besser angepasste Schreibweise.
Im Falle der quadratischen Funktion mit der Gleichung $y = x^2$ etwa bezeichnete er den Zuwachs von x mit dx und bestimmte damit den Zuwachs dy von y mit:
$dy = (x + dx)^2 - x^2 = x^2 + 2x \cdot dx + (dx)^2 - x^2 = 2x \cdot dx + (dx)^2$.
Indem er nun $(dx)^2$ vernachlässigte („weil es im Vergleich zu den restlichen Größen unendlich viel kleiner ist"), erhielt er $dy = 2x \cdot dx$ und damit $\frac{dy}{dx} = 2x$.
Für die verschwindend kleinen Größendifferenzen dx und dy führte Leibniz den Begriff „Differenziale" ein. Den „Quotienten" $\frac{dy}{dx}$ nannte Leibniz entsprechend Differenzialquotient. Da dieser „Quotient" der Differenziale kein Quotient im üblichen Sinne ist, wird er „dy nach dx" gelesen und als Ganzes gesehen.

Der Teilbereich der Mathematik, der sich u. a. mit Ableitungen beschäftigt, wird inzwischen auch ***Differenzialrechnung*** *genannt.*

Betrachtet man die Ableitung, wie sie in Lerneinheit 2 eingeführt wird, so ist der Differenzialquotient $\frac{dy}{dx}$ an der Stelle x_0: $\lim\limits_{h \to 0} \frac{f(x_0 + h) - f(x_0)}{h}$, also die Ableitung von f an der Stelle x_0.
Leibniz betrachtete den Differenzialquotienten nun geometrisch und beschrieb ihn mithilfe von verschwindend kleinen Dreiecken (heute würde man von Steigungsdreiecken sprechen). Die Ableitung ergibt sich dann über den Quotienten der Kathetenlängen dieser verschwindend kleinen Dreiecke, also der Differenziale $\frac{dy}{dx}$.
Auch wenn Leibniz noch nicht mathematisch exakt begründen konnte, wie man durch verschwindend kleine Größen dividieren soll, so konnte er doch mit dem von ihm entwickelten Ableitungsbegriff erfolgreich Probleme lösen, die zuvor nicht zugänglich waren. Hierzu nutzte er auch die in Lerneinheit 7 behandelten Ableitungsregeln, die also bereits von ihm gefunden wurden.

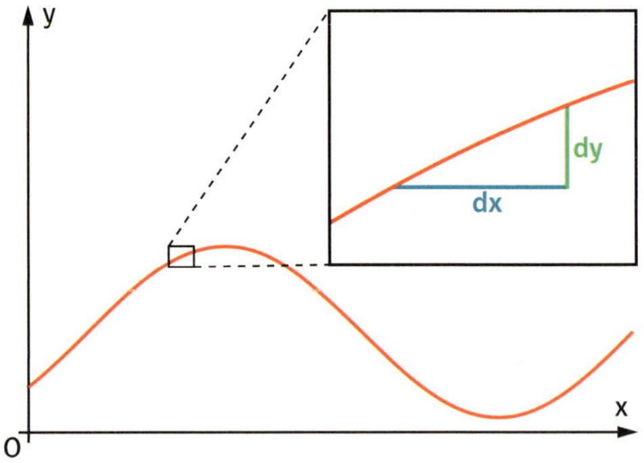

Fig. 1

Zunächst wurde weder die Idee von Newton noch die von Leibniz von der Wissenschaft akzeptiert.
Berühmt wurde eine Schrift des Philosophen und Bischofs Berkeley: „Und was sind diese Fluxionen? Die Geschwindigkeiten von verschwindenden Zunahmen? Sie sind weder endliche Größen noch unendlich kleine Größen noch gar nichts. Sollten wir sie nicht die Geister dahingeschiedener Größen nennen?"

Nach dem Bischof Berkeley wurde später die Universitätsstadt von Kalifornien benannt.

Der Streit um die Ableitung

Eine große Schwierigkeit lag darin, dass im 17. Jahrhundert der Grenzwertbegriff noch nicht zur Verfügung stand. Eine exakte Definition der Ableitung konnte daher weder von Newton noch von Leibniz gegeben werden, sondern nur jeweils eine mehr oder weniger anschauliche Beschreibung.
Da die damaligen Überlegungen zur Ableitung aber bereits zur Lösung von Extremwertproblemen oder zur Bestimmung von Tangenten sehr hilfreich waren, erkannte man schließlich doch die große Bedeutung der Ableitung. So kam es gegen Ende des 17. Jahrhunderts zu einem der wohl berühmtesten Prioritätenstreits in der Mathematik.

Der Konflikt schwelte zunächst für etwa ein Jahrzehnt, spitzte sich aber mit einer Antwort von Leibniz auf Newtons Veröffentlichung zu, die von Newtons Anhängern als Beleidigung angesehen wurde. Verschärft durch nationalistische Untertöne wurden dem Deutschen Leibniz 1710 aus dem britischen Umfeld Newtons heraus heftige Vorwürfe gemacht, er habe sich die Ideen von Newton aus zwei noch nicht veröffentlichten Schriften von diesem zunutze gemacht, ohne dies anzuerkennen.
Leibniz wehrte sich gegen die Vorwürfe durch einen förmlichen Einspruch. Eine von der Royal Society (deren Präsident übrigens Newton selbst war) eingesetzte Untersuchungskommission entschied 1712 jedoch gegen Leibniz, ohne diesen überhaupt anzuhören oder auch nur anzuschreiben. Damit war Leibniz kurz vor seinem Lebensende wissenschaftlich zutiefst diskreditiert.
Auf dem Kontinent sah man zwar den Schuldspruch der Kommission der Royal Society als nicht stichhaltig an; eine endgültige historische Rehabilitierung von Leibniz ergab sich aber erst 1949 durch das Bekanntwerden der mathematischen Manuskripte der Pariser Zeit (1671–1676) in allen Details. Hierdurch wurde deutlich, dass Newton und Leibniz ihre Entdeckungen unabhängig voneinander gemacht hatten.

Die „Royal Society" wurde 1660 in London gegründet und widmete sich der Förderung der Mathematik und der Naturwissenschaften. Von 1703 bis 1727 stand Sir Isaac Newton der Royal Society als Präsident vor.

Vermutlich wegen der einfacheren Darstellung hat sich der Formalismus von Leibniz, vor allem unter dem Einfluss des Schweizer Mathematikers Leonhard Euler, später durchgesetzt.
Euler erklärte, dass die unendlich kleinen Größen null seien, dass ihr Quotient aber durchaus einen endlichen Wert haben könne. Ihm gelang es, die Idee der Ableitung sowie deren Anwendungen maßgeblich weiterzuentwickeln.
Eine genaue Definition der Ableitung konnte im 19. Jahrhundert mithilfe des inzwischen exakt gefassten Grenzwertbegriffs unter anderem von dem Franzosen Augustin Louis Cauchy sowie dem deutschen Professor Karl Weierstraß geliefert werden.

Leonhard Euler (1707–1783)
Leonhard Euler gehörte zu den produktivsten Mathematikern des 18. Jahrhunderts. Insgesamt gibt es 866 Publikationen von ihm! Er führte unter anderem die Schreibweise f(x) für Funktionen und die Bezeichnung π für die Kreiszahl ein.

Karl Weierstraß (1815–1879)
Karl Weierstraß war zunächst 20 Jahre lang Gymnasiallehrer in Münster, bevor er als Professor in Berlin lehrte.

1 Erstelle eine Präsentation über den Prioritätenstreit zur Ableitung. Erläutere hierbei auch die mit der Ableitung verbundenen Schwierigkeiten sowie die Vor- und Nachteile der unterschiedlichen Ansätze.

Rückblick

Differenzenquotient und Ableitung

$\frac{f(x_0 + h) - f(x_0)}{h}$ ist der Differenzenquotient der Funktion f auf dem Intervall $[x_0; x_0 + h]$. Wenn der Wert des Differenzenquotienten einer Funktion f für $h \to 0$ gegen einen Grenzwert strebt, so heißt dieser Wert Ableitung der Funktion f an der Stelle x_0. Man schreibt $f'(x_0)$. Es ist also $f'(x_0) = \lim\limits_{h \to 0} \frac{f(x_0 + h) - f(x_0)}{h}$.

Die Gerade durch den Punkt $P(x_0 | f(x_0))$ mit der Steigung $f'(x_0)$ nennt man Tangente des Graphen von f im Punkt P.

In Anwendungssituationen nennt man den Differenzenquotienten mittlere Änderungsrate, die Ableitung heißt lokale Änderungsrate.

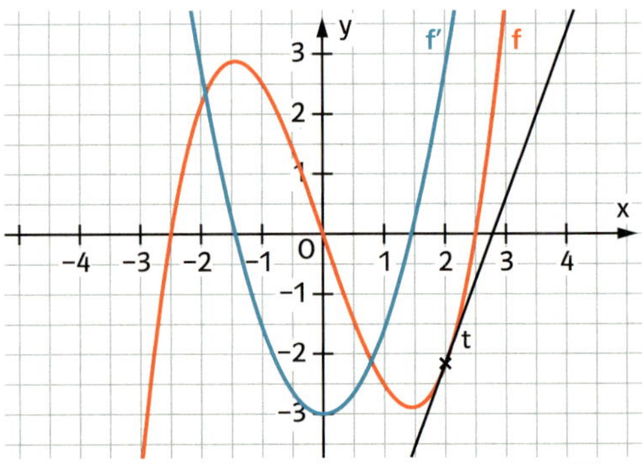

Fig. 1

Rechnerische Bestimmung der Ableitung einer Funktion

Man stellt den Differenzenquotienten im Intervall $[x_0; x_0 + h]$ auf. Der Differenzenquotient wird so umgeformt, dass h im Nenner wegfällt oder dass der Nenner für $h \to 0$ gegen einen von null verschiedenen Wert strebt. Die Ableitung ergibt sich dann als Grenzwert des Differenzenquotienten für $h \to 0$.

f mit $f(x) = x^2$

$$f'(x_0) = \lim_{h \to 0} \frac{f(x_0 + h) - f(x_0)}{h} = \lim_{h \to 0} \frac{(x_0 + h)^2 - x_0^2}{h} = \lim_{h \to 0} \frac{x_0^2 + 2x_0 h + h^2 - x_0^2}{h} = \lim_{h \to 0} \frac{2x_0 h + h^2}{h} = \lim_{h \to 0} \frac{h \cdot (2x_0 + h)}{h} = \lim_{h \to 0} (2x_0 + h) = 2x_0$$

Es gilt also $f'(x) = 2x$.

Ableitungsfunktion

Ist eine Funktion f für alle $x \in D_f$ differenzierbar, so heißt die Funktion, die jeder Stelle x der Definitionsmenge D_f die Ableitung $f'(x)$ an dieser Stelle zuordnet, die Ableitungsfunktion f' oder Ableitung von f.

Ableitungsregeln

Potenzregel:
Für eine Funktion f mit $f(x) = x^n$, $n \in \mathbb{Q}$, gilt $f'(x) = n \cdot x^{n-1}$.

$f(x) = x^4$; $f'(x) = 4x^3$

Faktorregel:
Für die Funktion f mit $f(x) = r \cdot g(x)$, $r \in \mathbb{R}$, gilt $f'(x) = r \cdot g'(x)$.

$f(x) = 7 \cdot x^4$; $f'(x) = 7 \cdot 4x^3 = 28x^3$

Summenregel:
Für die Funktion f mit $f(x) = g(x) + h(x)$ gilt $f'(x) = g'(x) + h'(x)$.

$f(x) = 7 \cdot x^4 + x^{-2}$; $f'(x) = 28x^3 - 2x^{-3}$

Ableitung der Sinus- und Kosinusfunktion

Für die Funktion f mit $f(x) = \sin(x)$ gilt $f'(x) = \cos(x)$.
Für die Funktion g mit $g(x) = \cos(x)$ gilt $f'(x) = -\sin(x)$.

$f(x) = 2\sin(x) - 5\cos(x)$
$f'(x) = 2\cos(x) - 5(-\sin(x)) = 2\cos(x) + 5\sin(x)$

Stetigkeit und Differenzierbarkeit

Eine Funktion f heißt an der Stelle x_0 stetig, wenn gilt:
$\lim\limits_{h \to 0} f(x_0 + h) = f(x_0)$.

Besitzt eine Funktion an einer Stelle x_0 eine Ableitung, so bezeichnet man die Funktion als differenzierbar an der Stelle x_0. Funktionen, die an jeder Stelle innerhalb ihres Definitionsbereichs differenzierbar sind, werden differenzierbar genannt.
Ist eine Funktion f an einer Stelle x_0 differenzierbar, dann ist f an der Stelle x_0 auch stetig.

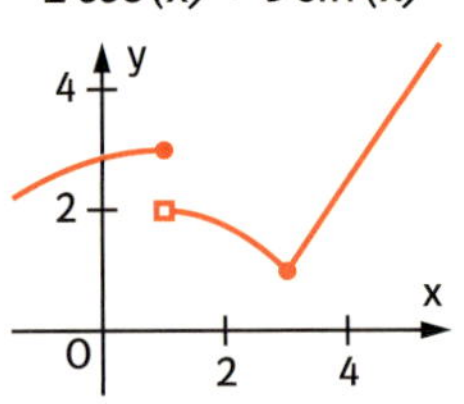

Die abgebildete Funktion ist an der Stelle 1 nicht stetig, an der Stelle 3 stetig, aber nicht differenzierbar.

Training

Runde 1

1 Bestimme die Funktionsgleichung der Ableitungsfunktion f′.

a) $f(x) = 7x^2$

b) $f(x) = 4x^2 - 5x$

c) $f(x) = \frac{1}{x} - 4x$

d) $f(x) = -3\sin(x) + \cos(x)$

2 Fig. 1 zeigt den Graphen einer Funktion f. Ist die Aussage über die zugehörige Ableitungsfunktion f′ zutreffend? Begründe.

a) Der Graph der Ableitungsfunktion f′ schneidet an der Stelle 2 die x-Achse.

b) Der Graph der Ableitungsfunktion f′ verläuft durch den Koordinatenursprung.

c) Der Graph der Ableitungsfunktion f′ verläuft für $1 \leqq x \leqq 2$ unterhalb der x-Achse.

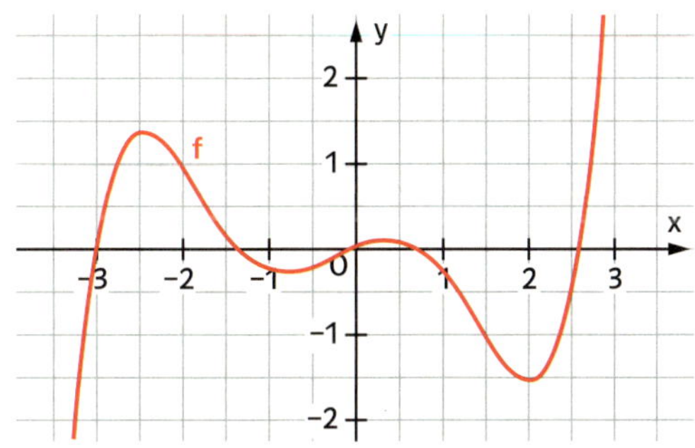

Fig. 1

3 In der Medizin wird die Reaktionsstärke R auf ein Medikament in Abhängigkeit von der Dosis d durch die Funktion R mit $R(d) = -0{,}5\,d^3 + 2\,d^2$ beschrieben. Die Empfindlichkeit eines Körpers auf die Dosis d wird als die lokale Änderungsrate R′(d) festgelegt.

a) Skizziere die Graphen von R und von R′.

b) Für welche Dosis ist die Reaktionsstärke am größten? Für welche Dosis ist die Empfindlichkeit am größten?

Runde 2

1 Skizziere den Graphen von f′.

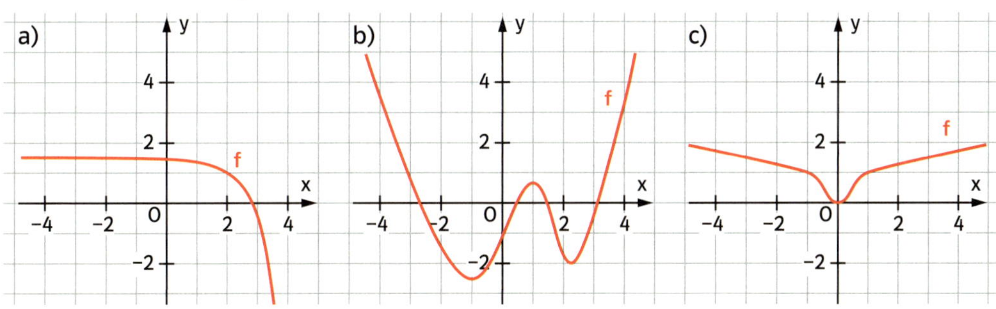

Fig. 2

2 Bestimme die Gleichung der Tangente t an den Graphen von f im Punkt P.

a) $f(x) = x^2 + 0{,}5x$; $P(-3\,|\,f(-3))$

b) $f(x) = -2\sin(x)$; $P\left(\frac{\pi}{4}\,\middle|\,f\left(\frac{\pi}{4}\right)\right)$

3 Bestimme die Gleichung der Normalen n an den Graphen von f im Punkt P.

a) $f(x) = 3\sqrt{x}$; $P(4\,|\,f(4))$

b) $f(x) = \frac{2}{x} + x^2$; $P(-1\,|\,f(-1))$

4 Das Gewicht G eines Papierstückes, das angezündet wurde, hängt von der Zeit t ab, die nach dem Anzünden vergangen ist. Zunächst brennt das Feuer schwach, nimmt dann zu und erlischt langsam.
Skizziere die Graphen von G und von G′. Welche Bedeutung hat G′?
Woran lässt sich an den beiden Graphen erkennen, dass das Papier verbrannt ist?

Lösungen auf Seite 232.

Das kannst du schon

- Die Ableitung einer Funktion an einer Stelle bestimmen und geometrisch deuten
- Potenzfunktionen und deren Summen ableiten
- Die Gleichung der Tangente an den Graphen einer Funktion angeben

Welcher Term passt zu welchem Bild?

$x^2 - x$

$4x - 5$

$x^3 - 10$

x^4

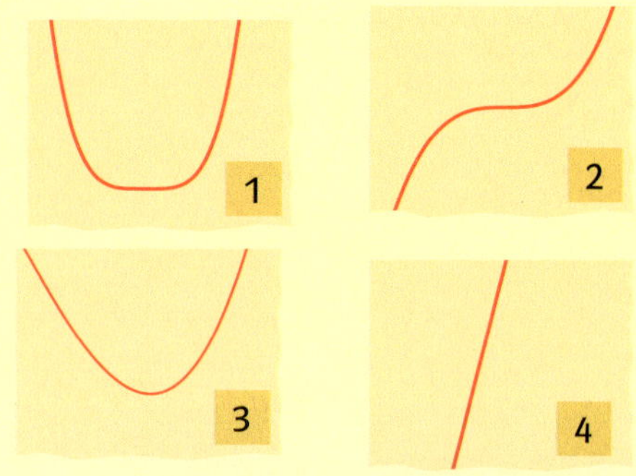

VI Untersuchen und Bestimmen von Funktionen

Auf und nieder, immer wieder ...

Ein Hochpunkt ist der höchste Punkt (Kuppel) einer Umgebung, also ein Ort, an dem das Gefälle sich von positiv (steigend) auf negativ (fallend) ändert. Wikipedia, 2009

Was ist demnach ein Tiefpunkt?

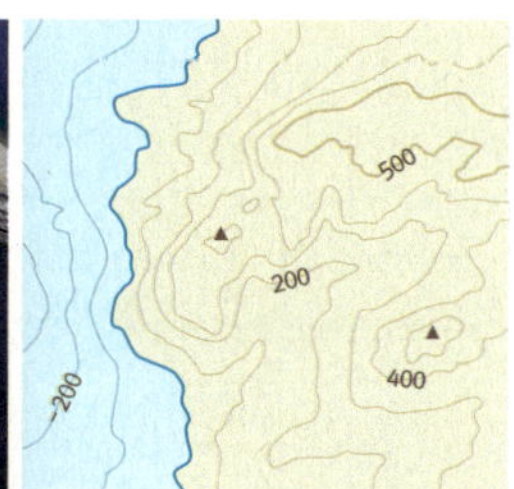

Das kannst du bald

- Eigenschaften ganzrationaler Funktionen erkennen und anhand ihrer Ableitungen begründen
- Gleichungen höheren Grades unter Verwendung geeigneter Rechenverfahren lösen
- Hoch-, Tief- und Wendepunkte von Graphen ganzrationaler Funktionen bestimmen
- Anwendungsprobleme zu ganzrationalen Funktionen mithilfe ihrer Ableitungen lösen

1 Monotonie

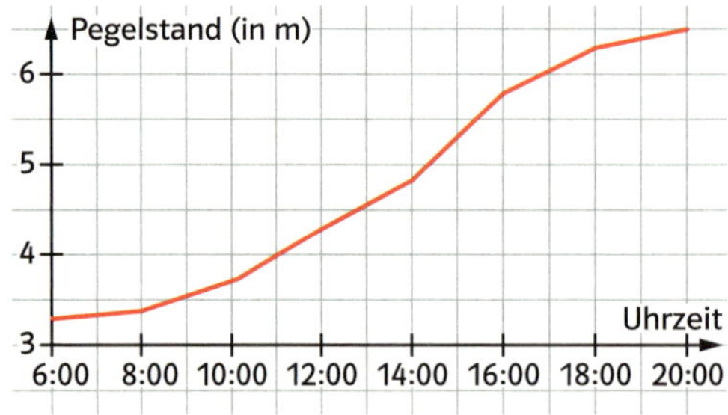

Der Pegel steigt heute Abend nicht mehr so schnell. Das lässt hoffen, dass der Scheitelpunkt der Hochwasserwelle bald erreicht ist. Dann wird nach den starken Regenfällen der letzten Tage der Pegel wieder fallen.

Viele Funktionen enthalten Abschnitte, in denen die Funktionswerte nur zunehmen oder nur abnehmen. Am Graphen der Funktion $f: x \to x^2$ erkennt man zwei solche Abschnitte (Fig. 1). Man betrachtet dabei, wie sich die Funktionswerte verändern, wenn die x-Werte zunehmen.

Die Funktionswerte der Funktion f nehmen für $x \leqq 0$ ab.
Man nennt die Funktion f im Intervall $]-\infty; 0]$ **monoton abnehmend**.
Für $x \geqq 0$ dagegen nehmen die Funktionswerte zu.
Man nennt die Funktion f im Intervall $[0; \infty[$ **monoton zunehmend**.
Diese Sprechweise kann man auf beliebige Funktionen übertragen.

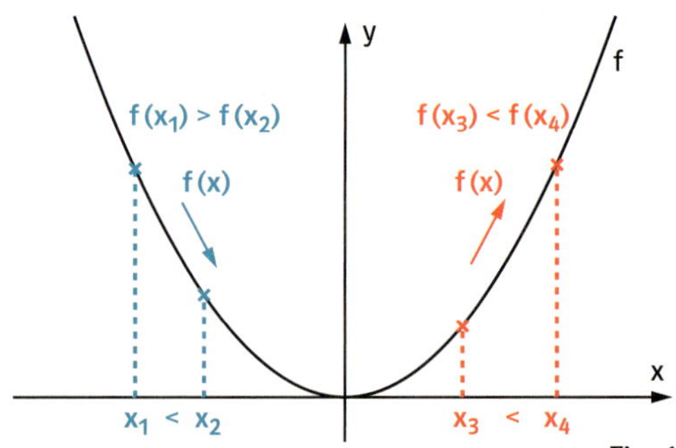

Fig. 1

Die Schreibweise $A \subseteq B$ bedeutet, dass die Menge A eine Teilmenge der Menge B ist.

Es ist f eine Funktion mit der Definitionsmenge D_f und I ein Intervall mit $I \subseteq D_f$.
Wenn für alle $x_1, x_2 \in I$ mit $x_1 < x_2$ gilt

$f(x_1) \leqq f(x_2)$,	$f(x_1) \geqq f(x_2)$,
so ist f im Intervall I	
monoton zunehmend.	**monoton abnehmend**.
Ist die Gleichheit ausgeschlossen, so heißt f in I	
streng monoton zunehmend.	**streng monoton abnehmend**.

Ist in einem Intervall I eine der Monotoniebedingungen erfüllt, so bezeichnet man I als ***Monotonieintervall***.

Intervalle, in denen die Werte einer Funktion monoton zunehmen oder monoton abnehmen (Monotonieintervalle), können bei differenzierbaren Funktionen mithilfe der Ableitung bestimmt werden:
Ist die Ableitung f′ positiv, so ist der Graph von f streng monoton steigend. Die Funktionswerte nehmen also zu (Fig. 2, links).
Ist f′ negativ, so ist der Graph von f streng monoton fallend. Die Funktionswerte nehmen in diesem Fall ab (Fig. 2, rechts).

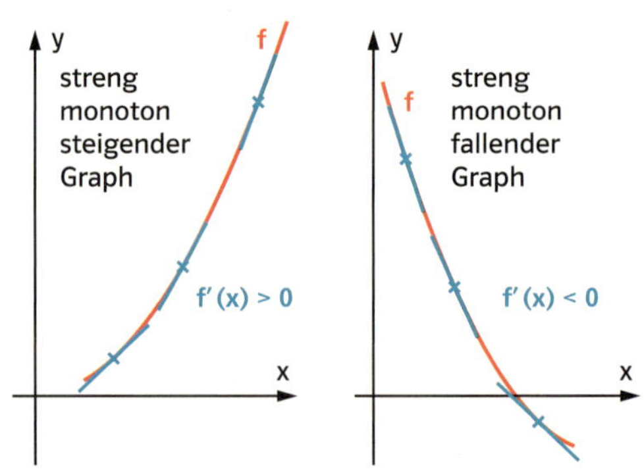

Fig. 2

Es ist f eine Funktion mit der Definitionsmenge D_f. Wenn f in einem Intervall $I \subseteq D_f$ differenzierbar ist und für alle $x \in I$

$f'(x) \geqq 0$	$f'(x) \leqq 0$
gilt, dann ist f im Intervall I	
monoton zunehmend.	**monoton abnehmend.**
Der Graph der Funktion f ist dann	
monoton steigend.	**monoton fallend.**

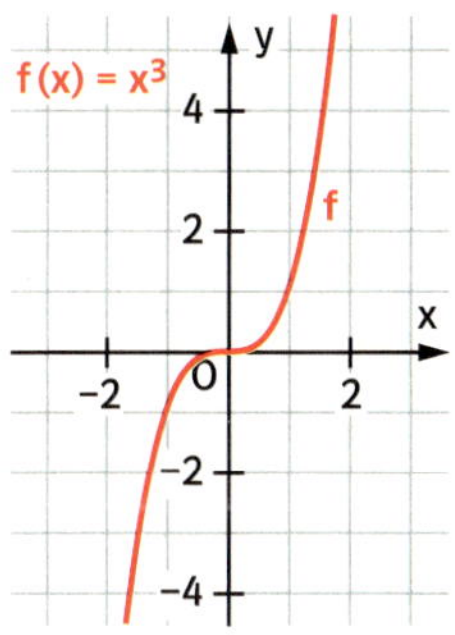

Fig. 1

Ist in einem Intervall $I \subseteq D_f$ sogar $f'(x) > 0$, so ist die Funktion streng monoton zunehmend. Das Beispiel der Funktion f mit $f(x) = x^3$ zeigt, dass es auch bei streng monotonen Funktionen einzelne Stellen geben kann, an denen $f'(x) = 0$ gilt. Die Funktion f ist streng monoton zunehmend, aber es gilt $f'(0) = 0$ (Fig. 1).

Beispiel 1
Untersuche die Funktion $f: x \to 2^x$ auf Monotonie.
Lösung:
Die Definitionsmenge der Funktion f ist $D_f = \mathbb{R}$.
Sind x_1 und x_2 zwei reelle Zahlen mit $x_1 < x_2$, dann ist $x_2 = x_1 + d$ mit $d > 0$. Für die Funktionswerte gilt $f(x_1) = 2^{x_1}$ und $f(x_2) = 2^{x_2} = 2^{x_1 + d} = 2^{x_1} \cdot 2^d$.
Wegen $d > 0$ ist $2^d > 1$. Also ist $f(x_2) = 2^{x_1} \cdot 2^d > 2^{x_1}$ und damit $f(x_2) > f(x_1)$.
Die Funktion $f: x \to 2^x$ ist in ihrer gesamten Definitionsmenge streng monoton zunehmend (Fig. 2).

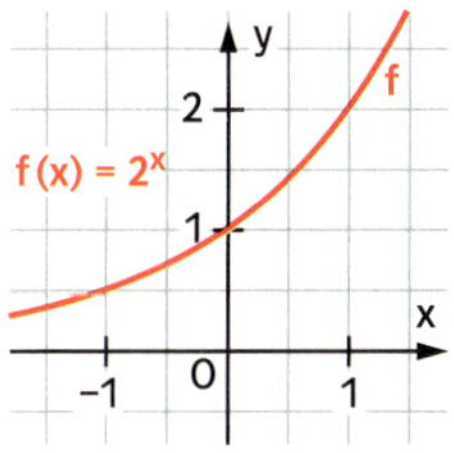

Fig. 2

Beispiel 2
Bestimme die Monotonieintervalle der Funktion f mit $f(x) = \frac{1}{3}x^3 - x$. In welchen Intervallen ist f monoton zunehmend, wo ist f monoton abnehmend?
Lösung:
Es ist $f'(x) = x^2 - 1$. Also ist $f'(x) \geqq 0$ für $|x| \geqq 1$ und $f'(x) \leqq 0$ für $-1 \leqq x \leqq 1$.
Daraus ergeben sich die Monotonieintervalle $I_1 =]-\infty; -1]$, $I_2 = [-1; 1]$ und $I_3 = [1; \infty]$.
Die Funktion f ist in I_1 und in I_3 monoton zunehmend und in I_2 monoton abnehmend.
Die Stellen $x = -1$ und $x = 1$ sind die einzigen Stellen, an denen die Ableitung gleich null ist. Deshalb ist die Funktion f in I_1 und in I_3 sogar streng monoton zunehmend und in I_2 streng monoton abnehmend (Fig. 3).

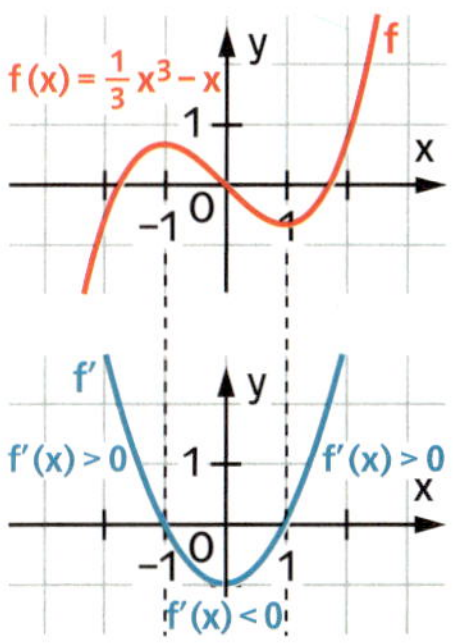

Fig. 3

Aufgaben

1 Zeichne zwei mögliche Graphen einer Funktion f mit den gegebenen Eigenschaften. Der Definitionsbereich der Funktion ist $\mathbb{R}$.
a) f ist in $I_1 =]-\infty; -1]$ streng monoton zunehmend und in $I_2 = [-1; \infty[$ monoton abnehmend.
b) f ist in $I_1 = [-2; 4]$ monoton abnehmend, sonst streng monoton zunehmend.
c) f ist überall streng monoton zunehmend mit Funktionswerten nicht größer als 3,
d) f ist überall streng monoton abnehmend mit Funktionswerten aus dem Intervall $]-1, 1[$.
e) f ist für $x \leqq 3$ streng monoton zunehmend und für $x \geqq 3$ monoton abnehmend.
f) f ist überall monoton abnehmend, aber in $I = [1; 3]$ nicht streng monoton.

2 Bestimme anhand des Graphen die Monotonieintervalle, der Funktion f $(D_f = \mathbb{R})$.

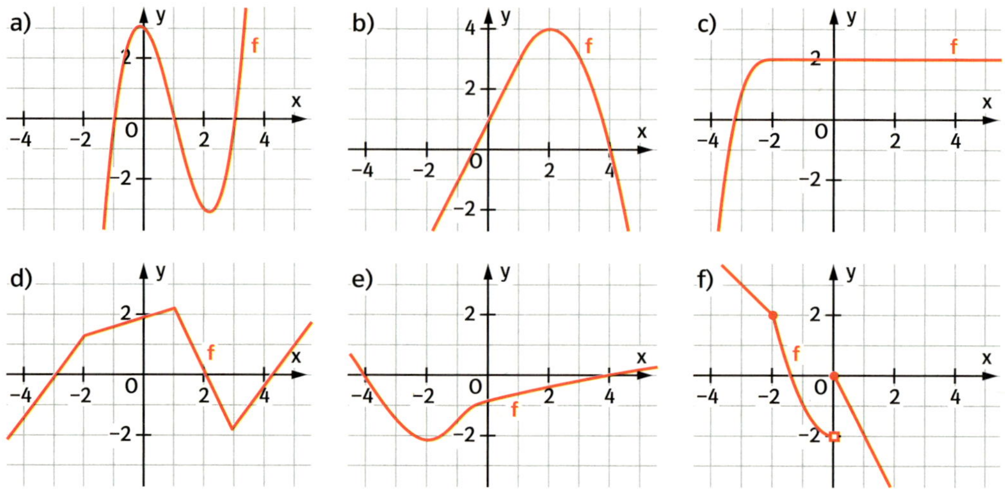

3 Gib die Gleichungen zweier Funktionen f und g an, die die angegebene Bedingung erfüllen. Die Funktion ist
a) für alle $x \in \mathbb{R}$ streng monoton abnehmend,
b) für $x \leqq 1$ monoton abnehmend und für $x \geqq 1$ monoton zunehmend,
c) im Intervall $I_1 = [0, \pi]$ monoton abnehmend und im Intervall $I_2 = [\pi, 2\pi]$ monoton zunehmend.

4 Begründe, dass die Funktion f nur ein Monotonieintervall besitzt.
a) $f(x) = 3x - 5$ b) $f(x) = 4 - 2^x$ c) $f(x) = \left(\frac{1}{2}\right)^x$ d) $f(x) = (x-2)^5$

5 Bestimme möglichst große Intervalle, in denen die Funktion f streng monoton ist.
a) $f(x) = 4x + x^2$ b) $f(x) = \frac{1}{3}x^2 - 9x + 1$
c) $f(x) = \frac{1}{5}x^5 - \frac{1}{4}x^4$ d) $f(x) = \frac{1}{8}x^4 + 4x$
e) $f(x) = \sin\left(x - \frac{\pi}{2}\right)$ f) $f(x) = \frac{2}{x}$

6 Fig. 1 zeigt den Graphen der Ableitungsfunktion f′ einer Funktion f. Ist die Aussage zutreffend? Begründe.
Die Funktion f ist im Intervall
a) [0; 2], b) [−3,5; −2], c) [1; 3]
streng monoton abnehmend.

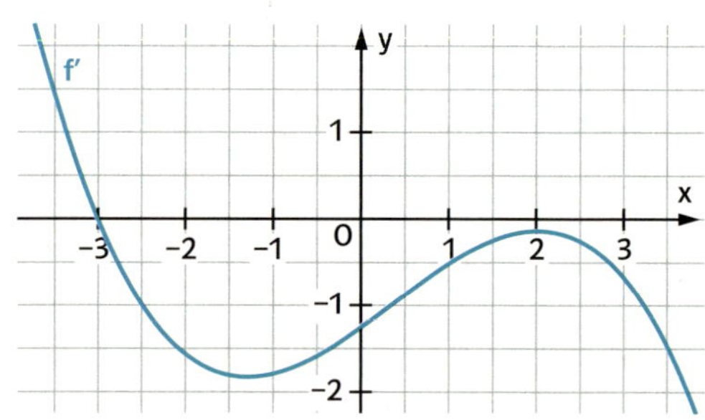

Fig. 1

7 Untersuche die beschriebene Funktion auf Monotonie.
a) bei einem Metalldraht: *Länge des Drahtes → Gewicht*
b) während einer Autofahrt: *Fahrstrecke → Tankinhalt*
c) im Parkhaus: *Parkzeit → Parkgebühr*
d) beim freien Fall: *Fallzeit → Fallgeschwindigkeit, Fallzeit → Höhe über dem Boden*

8 Die Funktion f mit $f(x) = mx + b$ ist monoton. Für welche Werte von m und b ist sie
a) streng monoton zunehmend, b) streng monoton abnehmend,
c) sowohl monoton zunehmend, als auch monoton abnehmend?

Bist du sicher?

1 Bestimme die Monotonieintervalle der Funktion f.

a) $f(x) = x^2 + 10$ b) $f(x) = x^3 - 9x$ c) $f(x) = x - 2$ d) $f(x) = x^4 + 4x^2$

2 Fig. 1 zeigt den Graphen der Ableitungsfunktion f′ einer Funktion f. Ist die Aussage zutreffend? Begründe.
Die Funktion f ist für
a) $x > 2$ streng monoton zunehmend,
b) $-4 \leqq x \leqq -3$ monoton zunehmend,
c) $0 \leqq x \leqq 2$ streng monoton abnehmend.
d) $1 \leqq x \leqq 3$ monoton abnehmend.

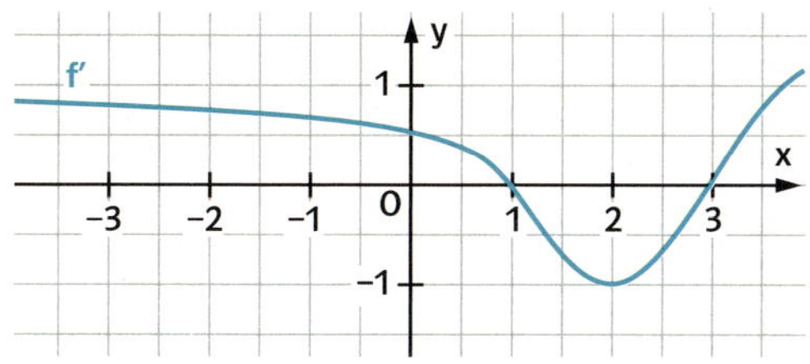

Fig. 1

9 Skizziere den Graphen einer Funktion g und lasse deinen Nachbarn die Monotonieintervalle ablesen
a) für die Funktion g, b) für die Ableitungsfunktion g′.

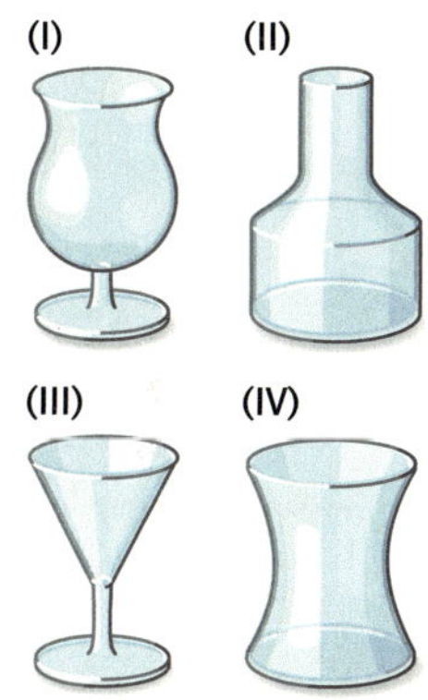

Fig. 2

10 Beim Füllen verschiedener Gefäße verändert sich die Größe der Flüssigkeitsoberfläche mit wachsender Füllhöhe (Fig. 2).
a) Bei welchen Gefäßen ist die Funktion *Füllhöhe → Größe der Flüssigkeitsoberfläche* über die gesamte Füllhöhe hinweg monoton?
b) Skizziere ein Gefäß, für das die Funktion *Füllhöhe → Größe der Flüssigkeitsoberfläche* über die gesamte Füllhöhe hinweg streng monoton abnehmend (monoton zunehmend, aber nicht streng monoton zunehmend) ist.

11 Eine zylindrische Dose hat den Radius r und die Höhe h (r und h in dm).
a) Gib den Funktionsterm der Funktion $V: h \rightarrow V(h)$ an, wenn die Bedingung $2r = h$ ($rh = 1\,dm^2$; $r^2h = 1\,dm^3$) erfüllt sein soll. Welche Werte von h sind sinnvoll?
b) Welche Monotonieeigenschaften haben die zu a) bestimmten Volumenfunktionen V?

12 Untersuche, wie sich verschiedene Werte von a auf das Monotonieverhalten der Funktion f auswirken.

a) $f(x) = ax^2 + ax$ b) $f(x) = x^2 - 2ax$ c) $f(x) = ax^2 - a$ d) $f(x) = x^2 + 2a^2x$
e) $f(x) = x^3 - 3ax$ f) $f(x) = x^3 - a^2x$ g) $f(x) = (x - a)^3$ h) $f(x) = \cos(x + a)$

Kannst du das noch?

13 Berechne alle Nullstellen der Funktion f mit der Gleichung

a) $f(x) = x^2 - 7$ b) $f(x) = x^2 + 2x + 4$ c) $f(x) = x^3 + 6x^2 + 9x$
d) $f(x) = x^4 + 5x^2$ e) $f(x) = x^4 - x^2 - 12$ f) $f(x) = (x - 3)^2(x^2 + 16)$
g) $f(x) = x^3 - 2x^2 - x + 2$ h) $f(x) = x^5 + 8x^2$ i) $f(x) = (x^2 - 5) \cdot \sin(\pi \cdot x)$

14 Bestimme alle Schnittpunkte der Graphen der Funktionen f und g.

a) $f(x) = x^2 + 4x + 2$; $g(x) = -x^3 + 2$ b) $f(x) = x^3 - x^2 - 4x$; $g(x) = x^2 + 2x - 4$

15 Es ist t die Tangente an den Graphen von g mit $g(x) = x^3 + x^2 + x$ im Punkt $P(1|g(1))$.
a) Bestimme den Schnittpunkt der Tangente mit der x-Achse.
b) In welchem Punkt schneidet die Tangente den Graphen von g noch einmal?

2 Extremstellen und Extremwerte

Jahr	Schüleranzahl
1997	1345
2000	1396
2003	1422
2006	1438
2009	1435

„Seit 2006 steigen die Schülerzahlen nicht mehr.“
„2009 war das erste Jahr, in dem die Schülerzahlen rückläufig waren.“
„Die höchste Schülerzahl gab es im Jahr 2008.“

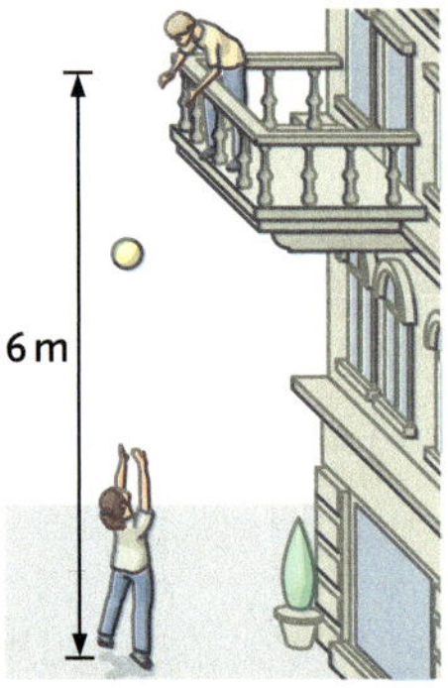

Fig. 1

Zeit t (in s)	Höhe h (in m)
0	1,5
0,5	5,25

Tab. 1

Wirft man einen Ball vertikal nach oben, so kann man seine Höhe in Abhängigkeit von der Zeit bestimmen, die seit dem Abwurf vergangen ist.
Solch eine Abhängigkeit kann durch eine Funktion h mit $h: t \to -5t^2 + at + b$ beschrieben werden. Mithilfe der Messwerte in Tab. 1 kann man herausfinden, ob der Ball die Balkonhöhe (Fig. 1) erreicht oder nicht. Setzt man die Wertepaare in die Funktionsgleichung ein, so erhält man zunächst $h(0) = 1{,}5$, also $b = 1{,}5$. Wegen $h(0{,}5) = 5{,}25$ ergibt sich $-5 \cdot 0{,}5^2 + a \cdot 0{,}5 + 1{,}5 = 5{,}25$, also $a = 10$.

Man erhält so die quadratische Funktion mit der Gleichung $h(t) = -5t^2 + 10t + 1{,}5$.
Den Scheitelpunkt S der zugehörigen Parabel findet man mithilfe quadratischer Ergänzung. Aus $h(t) = -5(t-1)^2 + 6{,}5$ liest man $S(1\,|\,6{,}5)$ ab. Der Ball erreicht nach einer Sekunde seine maximale Höhe von 6,5 m. Er steigt also höher als der Balkon.

An der Stelle $t = 1$ nimmt die Funktion h ihren größten Funktionswert an. Die Stelle $t = 1$ heißt **Extremstelle** von h. Der Funktionswert h(1) heißt **Extremwert**. Der Extremwert von h ist ein **Maximum**. Der zugehörige Extrempunkt des Graphen ist ein **Hochpunkt**.

Zur Bestimmung von Hochpunkten des Funktionsgraphen von f kann man auch die Ableitung h′ verwenden. Die Ableitung von h hat die Gleichung $h'(t) = -10t + 10$.
h hat also zwei Monotonieintervalle:
Für $t \leqq 1$ ist $h'(t) > 0$. Deshalb ist h für $t \leqq 1$ streng monoton zunehmend.
Für $t \geqq 1$ gilt $h'(t) < 0$. Die Funktion h ist also für $t \geqq 1$ streng monoton abnehmend.
Der Graph hat an der Stelle $t = 1$ einen Hochpunkt.
An dieser Stelle hat die Ableitung h′ den Wert 0.
Die Tangente an den Graphen von h verläuft parallel zur x-Achse.
Die Funktion h hat an dieser Stelle das Maximum $h(1) = 6{,}5$.
Der Hochpunkt des Graphen ist $H(1\,|\,6{,}5)$.

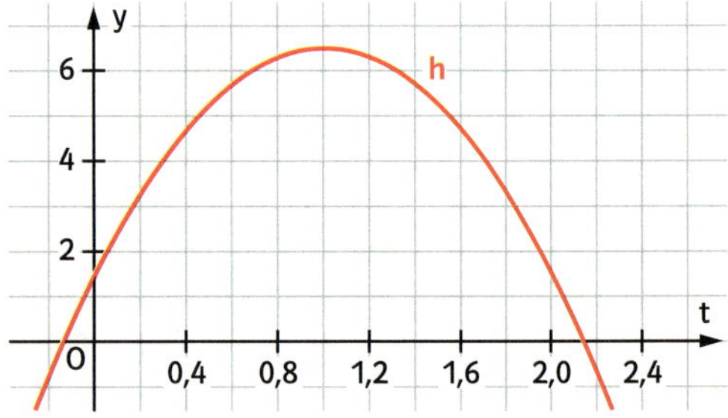

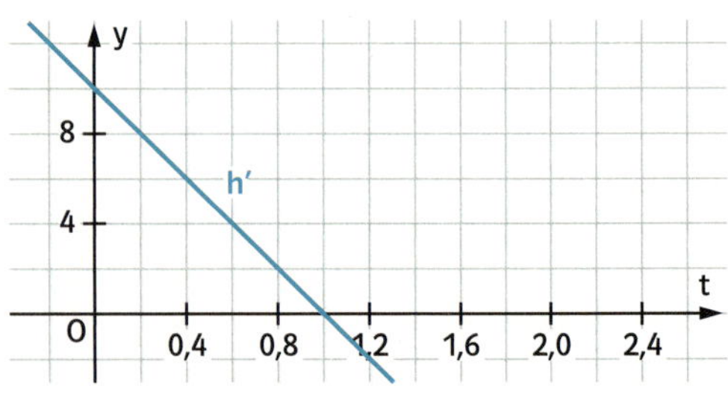

Diese Überlegungen lassen sich auf beliebige Funktionen f übertragen. Wenn deren Extremwert ein **Minimum** ist, muss an der entsprechenden Stelle x_0 wie bei einem Maximum $f'(x_0) = 0$ gelten. Anders als bei einem Maximum ist jetzt aber $f'(x) < 0$ für $x < x_0$ und $f'(x) > 0$ für $x > x_0$.
Allgemein gilt: Wenn eine differenzierbare Funktion an der Stelle x_0 ein **Maximum** oder ein **Minimum** besitzt, dann ist stets $f'(x_0) = 0$, denn die Tangente an den Graphen verläuft parallel zur x-Achse.
An Stellen, an denen $f'(x) \neq 0$ ist, kann f keine Extremwerte besitzen. Extremwerte kann es also nur dort geben, wo die Ableitung den Wert null annimmt.

Notwendige Bedingung für Extremstellen:
$f'(x) = 0$

Nicht alle Stellen x_0, an denen $f'(x_0) = 0$ gilt, sind auch Extremstellen. Fig. 1 zeigt eine Stelle x_0, an der $f'(x_0) = 0$ gilt. Für alle anderen x-Werte ist aber $f'(x) > 0$. Die Funktion hat bei x_0 keinen Extremwert. Einen Punkt, an dem die Tangente an den Graphen parallel zur x-Achse verläuft, an dem die Ableitung f' aber ihr Vorzeichen nicht wechselt, nennt man **Sattelpunkt**.

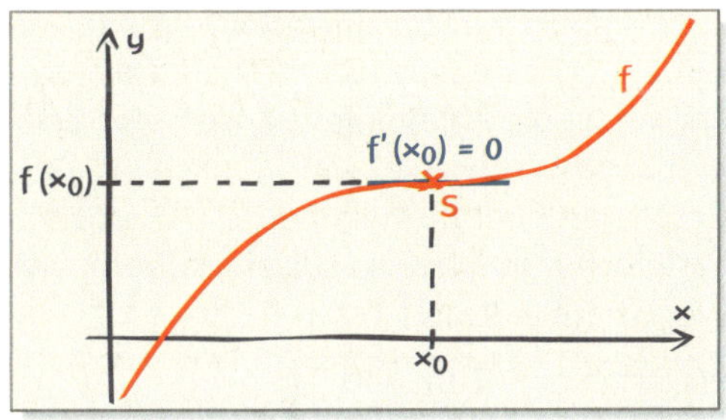

Fig. 1

Wenn an einer Stelle die Ableitung den Wert null hat und dort das Vorzeichen wechselt, dann hat die zugehörige Funktion dort eine Extremstelle. An der Art des Vorzeichenwechsels erkennt man, ob der Graph der Funktion einen Hochpunkt oder einen Tiefpunkt hat.

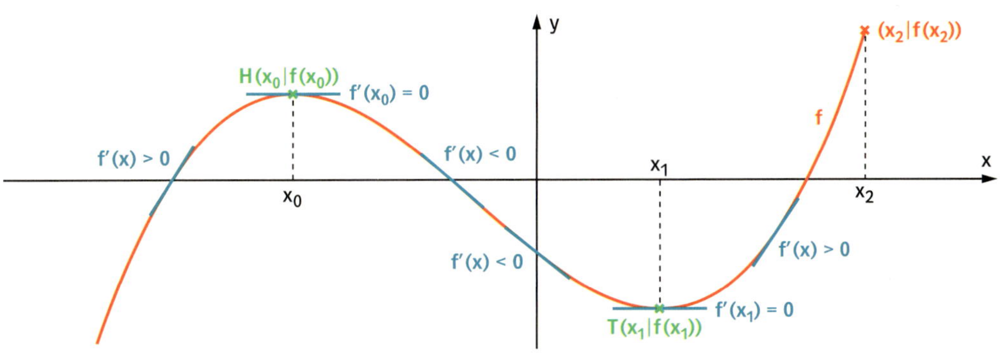

Fig. 2

*An der Stelle x_0 hat die Funktion f ein **relatives** Maximum, denn es gilt zum Beispiel $f(x_2) > f(x_0)$.*

Vorzeichenwechselkriterium für Extremstellen:
Die Stelle x_0 einer Funktion f ist eine Extremstelle von f, wenn gilt:
$f'(x_0) = 0$ und f' wechselt an der Stelle x_0 das Vorzeichen.

Wechselt die Ableitung das Vorzeichen an der Stelle x_0 von

„+" nach „–",	„–" nach „+",
dann hat f an der Stelle x_0 ein	
Maximum.	**Minimum**.
Der Graph der Funktion f hat dort den	
Hochpunkt $H(x_0 \mid f(x_0))$.	**Tiefpunkt** $T(x_0 \mid f(x_0))$.

Extremstellen finden und Extremwerte berechnen:
– Nullstellen von f' bestimmen und f' dort auf Vorzeichenwechsel untersuchen
– Funktionswerte berechnen

Beispiel 1

Gegeben ist die ganzrationale Funktion f mit der Gleichung $f(x) = \frac{1}{4}x^4 - \frac{2}{3}x^3$.

a) Bestimme die Nullstellen von f'. Welche Eigenschaft hat der Graph von f dort?

b) Berechne die Nullstellen von f und skizziere die Graphen von f' und f.

Lösung:

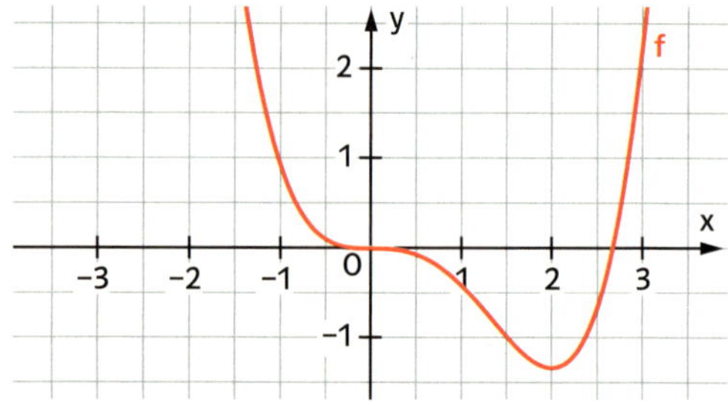

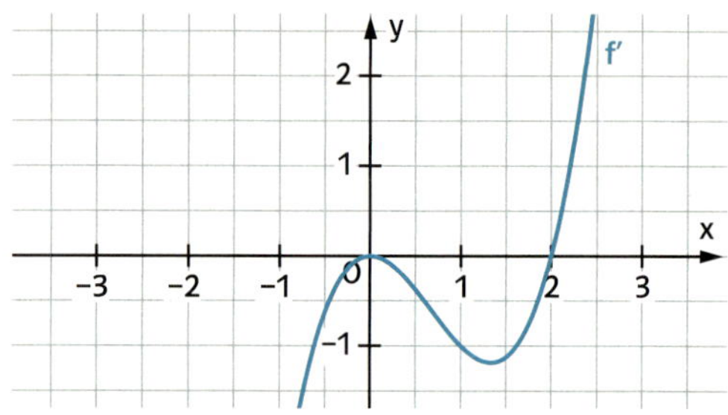

a) Aus $f'(x) = x^3 - 2x^2 = x^2(x-2) = 0$ folgt: Die Nullstellen von f' sind $x_1 = 0$ und $x_2 = 2$. Der Faktor x^2 ist für alle Werte von x positiv. Deshalb wird das Vorzeichen von f' allein von dem Faktor $(x-2)$ bestimmt. Bei $x_1 = 0$ hat f' keinen Vorzeichenwechsel. Der Faktor $x - 2$ ist negativ für $x < 2$ und positiv für $x > 2$. Die Ableitung wechselt also bei $x_2 = 2$ das Vorzeichen von „−" nach „+". Der Graph von f hat deshalb bei $x_1 = 0$ einen Sattelpunkt und bei $x_2 = 2$ einen Tiefpunkt. Wegen $f(0) = 0$ und $f(2) = \frac{1}{4} \cdot 2^4 - \frac{2}{3} \cdot 2^3 = -\frac{4}{3}$ erhält man $S(0|0)$ und $T\left(2\middle|-\frac{4}{3}\right)$.

An der Stelle $x_2 = 2$ hat die Funktion f ein ***absolutes*** *Minimum, denn es gibt keinen Wert x mit der Eigenschaft $f(x) < f(x_2)$.*

b) Aus $f(x) = \frac{1}{4}x^4 - \frac{2}{3}x^3 = x^3\left(\frac{1}{4}x - \frac{2}{3}\right) = 0$ ergeben sich die Nullstellen $x_3 = 0$ und $x_4 = \frac{8}{3}$. Der Graph von f schneidet die x-Achse in den Punkten $N_1(0|0)$ und $N_2\left(\frac{8}{3}\middle|0\right)$.

Beispiel 2

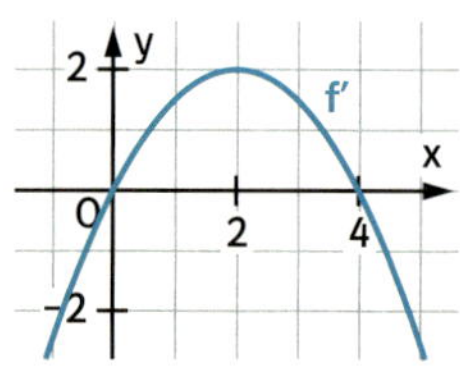

Fig. 1

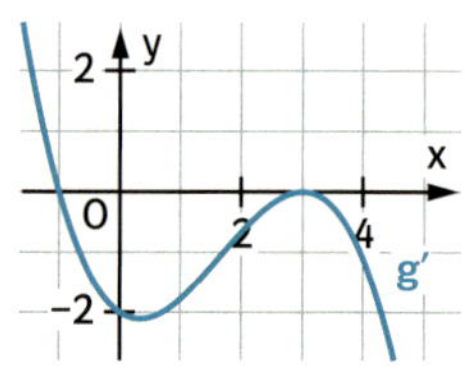

Fig. 2

Fig. 1 zeigt den Graphen der Ableitung f' einer Funktion f, Fig. 2 den Graphen der Ableitung g' einer Funktion g. Beschreibe und skizziere einen möglichen Verlauf der Graphen von f und g.

Lösung:

Die Ableitungsfunktion f' hat die Nullstellen 0 und 4. Bei 0 wechselt sie das Vorzeichen von „−" nach „+" und bei 4 gibt es einen Vorzeichenwechsel von „+" nach „−".

Möglicher Verlauf der Graphen:

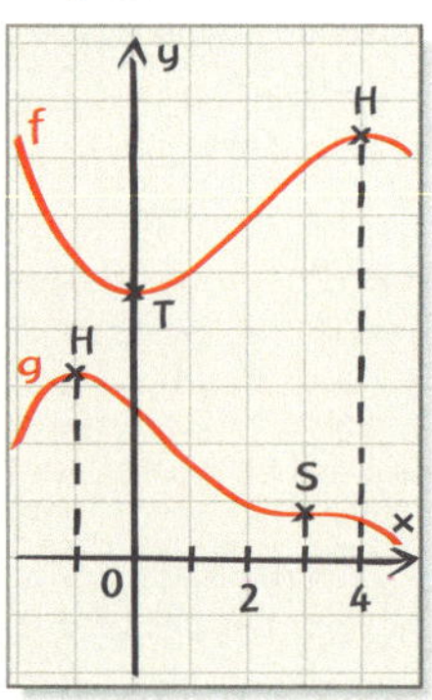

Der Graph von f fällt also für $x \leqq 0$ und hat bei $x = 0$ einen Tiefpunkt. Er steigt im Intervall $[0; 4]$. Bei $x = 4$ befindet sich ein Hochpunkt. Für $x > 4$ ist der Graph fallend.

Die Ableitungsfunktion g' ist nur für $x < -1$ positiv. Ihre Nullstellen liegen bei $x = -1$ und $x = 3$. Bei $x = -1$ wechselt g' das Vorzeichen von „+" nach „−", bei $x = 3$ wechselt g' das Vorzeichen nicht.

Der Graph von g ist also für $x \leqq -1$ streng monoton steigend und für $x \geqq -1$ streng monoton fallend. Bei $x = -1$ hat er einen Hochpunkt und bei $x = 3$ liegt ein Sattelpunkt vor.

Aufgaben

1 Skizziere einen möglichen Funktionsgraphen einer ganzrationalen Funktion, der

a) einen Hochpunkt bei $H(-2|3)$ und einen Tiefpunkt bei $T(2|-3)$ hat,

b) einen Tiefpunkt bei $T(-1|-4)$, einen Sattelpunkt bei $S(1|0)$ und einen Hochpunkt bei $H(4|3)$ hat,

c) weder Hoch- noch Tiefpunkte, aber genau zwei Sattelpunkte besitzt,

d) genau zwei Hochpunkte und genau einen Tiefpunkt besitzt.

2 Bestimme die Nullstellen der Ableitungsfunktion und untersuche f′ auf Vorzeichenwechsel. Welche Eigenschaften des Graphen von f lassen sich aus den Ergebnissen ablesen?

a) $f(x) = x^2 - 6x + 11$ b) $f(x) = 3x^2 - 2x + 1$ c) $f(x) = -2x^2 - 11x + 15$
d) $f(x) = x^3 - 3x$ e) $f(x) = x^3 - 2x - 5$ f) $f(x) = 3x^3$
g) $f(x) = \frac{1}{4}x^4 - \frac{2}{3}x^3 - \frac{3}{2}x^2$ h) $f(x) = -\frac{1}{4}x^4 + x^3 - 4$ i) $f(x) = (x^2 - 1)^2$

3 Bestimme alle Extremwerte von f und skizziere den zugehörigen Graphen.

a) $f(x) = x^3 + x$ b) $f(x) = x^5 + x^3$ c) $f(x) = 0{,}02x^5 - 0{,}1x^4$

4 Gib die Definitionsmenge an und berechne die relativen Extrempunkte des Graphen von f mithilfe der Ableitungsfunktion f′.

a) $f(x) = x + \frac{1}{x}$ b) $f(x) = \sqrt{x} - x$ c) $f(x) = \frac{1}{x^2} - x^2$

5 Gegeben ist die Ableitung f′ einer Funktion f. Berechne die x-Werte aller Punkte, in denen die Tangente an den Graphen von f parallel zur x-Achse verläuft. Entscheide, ob ein Hochpunkt, ein Tiefpunkt oder ein Sattelpunkt vorliegt.

a) $f'(x) = 3x + 2$ b) $f'(x) = x^2 + x - 6$ c) $f'(x) = x^3 - 3x^2$

6 Wo hat der in Fig. 2 dargestellte Funktionsgraph von f Hoch-, Tief- oder Sattelpunkte? Lies die jeweiligen Koordinaten ab. Beschreibe, wie sich das Steigungsverhalten und damit das Vorzeichen der Ableitung in der Umgebung der jeweiligen Stellen verändert.

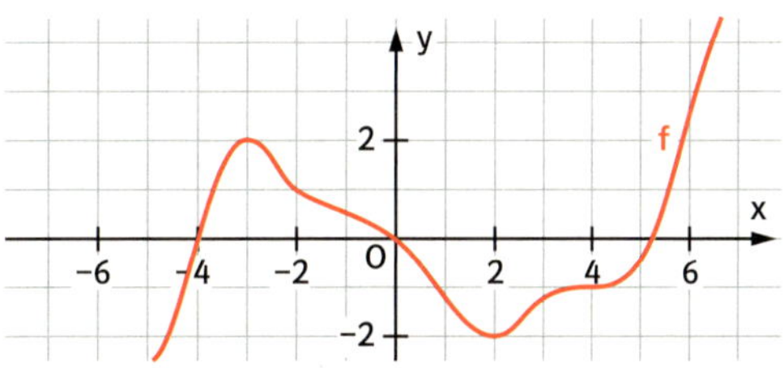

Fig. 2

7 In Fig. 3 ist der Graph der Ableitung einer ganzrationalen Funktion f skizziert.

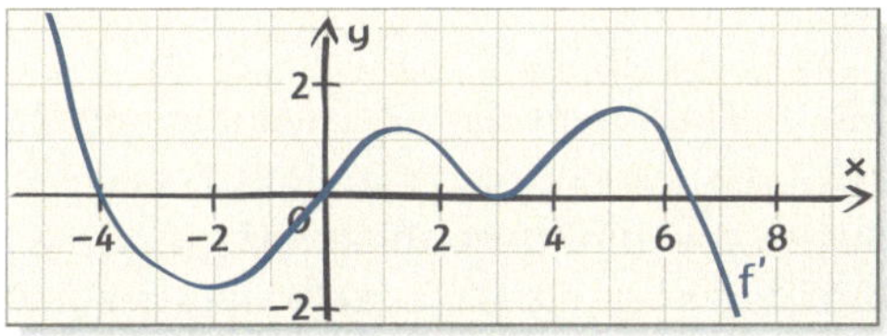

Fig. 3

a) An welchen Stellen hat der Graph von f Hochpunkte, an welchen Stellen hat er Tiefpunkte?
b) An welchen Stellen hat der Graph von f Sattelpunkte?
c) Skizziere anhand der Ergebnisse aus a) und c) einen möglichen Graphen von f.

Bist du sicher?

1 Fig. 1 zeigt den Graphen einer ganzrationalen Funktion f.
a) Lies die Koordinaten von Hoch-, Tief- und Sattelpunkt ab.
b) Skizziere anhand der Ergebnisse aus Teilaufgabe a) einen möglichen Verlauf des Graphen von f′.

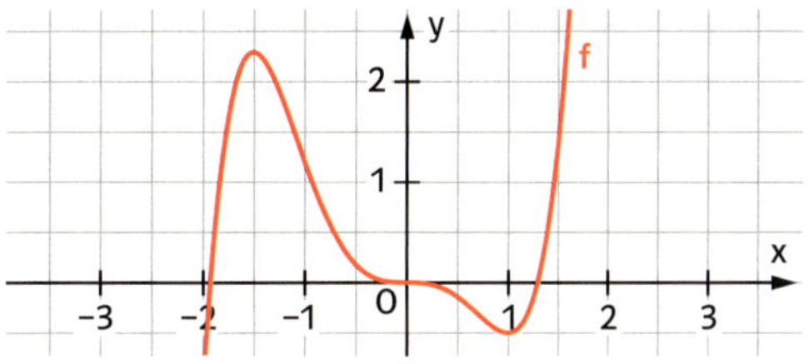

Fig. 1

2 Bestimme die Punkte, in denen die Tangente an den Graphen von f parallel zur x-Achse verläuft. Skizziere den Graphen und markiere Hoch-, Tief- und Sattelpunkte.

a) $f(x) = x^2 + 2x$ b) $f(x) = \frac{1}{2}x^3 - 3x^2 + 6x - 3$ c) $f(x) = x^4 - 4x^3 + 4x^2$

8 Aus einer Funktion f wird eine neue Funktion g gebildet. Hat g dieselben Extremstellen wie f? Begründe.

a) $g(x) = f(x) + 3$ b) $g(x) = 2 \cdot f(x)$ c) $g(x) = -3 \cdot f(x)$ d) $g(x) = f(x - 5)$

9 Bestimme die Nullstellen der Funktion f und ihrer Ableitung f'. Skizziere anhand der erhaltenen Ergebnisse den Graphen von f.

a) $f(x) = \frac{1}{2}x^2 - 2x$ b) $f(x) = \frac{1}{3}x^3 - 4x$ c) $f(x) = (2 - x)^3 + 1$ d) $f(x) = \frac{1}{4}x^4 - 2x^2$

10 Welcher Punkt des Graphen der Funktion f hat von der x-Achse den kleinsten Abstand?

a) $f(x) = \frac{1}{2}x^2 - 4x + 9$ b) $f(x) = -\frac{1}{9}x^4 + \frac{4}{9}x^3 - \frac{28}{9}$ c) $f(x) = \frac{1}{4}x^4 - x + \frac{3}{2}$

11 Untersuche zusammen mit deinem Nachbarn, in welcher Weise der Wert des Parameters a den Graphen von f beeinflusst. Setzt verschiedene Werte für a ein und beobachtet insbesondere die Lage und Anzahl der Stellen, an denen die Tangente an den Graphen parallel zur x-Achse verläuft. Versucht auf diese Weise, verschiedene Typen des Graphen von f herauszufinden und den Zusammenhang mit dem Parameter a herzustellen.

a) $f(x) = x^3 - ax$ b) $f(x) = x^4 + ax^2$ c) $f(x) = \frac{1}{3}x^3 + x^2 + ax$

12 Wahr oder falsch?

Begründe deine Entscheidung.

a) Der Graph einer quadratischen Funktion hat genau einen Tiefpunkt.

b) Ist die Ableitung f' einer Funktion f eine quadratische Funktion mit zwei Nullstellen, so besitzt der Graph von f genau einen Hochpunkt und genau einen Tiefpunkt.

c) Jede Nullstelle der Ableitungsfunktion f' ist eine Extremstelle der Funktion f.

d) Jede Extremstelle einer ganzrationalen Funktion f ist Nullstelle der zugehörigen Ableitungsfunktion f'.

13 Fig. 1 zeigt das Geschwindigkeits-Zeit-Diagramm einer Busfahrt.

a) Woran erkennt man zum Beispiel als stehender Fahrgast, ob die Geschwindigkeit des Busses zunimmt oder abnimmt?

b) Wie werden die Zeitpunkte wahrgenommen, an denen im Geschwindigkeits-Zeit-Diagramm ein Hoch-, ein Tief- oder ein Sattelpunkt liegt?

14 Die in Fig. 2 dargestellten Gefäße werden mit Wasser gefüllt, wobei der Wasserzulauf gleichmäßig erfolgt. Entsprechend der jeweiligen Gefäßform verändert sich die Steiggeschwindigkeit v des Wasserspiegels im Verlaufe des Füllvorgangs.

a) Bei welcher Füllhöhe h hat die Funktion $h \to v$ jeweils ein lokales Minimum, bei welcher ein lokales Maximum?

b) Skizziere für jedes der drei Gefäße den Graphen der Funktion $h \to v$.

c) Ist eine Gefäßform denkbar, für die der Graph der Funktion $h \to v$ einen Sattelpunkt hat? Begründet eure Antwort.

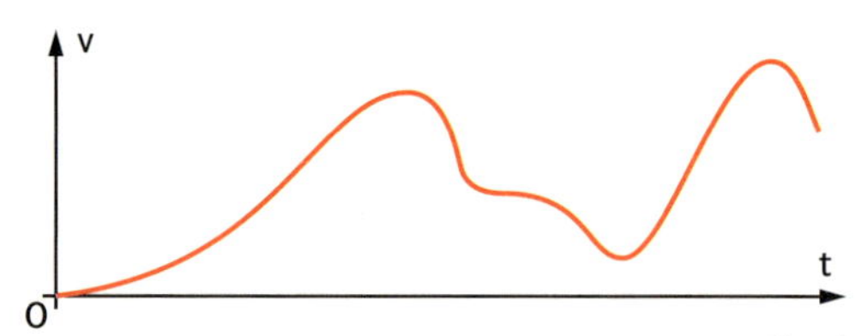

Fig. 1

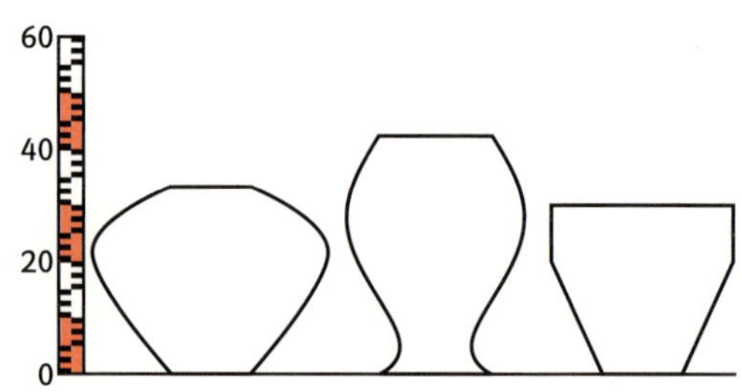

Fig. 2

3 Krümmungsverhalten, Extrem- und Wendepunkte

„Die gute Werbung für unsere Stadt hat sich gelohnt. Im Jahr 2006 ist die erhoffte Trendwende bei den Einwohnerzahlen eingetreten."
„Wieso Trendwende? Die Zahl der Einwohner ist doch in jedem Jahr größer geworden!"

Jahr	Einwohner-zahl
1994	4502
1997	4583
2000	4622
2003	4638
2006	4684
2009	4773

Ob der Graph einer Funktion geradlinig verläuft oder eine Krümmung besitzt, lässt sich daran erkennen, wie sich die erste Ableitung verhält. Die Funktion g mit $g(x) = 2x - 3$ hat die Ableitung $g'(x) = 2$. Die Steigung des Graphen ist überall gleich 2 und somit konstant. Der Graph hat also keine Krümmung.
Bei dem in Fig. 1 dargestellten Graphen der Funktion f nehmen die Werte von f' für $x < x_0$ monoton zu. Die Tangentensteigungen werden immer größer. Deshalb ist der Graph von f für $x < x_0$ **linksgekrümmt**.
Für $x > x_0$ nehmen die Werte von f' monoton ab. Die Tangentensteigungen werden immer kleiner. Deshalb ist der Graph von f für $x > x_0$ **rechtsgekrümmt**.
Ist der Graph einer Funktion f linksgekrümmt, so ist f' streng monoton zunehmend. Das bedeutet aber, dass die Ableitungsfunktion von f', also die zweite Ableitung f'' von f, positive Werte hat. Bei rechtsgekrümmten Funktionen sind die Werte von f'' negativ.

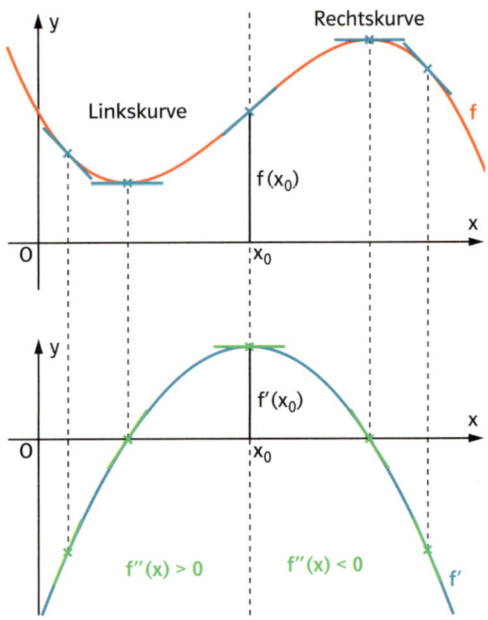

Fig. 1

f''(x) > 0
↓
f' nimmt streng monoton zu.
↓
Der Graph von f ist linksgekrümmt.

f''(x) < 0
↓
f' nimmt streng monoton ab.
↓
Der Graph von f ist rechtsgekrümmt.

Wenn für eine Funktion f mit der Definitionsmenge D_f für alle x in einem Intervall I ($I \subseteq D_f$) gilt

$f''(x) > 0$,	**$f''(x) < 0$,**

dann ist der zugehörige Graph von f in diesem Intervall

linksgekrümmt.	**rechtsgekrümmt**.

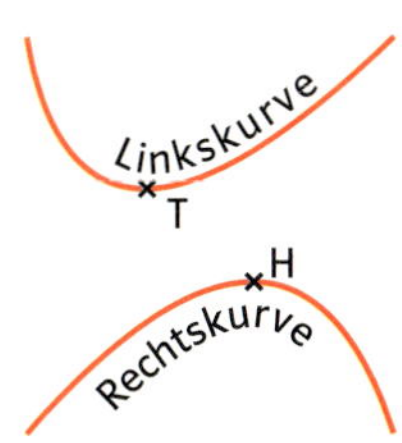

Tiefpunkte eines Graphen können sich nur in den Bereichen eines Graphen befinden, in denen die Steigung zunimmt. Sie liegen also stets in einer **Linkskurve** des Graphen. Entsprechend liegen Hochpunkte immer in einer **Rechtskurve** des Graphen. Befindet sich also in einer Linkskurve eine Stelle x_0 mit $f'(x_0) = 0$, dann hat f dort ein Minimum. Befindet sich eine solche Stelle in einer Rechtskurve, so hat f dort ein Maximum.

Eine Stelle x_0, an der der Graph der Funktion f von einer Linkskurve in eine Rechtskurve übergeht oder umgekehrt, heißt **Wendestelle** von f (Fig. 1). Der Punkt $W(x_0 | f(x_0))$ heißt **Wendepunkt**. Die Tangente t in einem Wendepunkt nennt man **Wendetangente**.

Beim Übergang von einer Rechtskurve in eine Linkskurve ändert sich das Monotonieverhalten von f'. Ein monoton abnehmender Teil geht in einen monoton zunehmenden Teil über (Fig. 2).

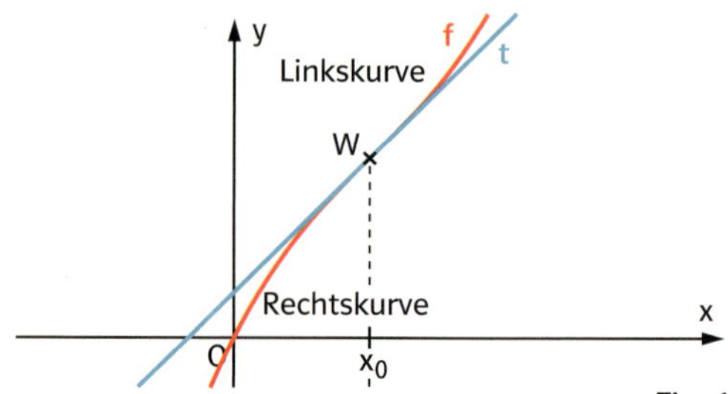

Fig. 1

Wendestellen von f sind Extremstellen der Ableitung f'.

Die Ableitung f' hat an einer solchen Stelle ein Minimum. Die Tangente im Wendepunkt W in Fig. 1 verläuft weniger steil als alle Tangenten in der Umgebung des Wendepunktes.
Fig. 1 auf Seite 165 zeigt einen Wendepunkt, an dem eine Linkskurve in eine Rechtskurve übergeht. Die Ableitung der dortigen Funktion hat an der Stelle x_0 ein Maximum. Die Tangente im Wendepunkt ist steiler als alle Tangenten in der Umgebung des Wendpunktes.

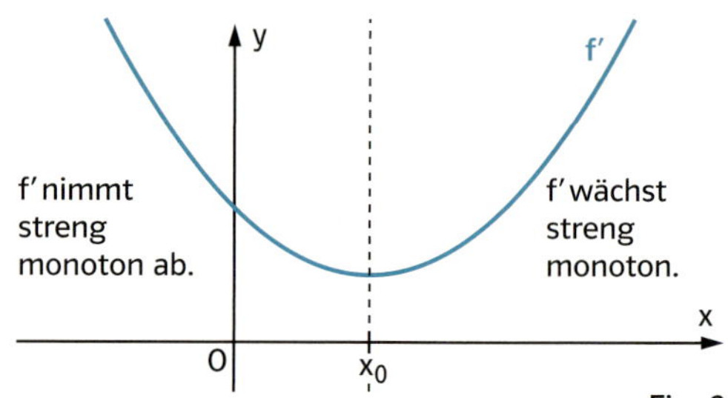

Fig. 2

Notwendige Bedingung für Wendestellen:
$f''(x_0) = 0$

Die Wendestellen einer Funktion f sind also identisch mit den Extremstellen der Ableitung f' von f. Zur Bestimmung der Wendestellen von f muss man somit die Extremstellen von f' berechnen. Es sind diejenigen Stellen x_0 zu bestimmen, für die gilt: $f''(x_0) = 0$ und f'' wechselt bei x_0 das Vorzeichen.

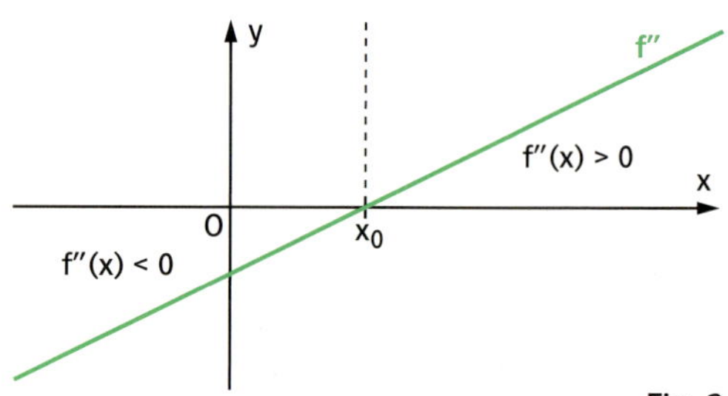

Fig. 3

Wendepunkte finden:
- *Nullstellen von f'' bestimmen und f'' dort auf Vorzeichenwechsel untersuchen*
- *Funktionswerte berechnen*

Vorzeichenwechselkriterium für Wendestellen
Die Stelle x_0 einer Funktion f ist genau dann eine Wendstelle, wenn gilt:
$f''(x_0) = 0$ und f'' wechselt an der Stelle x_0 das Vorzeichen.
Der Graph der Funktion f hat dort den Wendepunkt $W(x_0 | f(x_0))$.

Sattelpunkt:
$f'(x_0) = 0$
$f''(x_0) = 0$
$f'''(x_0) \neq 0$

Wendepunkte, bei denen die Tangente parallel zur x-Achse verläuft, nennt man **Sattelpunkte** (Fig. 4). Für Sattelpunkte gilt also $f'(x_0) = 0$, $f''(x_0) = 0$ und $f'''(x_0) \neq 0$.

Wechselt f'' bei x_0 das Vorzeichen nicht, dann wechselt der Graph von f bei x_0 sein Krümmungsverhalten nicht. Der Graph von f' hat bei x_0 keinen Extrempunkt und der Graph von f dort auch keinen Wendepunkt.

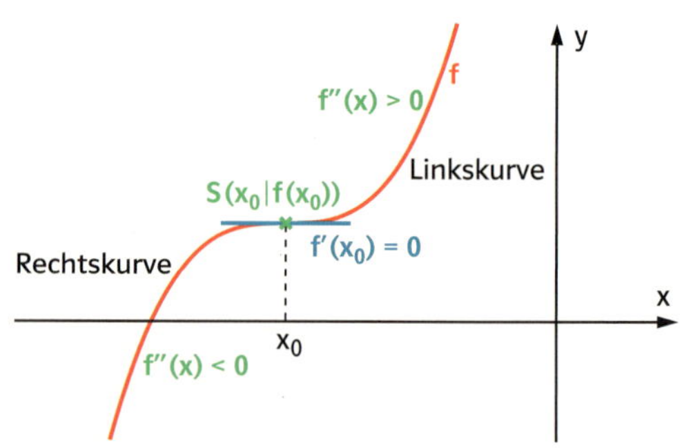

Fig. 4

Da sich die Hochpunkte eines Graphen immer im Bereich von Rechtskurven befinden und die Tiefpunkte immer im Bereich von Linkskurven liegen, kann man die Vorzeichenwechselkriterien für Extremstellen und Wendestellen durch Ableitungskriterien ersetzen.

Ableitungskriterium für Extremstellen
Wenn für eine Funktion f an einer Stelle x_0 die Bedingung $\mathbf{f'(x_0) = 0}$ **und** $\mathbf{f''(x_0) \neq 0}$ erfüllt ist, dann ist x_0 eine Extremstelle von f.
Ist $f''(x_0) > 0$, so hat f an der Stelle x_0 ein Minimum.
Ist $f''(x_0) < 0$, so hat f an der Stelle x_0 ein Maximum.

Ableitungskriterium für Wendestellen
Wenn für eine Funktion f an einer Stelle x_0 die Bedingung $\mathbf{f''(x_0) = 0}$ **und** $\mathbf{f'''(x_0) \neq 0}$ erfüllt ist, dann ist x_0 eine Wendestellestelle von f.

Hinreichende Bedingung für Extremstellen:
$f'(x_0) = 0$ und $f''(x_0) \neq 0$

Hinreichende Bedingung für Wendestellen:
$f''(x_0) = 0$ und $f'''(x_0) \neq 0$

Die Bedingung $f'(x_0) = 0$ und $f''(x_0) \neq 0$ ist für den Nachweis der Existenz einer Extremstelle hinreichend, d.h., wenn sie erfüllt ist, dann liegt sicher eine Extremstelle vor. Sie ist aber nicht notwendig, denn: Ist die Bedingung nicht erfüllt, kann die Funktion trotzdem an der Stelle x_0 einen Extremwert haben.
Für die Funktion f mit $f(x) = x^4$ (Fig. 1) gilt $f'(x) = 4x^3$ und $f''(x) = 12x^2$. Die erste Ableitung hat bei $x_0 = 0$ eine Nullstelle. Außerdem ist $f''(0) = 0$. Damit ist die Bedingung „$f'(x_0) = 0$ und $f''(x_0) \neq 0$" nicht erfüllt. Da die Ableitung bei $x_0 = 0$ das Vorzeichen wechselt, ist die Stelle $x_0 = 0$ eine Extremstelle von f.
Für die Funktion f mit $f(x) = x^3$ (Fig. 2) gilt $f'(x) = 3x^2$ und $f''(x) = 6x$. Die erste Ableitung hat bei $x_0 = 0$ eine Nullstelle. Außerdem ist $f''(0) = 0$. Damit ist die Bedingung „$f'(x_0) = 0$ und $f''(x_0) \neq 0$" auch hier nicht erfüllt. Da die Ableitung das Vorzeichen nicht wechselt, ist die Stelle $x_0 = 0$ keine Extremstelle von f.
Eine Entscheidung, ob die Stelle x_0 eine Extremstelle ist oder nicht, ist also mithilfe des Ableitungskriteriums nicht möglich, wenn die notwendige Bedingung $f'(x_0) = 0$ zwar erfüllt ist, aber auch $f''(x_0) = 0$ gilt.
Da die Wendestellen von f die Extremstellen von f' sind, ist eine Entscheidung über die Existenz von Wendestellen nur mithilfe des Ableitungskriteriums für Wendestellen nicht möglich, wenn außer $f''(x_0) = 0$ auch $f'''(x_0) = 0$ gilt.

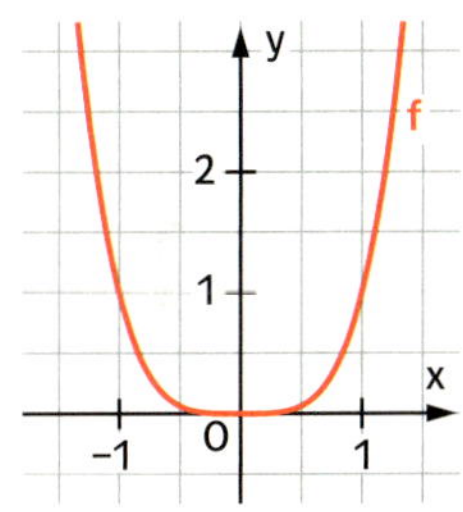

Fig. 1

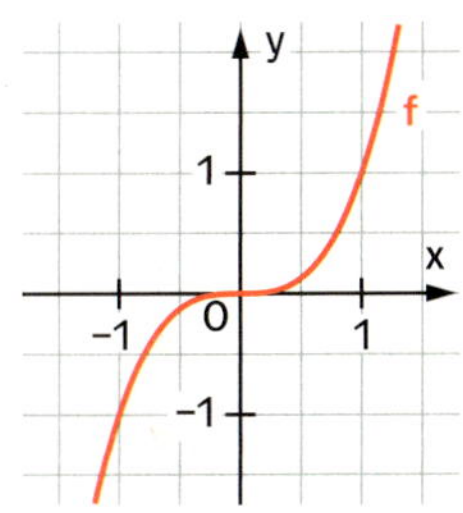

Fig. 2

Beispiel 1
Bestimme die Extrempunkte des Graphen von $f: x \to -\frac{1}{9}x^4 + \frac{8}{9}x^3 - 2x^2 + 3$.
Skizziere einen möglichen Graphen von f anhand der Ergebnisse.
Lösung: *Ableitungen bis f''' bilden und die Gleichung f'(x) = 0 lösen.*
$f'(x) = -\frac{4}{9}x^3 + \frac{8}{3}x^2 - 4x$; $f''(x) = -\frac{4}{3}x^2 + \frac{16}{3}x - 4$; $f'''(x) = -\frac{8}{3}x + \frac{16}{3}$. Aus $f'(x) = 0$ ergibt sich $-\frac{4}{9}x^3 + \frac{8}{3}x^2 - 4x = -\frac{4}{9}x(x^2 - 6x + 9) = -\frac{4}{9}x(x - 3)^2 = 0$. Nullstellen von f': 0 und 3.
f''(0) und f''(3) berechnen und deuten, Funktionswerte f(0) und f(3) berechnen.

$f''(0) = -\frac{4}{3} \cdot 0^2 + \frac{16}{3} \cdot 0 - 4 = -4 < 0$ $\qquad$ $f''(3) = -\frac{4}{3} \cdot 3^2 + \frac{16}{3} \cdot 3 - 4 = 0$

$f(0) = -\frac{1}{9} \cdot 0^4 + \frac{8}{9} \cdot 0^3 - 2 \cdot 0^2 + 3 = 3$ $\qquad$ $f(3) = -\frac{1}{9} \cdot 3^4 + \frac{8}{9} \cdot 3^3 - 2 \cdot 3^2 + 3 = 0$

Der Punkt H(0|3) ist ein Hochpunkt. Da $f''(3) = 0$ ist, kann man mithilfe der zweiten Ableitung nicht klären, ob $x = 3$ eine Extremstelle ist. Wegen $f'''(3) = -\frac{8}{3} \cdot 3 + \frac{16}{3} = -\frac{8}{3} \neq 0$ ist der Punkt S(3|0) kein Extrempunkt sondern ein Sattelpunkt.

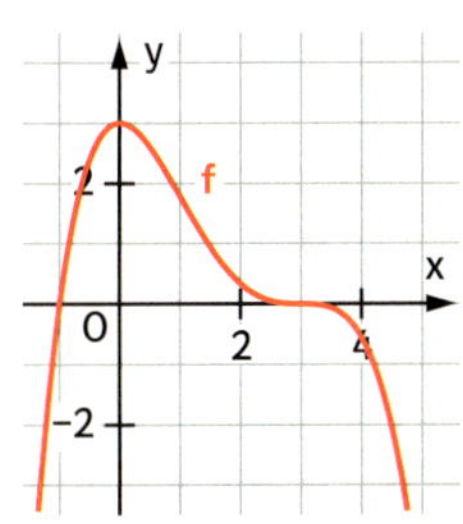

Fig. 3

Beispiel 2

Gegeben ist die Funktion f mit der Gleichung $f(x) = \frac{1}{6}x^3 - x^2 + \frac{3}{2}x$.

a) Zeige, dass der Graph von f genau einen Wendepunkt hat.

b) Bestimme die Gleichung der Wendetangente.

c) Skizziere den Graphen von f sowie die Wendetangente.

Lösung:

a) $f'(x) = \frac{1}{2}x^2 - 2x + \frac{3}{2}$; $f''(x) = x - 2$; $f'''(x) = 1$

Aus $f''(x) = 0$ folgt $x - 2 = 0$. Damit ist $x_0 = 2$ die einzige Nullstelle von f''.
f''' ist für alle x-Werte ungleich null. Daher hat der Graph von f genau einen Wendepunkt.

b) Die Steigung m der Wendetangente stimmt mit dem Wert der Ableitung f' an der Stelle 2 überein. Das bedeutet $f'(2) = \frac{1}{2} \cdot 2^2 - 2 \cdot 2 + \frac{3}{2} = -\frac{1}{2} = m$. Der y-Wert des Wendepunktes ist $f(2) = \frac{1}{6} \cdot 2^3 - 2^2 + \frac{3}{2} \cdot 2 = \frac{1}{3}$. Die Tangente verläuft durch den Wendepunkt $W\left(2\middle|\frac{1}{3}\right)$. Einsetzen der Koordinaten des Wendepunktes in die allgemeine Geradengleichung $y = mx + b$ ergibt $\frac{1}{3} = -\frac{1}{2} \cdot 2 + b$ und damit $b = \frac{4}{3}$. Die Gleichung der Wendetangente lautet $y = -\frac{1}{2}x + \frac{4}{3}$.

c) Aus $f(x) = \frac{1}{6}x(x^2 - 6x + 9) = \frac{1}{6}x(x - 3)^2$ erkennt man, dass die Funktion f Nullstellen bei 0 und 3 hat. Weiterhin gilt $f(x) \leqq 0$ für $x \leqq 0$ und $f(x) \geqq 0$ für $x \geqq 0$. Für $|x| \to \infty$ wird das Verhalten von f durch den Term $\frac{1}{6}x^3$ bestimmt.
Mit diesen Informationen kann man eine Skizze erstellen (Fig. 1).

Die Skizze gelingt besser, wenn man zuerst die Wendetangente einzeichnet.

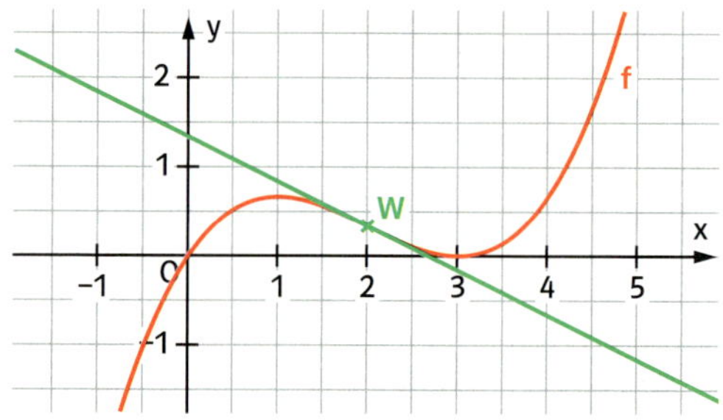

Fig. 1

Beispiel 3

Bestimme die Wendestellen der Funktion f mit der Gleichung $f(x) = 3x^5 - 5x^4 + 2$.

Lösung:

$f'(x) = 15x^4 - 20x^3$, $f''(x) = 60x^3 - 60x^2$, $f'''(x) = 180x^2 - 120x$

Aus $f''(x) = 0$ ergibt sich $60x^3 - 60x^2 = 60x^2(x - 1) = 0$. Damit hat f'' die Nullstellen 0 und 1; f hat höchstens zwei Wendestellen.

Wegen $f'''(1) = 60 \neq 0$ ist $x = 1$ eine Wendestelle. Ob $x = 0$ ebenfalls eine Wendestelle ist, kann mithilfe des Ableitungskriteriums nicht entschieden werden, denn es ist $f'''(0) = 0$. Deshalb muss man testen, ob f'' bei $x = 0$ das Vorzeichen wechselt. Aus $f''(x) = 60x^2(x - 1)$ erkennt man, dass f'' an der Stelle $x = 0$ das Vorzeichen nicht wechselt. Deshalb ist $x = 0$ keine Wendestelle von f.

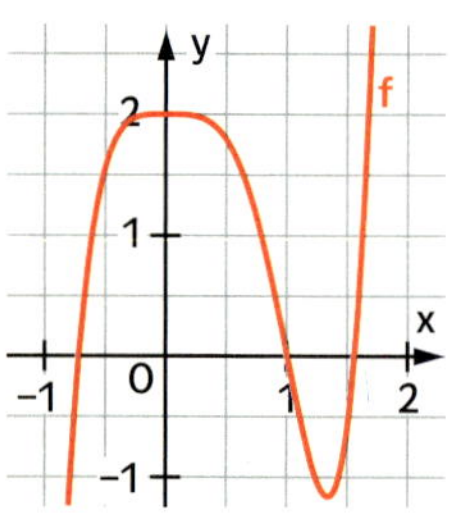

Aufgaben

1 Gib die Intervalle an, in denen der Graph von f linksgekrümmt (rechtsgekrümmt) ist. Wo liegen die Wendestellen der Funktion f?

a)

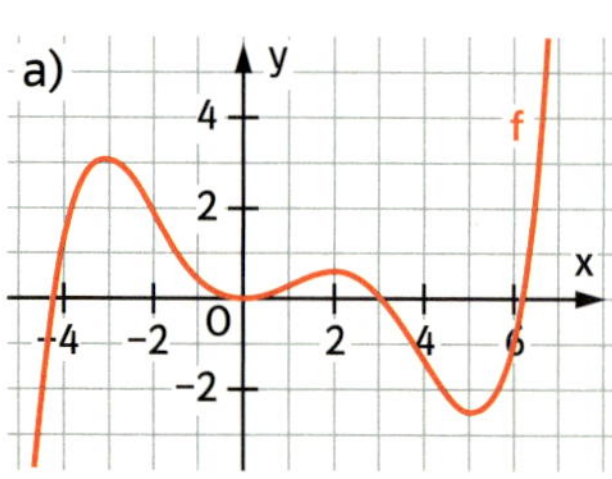

b)

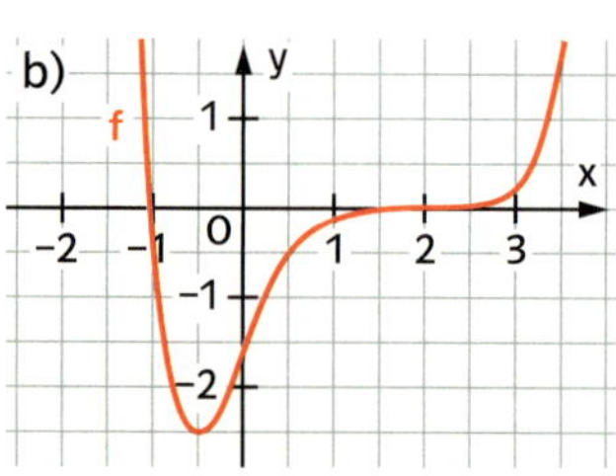

c)

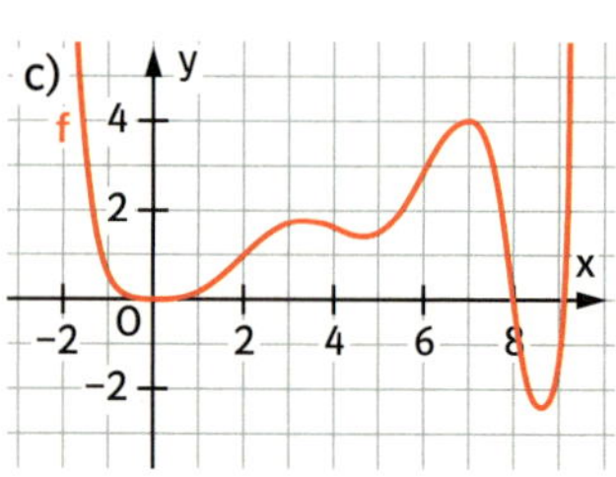

2 Bestimme die Wendepunkte des Graphen der Funktion f. Was lässt sich über das Krümmungsverhalten des Funktionsgraphen aussagen? Skizziere den Graphen. Berechne dazu die Koordinaten weiterer Punkte des Graphen.

a) $f(x) = -x^2 + 2x + 4$ b) $f(x) = x^3 - x$ c) $f(x) = x^3 + 6x$

d) $f(x) = x^4 + x^2$ e) $f(x) = x^4 - 6x^2$ f) $f(x) = \frac{1}{3}x^6 - 20x^2$

g) $f(x) = x^5 - x^4 + x^3$ h) $f(x) = \frac{1}{20}x^5 + \frac{1}{2}x^4 + \frac{3}{2}x^3$ i) $f(x) = \frac{3}{10}x^5 - 4x^3 + 10$

3 Zeige, dass der Graph der Funktion f genau einen Wendepunkt hat. Bestimme die Gleichung der Wendetangente und skizziere den Graphen von f.

a) $f(x) = x^3 - 6x^2 + 20$ b) $f(x) = x^3 + 3x^2 + x - 2$ c) $f(x) = -\frac{1}{3}x^3 + x^2$

4 Welchen Flächeninhalt schließen die Wendetangenten des Graphen der Funktion f mit der x-Achse ein? Erläutere deine Vorgehensweise mithilfe einer geeigneten Skizze.

a) $f(x) = \frac{1}{24}x^4 - x^2 + \frac{10}{3}$ b) $f(x) = \frac{1}{10}x^4 - \frac{6}{5}x^3 + 3x^2$ c) $f(x) = \frac{1}{54}x^4 - x^2$

5 Bestimme den Wendepunkt des Graphen der Funktion f und zeige, dass dieser zugleich Symmetriezentrum des Funktionsgraphen ist.

a) $f(x) = -\frac{1}{4}x^3 + 3x$ b) $f(x) = (x + 2)^3 - 1$ c) $f(x) = \frac{1}{6}x^3 - \frac{3}{2}x^2 + 5x$

Bist du sicher?

1 Bestimme die Wendepunkte und Extrempunkte des Graphen der Funktion f. Skizziere den Graphen.

a) $f(x) = \frac{1}{8}x^3 + \frac{3}{4}x^2$ b) $f(x) = x^3 - 3x^2 + 3x$ c) $f(x) = \frac{1}{4}x^4 - x^3$

2 Beschreibe das Krümmungsverhalten des Graphen von f (Fig. 1).
Wie könnte der Graph von f′ aussehen, wie der Graph von f″? Skizziere.

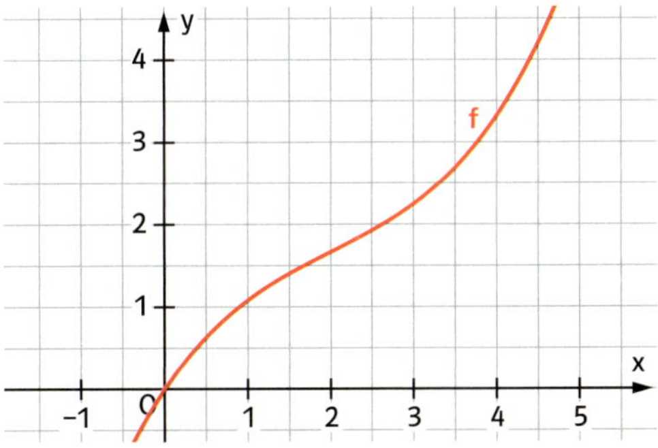

Fig. 1

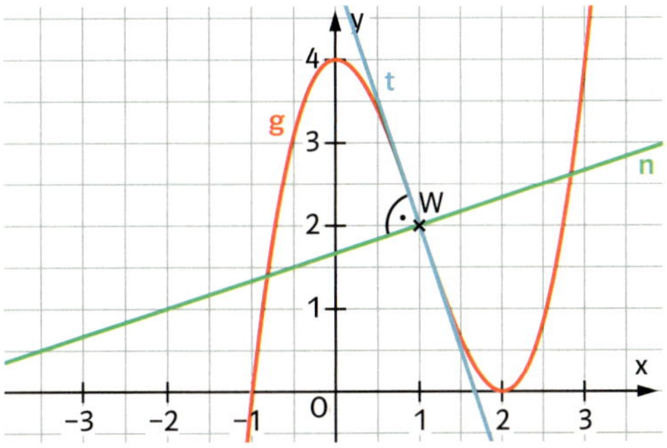

Fig. 2

3 Fig. 2 zeigt den Graphen der Funktion $g: x \to x^3 - 3x^2 + 4$. Im Wendepunkt W sind die Wendetangente t und die Normale n eingezeichnet. Welchen Flächeninhalt schließt

a) die Wendetangente t, b) die Normale n

mit den Koordinatenachsen ein?

6 Was lässt sich zum Krümmungsverhalten einer quadratischen Funktion mit der Gleichung $f(x) = ax^2 + bx + c$ aussagen?
Betrachte zusammen mit deinem Nachbarn zunächst geeignete Beispiele. Formuliert dann gemeinsam möglichst allgemeingültige Aussagen.

7 Skizziere den Graphen einer ganzrationalen Funktion dritten Grades, der die angegebenen Eigenschaften besitzt. Versuche mit deinem Nachbarn einen passenden Funktionsterm zu finden.

a) Der Graph hat seinen Wendepunkt im Ursprung und genau zwei Extrempunkte.

b) Der Graph hat seinen Wendepunkt bei $W(4|0)$, jedoch keinen Extrempunkt.

c) Der Graph hat in $S(-2|1)$ einen Sattelpunkt und fällt für alle $x \in \mathbb{R}$ streng monoton.

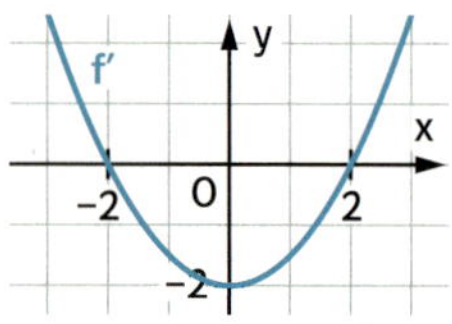

Fig. 1

8 Fig. 1 zeigt den Graphen der Ableitungsfunktion f' einer Funktion f.

a) Welche Aussagen ergeben sich aus dem Graphen von f' im Hinblick auf Extrem- und Wendestellen von f?

b) Es ist $f(0) = -1$. Skizziere den Graphen von f.

9 Der Graph der Funktion f ist im Intervall $I = [-3; 3]$ gezeichnet. Was lässt sich über das Vorzeichen der ersten und zweiten Ableitung für $x \in I$ aussagen? Begründe.

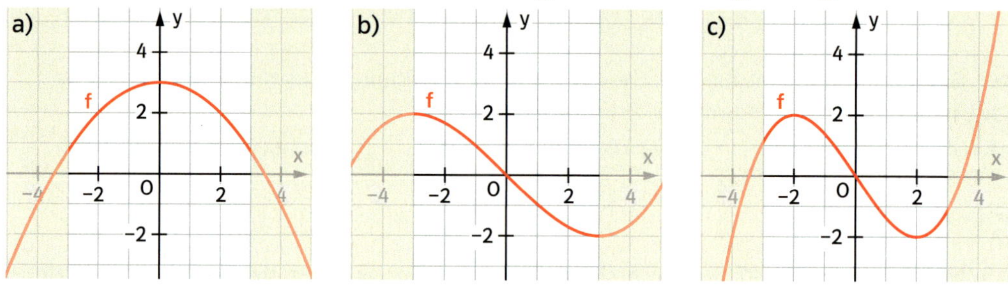

10 Skizziere im Intervall $I = [0; 8]$ einen möglichen Graphen zu einer Funktion f mit den angegebenen Eigenschaften.

a) Die Ableitungen f' und f'' haben im Intervall I nur positive Werte.

b) f'' hat im Intervall I nur positive, f' nur negative Werte.

c) f' hat im Intervall I nur positive Werte, f'' wechselt bei $x = 4$ von positiven zu negativen Werten.

d) f' hat im Intervall I nur negative Werte, f'' wechselt bei $x = 4$ von negativen zu positiven Werten.

11 Welcher „Kandidat" für eine Wendestelle ergibt sich anhand der Bedingung $f''(x) = 0$ jeweils für die Funktionen $f_1(x) = x^5$, $f_2(x) = x^6$, $f_3(x) = x^7$ und $f_4(x) = x^8$? Prüfe, in welchen Fällen dieser „Kandidat" auch tatsächlich Wendestelle ist.

12 Welche Beziehung muss zwischen den Koeffizienten b, c und d der Funktion f mit der Gleichung $f(x) = x^3 + bx^2 + cx + d$ bestehen, damit der Graph von f einen Sattelpunkt hat? Prüfe die erhaltene Aussage anhand geeigneter Beispiele.

13 Die Individuenanzahl N einer Tierpopulation in einem Reservat entwickelt sich entsprechend dem Graphen in Fig. 2.

a) Zu welchem Zeitpunkt ist die Zunahme der Individuenanzahl N am größten? Interpretiere die eingezeichnete Gerade g.

b) Skizziere die Ableitungen N' und N'' der Funktion $N: t \rightarrow N(t)$. Deute die skizzierten Graphen im Sachzusammenhang.

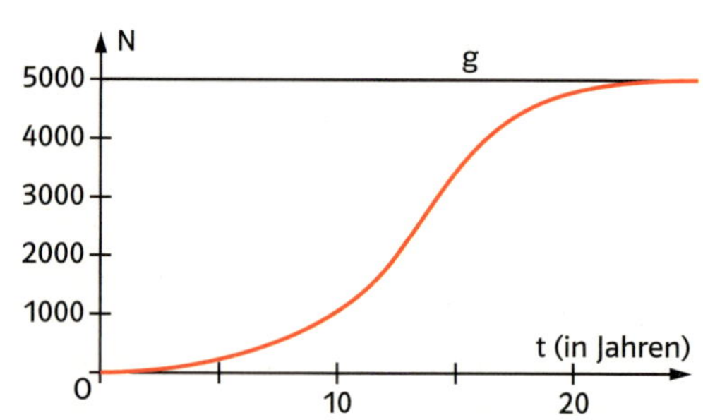

Fig. 2

4 Mehrfache Nullstellen

Nullstelle ist nicht gleich Nullstelle.

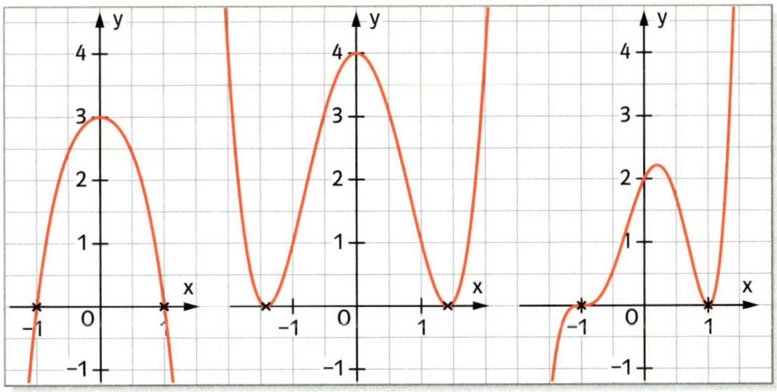

Die Funktion mit der Gleichung $f(x) = x^3 - 3x + 2$ hat bei $x_1 = 1$ eine Nullstelle. Durch Polynomdivision erhält man für den Funktionsterm die Faktorzerlegung $f(x) = (x - 1)\,p(x)$ mit $p(x) = (x^2 + x - 2)$. Die Funktion p mit $p(x) = x^2 + x - 2$ hat die Nullstellen $x_2 = 1$ und $x_3 = -2$. Für die Linearfaktorzerlegung von f ergibt sich: $f(x) = (x - 1)(x - 1)(x + 2)$. Der Faktor $(x - 1)$ kommt doppelt vor. Die Funktion f hat nur zwei verschiedene Nullstellen, wobei $x_1 = 1$ eine **doppelte Nullstelle** und $x_2 = -2$ eine **einfache Nullstelle** ist.
Allgemein gilt: Hat eine ganzrationale Funktion eine **n-fache Nullstelle** x_0, so enthält ihre Linearfaktorzerlegung n gleiche Faktoren $(x - x_0)$.

Ist x_0 eine **n-fache Nullstelle** einer ganzrationalen Funktion f, so enthält ihre Faktorzerlegung des Funktionsterms den Faktor $(x - x_0)^n$.

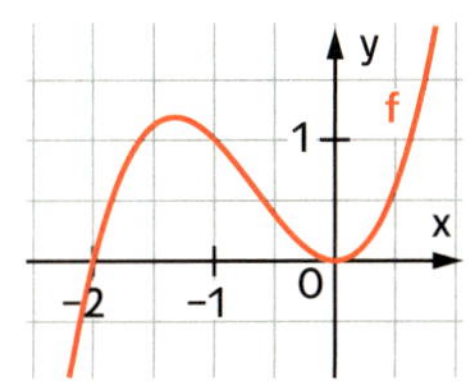

Fig. 1

Die Funktion f mit der Gleichung $f(x) = x^3 + 2x^2$ hat bei $x_1 = 0$ eine doppelte Nullstelle, denn es gilt $f(x) = x^2(x + 2) = (x - 0)^2(x + 2)$. Für die Ableitungsfunktion f′ mit $f'(x) = 3x^2 + 4x = x(3x + 4)$ gilt $f'(0) = 0$. Sie wechselt bei $x_1 = 0$ das Vorzeichen von „−" nach „+". Also hat f bei $x_1 = 0$ ein Minimum (Fig. 1).
Verschiebt man den Graphen von f um d Einheiten parallel zur x-Achse, so hat die zugehörige Funktion g die Gleichung $g(x) = (x - d)^2(x - d + 2)$. Die Funktion g hat bei $x_1 = d$ ein Minimum (Fig. 2 für $d = 1$).

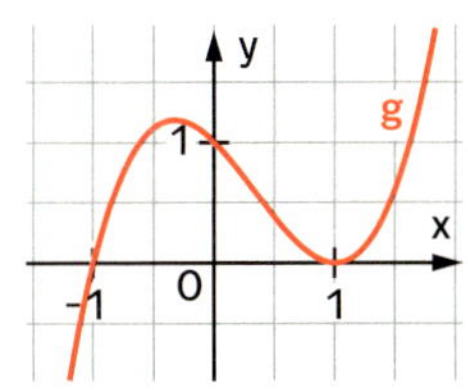

Fig. 2

Die Funktion $f(x) = x^3 - 4x^2 + 4x$ hat bei $x = 0$ eine einfache Nullstelle, denn es gilt $f(x) = x(x - 2)^2$ (Fig. 3). Die Ableitungsfunktion f′ mit $f'(x) = 3x^2 - 8x + 4$ hat bei $x_1 = 0$ keine Nullstelle, und auch $f''(x) = 6x - 8$ ist bei $x_1 = 0$ nicht null. Deshalb ist $x_1 = 0$ weder Extremstelle noch Wendestelle von f.
Verschiebt man den Graphen von f um d Einheiten parallel zur x-Achse, erhält man die Funktion g mit $g(x) = (x - d)(x - d - 2)^2$. Sie hat bei $x_1 = d$ eine einfache Nullstelle und dort weder eine Extremstelle noch eine Wendestelle (Fig. 4 für $d = -1$).

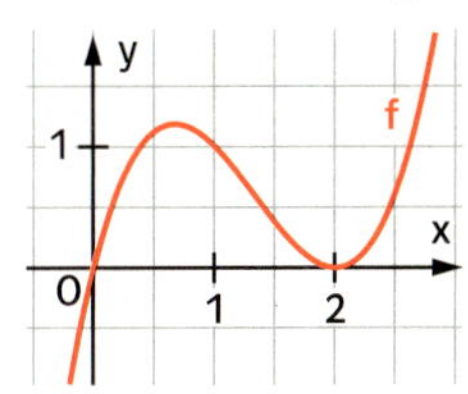

Fig. 3

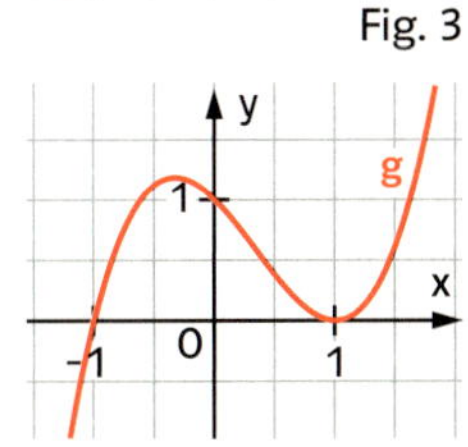

Fig. 4

Allgemein gilt: Ist x_0 eine doppelte Nullstelle der ganzrationalen Funktion f, so ist x_0 eine Extremstelle. Ist dagegen x_0 eine einfache Nullstelle, so ist x_0 weder eine Extremstelle noch eine Wendstelle.

Auf ähnliche Weise kann man zeigen (vgl. Aufgabe 8): Wenn eine ganzrationale Funktion bei x_0 eine dreifache Nullstelle hat, dann hat ihr Graph dort einen Sattelpunkt.

Dreifache Nullstelle:

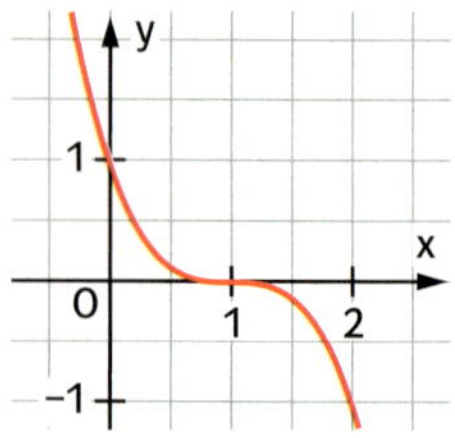

Es ist x_0 eine **n-fache Nullstelle** der ganzrationalen Funktion f. Die Stelle x_0 ist
- eine Extremstelle von f, wenn n eine gerade Zahl ist,
- eine Wendestelle mit $f'(x_0) = 0$, wenn n eine ungerade Zahl und $n \geqq 3$ ist.

Der Graph von f hat
- bei geradem n bei $E(x_0 | 0)$ einen Extrempunkt,
- bei ungeradem n $(n \geqq 3)$ bei $S(x_0 | 0)$ einen Sattelpunkt.

Beispiel 1

Gegeben ist die Funktion f mit der Gleichung $f(x) = \frac{1}{4}x(x - 3)^3$.
a) Bestimme die Werte und die Art der Nullstellen.
b) Beschreibe und skizziere einen möglichen Graphen der Funktion f.
Lösung:
a) Die Funktion f hat bei $x_1 = 0$ eine einfache und bei $x_2 = 3$ eine dreifache Nullstelle. Sie wechselt bei x_1 und bei x_2 das Vorzeichen. Bei x_2 liegt eine Wendestelle vor. Die Steigung hat dort den Wert null.
b) Der Graph der Funktion hat bei x_2 einen Sattelpunkt und schneidet bei x_1 die x-Achse. Multipliziert man den Funktionsterm aus, so erhält man $\frac{1}{4}x^4$ als Summanden mit der höchsten Potenz von x. Deshalb gilt $f(x) \to \infty$ für $x \to \pm\infty$. Die Funktion ist vom Grad vier. Der Graph hat also höchstens zwei Wendepunkte. Der Graph von f ist in Fig. 1 abgebildet.

Ist n ungerade, so wechselt die Funktion f an einer n-fachen Nullstelle ihr Vorzeichen, bei geradem n gibt es keinen Vorzeichenwechsel.

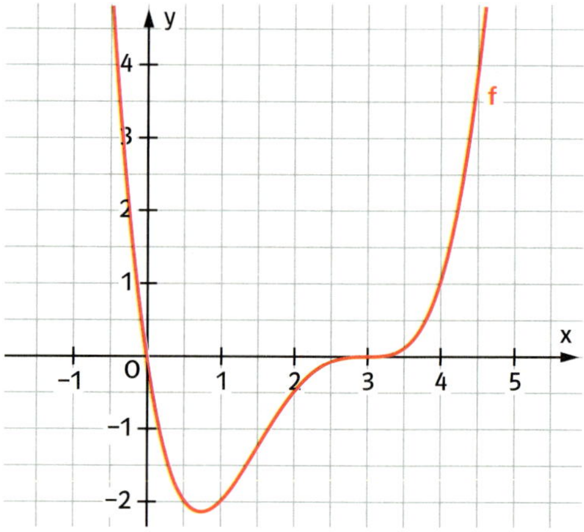

Fig. 1

Beispiel 2

Fig. 2 zeigt den Graphen einer ganzrationalen Funktion.
a) Welchen Grad hat die Funktion mindestens?
b) Wie lautet die Gleichung einer zu diesem Graphen passenden Funktion mit möglichst niedrigem Grad?
Lösung:
a) Die Nullstelle bei $x = -3$ ist mindestens dreifach. Bei $x = 2$ gibt es eine mindestens doppelte Nullstelle. Da keine weiteren Nullstellen mehr vorhanden sind, ist der Grad der Funktion mindestens 5.
b) Die gesuchte Funktionsgleichung hat die Form $f(x) = a(x + 3)^3(x - 1)^2$.
Wegen $f(0) = a \cdot 27 \cdot 1 = 3$ erhält man $a = \frac{1}{9}$.
Die gesuchte Funktionsgleichung lautet $f(x) = \frac{1}{9}(x + 3)^3(x - 1)^2$.

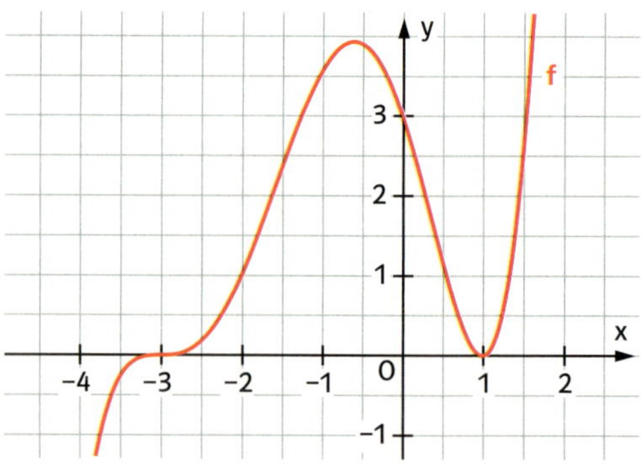

Fig. 2

Aufgaben

1 Bestimme eine mögliche Funktionsgleichung und skizziere einen möglichen Graphen.
a) Eine ganzrationale Funktion f dritten Grades hat bei $x_1 = 1$, $x_2 = -2$ und bei $x_3 = 3$ jeweils einfache Nullstellen.
b) Eine ganzrationale Funktion g vierten Grades ist symmetrisch zur y-Achse und hat bei $x_1 = 1{,}5$ eine doppelte Nullstelle.
c) Eine ganzrationale Funktion h dritten Grades ist symmetrisch zum Ursprung und hat bei $x_1 = -2$ eine Nullstelle.
d) Der Graph einer ganzrationalen Funktion k dritten Grades schneidet die y-Achse bei $y = 4$, hat bei $x_1 = -1$ ein Minimum und schneidet die x-Achse bei $x_2 = 2$.

2 Ordne den Graphen auf dem Rand die passenden Gleichungen zu.

$f(x) = \frac{1}{2}(x-1)^2(x+2)$ $\qquad$ $g(x) = (x-1)(x+2)(x+1)$

$h(x) = 2(x+1)^3(x-1)^2$ $\qquad$ $i(x) = x^4 - 4x^2 + 4$

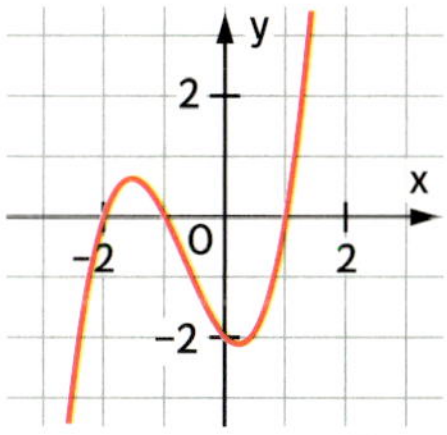

Fig. 1

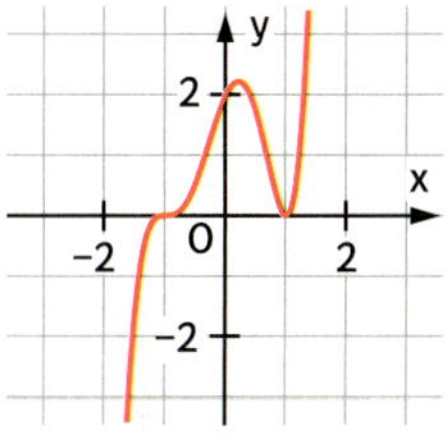

Fig. 2

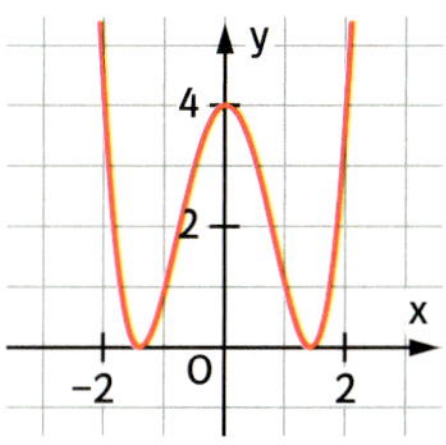

Fig. 3

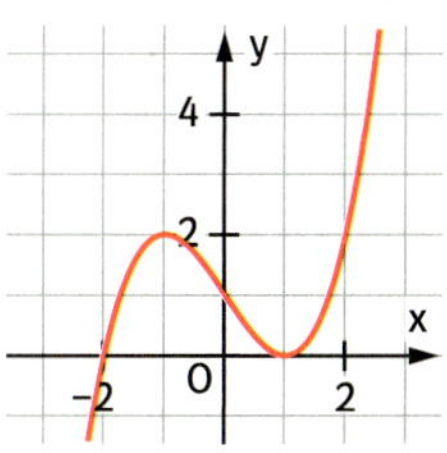

Fig. 4

3 Skizziere die Graphen der folgenden Funktionen mithilfe der Nullstellen. Beschreibe den Verlauf der Kurven anhand allgemeiner Kenntnisse über Funktionen dieser Art.
a) $f(x) = x^2 + 3x - 18$ $\qquad$ b) $f(x) = x^3 - x^2 - 4$

4 Die gesuchte Funktion ist ganzrational und hat außer den genannten keine weiteren Nullstellen. Skizziere, falls möglich, je zwei zu der Beschreibung passende Graphen. Gib eine mögliche Gleichung der skizzierten Funktion an. Gib eine Begründung an, wenn eine Funktion mit den geforderten Eigenschaften nicht existiert.
a) eine Funktion 3. Grades mit einer einfachen und einer doppelten Nullstelle
b) eine Funktion 4. Grades mit drei einfachen Nullstellen
c) eine Funktion 5. Grades mit einer doppelten und zwei einfachen Nullstellen

5 a) Schreibe die Faktorzerlegung einer Funktion 4. Grades mit mindestens einer Nullstelle auf.
b) Tausche deine Gleichung mit der deines Nachbarn. Skizziert einen passenden Graphen der Funktion.
c) Skizziere den Graphen einer Funktion mit genau zwei Nullstellen und notiere die zugehörige Funktionsgleichung in der Form $f(x) = ax^3 + bx^2 + cx + d$.
d) Dein Nachbar soll den zu deiner Funktion gehörenden Graphen skizzieren.

6 Eine Funktion 4. Grades hat bei $x_1 = 0$ und bei $x_2 = 2$ jeweils eine doppelte Nullstelle. Außerdem verläuft der Graph der Funktion durch $P(1|1)$.
a) Gib die Schnittpunkte des Graphen der Funktion mit den Koordinatenachsen an.
b) Bestimme alle Hoch-, Tief- und Wendepunkte des Graphen.
c) Skizziere den Graphen anhand der gefundenen Ergebnisse.

7 Wahr oder Falsch? Begründe.
a) Eine Funktion 3. Grades hat mindestens eine Nullstelle.
b) Eine Funktion 4. Grades hat mindestens zwei Nullstellen.
c) Wenn eine Funktion 3. Grades nur eine Nullstelle hat, dann ist diese dreifach.
d) Wenn eine Funktion 5. Grades nur zwei Nullstellen hat, dann ist eine davon doppelt.

8 Begründe: Wenn eine ganzrationale Funktion f eine dreifache Nullstelle hat, dann hat ihr Graph dort einen Sattelpunkt.

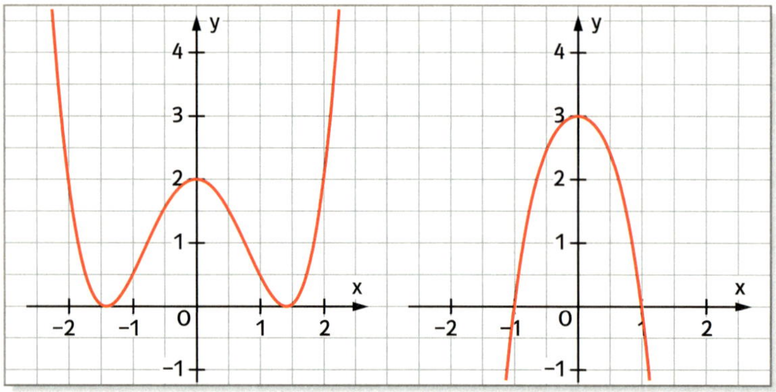

„Die Anzahl der Extrempunkte ist immer um eins größer als die Anzahl der Wendepunkte."
„Wenn das stimmt, dann haben Funktionsgraphen mit nur einem Extrempunkt niemals Wendepunkte."

Ganzrationale Funktionen
Symmetrie:
- *nur gerade Exponenten von x ⟹ Achsensymmetrie*
- *nur ungerade Exponenten von x ⟹ Punktsymmetrie*

Achsenschnittpunkte

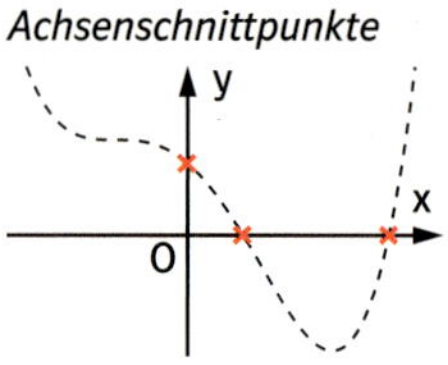

Extrempunkte

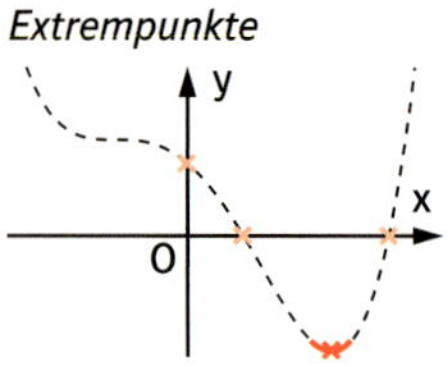

Wendepunkte

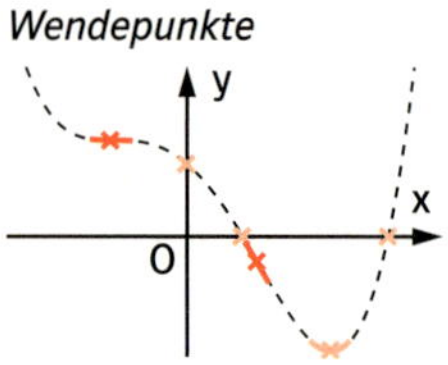

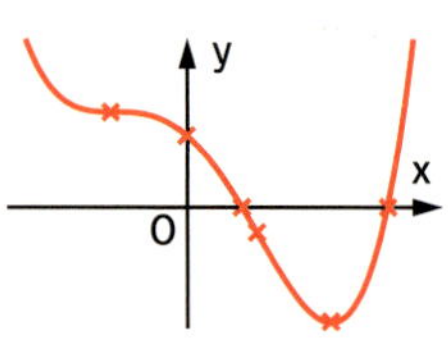

Mithilfe der Differenzialrechnung kann man charakteristische Eigenschaften von Funktionen und Graphen von Funktionen finden. Die folgende Tabelle enthält eine Zusammenstellung der wichtigsten Eigenschaften sowie die Bedingungen, die dafür erfüllt sein müssen.

Bedingung	Eigenschaft der Funktion	Eigenschaft des Graphen
$f(-x) = f(x)$	Zu betragsgleichen x-Werten gehören gleiche Funktionswerte.	**Achsensymmetrie** zur y-Achse
$f(-x) = -f(x)$	Zu betragsgleichen x-Werten gehören betragsgleiche Funktionswerte mit verschiedenen Vorzeichen.	**Punktsymmetrie** zum Ursprung
$f(x_0) = 0$	x_0 ist eine **Nullstelle**.	$N(x_0 \mid 0)$ ist der **Schnittpunkt mit der x-Achse**.
$f(0) = y_0$	y_0 ist der Funktionswert an der Stelle 0.	$P(0 \mid y_0)$ ist ein **Schnittpunkt mit der y-Achse**.
$f'(x_0) = 0$ und $f''(x_0) < 0$ oder $f'(x_0) = 0$ und f' hat dort einen Vorzeichenwechsel von „+" nach „−"	x_0 ist eine **Extremstelle**. $f(x_0)$ ist ein **Maximum**.	$H(x_0 \mid f(x_0))$ ist ein **Hochpunkt**.
$f'(x_0) = 0$ und $f''(x_0) > 0$ oder $f'(x_0) = 0$ und f' hat dort einen Vorzeichenwechsel von „−" nach „+"	x_0 ist eine **Extremstelle**. $f(x_0)$ ist ein **Minimum**.	$T(x_0 \mid f(x_0))$ ist ein **Tiefpunkt**.
$f''(x_0) = 0$ und $f'''(x_0) \neq 0$ oder $f''(x_0) = 0$ und f'' hat dort einen Vorzeichenwechsel	x_0 ist eine **Wendestelle**.	$W(x_0 \mid f(x_0))$ ist ein **Wendepunkt**.
$f'(x_0) = 0$ und $f''(x_0) = 0$ und $f'''(x_0) \neq 0$ oder $f'(x_0) = 0$ und $f''(x_0) = 0$ und f'' hat dort einen Vorzeichenwechsel	x_0 ist eine Wendestelle mit $f'(x_0) = 0$.	$S(x_0 \mid f(x_0))$ ist ein **Sattelpunkt**.

Wenn man darüber hinaus noch das Verhalten der Funktion für $|x| \to \infty$ untersucht, ist es oft möglich, den Graphen zu skizzieren, ohne noch weitere Werte berechnen zu müssen.

Typische Elemente einer Funktionsuntersuchung
1. Symmetrie
2. Verhalten für große und kleine x-Werte
3. Nullstellen und Funktionswert bei $x = 0$
4. Extremstellen und Extremwerte
5. Wendestellen und deren Funktionswerte

Ganzrationale Funktionen
Verhalten für große und kleine x-Werte:
Der Summand mit der höchsten Potenz von x ist entscheidend.

Beispiel 1
Gegeben ist die Funktion f mit $f(x) = \frac{1}{2}x^3 - \frac{3}{2}x^2 + 2$. Untersuche den Graphen der Funktion auf Symmetrie, Schnittpunkte mit den Koordinatenachsen, Hochpunkte und Tiefpunkte sowie auf Wendepunkte. Bestimme die Gleichung der Wendetangente und skizziere den Graphen mithilfe der Ergebnisse.
Lösung:
Symmetrie: Die Funktion ist ganzrational. Der Graph ist weder zur y-Achse noch zum Ursprung symmetrisch, da der Funktionsterm sowohl Potenzen von x mit geradem als auch solche mit ungeradem Exponenten enthält.

Schnittpunkte mit den Koordinatenachsen:
Schnittpunkt mit der y-Achse: $f(0) = 2$ ergibt $P(0|2)$.
Schnittpunkte mit der x-Achse: Bedingung: $f(x_N) = 0$
$\frac{1}{2}x^3 - \frac{3}{2}x^2 + 2 = 0$ hat die Lösung $x_1 = -1$, denn $\frac{1}{2}\cdot(-1)^2 + 2 = -\frac{1}{2} - \frac{3}{2} + 2 = 0$
Weitere Nullstellen durch Polynomdivision:

$$\left(\tfrac{1}{2}x^3 - \tfrac{3}{2}x^2 + 2\right) : (x + 1) = \tfrac{1}{2}x^2 - 2x + 2$$
$$-\left(\tfrac{1}{2}x^3 + \tfrac{1}{2}x^2\right)$$
$$-2x^2 + 2$$
$$-(-2x^2 - 2x)$$
$$2x + 2$$

$\frac{1}{2}x^2 - 2x + 2 = 0$
$x_{1/2} = \frac{2 \pm \sqrt{4-4}}{1} = 2$
f hat also eine einfache Nullstelle bei $x_1 = -1$ und eine doppelte Nullstelle bei $x_2 = 2$, also $N_1(-1|0)$ und $N_2(2|0)$.

Extrempunkte: Bedingung: $f'(x_E) = 0$ und $f''(x_E) \neq 0$
$f'(x) = \frac{3}{2}x^2 - 3x = \frac{3}{2}x(x-2) = 0$ hat die Lösungen $x_3 = 0$ und $x_4 = 2$.
Mit $f''(x) = 3x - 3$ erhält man $f''(0) = -3 < 0$ und $f''(2) = 3 > 0$.
x_3 und x_4 sind Extremstellen von f. Zusammen mit $f(0) = 2$ und $f(2) = 0$ ergibt sich:
$H(0|2)$ ist ein Hochpunkt und $T(2|0)$ ist ein Tiefpunkt des Graphen von f.

Wendepunkte: Bedingung: $f''(x_W) = 0$ und $f'''(x_W) \neq 0$
$f''(x) = 3x - 3 = 0$ ergibt $x_5 = 1$. Wegen $f'''(x) = 3 \neq 0$ ist x_5 eine Wendestelle von f.
Wegen $f(1) = \frac{1}{2}\cdot 1^3 - \frac{3}{2}\cdot 1^2 + 2 = \frac{1}{2} - \frac{3}{2} + 2 = 1$ ergibt sich:
$W(1|1)$ ist ein Wendepunkt des Graphen von f.

Wendetangente: $f'(1) = \frac{3}{2}\cdot 1^2 - 3\cdot 1 = -\frac{3}{2}$ ist der Wert der Steigung der Wendetangente.
Aus $1 = -\frac{3}{2}\cdot 1 + b$ ergibt sich $b = \frac{5}{2}$. Die Tangente also hat die Gleichung $y = -\frac{3}{2}x + \frac{5}{2}$.

Verhalten für $|x| \to \infty$:
Es gilt $\lim\limits_{x\to\infty} f(x) = \lim\limits_{x\to\infty}\left(\frac{1}{2}x^3\right) = \infty$ und $\lim\limits_{x\to-\infty} f(x) = \lim\limits_{x\to-\infty}\left(\frac{1}{2}x^3\right) = -\infty$.

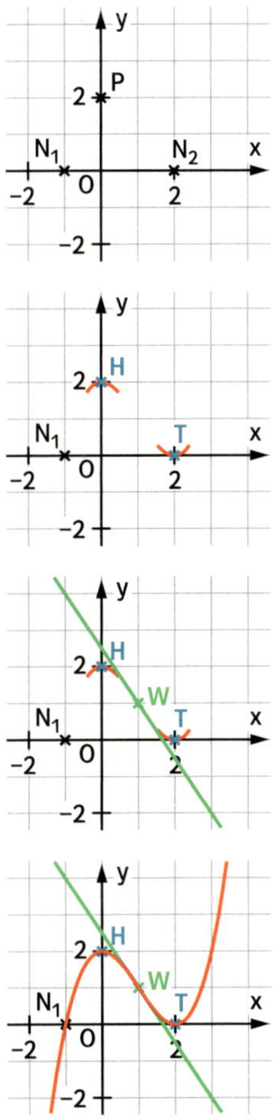

Fig. 1

Beispiel 2

Bei einem Vulkanausbruch werden Gesteinsbrocken mit einer Anfangsgeschwindigkeit von $v_0 = 120\,\frac{m}{s}$ senkrecht nach oben geschleudert. Welche Höhe erreichen sie, wenn der Luftwiderstand unberücksichtigt bleibt?

Lösung:

Wird ein Körper mit einer Anfangsgeschwindigkeit v_0 (in $\frac{m}{s}$) vertikal nach oben geworfen, so lässt sich seine Höhe h (in m) mithilfe der Gleichung $h(t) = v_0 \cdot t - \frac{1}{2}g t^2$ berechnen (t in s). Dabei ist g die Erdbeschleunigung und beträgt rund $10\,\frac{m}{s^2}$. Am höchsten Punkt ist die Geschwindigkeit $v(t) = 0$. Wegen $h'(t) = v(t) = v_0 - g t$ ergibt sich $0 = 120 - 10t$ und hieraus $t = 12$. Die Gesteinsbrocken erreichen also nach 12 Sekunden ihre maximale Höhe. Aus $h(12) = 120 \cdot 12 - \frac{1}{2} \cdot 10 \cdot 12^2 = 720$ folgt: Die maximale Höhe beträgt 720 m.

Hier wird nur mit den Maßzahlen gerechnet, nachdem zuerst alle Größen in passende Einheiten umgerechnet wurden.

Aufgaben

1 a) Bestimme die Hoch-, Tief- und Wendepunkte des Graphen der Funktion f mit $f(x) = 2x^4 + 7x^3 + 5x^2$ sowie die Schnittpunkte des Graphen von f mit den Koordinatenachsen.
b) Skizziere den Graphen anhand der Ergebnisse aus Teilaufgabe a).

2 Untersuche auf Symmetrie zur y-Achse und zum Ursprung. Berechne die Nullstellen und die Extremwerte der Funktion und skizziere den Graphen.

a) $f(x) = \frac{1}{3}x^3 - x$
b) $f(x) = \frac{1}{2}x^2 - \frac{1}{8}x^3$
c) $f(x) = \frac{1}{4}x^4 + x^3$
d) $f(x) = 2 - \frac{5}{2}x^2 + x^4$
e) $f(x) = \frac{1}{8}x^4 - \frac{3}{4}x^3 + \frac{3}{2}x^2$
f) $f(x) = \frac{1}{20}x^5 - \frac{1}{6}x^3$

3 Bestimme die Nullstellen und die Extremwerte von f. Berechne die Koordinaten der Wendepunkte und skizziere den Graphen mithilfe der gefundenen Ergebnisse.

a) $f(x) = (x+1)^2(x-2)$
b) $f(x) = -(x^2+1)^2 + 4$
c) $2 \cdot (x^3+1)^2$

4 Die Funktion $f: x \to f(x)$ ist für alle $x \in \mathbb{R}$ differenzierbar. Die folgenden Eigenschaften sind bekannt: $f(-1) = f(6) = 0$, $f(4) = f'(4) = f''(4) = 0$ und $f'''(4) \neq 0$.
a) Skizziere zwei Graphen, die zu einer solchen Funktion passen.
b) Wie viele Extrempunkte hat der Graph mindestens? Begründe deine Antwort.
c) Wie viele Wendepunkte hat der Graph mindestens? Begründe deine Antwort.
d) Welches Vorzeichen hat der y-Achsenabschnitt? Begründe deine Antwort.

5 a) Zeige rechnerisch, dass die Funktion f mit der Gleichung $f(x) = x - \sin(x)$ keine relativen Extremwerte hat.
b) Bestimme die Wendepunkte des Graphen im Intervall $[-2\pi; 2\pi]$.
c) Zeige, dass alle Wendepunkte des Graphen Sattelpunkte sind.

6 Die Tangente an den Graphen von f mit $f(x) = x^3 + ax^2 + bx + c$ ist nur an einer Stelle parallel zur x-Achse. Welche Beziehung gilt in diesem Fall für die Parameter?

7 Der Innenbogen des „Gateway-Arch" in St. Louis (USA) lässt sich näherungsweise beschreiben durch die Funktion f mit
$f(x) = 187{,}5 - 1{,}579 \cdot 10^{-2}x^2 - 1{,}988 \cdot 10^{-6}x^4$
(x in m).
a) Berechne die Höhe und die Breite des Innenbogens.
b) Wie groß sind die Winkel, die der Innenbogen mit der Grundfläche bildet?
c) Bei einer Flugveranstaltung soll ein Flugzeug mit einer Flügelspannweite von 18 m unter dem Bogen hindurchfliegen. Welche Maximalflughöhe muss der Pilot einhalten, wenn in vertikaler und in horizontaler Richtung ein Sicherheitsabstand zum Bogen von 10 m einzuhalten ist?

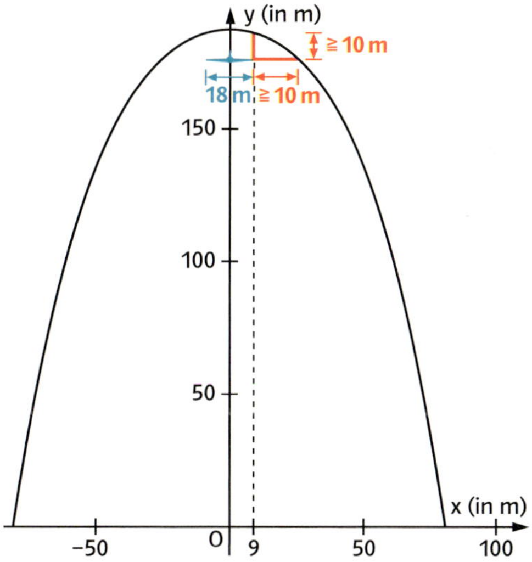

Der „Gateway-Arch" wurde in den Jahren 1959–1965 aus rostfreiem Stahl gebaut. Er soll als „Tor zum Westen" an den nach 1800 einsetzenden Siedlerstrom in den Westen der USA erinnern.

8 Parabolspiegel sind rotationssymmetrisch mit einer Parabel als Achsenschnitt. Bei einer Solaranlage ist dies zum Beispiel eine Parabel mit $y = 0{,}256x^2$.
a) Wie tief ist ein Parabolspiegel der Anlage, wenn der Durchmesser des Randes 5 m ist?
b) Ein parallel zur Parabelachse einfallender Lichtstrahl wird im Punkt $P(u|v)$ der Parabel mit der Gleichung $y = ax^2$ reflektiert. Bestimme die Gleichung des reflektierten Lichtstrahls. (Anleitung: Verwende die angegebene trigonometrische Beziehung.)
c) Zeige: Bei jeder Parabel verlaufen parallel zur Achse einfallende Lichtstrahlen nach der Reflexion durch denselben Punkt, den Brennpunkt F.
d) Der Absorber zur Wärmeaufnahme muss sich im Brennpunkt befinden. Berechne seine Koordinaten.

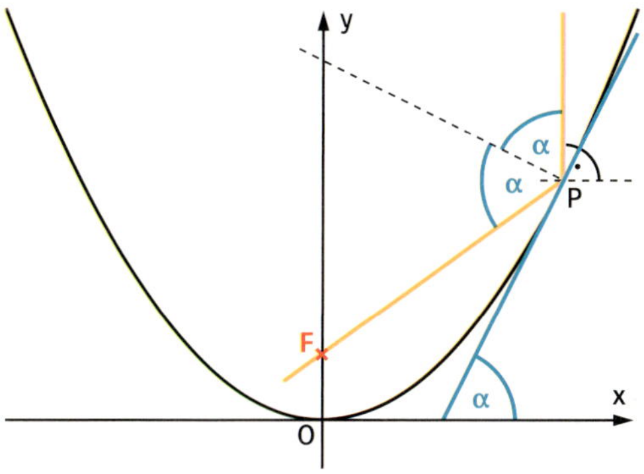

$\tan(90° + 2\alpha) = -\frac{1}{\tan(2\alpha)} = \tan 2(\alpha) - \frac{1}{\tan(2\alpha)}$

9 Einem Unternehmen entstehen bei x Produktionseinheiten die Gesamtkosten K(x) (in €). Diese können im Bereich $0 \leqq x \leqq 50$ erfahrungsgemäß durch die Kostenfunktion K mit $K(x) = 0{,}044x^3 - 2x^2 + 50x + 600$ beschrieben werden.
Jede Produktionseinheit wird für 60 € verkauft. Die Zuordnung $x \to U(x)$, welche x Produktionseinheiten durch den Verkauf dem Umsatz zuordnet, heißt Umsatzfunktion.
a) Zeichne die Graphen der Kosten- und der Umsatzfunktion in ein gemeinsames Achsenkreuz. Lies den Bereich ab, in dem das Unternehmen Gewinn macht.
b) Bei wie viel Produktionseinheiten wird der Gewinn am größten?
c) Durch ein Überangebot kann das Unternehmen eine Produktionseinheit nur noch für 40 € verkaufen. Zeichne den Graphen der neuen Umsatzfunktion in das vorhandene Achsenkreuz ein. Warum kann das Unternehmen in dieser Marktsituation nicht mehr mit Gewinn produzieren?
d) Zeichne den Graphen der Umsatzfunktion ein, bei der das Unternehmen gerade ohne Verlust arbeiten kann. Berechne den Preis, den das Unternehmen pro Produktionseinheit verlangen muss, um verlustfrei zu produzieren.

Die Kosten eines Unternehmens setzen sich zusammen aus fixen Kosten (Grundstückskosten, Mieten, Zinsen usw.) und den von x abhängigen variablen Kosten (Rohstoffe, Löhne usw.). Graphen von Kostenfunktionen sind häufig s-förmig. Erkläre diesen Sachverhalt

6 Extremwertprobleme

Marc: „Warum machst du das Gehege nicht quadratisch?“

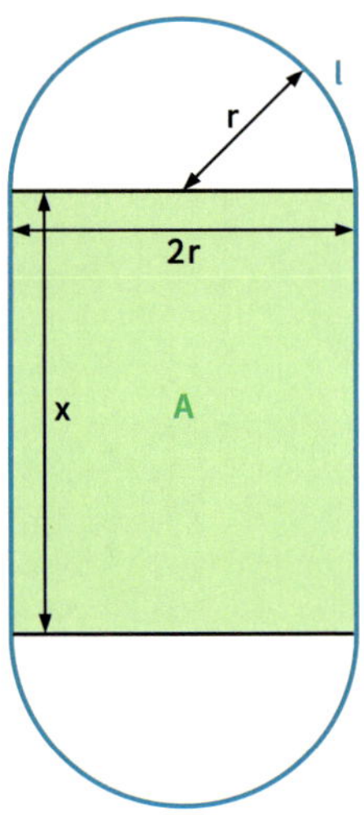

Fig. 1

Maße eines Fußballfeldes:
Länge: 90 m bis 120 m
Breite: 45 m bis 90 m
Üblich sind eine Länge von 105 m und eine Breite von 70 m.

Länge und Breite von Fußballfeldern sind nicht exakt festgelegt. Häufig ist das Feld von einer 400-m-Laufbahn umgeben, das sich aus zwei geraden Stücken der Länge x und zwei Halbkreisen mit dem Radius r zusammensetzt (Fig. 1). Man kann untersuchen, ob es möglich ist, ein Fußballfeld mit möglichst großem Flächeninhalt A zu bauen.

Es ergibt sich ein **Extremwertproblem**, das man wie folgt lösen kann:
Durch $A = x \cdot 2r$ wird eine **Zielfunktion** definiert. Da diese von zwei Variablen x und r abhängt, schreibt man $A(x, r) = x \cdot 2r$.
Die Länge der Laufbahn lässt sich durch $l = 2x + 2\pi r$ berechnen. Da die Laufbahn 400 m lang sein soll, gilt $400 = 2x + 2\pi r$. Diese Abhängigkeit nennt man **Nebenbedingung**. Löst man diese Gleichung z. B. nach r auf, so erhält man $r = \frac{1}{\pi}(200 - x)$. Setzt man diesen Term für r in die Gleichung der Zielfunktion ein, so erhält man
$A(x, r) = x \cdot 2r = x \cdot 2 \cdot \frac{1}{\pi}(200 - x) = \frac{1}{\pi}(400x - 2x^2)$.

Jetzt hängt die Zielfunktion nur noch von der Variablen x ab: $A(x) = \frac{1}{\pi}(400x - 2x^2)$.
Um herauszufinden, welche Länge x den größten Flächeninhalt ergibt, muss die Zielfunktion auf Extremwerte untersucht werden. Es gilt: $A'(x) = \frac{1}{\pi}(400 - 4x)$ und $A''(x) = -\frac{4}{\pi}$.

Notwendige Bedingung: $A'(x_0) = 0 \iff \frac{1}{\pi}(400 - 4x_0) = 0$

$x_0 = 100$

Hinreichende Bedingung: $A'(x_0) = 0$ und $A''(x_0) \neq 0$

$A''(100) = -\frac{4}{\pi} < 0$

Es liegt also bei $x_0 = 100$ ein Maximum vor. Damit erhält man $r = \frac{100}{\pi} \approx 31{,}84$.
Es ist also möglich, ein Fußballfeld mit maximalem Flächeninhalt zu bauen, das den Vorschriften entspricht. Ein solches Feld ist 100 m lang und etwa 64 m breit. Sein Flächeninhalt beträgt etwa 6400 m².

Lösen von Extremwertproblemen

1. Beschreiben der Größe, die extremal werden soll, durch einen Term. Hierdurch wird die Zielfunktion bestimmt. Diese kann von mehreren Variablen abhängen.
2. Formulieren der Nebenbedingung(en).
3. Auflösen der Nebenbedingung(en) nach einer Variablen und Einsetzen in die Zielfunktion.
4. Untersuchen der Zielfunktion auf Extremwerte und Formulieren des Ergebnisses.

Beispiel

Fig. 1 und Fig. 2 zeigen Glasplatten, aus denen eine Ecke herausgebrochen ist.

a) Wie lang müssen die in Fig. 1 gezeichneten Schnittlinien u und v sein, wenn man aus dem Rest eine rechteckige Scheibe mit größtmöglichem Flächeninhalt herausschneiden will?

b) Berechne ebenso die Längen von u und v für die in Fig. 2 dargestellte Platte.

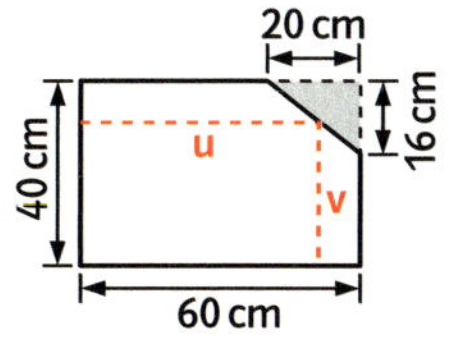

Fig. 1

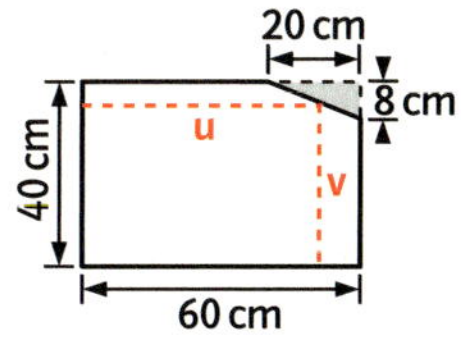

Fig. 2

Lösung:

a) 1. *Aufstellen der Zielfunktion:*

$A(u, v) = u \cdot v.$

2. *Formulieren der Nebenbedingung:*

Wird die Glasplatte wie in Fig. 3 in ein Koordinatensystem gelegt, so lässt sich die Bruchkante $\overline{BC}$ als Teil einer Geraden auffassen, auf der der Eckpunkt $P(u|v)$ des gesuchten Rechtecks liegt.

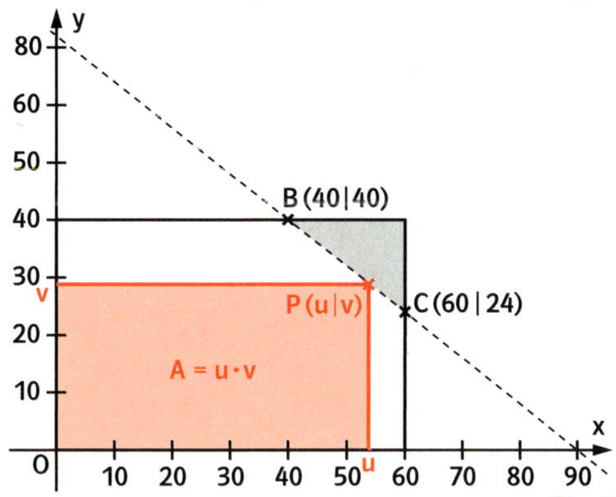

Fig. 3

Die Gerade durch die Punkte B und C hat die Gleichung $y = -\frac{4}{5}x + 72$. Für die Koordinaten von P gilt also $v = -\frac{4}{5}u + 72$ mit $40 \leqq u \leqq 60$.

3. *Einsetzen in die Zielfunktion:*

$A(u) = u\left(-\frac{4}{5}u + 72\right) = -\frac{4}{5}u^2 + 72u$

4. *Untersuchen der Zielfunktion auf Extremwerte und Formulieren des Ergebnisses:*

$A'(u) = -\frac{8}{5}u + 72$ $\quad$ $A''(u) = -\frac{8}{5}$

Notwendige Bedingung: $A'(u_0) = 0 \iff -\frac{8}{5}u_0 + 72 = 0$

$u_0 = 45$

Hinreichende Bedingung: $A'(u_0) = 0$ und $A''(u_0) \neq 0$

$A''(45) = -\frac{8}{5} < 0$

Für $u_0 = 45$ liegt demnach ein Maximum vor. Mit der Nebenbedingung erhält man $v = 36$. Der Flächeninhalt wird also maximal, wenn aus der Glasplatte ein Rechteck mit den Seitenlängen $u = 45\,\text{cm}$ und $v = 36\,\text{cm}$ herausgeschnitten wird. Der Flächeninhalt beträgt dann $A = 45\,\text{cm} \cdot 36\,\text{cm} = 1620\,\text{cm}^2$.

b) Für die Glasplatte in Fig. 2 ändert sich die Gleichung der Geraden in der Nebenbedingung. Sie lautet nun $y = -\frac{2}{5}x + 56$. Für die Koordinaten von P gilt also $v = -\frac{2}{5}u + 56$ mit $40 \leqq u \leqq 60$. Daraus ergibt sich die Gleichung der Zielfunktion $A(u) = -\frac{2}{5}u^2 + 56u$. Diese hat ein Maximum für $u = 70$.

Wegen der Maße der Glasplatte ist ein solcher Schnitt aber nicht möglich; die Extremstelle liegt außerhalb des Intervalls $I = [40; 60]$.

Da die Funktion im Intervall I keine Extremstelle besitzt, können Scheiben mit maximalem Flächeninhalt nur entweder bei $u = 40\,\text{cm}$ oder bei $u = 60\,\text{cm}$, also an den Intervallrändern entstehen. Man erhält

$A(40) = -\frac{2}{5} \cdot 40^2 + 56 \cdot 40 = 1600,$

$A(60) = -\frac{2}{5} \cdot 60^2 + 56 \cdot 60 = 1920.$

Die Scheibe hat also höchstens den Flächeninhalt $1960\,\text{cm}^2$. Sie ist 60 cm breit und 32 cm lang (Fig. 4).

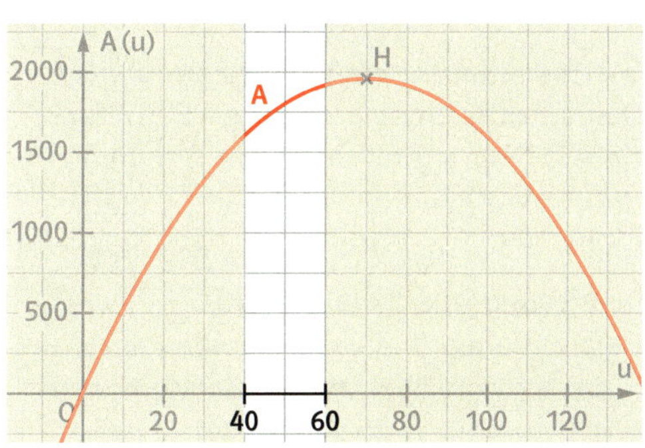

Fig. 4

Aufgaben

1 Zerlege die Zahl 12 so in zwei Summanden, dass
a) das Produkt der Summanden möglichst groß wird,
b) die Summe der Quadrate der Summanden möglichst klein wird.

2 Der Punkt $P(u|v)$ in Fig. 1 liegt auf der Strecke $\overline{QR}$. An welcher Stelle muss der Punkt P liegen, damit der Flächeninhalt A des Rechtecks mit den Eckpunkten $O(0|0)$, $P'(u|0)$, P und $P''(0|v)$ maximal wird?

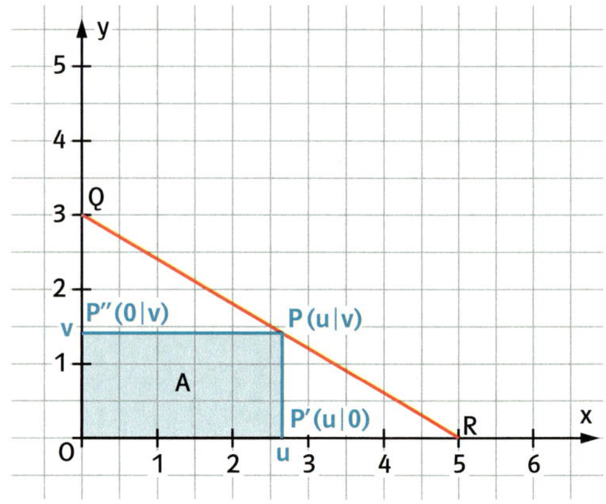

Fig. 1

3 Gegeben sind die Parabeln mit den Gleichungen $p(x) = x^2 - 2x + 2$ und $q(x) = 0{,}5x^2 + 2$. An welcher Stelle des Intervalls $I = [0; 4]$ wird die Summe, an welcher Stelle die Differenz der Funktionswerte extremal? Gib das Extremum an. Um welche Art handelt es sich?

Bist du sicher?

1 a) Welche beiden reellen Zahlen mit der Differenz 1 haben das kleinste Produkt?
b) Für welche positive Zahl wird die Summe der Zahl und ihres Kehrwertes minimal?

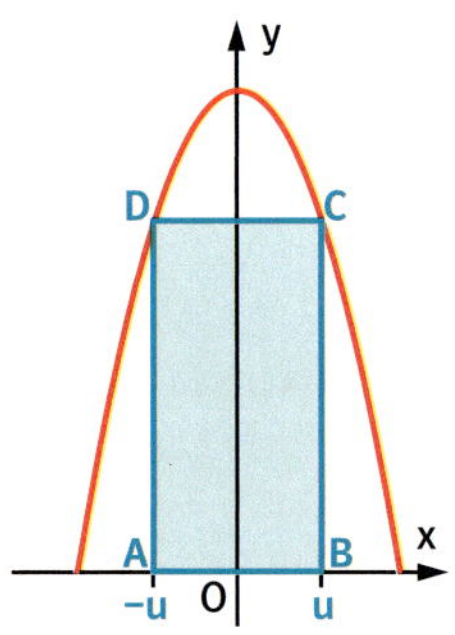

Fig. 2

2 Die Punkte $A(-u|0)$, $B(u|0)$, $C(u|p(u))$ und $D(-u|p(u))$ der Parabel mit der Gleichung $p(x) = 9 - x^2$ sind Eckpunkte eines Rechtecks (Fig. 2). Für welchen Wert von u, $0 \leqq u \leqq 3$, wird bei dem Rechteck das Maximum
a) des Flächeninhaltes,
b) des Umfangs
erreicht? Skizziere den Sachverhalt und gib auch den Extremwert an.

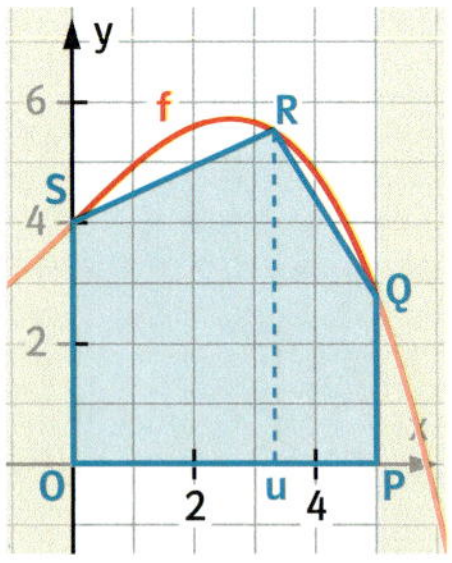

Fig. 3

4 Gegeben ist die Funktion f mit der Gleichung $f(x) = -0{,}05x^3 + x + 4$. Die Punkte $O(0|0)$, $P(5|0)$, $Q(5|f(5))$, $R(u|f(u))$ und $S(0|f(0))$ sind Eckpunkte eines Fünfecks (Fig. 3), bei dem die Lage von R von u abhängt $(0 \leqq u \leqq 5)$.
a) Verwende die Flächeninhaltsformel für Trapeze und zeige, dass sich der Flächeninhalt A des Fünfecks OPQRS mithilfe der Gleichung $A(u) = \frac{1}{2}(4 + f(u))u + \frac{1}{2}(f(u) + 2{,}75)(5 - u)$ berechnen lässt.
b) Für welchen Wert von u wird der Flächeninhalt A des Fünfecks OPQRS maximal? Gib auch das Maximum des Flächeninhalts an.

5 Die untere und obere Berandung des Querschnitts eines 6 m langen Betonfertigteils (Fig. 4) sind durch die Graphen der Funktionen $f: x \to -\frac{1}{4}x^2 + \frac{3}{2}x$ und $g: x \to -\frac{1}{10}x^3 + \frac{9}{10}x^2 - \frac{9}{5}x + 4$ gegeben (x, $f(x)$ und $g(x)$ jeweils in m).
Bestimme die Stellen, an denen die Höhe h des Betonteils extremal ist. Wie hoch ist das Betonteil an diesen Stellen jeweils?

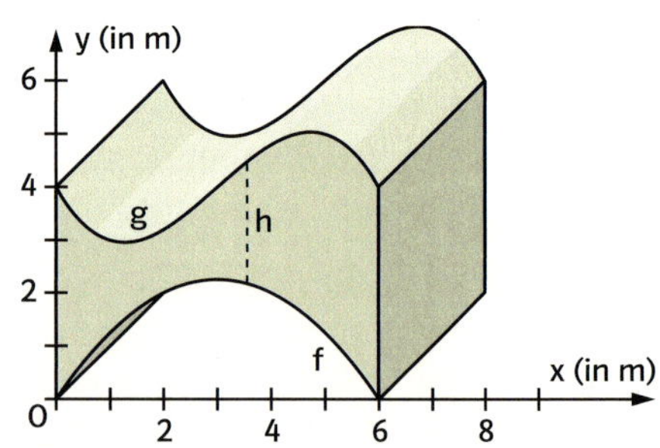

Fig. 4

6 Von welchem Punkt des Graphen von f hat der Punkt Q den kleinsten Abstand?

a) $f(x) = \frac{1}{x}$; $Q(0|0)$ b) $f(x) = x^2$; $Q(0|1{,}5)$

c) $f(x) = x^2$; $Q(3|0)$ d) $f(x) = \sqrt{x}$; $Q(a|1{,}5)$, $a \geqq 0{,}5$

Bei der Berechnung von Abständen treten häufig Wurzelterme auf. Zur Bestimmung der Extremstellen einer Distanzfunktion d kann auch die quadrierte Distanzfunktion d^2 verwendet werden.

7 Welches Rechteck mit dem Umfang 30 cm (mit dem Umfang a cm) hat die kürzeste Diagonale?

8 Welches rechtwinklige Dreieck mit der Hypotenuse 6 cm erzeugt bei Rotation um eine Kathete (um die Hypotenuse) den Rotationskörper größten Volumens?

9 Ein Rechteck ABCD ist 12 cm lang und 8 cm breit; M ist die Mitte von $\overline{CD}$ (Fig. 1). Dem Rechteck soll ein Parallelogramm so einbeschrieben werden, dass zwei Seiten parallel zu $\overline{AM}$ sind. Für welche Lage des Punktes P wird der Flächeninhalt des Parallelogramms am größten?

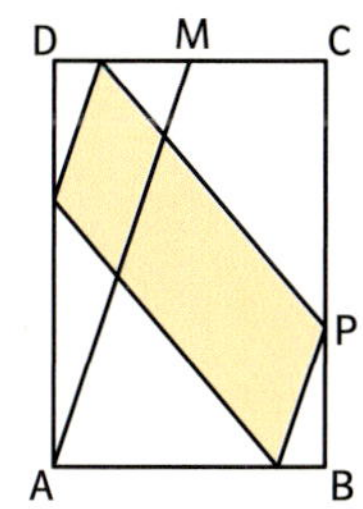

Fig. 1

10 Der Querschnitt eines Abwasserkanals hat die Form eines Rechtecks mit aufgesetztem Halbkreis. Wie müssen bei gegebenem Umfang U des Querschnitts die Rechteckseiten gewählt werden, damit der Querschnitt den größten Flächeninhalt hat?

11 Aus einem 40 cm langen und 20 cm breiten Karton soll durch Herausschneiden von sechs Quadraten eine Schachtel hergestellt werden, deren Deckel auf drei Seiten übergreift (Fig. 2). Wie groß sind die Quadrate zu wählen, damit das Volumen der Schachtel möglichst groß wird?

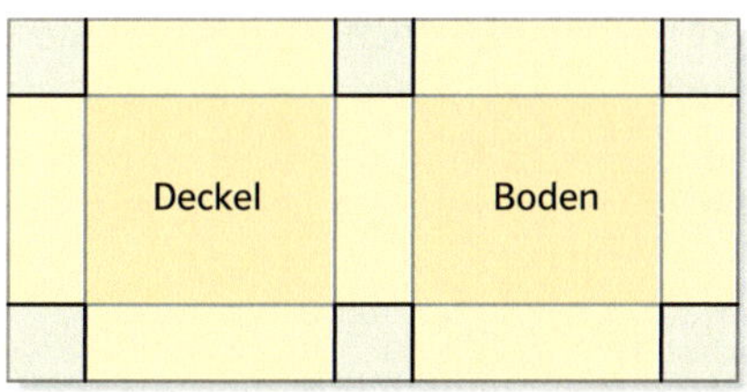

Fig. 2

12 Es sollen zylinderförmige Dosen mit dem Volumen V hergestellt werden (Fig. 3). Wie sind r und h zu wählen, damit

a) die gesamte Naht aus Mantellinie, Deckelrand und Bodenrand minimal wird,

b) der Oberflächeninhalt möglichst klein wird?

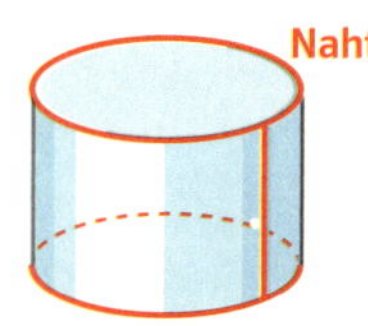

Fig. 3

13 Aus einem Kreis mit dem Radius r wird ein symmetrischer Stern ausgeschnitten (Fig. 4) und die vier Eckpunkte A, B, C und D zur Spitze einer quadratischen Pyramide hochgebogen. Wie groß kann das Volumen der entstehenden Pyramide höchstens werden? Wie groß ist in diesem Fall der Oberflächeninhalt der Pyramide?

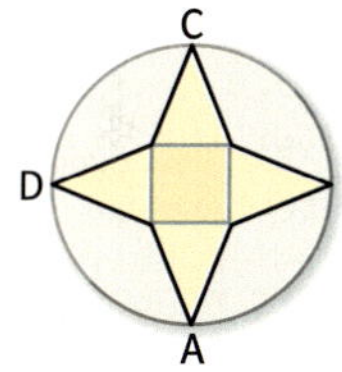

Fig. 4

14 Auf einem dreieckigen Grundstück soll eine rechteckige Lagerhalle gebaut werden. Bestimme für die Fälle A und B (Fig. 6) die größtmögliche Fläche der Halle, wenn diese

a) bis zur Grundstücksgrenze reichen darf,

b) 3 m Abstand zur Grenze haben muss.

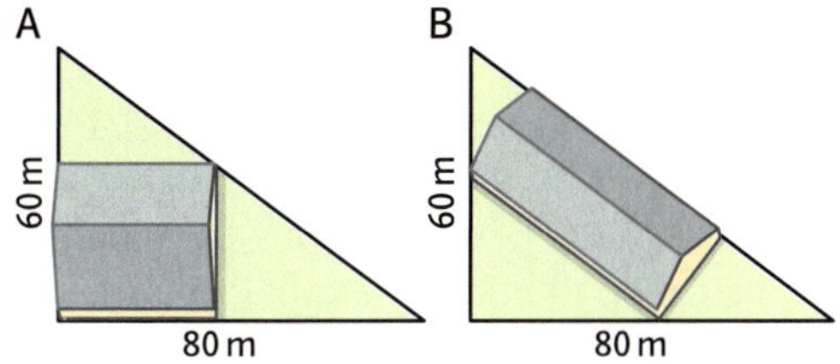

Fig. 6

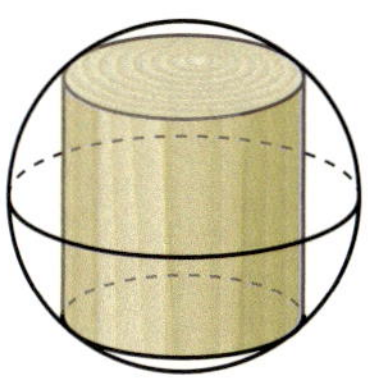
Fig. 5

15 Eine Holzkugel soll so bearbeitet werden, dass ein Zylinder mit möglichst großem Volumen entsteht (Fig. 5). Wie sind der Radius und die Höhe des Zylinders zu wählen?

16 Einer Kugel wird ein gerades Prisma mit einem gleichseitigen Dreieck als Grundfläche einbeschrieben (Fig. 7). Wie groß ist das maximal mögliche Prismavolumen?

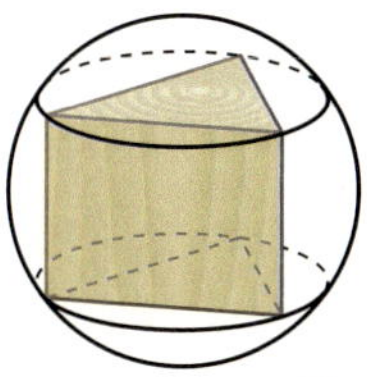
Fig. 7

7 Funktionsbestimmung bei vorgegebenem Grad

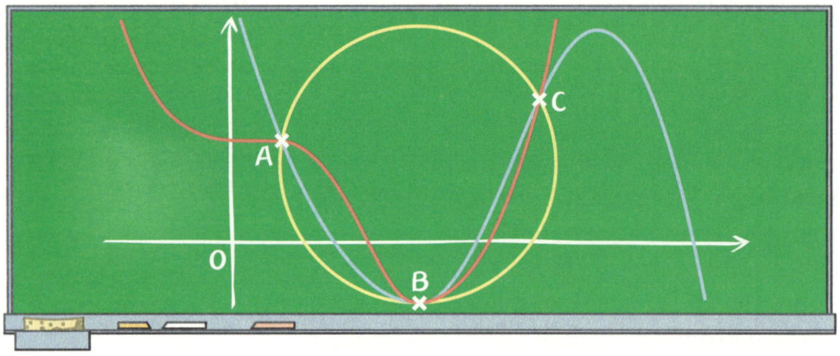

Clara: „Und welcher Graph ist der richtige?"

Bei einer Funktionsuntersuchung schließt man aus der Funktionsgleichung auf besondere Punkte des Graphen. Sind Eigenschaften des Graphen bekannt, so kann man auch umgekehrt die Funktionsgleichung ermitteln.

Gesucht ist eine ganzrationale Funktion 3. Grades, deren Graph in $A(0|-2)$ einen Hochpunkt besitzt, die x-Achse an der Stelle $x = 1$ schneidet und durch den Punkt $B(-1|-6)$ verläuft.
Die Gleichung einer ganzrationalen Funktion 3. Grades hat die Form
$f(x) = ax^3 + bx^2 + cx + d$. Daraus ergeben sich $f'(x) = 3ax^2 + 2bx + c$ und $f''(x) = 6ax + 2b$.

Die folgende Tabelle zeigt, wie man aus dem Text das lineare Gleichungssystem gewinnen kann, das zur Berechnung der Parameter a, b, c und d notwendig ist.

Wenn der Graph einen Hochpunkt hat, dann hat die Steigung dort den Wert 0. Die Tatsache, dass auch $f''(0) < 0$ gelten muss, kann beim Erstellen des Gleichungssystems nicht verwendet werden.

Eigenschaft des Graphen	Bedingung	Gleichung
$A(0|-2)$ liegt auf dem Graphen.	$f(0) = -2$	$a \cdot 0^3 + b \cdot 0^2 + c \cdot 0 + d = -2$
Bei $x = 0$ liegt ein Hochpunkt vor.	$f'(0) = 0$	$3a \cdot 0^2 + 2b \cdot 0 + c = 0$
Bei $x = 1$ wird die x-Achse geschnitten.	$f(1) = 0$	$1 \cdot 1^3 + b \cdot 1^2 + c \cdot 1 + d = 0$
$B(-1|-6)$ liegt auf dem Graphen.	$f(-1) = -6$	$a(-1)^3 + b(-1)^2 + c(-1) + d = -6$

Aus den Bedingungen ergibt sich das Gleichungssystem:

I: $d = -2$
II: $c = 0$
III: $a + b + c + d = 0$
IV: $-a + b - c + d = -6$

Setzt man die Werte d und c in die Gleichungen III und IV ein, so erhält man:

III: $a + b - 2 = 0 \iff a + b = 2$
IV: $-a + b - 2 = -6 \iff -a + b = -4$

Addiert man III und IV, so erhält man $b = -1$. Einsetzen in III ergibt $a = 3$.

Der Graph der Funktion mit der Gleichung $f(x) = 3x^3 - x^2 - 2$ hat an der Stelle $x = 0$ eine Tangente mit der Steigung 0. Es muss jetzt noch überprüft werden, ob er an dieser Stelle tatsächlich einen Hochpunkt hat. Dies ist dann der Fall, wenn auch die Bedingung $f''(0) < 0$ erfüllt ist.
Es gilt $f''(x) = 18x - 2$ und damit $f''(0) = -2 < 0$.
Die gesuchte Funktion f hat also die Gleichung $f(x) = 3x^3 - x^2 - 2$.

Bestimmen einer ganzrationalen Funktion bei vorgegebenem Grad
1. Aufstellen der allgemeinen Funktionsgleichung und ihrer Ableitungen.
2. Formulieren der gegebenen Bedingungen mit f, f', f'' usw.
3. Aufstellen des Gleichungssystems.
4. Lösen des Gleichungssystems.
5. Überprüfen bisher nicht verwendeter Eigenschaften des Graphen.
6. Angabe der Funktionsgleichung.

Beispiel 1
Der Graph einer ganzrationalen Funktion 3. Grades ist punktsymmetrisch zum Ursprung und hat im Punkt $A(1|2)$ eine Tangente mit Steigung 0. Bestimme die Gleichung von f.
Lösung:
1. Aufgrund der Symmetrie gilt $f(x) = ax^3 + cx$ und $f'(x) = 3ax^2 + c$.
2. Aus dem Text ergeben sich die Bedingungen:

Eigenschaft des Graphen	Bedingung	Gleichung
$A(1\|2)$ liegt auf dem Graphen.	$f(1) = 2$	$a \cdot 1^3 + c \cdot 1 = 2$
In $A(1\|2)$ ist die Tangentensteigung null.	$f'(1) = 0$	$3a \cdot 1^2 + c = 0$

Ist der Graph einer Funktion achsensymmetrisch zur y-Achse oder punktsymmetrisch zum Ursprung, so kann dies bereits im Ansatz berücksichtigt werden. Hierdurch vereinfacht sich das Gleichungssystem.

3. Es ergibt sich das Gleichungssystem: I: $a + c = 2$
II: $3a + c = 0$
4. Das Gleichungssystem hat die Lösungen $a = -1$ und $c = 3$.
5. Ein Überprüfen ist nicht notwendig, da alle Eigenschaften berücksichtigt wurden.
6. Funktionsgleichung: $f(x) = -x^3 + 3x$

Beispiel 2
Gesucht ist eine ganzrationale Funktion 3. Grades, deren Graph in $A(0|4)$ einen Hochpunkt hat, an der Stelle $x = 2$ die x-Achse schneidet und durch $B(1|4)$ verläuft.
Lösung:
1. $f(x) = ax^3 + bx^2 + cx + d$, $f'(x) = 3ax^2 + 2bx + c$ und $f''(x) = 6ax + 2b$.
2. Die Bedingungen lauten $f(0) = 4$, $f'(0) = 0$, $f(2) = 0$ und $f(1) = 3$.
3. Man erhält folgendes Gleichungssystem:
I: $d = 4$
II: $c = 0$
III: $8a + 4b + 2c + d = 0$
IV: $a + b + c + d = 4$
4. Setzt man $d = 4$ und $c = 0$ in II und III ein, so erhält man:
III: $8a + 4b + 4 = 0 \iff 2a + b = -1$
IV: $a + b + 4 = 4 \iff a + b = 0$
Subtrahiert man IV von III, so erhält man $a = -1$. Einsetzen in IV ergibt $b = 1$. Mit $d = 4$ und $c = 0$ lautet die mögliche Funktionsgleichung damit $f(x) = -x^3 + x^2 + 4$.
5. Da mit $f'(0) = 0$ nur die notwendige Bedingung für einen Extrempunkt erfüllt ist, muss zusätzlich überprüft werden, ob f auch die hinreichende Bedingung erfüllt.
$f'(x) = -3x^2 + 2x \implies f'(0) = 0$
$f''(x) = -6x + 2 \implies f''(0) = 2 > 0$
Der Graph hat also bei $x = 0$ einen Tiefpunkt und nicht, wie gefordert, einen Hochpunkt.
6. Es gibt keine Funktion, deren Graph alle im Text geforderten Eigenschaften hat.

Beispiel 3

Für welche ganzrationale Funktion 2. Grades ist $f(0) = f(2) = 0$ und $f'(1) = 0$?

Lösung:

1. $f(x) = ax^2 + bx + c$ und $f'(x) = 2ax + b$
2. Die Bedingungen sind bereits angegeben.
3. Man erhält folgendes Gleichungssystem:

$f(0) = 0$: I: $c = 0$

$f(2) = 0$: II: $4a + 2b + c = 0$

$f'(1) = 0$: III: $2a + b = 0$

4. Wegen $c = 0$ ergibt sich: II: $4a + 2b = 0 \iff 2a + b = 0$

III: $2a + b = 0 \iff 2a + b = 0$

Beide Gleichungen sind identisch, also gilt $b = -2a$. Das bedeutet, dass jede Funktion f mit $f(x) = ax^2 - 2ax$ $(a \in \mathbb{R})$ die Bedingungen erfüllt. Diese Funktionen bilden eine Funktionenschar.

5. Eine Überprüfung ist nicht notwendig, da alle Eigenschaften erfüllt sind.
6. Alle Funktionen f mit $f(x) = ax^2 - 2ax$ haben die geforderten Eigenschaften.

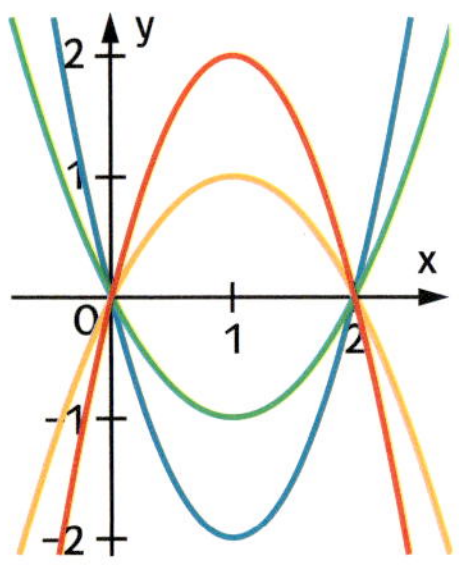

Unendlich viele Lösungen
Ergebnis: eine Kurvenschar

Aufgaben

1 Bestimme die ganzrationale Funktion 2. Grades, deren Graph durch die angegebenen Punkte verläuft.

a) $A(-1|0)$, $B(0|-1)$, $C(1|0)$ b) $A(0|0)$, $B(1|0)$, $C(2|3)$

2 Bestimme eine ganzrationale Funktion 3. Grades, deren Graph

a) durch $A(2|0)$, $B(-2|4)$ und $C(-4|8)$ verläuft und einen Hochpunkt auf der y-Achse hat,

b) durch $A(2|2)$ und $B(3|9)$ verläuft und in $W(1|1)$ einen Wendepunkt hat. Die Tangente im Wendepunkt hat die Steigung 0.

3 Begründe, dass es für die folgenden Bedingungen keine ganzrationale Funktion f gibt.

a) Grad von f gleich 2; Nullstellen für $x = 2$ und $x = 4$; Maximum für $x = 0$

b) Grad von f gleich 3; Extremstellen für $x = 0$ und $x = 3$; Wendestelle für $x = 1$

c) Grad von f gleich 4; f gerade, Wendestelle für $x = 1$; Maximum für $x = 2$

4 Bestimme die ganzrationale Funktion 3. Grades, deren Graph

a) die x-Achse im Ursprung berührt und deren Tangente in $P(-3|0)$ parallel zur Geraden $y = 6x$ verläuft,

b) in $P(1|4)$ einen Extrempunkt und in $Q(0|2)$ einen Wendepunkt hat.

5 Bestimme alle ganzrationalen Funktionen 3. Grades, deren Graph

a) punktsymmetrisch zum Ursprung ist und für $x = 2$ einen Extrempunkt hat,

b) im Ursprung einen Wendepunkt mit der Wendetangente $y = x$ hat.

6 Wähle selbst mindestens zwei Beispiele durch Angabe von Bedingungen wie in den vorangehenden Aufgaben, sodass es keine Funktion gibt, die diese erfüllen kann.

7 Bestimme die ganzrationale Funktion 4. Grades, deren Graph

a) symmetrisch zur y-Achse ist, durch $A(0|2)$ verläuft und den Tiefpunkt $B(1|0)$ hat,

b) symmetrisch zur y-Achse ist und in $P(2|0)$ eine Wendetangente der Steigung $-\frac{4}{3}$ hat.

8 Beim Bau einer Erdölpipeline muss zwischen zwei geradlinig verlaufenden Teilstücken eine Verbindung gebaut werden. In einem geeigneten Koordinatensystem lassen sich die beiden Teilstücke durch Geraden mit den Gleichungen $y = -\frac{1}{2}x$ für $x \leqq 2$ bzw. durch $y = 2x - 13$ für $x \geqq 7$ darstellen.
a) Die Teilstücke sollen miteinander verbunden werden. Gib eine ganzrationale Funktion 3. Grades an, sodass die Pipelines knickfrei ineinander übergehen.
b) Bestimme die Länge des fehlenden Teilstücks näherungsweise, indem du den Graphen der berechneten ganzrationalen Funktion durch mehrere Geradenstücke annäherst.

9 Bei einseitig eingeklemmten Blattfedern, auf deren Ende eine Kraft wirkt, kann die Biegung durch eine ganzrationale Funktion f vom Grad 3 beschrieben werden.
a) Bestimme für die angegebenen Abmessungen die Funktion f.
b) Wie groß ist die Auslenkung bei 7 cm?

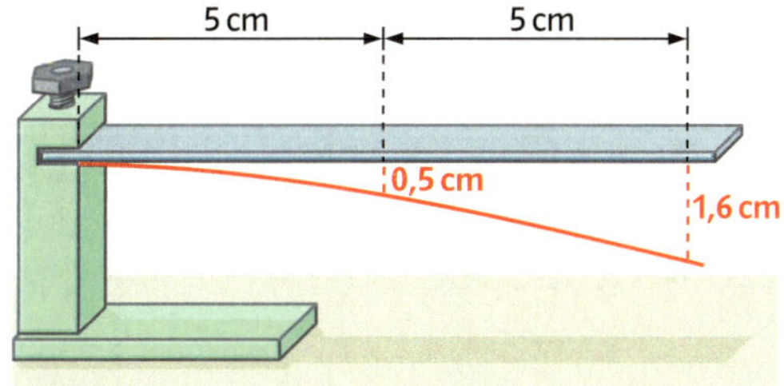

Fig. 1

10 Zwei gleich große, annähernd kreisförmige Blätter befinden sich übereinander an einem Stängel. Wenn sie um 45° gegeneinander verdreht sind, dann sind 47,6 % der Fläche des unteren Blattes sichtbar (Fig. 2). Bei einer Verdrehung um 90° sind 82 % und bei 180° natürlich 100 % sichtbar.
a) Gib eine Näherungsfunktion an, die dem Verdrehungswinkel φ (in °) die sichtbare Fläche des unteren Blattes zuordnet.
b) Bestimme die Ableitung bei $\varphi = 30°$ und interpretiere diese.

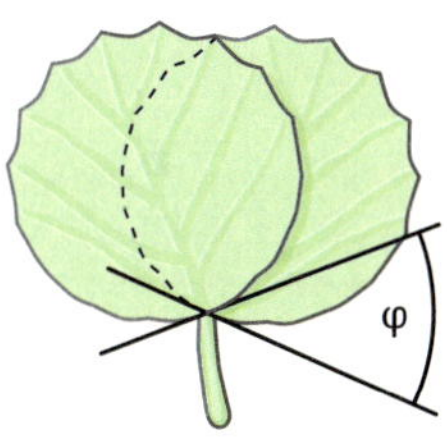

Fig. 2

11 Wenn ein Radprofi t Stunden intensiv trainiert, trinkt er y Liter Flüssigkeit. Aufzeichnungen über eine längere Zeitspanne ergaben die Durchschnittswerte von Tab. 1.
Stelle eine Funktion f auf, die der Zeit den „Wasserbedarf“ zuordnet und interpretiere den Verlauf.

t (in h)	y (in l)
1	0,5
2	1
3	2,5
4	4

Tab. 1

12 Die Temperatur an der Oberfläche eines Biotops wird im Verlauf eines Tages gemessen. Um 0.00 Uhr beträgt die Temperatur an der Oberfläche 19 °C. Die niedrigste Tagestemperatur wird um 6.00 Uhr mit 17,8 °C gemessen, die höchste um 17.00 Uhr.
a) Bestimme eine ganzrationale Funktion f dritten Grades, die den Verlauf der Oberflächentemperatur während des Tages modelliert.
b) Zu welchem Zeitpunkt stieg die Temperatur am stärksten?
c) Wie groß ist die momentane Änderungsrate um 22 Uhr? Welche Bedeutung hat sie?
d) Welche Aussage lässt sich mithilfe der Funktion über die Temperatur um 12.00 Uhr an diesem Tag bzw. um 12.00 Uhr am nächsten Tag machen?

13 Ein Ferkel hat im Durchschnitt ein Geburtsgewicht von 1,5 kg. Seine Gewichtszunahme kann man Tab. 2 entnehmen.
a) Berechne die Änderungsrate des Gewichts in den ersten sechs Monaten. Welche Bedeutung hat sie?
b) Nimm eine Funktionsanpassung mit einer ganzrationalen Funktion vom Grad 4 vor.
c) Nach wie vielen Tagen ist die momentane Änderungsrate maximal? Deute diese.
d) Nimm eine Funktionsanpassung mit einer ganzrationalen Funktion vom Grad 3 vor.
e) Vergleiche die Funktionsanpassungen der Teilaufgaben b) und d) und vergleiche diese hinsichtlich ihrer Brauchbarkeit. Überlege dir weitere Fragestellungen.

t (in Monaten)	G (in kg)
0	1,5
1	9
2	30
3	50
4	67
5	88
6	88

Tab. 2

Ein Monat wird generell wie in der Zinsrechnung mit 30 Tagen gerechnet.

8 Funktionsbestimmung

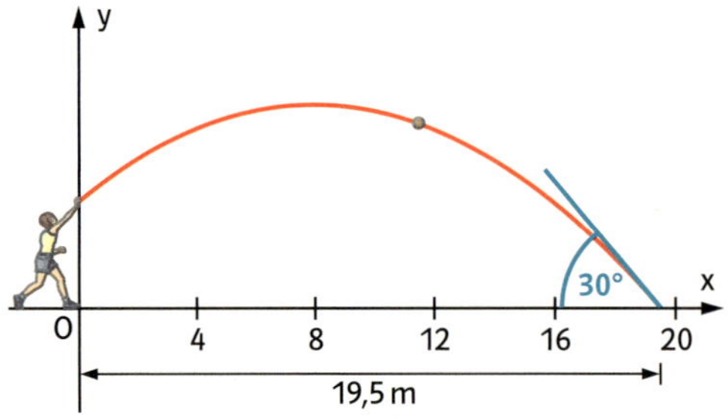

Beim Kugelstoßen interessiert man sich nur für die Stoßweite.

Reale Situationen können durch funktionale Zusammenhänge oft erst beschrieben werden, wenn die wesentlichen Daten in einem Koordinatensystem dargestellt sind.

Die Drahtseile einer Überlandleitung haben zwischen zwei Pfosten näherungsweise einen parabelförmigen Verlauf. Um eine sichere Durchfahrt unter den Leitungen zu gewährleisten, sollten sie am tiefsten Punkt einen Mindestabstand vom Boden haben. Mit diesen Vorgaben kann man den maximalen Neigungswinkel der Seile am Mast berechnen.
Da eine ganzrationale Funktion zweiten Grades gesucht wird, müssen zur eindeutigen Bestimmung der drei Parameter ihrer Gleichung $f(x) = ax^2 + bx + c$ drei Bedingungen gegeben sein. Die Aufhängepunkte dieser Stromleitung liegen 200 m voneinander entfernt in einer Höhe von 30 m. Der tiefste Punkt der Stromleitung liegt 22 m über dem ebenen Erdboden. Die Bedeutung der im Text genannten Bedingungen und damit auch die Beschreibung der Funktion durch eine Gleichung hängen von der Wahl des Ursprungs des Koordinatensystems ab. Im Folgenden werden drei typische Möglichkeiten vorgestellt.

Erste Möglichkeit: Ursprung am Boden in der Mitte zwischen zwei Masten

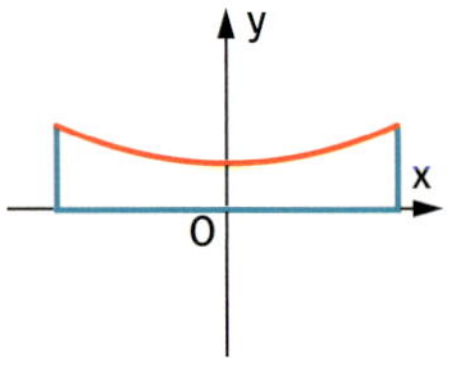

Fig. 1

Textstelle	Bedingung	Gleichung
Aufhängepunkte 200 m voneinander entfernt, Höhe 30 m	$f(100) = 30$ $f(-100) = 30$	$a \cdot 100^2 + b \cdot 100 + c = 30$ $a \cdot (-100)^2 + b \cdot (-100) + c = 30$
tiefster Punkt 22 m über Erdboden	$f(0) = 22$	$a \cdot 0^2 + b \cdot 0 + c = 22$

Lösung des Gleichungssystems: $a = \frac{1}{1250}$, $b = 0$ und $c = 22$
Funktionsgleichung: $f(x) = \frac{1}{1250}x^2 + 22$

Zweite Möglichkeit: Ursprung im tiefsten Punkt

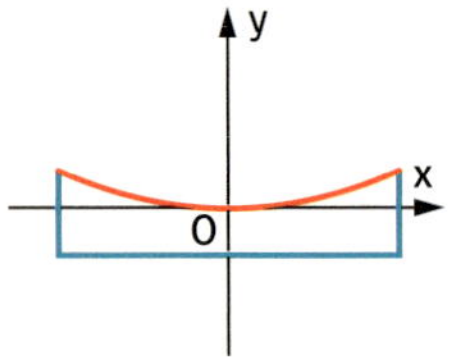

Fig. 2

Textstelle	Bedingung	Gleichung
Aufhängepunkte 200 m voneinander entfernt, Höhe 30 m	$f(100) = 30 - 22 = 8$ $f(-100) = 8$	$a \cdot 100^2 + b \cdot 100 + c = 8$ $a \cdot (-100)^2 + b \cdot (-100) + c = 8$
tiefster Punkt 22 m über Erdboden	$f(0) = 0$	$a \cdot 0^2 + b \cdot 0 + c = 0$

Lösung des Gleichungssystems: $a = \frac{1}{1250}$, $b = 0$ und $c = 0$
Funktionsgleichung: $f(x) = \frac{1}{1250}x^2$

Dritte Möglichkeit: Ursprung in einem Aufhängepunkt

Textstelle	Bedingung	Gleichung
Aufhängepunkte 200 m voneinander entfernt, Höhe 30 m	$f(0) = 0$ $f(200) = 0$	$a \cdot 0^2 + b \cdot 0 + c = 0$ $a \cdot 200^2 + b \cdot 200 + c = 0$
tiefster Punkt 22 m über Erdboden	$f(100) = 22 - 30 = -8$	$a \cdot 100^2 + b \cdot 100 + c = -8$

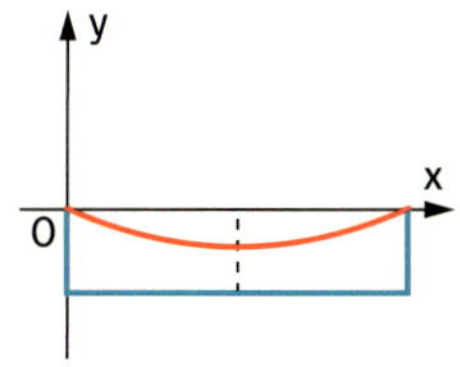

Fig. 1

Lösung des Gleichungssystems: $a = \frac{1}{1250}$, $b = -\frac{4}{25}$ und $c = 22$

Funktionsgleichung: $f(x) = \frac{1}{1250}x^2 - \frac{4}{25}x$

Um den gesuchten Winkel zu bestimmen, muss man den Wert der Ableitung an den entsprechenden Stellen berechnen. Diese Berechnung ist ebenfalls von der Wahl des Ursprungs abhängig.

Funktionsgleichung	Gleichung der Ableitung	Aufhängepunkt und Steigung
$f(x) = \frac{1}{1250}x^2 + 22$	$f'(x) = \frac{1}{625}x$	$P(100 \mid 30)$: $f'(100) = \frac{1}{625} \cdot 100 = \frac{4}{25}$
$f(x) = \frac{1}{1250}x^2$	$f'(x) = \frac{1}{625}x$	$P(100 \mid 8)$: $f'(100) = \frac{1}{625} \cdot 100 = \frac{4}{25}$
$f(x) = \frac{1}{1250}x^2 - \frac{4}{25}x$	$f'(x) = \frac{1}{625}x - \frac{4}{25}$	$P(200 \mid 0)$: $f'(200) = \frac{1}{625} \cdot 200 - \frac{4}{25} = \frac{4}{25}$

Man erkennt, dass die Steigung in allen drei Fällen gleich groß und unabhängig von der Wahl des Koordinatenursprungs ist. Der Winkel zwischen Stromleitung und Mast ändert sich nicht, wenn man den Koordinatenursprung verschiebt. Es ist $\alpha = \arctan\left(\frac{4}{25}\right) \approx 9{,}1°$.

Bestimmen einer ganzrationalen Funktion bei Anwendungen

1. Bestimmen des Grades der Funktion aus der Anzahl der Bedingungen: Bei n Bedingungen ist der Funktionsgrad $n - 1$.
2. Festlegen des Koordinatenursprungs.
3. Übersetzen der Bedingungen in Gleichungen.
4. Lösen des Gleichungssystems.
5. Überprüfen bisher nicht verwendeter Eigenschaften des Graphen.
6. Angabe der Funktionsgleichung.

Beispiel

Die beiden in Fig. 2 abgebildeten Stücke einer Achterbahntrasse sollen so miteinander verbunden werden, dass die Übergänge zum Verbindungsstück knickfrei verlaufen.

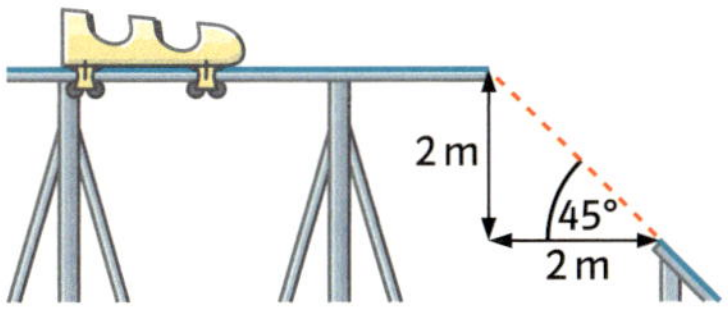

Fig. 2

Lösung:

1. Die Enden des Verbindungsstücks müssen an die Trasse ansetzen. Darüber hinaus müssen an den Anschlussstellen Trasse und Verbindungsstück die gleiche Steigung haben. Hieraus lassen sich vier Bedingungen formulieren. Das Verbindungsstück lässt sich also durch eine Funktion dritten Grades mit $f(x) = ax^3 + bx^2 + cx + d$ beschreiben.
2. Der Koordinatenursprung wird wie in Fig. 3 gewählt.

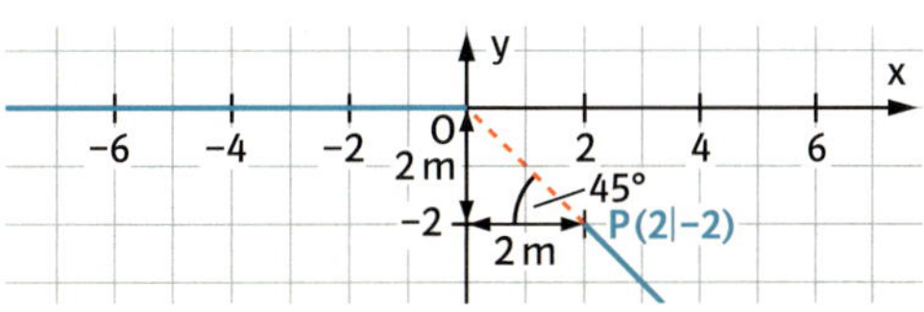

Fig. 3

Durch diese Wahl des Koordinatensystems ergibt sich ein besonders einfaches lineares Gleichungssystem.

3. Damit ergeben sich folgende Bedingungen:

Eigenschaften des gesuchten Graphen	Bedingung	Gleichung
Der Graph verläuft durch O(0|0).	$f(0) = 0$	$a \cdot 0^3 + b \cdot 0^2 + c \cdot 0 + d = 0$
Der Graph hat in O(0|0) die Steigung 0.	$f'(0) = 0$	$3a \cdot 0^2 + 2b \cdot 0 + c = 0$
Der Graph verläuft durch P(2|−2).	$f(2) = -2$	$a \cdot 2^3 + b \cdot 2^2 + c \cdot 2 + d = -2$
Der Graph hat in P(2|−2) die Steigung −1.	$f'(2) = -1$	$3a \cdot 2^2 + 2b \cdot 2 + c = -1$

4. Das Gleichungssystem hat die Lösung $a = \frac{1}{4}$, $b = -1$, $c = 0$ und $d = 0$.

5. Ein Überprüfen ist nicht notwendig, da alle geforderten Eigenschaften erfüllt sind.

6. Das Verbindungsstück kann durch die Funktion mit der Gleichung $f(x) = \frac{1}{4}x^3 - x^2$ modelliert werden (Fig. 1).

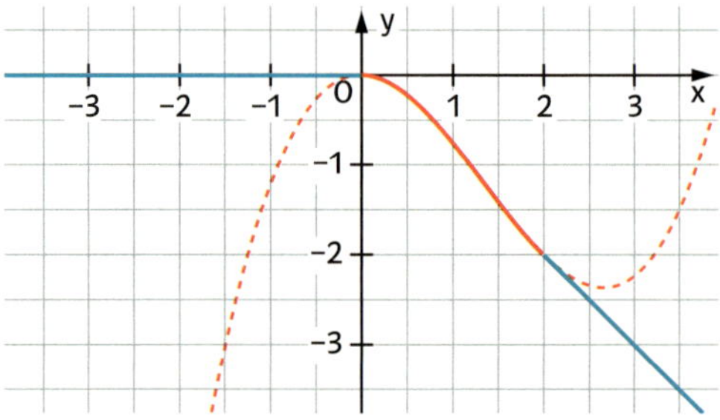

Fig. 1

Aufgaben

1 Von einer Garage aus soll eine Auffahrt zur Straße angelegt werden. Der Höhenunterschied beträgt 1 m. Zwischen A und B ist eine waagerechte Stellfläche geplant. Die Auffahrt soll in B waagerecht beginnen und in D waagerecht in die Straße einmünden.
a) Beschreibe die Auffahrt durch eine ganzrationale Funktion niedrigsten Grades.
b) Zwischen B und C beginnt 1 m vor C ein 70 cm hoher Felsblock. Wird er überdeckt?

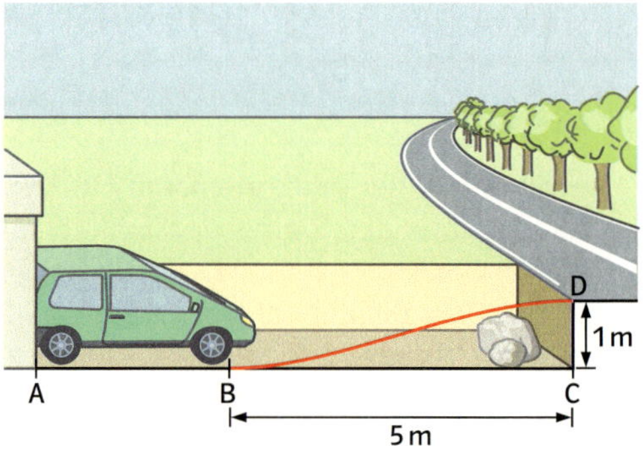

Fig. 2

2 Ein Brückenbogen überspannt einen 50 m breiten Geländeausschnitt. In A und B setzt der Bogen senkrecht an den Böschungen auf.
a) Beschreibe die Form des Brückenbogens durch eine ganzrationale Funktion.
b) Wie hoch ist der Brückenbogen?

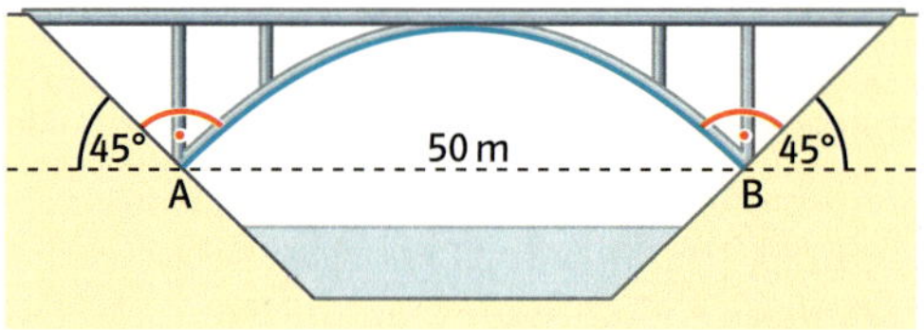

Fig. 3

3 Ein Metallstreifen ist im Punkt F waagerecht befestigt und liegt im Abstand von 10 cm im Punkt L lose auf. Durch Belastung biegt sich der Streifen so durch, dass die maximale Durchbiegung 2 cm beträgt.
a) Beschreibe die Form des Metallstreifens durch eine ganzrationale Funktion.
b) Wie groß ist die Durchbiegung in der Mitte zwischen F und L?

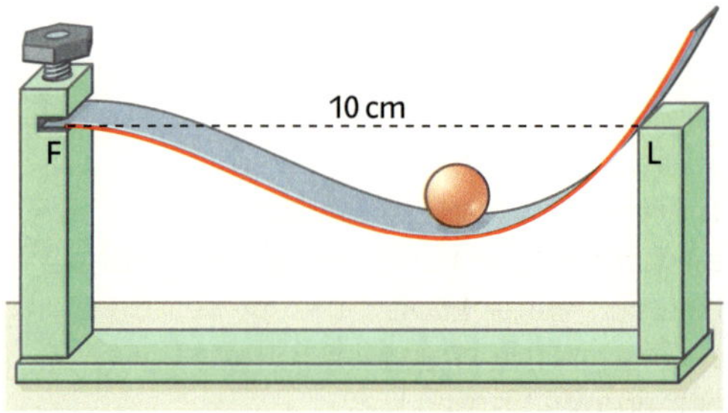

Fig. 4

4 Zwei gerade Straßenstücke sollen durch den Graphen einer ganzrationalen Funktion möglichst „glatt" verbunden werden. Bestimme die Trasse in Fig. 1 und in Fig. 2 unter der Bedingung, dass die Straßenteile
a) tangential ineinander übergehen,
b) tangential ineinander übergehen und zusätzlich an den Anschlussstellen in der zweiten Ableitung übereinstimmen.

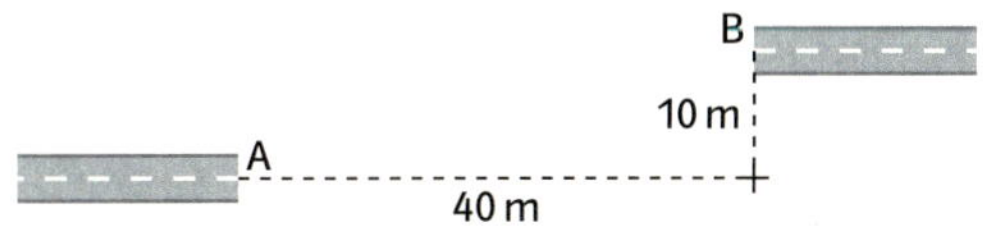

Fig. 1

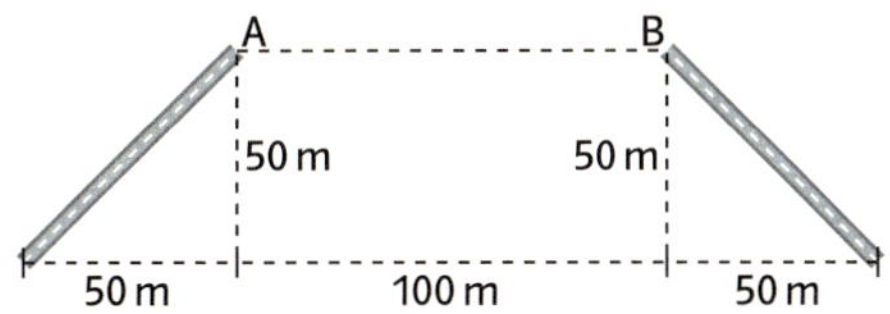

Fig. 2

5 Die Haupttrageseile einer Hängebrücke haben die Form einer Parabel. Der Parabelscheitel liegt 5 m, die seitliche Aufhängung an den Stützpfeilern 35 m über der Fahrbahn. Die Spannweite beträgt 128 m.
a) Berechne die Längen der neun äquidistant angebrachten Hängeseile.
b) Berechne näherungsweise die Länge eines der beiden Haupttrageseile.

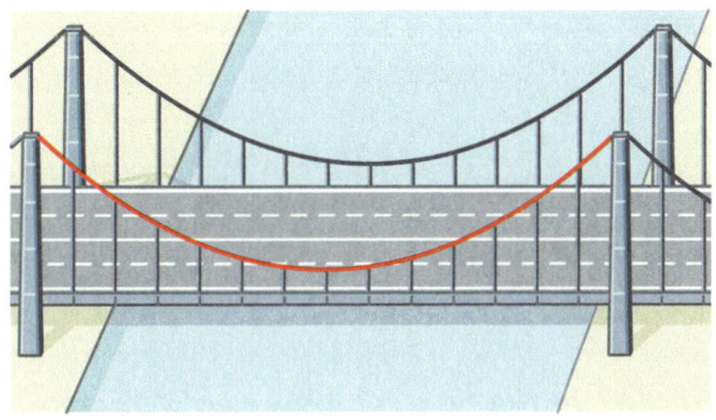
Fig. 3

Bei den Aufgaben 5, 6 und 7 ist der Einsatz eines Computer-Algebra-Systems (CAS) vorteilhaft.

Info

In Anwendungen ist häufig eine möglichst „glatte" Kurve durch $n + 1$ vorgegebene Punkte $P_0, P_1, \ldots, P_n$ gesucht. Man kann eine solche Kurve dadurch erhalten, dass man in jedem Teilintervall eine andere ganzrationale Funktion wählt, deren Graphen sich aber „glatt" aneinanderfügen. Dies erreicht man dadurch, dass an jeder Nahtstelle die Teilfunktionen im Funktionswert sowie im Wert der 1. und 2. Ableitung übereinstimmen. Für die Randstellen x_0 und x_n setzt man üblicherweise die 2. Ableitung gleich null. Sind alle Teilfunktionen vom Grad 3, nennt man die Gesamtfunktion einen **kubischen Spline**. Bei vier Punkten erhält man drei Teilfunktionen f_1, f_2 und f_3 sowie zwölf Bedingungen für die $3 \cdot 4 = 12$ Koeffizienten.

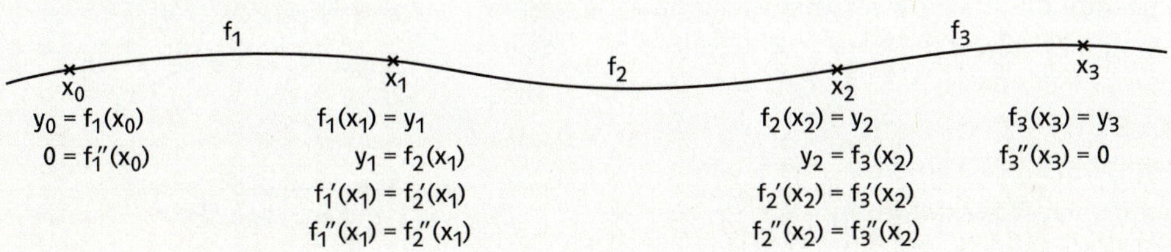

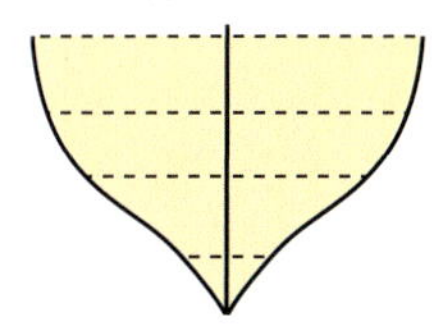

Im Schiffbau wurden früher „glatte" Kurven durch vorgegebene Punkte mithilfe eines biegsamen Kurvenlineals (engl. spline) gezeichnet.

6 Die drei Punkte A, B und C in Fig. 4 sollen durch eine Straße verbunden werden. Bestimme den Straßenverlauf durch einen kubischen Spline.

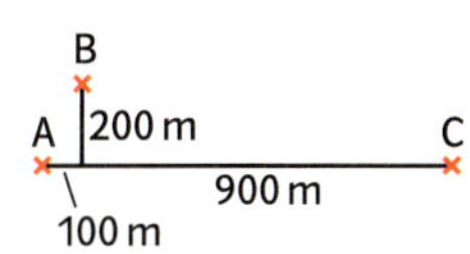

Fig. 4

7 Von dem Profil des vorderen Teiles der Fahrgastzelle eines PKWs liegen drei Punkte P, Q und R fest (Fig. 5). Bestimme den Verlauf des Profils zwischen den Punkten P und R
a) durch eine ganzrationale Funktion f möglichst niedrigen Grades,
b) durch einen kubischen Spline s.
c) Zeichne die Graphen von f und s in ein gemeinsames Achsenkreuz. Welche der beiden Näherungen scheint als Fahrzeugprofil geeigneter?

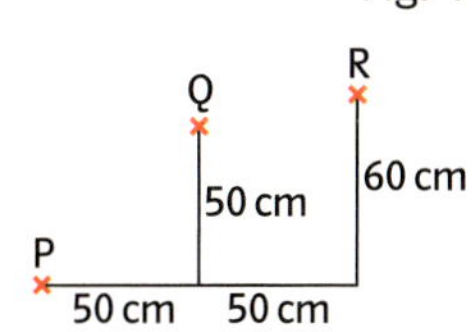

Fig. 5

9 Funktionenscharen

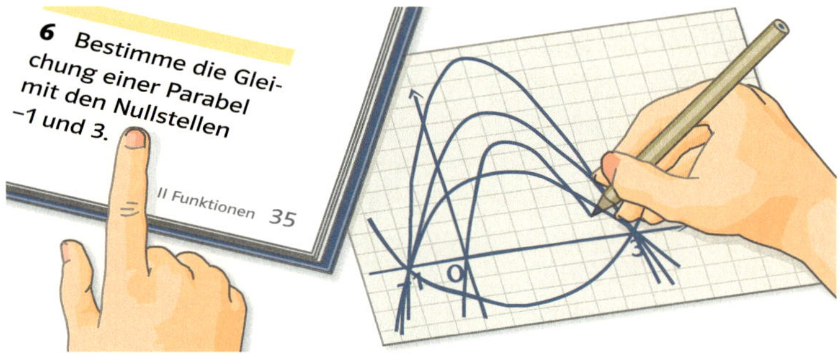

„Das sind doch nur zwei Bedingungen – damit gibt es unendlich viele Lösungen!"
„Ja, unendlich viele schon, aber nicht jede beliebige Parabel ist eine Lösung."

Aus einem quadratischen Stück Pappe mit der Seitenlänge 5 cm soll eine oben offene Schachtel hergestellt werden (Fig. 1). Haben die Einschnitte die Länge x (in cm), so erhält man zur Berechnung des Volumens V (in cm^3) die Gleichung $V(x) = x(5 - 2x)^2$.
V ist eine Funktion von x mit $0 < x < 2{,}5$.
In gleicher Weise lässt sich das Volumen berechnen, wenn man statt der Seitenlänge 5 cm eine andere Seitenlänge a (in cm) wählt. Dann entsteht für jeden Wert von a eine Funktion V_a mit der Funktionsgleichung
$V_a(x) = x(a - 2x)^2 = 4x^3 - 4ax^2 + a^2x$.

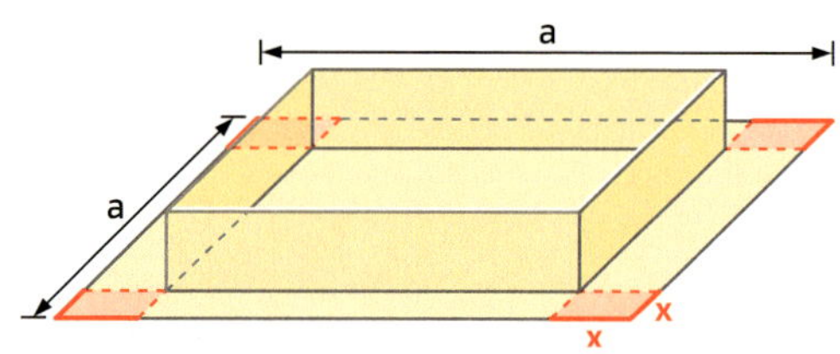

Fig. 1

So kann man alle Funktionen $\left(0 < x < \frac{a}{2}\right)$ der **Funktionenschar** V_a mithilfe eines einzigen Terms beschreiben. Der Term enthält einen Platzhalter a, den sogenannten **Scharparameter**.

Fig. 2 zeigt die Graphen von V_a für verschiedene Werte von a. An den Graphen erkennt man, dass es für jeden Wert von a eine Schachtel mit maximalem Volumen gibt.
Aus $V_a'(x) = 12x^2 - 8ax + a^2 = 0$ erhält man $x_1 = \frac{a}{6}$ und $x_2 = \frac{a}{2}$, wobei $x_2 \notin D$.
Mit $V_a''(x) = 24x - 8a$ ist $V_a''(x_1) = -4 < 0$.
Damit hat das Volumen an der Stelle $x_1 = \frac{a}{6}$ ein absolutes Maximum mit $V_a\left(\frac{a}{6}\right) = \frac{2}{27}a^3$.

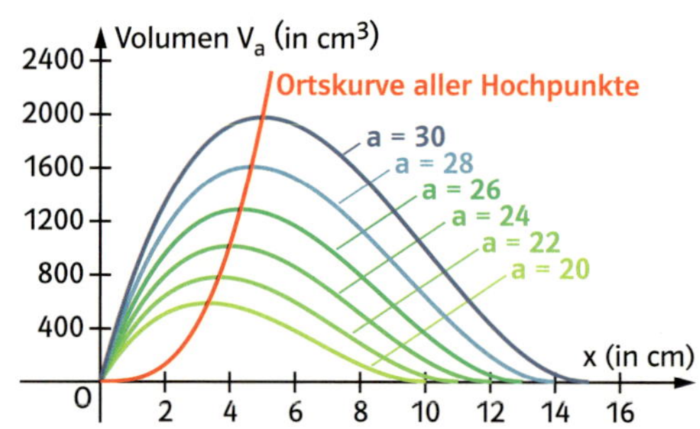

Fig. 2

Die zu einer Schar gehörenden Scharkurven haben oft Gemeinsamkeiten. Alle Kurven im obigen Beispiel haben einen Hochpunkt $H_a\left(\frac{a}{6}\middle|\frac{2}{27}a^3\right)$. Zeichnet man wie in Fig. 2 einige Kurven der Schar in dasselbe Koordinatensystem und verbindet dann die Hochpunkte, so stellt man fest, dass diese selbst wieder auf einer Kurve liegen. Die Gleichung dieser Kurve lässt sich folgendermaßen bestimmen:
Wählt man für a einen bestimmten Wert a_0, so hat der Hochpunkt den x-Wert $x_0 = \frac{a_0}{6}$ und den y-Wert $y_0 = \frac{2}{27}a_0^3$. Wegen $a_0 = 6x_0$ ergibt sich daraus $y_0 = 16x_0^3$. Alle Hochpunkte liegen also auf der Kurve mit der Gleichung $y = 16x^3$. Die Kurve, auf der alle Hochpunkte liegen, wird **Ortslinie** oder **Ortskurve** aller Hochpunkte genannt. Die Ortskurve aller Hochpunkte ist hier eine Parabel dritter Ordnung.

Unter einer **Funktionenschar** versteht man unendlich viele Funktionen, die denselben Funktionsterm haben. Dieser enthält mindestens einen frei wählbaren Parameter.
Hat die zu der Funktionenschar gehörende Kurvenschar Punkte mit gleichen Eigenschaften, so liegen diese ihrerseits auf einer Kurve. Diese Kurve heißt Ortskurve.

Beispiel

Gegeben ist für $a > 0$ die Funktionenschar f_a mit $f_a(x) = x^3 - ax^2$.

a) Welche Parabel der Schar verläuft durch den Punkt $P(1|-1)$?

b) Zeige: Alle Parabeln der Schar verlaufen durch den Ursprung.

c) Bilde die ersten beiden Ableitungen von f_a.

d) Bestimme die Nullstellen der Funktionen und die Extrempunkte der Parabeln der Schar.

e) Auf welcher Kurve liegen alle Tiefpunkte der Funktionenschar?

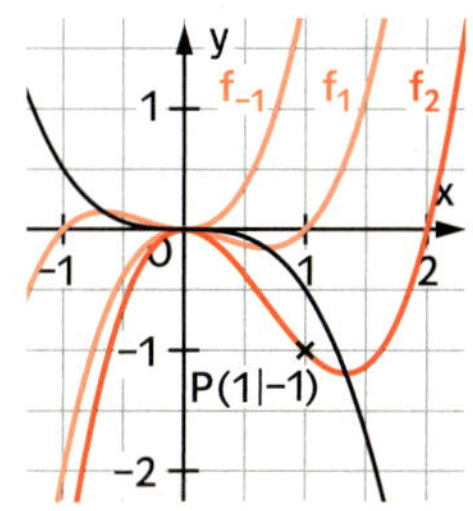

Lösung:

a) Durch Einsetzen der Koordinaten von P in die Funktionsgleichung erhält man $-1 = 1^3 - a \cdot 1^2$, also $a = 2$. Der Graph von f_2 mit $f_2(x) = x^3 - 2x^2$ verläuft durch $P(1|-1)$.

b) Setzt man in der Funktionsgleichung für x den Wert 0 ein, so erhält man $f_a(0) = 0$. Dieser Wert ist unabhängig vom Scharparameter a. Also verlaufen alle Parabeln der Schar durch den Ursprung.

c) $f_a'(x) = 3x^2 - 2ax$
$f_a''(x) = 6x - 2a$

d) Nullstellen: $x^3 - ax^2 = 0 \iff x^2(x - a) = 0$
$x = 0$ oder $x = a$

Extrempunkte: $3x^2 - 2ax = 0 \iff x(3x - 2a) = 0$
$x = 0$ oder $x = \frac{2}{3}a$; $f_a(0) = 0$; $f_a\left(\frac{2}{3}a\right) = -\frac{4}{27}a^3$
$f_a''(0) = -2a < 0$, da $a > 0$, also $H(0|0)$
$f_a''\left(\frac{2}{3}a\right) = 2a > 0$, also $T\left(\frac{2}{3}a \middle| -\frac{4}{27}a^3\right)$

e) Der Tiefpunkt der Scharkurve mit dem Parameter a_0 hat die Koordinaten $x_0 = \frac{2}{3}a_0$ und $y_0 = -\frac{4}{27}a_0^3$. Löst man $x_0 = \frac{2}{3}a_0$ nach a_0 auf, so erhält man $a_0 = \frac{3}{2}x_0$. Durch Einsetzen in $y_0 = -\frac{4}{27}a_0^3$ erhält man $y_0 = -\frac{4}{27} \cdot \frac{27}{8}x_0^3 = -\frac{1}{2}x_0^3$. Alle Tiefpunkte der Kurvenschar liegen auf einer Parabel dritter Ordnung. Ihre Gleichung lautet $y = -\frac{1}{2}x^3$.

Aufgaben

1 Für $t \in \mathbb{R}$ ist durch $f_t(x) = x^3 - 2tx^2 + 3$ eine Funktionenschar gegeben.

a) Berechne die Extremstellen der Funktion f_2.

b) Für welchen Wert von t hat f_t eine Nullstelle bei $x_0 = 2$?

c) Für welche Werte von t hat f_t nur eine einzige Nullstelle?

d) Für welche Werte von t hat der Graph von f_t einen Sattelpunkt?

2 Für $a > 0$ ist die Funktionenschar f_a mit Graph K_a gegeben durch $f_a(x) = a^2x^3 - 6ax^2 + 9x$.

a) Bestimme den Hochpunkt von K_a und skizziere K_1 und K_2.

b) Bestimme die Gleichung der Ortskurve aller Hochpunkte der Schar und zeichne diese in das Koordinatensystem ein.

3 Gegeben ist die Funktionenschar f_a mit dem Parameter a, $a > 0$. Untersuche den Graphen von f_a auf Schnittpunkte mit den Koordinatenachsen, Extrem- und Wendepunkte.
a) $f_a(x) = x^3 - ax$ b) $f_a(x) = x^2 - ax - 1$ c) $f_a(x) = a^2x^4 - 6x^2$

4 a) Bestimme die Ortskurve der Extrempunkte für die Funktionenschar aus Aufgabe 3b).
b) Bestimme jeweils die Ortskurve der Hochpunkte, der Tiefpunkte und der Wendepunkte der Graphen der Funktionenschar f_t mit $f_t(x) = x^3 + 2x^2 + tx$, $t > 0$.

5 Gegeben ist die Funktionenschar f_k durch $f_k(x) = -x^4 + 2x^3 - 2kx + k$.
a) Zeige: Die Graphen der Funktionen haben für jeden Wert von k zwei Wendepunkte.
b) Für welchen Wert von k haben die Wendepunkte den kleinsten Abstand? Wie groß ist der Abstand dann?

6 Eine Normalparabel wird so verschoben, dass ihr Scheitel auf der Geraden mit der Gleichung $y = x + 1$ wandert. Bestimme eine Funktionenschar f_a, zu der diese Parabeln gehören.

7 Aus einem rechteckigen Stück Pappe mit den Längen a und 2a werden an den Ecken Quadrate ausgeschnitten und die überstehenden Teile zu einer nach oben offenen Schachtel hochgebogen. Bei welchen Seitenlängen der ausgeschnittenen Quadrate hat die entstandene Schachtel maximales Volumen?

8 Es sollen zylindrische Blechdosen mit Boden und Deckel mit dem Volumen V hergestellt werden. Dabei sollen Radius und Höhe so gewählt werden, dass der Oberflächeninhalt und damit der Materialverbrauch möglichst gering ist.

9 Sonnenkollektoren wandeln Lichtenergie in Wärme um, die an den Warmwasserspeicher abgeführt wird. Die benötigte Kollektorfläche hängt linear vom Volumen des Speichers ab. Bei einer Speichertemperatur von 45 °C wird für 200 l eine Kollektorfläche von $3\,m^2$, für 500 l werden $7\,m^2$ empfohlen. Pro Person wird mit einem Verbrauch von t Litern Warmwasser am Tag gerechnet ($40 \leqq t \leqq 70$). Das Speichervolumen sollte 50 % über dem täglichen Verbrauch liegen.
a) Bestimme die Funktionenschar f_t, die der Personenanzahl die Kollektorfläche zuordnet.
b) Wie groß sollte die Kollektorfläche bei einem Vier-Personen-Haushalt mit einem täglichen Prokopfverbrauch von 50 l sein?

10 Legt man eine Metallleiste an ihren Enden auf zwei Schneiden A und B mit dem Abstand $\overline{AB} = a$ (in cm), so biegen sie sich durch. In einem Koordinatensystem gilt dann für die Durchbiegung d_a (in cm) an der Stelle x: $d_a(x) = \frac{1}{1000}(-x^4 + 2ax^3 - a^3x)$ mit $0 \leqq x \leqq a$.
a) Gib die Lage des Koordinatensystems an. Zeichne die Graphen von d_4, d_8 und d_{12}.
b) Wie groß ist die maximale Durchbiegung? Wie groß darf der Abstand a höchstens sein, damit die maximale Durchbiegung nicht mehr als 1 mm beträgt?

9 Einem Unternehmen entstehen bei x Produktionseinheiten die Gesamtkosten $K_t(x)$ (in €). Diese können im Bereich $0 \leqq x \leqq 100$ mit dem Parameter t für $-10 \leqq t \leqq 10$ durch die Kostenfunktion K_t mit $K_t(x) = 0{,}0044x^3 - 0{,}2tx^2 + 5t^2x + 100$ beschrieben werden.
a) Zeichne unter Verwendung des PCs die Graphen der Kostenfunktion für $t = -2$, 0, 2 und 4. Für welche Werte von t besitzt der Graph von K_t einen Wendepunkt?
b) Jede Produktionseinheit wird für $6(t + 10)$ € verkauft. Bei wie vielen Produktionseinheiten wird der Gewinn für $t = -2$ bzw. $t = 0$ am größten? Wie groß ist er dann jeweils?

Zeige, dass das Unternehmen für t = 6 keinen Gewinn machen kann.

Wiederholen – Vertiefen – Vernetzen

1 Untersuche die Funktion und skizziere mithilfe der Ergebnisse ihren Graphen.

a) $f(x) = 2 + 3x - x^3$

b) $f(x) = \frac{1}{18}x^3 - \frac{1}{2}x^2 + 2x$

c) $f(x) = -\frac{1}{4}(x^3 - 2x^2 + 16x)$

d) $f(x) = x^4 + 4x^3 + 3x^2 - 4x - 4$

2 Gib zu dem angegebenen Graphen einer ganzrationalen Funktion 3. Grades den Funktionsterm an.

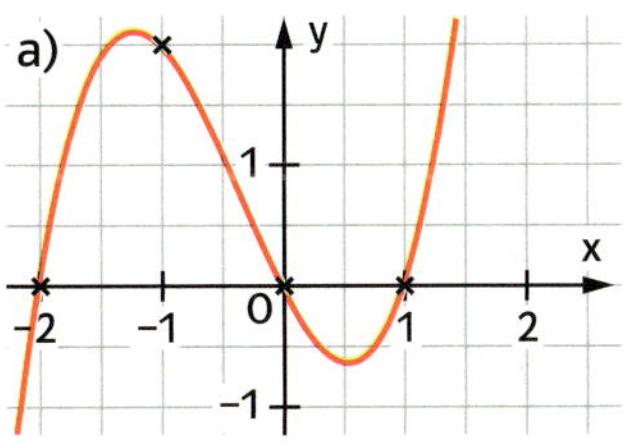
Fig. 1

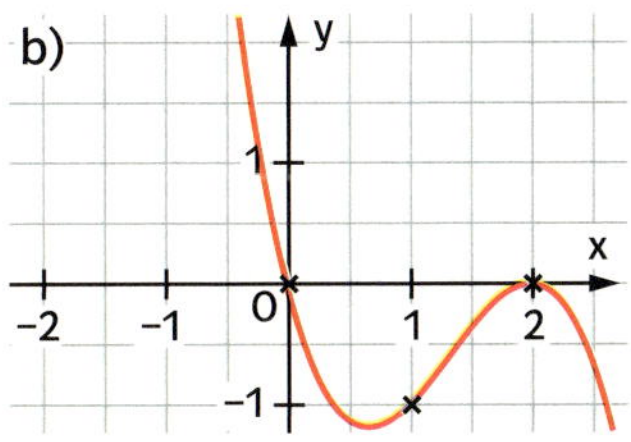
Fig. 2

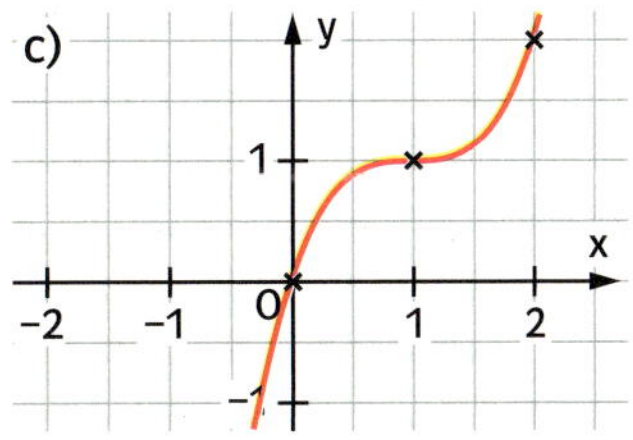
Fig. 3

3 Der Graph einer ganzrationalen Funktion f hat die angegebenen Eigenschaften. Welche weiteren Aussagen kannst du über den Graphen machen? Welchen Grad hat f mindestens?

a) Der Graph von f hat einen Hoch- und einen Tiefpunkt.

b) Der Graph von f hat zwei Tiefpunkte.

c) Neben einem Wendepunkt hat der Graph auch noch einen Hochpunkt.

4 Gib die Gleichung einer ganzrationalen Funktion f an, deren Graph

a) durch den Punkt $(1|0)$ verläuft, der zugleich Tiefpunkt ist,

b) für alle $x \in \mathbb{R}$ monoton fällt und im Punkt $(0|0)$ einen Sattelpunkt hat,

c) im Punkt $(1|0)$ einen Hochpunkt und im Punkt $(-1|0)$ einen Tiefpunkt hat.

5 Fig. 4 zeigt den Graphen der Ableitungsfunktion f′ einer Funktion f. Ist die folgende Aussage zutreffend? Begründe deine Antwort.

a) Die Funktion f ist im Intervall $[0; 2]$ streng monoton abnehmend.

b) Der Graph von f hat an der Stelle -1 einen Tiefpunkt.

c) Der Graph von f hat genau einen Tiefpunkt und genau einen Hochpunkt.

d) Die zweite Ableitungsfunktion f″ von f hat genau drei Nullstellen.

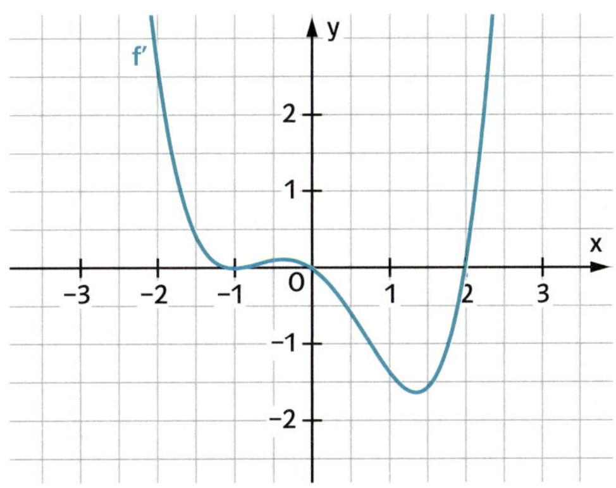
Fig. 4

6 Die Funktionen f und g haben eine gemeinsame Stelle x_0 mit $f(x_0) = g(x_0) = 0$. Gilt auch für die Funktion h die Bedingung $h(x_0) = 0$? Begründe deine Entscheidung oder gib ein Gegenbeispiel an.

a) $h(x) = 5f(x) - g(x)$

b) $h(x) = f(x) - x_0 \cdot g(x)$

c) $h(x) = f(x - x_0) + g(x)$

7 a) Bestimme die Gleichungen aller ganzrationalen Funktionen, deren Graph punktsymmetrisch zum Ursprung ist und durch den Punkt $P(3|3)$ verläuft.

b) Welche dieser Graphen haben einen Sattelpunkt?

8 Zwischen einer Bohrinsel B und einer Raffinerie R soll eine Pipeline verlegt werden (Fig. 1). Jeder Kilometer Pipeline im Wasser kostet 850 000 €, über Land 400 000 €.
a) Wie groß sind die Kosten bei einer geradlinigen Verbindung zwischen B und R?
b) Wie muss die Pipeline verlegt werden, damit die Kosten möglichst klein werden? Vergleiche mit den Kosten, die sich bei der geradlinigen Verbindung in a) ergeben.

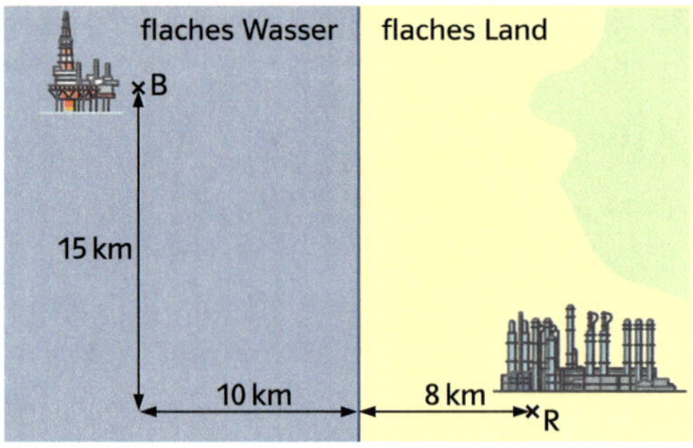

Fig. 1

9 Veranschauliche die folgende Aussage mithilfe einer selbst gewählten Funktion f und begründe. Ist f eine Funktion mit der relativen Extremstelle x_0, so hat auch die Funktion g mit der Gleichung $g(x) = (f(x))^2$ eine relative Extremstelle bei x_0.

10 Welcher Punkt P des Graphen von f hat vom Ursprung den kleinsten Abstand? Vergleiche die Steigung der Geraden OP mit der Steigung der Tangente im Punkt P an den Graphen von f. Was stellst du fest? Erläutere den Sachverhalt.
a) $f(x) = \frac{2}{x},\ x > 0$ b) $f(x) = 4 - x^2,\ x \geqq 0$ c) $f(x) = \sqrt{4 - x^2},\ |x| \leqq 2$

11 Zwei Radfahrer R_1 und R_2 bewegen sich auf eine Straßenkreuzung zu (Fig. 2). Zum dargestellten Zeitpunkt $t = 0$ (t in min) ist R_1 noch 700 m von der Kreuzung entfernt, R_2 noch 600 m. Beide Radfahrer fahren mit konstanter Geschwindigkeit: R_1 legt in einer Minute 300 m zurück, R_2 fährt 400 m in der Minute.
a) Wie weit sind R_1 und R_2 zum dargestellten Zeitpunkt voneinander entfernt, welchen Abstand haben sie 1 min später voneinander, welchen 2 min später?
b) Untersuche, zu welchem Zeitpunkt t_0 die beiden Radfahrer den kleinsten Abstand voneinander haben. Wie groß ist dieser Abstand? Wo befinden sich R_1 und R_2 zum Zeitpunkt t_0?

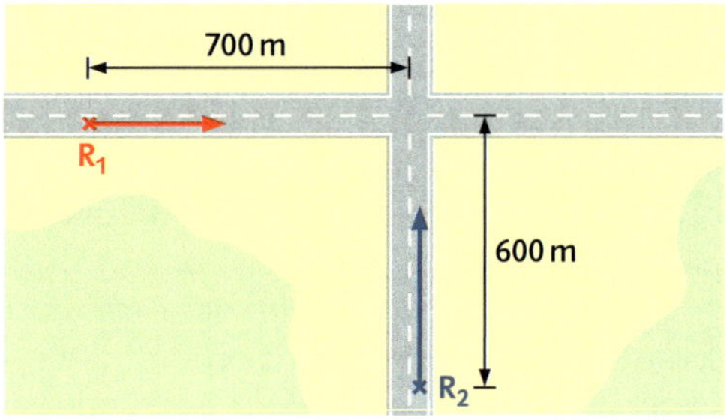

Fig. 2

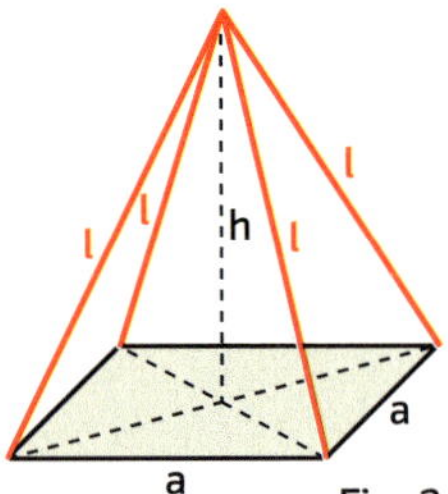

Fig. 3

12 Mithilfe von vier gleich langen Stäben der Länge l $(l = 1{,}5\,m)$ soll ein pyramidenförmiges Zelt mit quadratischer Grundfläche aufgestellt werden (Fig. 3).
Bei welcher Höhe h und welcher Kantenlänge a der Grundfläche ergibt sich das maximale Zeltvolumen? Wie viel Quadratmeter Zeltstoff sind in diesem Fall erforderlich?

13 a) Bestimme eine ganzrationale Funktion vom Grad 5, deren Graph symmetrisch zum Ursprung ist und in $P(-1|1)$ eine Wendetangente mit der Steigung 3 hat.
b) Bestimme eine gerade ganzrationale Funktion vom Grad 4, deren Graph in $P(1|0)$ eine Wendetangente mit der Steigung 1 hat. Gib anschließend alle Extrempunkte an.

14 Gib eine ganzrationale Funktion f möglichst niedrigen Grades mit den angegebenen Eigenschaften an. Bestimme die Extremstellen. Zeichne den Graphen.
f hat die Nullstellen −1, 1 und −2; der Graph verläuft durch den Punkt $P(2|-6)$.

15 Bei der Herstellung zylinderförmiger Dosen muss wegen der notwendigen Schweißnaht der Radius des Deckel- und Bodenblechs 6 mm größer als der Innenradius r der Dose sein. Für die Schweißnaht längs einer Mantellinie ist keine Zugabe nötig.
Aus Gründen der Stabilität sind Boden, Deckel und Mantel mit Wellen versehen. Das Blech für den Mantel muss daher etwa 2 % höher sein als die lichte Dosenhöhe h. Für Deckel und Boden kann der Materialverbrauch für die Wellen vernachlässigt werden.
a) Bestimme für allgemeines V den Materialverbrauch als Funktion von r.
b) Untersuche, ob bei den obigen Vorgaben handelsübliche Dosen bezüglich des Materialverbrauchs optimiert sind.
c) Untersuche, welche Abmessungen eine oben offene zylindrische Dose bei möglichst geringem Materialverbrauch besitzen sollte.

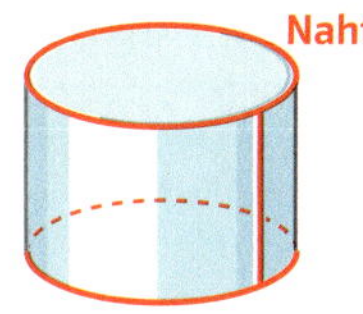

16 Gegeben ist die Funktionenschar f_t mit dem Parameter t, $t \in \mathbb{R}$. Für welche Parameterwerte t hat die Funktion f_t mindestens eine Extremstelle?
a) $f_t(x) = t x^2 - 4x$ b) $f_t(x) = \frac{1}{3}x^3 - t x^2 + 4x$ c) $f_t(x) = x + \frac{t}{x}$ $(x \neq 0)$

17 Bestimme den Wert des Parameters u, für den der Graph von f_u die x-Achse berührt.
a) $f_u(x) = x^2 - 2x + u$ b) $f_u(x) = x^3 - 3x + u$ c) $f_u(x) = x^3 - 3ux + 2$

18 Durch die Gleichung $p_r(x) = \frac{1}{r}x^2 - 2x$ ist für jeden Parameterwert r, $r \neq 0$, eine Parabel gegeben. Zeige, dass
a) alle Parabeln der Schar an der Stelle 0 eine gemeinsame Tangente besitzen,
b) die Scheitelpunkte aller Parabeln der Schar auf einer Geraden liegen.

19 Skizziere die Graphen der Funktionenschar $f_s\colon x \to x^3 - s^2 x$ für $s = \sqrt{3}$ und für $s = 3$. Zeige, dass der Graph von f_s für jeden positiven Parameterwert s drei Achsenschnittpunkte und zwei Extrempunkte besitzt.

20 Prüft die Aussage „Der Graph der Funktion $f\colon x \to a x^5 - b x^3 + c x$, $a, b, c \in \mathbb{R}_+^*$, hat drei Wendepunkte, die auf einer Geraden liegen." anhand konkreter Beispiele und gebt die jeweilige Geradengleichung an. Begründet die Aussage allgemein.

Durch die Gleichung $f(x) = a x^5 - b x^3 + c x$ ist eine Funktionenschar mit den Parametern a, b und c, also eine dreiparametrige Funktionenschar gegeben.

21 Bei einem Kernkraftwerk entstehen durch die zusätzliche Strahlenbelastung Kosten M für erforderlich werdende medizinische Behandlungen und Kosten R für die Reduzierung der austretenden Strahlung. Die Summe $S(x) = M(x) + R(x)$ gibt die Gesamtkosten in Abhängigkeit von der zusätzlichen radioaktiven Belastung x an. Die Stelle z, an der die Gesamtkosten S am geringsten sind, legt man als maximal zulässigen Grenzwert der Strahlenbelastung fest.

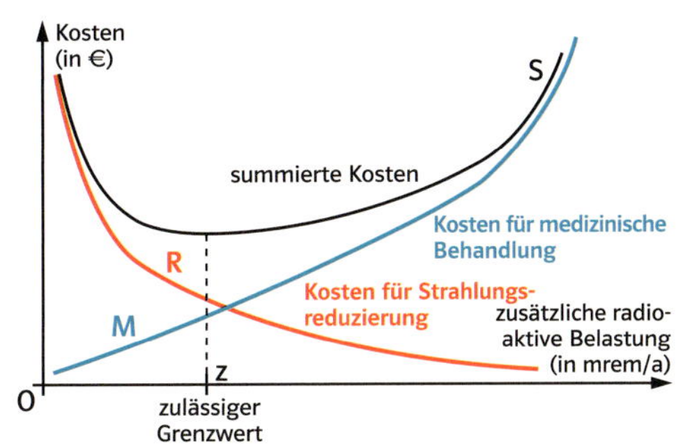

a) Beschreibe die Eigenschaften der Funktionen M, R und S im Sachzusammenhang und begründe, warum $M'(z) = -R'(z)$ ist.
b) Die Funktion M kann durch eine Funktionsgleichung der Form $M(x) = a x^2$, die Funktion R durch eine Funktionsgleichung der Form $R(x) = \frac{b}{x}$ mit positiven Parametern a und b modelliert werden. Berechne z in Abhängigkeit von a und b.

Die Festlegung der zulässigen Grenzwerte für die Strahlenbelastung basiert auf einer Empfehlung der Internationalen Strahlenschutzkommission.

Newton-Verfahren zur Nullstellenannäherung

Für die Nullstellenbestimmung ganzrationaler Funktionen dritten (und vierten) Grades gibt es zwar exakte Lösungsverfahren, die jedoch wegen des enormen Rechenaufwandes keine praktische Bedeutung haben.

Mathematische Anwendungen und innermathematische Fragestellungen erfordern sehr häufig die Bestimmung der Nullstellen von Funktionen. Bei vielen Funktionen gelingt diese Nullstellenbestimmung nicht mit exakten Lösungsverfahren. In solchen Fällen wendet man Verfahren an, bei denen man sich der gesuchten Nullstelle gezielt annähert.
Fig. 1 zeigt, wie man mit dem GTR zum Beispiel die Nullstelle der Funktion $f: x \to x^3 - x^2 - 1$ bestimmen kann. Nach Angabe eines Intervalls, an dessen Rändern die Werte von f verschiedene Vorzeichen haben, und der Vorgabe eines Schätzwertes liefert der Befehl ZERO aus dem Menü CALCULATE eine Näherungslösung der Gleichung $x^3 - x^2 - 1 = 0$.

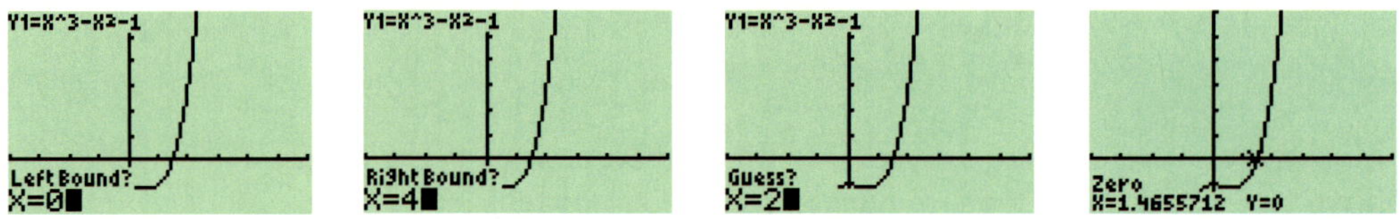

Fig. 1

iterare *(lat.): wiederholen*

Der GTR verwendet bei der Bestimmung der Näherungslösung ein **Iterationsverfahren**, bei dem ein und derselbe Rechenschritt mehrfach wiederholt wird.

Ein besonders effektives und anschaulich gut nachvollziehbares Iterationsverfahren zur näherungsweisen Bestimmung der Nullstelle x^* einer Funktion f ist das **Newton-Verfahren**, bei dem nacheinander Tangenten $t_0, t_1 \ldots$ an den Funktionsgraphen betrachtet werden (Fig. 2).
Die Nullstellen $x_1, x_2 \ldots$ dieser Tangenten nähern sich in der Regel schnell an die Nullstelle x^* der Funktion f an.
Man beginnt mit einem Startwert x_0 und erhält mithilfe von $f(x_0)$ und $f'(x_0)$ die Gleichung der Tangente t_0 an den Graphen von f im Punkt $P_0(x_0 | f(x_0))$:

$$t_0(x) = f'(x_0)(x - x_0) + f(x_0).$$

Die Nullstelle von t_0 ist $x_1 = x_0 - \frac{f(x_0)}{f'(x_0)}$; sie ist zugleich eine weitere, meist gegenüber x_0 verbesserte Näherungslösung für die Nullstelle x^* von f (siehe auch Fig. 3).

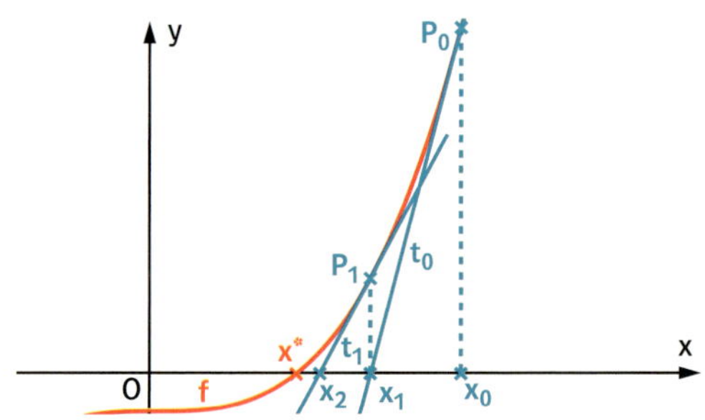

Fig. 2

$f(x) = x^3 - x^2 - 1$, $f'(x) = 3x^2 - 2x$
Startwert: $x_0 = 2$
$f(2) = 2^3 - 2^2 - 1 = 3$
$f'(2) = 3 \cdot 2^2 - 2 \cdot 2 = 8$
Tangente t_0 in $P_0(2|3)$:
$t_0(x) = 8(x - 2) + 3 = 8x - 13$
Nullstelle x_1 von t_0: $x_1 = 2 - \frac{3}{8} = \frac{13}{8} = 1{,}625$

Fig. 3

Zur Anwendung des Newton-Verfahrens muss die betrachtete Funktion f differenzierbar sein.
Um die Nullstelle von t_0 bestimmen zu können, muss $f'(x_0) \neq 0$ sein. Was bedeutet das für den Graphen von f?

Nun übernimmt x_1 die Rolle von x_0, der Punkt $P_1(x_1 | f(x_1))$ die Rolle von P_0 und die Tangente t_1 in P_1 die Rolle von t_0.
Es gilt $t_1(x) = f'(x_1)(x - x_1) + f(x_1)$, und die Nullstelle von t_1 ist zugleich eine, meist gegenüber x_1 verbesserte, Näherungslösung für die gesuchte Stelle x^*.
Mit der Tangente t_2 in $P_2(x_2 | f(x_2))$ kann das Verfahren weiter fortgesetzt werden.

recurrere *(lat.): zurückgehen, rückbeziehen*

Das Newton-Verfahren verwendet die **Rekursionsformel** $\mathbf{x_{n+1} = x_n - \frac{f(x_n)}{f'(x_n)}}$, **$n \in \mathbb{N}$**, die ausgehend von einem **Startwert x_0** Näherungswerte $x_1, x_2, x_3 \ldots$ liefert, die sich der Nullstelle x^* der Funktion f im Regelfall immer weiter annähern. Dabei wird jeder Näherungswert x_{n+1} stets unter Rückgriff auf den jeweils vorhergehenden Näherungswert x_n berechnet.

Newton-Verfahren zur Nullstellenannäherung

Das Newton-Verfahren lässt sich ohne großen Aufwand mit dem GTR realisieren. Dazu kann man zum Beispiel die ANS-Taste verwenden (Fig. 1):
Nach Vorgabe der Funktionsterme $f(x)$ und $f'(x)$ unter Y_1 und Y_2 wird der Startwert eingegeben und mit ENTER bestätigt. Bei der anschließenden Eingabe der Rekursionsformel in der Form ANS – Y_1(ANS)/Y_2(ANS) werden Y_1 und Y_2 als Variable ausgewählt. Durch den Zusatz von (ANS) wird sichergestellt, dass die Werte von f und f′ jeweils an der Stelle gebildet werden, die im vorangegangenen Schritt als Ergebnis aufgetreten ist. Wiederholtes Betätigen von ENTER liefert nun die Näherungswerte x_1, x_2, x_3 … für die Nullstelle x^* der Funktion f.

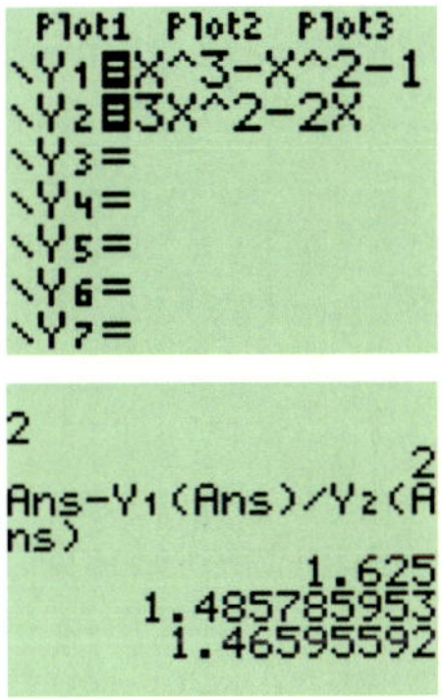

Fig. 1

1 Die Funktion f hat genau eine Nullstelle x^*. Wähle $x_0 = 1$ und bestimme für x^* die Näherungswerte $x_1, x_2, …, x_5$ mit dem Newton-Verfahren.
a) $f(x) = x^3 + x - 1$ b) $f(x) = -x^5 + x^2 + 2x + 2$ c) $f(x) = x^2 - x + \sqrt{x} - 2$

2 Die Gleichung hat mehrere Lösungen. Bestimme diese näherungsweise durch Anwenden des Newton-Verfahrens mit einer Genauigkeit von fünf Nachkommastellen.
a) $x^3 - 3x - 1 = 0$ b) $x^3 + 3x^2 - 3 = 0$ c) $x^4 - 2x^3 - 5x^2 + 1 = 0$

3 Zu jeder positiven Zahl a lassen sich ausgehend von einem Startwert x_0 $(x_0 > 0)$ mithilfe der Rekursionsformel $x_{n+1} = \frac{1}{2}\left(x_n + \frac{a}{x_n}\right)$, $n \in \mathbb{N}$, Näherungswerte x_1, x_2, x_3 … bestimmen, die sich immer weiter an $\sqrt{a}$ annähern (Heron-Algorithmus).
a) Berechne mit dem Heron-Algorithmus einen Näherungswert für $\sqrt{2}$ $(\sqrt{5}, \sqrt{12})$.
b) Zeige, dass sich der Heron-Algorithmus ergibt, wenn man das Newton-Verfahren auf die Funktion $f: x \to x^2 - a$, $a > 0$, anwendet.

Lässt sich ein vergleichbares Verfahren auch für dritte, vierte, fünfte … Wurzeln angeben?

Das Newton-Verfahren lässt sich auf jede differenzierbare Funktion f anwenden, aber nicht in jedem Fall führt das Verfahren zum gewünschten Ziel. Damit x_{n+1} berechnet werden kann, muss $f'(x_n) \neq 0$ sein. Aber auch wenn diese Bedingung erfüllt ist, kann es vorkommen, dass sich nach Vorgabe eines Startwertes x_0 die errechneten Werte x_1, x_2 … nicht an die gesuchte Nullstelle x^* annähern (Fig. 2 und Fig. 3).

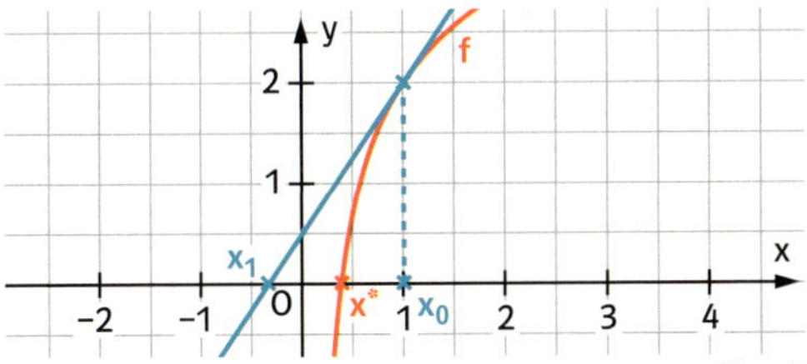
Fig. 2

$f(x) = \sqrt{x} - \frac{1}{x} + 2$, $x_0 = 1$
Der Näherungswert x_1 liegt außerhalb der Definitionsmenge $D_f = \{x \in \mathbb{R} \mid x > 0\}$.

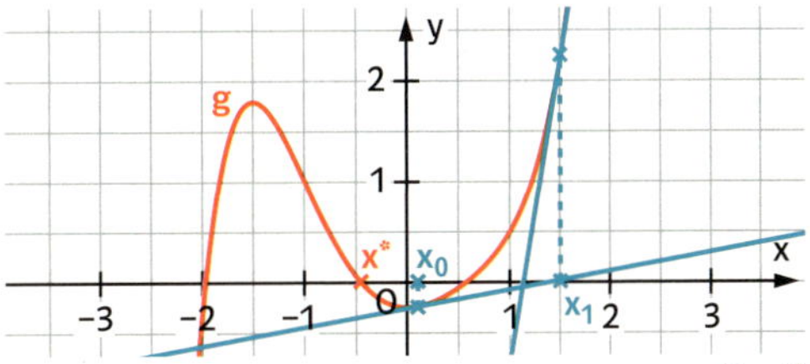
Fig. 3

$g(x) = \frac{1}{4}x^5 - \frac{1}{2}x^3 + x^2 - \frac{1}{4}$, $x_0 = 1$
Die Näherungswerte x_1, x_2 … nähern sich an eine „falsche“ Nullstelle an.

Der Erfolg beim Anwenden des Newton-Verfahrens hängt maßgeblich von der Wahl des Startwertes x_0 ab. Der Startwert sollte möglichst nah an der Stelle x^* liegen, die angenähert werden soll.

4 Wähle zur Bestimmung der Nullstelle x^* der Funktion
a) $f: x \to \sqrt{x} - \frac{1}{x} + 2$ (Fig. 2) den Startwert $x_0 = 0{,}5$,
b) $g: x \to \frac{1}{4}x^5 - \frac{1}{2}x^3 + x^2 - \frac{1}{4}$ (Fig. 3) den Startwert $x_0 = -0{,}5$ $(x_0 = -1,\ x_0 = 0,\ x_0 = -1{,}5)$
und wende das Newton-Verfahren an. Was stellst du fest? Erläutere den Sachverhalt.

Monotonie und Krümmung

Die Ableitung f′ einer in einem Intervall I monotonen Funktion f wechselt ihr Vorzeichen in diesem Intervall nicht.
Ist $f'(x) \geqq 0$ für alle $x \in I$, so ist f in I monoton zunehmend. Der Graph von f ist monoton steigend.
$f'(x) \leqq 0$ für alle $x \in I$, so ist f in I monoton abnehmend. Der Graph von f ist monoton fallend.

Gegeben ist f mit $f(x) = \frac{1}{3}x^3 - x$.
$f'(x) = x^2 - 1 = (x + 1)(x - 1)$
$f'(x) \geqq 0$ in $I_1 =]-\infty; -1]$ und $I_2 = [1; \infty[$
$f'(x) \leqq 0$ in $I_3 = [-1; 1]$
f ist monoton zunehmend in I_1 und in I_2.
f ist monoton abnehmend in I_3.

Graphen von Funktionen f, deren Ableitungsfunktion f′ für alle $x \in I$ monoton zunimmt, sind linksgekrümmt. Nimmt die Ableitungsfunktion monoton ab, so sind sie rechtsgekrümmt.
Ist $f''(x) \geqq 0$ für alle $x \in I$, so ist der Graph von f linksgekrümmt.
Ist $f''(x) \leqq 0$ für alle $x \in I$, so ist der Graph von f rechtsgekrümmt.

$f''(x) = 2x$
$f''(x) \leqq 0$ in $I_4 =]-\infty; 0]$
$f''(x) \geqq 0$ in $I_5 = [0; \infty[$
f ist rechtsgekrümmt in I_4.
f ist linksgekrümmt in I_5.

Extremstellen

Vorzeichenwechselkriterium:
Wenn $f'(x_0) = 0$ und f′ das Vorzeichen bei x_0 wechselt, dann ist x_0 eine Extremstelle von f.
Wenn $f'(x_0) = 0$ und f′ das Vorzeichen bei x_0 von „+“ nach „−“ wechselt, dann ist der Punkt $H(x_0 | f(x_0))$ ein Hochpunkt des Graphen.
Wenn $f'(x_0) = 0$ und f′ das Vorzeichen bei x_0 von „−“ nach „+“ wechselt, dann ist der Punkt $T(x_0 | f(x_0))$ ein Tiefpunkt des Graphen.
Ableitungskriterium:
$f'(x_0) = 0$ und $f''(x_0) < 0$ (Maximum)
$f'(x_0) = 0$ und $f''(x_0) > 0$ (Minimum)

$f'(x) = x^2 - 1 = 0$ für $x_1 = -1$ oder $x_2 = 1$
$f''(-1) = 2 \cdot (-1) = -2 < 0$; Maximum bei x_1
$H\left(-1 \middle| \frac{2}{3}\right)$ ist ein Hochpunkt des Graphen.
f′ wechselt bei $x_2 = 1$ das Vorzeichen von „−“ nach „+“; Minimum bei x_2.
$T\left(1 \middle| -\frac{2}{3}\right)$ ist ein Tiefpunkt des Graphen.

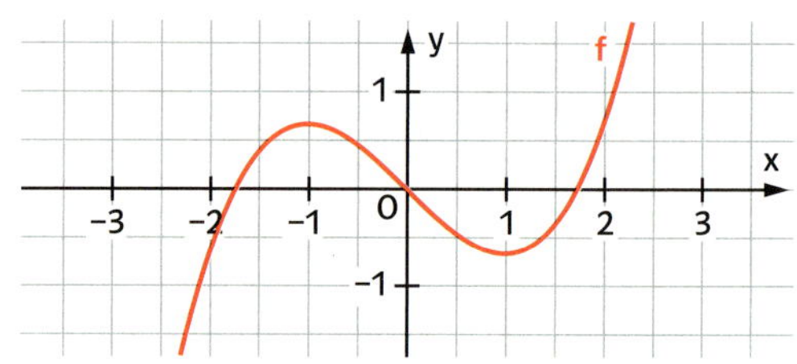

Wendestellen

Vorzeichenwechselkriterium:
$f''(x_0) = 0$ und f″ wechselt das Vorzeichen bei x_0.
Ableitungskriterium:
$f''(x_0) = 0$ und $f'''(x_0) \neq 0$
Der Punkt $W(x_0 | f(x_0))$ ist ein Wendepunkt des Graphen.

$x_3 = 0$ ist eine Nullstelle von f″.
$f'''(0) = 2 \neq 0$. $W(0|0)$ ist ein Wendepunkt.

Lösen von Extremwertproblemen

1. Beschreiben der Größe, die extremal werden soll, durch einen Term. Hierdurch wird die Zielfunktion bestimmt.
2. Formulieren der Nebenbedingung(en).
3. Auflösen der Nebenbedingung(en) nach einer Variablen und Einsetzen in die Zielfunktion.
4. Untersuchen der Zielfunktion auf Extremwerte.

Welche beiden Zahlen x und y mit Summe 16 haben das größte Produkt?
Zielfunktion: $P(x, y) = x \cdot y$
Nebenbedingung: $x + y = 16$
$P(x) = x \cdot (16 - x) = 16x - x^2$
$P'(x) = 16 - 2x$, also $0 = 16 - 2x_0 \Longleftrightarrow x_0 = 8$
$P''(8) < 0$, es ist also $x = 8$ und $y = 8$.

Funktionenscharen

Unter einer Funktionenschar versteht man unendlich viele Funktionen, die denselben Funktionsterm haben. Dieser enthält mindestens einen frei wählbaren Parameter.
Hat die zu der Funktionenschar gehörende Kurvenschar Punkte mit gleichen Eigenschaften, so liegen diese ihrerseits auf einer Kurve. Diese Kurve heißt Ortskurve.

$f_a(x) = \frac{1}{3}x^3 - a^2x$
$H\left(-a \middle| \frac{2}{3}a^3\right)$,
$T\left(a \middle| -\frac{2}{3}a^3\right)$,
Ortskurve der Extrema: $y = -\frac{2}{3}x^3$

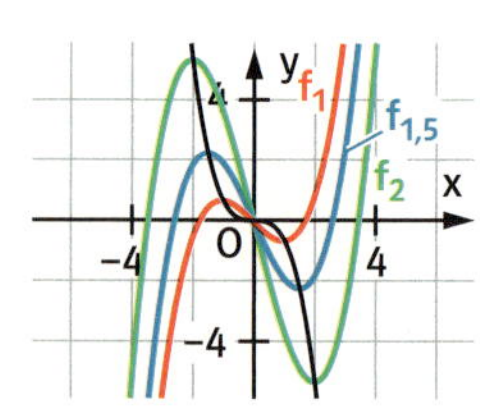

Training

Runde 1

1 Gegeben ist die Funktion f mit $f(x) = x^4 - 4x^2 + 4$.
a) Untersuche den Graphen von f auf Schnittpunkte mit der x-Achse.
b) Bestimme die Extrem- und Wendepunkte. Zeichne den Graphen für $-2 \leqq x \leqq 2$.
c) Der Graph einer ganzrationalen Funktion g vom Grad 2 schneidet den Graphen von f bei $x = 1$ und $x = -1$ rechtwinklig.
Bestimme alle Schnittpunkte der beiden Graphen.

2 Fig. 1 zeigt den Graphen der Ableitungsfunktion f′ einer Funktion f.
Welche Aussagen ergeben sich hinsichtlich der Funktion f? Skizziere einen möglichen Verlauf des Graphen von f.

3 Die Funktion $f: x \to \frac{x}{2} + \frac{2}{x}$ hat für $x > 0$ genau einen Extremwert.
a) Bestimme die Extremstelle und den zugehörigen Extremwert. Um welche Art von Extremum handelt es sich?
b) Begründe: Der Graph von f ist für alle $x > 0$ linksgekrümmt.

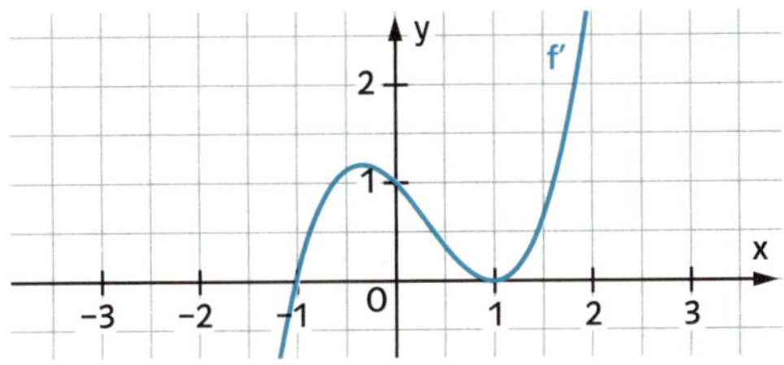

Fig. 1

4 Wie muss die Strecke x in Abhängigkeit von a gewählt werden, damit der Flächeninhalt des grün gefärbten Dreiecks in Fig. 2 möglichst groß wird?

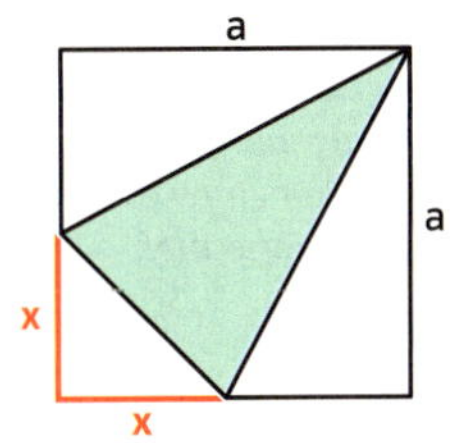

Fig. 2

Runde 2

1 Untersuche die Funktion f auf Nullstellen, Extremstellen und Wendestellen. Skizziere den Funktionsgraphen.
a) $f(x) = -x^3 + 6x^2$
b) $f(x) = -\frac{1}{3}x^3 + x$
c) $f(x) = -\frac{1}{18}x^4 + x^2$
d) $f(x) = \frac{1}{6}x^3 - x^2 + \frac{8}{3}$
e) $f(x) = \frac{1}{6}x^4 - x^3 + 2x^2$
f) $f(x) = \frac{1}{10}x^4 - x^2 + \frac{9}{10}$

2 Fig. 3 zeigt den Graphen der zweiten Ableitungsfunktion f″ einer Funktion f.
Welche Aussagen ergeben sich hinsichtlich der ersten Ableitungsfunktion f′, welche Aussagen hinsichtlich der Funktion f? Skizziere einen möglichen Verlauf des Graphen von f′ und einen möglichen Verlauf des Graphen von f.

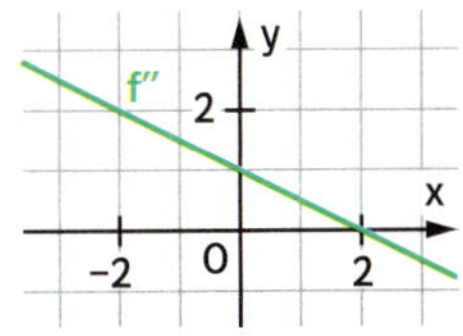

Fig. 3

3 Fig. 4 zeigt den Graphen der Funktion $p: x \to 4 - \frac{1}{4}x^2$. Zu jedem Punkt $P(u|v)$, $0 < u < 4$, des Graphen von p ergibt sich ein gleichschenkliges Dreieck mit den Eckpunkten $O(0|0)$, $P(u|v)$ und $P'(-u|v)$.
a) Berechne die Flächeninhalte der Dreiecke für $u = 0{,}5$, $u = 1$, $u = 1{,}5$, …, $u = 3{,}5$.
Welcher Sachverhalt ergibt sich für $u \to 0$, welcher für $u \to 4$?
b) Bei welcher Lage von P hat das Dreieck OPP′ den größten Flächeninhalt? Wie groß ist dieser?

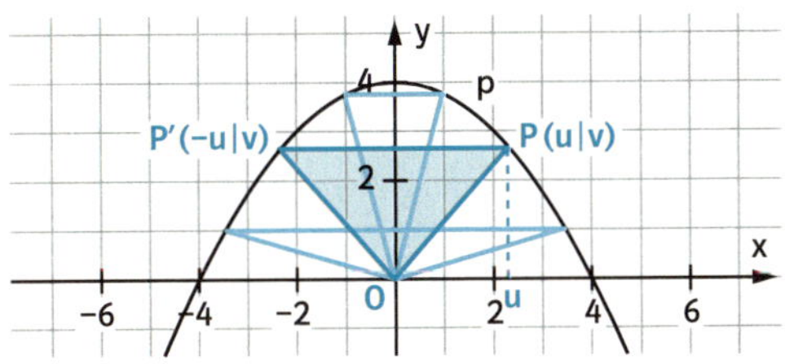

Fig. 4

4 Der Graph einer ganzrationalen Funktion f vom Grad 3 berührt die x-Achse im Ursprung und hat den Hochpunkt $H(2|2)$. Bestimme die Gleichung von f.

Bankkaufmann

Michael Kohn ist Bankkaufmann und Leiter der Abteilung Organisation/IT einer Stadtsparkasse. Zu den Aufgabenbereichen gehören der Umbau von Geschäftsstellen, die Netzwerk-, Hardware- und Softwarebetreuung, die Geschäftsprozessoptimierung und der Bereich Eletronic Banking. „In meinem Studium und meiner Lehrzeit waren mathematische Kenntnisse die Grundlage für Vieles", erinnert sich der Diplom-Bankkaufmann. Vom Dreisatz über Zins- und Zinseszinsrechnung in der Ausbildung bis hin zur Vektorrechung und den Lagrange-Multiplikatoren im Studium galt es, das mathematische Schulwissen anzuwenden und auszubauen. Beispielsweise hätten sie gelernt, wie man Kontostaffeln (Kontoabrechnungen) erstellt, deren Berechnung heute maschinell erfolgt. „Auch bei der Berechnung der Deckungslücke in der Altersvorsorge (Einkommensunterschiede beim Renteneintritt) braucht man die Zinseszinsrechnung."

Lagrange-Multiplikatoren werden bei Optimierungsaufgaben zum Auffinden eines Extremwertes eingesetzt.

Nun benötige er noch andere mathematische Inhalte. „Erst kürzlich haben wir bei der Anschaffung eines Geldausgabeautomaten eine Investitionsrechnung durchgeführt", berichtet Herr Kohn, „um beurteilen zu können, ob sich die Investition lohnt." Dazu mussten wir verschiedene Daten zusammentragen, um den sogenannten Break-even-Point zu bestimmen – also den Zeitpunkt, bei dem die Einnahmen die Ausgaben übersteigen.

Der Saldo ist die Differenz aus Einzahlungen und Auszahlungen.

„Bei der Kapitalwertmethode handelt es sich um ein dynamisches Investitionsverfahren, weil hier mehrere Perioden (mehrere Jahre mit eventuell unterschiedlichen Zinssätzen) berücksichtigt werden. Der Sinn dieser Berechnung ist mit einem Satz gut umschrieben: *‚Heute verfügbares Geld ist mehr wert als künftiges.'* Daher ermittelt man den heutigen Wert aller zu erwartenden Ein- und Auszahlungen, indem man den Saldo der Zahlungen auf den heutigen Tag abzinst", erklärt Herr Kohn. „Ist der Saldo positiv, lohnt sich die Investion. Schwierig ist dabei immer die Wahl des richtigen Abzinsungszinssatzes." Eine Investitionsrechnung ist in folgender Situation sinnvoll: Angenommen, ein Geldausgabeautomat kostet etwa 50 000 €. Die Wartungs- und Reparaturkosten pro Jahr würden sich schätzungsweise auf 1000 € belaufen. Die Kostenersparnis durch den Automaten (es werden Personalkosten eingespart) könnte man mit 10 000 € pro Jahr festlegen.

1 Bestimme den Break-even-Point für das geschilderte Beispiel. (Tipp: „Im Laufe des 6. Jahres" ist als Antwort beim vorgeschlagenen Zinssatz nicht richtig!)

Referent im Bundesministerium für Gesundheit

„Mathematik steckt in allen Bereichen der Sozialpolitik und ohnehin in allen Lebensbereichen", sagt Dr. Margot Fälker, die Referentin im Bundesministerium für Gesundheit ist und sich dort mit der Finanzentwicklung der gesetzlichen Krankenversicherung und ökonomischen Grundsatzfragen der Gesundheitspolitik befasst. Zu ihren Aufgaben gehören die Berechnungen der Auswirkungen von gesetzlichen Maßnahmen auf die finanzielle Lage der gesetzlichen Krankenversicherung. Zudem bewertet sie Gutachten und analysiert Eckdaten über gesamtwirtschaftliche Entwicklungen bezüglich ihrer Auswirkungen auf die Einnahmen und Beitragssätze der Krankenkassen sowie mögliche Steigerungsraten in den unterschiedlichen Leistungsbereichen des Gesundheitswesens.

Bevor sie im Bundesministerium für Gesundheit gearbeitet hat, war Margot Fälker als wissenschaftliche Mitarbeiterin am Max-Planck-Institut für Gesellschaftsforschung beschäftigt. Auf die statistischen Analyseverfahren, die für die international vergleichende Studie über demokratische Einstellungen erforderlich waren, hatte sie sich bei ihrer Promotion spezialisiert. Schon während ihres Studiums der Sozialwissenschaften haben sie die Möglichkeiten der Mathematik und der Statistik fasziniert, weil man damit Realität und komplexe Sachverhalte gut strukturieren und erklären kann.

Die finanzielle Entwicklung der gesetzlichen Krankenversicherung hängt von Entwicklungen der Konjunktur und des Arbeitsmarktes, der Demografie, dem Gesundheitszustand der Menschen, dem medizinisch-technologisichen Fortschritt und schließlich den Interventionen des Gesetzgebers ab. Prognosen sind daher von großen Unsicherheiten geprägt.

Ausgaben der gesetzlichen Krankenkassen

Jahr	1994	1995	1996	1997	1998	1999	2000
Ausgaben insgesamt (in Mrd. €)	117,38	124,00	127,92	125,29	127,47	130,92	133,70
Veränderung der Ausgaben (in %)		5,64	3,16	2,06	1,74	2,71	2,12

Jahr	2001	2002	2003	2004	2005	2006
Ausgaben insgesamt (in Mrd. €)	138,81	143,03	145,09	140,18	143,81	147,58
Veränderung der Ausgaben (in %)	3,82	3,04	1,44	3,38	2,59	2,62

Die Daten stammen aus der Sozialdatenbank des Bundesministeriums für Gesundheit.

2 a) Analysiere die Daten. Unterstelle, dass es keine Veränderungen gibt und prognostiziere, wie hoch die Ausgaben im Jahr 2010 bzw. im Jahr 2015 sein werden.
b) Wie würde die Entwicklung aussehen, wenn die Ausgaben z. B. in den Jahren 1997 um 3 Mrd. € und 2004 um 7 Mrd. € höher gewesen wären?

Anästhesist

Dr. Anne-Marie Müller arbeitet seit vier Jahren als Anästhesistin an einem Klinikum. Zu ihren Hauptaufgaben zählt es, Patienten während einer Operation in der Narkose zu halten und deren Vitalfunktionen zu überwachen. Wurde die Narkose früher mithilfe eines Narkosegases erreicht, so verabreicht man heute die Narkotika überwiegend intravenös.

Vitalfunktionen:
- *Atmung*
- *Herzfunktion*
- *Kreislauf*
- *Temperatur*
- *Ausscheidung*

„Neben der Fähigkeit, möglichst viele Informationen in kurzer Zeit aufzunehmen, waren insbesondere in den ersten Semestern naturwissenschaftliche Kenntnisse erforderlich", meint Anne-Marie Müller, „hierbei spielte die Mathematik eine wichtige Rolle." Als Anästhesistin ginge es häufig darum, die richtige Dosierung der Narkosemittel beim Patienten einzustellen. Hierbei werden üblicherweise zwei Medikamente eingesetzt: Für das „Einschlafen" werde ein sogenanntes Hypnotikum verwendet, für die Schmerzstillung geeignete Opiate. Durch eine geschickte Abstimmung der beiden Medikamente kann man bereits bei einer geringen (und damit für den Patienten wenig belastenden) Dosierung eine angemessene Narkose erzielen.

Während einer Narkose können Medikamente mithilfe eines Perfusors kontrolliert injiziert werden.

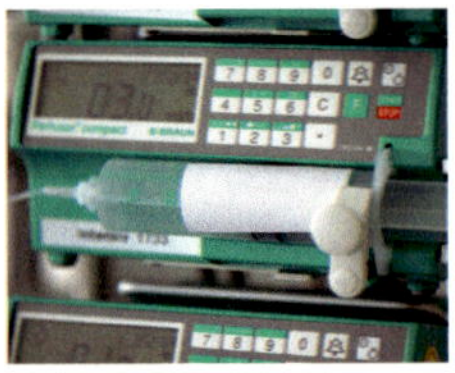

Die abgebildeten Graphen in Fig. 1 zeigen die Hypnotikum- und die Opiat-Konzentration bei einem Patienten während einer Narkose.

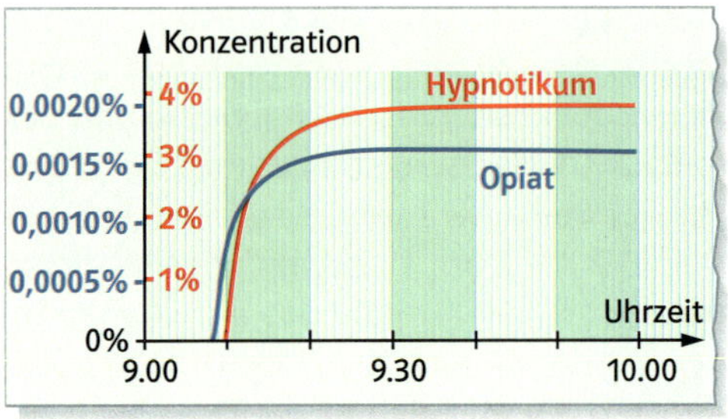

Fig. 1

Zur Einleitung der Narkose wird eine Initialdosis gegeben. Nachdem eine gewisse Konzentration erreicht ist, wird die Dosierung der Medikamente reduziert. Die Wirkung des Medikaments richtet sich nach der sich im Blut befindlichen Konzentration.

Mithilfe der Initialdosis soll der Patient möglichst schnell einschlafen.

Gegen 10.00 Uhr wurden die beiden Narkotika abgesetzt. Nach der Absetzung der Medikamente werden diese vom Körper abgebaut. Hierbei beträgt die Halbwertszeit für das Hypnotikum etwa 77 Minuten und die des Opiates etwa 8 Minuten.

Hypnotikum-Konzentration	Opiat-Konzentration	Verhalten des Patienten
3,2%		P. nicht mehr ansprechbar
3,5%		P. schläft ein
	0,001%	Atmung des P. setzt aus
	0,0015%	P. spürt keine Hautschnitte

3
a) In welchem Zeitraum musste der Patient beatmet werden?
b) Nach welcher Zeit durfte der Operateur die Haut des Patienten aufschneiden?
c) Wann wird der Patient in etwa aufwachen?
d) Wann wird der Patient wieder ansprechbar sein?

Entwicklungsingenieur

Michael Beck arbeitet seit 20 Jahren als Entwicklungsingenieur bei einem großen deutschen Automobilhersteller. In seinen Aufgabenbereich fallen die Entwicklung und Erprobung geeigneter Bremsregelsysteme. Michael Beck hat sein Ingenieur-Diplom an einer Fachhochschule erworben. „Ich habe mich für die FH entschieden", erinnert er sich, „weil das Studium hier wesentlich praxisorientierter als an den meisten Universitäten gehalten wird. Aber auch an der FH ist Mathematik ein absolutes Muss!"

„Bei der Entwicklung von neuen Bremsregelsystemen für Fahrzeuge müssen diese immer wieder auf Teststrecken mithilfe von Messdiagrammen überprüft werden. Die Auswertungen und die Interpretation dieser Messdaten gehören zu den typischen Arbeiten eines Entwicklungsingenieurs", beschreibt Michael Beck sein Arbeitsumfeld. Es komme darauf an, aus den Messdaten mit mathematisch-physikalischem Wissenshintergrund Erkenntnisse zu gewinnen, mit denen das System dann weiterentwickelt werden kann.

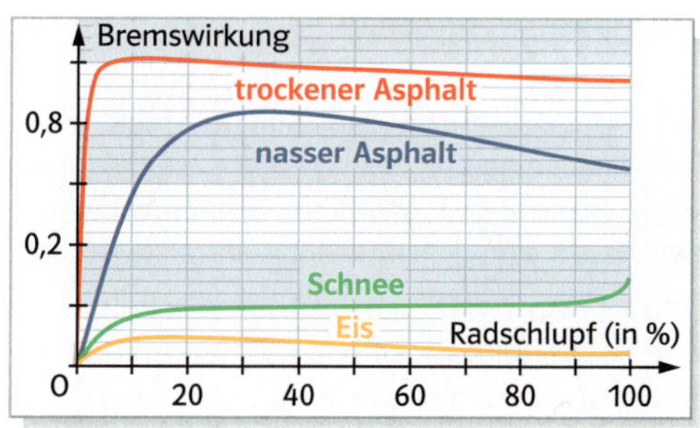

Fig. 1

Bei der Entwicklung eines Bremsregelsystems versucht man, eine maximale Bremswirkung unter verschiedenen Bedingungen (Untergründe, Wetter u.a.) zu erreichen. Wird ein Fahrzeug abgebremst, so bezeichnet man die Drehzahl der bremsenden Räder mit d_b und die eines leer mitlaufenden Rades mit d_m. Bei einer Bremsung ist d_b kleiner als d_m.
Unter dem Radschlupf versteht man den Quotienten $\frac{d_m - d_b}{d_m}$. Dieser liegt zwischen 0 % (keine Bremsung) und 100 % (Vollbremsung mit blockierenden Reifen).
Bei Testfahrten zur Ermittlung der optimalen Bremswirkung werden Messdiagramme der Funktion *Radschlupf → Bremskraft* aufgenommen und anschließend analysiert (Fig. 1).

4 a) Begründe, warum der Radschlupf bei einer Vollbremsung 100 % beträgt.
b) Auf welchem Untergrund erzielt man die beste Bremswirkung?
c) Welche Bedingungen sind für den Bremsvorgang am unberechenbarsten? Begründe.
d) Wie ließe sich erklären, dass bei Schnee die maximale Bremswirkung beim maximalen Radschlupf erreicht wird?
e) Bei einer Bremsung soll der Radschlupf so geregelt werden, dass die Bremswirkung auf den angegebenen Untergründen möglichst groß ist. Gib hierzu ein Kurzgutachten an, in dem auch das Verhältnis der beiden Drehzahlen aufgeführt wird.

Unternehmensberater

Svenja Ballack arbeitet seit 15 Jahren als freie Unternehmensberaterin für Firmen in Norddeutschland. Bei der Beratung von Firmen gehe es häufig darum, wirtschaftliche Zusammenhänge in einem Unternehmen zu erkennen und zu analysieren, um komplexe betriebliche Probleme beschreiben und lösen zu können.

„Wenn man Unternehmensberater werden will, stellt man schnell fest, dass es dafür gar keine eigene Ausbildung oder einen Studiengang gibt", beginnt Frau Ballack. „Im Gegenteil, Leute aus den verschiedensten Studiengebieten arbeiten als Berater: Betriebswirtschaftler, Informatiker, Ingenieure, Mediziner und auch Mathematiker." Wichtig sei in diesem Beruf vor allem, dass man gelernt habe, strukturiert und logisch (und an vielen Stellen eben auch mathematisch) zu denken.

Ein internationaler Konzern will ein Identifikationssystem einführen. Jeder Mitarbeiter soll hierzu eine Chip-Karte erhalten, um mit dieser weltweit alle Firmengelände betreten zu können. Dadurch erhofft sich der Konzern einerseits Zeit- und Geldeinsparungen und andererseits ein höheres Maß an Sicherheit. Darüber hinaus sollen die Chip-Karten Zusatzfunktionen erhalten, die zum Beispiel die bargeldlose Bezahlung in der Kantine erlauben sollen, sodass Verwaltungsaufwände entfallen.

Für die Einführung einer solchen Chip-Karte müsste der Konzern zunächst investieren: Die Karten müssen hergestellt werden, technische Systeme müssen eingekauft, aufgebaut und betrieben werden. Zusätzlich müssen die Karten personalisiert und ausgegeben werden. Und schließlich wollen die Mitarbeiter auch über das neue System, seine Anwendung und seinen Nutzen informiert werden. Das alles kostet Geld und Zeit. Weiterhin muss man bedenken, dass die Kosten- und Zeiteinsparungen nicht sofort anfallen, sondern verteilt über mehrere Jahre. Sie sind also eine Funktion der Zeit.

5 a) Erstelle für den Konzern ein Empfehlungsgutachten, in dem die Vor- und Nachteile der Einführung des Identifikationssystems dargestellt sind.
b) Mit welchen Informationen könnte ein Gutachten genauer erstellt werden?

Der Konzern hat weltweit rund 14 200 Mitarbeiterinnen und Mitarbeiter in 85 Niederlassungen.

Würde man statt der Investition in die Chip-Karte das Geld anlegen, so könnte man mit einer Rendite von ca. 5 % pro Jahr rechnen.

Die Produktions- und Personalisierungskosten für eine Chip-Karte betragen 1,30 €, jedes Lesegerät kostet 1200 € (wegen der hohen Sicherheitsanforderungen), jedes Drehkreuz 10 000 € und der Umbau der Eingangshallen jeweils 50 000 €.

Die Wartung der Lesegeräte und der Drehkreuze wird durch eine Fremdfirma durchgeführt, die für die Wartung der Lesegeräte 27 % des Kaufpreises pro Jahr verlangt (15 % bei den Drehkreuzen).

Pro Niederlassung beschäftigt die Firma zurzeit im Durchschnitt neun Pförtner, die alle – bis auf drei am Haupteingang – andere Aufgaben übernehmen können. Jeder verursacht Personalkosten von 30 000 € im Jahr.

Jedes Jahr müssen 10 % der Karten ausgetauscht werden.

Konzernweit sind die durchschnittlichen Lohnkosten 60 000 € im Jahr bei 220 Arbeitstagen à acht Stunden.
Die Schulung der Mitarbeiter über die neue Regelung dauert zwei Stunden.

Jede Niederlassung hat im Durchschnitt vier Eingänge, die jeweils mit drei Lesegeräten und drei Drehkreuzen ausgestattet werden sollen.

Strahlenschutzbeauftragter

Melanie Brenner ist als Strahlenschutzbeauftragte bei einer Firma beschäftigt. Zu ihren Hauptaufgaben zählen der Bereich Strahlenschutz und Strahlenmesstechnik. Ihr Arbeitsplatz befindet sich im Kontrollbereich, in dem die beschäftigte Person, z.B. durch ein Stab- oder Filmdosimeter (Fig. 1), gesondert überwacht werden müssen.

„Nach dem Abitur besuchte ich drei Jahre die Berufsakademie und belegte die Fachrichtung Strahlenschutz. Mein Ausbildungsbetrieb war das Deutsche Krebsforschungszentrum. In der Einrichtung für Strahlenschutz und Dosimetrie absolvierte ich meine praktische Ausbildung. Ich hätte nie gedacht, dass die Schulmathematik so oft Anwendung findet." Als Diplom-Ingenieurin für Strahlenschutz müsse man die aktuelle Aktivität der radioaktiven Quellen im Betrieb (z.B. ^{137}Cs, ^{90}Sr, ^{60}Co oder ^{125}J) kennen bzw. bestimmen. Dies ist wichtig, um Aussagen über die Empfindlichkeit z.B. eines Aktivitätsmessgerätes machen zu können.

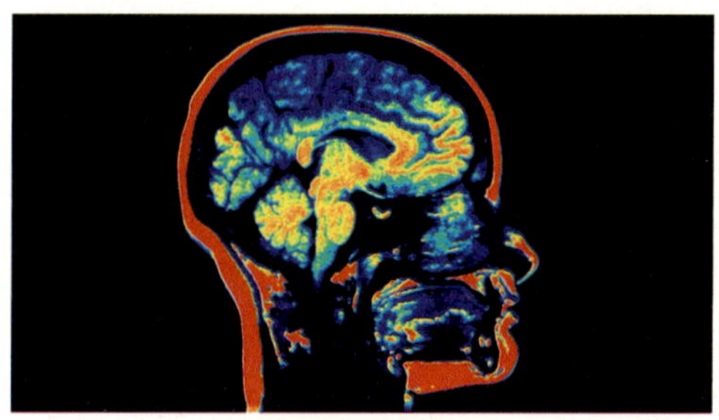

Aktivitätsmessgeräte werden u.a. in der Nuklearmedizin verwendet. Für bestimmte medizinische Untersuchungen, z.B. am Gehirn, wird einem Patienten eine radioaktive Substanz verabreicht. Damit der Patient nicht unnötig durch die Strahlung belastet wird, das Ergebnis der Untersuchung aber auch aussagekräftig ist, muss man die vorhandene Aktivität exakt kennen.

Ein Strahler Jod ^{125}J ist durch die Angaben auf seinem Aufbewahrungsbehälter gekennzeichnet. Die Aktivität gibt die Anzahl der Kernzerfälle pro Zeitintervall an. Ihre Einheit ist 1 Kernzerfall pro Sekunde = 1 Becquerel (Bq).

Fig. 1

6 a) Wie groß war die Aktivität des Strahlers ungefähr am 1.4.2007 und am 31.6.2007? Wie groß wird sie etwa am 31.1.2020 sein? Wie groß war die Aktivität des Strahlers vermutlich am 1.1.2007?
b) Bestimme, bis zu welchem Datum der Strahler in Gebrauch sein darf, wenn hierfür eine Mindestaktivität von 37 MBq gefordert wird.
c) Hat der Strahler seine Mindestaktivität erreicht, so kann er nicht gleich im Anschluss entsorgt werden. Die Strahlenschutzverordnung schreibt einen Höchstwert der Strahlenbelastung von $100\,\frac{\text{Bq}}{\text{g}}$ vor. Wie lange muss der Strahler mindestens unter Verschluss gelagert werden, bis er entsorgt werden darf?

Symbol für Radioaktivität

Logistiker

Günther Geck arbeitet seit zehn Jahren in der Logistikabteilung eines international operierenden Versandunternehmens. Als Logistiker muss er kostengünstige und schnelle Versandwege für Transporte in Europa finden.

BWL: Betriebswirtschaftslehre

Als Grundstudium bezeichnet man die Semester bis zum Vordiplom.

„Um ehrlich zu sein", räumt Herr Geck heute ein, „waren meine Mathematikleistungen während meiner Schulzeit eher durchschnittlich. Meine Interessen lagen damals bei den Sprachen. Da die Berufsaussichten in den wirtschaftlichen Berufen aber deutlich besser als in den rein sprachlich orientierten Berufen waren, habe ich mich dann doch für das BWL-Studium entschieden. Ich ahnte zu diesem Zeitpunkt allerdings noch nicht, wie viel Mathematik ich für den Studiengang benötigen würde. Lineare Gleichungssysteme, Vektoren, Differenzialrechnung einer und mehrerer Variablen, Optimierungsaufgaben und die Integralrechnung wurden insbesondere im Grundstudium eingefordert."

Heute arbeitet Günther Geck als Logistiker bei einem Versandunternehmen. „Aufgabe eines Logistikers ist es, die richtige Menge (Güter, Personen, Energie, Informationen) am richtigen Ort zum richtigen Zeitpunkt in der richtigen Qualität zu den richtigen Kosten bereitzustellen." Eine sehr spannende, aber nicht immer einfache Aufgabe, wie Herr Geck meint.

Verderbliche Fracht sollte auf direktem Weg transportiert werden.

7 Erstelle ab Beginn der ersten Beladung mithilfe der unten stehenden Informationen einen möglichst kostengünstigen Routen- und Zeitplan, um die folgenden Aufträge zu erfüllen.
- Transport von 40 m³ verderblicher Fracht von Stuttgart nach Innsbruck.
- Transport von 60 m³ Fracht von München nach Zürich.
- Transport von 30 m³ verderblicher Fracht von Innsbruck nach München.
- Transport von 10 m³ Fracht von Innsbruck nach Zürich.
- Transport von 30 m³ Fracht von Zürich nach Innsbruck.
- Transport von 55 m³ Fracht von Zürich nach Stuttgart.

Zoll
Für die Zollformalitäten beim Grenzübergang EU-Schweiz benötigt man ca. 2 Stunden.

Geschwindigkeit LKW
60 km/h (im Durchschnitt)

Be- und Entladezeit
Für das Be- und Entladen benötigt man ca. 1 Stunde.

Maut pro km
Deutschland: 0,15 €
Schweiz: 0,55 €
Österreich: 0,30 €

Spedition
Sattelschlepper
Festkosten pro Tag: 230 €
Variable Kosten
Kosten pro km: 0,30 €
Verbrauch: 33 l/100 km
Tankinhalt: 850 l
Ladevolumen: 90 m³

Treibstoffpreise (Diesel)
Deutschland: 1,15 €
Schweiz: 1,12 €
Österreich: 0,30 €

Ruheregelung (EU)
Die Lenkzeit darf an fünf Tagen pro Woche nicht mehr als 9 Stunden betragen. Die Gesamtlenkzeit darf in der Woche nicht mehr als 56 Stunden ergeben.
Nach 4 1/2 Stunden muss eine Pause von 45 Minuten eingelegt werden.
Nach einer Tagesfahrt muss die Ruhezeit 11 Stunden andauern.

Tankstopp
Für einen Tankstopp rechnet man ca. 20 Minuten.

Entfernungen

	Innsbruck	Zürich	Stuttgart	München
Innsbruck	–	292 km	325 km	145 km
Zürich	292 km	–	218 km	315 km
Stuttgart	325 km	218 km	–	230 km
München	145 km	315 km	230 km	–

Buchhändler

Caroline Schulz ist Buchhändlerin in einer Verlagsbuchhandlung. An ihrem Beruf mag sie vor allem den direkten Kontakt mit den Kunden. Neben den Verkaufsgesprächen fallen im Buchhandel Aufgaben an, für die mathematisches Können von Vorteil sind. „Die Grundrechenarten sind im Beratungs- und Verkaufsalltag genauso wichtig wie bei der Lieferschein- und Rechnungskontrolle“, erzählt Caroline Schulz.

Bei der Überlegung, ob man einen Titel beim Großhändler oder direkt ab Verlag ordern soll, benötigt man ebenso das Prozentrechnen wie bei der Rechnungsstellung. Zu Beginn des jährlichen Schulbuchgeschäftes sieht sich der Buchhändler außerdem mit dem Zins- und Zinseszinsrechnen konfrontiert, da bis zur Bezahlung der Großbestellungen durch die Schulen für den Buchhändler nicht selten eine Kreditaufnahme ins Haus steht. „Da wir nicht nur Bücher verkaufen, sondern auch selbst verlegen, müssen wir auch häufig Rentabilitätsrechnungen anstellen“, so Caroline Schulz.

„Vorletztes Jahr haben wir zum Beispiel einen Bildband verlegt. Bevor dieses Buch gedruckt wurde, mussten wir zunächst einmal überlegen, welche Auflage wohl am sinnvollsten wäre. Neben den Druckkosten (siehe Tab. 1) waren dabei diverse Fixkosten, wie Autoren- und Fotografenhonorar (2000,– € bzw. 3600,– €), Kosten für Werbung (400,– €/Jahr) und Lagerung (30 ct pro Buch und Jahr) sowie verschiedene Gebühren, etwa für die ISBN, für Lizenzrechte und für den Eintrag ins ‚Verzeichnis der lieferbaren Bücher‘ (insgesamt 500,– €) zu berücksichtigen. Den Ladenpreis haben wir auf 24,90 € festgelegt. Außerdem haben wir uns zum Ziel gesetzt, die gesamte Auflage innerhalb von vier Jahren zu verkaufen. Die Exemplare werden zum Buchhändlerrabatt von 33,3 % an andere Buchhändler weiterverkauft.“

Angebot der Druckerei (Preise inkl. Bindung)

Auflage	Preis
2000	26 000 €
3500	36 000 €
5000	41 000 €

Tab. 1

8 Finde heraus, für welches Angebot der Druckerei sich die Buchhandlung vermutlich entschieden hat.

„Leider ist in diesem Jahr ein Konkurrenzband erschienen, der nicht nur aktueller, sondern auch günstiger ist. Nachdem wir bis letztes Jahr schon 3000 Exemplare verkauft hatten, werden wir in den kommenden zwei Jahren vermutlich höchstens noch 800 Exemplare insgesamt verkaufen“, berichtet Caroline Schulz.

9 Untersuche, ob unter diesen Voraussetzungen nicht doch eine andere Auflage rentabler wäre.
Erstelle mithilfe einer Tabellenkalkulation eine Tabelle, mit der die obige Rentabilitätsrechnung so durchgeführt wird, dass Änderungen bei den Druckereiangeboten oder anderen Preisen schnell übernommen werden können.

1 Berechne die Steigung einer Geraden, die zu der Geraden durch A und B orthogonal ist.

a) $A(6|3)$, $B(8|6)$ b) $A(3|-3)$, $B(-2|-2)$ c) $A(-1|3)$; $B(0|-2)$

d) $A(0|-1)$, $B\left(\frac{2}{5}\middle|\frac{3}{4}\right)$ e) $A(-1{,}4|1)$, $B(-1|1{,}75)$ f) $A\left(\frac{1}{3}\middle|5\right)$; $B(-10|9)$

2 Untersuche, ob es sich bei dem Viereck ABCD um ein Parallelogramm, ein Trapez oder um keines von beidem handelt.

a) $A(0|0)$, $B(2|-5)$, $C(7|-3)$, $D(5|2)$ b) $A(1|0)$, $B(8|-2)$, $C(7|1)$, $D(-1|3)$

c) $A(0|-4)$, $B(3|-3)$, $C(1|3)$, $D(-2|2)$ d) $A(2|0)$, $B(8|-1)$, $C(9|0)$, $D(6|0{,}5)$

3 Wie lautet eine Gleichung einer Geraden, die

a) zur x-Achse parallel ist und durch $A(3|-2)$ geht,

b) zur y-Achse parallel ist und von $B(0|17)$ den Abstand 4 hat,

c) den Steigungswinkel 45° hat und durch $C(-1|2)$ geht,

d) durch die Mitte von PQ mit $P(2|3)$ und $Q(4|1)$ geht und die Steigung 0,5 hat?

4 Gegeben ist das Dreieck ABC mit $A(3|3)$, $B(-3|1)$ und $C(0|-2)$. Bestimme eine Gleichung der Parallelen

a) zu BC durch A, b) zu CA durch B, c) zu AB durch C.

5 Bestimme den Scheitel der Parabel.

a) $y = x^2 - 6x + 9$ b) $y = x^2 + 18x + 81$ c) $y = 49 - 14x + x^2$ d) $y = x^2 - 1{,}2x + 0{,}36$

e) $y = 3x^2 + 12x + 5$ f) $y = 0{,}2x^2 - 1{,}6x - 9{,}1$ g) $y = -x^2 - 6x + 1$ h) $y = \frac{1}{5}x^2 - \frac{6}{5}x + 4$

6 Berechne die Schnittpunkte der Parabeln.

a) $y = (x + 2)^2$, $y = (x - 6)^2$ b) $y = 81 - 18x + x^2$, $y = (x + 1)^2$ c) $y = x^2 - 5$, $y = (x - 5)^2$ d) $y = x^2 + 0{,}6x + 0{,}09$, $y = (x - 2{,}3)^2$

e) $y = x^2 + 3x - 8$, $y = x^2 - 7x - 3$ f) $y = -x^2 + 4x - 9$, $y = 5 - 3x - x^2$ g) $y = 3x^2 + 4x + 7$, $y = 3x^2 + 3x - 2$ h) $y = 0{,}6x^2 - 1{,}2x - 2{,}1$, $y = 0{,}6x^2 + 0{,}8x + 0{,}9$

7 Zeichne die Graphen der quadratischen und der linearen Funktion in dasselbe Koordinatensystem. Haben sie gemeinsame Punkte? Prüfe die abgelesenen Werte rechnerisch nach.

a) $y = x^2 - 2$, $y = -4x - 6$ b) $y = x^2 - 3x$, $y = 2x - 4$ c) $y = \frac{1}{2}(x + 3)^2 - 1$, $y = 2x + 3$ d) $y = -x^2 + 4x$, $y = 2x + 1{,}5$

8 Berechne die Lösungen.

a) $x^2 - 5x - 14 = 0$ b) $y^2 - 8y + 15 = 0$ c) $x^2 + 13x + 36 = 0$

d) $y^2 - y - 30 = 0$ e) $2u^2 + u - 6 = 0$ f) $4v^2 - 17v + 4 = 0$

g) $5w^2 + 22w + 8 = 0$ h) $3z^2 - 7z + 2 = 0$ i) $6t^2 + 17t - 3 = 0$

9 Untersuche das Verhalten für $x \to +\infty$ und für $x \to -\infty$.

a) $f(x) = x^3 + 2x^2 + 2x - 1$ b) $f(x) = -3x^4 + 3x^3 - x + 1$ c) $f(x) = 3x - x^3$

d) $f(x) = -2x^4 + 0{,}5x^2$ e) $f(x) = x^3(1 - x^2)$ f) $f(x) = (1 - 2x)(2 + 5x^2)$

g) $f(x) = x(1 - 2x)^2$ h) $f(x) = (x + 2x^3)(x^2 - 1)$ i) $f(x) = (2x - 1)^3 + 4$

10 Bestimme die Nullstellen der Funktion.

a) $f(x) = x^2 - 5x + 6$ b) $f(x) = 4x^2 + 4x - 3$ c) $h(t) = 3t^2 + 4{,}8t - 1{,}08$

d) $f(x) = x^3 - 2x^2 - 8x$ e) $f(x) = 4x^4 + 4x^3 - 3x^2$ f) $f(x) = x^5 + 0{,}16x^3 - x^4$

Rechentraining

Kapitel I

Man kann nicht nur x^2 substituieren!

11 a) $f(x) = x^4 - 13x^2 + 36$ b) $g(x) = 16x^4 - 40x^2 + 9$
c) $f(t) = -9 - 2t^2 + 32t^4$ d) $h(v) = 4v^2 - \frac{1}{4}v^4$
e) $g(r) = r^6 - 19r^3 - 216$ f) $f(x) = (x+1)^3 + (x+1)^2 - 6(x+1)$

12 Führe jeweils die Polynomdivision aus.
a) $(x^4 - 6x^3 + 2x^2 + 12x - 8) : (x^2 - 2)$ b) $(x^4 - 9x^3 + 27x^2 - 31x + 12) : (x^2 - 2x + 1)$

13 Bestätige, dass die Funktion f die angegebene Nullstelle hat. Berechne die weiteren Nullstellen von f.
a) $f(x) = x^3 + 10x^2 + 7x - 18;\ x_1 = 1$ b) $f(x) = x^3 + 5x^2 - 22x - 56;\ x_1 = 4$
c) $f(t) = t^3 - 3t^2 - 6t + 18;\ t_1 = 3$ d) $f(x) = 2x^3 + 4{,}8x^2 + 1{,}5x - 0{,}2;\ x_1 = -2$
e) $f(t) = 7t^2 - 22t + 3t^3 - 8;\ t_1 = -\frac{1}{3}$ f) $f(x) = 4 + 3x^2 - 12x + 5x^3;\ x_1 = 0{,}4$

14 Bestimme durch Probieren eine Nullstelle und berechne danach die weiteren Nullstellen.
a) $f(x) = x^3 - 6x^2 + 11x - 6$ b) $f(x) = x^3 + x^2 - 4x - 4$
c) $f(x) = 4x^3 - 13x + 6$ d) $f(x) = 4x^3 - 8x^2 - 11x - 3$
e) $f(x) = 4x^3 - 3x - 1$ f) $f(x) = 25x^3 + 15x^2 - 9x + 1$
g) $f(x) = 4x^3 - 20x^2 - x + 110$ h) $f(x) = 4x^3 - 24x^2 - x + 6$

15 Welche ganzrationale Funktion ist achsensymmetrisch, welche ist punktsymmetrisch?
a) $f(x) = -2x^6 + 3x^2$ b) $f(x) = 2 - 3x^4$ c) $f(x) = 2 - 3x^3$
d) $f(x) = x^3 - x + 1$ e) $f(x) = x\left(2x^2 - \frac{1}{3}x^4\right)$ f) $f(x) = (x-1)(x-2)$
g) $f(x) = (x-1)^3 + 3x^2 + 1$ h) $f(x) = (1 - 3x^2)^2$ i) $f(x) = (x - x^2)^2$

16 Welche ganzrationale Funktion hat ein zur y-Achse (zum Ursprung) symmetrisches Schaubild?
a) $f(x) = x$ b) $f(x) = x^2$ c) $f(x) = x^3$
d) $f(x) = x^4$ e) $f(x) = 2x + 3$ f) $f(x) = 7 - x^4 + 2x^6$
g) $f(x) = 4x^3 + 1$ h) $f(x) = \frac{1}{6}x^6 - x^2 - \sqrt{2} + 1$ i) $f(x) = x^3(x+1)(x-1)$

Rechentraining

Kapitel II

1 Prüfe, ob die Tabellen zu einem linearen oder einem exponentiellen Wachstum gehören können.

a)

x	0	1	2	3
y	8	12	18	27

b)

x	0	1	2	3
y	11	9	7	5

c)

x	0	1	2	3
y	32	16	8	4

2 Entwicklung der Weltbevölkerung 1920 – 2000 in Milliarden Menschen:

Jahr	1920	1930	1940	1950	1960	1970	1980	1990	2000
Erdbevölkerung	1,86	2,07	2,30	2,52	2,99	3,62	4,49	5,29	6,06

Berechne für jedes Jahrzehnt den Wachstumsfaktor. Gib die Bevölkerungszunahme in 10 Jahren jeweils auch in Prozent an. Handelt es sich um exponentielles Wachstum?

3 Ergänze im Heft die fehlenden Werte so, dass ein exponentielles Wachstum vorliegt.

a)

x	0	1	2	3	4	5
y	20	15				

b)

x	0	1	2	3	4
y			2,5	3,5	

4 Stelle eine Wertetabelle für x-Werte von −3 bis 3 mit der Schrittweite $\frac{1}{2}$ auf.

a) $x \to 1{,}2^x$ b) $x \to 2{,}5^x$ c) $x \to 0{,}8^x$ d) $x \to 0{,}4^x$
e) $x \to \left(\frac{3}{4}\right)^x$ f) $x \to \left(\frac{4}{3}\right)^x$ g) $x \to (\sqrt{3})^x$ h) $x \to (\sqrt[3]{2})^x$

5 Stelle eine Wertetabelle für x-Werte von −3 bis 3 auf.

a) $x \to 3 \cdot 2^x$ b) $x \to 0{,}1 \cdot 3^x$ c) $x \to 2 \cdot \left(\frac{1}{2}\right)^x$ d) $x \to 3 \cdot \left(\frac{2}{3}\right)^x$
e) $x \to 1{,}5^{x-1}$ f) $x \to 1{,}5^{x+3}$ g) $x \to 3 \cdot 2^{x+1}$ h) $x \to 3 \cdot 2^{x-2}$

6 Bestimme a und b so, dass der Graph der Exponentialfunktion $x \to b \cdot a^x$ durch die Punkte P und Q geht.

a) $P(0|5)$; $Q(1|1)$ b) $P\left(0\middle|\frac{1}{2}\right)$; $Q(1|1)$ c) $P(0|\sqrt{2})$; $Q(1|2)$
d) $P(2|1)$; $Q(3|5)$ e) $P(1|5)$; $Q(4|40)$ f) $P(5|24)$; $Q(8|3)$
g) $P(2|3)$; $Q(6|75)$ h) $P(3|15)$; $Q(5|3)$ i) $P(4|8)$; $Q(7|5)$
j) $P(0|b)$; $Q(1|d)$ k) $P(0|b)$; $Q(c|1)$ l) $P(0|b)$; $Q(c|d)$

7 Schreibe die Funktion in der Form $x \to b \cdot a^x$.

a) $x \to 2^{x-1}$ b) $x \to 2^{2x}$ c) $x \to 2^{2x+4}$ d) $x \to \left(\frac{1}{2}\right)^{x-1}$
e) $x \to (\sqrt{2})^{2x+4}$ f) $x \to (\sqrt{3})^{4x-2}$ g) $x \to (\sqrt{2})^{3x+5}$ h) $x \to (\sqrt[3]{5})^{6x-3}$

8 Berechne.

a) $\log_2(4)$ b) $\log_2(16)$ c) $\log_2(64)$ d) $\log_3(27)$ e) $\log_5(625)$
f) $\lg(100)$ g) $\lg(10\,000)$ h) $\lg(10)$ i) $\log_2(2)$ j) $\log_3(3)$
k) $\log_2(1)$ l) $\lg(1)$ m) $\log_5(1)$ n) $\log_3\left(\frac{1}{3}\right)$ o) $\log_4\left(\frac{1}{4}\right)$
p) $\lg(0{,}1)$ q) $\log_5\left(\frac{1}{125}\right)$ r) $\log_2\left(\frac{1}{16}\right)$ s) $\lg(0{,}001)$ t) $\log_5\left(\frac{1}{625}\right)$

$3^{\log_{\sqrt{3}}(17)} = ?$

9 Berechne.

a) $\log_2(\sqrt{2})$ b) $\lg(\sqrt{10})$ c) $\log_3(\sqrt{3})$ d) $\log_4(\sqrt{4})$ e) $\lg(\sqrt{1000})$
f) $\log_2\left(\frac{1}{\sqrt{2}}\right)$ g) $\log_5\left(\frac{1}{\sqrt{5}}\right)$ h) $\log_8\left(\frac{1}{\sqrt{8}}\right)$ i) $\log_6\left(\frac{1}{\sqrt[3]{6}}\right)$ j) $\log_2\left(\frac{1}{\sqrt{8}}\right)$

10 Schreibe als einen Logarithmus.

a) $2 \cdot \lg(x) + 3 \cdot \lg(y) - \lg(z)$ b) $\log_a(p) - \frac{1}{2}\log_a(q) + \frac{1}{4}\log_a(r)$
c) $3\lg(a) + \frac{1}{2}\lg(a + x)$ d) $\frac{1}{4}\log_a(a + b) - \frac{1}{3}\log_a(a - b)$
e) $\log_a(2u) - 2 \cdot \log_a(u) + \log_a(u^2) + \log_a\left(\frac{1}{u}\right)$ f) $\lg(\sqrt{x}) - \lg(\sqrt{4x}) + \lg\left(\frac{1}{2}x^2\right) + \lg(4)$

11 Löse die Exponentialgleichungen möglichst geschickt.

a) $3^x = \frac{1}{9}$ b) $5^x = 0{,}04$ c) $32^x = 8$ d) $8^x = 0{,}25$
e) $25^x = 0{,}2$ f) $16^x = \frac{1}{\sqrt{2}}$ g) $625^x = 125$ h) $243^x = \frac{1}{9}$
i) $0{,}5^x = 16$ j) $0{,}2^x = 125$ k) $0{,}25^x = 128$ l) $0{,}04^x = 125$

Rechentraining

Kapitel II

12 Gib die Lösungen der Exponentialgleichungen auf 2 Nachkommastellen genau an.

a) $2 \cdot 3^x = 0{,}8$ b) $5 \cdot \left(\frac{2}{3}\right)^x = \frac{2}{5}$ c) $\frac{2}{3} \cdot \left(\frac{7}{5}\right)^x = \sqrt{2}$ d) $4 + 3 \cdot 2^x = 6{,}9$

e) $3 \cdot 2^{x-4} = 7$ f) $2{,}8 \cdot 1{,}6^{1-x} = 3{,}2$ g) $4 \cdot 1{,}5^{2x-1} = 6{,}5$ h) $5 \cdot 2^{3x+2} = 11$

i) $\frac{4}{3} \cdot 3^{1-x} = 2$ j) $0{,}2 \cdot 0{,}3^{x+1} = 0{,}3$ k) $\sqrt{2} \cdot \left(\frac{7}{2}\right)^{2x+1} = \sqrt{8}$ l) $\frac{3}{5} \cdot \left(\frac{5}{3}\right)^{3x+5} = 35$

m) $5^{x+1} = 8^{2x}$ n) $2{,}8^{3x} \cdot 1{,}5^x = 10$ o) $0{,}4 \cdot 3{,}2^x = 2^{3x-1}$ p) $3^{4x} \cdot 4^x = 5^{x+2}$

Rechentraining

Kapitel III

1 Gib für $x > 0$ die Umkehrfunktion an.

a) $x \to x^{\frac{1}{2}}$ b) $x \to x^{\frac{3}{4}}$ c) $x \to x^{-\frac{2}{3}}$ d) $x \to x^{-\frac{1}{5}}$

e) $x \to 3x - 5$ f) $x \to 5\sqrt{x}$ g) $x \to 3x^{-\frac{1}{2}}$ h) $x \to (4x)^{-\frac{2}{3}}$

2 Gib die größtmögliche Definitionsmenge an, sodass die Funktion umkehrbar ist; gib auch die Umkehrfunktion an.

a) $x \to x + 2$ b) $x \to 2 \cdot x$ c) $x \to 2 \cdot x - 3$ d) $x \to x^2$

e) $x \to x^2 + 4$ f) $x \to x^3 + 1$ g) $x \to \frac{1}{x}$ h) $x \to \sqrt{x}$

3 Gib die Termdarstellung der Umkehrfunktion an.

a) $x \to 5^x$ b) $x \to \left(\frac{1}{3}\right)^x$

c) $x \to \left(\frac{2}{5}\right)^x$ d) $x \to (\sqrt{3})^x$

e) $x \to 100^x$ f) $x \to \log_4(x)$

g) $x \to \log_{2,5}(x)$ h) $x \to \log_{0,6}(x)$

i) $x \to \lg(x)$ j) $x \to \log_{\sqrt{5}}(x)$

4 Fig. 1 zeigt die Graphen verschiedener Logarithmusfunktionen $x \to \log_a(x)$. Bestimme a mithilfe geeigneter Punkte.

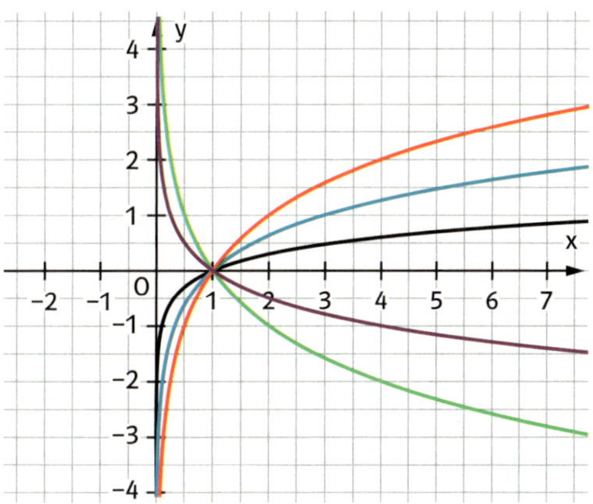

Fig. 1

5 Zeichne einen Einheitskreis (Einheit 10 cm) und bestimme zeichnerisch Näherungswerte für sin(α) und cos(α).

a) α = 15° b) α = 25° c) α = 105° d) α = 155° e) α = 205° f) α = 325°

g) α = −35° h) α = 425° i) α = −135° j) α = 745° k) α = −380° l) α = −710°

6 Für welche Winkel α ist

a) sin(α) positiv und cos(α) negativ, b) sin(α) negativ und cos(α) positiv,

c) $\sin(\alpha) < 0{,}5$ und cos(α) negativ, d) $\cos(\alpha) > 0{,}5$ und sin(α) positiv?

7 Bestimme die Funktionswerte ohne Taschenrechner.

a) $\cos\left(\frac{\pi}{3}\right)$ b) $\tan\left(\frac{\pi}{6}\right)$ c) $\sin\left(\frac{3}{2}\pi\right)$ d) $\cos\left(\frac{3}{4}\pi\right)$ e) $\sin\left(\frac{5}{2}\pi\right)$ f) $\sin\left(-\frac{9}{4}\pi\right)$

8 Bestimme ohne Taschenrechner alle x mit $0 \leqq x \leqq 2\pi$, für die gilt:

a) $\sin(x) = 1$ b) $\cos(x) = \frac{1}{2}\sqrt{2}$ c) $\sin(x) = \frac{1}{2}$ d) $\cos(x) = -\frac{1}{2}$

Kapitel III — Rechentraining

9 Bestimme jeweils die Amplitude und die Periode der Funktion.

a) $x \to 2{,}5\sin(x)$ b) $x \to -2\sin(x)$ c) $x \to \frac{1}{2} \cdot \sin(x)$

d) $x \to \sin\left(\frac{1}{3}x\right)$ e) $x \to \sin\left(\frac{3}{2}x\right)$ f) $x \to \sin\left(\frac{2}{3}x\right)$

10 Bestimme jeweils die Amplitude und die Periode der Funktion.

a) $x \to 2\sin(\pi x)$ b) $x \to 1{,}5\sin(3\pi x)$ c) $x \to -2\sin(1{,}5\pi x)$

d) $x \to \frac{2}{3}\sin\left(\frac{3}{2}\pi x\right)$ e) $x \to \sin\left(\frac{2\pi}{5}x\right)$ f) $x \to 2\sin\left(\frac{5}{2\pi}x\right)$

Kapitel V — Rechentraining

1 Berechne für die Funktion f die Änderungsraten m_1, m_2, m_3 und m_4 in den Intervallen $I_1 = [-1; 0]$, $I_2 = [0; 1]$, $I_3 = [1; 3]$ und $I_4 = [3; 6]$.

a) $f(x) = x^2 - 2$ b) $f(x) = (x-4)^2$ c) $f(x) = \frac{12}{x+2}$ d) $f(x) = 2^x$

2 Gegeben sind das Intervall $I = [1; 4]$ und die Funktion f mit $f(x) = \frac{1}{8}x^2 - \frac{1}{2}x$.

a) Berechne f(1) und f(4) und damit die Änderungsrate m von f in I.

b) Bestimme einen Funktionsterm für die lineare Näherungsfunktion g der Funktion f im Intervall I.

3 Berechne $f'(x_0)$.

a) $f(x) = \frac{1}{2}x^2$ und $x_0 = 2$ b) $f(x) = x^2 - x + 2$ und $x_0 = \frac{4}{3}$

c) $f(x) = 2x^3 - x^2$ und $x_0 = 1$ d) $f(x) = x^4 - 2x^2$ und $x_0 = 1$

e) $f(x) = \frac{6}{x+3}$ und $x_0 = 3$ f) $f(x) = \sqrt{2x-3}$ und $x_0 = 2$

4 Bestimme $f'(x)$.

a) $f(x) = x^4$ b) $f(x) = x^6$ c) $f(x) = x^9$ d) $f(x) = x^{12}$

e) $f(x) = x^{35}$ f) $f(x) = x^{-5}$ g) $f(x) = x^{-7}$ h) $f(x) = x^{-10}$

i) $f(x) = x^{-13}$ j) $f(x) = x^{-75}$ k) $f(x) = \frac{1}{x^4}$ l) $f(x) = \frac{1}{x^6}$

m) $f(x) = \frac{1}{x^8}$ n) $f(x) = \frac{1}{x^{-9}}$ o) $f(x) = \frac{1}{x^{39}}$ p) $f(x) = \frac{1}{x^{-100}}$

5 Es sei $k, m, n \in \mathbb{Z}$. Bestimme $f'(x)$.

a) $f(x) = x^k$ b) $f(x) = x^{3n}$ c) $f(x) = x^{2k+1}$ d) $f(x) = x^{3-m}$

e) $f(x) = x^{2k-1+m}$ f) $f(x) = x^{-n+5}$ g) $f(x) = x^{1-3n}$ h) $f(x) = x^{-3+2k}$

i) $f(x) = x^{-m-n}$ j) $f(x) = x^{-m+2n-1}$ k) $f(x) = \frac{1}{x^{3-2k}}$ l) $f(x) = \frac{1}{x^{-2+4n}}$

m) $f(x) = \frac{1}{x^{-1-mn}}$ n) $f(x) = \frac{1}{x^{-(k-2)}}$ o) $f(x) = \frac{1}{x^{2(2-k)}}$ p) $f(x) = \frac{1}{x^{-2(m+3)}}$

6 Bestimme die Ableitungsfunktion.

a) $g(t) = t^6$ b) $r(a) = a^4$ c) $s(a) = a^2$ d) $z(x) = x^{-9}$ e) $u(t) = t^{-9}$

f) $a(z) = z^{-5}$ g) $z(a) = a^{-7}$ h) $f(s) = s^{-4}$ i) $g(t) = \frac{1}{t^5}$ j) $h(s) = \frac{1}{s^9}$

7 Wo hat das Schaubild der Funktion f die Steigungen 1; 0; −2; $\frac{1}{2}$?

a) $f(x) = x^3$ b) $f(x) = x^4$ c) $f(x) = x^{-2}$ d) $f(x) = x^{-3}$

8 Bestimme die Ableitung.

a) $f(x) = x^3 + x^4$ b) $f(x) = x^3 + x^{-5}$ c) $f(x) = x^3 + x^9$ d) $f(x) = x^{12} - x^{-3}$

e) $f(x) = x + \sqrt{x}$ f) $f(x) = \frac{1}{x} + x^{-4}$ g) $f(x) = x^{-3} - x^3$ h) $f(x) = \sqrt{x} + x^{-8}$

Rechentraining

Kapitel V

9 Bestimme die Ableitung.

a) $f(x) = 2x^3$ b) $f(x) = 5x^4$ c) $f(x) = 7x^{-4}$ d) $f(x) = \frac{3}{4}x^8$

e) $f(x) = \frac{2}{3}x^{-6}$ f) $f(x) = -4x^3$ g) $f(x) = -\frac{3}{5}x^{-10}$ h) $f(x) = 4\sqrt{x}$

i) $f(x) = \frac{6}{x}$ j) $f(x) = \frac{-5}{x^3}$ k) $f(x) = \frac{-3}{2x^4}$ l) $f(x) = -\frac{2}{5}\sqrt{x}$

10 a) $f(x) = 4x^5 + 6x^3$ b) $f(x) = \frac{5}{2}x^6 - 2x^3$ c) $f(x) = 2{,}5x^4 - 1{,}2x^5$

d) $f(x) = 5x^4 + 4\cdot\sqrt{x}$ e) $f(x) = -\frac{12}{x^2} + 3\sqrt{5x}$ f) $f(x) = \frac{\sqrt{3}}{2x^6} - \frac{6}{5}x^{-4}$

g) $f(x) = 2{,}4x^4 - 6\sqrt{3}x^3$ h) $f(x) = \sqrt{2}x + \sqrt{2x}$ i) $f(x) = \frac{-2}{x^2} + \frac{3}{x^3}$

11 Gib einen Funktionsterm für die Ableitung an.

a) $f(x) = rx^3$ b) $f(a) = ab^3$ c) $g(b) = ab^3$ d) $f(a) = 2ab^2$ e) $f(b) = 4a^2b^4$

f) $r(a) = \frac{a}{b}$ g) $g(t) = \frac{s}{t}$ h) $p(t) = s^2\sqrt{t}$ i) $q(s) = s\sqrt[4]{t}$ j) $w(y) = \sqrt{yx}$

12 Bestimme $f'(x)$, $f''(x)$ und $f'''(x)$.

a) $f(x) = x^4 + 2x^3 - 4x^2$ b) $f(x) = -2x^7 + 3x^4 - x^3$ c) $f(x) = x^4 + 0{,}8x^2 - 7x$

d) $f(x) = -\frac{3}{8}x^4 + \frac{4}{3}x^3 - 5x$ e) $f(x) = \frac{1}{3}x^4 - 2x^3 + \frac{3}{4}x^2$ f) $f(x) = \frac{1}{10}x^5 + \frac{4}{9}x^3 - 12$

g) $f(x) = \frac{1}{3}x^6 + \frac{6}{7}x^4 + \frac{2}{5}x^3$ h) $f(x) = \frac{5}{6}x^9 - \frac{3}{4}x^6 + \frac{2}{9}x^3$ i) $f(x) = \frac{5}{7}x^9 + 5x^6 - \frac{7}{3}x^5$

13 Bestimme die ersten drei Ableitungen.

a) $f(x) = 6\sin(x)$ b) $g(t) = \sin(t) - 4\cos(t)$ c) $s(t) = t^2 + 5\cos(t)$

d) $f(x) = 6\sin(3x)$ e) $u(r) = 3\sin(4r)$ f) $h(z) = -2\sin(3\pi z)$

g) $v(t) = 5\cos(3at)$ h) $l(x) = -2a\sin\left(\frac{3}{4}ax\right)$ i) $w(x) = \frac{2}{t}\cos(-2tx)$

14 Untersuche, ob f an der Stelle x_0 differenzierbar ist.

a) $f(x) = \begin{cases} x^2 - 2x & \text{für } x < 3 \\ \frac{1}{6}x^3 - \frac{1}{2}x & \text{für } x \geqq 3 \end{cases}$; $x_0 = 3$ b) $f(x) = \begin{cases} \frac{x-2}{x} & \text{für } x > 2 \\ 2 - x & \text{für } x \leqq 2 \end{cases}$; $x_0 = 2$

Rechentraining

Kapitel VI

1 Bestimme rechnerisch möglichst große Intervalle, in denen f monoton ist.

a) $f(x) = 1 + \frac{1}{x}$ b) $f(x) = 2 - \frac{1}{x}$ c) $f(x) = \frac{1}{x} - 2x$ d) $f(x) = x^2 - \frac{1}{x}$

e) $f(x) = x + \sin(x),\ x \in [-2\pi; 2\pi]$ f) $f(x) = x - 2\cos(x),\ x \in [0; 3\pi]$

2 Bestimme die Monotonie-Intervalle der Funktion in Abhängigkeit vom Parameter $a > 0$.

a) $f_a(x) = ax - x^2$ b) $f_a(x) = x^3 - ax$ c) $f_a(x) = ax^3 - ax^2$

3 Nenne Extremstellen und Extremwerte, falls solche vorhanden sind. Gib die Koordinaten der Hoch- und Tiefpunkte an.

a) $f(x) = x^2$ b) $f(x) = x^3$ c) $f(x) = \frac{1}{x}$ d) $f(x) = \sin(x);\ 0 \leqq x \leqq 2\pi$

e) $f(x) = \sqrt{x}$ f) $f(x) = |x|$ g) $f(x) = 2^x$ h) $f(x) = \cos(x);\ x \in [-\pi; \pi]$

4 Berechne die Stellen mit $f'(x) = 0$.

a) $f(x) = \frac{1}{2}x^2 - 2x + 2$ b) $f(x) = x^3 - 3x^2$ c) $f(x) = \frac{1}{4}x^4 - 2x^2$

d) $f(x) = -2(x-1)^2 + 4$ e) $f(x) = (x-2)^2 - x$ f) $f(x) = (x-3)^2 + 2$

5 Berechne mögliche Extremstellen der Funktion f. Bestimme gegebenenfalls die Koordinaten der Hoch- und Tiefpunkte.

a) $f(x) = x^3 - 3x - 4$ b) $f(x) = x^3 - 6x$ c) $f(x) = \frac{1}{5}x^3 + \frac{3}{5}x^2 - \frac{9}{5}x$

d) $f(x) = x + \frac{1}{x}$ e) $f(x) = \sqrt{x} - x$ f) $f(x) = \frac{x^2}{8} + \frac{2}{x};\ x > 0$

6 Bestimme die Wendepunkte. Gib die Intervalle an, in denen das Schaubild von f eine Linkskurve bzw. eine Rechtskurve ist.

a) $f(x) = 4 + 2x - x^2$ b) $f(x) = x^3 - x$ c) $f(x) = x^3 + 6x^2$

d) $f(x) = x^4 + x^2$ e) $f(x) = x^4 - 6x^2$ f) $f(x) = \frac{1}{3}x^4 - 2x^2$

g) $f(x) = x^5 - 30x^3$ h) $f(x) = \frac{1}{3}x^6 - 20x^2$ i) $f(x) = -\frac{1}{6}x^3 + \frac{1}{2}x^2 - \frac{3}{2}x + 7$

7 Untersuche auf Wendepunkte. Gib die Intervalle an, in denen das Schaubild von f eine Linkskurve bzw. eine Rechtskurve ist.

a) $f(x) = x^3 - 6x^2 + 20$ b) $f(x) = -x^3 - 6x^2 - x + 2$

c) $f(x) = 5x^4 - 2x^3 + 3x$ d) $f(x) = (x^2 - 9)(x^2 + 1)$

e) $f(x) = (x^2 - 2)(x^2 - 4)$ f) $f(x) = x^4 - 14x^3 + 60x^2 - 13$

g) $f(x) = 4x(8 + 0{,}25x^3)$ h) $f(x) = -2x^5 + 15x^3 - x - 3$

i) $f(x) = x^2(x^2 - 42) + 20(4x - 1)$ j) $f(x) = x^5 - x^4 + x^3$

8 Führe eine Funktionsuntersuchung durch.

a) $f(x) = \frac{1}{3}x^3 - x$ b) $f(x) = x^3 - 4x$ c) $f(x) = \frac{1}{2}x^3 - 4x^2 + 8x$

d) $f(x) = \frac{1}{2}x^3 + 3x^2 - 8$ e) $f(x) = 3x^4 + 4x^3$ f) $f(x) = \frac{1}{10}x^5 - \frac{4}{3}x^3 + 6x$

9 Führe eine Funktionsuntersuchung durch.

a) $f(x) = \frac{1}{9}x^3 - 3x$ b) $f(x) = \frac{1}{2}x^2 - \frac{1}{8}x^3$ c) $f(x) = \frac{1}{6}x^3 - 3x^2 + 2x$

d) $f(x) = \frac{1}{4}x^4 + x^3$ e) $f(x) = 2 - \frac{5}{2}x^2 + x^4$ f) $f(x) = \frac{1}{8}x^4 - \frac{3}{4}x^3 + \frac{3}{2}x^2$

g) $f(x) = x^3 + 5x^2 + 3x - 9$ h) $f(x) = \frac{1}{20}x^5 - \frac{1}{6}x^3$ i) $f(x) = x^4 - 5x^3 + 6x^2 + 4x - 8$

10 Bestimme alle ganzrationalen Funktionen vom Grad 2, deren Schaubild durch die angegebenen Punkte geht.

a) A(−1|−2), B(1|2) b) A(2|0), B(−2|0) c) A(2|0) d) A(0|0)

11 Bestimme alle ganzrationalen Funktionen vom Grad 3, deren Schaubild durch die angegebenen Punkte geht.

a) A(0|1), B(1|0), C(−1|4), D(2|−5) b) A(0|−1), B(1|1), C(−1|−7), D(2|17)

c) A(1|0), B(0|2), C(−2|2) d) A(1|1), B(0|1)

12 Bestimme die ganzrationale Funktion f niedrigsten Grades mit den Funktionswerten.

a)

x	f(x)
0	1
1	0
2	1

b)

x	f(x)
0	0
1	1
2	2

c)

x	f(x)
0	1
1	1
2	1

d)

x	f(x)
−1	0
0	1
2	0

e)

x	f(x)
0	0
−1	0
1	2
2	6

f)

x	f(x)
−1	0
0	1
1	3
2	4

g)

x	f(x)
0	0
1	0
2	0
3	1

Rechentraining – Lösungen

Ganzrationale Funktionen, Kapitel I

1 a) $m = -\frac{2}{3}$ b) $m = 5$ c) $m = \frac{1}{5}$
d) $m = -\frac{8}{35} \approx -0{,}23$ e) $m = -\frac{8}{15}$ f) $m = \frac{31}{12} \approx 2{,}58$

2
a) $m_{AB} = -2{,}5$; $m_{BC} = 0{,}4$; $m_{CD} = -2{,}5$; $m_{AD} = 0{,}4$; Parallelogramm
b) $m_{AB} = -\frac{2}{7}$; $m_{BC} = -3$; $m_{CD} = -\frac{1}{4}$; $m_{AD} = -\frac{3}{2}$; kein Trapez
c) $m_{AB} = \frac{1}{3}$; $m_{BC} = -3$; $m_{CD} = \frac{1}{3}$; $m_{AD} = -3$; Parallelogramm
d) $m_{AB} = -\frac{1}{6}$; $m_{BC} = 1$; $m_{CD} = -\frac{1}{6}$; $m_{AD} = \frac{1}{8}$; Trapez

3 a) $y = -2$ b) $x = 4$ oder $x = -4$
c) $y = x + 3$ d) $y = 0{,}5x + 0{,}5$

4 a) $m_{BC} = -1$; $y = -x + 6$ b) $m_{CA} = \frac{5}{3}$; $y = \frac{5}{3}x + 6$ c) $m_{AB} = \frac{1}{3}$; $y = \frac{1}{3}x - 2$

5 a) $S(3|0)$, $x = 3$ b) $S(-9|0)$, $x = -9$
c) $S(7|0)$, $t = 7$ d) $S(0{,}6|0)$, $x = 0{,}6$
e) $S(-2|-7)$, $x = -2$ f) $S(4|-12{,}3)$, $x = 4$
g) $S(-3|10)$, $x = -3$ h) $S\left(3\middle|\frac{11}{5}\right)$, $x = 3$

6 a) $P(2|16)$ b) $P(4|25)$ c) $P(3|4)$ d) $P(1|1{,}69)$
e) $P(0{,}5|-6{,}25)$ f) $P(2|-5)$ g) $P(-9|214)$ h) $P(-1{,}5|1{,}05)$

7 a) Fig. 1; $B(-2|2)$ b) Fig. 2; $S_1(1|-2)$, $S_2(4|4)$
c) Fig. 3; $B(-1|1)$ d) Fig. 4; kein gemeinsamer Punkt

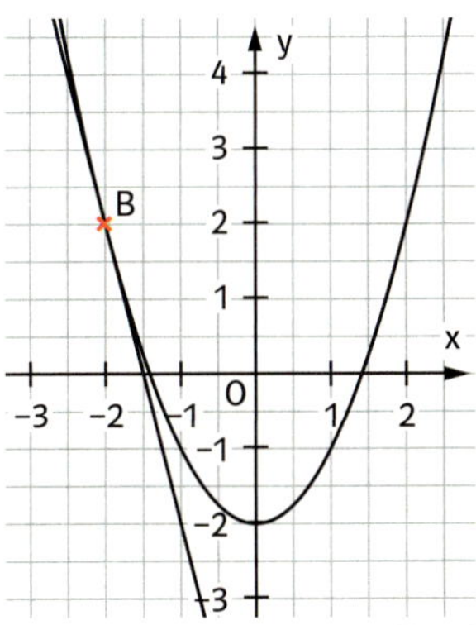
Fig. 1

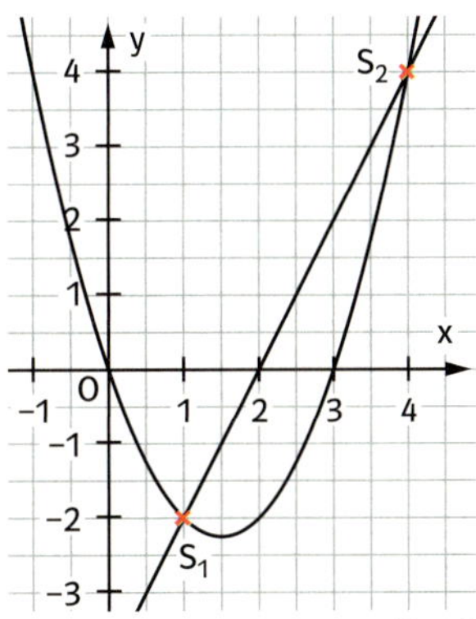
Fig. 2

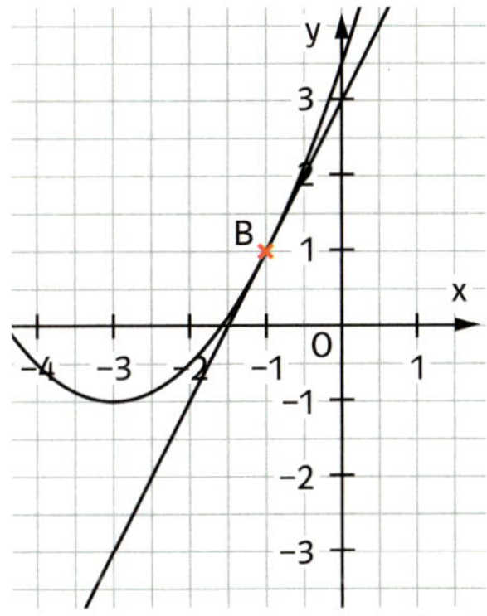
Fig. 3

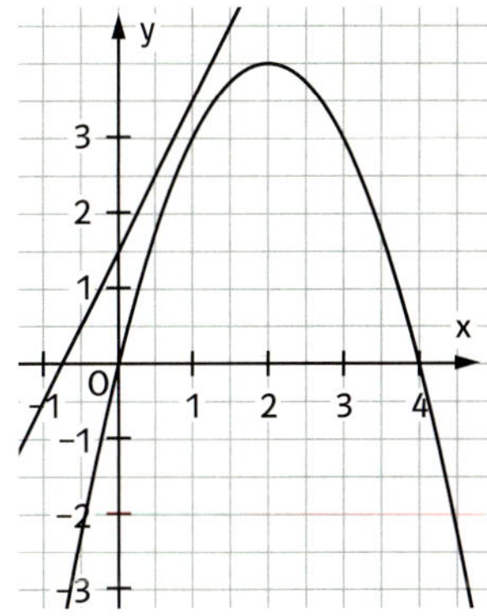
Fig. 4

8 a) $\{7; -2\}$ b) $\{5; 3\}$ c) $\{-4; -9\}$
d) $\{6; -5\}$ e) $\left\{\frac{3}{2}; -2\right\}$ f) $\left\{4; \frac{1}{4}\right\}$
g) $\{-0{,}4; -4\}$ h) $\left\{2; \frac{1}{3}\right\}$ i) $\left\{\frac{1}{6}; -3\right\}$

9

	a)	b)	c)
Für $x \to +\infty$ gilt:	$f(x) \to +\infty$	$f(x) \to -\infty$	$f(x) \to -\infty$
Für $x \to -\infty$ gilt:	$f(x) \to -\infty$	$f(x) \to -\infty$	$f(x) \to +\infty$

	d)	e)	f)
Für $x \to +\infty$ gilt:	$f(x) \to -\infty$	$f(x) \to -\infty$	$f(x) \to -\infty$
Für $x \to -\infty$ gilt:	$f(x) \to -\infty$	$f(x) \to +\infty$	$f(x) \to +\infty$

	g)	h)	i)
Für $x \to +\infty$ gilt:	$f(x) \to +\infty$	$f(x) \to +\infty$	$f(x) \to +\infty$
Für $x \to -\infty$ gilt:	$f(x) \to -\infty$	$f(x) \to -\infty$	$f(x) \to -\infty$

mit
e) $f(x) = x^3 - x^5$ f) $f(x) = -10x^3 + 5x^2 - 4x + 2$
g) $f(x) = 4x^3 - 4x^2 + x$ h) $f(x) = 2x^5 - x^3 - x$
i) $f(x) = 8x^3 - 12x^2 + 6x + 3$

10 a) 2; 3 b) $-\frac{3}{2}$; $\frac{1}{2}$ c) $-1{,}8$; 0,2
d) 0; -2; 4 e) 0; $-\frac{3}{2}$; $\frac{1}{2}$ f) 0; 0,2; 0,8

11 a) -3; 3; -2; 2 b) $-\frac{3}{2}$; $\frac{3}{2}$; $-\frac{1}{2}$; $\frac{1}{2}$ c) $-\frac{3}{4}$; $\frac{3}{4}$
d) 0; -4; 4 e) -2; 3 f) -4; -1; 1

12 a) $x^2 - 6x + 4$ b) $x^2 - 7x + 12$

13
a) $f(1) = 0$; weitere Nullstellen: -9; -2
b) $f(4) = 0$; weitere Nullstellen: -2; -7
c) $f(3) = 0$; weitere Nullstellen: $-\sqrt{6}$; $\sqrt{6}$
d) $f(-2) = 0$; weitere Nullstellen: $-0{,}5$; 0,1
e) $f\left(-\frac{1}{3}\right) = 0$; weitere Nullstellen: -4; 2
f) $f(0{,}4) = 0$; weitere Nullstellen: -2; 1

14 a) 1; 2; 3 b) −1; −2; 2 c) −2; 0,5; 1,5
d) 3; $-\frac{1}{2}$ e) 1; $-\frac{1}{2}$ f) −1; 0,2
g) −2; keine weiteren Nullstellen h) 6; $-\frac{1}{2}$; $\frac{1}{2}$

15

	a)	b)	c)	d)	e)	f)	g)	h)	i)
achsensymmetrisch	×	×						×	
punktsymmetrisch					×		×		
weder noch			×	×		×			×

mit
f) $f(x) = x^2 - 3x + 2$ g) $f(x) = x^3 + 3x$
h) $f(x) = 1 - 6x^2 + 9x^4$ i) $f(x) = x^2 - 2x^3 + x^4$

16

	a)	b)	c)	d)	e)	f)	g)	h)	i)
Achsensymmetrie zur y-Achse		×		×		×		×	
Punktsymmetrie zum Ursprung	×		×						×
keine spez. Symmetrie erkennbar					×		×		

Exponentialfunktionen, Kapitel II

1 a) Exponentielles Wachstum; Wachstumsfaktor: 1,5

$8 \xrightarrow{\cdot 1{,}5} 12 \xrightarrow{\cdot 1{,}5} 18 \xrightarrow{\cdot 1{,}5} 27$

b) Lineares negatives Wachstum; Wachstumsrate: −2

$11 \xrightarrow{-2} 9 \xrightarrow{-2} 7 \xrightarrow{-2} 5$

c) Exponentielles negatives Wachstum; Wachstumsfaktor: 0,5

$32 \xrightarrow{\cdot 0{,}5} 16 \xrightarrow{\cdot 0{,}5} 8 \xrightarrow{\cdot 0{,}5} 4$

2

	Wachstumsfaktor	Wachstum um …
1920 ⟶ 1930	1,113	11,3 %
1930 ⟶ 1940	1,111	11,1 %
1940 ⟶ 1950	1,096	9,6 %
1950 ⟶ 1960	1,187	18,7 %
1960 ⟶ 1970	1,211	21,1 %
1970 ⟶ 1980	1,240	24,0 %
1980 ⟶ 1990	1,178	17,8 %
1990 ⟶ 2000	1,146	14,6 %

Bie Bevölkerung wächst im Mittel schneller als exponentiell.

3

a)

x	0	1	2	3	4	5
y	20	15	11,25	8,438	6,328	4,746

b)

x	0	1	2	3	4	5
y	1,276	1,786	2,5	3,5	4,9	6,86

4

x	−3	−2,5	−2	−1,5	−1	−0,5	0	0,5	1	1,5	2	2,5	3
a)	0,58	0,63	0,69	0,76	0,83	0,91	1,0	1,10	1,20	1,31	1,44	1,58	1,73
b)	0,06	0,10	0,16	0,25	0,40	0,63	1,0	1,58	2,50	3,95	6,25	9,88	15,63
c)	1,95	1,75	1,56	1,40	1,25	1,12	1,0	0,89	0,80	0,72	0,64	0,57	0,51
d)	15,63	9,88	6,25	3,95	2,50	1,58	1,0	0,63	0,40	0,25	0,16	0,10	0,06
e)	2,37	2,05	1,78	1,54	1,33	1,15	1,0	0,87	0,75	0,65	0,56	0,49	0,42
f)	0,42	0,49	0,56	0,65	0,75	0,87	1,0	1,15	1,33	1,54	1,78	2,05	2,37
g)	0,19	0,25	0,33	0,44	0,58	0,76	1,0	1,32	1,73	2,28	3,00	3,95	5,20
h)	0,50	0,56	0,63	0,71	0,79	0,89	1,0	1,12	1,26	1,41	1,59	1,78	2,00

5

x	−3	−2,5	−2	−1,5	−1	−0,5	0	0,5	1	1,5	2	2,5	3
a)	0,38	0,53	0,75	1,06	1,50	2,12	3,00	4,24	6,00	8,49	12,00	16,97	24,00
b)	0,00	0,01	0,01	0,02	0,03	0,06	0,10	0,17	0,30	0,52	0,90	1,56	2,70
c)	16,00	11,31	8,00	5,66	4,00	2,83	2,00	1,41	1,00	0,71	0,50	0,35	0,25
d)	10,13	8,27	6,75	5,51	4,50	3,67	3,00	2,45	2,00	1,63	1,33	1,09	0,89
e)	0,20	0,24	0,30	0,36	0,44	0,54	0,67	0,82	1,00	1,22	1,50	1,84	2,25
f)	1,00	1,22	1,50	1,84	2,25	2,76	3,38	4,13	5,06	6,20	7,59	9,30	11,39
g)	0,75	1,06	1,50	2,12	3,00	4,24	6,00	8,49	12,00	16,97	24,00	33,94	48,00
h)	0,09	0,13	0,19	0,27	0,37	0,53	0,75	1,06	1,50	2,12	3,00	4,24	6,00

6 a) $a = \frac{1}{5}$; $b = 5$ b) $a = 2$; $b = \frac{1}{2}$
c) $a = \sqrt{2}$; $b = \sqrt{2}$ d) $a = 5$; $b = \frac{1}{25}$
e) $a = 2$; $b = 2{,}5$ f) $a = \frac{1}{2}$; $b = 768$
g) $a = \sqrt{5}$; $b = \frac{3}{5}$ h) $a = \sqrt{\frac{1}{5}}$; $b = 75 \cdot \sqrt{5}$
i) $a = \sqrt[3]{\frac{5}{8}}$; $b = \frac{8}{\sqrt[3]{\frac{5}{8}}^4}$ j) $a = \frac{d}{b}$
k) $a = \sqrt[c]{\frac{1}{b}}$ l) $a = \sqrt[c]{\frac{d}{b}}$

7 a) $x \to \frac{1}{2} \cdot 2^x$ b) $x \to 4^x$ c) $x \to 16 \cdot 4^x$
d) $x \to 2 \cdot \left(\frac{1}{2}\right)^x$ e) $x \to 4 \cdot 2^x$ f) $x \to \frac{1}{3} \cdot 9^x$
g) $x \to 4\sqrt{2} \cdot (2\sqrt{2})^x$ h) $x \to \frac{1}{5} \cdot 25^x$

Randspalte

$3^{\log_{\sqrt{3}}(17)} = 289$

8 a) 2 b) 4 c) 6 d) 3 e) 4
f) 2 g) 4 h) 1 i) 1 j) 1
k) 0 l) 0 m) 0 n) −1 o) −1
p) −1 q) −3 r) −4 s) −3 t) −4

9 a) $\frac{1}{2}$ b) $\frac{1}{2}$ c) $\frac{1}{2}$ d) $\frac{1}{2}$ e) $\frac{3}{2}$
f) $-\frac{1}{2}$ g) $-\frac{1}{2}$ h) $-\frac{1}{2}$ i) $-\frac{1}{3}$ j) $-\frac{3}{2}$

Rechentraining – Lösungen

10 a) $\lg\left(\frac{x^2 \cdot y^3}{z}\right)$　b) $\log_a\left(\frac{p \cdot \sqrt[4]{r}}{\sqrt{q}}\right)$

c) $\lg(a^3 \cdot \sqrt{a + x})$　d) $\log_a\left(\frac{\sqrt[4]{a+b}}{\sqrt[3]{a-b}}\right)$

e) $\log_a(2)$　f) $\lg(x^2)$

11 a) $x = -2$　b) $x = -2$　c) $x = \frac{3}{5}$　d) $x = -\frac{2}{3}$
e) $x = -\frac{1}{2}$　f) $x = -\frac{1}{8}$　g) $x = \frac{3}{4}$　h) $x = -\frac{2}{5}$
i) $x = -4$　j) $x = -3$　k) $x = -\frac{7}{2}$　l) $x = -\frac{3}{2}$

12 a) $x = -0{,}83$　b) $x = 6{,}23$　c) $x = 2{,}24$　d) $x = -0{,}05$
e) $x = 5{,}22$　f) $x = 0{,}72$　g) $x = 1{,}10$　h) $x = -0{,}29$
i) $x = 0{,}63$　j) $x = -1{,}34$　k) $x = -0{,}22$　l) $x = 0{,}99$
m) $x = 0{,}63$　n) $x = 0{,}66$　o) $x = -0{,}24$　p) $x = 0{,}77$

Vertiefung des Funktionsbegriffes, Kapitel III

1 a) $x \to x^2;\ x > 0$　b) $x \to x^{\frac{4}{3}};\ x > 0$　c) $x \to x^{-\frac{3}{2}};\ x > 0$
d) $x \to x^{-5};\ x > 0$　e) $x \to \frac{x+5}{3};\ x > -5$　f) $x \to \frac{1}{25}x^2;\ x > 0$
g) $x \to 9x^{-2};\ x > 0$　h) $x \to \frac{1}{4}x^{-\frac{3}{2}};\ x > 0$

2
a) $x \in \mathbb{R} \implies f^{-1}: x \to x - 2$　b) $x \in \mathbb{R} \implies f^{-1}: x \to \frac{1}{2}x$
c) $x \in \mathbb{R} \implies f^{-1}: x \to \frac{x+3}{2}$　d) $x \geqq 0 \implies f^{-1}: x \to \sqrt{x}$
e) $x \geqq 0 \implies f^{-1}: x \to \sqrt{x - 4}$
f) $x \in \mathbb{R} \implies f^{-1}: x \to \sqrt[3]{x - 1}$ für $x \geqq 1$
$x \to -\sqrt[3]{x - 1}$ für $x < 1$
g) $x \in \mathbb{R},\ x \neq 0 \implies f^{-1}: x \to \frac{1}{x}$
h) $x \geqq 0 \implies f^{-1}: x \to x^2$　mit $x \geqq 0$

3 a) $x \to \log_5(x)$　b) $x \to \log_{\frac{1}{3}}(x)$　c) $x \to \log_{\frac{2}{5}}(x)$
d) $x \to \log_{\sqrt{3}}(x)$　e) $x \to \log_{100}(x)$　f) $x \to 4^x$
g) $x \to 2{,}5^x$　h) $x \to 0{,}6^x$　i) $x \to 10^x$
j) $x \to (\sqrt{5})^x$

4 rot: 2;　blau: 3;　schwarz: 8;　lila: $\frac{1}{4}$;　grün: $\frac{1}{2}$

5

	$\sin(\alpha)$	$\cos(\alpha)$
a)	0,26	0,97
b)	0,42	0,91
c)	0,97	−0,26
d)	0,42	−0,91
e)	−0,42	−0,91
f)	−0,57	0,82
g)	−0,57	0,82
h)	0,91	0,42
i)	−0,71	−0,71
j)	0,42	0,91
k)	−0,34	0,94
l)	0,17	0,98

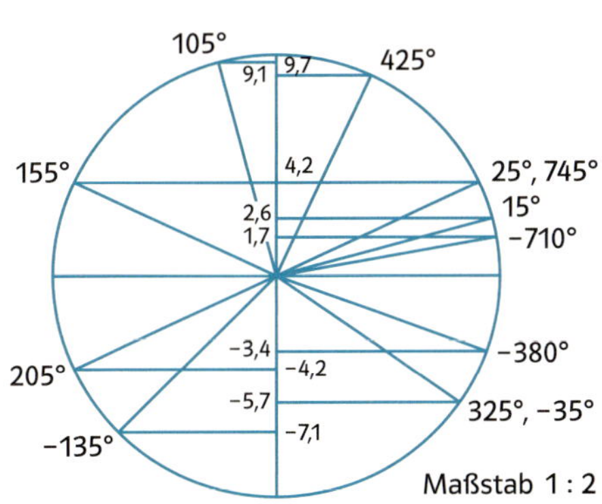

6 a) $90° < \alpha < 180°$　b) $270° < \alpha < 360°$
c) $150° < \alpha < 270°$　d) $0° < \alpha < 60°$

7 a) $\frac{1}{2}$　b) $\frac{1}{3}\sqrt{3}$　c) -1
d) $-\frac{1}{2}\sqrt{2}$　e) 1　f) $-\frac{1}{2}\sqrt{2}$

8 a) $x = \frac{\pi}{2}$　b) $x_1 = \frac{\pi}{4};\ x_2 = \frac{7\pi}{4}$
c) $x_1 = \frac{\pi}{6};\ x_2 = \frac{5\pi}{6}$　d) $x_1 = \frac{2\pi}{3};\ x_2 = \frac{4\pi}{3}$

9 a) $A = \frac{5}{2};\ P = 2\pi$　b) $A = 2;\ P = 2\pi$　c) $A = \frac{1}{2};\ P = 2\pi$
d) $A = 1;\ P = 6\pi$　e) $A = 1;\ P = \frac{4}{3}\pi$　f) $A = 1;\ P = 3\pi$

10 a) $A = 2;\ P = 2$　b) $A = \frac{3}{2};\ P = \frac{2}{3}$　c) $A = 2;\ P = \frac{4}{3}$
d) $A = \frac{2}{3};\ P = \frac{4}{3}$　e) $A = 1;\ P = 5$　f) $A = 2;\ P = \frac{4}{5}\pi^2 \approx 7{,}9$

Änderungsverhalten von Funktionen, Kapitel V

1

a)

x	−1	0	1	3	6
f(x)	−1	−2	−1	7	34
m_i	−1	1	4	9	

b)

x	−1	0	1	3	6
f(x)	25	16	9	1	4
m_i	−9	−7	−4	1	

c)

x	−1	0	1	3	6
f(x)	12	6	4	$\frac{12}{5}$	$\frac{3}{2}$
m_i	−6	−2	$-\frac{4}{5}$	$-\frac{3}{10}$	

d)

x	−1	0	1	3	6
f(x)	$\frac{1}{2}$	1	2	8	64
m_i	$\frac{1}{2}$	1	3	$\frac{56}{3}$	

2 a) $f(1) = -\frac{3}{8};\ f(4) = 0;\ m = \frac{1}{8};$　b) $g(x) = \frac{1}{8}x - \frac{1}{2}$

3 a) $f(x) = \frac{1}{2}x^2$ und $x_0 = 2$
$m(h) = \frac{\frac{1}{2}(2+h)^2 - 2}{h} = 2 + \frac{1}{2}h \to 2$ für $h \to 0$
b) $f(x) = x^2 - x + 2$ und $x_0 = \frac{4}{3}$
$m(h) = \frac{\left(\frac{4}{3}+h\right)^2 - \left(\frac{4}{3}+h\right) + 2 - \frac{22}{9}}{h} = \frac{5}{3} + h \to \frac{5}{3}$ für $h \to 0$
c) $f(x) = 2x^2 - x^2$ und $x_0 = 1$
$m(h) = \frac{2(1+h)^2 - (1+h)^2 - 1}{h} = 4 + 5h + 2h^2 \to 4$ für $h \to 0$
d) $f(x) = x^4 - 2x^2$ und $x_0 = 1$
$m(h) = \frac{(1+h)^4 - 2(1+h)^2 + 1}{h} = 4h + 4h^2 + h^3 \to 0$ für $h \to 0$
e) $f(x) = \frac{6}{x+3}$ und $x_0 = 3$
$m(h) = \frac{\frac{6}{(3+h)+3} - 1}{h} = \frac{-1}{6+h} \to -\frac{1}{6}$ für $h \to 0$
f) $f(x) = \sqrt{2x+3}$ und $x_0 = 2$
$m(h) = \frac{\sqrt{2(2+h)-3} - 1}{h} = \frac{(\sqrt{1+2h} - 1)(\sqrt{1+2h} + 1)}{h(\sqrt{1+2h} + 1)}$
$= \frac{2h}{h(\sqrt{1+2h} + 1)} = \frac{2}{\sqrt{1+2h} + 1} \to 1$ für $h \to 0$

4 a) $f'(x) = 4x^3$　b) $f'(x) = 6x^5$　c) $f'(x) = 9x^8$
d) $f'(x) = 12x^{11}$　e) $f'(x) = 35x^{34}$　f) $f'(x) = -5x^{-6}$
g) $f'(x) = -7x^{-8}$　h) $f'(x) = -10x^{-11}$　i) $f'(x) = -13x^{-14}$
j) $f'(x) = -75x^{-76}$　k) $f'(x) = \frac{-4}{x^5}$　l) $f'(x) = \frac{-6}{x^7}$

4 m) $f'(x) = \frac{-8}{x^9}$ n) $f'(x) = 9x^8$ o) $f'(x) = \frac{-39}{x^{40}}$
p) $f'(x) = 100x^{99}$

5 a) $f'(x) = k \cdot x^{k-1}$ b) $f'(x) = 3n \cdot x^{3n-1}$
c) $f'(x) = (2k+1) \cdot x^{2k}$ d) $f'(x) = (3-m) \cdot x^{2-m}$
e) $f'(x) = (2k-1+m) \cdot x^{2k-2+m}$
f) $f'(x) = (5-n) \cdot x^{-n+4}$ g) $f'(x) = (1-3n) \cdot x^{-3n}$
h) $f'(x) = (2k-3) \cdot x^{-4+2k}$ i) $f'(x) = (-m-n)x^{-m-n-1}$
j) $f'(x) = (-m+2n-1)x^{-m+2n-2}$
k) $f'(x) = \frac{2k-3}{x^{4-2k}}$ l) $f'(x) = \frac{2-4n}{x^{1-4n}}$
m) $f'(x) = \frac{1+m \cdot n}{x^{m \cdot n}}$ n) $f'(x) = \frac{k-2}{x^{k-3}}$
o) $f'(x) = \frac{2k-4}{x^{2k-5}}$ p) $f'(x) = \frac{2m+6}{x^{2m+5}}$

6 a) $g'(t) = 6t^5$ b) $r'(a) = 4a^3$ c) $s'(a) = 2a$
d) $z'(x) = -9x^{-10}$ e) $u'(t) = -9t^{-10}$ f) $a'(z) = -5z^{-6}$
g) $z'(a) = -7a^{-8}$ h) $f'(s) = -4s^{-5}$ i) $g'(t) = \frac{-5}{t^6}$
j) $h'(s) = \frac{-9}{s^{10}}$

7 a) $f(x) = x^3$; $f'(x) = 3x^2$

$f'(x)$	1	0	−2	$\frac{1}{2}$
x	$\pm\frac{1}{3}\sqrt{3}$	0	—	$\pm\frac{1}{6}\sqrt{6}$

b) $f(x) = x^4$; $f'(x) = 4x^3$

$f'(x)$	1	0	−2	$\frac{1}{2}$
x	$\frac{1}{2}\sqrt[3]{2}$	0	$-\frac{1}{2}\sqrt[3]{4}$	$\frac{1}{2}$

c) $f(x) = \frac{1}{x^2}$; $f'(x) = \frac{-2}{x^3}$

$f'(x)$	1	0	−2	$\frac{1}{2}$
x	$-\sqrt[3]{2}$	—	1	$-\sqrt[3]{4}$

d) $f(x) = \frac{1}{x^3}$; $f'(x) = \frac{-3}{x^4}$

$f'(x)$	1	0	−2	$\frac{1}{2}$
x	—	—	$\pm\frac{1}{2}\sqrt{2}\sqrt[4]{6}$	—

8 a) $f'(x) = 3x^2 + 4x^3$ b) $f'(x) = 3x^2 - 5x^{-6}$
c) $f'(x) = 3x^2 + 9x^8$ d) $f'(x) = 12x^{11} + 3x^{-4}$
e) $f'(x) = 1 + \frac{1}{2\sqrt{x}}$ f) $f'(x) = \frac{-1}{x^2} - 4x^{-5}$
g) $f'(x) = -3x^{-4} - 3x^2$ h) $f'(x) = \frac{1}{2\sqrt{x}} - 8x^{-9}$

9 a) $f'(x) = 6x^2$ b) $f'(x) = 20x^3$ c) $f'(x) = -28x^{-5}$
d) $f'(x) = 6x^7$ e) $f'(x) = -4x^{-7}$ f) $f'(x) = -12x^2$
g) $f'(x) = 6x^{-11}$ h) $f'(x) = \frac{2}{\sqrt{x}}$ i) $f'(x) = \frac{-6}{x^2}$
j) $f'(x) = \frac{15}{x^4}$ k) $f'(x) = \frac{6}{x^5}$ l) $f'(x) = \frac{-1}{5\sqrt{x}}$

10 a) $f'(x) = 20x^4 + 18x^2$ b) $f'(x) = 15x^5 - 6x^2$
c) $f'(x) = 10x^3 - 6x^4$ d) $f'(x) = 20x^3 + \frac{2}{\sqrt{x}}$
e) $f'(x) = \frac{24}{x^3} + \frac{3\sqrt{5}}{2\sqrt{x}}$ f) $f'(x) = \frac{-3\sqrt{3}}{x^7} + \frac{24}{5}x^{-5}$
g) $f'(x) = 9{,}6x^3 - 18\sqrt{3}x^2$ h) $f'(x) = \sqrt{2} + \frac{\sqrt{2}}{2\sqrt{x}}$
i) $f'(x) = \frac{4}{x^3} - \frac{9}{x^4}$

11 a) $f'(x) = 3rx^2$ b) $f'(a) = b^3$ c) $g'(b) = 3ab^2$
d) $f'(a) = 2b^2$ e) $f'(b) = 16a^2b^3$ f) $r'(a) = \frac{1}{b}$
g) $g'(t) = \frac{-s}{t^2}$ h) $p'(t) = \frac{s^2}{2\sqrt{t}}$ i) $q'(s) = \sqrt[4]{t}$
j) $w'(y) = \frac{\sqrt{x}}{2\sqrt{y}}$

12 a) $f'(x) = 4x^3 + 6x^2 - 8x$; $f''(x) = 12x^2 + 12x - 8$;
$f'''(x) = 24x + 12$
b) $f'(x) = -14x^6 + 12x^3 - 3x^2$; $f''(x) = -84x^5 + 36x^2 - 6x$;
$f'''(x) = -420x^4 + 72x - 6$
c) $f'(x) = 4x^3 + 1{,}6x - 7$; $f''(x) = 12x^2 + 1{,}6$;
$f'''(x) = 24x$
d) $f'(x) = -\frac{3}{2}x^3 + 4x^2 - 5$; $f''(x) = -\frac{9}{2}x^2 + 8x$;
$f'''(x) = -9x + 8$
e) $f'(x) = \frac{4}{3}x^3 - 6x^2 + \frac{3}{2}x$; $f''(x) = 4x^2 - 12x + \frac{3}{2}$;
$f'''(x) = 8x - 12$
f) $f'(x) = \frac{1}{2}x^4 + \frac{4}{3}x^2$; $f''(x) = 2x^3 + \frac{8}{3}x$;
$f'''(x) = 6x^2 + \frac{8}{3}$
g) $f'(x) = 2x^5 + \frac{24}{7}x^3 + \frac{6}{5}x^2$; $f''(x) = 10x^4 + \frac{72}{7}x^2 + \frac{12}{5}x$;
$f'''(x) = 40x^3 + \frac{144}{7}x + \frac{12}{5}$
h) $f'(x) = \frac{15}{2}x^8 - \frac{9}{2}x^5 + \frac{2}{3}x^2$; $f''(x) = 60x^7 - \frac{45}{2}x^4 + \frac{4}{3}x$;
$f'''(x) = 420x^6 - 90x^3 + \frac{4}{3}$
i) $f'(x) = \frac{45}{7}x^8 + 30x^5 - \frac{35}{3}x^4$; $f''(x) = \frac{360}{7}x^7 + 150x^4 - \frac{140}{3}x^3$;
$f'''(x) = 360x^6 + 600x^3 - 140x^2$

13 a) $f'(x) = 6\cos(x)$; $f''(x) = -6\sin(x)$;
$f'''(x) = -6\cos(x)$
b) $g'(t) = \cos(t) + 4 \cdot \sin(t)$; $g''(t) = -\sin(t) + 4 \cdot \cos(t)$;
$g'''(t) = -\cos(t) - 4 \cdot \sin(t)$
c) $s'(t) = 2t - 5 \cdot \sin(t)$; $s''(t) = 2 - 5 \cdot \cos(t)$;
$s'''(t) = 5 \cdot \sin(t)$
d) $f'(x) = 18 \cdot \cos(3x)$; $f''(x) = -54 \cdot \sin(3x)$;
$f'''(x) = -162 \cdot \cos(3x)$
e) $u'(r) = 12 \cdot \cos(4r)$; $u''(r) = -48 \cdot \sin(4r)$;
$u'''(r) = -192 \cdot \cos(4r)$
f) $h'(z) = -6\pi \cdot \cos(3\pi z)$; $h''(z) = 18\pi^2 \cdot \sin(3\pi z)$;
$h'''(z) = 54\pi^3 \cdot \cos(3\pi z)$
g) $v'(t) = -15a \cdot \sin(3at)$; $v''(t) = -45a^2 \cdot \cos(3at)$;
$v'''(t) = 135a^3 \cdot \sin(3at)$
h) $l'(x) = -\frac{3}{2}a^2 \cdot \cos\left(\frac{3}{4}ax\right)$; $l''(x) = \frac{9}{8}a^3 \cdot \sin\left(\frac{3}{4}ax\right)$;
$l'''(x) = \frac{27}{32}a^4 \cdot \cos\left(\frac{3}{4}ax\right)$
i) $w'(x) = 4 \cdot \sin(-2tx)$; $w''(x) = -8t \cdot \cos(-2tx)$;
$w'''(x) = -16t^2 \cdot \sin(-2tx)$

14 a) f ist an der Stelle 3 differenzierbar mit $f'(3) = 4$.
b) f ist an der Stelle 2 nicht differenzierbar.

Untersuchen und Bestimmen von Funktionen, Kapitel VI

1 a) $f(x) = 1 + \frac{1}{x}$; $x \neq 0$
Es ist $f'(x) = -\frac{1}{x^2} < 0$ für alle x aus $\mathbb{R}$.
An der Stelle 0 hat das Schaubild eine senkrechte Asymptote.
f ist streng monoton abnehmend in $(-\infty; 0)$ und $(0; \infty)$.
(Beachte, dass f jedoch **nicht** streng monoton abnehmend in $\mathbb{R}\setminus\{0\}$ ist.)

Rechentraining – Lösungen

1 b) $f(x) = 2 - \frac{1}{x}$; $x \neq 0$

Es ist $f'(x) = \frac{1}{x^2} > 0$ für alle x aus $\mathbb{R}$.

An der Stelle 0 hat das Schaubild eine senkrechte Asymptote. f ist streng monoton zunehmend in $(-\infty; 0)$ und streng monoton zunehmend in $(0; \infty)$.

(Beachte, dass f jedoch **nicht** streng monoton zunehmend in $\mathbb{R}\setminus\{0\}$ ist.)

c) $f(x) = \frac{1}{x} - 2x$; $x \neq 0$

Es ist $f'(x) = -\frac{1}{x^2} - 2 < 0$ für alle x aus $\mathbb{R}$.

An der Stelle 0 hat das Schaubild eine senkrechte Asymptote. f ist streng monoton abnehmend in $(-\infty; 0)$ und $(0; \infty)$.

d) $f(x) = x^2 - \frac{1}{x}$, $x \neq 0$

Es ist $f'(x) = 2x + \frac{1}{x^2}$. Für $x > 0$ gilt $2x + \frac{1}{x^2} > 0$. Also ist f streng monoton zunehmend in $(0; \infty)$.

Es sei $x < 0$: Ansatz: $2x + \frac{1}{x^2} < 0$ ergibt $x^3 < -\frac{1}{2}$ bzw. $x < -\sqrt[3]{\frac{1}{2}} \approx -0{,}79$.

f ist streng monoton abnehmend in $\left(-\infty; -\sqrt[3]{\frac{1}{2}}\right)$ und streng monoton zunehmend in $\left[-\sqrt[3]{\frac{1}{2}}; 0\right)$.

e) $f'(x) = 1 + \cos(x)$; $I = [-2\pi; 2\pi]$

Da der Term $\cos(x)$ nur Werte aus $[-1; 1]$ annimmt, gilt $f'(x) > 0$ für alle $x \in I$. Der Wert $f'(x) = 0$ wird nur an den Stellen $-\pi$ und π angenommen. Deshalb ist f streng monoton zunehmend in I.

f) $f(x) = x - 2\cos(x)$; $I = [0; 3\pi]$

Es ist $f'(x) = 1 + 2\sin(x)$. Der Ansatz $f'(x) < 0$ liefert $\sin(x) < -\frac{1}{2}$ mit den Lösungen $\pi + \frac{\pi}{6} < x < 2\pi - \frac{\pi}{6}$ in I.

f ist deshalb streng monoton zunehmend in $\left[0; \frac{7\pi}{6}\right]$ und in $\left[\frac{11\pi}{6}; 3\pi\right]$ und streng monoton abnehmend in $\left[\frac{7\pi}{6}; \frac{11\pi}{6}\right]$.

2 a) $f_a'(x) = a - 2x$; $a > 0$

Ansatz $a - 2x > 0$ ergibt $x < \frac{a}{2}$.

f ist streng monoton zunehmend für $x \leqq \frac{a}{2}$ und streng monoton abnehmend für $x > \frac{a}{2}$.

b) $f_a'(x) = 3x^2 - a$; $a > 0$

Ansatz $3x^2 - a > 0$ ergibt $x^2 > \frac{a}{3}$ bzw. $|x| > \sqrt{\frac{a}{3}}$.

f ist streng monoton zunehmend für $x \geqq \sqrt{\frac{a}{3}}$ oder $x \leqq -\sqrt{\frac{a}{3}}$ und streng monoton abnehmend für $-\sqrt{\frac{a}{3}} \leqq x \leqq \sqrt{\frac{a}{3}}$.

c) $f_a'(x) = 3ax^2 - 2ax$

Vorzeichenuntersuchung von $f_a'(x) = ax(3x - 2)$:

Wegen $a \cdot x \begin{cases} > 0 \text{ für } x > 0 \\ < 0 \text{ für } x < 0 \end{cases}$ und $3x - 2 \begin{cases} > 0 \text{ für } x > \frac{2}{3} \\ < 0 \text{ für } x < \frac{2}{3} \end{cases}$ gilt

$f_a'(x)$ ist $\begin{cases} > 0 \text{ für } x > \frac{2}{3} \\ < 0 \text{ für } x < x < \frac{2}{3} \\ > 0 \text{ für } x < 0 \end{cases}$.

f_a ist streng monoton zunehmend in $(-\infty; 0]$ und $\left[\frac{2}{3}; \infty\right)$ und streng monoton abnehmend in $\left[0; \frac{2}{3}\right]$.

3 a) $f(x) = x^2$, $x \in \mathbb{R}$ hat als Schaubild die Normalparabel. Extremstelle $x_0 = 0$; Extremwert $f(0) = 0$ lokales Minimum. Tiefpunkt $T(0|0)$

b) $f(x) = x^3$, $x \in \mathbb{R}$ ist wegen $f'(x) = 3x^2 \geqq 0$ in $\mathbb{R}$ (und $= 0$ nur für $x_0 = 0$). Also ist f streng monoton zunehmend und hat damit keine Extremstellen.

c) $f(x) = \frac{1}{x}$; $x \in \mathbb{R}\setminus\{0\}$

f ist in $(-\infty; 0)$ und $(0; \infty)$ streng monoton abnehmend und hat somit keine Extremstellen.

d) $f(x) = \sin(x)$; $0 \leqq x \leqq 2\pi$

Extremstellen $x_1 = 0$; $x_2 = \frac{\pi}{2}$; $x_3 = \frac{3\pi}{2}$; $x_4 = 2\pi$

Lokale Maxima $f\left(\frac{\pi}{2}\right) = 1$ und $f(2\pi) = 0$ (Randmaximum)

Lokale Minima $f(0) = 0$ (Randminimum) und $f\left(\frac{3\pi}{2}\right) = -1$

Hochpunkte $H_1\left(\frac{\pi}{2}\middle|1\right)$ und $H_2(2\pi|0)$

Tiefpunkte $T_1(0|0)$ und $T_2\left(\frac{3\pi}{2}\middle|-1\right)$

e) $f(x) = \sqrt{x}$; $x \geqq 0$

Einzige Extremstelle $x_0 = 0$.

lokales Randminimum $f(0)$; $T(0|0)$ ist Tiefpunkt.

f) $f(x) = |x|$; $x \in \mathbb{R}$

Einzige Extremstelle $x_0 = 0$

lokales Randminimum $f(0) = 0$;

$T(0|0)$ ist Tiefpunkt.

g) $f(x) = 2^x$; $x \in \mathbb{R}$

f ist monoton zunehmend und überall definiert. f hat deshalb keine Extremstelle.

h) $f(x) = \cos(x)$; $I = [-\pi; \pi]$

Extremstellen sind $x_1 = -\pi$; $x_2 = 0$ und $x_3 = \pi$

lokales Maximum $f(0) = 1$

lokales Minimum $f(-\pi) = f(\pi) = -1$ (Randminima)

$H(0|1)$; $T_1(-\pi|-1)$; $T_2(\pi|-1)$

4 a) $f'(x) = x - 2$;

Nullstelle der Ableitung $x_0 = 2$

Schaubild ist eine Parabel mit Scheitel $S(2|0)$ und $a = \frac{1}{2}$.

b) $f'(x) = 3x^2 - 6x$

Ansatz: $f'(x) = 0$ liefert $x_0 = 0$;

$x_1 = 2$; $f(0) = 0$; $f(2) = -4$

c) $f'(x) = x^3 - 4x$

$f'(x) = 0$ liefert $x_0 = -2$; $x_1 = 0$; $x_2 = 2$

mit $f(0) = 0$; $f(-2) = f(2) = -4$.

Das Schaubild ist achsensymmetrisch zur y-Achse.

d) $f'(x) = -4x - 4$; $f'(x) = 0$ liefert $x_0 = 1$ mit $f(1) = 4$.

e) $f'(x) = 2x - 5$; $f'(x) = 0$ liefert $x_0 = \frac{5}{2}$; $f\left(\frac{5}{2}\right) = -\frac{9}{4}$

f) $f'(x) = 2x - 6$; $x \in \mathbb{R}$; $f'(x) = 0$ ergibt $x_0 = 3$; $f(3) = 2$

5 a) $f'(x) = 3x^2 - 3$; $f'(x) = 0$ liefert $x_0 = -1$; $x_1 = 1$

$f(-1) = -2$; $f(1) = -6$

Hochpunkt $H(-1|-2)$; Tiefpunkt $T(1|-6)$

b) $f'(x) = 3x^2 - 6;\ x \in \mathbb{R}$
$f'(x) = 0$ liefert $x_0 = -\sqrt{2};\ x_1 = \sqrt{2}$
mit $f(-\sqrt{2}) = 4\sqrt{2};\ f(\sqrt{2}) = -4\sqrt{2}$
Das Schaubild ist ursprungssymmetrisch.
$H(-\sqrt{2}\,|\,4\sqrt{2});\ T(\sqrt{2}\,|\,-4\sqrt{2})$
c) $f'(x) = \frac{3}{5}x^2 + \frac{6}{5}x - \frac{9}{5};\ x \in \mathbb{R}$
$f'(x) = 0$ für $x_0 = -3;\ x_1 = 1$
$f(-3) = \frac{27}{5};\ f(1) = -1$
$H\left(-3\,\middle|\,\frac{27}{5}\right);\ T(1\,|\,-1)$
d) $f'(x) = 1 - \frac{1}{x^2};\ x \neq 0$
$f'(x) = 0$ liefert $x_0 = -1;\ x_1 = 1$
$f(-1) = -2;\ f(1) = 1$
f ist ungerade, das Schaubild symmetrisch zum Ursprung.
$H(-1\,|\,-2);\ T(1\,|\,2)$
e) $f'(x) = \frac{1}{2\sqrt{x}} - 1;\ x > 0$
$f'(x) = 0$ ergibt $x_0 = \frac{1}{4}$ mit $f\left(\frac{1}{4}\right) = \frac{1}{4}$
$H\left(\frac{1}{4}\,\middle|\,\frac{1}{4}\right)$
f) $f'(x) = \frac{1}{4}x - \frac{2}{x^2};\ x > 0$
$f'(x) = 0$ liefert $x_0 = 2;\ f(2) = \frac{3}{2};\ T\left(2\,\middle|\,\frac{3}{2}\right)$
Das Schaubild lässt sich durch Ordinatenaddition aus
$y_1(x) = \frac{1}{8}x^2$ und $y_2(x) = \frac{2}{x}$ gewinnen.

6 a) Rk
b) $W(0\,|\,0)$; $x < 0$: Rk; $x > 0$: Lk
c) $W(2\,|\,-16)$; $x < -2$: Rk; $x > -2$: Lk
d) Lk
e) $W_1(-1\,|\,-5)$; $W_2(1\,|\,-5)$; $x < -1$: Lk; $-1 < x < 1$: Rk; $x > 1$: Lk
f) $W_1\left(-1\,\middle|\,-\frac{5}{3}\right)$; $W_2\left(1\,\middle|\,-\frac{5}{3}\right)$; $x < -1$: Lk; $-1 < x < 1$: Rk; $x > 1$: Lk
g) $W_1(0\,|\,0)$; $W_2(-3\,|\,567)$; $W_3(3\,|\,-567)$; $x < -3$: Rk;
$-3 < x < 0$: Lk; $0 < x < 3$: Rk; $x > 3$: Lk
h) $W_1\left(\sqrt{2}\,\middle|\,-\frac{112}{3}\right)$; $W_2\left(-\sqrt{2}\,\middle|\,-\frac{112}{3}\right)$; $x < -\sqrt{2}$: Lk;
$-\sqrt{2} < x < \sqrt{2}$: Rk; $x > \sqrt{2}$: Lk
i) $W_1\left(1\,\middle|\,\frac{35}{6}\right)$; $x < 1$: Lk; $x > 1$: Rk

7 a) $W(2\,|\,4)$; $x < 2$: Rk; $x > 2$: Lk
b) $W(-2\,|\,-12)$; $x < -2$: Lk; $x > 2$: Rk
c) $W_1(0\,|\,0)$; $W_2(0{,}2\,|\,0{,}592)$; $x < 0$: Lk; $0 < x < 0{,}2$: Rk; $x > 0{,}2$: Lk
d) $W_1\left(\frac{2}{3}\sqrt{3}\,\middle|\,-17{,}89\right)$; $W_2\left(-\frac{2}{3}\sqrt{3}\,\middle|\,-17{,}89\right)$; $x < \frac{2}{3}\sqrt{3}$: Lk;
$-\frac{2}{3}\sqrt{3} < x < \frac{2}{3}\sqrt{3}$: Rk; $x > \frac{2}{3}\sqrt{3}$: Lk
e) $W_1(1\,|\,3)$; $W_2(-1\,|\,3)$; $x < -1$: Lk; $-1 < x < 1$: Rk; $x > 1$: Lk
f) $W_1(2\,|\,131)$; $W_2(5\,|\,362)$; $x < 2$: Lk; $2 < x < 5$: Rk; $x > 5$: Lk
g) Lk
h) $W_1(-1{,}5\,|\,-36{,}94)$; $W_2(0\,|\,-3)$; $W_3(1{,}5\,|\,30{,}94)$; $x < -1{,}5$: Rk;
$-1{,}5 < x < 0$: Lk; $0 < x < 1{,}5$: Rk; $x > 1{,}5$: Lk
i) $W_1(\sqrt{7}\,|\,-53{,}34)$; $W_2(-\sqrt{7}\,|\,-476{,}66)$; $x < -\sqrt{7}$: Lk;
$-\sqrt{7} < x < \sqrt{7}$: Rk; $x > \sqrt{7}$: Lk
j) $W(0\,|\,0)$; $x < 0$: Rk; $x > 0$: Lk

8 a) Symmetrie zu O; $N_1(0\,|\,0) = W$; $N_2(\sqrt{3}\,|\,0)$; $N_3(-\sqrt{3}\,|\,0)$;
$T\left(1\,\middle|\,-\frac{2}{3}\right)$; $H\left(-1\,\middle|\,\frac{2}{3}\right)$
b) Symmetrie zu O; $N_1(0\,|\,0) = W$; $N_2(2\,|\,0)$; $N_3(-2\,|\,0)$;
$T\left(\frac{2}{3}\sqrt{3}\,\middle|\,-\frac{16}{9}\sqrt{3}\right)$; $H\left(-\frac{2}{3}\sqrt{3}\,\middle|\,\frac{16}{9}\sqrt{3}\right)$
c) $N_1(0\,|\,0)$; $N_2(4\,|\,0) = T$; $H\left(\frac{4}{3}\,\middle|\,\frac{128}{27}\right)$; $W\left(\frac{8}{3}\,\middle|\,\frac{64}{27}\right)$
d) $N_1(-2\,|\,0) = W$; $N_2(-2 + 2\sqrt{3}\,|\,0)$; $N_3(-2 - 2\sqrt{3}\,|\,0)$; $T(0\,|\,-8)$;
$H(-4\,|\,8)$
e) $N_1(0\,|\,0) = W_1$; $N_2\left(-\frac{4}{3}\,\middle|\,0\right)$; $T(-1\,|\,-1)$; $W_2\left(-\frac{2}{3}\,\middle|\,-\frac{16}{27}\right)$
f) Symmetrie zu O; $N(0\,|\,0) = W_1$; $H_1\left(\sqrt{2}\,\middle|\,\frac{56}{15}\sqrt{2}\right)$;
$T_1\left(-\sqrt{2}\,\middle|\,-\frac{56}{15}\sqrt{2}\right)$; $T_2\left(\sqrt{6}\,\middle|\,\frac{8}{5}\sqrt{6}\right)$;
$H_2\left(-\sqrt{6}\,\middle|\,-\frac{8}{5}\sqrt{6}\right)$; $W_2\left(2\,\middle|\,\frac{68}{15}\right)$; $W_3\left(-2\,\middle|\,-\frac{68}{15}\right)$.
Näherungen: $H_1(1{,}41\,|\,5{,}28)$; $T_1(-1{,}41\,|\,-5{,}28)$; $T_2(2{,}45\,|\,3{,}92)$;
$H_2(-2{,}45\,|\,-3{,}92)$; $W_2(2\,|\,4{,}53)$; $W_3(-2\,|\,-4{,}53)$.

9 a) Symmetrie zu O; $N(0\,|\,0) = W$; $N_2(3\sqrt{3}\,|\,0)$; $N_3(-3\sqrt{3}\,|\,0)$;
$T(3\,|\,-6)$; $H(-3\,|\,6)$
b) $N_1(0\,|\,0) = T$; $N_2(4\,|\,0)$; $H\left(\frac{8}{3}\,\middle|\,\frac{32}{27}\right)$; $W\left(\frac{4}{3}\,\middle|\,\frac{16}{27}\right)$
c) $N_1(0\,|\,0)$; $N_2(9 + \sqrt{69}\,|\,0)$; $N_3(9 - \sqrt{69}\,|\,0)$;
$T(6 + 4\sqrt{2}\,|\,-120{,}34)$; $H(6 - 4\sqrt{2}\,|\,0{,}34)$; $W(6\,|\,-60)$
Näherungswerte: $N_2(17{,}31\,|\,0)$; $N_3(0{,}69\,|\,0)$; $T(11{,}66\,|\,-120{,}34)$;
$H(0{,}34\,|\,0{,}34)$
d) $N_1(0\,|\,0) = W_1$; $N_2(-4\,|\,0)$; $T\left(-3\,\middle|\,-\frac{27}{4}\right)$; $W_2(-2\,|\,-4)$
e) Symmetrie zu $x = 0$; $H(0\,|\,2)$; $T_1\left(\frac{1}{2}\sqrt{5}\,\middle|\,\frac{7}{16}\right)$; $T_2\left(-\frac{1}{2}\sqrt{5}\,\middle|\,\frac{7}{16}\right)$;
$W_1\left(\frac{1}{6}\sqrt{15}\,\middle|\,\frac{163}{144}\right)$; $W_2\left(-\frac{1}{6}\sqrt{15} \approx -0{,}65\,\middle|\,\frac{163}{144} \approx 1{,}13\right)$
f) $N_1(0\,|\,0) = T$; $W_1\left(1\,\middle|\,\frac{7}{8}\right)$; $W_2(2\,|\,2)$
g) $N_1(1\,|\,0)$; $N_2(-3\,|\,0) = H$; $T\left(-\frac{1}{3}\,\middle|\,-\frac{256}{27}\right)$; $W\left(-\frac{5}{3}\,\middle|\,-4{,}74\right)$
h) Symmetrie zu O; $N_1(0\,|\,0) = W_1$; $N_2\left(\frac{1}{3}\sqrt{30}\,\middle|\,0\right)$;
$N_3\left(-\frac{1}{3}\sqrt{30}\,\middle|\,0\right)$; $T\left(\sqrt{2}\,\middle|\,-\frac{2}{15}\sqrt{2}\right)$; $H\left(-\sqrt{2}\,\middle|\,\frac{2}{15}\sqrt{2}\right)$; $W_2\left(1\,\middle|\,-\frac{7}{60}\right)$;
$W_3\left(-1\,\middle|\,\frac{7}{60}\right)$
i) $N_1(2\,|\,0) = W_1$; $N_2(-1\,|\,0)$; $T\left(-\frac{1}{4}\,\middle|\,-82\right)$; $W\left(\frac{1}{2}\,\middle|\,-\frac{81}{16}\right)$

10 a) $f(x) = -cx^2 + 2x + c$ b) $f(x) = ax^2 - 4a$
c) $f(x) = ax^2 + bx - 4a - 2b$ d) $f(x) = ax^2 + bx$

11 a) $f(x) = -x^3 + x^2 - x + 1$ b) $f(x) = 3x^3 - 2x^2 + x - 1$
c) $f(x) = ax^3 + \left(a - \frac{2}{3}\right)x^2 - \left(2a + \frac{4}{3}\right)x + 2$
d) $f(x) = -(b + c)x^3 + bx^2 + cx + 1$

12 a) $f(x) = x^2 - 2x + 1$ b) $f(x) = x$ c) $f(x) = 1$
d) $f(x) = -\frac{1}{2}x^2 + \frac{1}{2}x + 1$ e) $f(x) = x^2 + x$
f) $f(x) = -\frac{1}{3}x^3 + \frac{1}{2}x^2 + \frac{11}{6}x + 1$ g) $f(x) = \frac{1}{6}x^3 - \frac{1}{2}x^2 + \frac{1}{3}x$

Lösungen

Kapitel I, Bist du sicher? Seite 16

1

a) $D_f = \mathbb{R}^+$ $\quad D_g = \mathbb{R} \setminus \{-3\}$

b) $f(9) = \frac{1}{\sqrt{9}} - 2 = \frac{1}{3} - 2 = -\frac{5}{3}$

$f(0{,}25) = \frac{1}{\sqrt{0{,}25}} - 2 = \frac{1}{0{,}5} - 2 = 2 - 2 = 0$

$g(9) = \frac{1}{9+3} = \frac{1}{12}$ $\quad g(0{,}25) = \frac{1}{\frac{1}{4}+3} = \frac{1}{\frac{13}{4}} = \frac{4}{13}$

c) $W_f = (-2; +\infty)$ $\quad W_g = \mathbb{R} \setminus \{0\}$

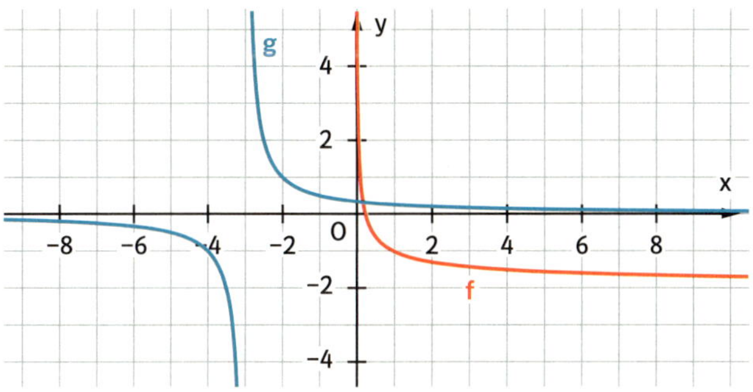

2

$x \to \left(\frac{1000 - x}{2}\right) \cdot x - \frac{x^2}{2} + 500x$ $\quad D = (0; 1000)$

Kapitel I, Bist du sicher? Seite 29

1

a) $x_1 = 0{,}5 \;\; x_2 = -2; \;\; x_3 = 3$ $\quad$ b) $x_1 = 0; \;\; x_2 = 1$

c) $x = \sqrt[5]{93}$

2

a) $(x^3 - 3x^2 + x + 1) : (x - 1) = x^2 - 2x - 1$

$\underline{-(x^3 - \;\; x^2)}$

$-2x^2 + \;\; x$

$\underline{-(-2x^2 + 2x)}$

$-x + 1$

$\underline{-(-x + 1)}$

0

$x^2 - 2x - 1 = 0$ $\quad x_{2/3} = 1 \pm \sqrt{1 + 1}$

$x_2 = 1 + \sqrt{2}; \;\; x_3 = 1 - \sqrt{2}$

b) $x^4 - 3x^3 - 5x^2 - x = x(x^3 - 3x^2 - 5x - 1); \;\; x_2 = 0$

$(x^3 - 3x^2 - 5x - 1) : (x + 1) = x^2 - 4x - 1$

$\underline{-(x^3 + \;\; x^2)}$

$-4x^2 - 5x$

$\underline{-(-4x^2 - 4x)}$

$-x - 1$

$\underline{-(-x - 1)}$

0

$x^2 - 4x - 1 = 0$ $\quad x_{3/4} = 2 \pm \sqrt{4 + 1}$

$x_3 = 2 + \sqrt{5};$ $\quad x_4 = 2 - \sqrt{5}$

3

Beispiele:

a) $f(x) = x \cdot (x - 2)(x + 5)$

b) $f(x) = (x - 4)(x + 1)(x - 6)$

c) $f(x) = (x - 3)$

} sämtliche Linearfaktoren können auch mehrfach auftreten

Kapitel I, Bist du sicher? Seite 33

1

a) $j(x) = -2x^3 + 4x^2 - 1$

Schnittpunkte mit der y-Achse: $(0|-1)$;

$i(x)$ ist wegen $\lim\limits_{x \to \infty} (2x^3 - 1) = \infty$ nicht möglich

b) $g(x) = 2x^3 + 2x^2 - x$

Faktor vor x^3 muss positiv sein (wegen Verlauf des Graphen); $h(x)$ ist wegen ausschließlich ungerader Exponenten punktsymmetrisch und daher ausgeschlossen.

c) $h(x) = 2x^3 - x$

Punktsymmetrie wegen ungerader Exponenten; Verlauf des Graphen.

d) $f(x) = -2x^3 + 4x^2 - x$

Verlauf des Graphen für $\lim\limits_{x \to \infty} f(x) = -\infty$; Punkt $(0|0)$.

2

a) $f(x) = -x^3 + 3x = -x(x^2 - 3)$

Schnittstellen mit der x-Achse: $x_1 = 0; \;\; x_2 = \sqrt{3}; \;\; x_3 = -\sqrt{3}$

Punktsymmetrie wegen ungerader Exponenten.

$\lim\limits_{x \to \infty} f(x) = -\infty; \;\; \lim\limits_{x \to -\infty} f(x) = \infty$

b) $f(x) = x^5 + 2x^2 - 2$

Schnittpunkt mit der y-Achse $P(0|-2)$; keine Symmetrie

$\lim\limits_{x \to \infty} f(x) = \infty; \;\; \lim\limits_{x \to -\infty} f(x) = -\infty$

Wertetabelle:

x	−2	−1,5	−1	−0,5	0	0,5	1	1,5
y	−26	−5,09	−1	−1,53	−2	−1,47	1	10,09

Nullstelle zwischen 0,5 und 1

zu a)

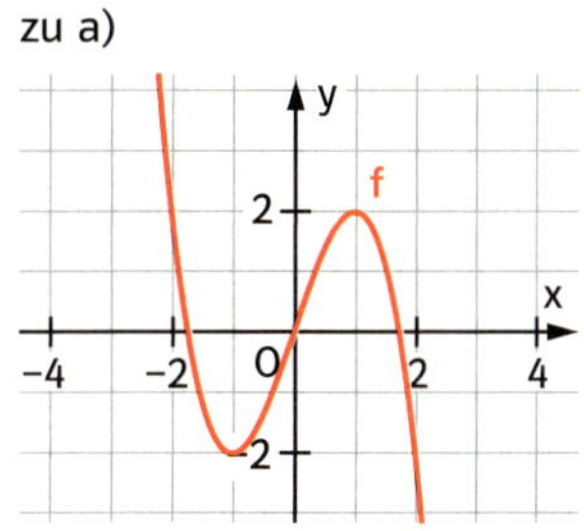

Fig. 1

zu b)

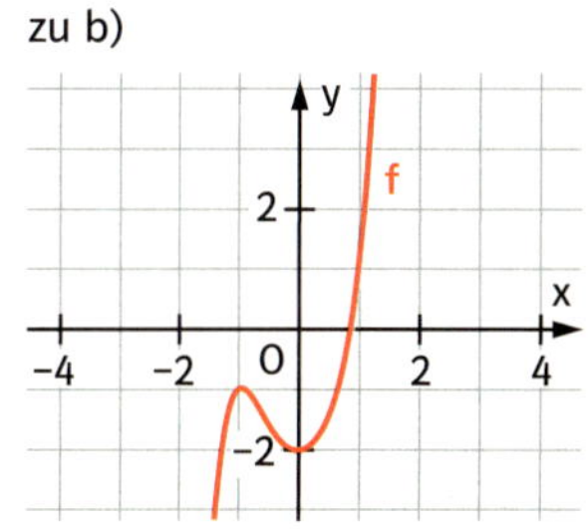

Fig. 2

Kapitel I, Training Runde 1, Seite 39

1

$f(x) = \sqrt{9 - x^2} - 1$

a) $9 - x^2 \geqq 0 \quad | +x^2$

$9 \geqq x^2$

$x^2 \leqq 9 \quad D_f = [-3; 3]$

b)

x	f(x)
−3	−1
−2	$\sqrt{5} - 1 \approx 1{,}2$
−1	$\sqrt{8} - 1 \approx 1{,}8$
0	2
1	$\sqrt{8} - 1 \approx 1{,}8$
2	$\sqrt{5} - 1 \approx 1{,}2$
3	−1

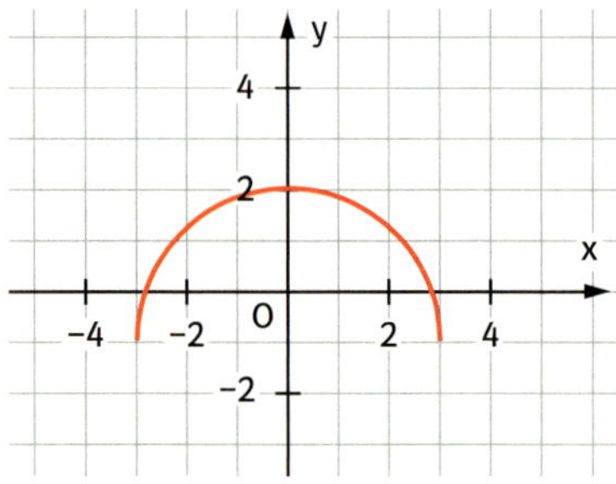

c) $W_f = [-1; 2]$

2

g: $y = -x + 2$

h: $y = 6x + 17$

k: $y = -1$

t: $x = 3$

P(−3|1) Q(−2|5)

$m = \frac{5 - (1)}{-2 - (-3)} = \frac{4}{1} = 4$

$y = 4x + b$

$5 = 4 \cdot (-2) + b$

$5 = -8 + b$

$13 = b$

3

a) g: $y = 2x - 1{,}5$

h: $2x + 5y = 9 \quad | -2x$

$5y = -2x + 9 \quad | :5$

$y = -\frac{2}{5}x + \frac{9}{5}$

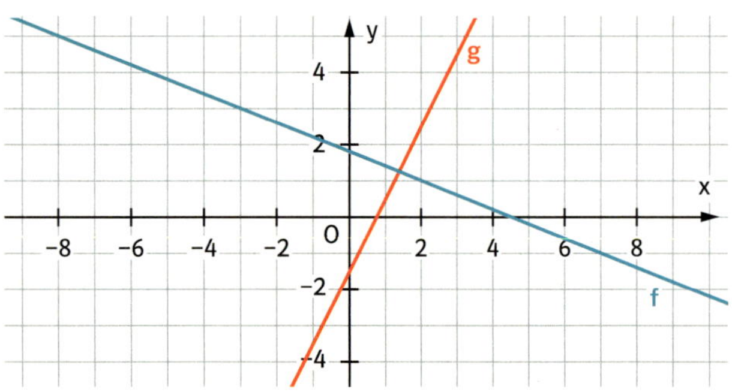

b) $m_g = 2$

$m_h = -\frac{2}{5}$

$m_g \cdot m_h = 2 \cdot \left(-\frac{2}{5}\right) = -\frac{4}{5} \neq -1$

g und h sind nicht orthogonal zueinander

c) $2x - 1{,}5 = 0 \quad | +1{,}5$

$2x = 1{,}5 \quad | :2$

$x = 0{,}75$

g: P(0,75|0)

$-\frac{2}{5}x + \frac{9}{5} = 0 \quad | +\frac{2}{5}x$

$\frac{9}{5} = \frac{2}{5}x \quad | \cdot 5$

$9 = 2x \quad | :2$

$x = 4{,}5$

h: (4,5|0)

4

a) $f(x) = x^2 - 4{,}5x - 17{,}5$

$x^2 - 4{,}5x - 17{,}5 = 0$

$x_{1/2} = \frac{4{,}5}{2} \pm \sqrt{\left(\frac{4{,}5}{2}\right)^2 + 17{,}5}$

$= 2{,}25 \pm \sqrt{(2{,}25)^2 + 17{,}5}$

$x_1 = 2{,}25 + 4{,}75 = 7$

$x_2 = 2{,}25 - 4{,}75 = -2{,}5$

b) $f(x) = 0{,}5x^3 - x^2 - 4x$

$0{,}5x^3 - x^2 - 4x = 0$

$x(0{,}5x^2 - x - 4) = 0 \qquad x_1 = 0$

$0{,}5x^2 - x - 4 = 0 \quad | \cdot 2$

$x^2 - 2x - 8 = 0 \quad |$ Vieta

$(x - 4)(x + 2) = 0 \qquad x_2 = 4;\ x_3 = -2$

c) $f(x) = \frac{1}{4}x^4 - \frac{3}{2}x^2 + 2$

$\frac{1}{4}x^4 - \frac{3}{2}x^2 + 2 = 0 \quad | \cdot 4$

$x^4 - 6x^2 + 8 = 0 \quad |$ Substitution: $x^2 = z$

$z^2 - 6z + 8 = 0$

$z_{1/2} = 3 \pm \sqrt{3^2 - 8}$

$z_1 = 3 + 1 = 4 \implies x_1 = 2;\ x_2 = -2$

$z_2 = 3 - 1 = 2 \implies x_3 = \sqrt{2};\ x_4 = -\sqrt{2}$

5

a) $f(x) = x^3 - x^2 - 3x - 1$

$f(-1) = (-1)^3 - (-1)^2 - 3 \cdot (-1) - 1$

$= 0$

$(x^3 - x^2 - 3x - 1) : (x + 1) = x^2 - 2x - 1$

$-(x^3 + x^2)$

$-2x^2 - 3x$

$-(-2x^2 - 2x)$

$-x - 1$

$-(-x - 1)$

0

$x^2 - 2x - 1 = 0$

$x_{2/3} = 1 \pm \sqrt{1 + 1}$

$x_2 = 1 + \sqrt{2}$

$x_3 = 1 - \sqrt{2}$

Nullstellen

$x_1 = -1$

$x_2 = 1 + \sqrt{2}$

$x_3 = 1 - \sqrt{2}$

b) $f(x) = x^4 - 6x^3 + 11x^2 - 6x$

$f(3) = 3^4 - 6 \cdot 3^3 + 11 \cdot 3^2 - 6 \cdot 3$

$= 81 - 162 + 99 - 18$

$= 0$

Weitere Nullstelle: $x_2 = 0$

$(x^3 - 6x^2 + 11x - 6) : (x - 3) = x^2 - 3x + 2$

$-(x^3 - 3x^2)$

$-3x^2 + 11x$

$-(-3x^2 + 9x)$

$2x - 6$

$-(2x - 6)$

0

$x^2 - 3x + 2 = 0 \quad |$ Vieta

$(x - 2)(x - 1) = 0$

$x_3 = 2$

$x_4 = 1$

Nullstellen

$x_1 = 3$

$x_2 = 0$

$x_3 = 2$

$x_4 = 1$

6

$f(x) = x^3 - 21x - 20$

a) $f(0) = -20$ $\quad$ $P(0|-20)$

Nullstellen:

$x^3 - 21x - 20 = 0$ $\quad$ 1. Nullstelle (geraten): $x_1 = -1$

$(x^3 + 0x^2 - 21x - 20) : (x + 1) = x^2 - x - 20$

$-(x^3 + x^2)$

$-x^2 - 21x$

$-(-x^2 - x)$

$-20x - 20$

$-(-20x - 20)$

0

$x^2 - x - 20 = 0$ $\quad$ | Vieta

$(x - 5)(x + 4) = 0$

$x_2 = 5;\ x_3 = -4$

b) Symmetrie: Keine erkennbare Symmetrie, da sowohl gerade als auch ungerade Exponenten vorkommen.

$\lim\limits_{x \to \infty} f(x) = \infty;\ \lim\limits_{x \to -\infty} f(x) = -\infty$

c)

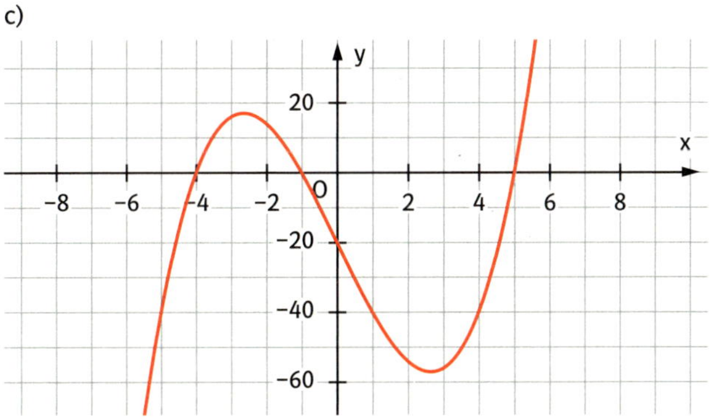

Kapitel I, Training Runde 2, Seite 39

1

a) $P(-3|5);\ Q(7|12)$

$m = \frac{12-5}{7-(-3)} = \frac{7}{10} = 0{,}7$

$y = 0{,}7x + b$

$12 = 0{,}7 \cdot 7 + b$

$12 = 4{,}9 + b \quad |-4{,}9$

$b = 7{,}1$ $\qquad$ $y = 0{,}7x + 7{,}1$

b) $T(5|1)$

$y = 0{,}7x + b$

$1 = 0{,}7 \cdot 5 + b$

$1 = 3{,}5 + b \quad |-3{,}5$

$-2{,}5 = b$ $\qquad$ $y = 0{,}7x - 2{,}5$

c) $K(-14|8)$

$m = -\frac{1}{\frac{7}{10}} = -\frac{10}{7}$

$y = -\frac{10}{7}x + b$

$8 = -\frac{10}{7} \cdot (-14) + b$

$8 = 20 + b \quad |-20$

$-12 = b$ $\qquad$ $y = -\frac{10}{7}x - 12$

2

a) $f(x) = (x - 5)(x + 2)$

Nullstellen: $x_1 = 5;\ x_2 = -2$

Scheitelpunkt: x-Koordinate in der Mitte zwischen den beiden Nullstellen, also bei $x_S = 1{,}5$

$f(1{,}5) = (1{,}5 - 5)(1{,}5 + 2) = -3{,}5 \cdot 3{,}5 = -12{,}25$

$S(1{,}5|-12{,}25)$

b) $f(x) = 5x^2 - 7{,}5x = x(5x - 7{,}5)$

$x(5x - 7{,}5) = 0$

$x = 0$ oder $5x - 7{,}5 = 0 \quad |+7{,}5$

$5x = 7{,}5 \quad |:5$

$x = 1{,}5$

Nullstellen: $x_1 = 0;\ x_2 = 1{,}5$

Scheitelpunkt: $S(0{,}75|f(0{,}75))$, also $S(0{,}75|-2{,}8125)$

c) Nullstellen:

$5x^2 - 8x - 21 = 0 \quad |:5$

$x^2 - \frac{8}{5}x - \frac{21}{5} = 0$

$x_{1/2} = \frac{4}{5} \pm \sqrt{\left(\frac{4}{5}\right)^2 + \frac{21}{5}} = \frac{4}{5} \pm \sqrt{\frac{16}{25} + \frac{105}{25}} = \frac{4}{5} \pm \sqrt{\frac{121}{25}}$

$x_1 = \frac{4}{5} + \frac{11}{5} = \frac{15}{5} = 3$

$x_2 = \frac{4}{5} - \frac{11}{5} = -\frac{7}{5} = -1{,}4$

$f(x) = 5x^2 - 8x - 21$

$= 5\left[x^2 - \frac{8}{5}x\right] - 21 = 5\left[x^2 - 2 \cdot \frac{4}{5}x + \left(\frac{4}{5}\right)^2 - \left(\frac{4}{5}\right)^2\right] - 21$

$= 5\left[\left(x - \frac{4}{5}\right)^2 - \frac{16}{25}\right] - 21 = 5\left(x - \frac{4}{5}\right)^2 - \frac{16}{5} - 21$

$= 5\left(x - \frac{4}{5}\right)^2 - 24{,}2$

Scheitelpunkt: $S\left(\frac{4}{5}\middle|-24\frac{1}{5}\right)$

3

a) $f(x) = 3x^3 - 25{,}5x^2 - 48x + 30$

1. Nullstelle: $x_1 = -2$ (geraten)

$(3x^3 - 25{,}5x^2 - 48x + 30) : (x + 2) = 3x^2 - 31{,}5x + 15$

$-(3x^3 + 6x^2)$

$-31{,}5x^2 - 48x$

$-(-31{,}5x^2 - 63x)$

$15x + 30$

$-(15x + 30)$

0

$3x^2 - 31{,}5x + 15 = 0 \quad |:3$

$x^2 - 10{,}5x + 5 = 0$

$x_{2/3} = \frac{10{,}5}{2} \pm \sqrt{\left(\frac{10{,}5}{2}\right)^2 - 5} = 5{,}25 \pm \sqrt{22{,}5625}$

$x_2 = 5{,}25 + 4{,}75 = 10$

$x_3 = 5{,}25 - 4{,}75 = 0{,}5$

$f(x) = (x + 2)(x - 10)(x - 0{,}5)$

b) $f(x) = x^4 + 2x^3 - 21x^2 - 22x + 40$

1. Nullstelle: $x_1 = 1$ (geraten)

$(x^4 + 2x^3 - 21x^2 - 22x + 40) : (x - 1) = x^3 + 3x^2 - 18x - 40$

$-(x^4 - x^3)$

$3x^3 - 21x^2$

$-(3x^3 - 3x^2)$

$-18x^2 - 22x$

$-(-18x^2 + 18x)$

$-40x + 40$

$-(-40x + 40)$

0

$x^3 + 3x^2 - 18x - 40 = 0$

2. Nullstelle: $x_2 = -2$ (geraten)

$(x^3 - 3x^2 - 18x - 40) : (x + 2) = x^2 + x - 20$

$-(x^3 + 2x^2)$

$x^2 - 18x$

$-(x^2 + 2x)$

$-20x - 40$

$-(-20x - 40)$

0

$x^2 + x - 20 = 0$

$x_{3/4} = -\frac{1}{2} \pm \sqrt{\left(\frac{1}{2}\right)^2 + 20} = -\frac{1}{2} \pm \sqrt{\frac{1}{4} + 20} = -\frac{1}{2} \pm \sqrt{\frac{81}{4}}$

$x_3 = -\frac{1}{2} + \frac{9}{2} = \frac{8}{2} = 4$

$x_4 = -\frac{1}{2} - \frac{9}{2} = -\frac{10}{2} = -5$

$f(x) = (x - 1)(x + 2)(x - 4)(x + 5)$

4

a) $f(x) = -0{,}2x^3 + 6x$

Nur ungerade Exponenten → punktsymmetrisch zu $(0|0)$.

b) $f(x) = (x - 1)^3$

Um 1 nach rechts verschobener Graph der Funktion $x \to x^3$; d.h. punktsymmetrisch zum Punkt $(1|0)$, aber keine Punktsymmetrie zum Ursprung.

c) $f(x) = (x^2 + 4)\left(x - \frac{1}{2}\right) = x^3 - \frac{1}{2}x^2 + 4x - 2$

Gerade und ungerade Exponenten gemischt. Keine Symmetrie.

d) $f(x) = 1 - 3x^4$

Nur gerade Exponenten → achsensymmetrisch zur y-Achse.

5

$5x^2 + 8x + k = 0 \quad |:5$

$x^2 + \frac{8}{5}x + \frac{k}{5} = 0$

$x_{1/2} = -\frac{4}{5} \pm \sqrt{\left(\frac{4}{5}\right)^2 - \frac{k}{5}} = -\frac{4}{5} \pm \sqrt{\frac{16}{25} - \frac{k}{5}}$

Eine Lösung:

$\frac{16}{25} - \frac{k}{5} = 0 \quad |+\frac{k}{5}$

$\frac{16}{25} = \frac{k}{5} \quad |\cdot 5$

$\frac{16}{5} = k$

$k = 3{,}2$

Keine Lösung:

$\frac{16}{25} - \frac{k}{5} < 0$

$k > 3{,}2$

Zwei Lösungen:

$\frac{16}{25} - \frac{k}{5} > 0$

$k < 3{,}2$

6

$f(x) = a \cdot (x + 2)(x - 1)(x - 4) \cdot x$

Wegen $\lim\limits_{x \to \infty} f(x) = \lim\limits_{x \to -\infty} f(x) = -\infty$ muss der Faktor a negativ sein. Also z.B. $f(x) = -5x(x + 2)(x - 1)(x - 4)$.

Kapitel II, Bist du sicher? Seite 44

1

N	0	1	2	3	4
B(t)	80	76	80	100	80
Änderung	−4	4	20	−20	
relative Änderung	$\frac{-4}{80} = -0{,}050$ 5% Abnahme	$\frac{4}{76} \approx 0{,}053$ etwa 5,3% Zunahme	$\frac{20}{80} = 0{,}25$ 25% Zunahme	$\frac{-20}{100} = -0{,}2$ 20% Abnahme	

2

a) $B(9) = 2500 \cdot 0{,}75 = 1875$

b) $B(9) = 2500 \cdot 1{,}003 = 2507{,}5$

c) $B(9) = 2500 + 8 = 2508$

d) $B(9) = 2500 \cdot 2 = 5000$

Kapitel II, Bist du sicher? Seite 48

1

a) Die Quotienten $\frac{29{,}70}{33{,}00}$; $\frac{26{,}73}{29{,}70}$ usw. ergeben angenähert immer den Wert 0,9. Es handelt sich um exponentielles Wachstum mit dem Wachstumsfaktor $q = 0{,}9$.

$B(9) = 33{,}00 \cdot 0{,}9^9 \approx 12{,}78$

b) Die Differenzen $4{,}88 - 5{,}03$; $4{,}73 - 4{,}88$ usw. ergeben immer $-0{,}15$. Es handelt sich um lineares Wachstum mit der Änderung $d = -0{,}15$.

$B(9) = 5{,}03 - 9 \cdot 0{,}15 = 3{,}68$

2

Nach 9 Wochen beträgt die Abweichung 1 min.

3

a)

Jahr	0	1	2	3	4	5	6
Wert (in €)	120000	117600	115200	112800	110400	108000	105600

Wert in 20 Jahren: $B(20) = 120\,000 - 20 \cdot 2400 = 72\,000$ €

b)

Jahr	0	1	2	3	4	5	6
Wert (in €)	120000	121800	123627	125481	127364	129274	131213

Wert in 20 Jahren: $B(20) = 120\,000 \cdot 1{,}015^{20} \approx 161\,623$ €

Kapitel II, Bist du sicher? Seite 51

1
Die Graphen von g, h und i gehen aus dem Graphen von f hervor. Hierbei erhält man den Graphen von
- g durch Spiegelung des Graphen von f an der y-Achse und anschließender Streckung um 3,
- h durch Spiegelung des Graphen von f an der y-Achse und anschließender Streckung um 3 sowie Spiegelung an der x-Achse,
- i durch Streckung des Graphen mit $\frac{1}{2}$.

2
a) $K(t) = 1000 \cdot 1{,}025^t$
b) Nach einem Jahr 1025 €, nach zwei Jahren 1050,63 € und nach dreieinhalb Jahren 1090,27 €.

Kapitel II, Bist du sicher? Seite 54

1
a) $f(x) = 0{,}5 \cdot 10^x$. R liegt nicht auf dem Graphen.
b) $f(x) = 3 \cdot 2^x$. R liegt auf dem Graphen.
c) $f(x) = 9 \cdot \sqrt[5]{\frac{1}{81}}^{\,x}$. R liegt nicht auf dem Graphen.

2
$a^6 = 2$; $a = \sqrt[6]{2} \approx 1{,}122$; $b = 0{,}3\,\text{kg}$

Kapitel II, Kannst du das noch? Seite 55

12
a) $a^2 + b^2 \neq c^2$; $36 + 64 \neq 144$
b) $\gamma = 117{,}3°$ c) $\beta = 36{,}3°$
d) $h = 3{,}55\,\text{cm}$ e) Konstruktion nach SSS
f) $A = 21{,}31\,\text{cm}^2$ g) 14,42 cm oder 8,94 cm

Kapitel II, Bist du sicher? Seite 58

1
a) $\log_3(81) = \log_3(3^4) = 4 \cdot \log_3(3) = 4$
b) $\log_7(\sqrt{7}) = \log_7\left(7^{\frac{1}{2}}\right) = \frac{1}{2} \cdot \log_7(7) = \frac{1}{2}$
c) $\log_2(0{,}25) = \log_2(2^{-2}) = (-2) \cdot \log_2(2) = -2$
d) $\lg(1) = \log_{10}(10^0) = 0 \cdot \log_{10}(10) = 0 \cdot 1 = 0$

2
a) $\lg(4) \approx 0{,}60$
b) $\lg(0{,}25) = -\lg(4) \approx -0{,}60$
c) $\log_4(30) = \frac{\lg(30)}{\lg(4)} \approx 2{,}45$
d) $\log_{0{,}25}(30) = -\log_4(30) \approx -2{,}45$
e) $\log_4\left(\frac{1}{30}\right) = -\log_4(30) \approx -2{,}45$
f) $\log_3(2) = \frac{\lg(2)}{\lg(3)} \approx 0{,}63$
g) $\log_3(6) = \frac{\lg(6)}{\lg(3)} \approx 1{,}63$
h) $\log_3(18) = \frac{\lg(18)}{\lg(3)} \approx 2{,}63$

Kapitel II, Kannst du das noch? Seite 59

18
a) $A'(1|1)$; $B'(0|4)$; $C'(3|5)$
b), c) Die beiden Achsenspiegelungen an den Winkelhalbierenden und die Punktspiegelung am Ursprung führen zum selben Ergebnis.

19
Gleichung der Bildgeraden: $y = x + 1$

Kapitel II, Bist du sicher? Seite 61

1
a) $x = -4$ b) $x \approx 0{,}602$ c) $x \approx 0{,}139$ d) $L = \{\,\}$

2
Es muss gelten: $0{,}5 \cdot B(0) = B(0) \cdot 0{,}95^n$, also $n = \frac{\lg(0{,}5)}{\lg(0{,}95)} \approx 13{,}51$
Die Bleiplatte müsste eine Dicke von etwa 13,51 cm haben.

Kapitel II, Training Runde 1, Seite 71

1
a) $3 = \log_5(125)$ b) $-3 = \log_2\left(\frac{1}{8}\right)$ b) $\frac{2}{3} = \lg\left(\sqrt[3]{100}\right)$ d) $-\frac{1}{2} = \log_3\left(\frac{1}{\sqrt{3}}\right)$

2
a) Die Exponentialgleichung $10^x = 0{,}01$ hat die Lösung $\lg(0{,}01) = \lg(10^{-2}) = -2$.
b) Umformen der Exponentialgleichung $3^{2x} - 15 = 12$ führt auf $2x = \log_3(27)$ und damit auf die Lösung 1,5.
c) Umformen der Exponentialgleichung $4^{x+1} = 0{,}5$ führt auf $x + 1 = \log_4(0{,}5)$ und damit auf die Lösung $-1{,}5$.
d) Wegen $2^{2-x} = 2^2 \cdot 2^{-x} = 4 \cdot 2^{-x}$ lässt sich die gegebene Gleichung umformen zu $2^{-x} = 8$. Die Lösung ist -3.

3
a) $x \to 6 \cdot \left(\frac{1}{3}\right)^x$ b) $x \to \frac{1}{9} \cdot 3^x$ c) $x \to 4 \cdot \left(\frac{1}{2}\right)^x$ d) $x \to 10 \cdot (\sqrt{2})^x$

4
a) Es handelt sich um exponentielles Wachstum mit dem Wachstumsfaktor $q = 1{,}027$.
$B(10) = 14\,000\,000 \cdot 1{,}027^{10} \approx 18\,273\,952$. Für das Jahr 2018 ist eine Bevölkerungszahl von 18 273 952 zu erwarten.
b) Ansatz: $1{,}5 \cdot 14\,000\,000 = 14\,000\,000 \cdot 1{,}027^n$. Gesucht ist n:
$n = \frac{\log(1{,}5)}{\log(1{,}027)} \approx 15{,}22$.
Nach etwa 15 Jahren und 80 Tagen ist die Zahl auf das Eineinhalbfache gestiegen.
c) Die absolute Zunahme beträgt jährlich 378 000.
Bevölkerungszahl im Jahr 2018: 17 780 000.
Zunahme auf das Eineinhalbfache:
$1{,}5 \cdot 14\,000\,000 = 14\,000\,000 + m \cdot 378\,000$
$m \approx 18{,}52$
Nach etwa 18 Jahren und 6 Monaten ist die Zahl auf das Eineinhalbfache gestiegen.

5

a) Ansatz: $0{,}5 \cdot B(0) = B(0) \cdot q^5$ mit $B(0) = 100\,\text{mg}$.
$q \approx 0{,}871$
Nach 30 Tagen ist noch $B(30) = 100\,\text{mg} \cdot 0{,}871^{30} \approx 1{,}6\,\text{mg}$ Radium E vorhanden.
Anderer Lösungsweg: 30 Tage entsprechen sechs Halbwertzeiten. $B(30) = 100\,\text{mg} \cdot (0{,}5)^6 \approx 1{,}6\,\text{mg}$.
b) 99,9 % zerfallenes Radium E bedeutet, dass noch 0,1 % der Anfangsmenge oder 0,1 mg vorhanden sind. Ansatz:
$0{,}1\,\text{mg} = 100\,\text{mg} \cdot 0{,}871^n$. Gesucht ist n: $n = \frac{\log(0{,}001)}{\log(0{,}871)} \approx 50$.
Nach 50 Tagen sind 99,9 % der ursprünglichen Menge zerfallen.

Kapitel II, Training Runde 2, Seite 71

1

a) 3 b) −3 c) −3 d) −6

2

a) $\frac{1}{2} \cdot \left(1 - \frac{\lg(17)}{\lg(5)}\right) \approx -0{,}380$ b) $\frac{1}{2} \cdot \left(\frac{\lg(6)}{\lg(7)} + 1\right) \approx 0{,}960$
c) 3 d) 1

3

a) Für das 2. Schuljahr ergibt sich ein täglicher Zeitbedarf (in min) von $20 \cdot 1{,}5 = 30$, für das dritte Schuljahr
$30 \cdot 1{,}5 = (20 \cdot 1{,}5) \cdot 1{,}5 = 20 \cdot (1{,}5 \cdot 1{,}5) = 20 \cdot 1{,}5^2$.
Für das n-te Schuljahr erhält man entsprechend $20 \cdot 1{,}5^{n-1}$.
b) Die Ungleichung $20 \cdot 1{,}5^{n-1} > 240$ führt auf
$n > \log_{1{,}5}(12) + 1 = \frac{\lg(12)}{\lg(1{,}5)} + 1 = 7{,}128\ldots$
Im 7. Schuljahr läge der tägliche Zeitbedarf mit etwa 227,8 min noch unterhalb von 4 h = 240 min, im 8. Schuljahr läge er mit etwa 341,7 min = 5 h 41,7 min erstmals über 4 h. Das Vorhaben des Kindes ist auf lange Sicht gesehen nicht umsetzbar und damit unrealistisch.

4

a) Aus dem Graphen entnimmt man: Die Halbwertszeit von Jod 131 beträgt acht Tage. Für den Wachstumsfaktor q gilt:
$q^8 = 0{,}5$; $q \approx 0{,}917$.
Das Zerfallsgesetz lautet: $B(n) = B(0) \cdot 0{,}917^n$; n in Tagen.
b) $B(1) = B(0) \cdot 0{,}917$. Nach einem Tag sind noch 91,7 % vorhanden; es sind 8,3 % der ursprünglichen Stoffmenge zerfallen.

Kapitel III, Bist du sicher? Seite 83

1

a) $x_1 = 0{,}682$; $x_2 = 2{,}46$; $x_k = x_1 + 2k\pi$; $x_t = x_2 + 2t\pi$ $(k, t \in \mathbb{Z})$
b) $x_1 = 2{,}153$; $x_2 = 4{,}13$; $x_k = x_1 + 2k\pi$; $x_t = x_2 + 2t\pi$ $(k, t \in \mathbb{Z})$
c) $x_1 = -\frac{\pi}{6}$; $x_2 = \frac{7\pi}{6}$; $x_k = x_1 + 2k\pi$; $x_t = x_2 + 2t\pi$ $(k, t \in \mathbb{Z})$
d) $x_1 = \frac{3\pi}{4}$; $x_2 = \frac{5\pi}{4}$; $x_k = x_1 + 2k\pi$; $x_t = x_2 + 2t\pi$ $(k, t \in \mathbb{Z})$

Kapitel III, Kannst du das noch? Seite 83

12

a) $P(0\,|\,-5)$; $Q\left(\frac{5}{3}\,|\,0\right)$ b) $m = \frac{2}{5}$; $b = -\frac{4}{5}$ c) $y = \frac{1}{4}x + \frac{7}{2}$
d) $S(1\,|\,1)$ e) 8 FE f) 12,5 %

13

a) Die Geraden mit $-4x + 2y = 10$ und $4x - 2y = -3$ sind parallel.
b) Die Geraden mit $-4x + 2y = 10$ und $4x - 2y = -3$ sind parallel, aber nicht identisch.
c) $S_1(-2\,|\,1)$; $S_2\left(-\frac{1}{2}\,|\,\frac{1}{2}\right)$

Kapitel III, Bist du sicher? Seite 91

1

$s(t) = 1{,}5\sin\left(4\pi t - \frac{\pi}{4}\right)$

2

a) Verschiebung um π Einheiten nach links.
b) Beide Graphen sind identisch.
c) Spiegelung an der x-Achse; Verschiebung um π nach rechts; Verschiebung um π nach links; Verschiebung um 2π nach rechts (oder links) und anschließende Spiegelung an der y-Achse.

Kapitel III, Training Runde 1, Seite 97

1

a) $\overline{f}(x) = \sqrt{2x}$; $P(2\,|\,2)$ b) $\overline{f}(x) = \frac{1}{2}x^4$; $P\left(\sqrt[3]{2}\,|\,\sqrt[3]{2}\right)$
c) $\overline{f}(x) = \sqrt{x} - 4$; kein gemeinsamer Punkt (Die Gleichung $(x + 4)^2 = x$ hat keine Lösung)
d) $\overline{f}(x) = \sqrt[3]{x + 6}$; $P(2\,|\,2)$ (Die Gleichung $x^3 - 6 = x$ hat die Lösung $x = 2$)

2

a) $90° < \alpha < 180°$ b) $0 \leqq \alpha < 45°$ und $270° < \alpha < 360°$

3

a) $f(x) = \cos\left(x + \frac{1}{2}\pi\right)$ b) $f(x) = -2\cos\left(x - \frac{1}{2}\pi\right)$
c) $f(x) = \cos\left(x - \frac{1}{2}\pi\right) - 1$ d) $f(x) = \cos\left(-3x - \frac{1}{2}\pi\right)$

4

a) − d)

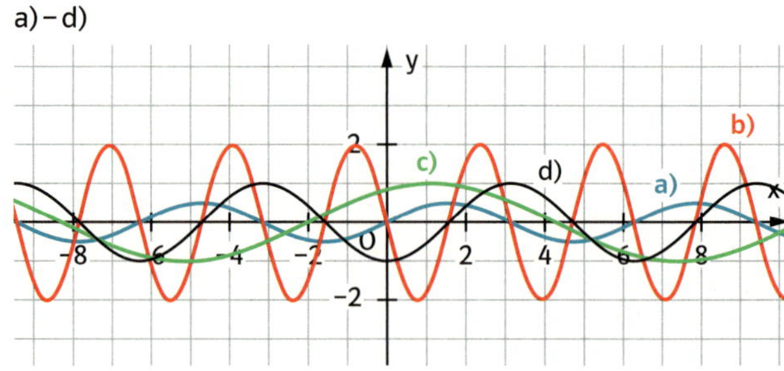

5

a) $p = 2\pi$; $A = 2$; $f(x) = 2\sin(x)$

b) $p = 4\pi$; $A = 1$; $f(x) = \sin\left(\frac{1}{2}x\right)$

c) $p = \frac{2}{3}\pi$; $A = \frac{1}{2}$; $f(x) = \frac{1}{2}\sin(3x)$

Kapitel III, Training Runde 2, Seite 97

1

a) $\bar{f}: x \to \log_{\frac{5}{4}}(x)$

b) $\bar{f}: x \to 2^{\frac{x}{3}}$

c) $\bar{f}: x \to 3^{x-1}$

d) $\bar{f}: x \to \log_3(x) + 1$

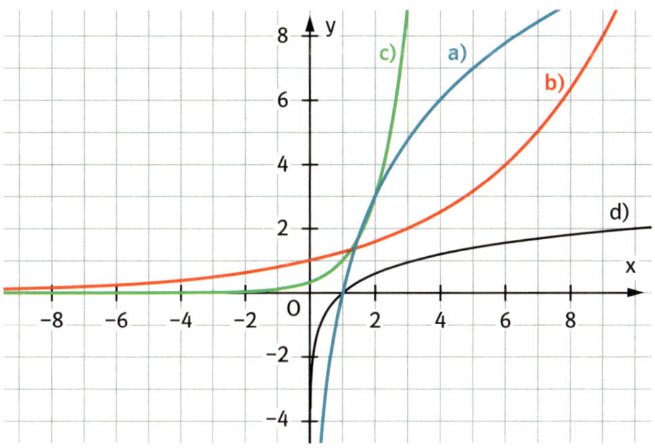

2

a) $\sin(\alpha) = \pm\frac{3}{10}\sqrt{11}$

b) $\cos(\alpha) = -\frac{3}{5}$

3

a) $f(x) = \sin\left(x - \frac{1}{2}\pi\right)$

b) $f(x) = 2\sin\left(x + \frac{\pi}{2}\right)$

c) $f(x) = \sin\left(x + \frac{1}{2}\pi\right) + 1$

d) $f(x) = \sin\left(2x + \frac{1}{2}\pi\right)$

4

a) $x_k = k\pi$ $(k \in \mathbb{Z})$

b) $x_k = \frac{1}{2}k\pi$ $(k \in \mathbb{Z})$

c) $x_k = \frac{1}{6}\pi + 2k\pi$; $x_t = \frac{5}{6}\pi + 2t\pi$ $(k, t \in \mathbb{Z})$

d) $x_k = \frac{1}{4}(2k + 1)\pi$

5

a) $p = 2$; $A = 1{,}5$; $f(x) = 1{,}5\sin(\pi x)$

b) $p = 8$; $A = 2$; $f(x) = 2\sin\left(\frac{1}{4}\pi x\right)$

c) $p = 6$; $A = 1$; $f(x) = \sin\left(\frac{1}{3}\pi x\right)$

Kapitel IV, Bist du sicher? Seite 104

1

a) Aufgrund des Plots versucht man eine lineare Regression und erhält mit dem GTR die Funktionsgleichung $y \approx 0{,}5824x - 1122{,}1175$.

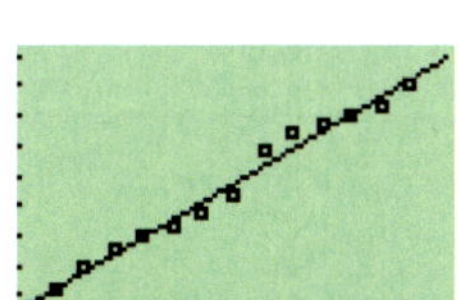

b)

Jahr	1994	1995	1996	1997	1998
Daten	39,2	39,9	40,5	41	41,3
berechnete Daten	39,1881	39,7705	40,3529	40,9353	41,5177
Abweichung	−0,0119	−0,1295	−0,1471	−0,0647	0,2177

Jahr	1999	2000	2001	2002	2003
Daten	41,7	42,4	43,8	44,4	44,66
berechnete Daten	42,1001	42,6825	43,2649	43,8473	44,4297
Abweichung	0,4001	0,2825	−0,5351	−0,5527	−0,2303

Jahr	2004	2005	2006
Daten	45,02	45,36	46,09
berechnete Daten	45,0121	45,5945	46,1769
Abweichung	−0,0079	0,2345	0,0869

Wenn man alle Werte mithilfe der Funktionsgleichung berechnet, erhält man nur bei drei Werten größere Abweichungen (größer als 0,24 für die Jahre 2000, 2001 und 2002). Daher beschreibt das Modell die Situation bis auf wenige Ausnahmen recht gut.

c) Jahr 2015: $0{,}5824 \cdot 2015 + 1122{,}1175 = 51{,}4185$

Nach der gewählten Beschreibung würde im Jahr 2015 die Anzahl der Personenautos in Deutschland etwa 51,42 Millionen betragen.

Kapitel IV, Bist du sicher? Seite 113

1

Je nach Form des Luftballons lässt sich das Volumen zum Beispiel mithilfe einer Kugel, mithilfe einer Halbkugel mit aufgesetztem Kegel oder mithilfe eines Zylinders mit aufgesetzten Halbkugeln näherungsweise berechnen.

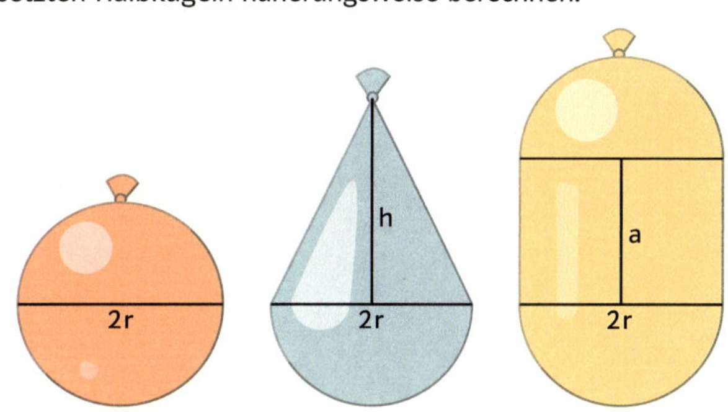

In jedem Fall muss dazu der Radius r bestimmt werden. Dieses ist zum Beispiel durch eine Umfangsmessung möglich, aus der sich der Radius ergibt, wenn man durch 2π dividiert. Weitere von der jeweiligen Modellierung abhängige Messgrößen (zum Beispiel Kegelhöhe h oder Zylinderhöhe a) sind zu den Vorschlägen in der Figur eingezeichnet.

Die Qualität des Berechnungsmodells kann überprüft werden, indem man den Ballon mit Wasser füllt, die für die Modellrechnung erforderlichen Maße bestimmt und mit diesen einen Näherungswert für das Volumen berechnet. Dieses Rechenergebnis kann nun mit dem tatsächlichen Volumen verglichen werden, das sich zum Beispiel mit einem Messzylinder bestimmen lässt.

Kapitel IV, Training Runde 1, Seite 121

1

a) Aus dem Plot der Daten vermutet man einen exponentiellen Zusammenhang.
Führt man eine neue Skalierung ein, sodass das Jahr 1790 dem Wert für $x = 0$ entspricht, erhält man mit dem GTR für eine exponentielle Regression die Funktionsgleichung
$f(x) = 3{,}958 \cdot 1{,}029\,947\,52^x$.
b) Das Jahr 2003 ist 213 Jahre nach 1790, deshalb ist $x = 213$ einzusetzen. Man erhält $f(213) \approx 2123{,}7$.
Nach dem Modell wäre die Bevölkerung demnach bis zum Jahr 2003 auf ca. 2,1 Milliarden Einwohner angewachsen.
Das Modell liefert einen Wert, der mehr als 7-mal so groß ist wie die tatsächliche Einwohnerzahl von 300 Millionen. Für Langzeitprognosen ist das Modell also ungeeignet.

2

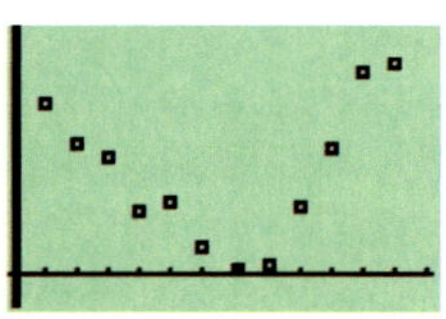

a) Weil es sich hier um einen periodischen Vorgang handelt, bei dem die Niederschlagsmengen in Abhängigkeit vom Monat in verschiedenen Jahren als „ähnlich" angenommen werden können, kann man versuchen, den Sachzusammenhang mithilfe einer Sinusfunktion zu modellieren.
1. Möglichkeit (ohne GTR)
Die Zeit wird in Monaten gerechnet; dabei wird dem Monat Januar der x-Wert 1 zugeordnet, dem Monat Februar der x-Wert 2 usw. Die Amplitude entspricht dem halben Wert zwischen Maximum (im Dezember bei 135 mm) und Minimum (im Juli bei 2 mm). Daher gilt $a = \frac{135-2}{2} = 66{,}5$. Die Periode beträgt ein Jahr, also $p = 12$ (Monate). Man erhält $b = \frac{2\pi}{12} = \frac{\pi}{6}$.
Der Mittelwert zwischen minimaler und maximaler Niederschlagsmenge liegt genau zwischen September ($x = 9$) und Oktober ($x = 10$), und zwar bei errechneten 68,5 mm $\left(e = \frac{135+2}{2} = 68{,}5\right)$.

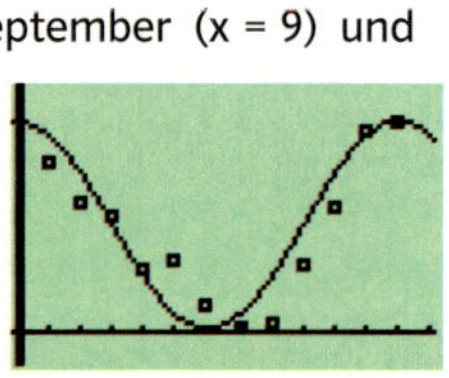

Der Parameter d ergibt sich also zu $d = b \cdot 9{,}5 = \frac{19}{12}\pi$. Es ergibt sich $f(x) = 66{,}5 \cdot \sin\left(\frac{\pi}{6}x - \frac{19}{12}\pi\right) + 68{,}5$.
2. Möglichkeit (mit GTR)
Man nimmt eine Regression durch eine Sinusfunktion vor.
Man erhält als Funktion
$g(x) = 58{,}134\,01 \cdot \sin(0{,}522\,06\,x + 1{,}355\,74) + 63{,}545\,82$.

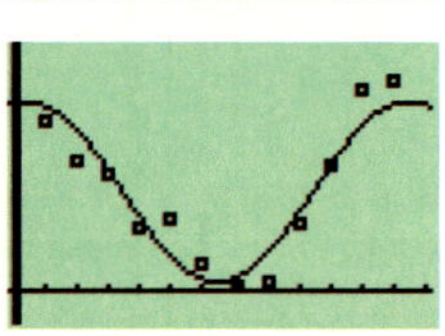

b) 1. Möglichkeit (ohne GTR)

Monat	Januar	Feb.	März	April	Mai	Juni
x	1	2	3	4	5	6
Niederschlag laut Originaldaten	110	83	74	41	46	17
berechneter Niederschlag f(x)	132,7	115,5	85,7	51,3	21,5	4,3
Abweichung	22,7	32,5	11,7	10,3	−24,5	−12,7

Monat	Juli	August	Sept.	Okt.	Nov.	Dez.
x	7	8	9	10	11	12
Niederschlag laut Originaldaten	2	4	42	80	128	135
berechneter Niederschlag f(x)	4,3	21,5	51,3	85,7	115,5	132,7
Abweichung	2,3	17,5	9,3	5,7	−12,5	−2,3

Die Tabelle zeigt, dass die maximale Abweichung von 24,5 mm im Mai auftritt. Weiterhin gibt es größere Abweichungen für die Monate Januar und August. Auf einen Blick kann man anhand von Fig. 2 erkennen, in welchen Bereichen die Sinusfunktion f den Sachzusammenhang zufriedenstellend beschreibt.
2. Möglichkeit (mit GTR)

Monat	Januar	Feb.	März	April	Mai	Juni
x	1	2	3	4	5	6
Niederschlag laut Originaldaten	110	83	74	41	46	17
berechneter Niederschlag g(x)	119,0	102,8	76,2	46,2	20,9	6,9
Abweichung	9,0	19,8	2,2	5,2	−25,1	−10,1

Monat	Juli	August	Sept.	Okt.	Nov.	Dez.
x	7	8	9	10	11	12
Niederschlag laut Originaldaten	2	4	42	80	128	135
berechneter Niederschlag g(x)	8,0	23,9	50,4	80,3	105,9	120,1
Abweichung	6,0	19,9	8,4	0,3	−22,1	−14,9

Die Tabelle zeigt, dass die maximale Abweichung von 25,1 mm im Mai auftritt. Weiterhin gibt es größere Abweichungen für die Monate Februar, August und November. Auf einen Blick kann man anhand von Fig. 3 erkennen, in welchen Bereichen die Sinusfunktion g den Sachzusammenhang zufriedenstellend beschreibt.

3

Strohballen

Dem Foto kann man nicht sicher entnehmen, wie der Strohballenturm gestapelt ist. Daher kann man aufgrund des Fotos nur Vermutungen anstellen. Wenn man davon ausgeht, dass der Turm aus lauter Strohballenebenen besteht, die alle rechteckig sind und bei denen die oberste Ebene aus einem einzigen Ballen besteht, dann liegen in der zweitobersten Ebene vier Ballen. In der dritten Ebene von oben würden dann neun Ballen liegen usw. Wenn man nun weiter davon ausgeht, dass die Person, von der man nur den Kopf sieht, auf dem Boden steht, hat der Turm insgesamt etwa sechs Ebenen, also $1 + 4 + 9 + 16 + 25 + 36 = 91$ Strohballen. Man würde unter den getroffenen Annahmen demnach etwa 91 Ballen benötigen. (Hier sind auch andere Lösungen denkbar – wichtig ist die Begründung des Lösungsweges.)

Sandhaufen

Den Sandhaufen kann man grob als spitzen Kegel modellieren. Das Volumen eines Kegels wird mit der Formel $V = \frac{1}{3}\pi r^2 h$ berechnet, wobei h die Höhe des Kegels und r den Radius der Grundfläche des Kegels darstellen. Man benötigt demnach zur Berechnung des Sandvolumens den Radius der Grundfläche und die Höhe des Sandhaufens. Wenn man grob davon ausgeht, dass die sitzenden Kinder eine Höhe von etwa 0,45 m haben und etwa 2 m vom Sandhaufen entfernt sitzen, hat der Kegel eine Höhe von etwa 2,30 m und die Grundfläche einen Durchmesser von etwa 4,50 m. Also gilt $r = 2{,}25\,\text{m}$, $h = 2{,}30\,\text{m}$ und somit $V \approx 12{,}19\,\text{m}^3$. Es werden also etwa $12{,}2\,\text{m}^3$ Sand benötigt.

Kapitel IV, Training Runde 2, Seite 121

1

a) Bei der beschriebenen Modellierung wird lineares Wachstum angenommen. Je Zinsperiode wächst das Kapital um den Betrag $K_0 \cdot p$.
Die Formel $K_n = K_0(1 + np) = K_0 + K_0 \cdot n \cdot p$ kann durch eine Gerade mit der Steigung $K_0 \cdot p$ und dem Ordinatenabschnitt K_0 veranschaulicht werden.
b) Addiert man die Zinsen $K_0 \cdot p$ zum jeweiligen Kapital, so erhält man: $K_1 = K_0 + K_0 \cdot p$,
$K_2 = K_1 + K_0 \cdot p = K_0 + K_0 \cdot p + K_0 \cdot p = K_0 + 2K_0 \cdot p$.
Entsprechend muss man n-mal die Zinsen $K_0 \cdot p$ zu K_0 hinzuaddieren, um K_n zu erhalten. Also ist die Aussage zutreffend.
c) Die Kapitalentwicklung nach dem Modell des einfachen Zinses ist nicht realistisch, weil hierbei anfallende Zinseszinsen unberücksichtigt bleiben.

2

a) Die im Koordinatendiagramm dargestellten Daten zeigen, dass die Messreihe in guter Näherung durch eine Exponentialfunktion beschrieben werden kann (Fig. 1). Die exponentielle Regression mit dem GTR liefert die Gleichung
$B(t) = 12{,}103 \cdot 1{,}300^t$ (Fig. 2).

Fig. 3 zeigt, wie gut die Messpunkte durch den Graphen der Näherungsfunktion angenähert werden.

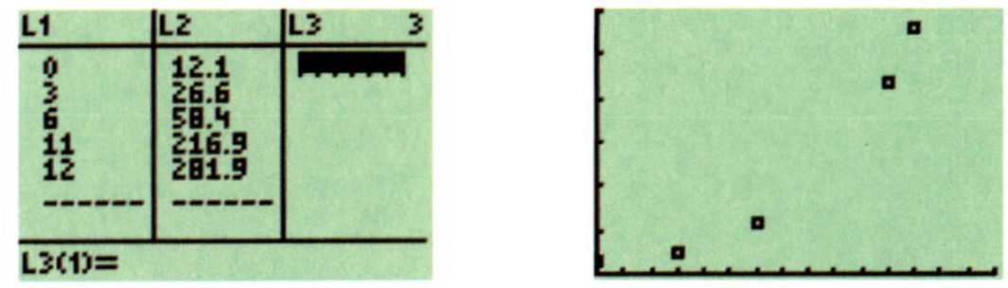

Fig. 1

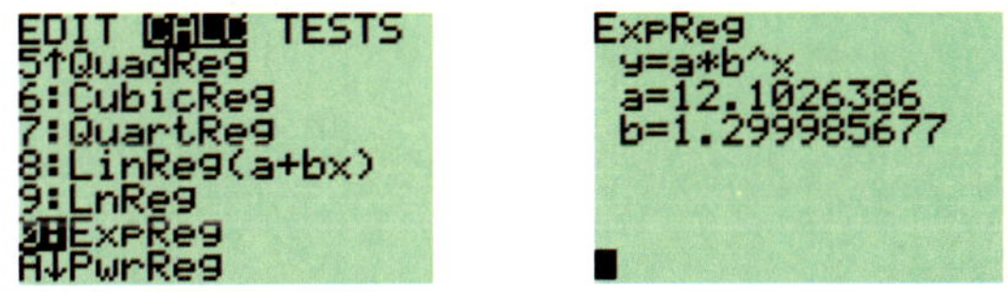

Fig. 2

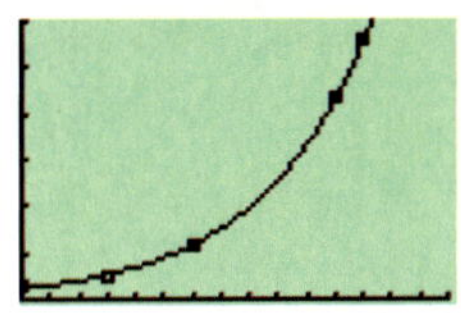

Fig. 3

b) Die im Koordinatendiagramm dargestellten Daten zeigen, dass die Messreihe in guter Näherung durch eine Exponentialfunktion beschrieben werden kann (Fig. 4). Die exponentielle Regression mit dem GTR liefert die Gleichung
$B(t) = 8{,}112 \cdot 0{,}812^t$ (Fig. 5).
Fig. 6 zeigt, wie gut die Messpunkte durch den Graphen der Näherungsfunktion angenähert werden.

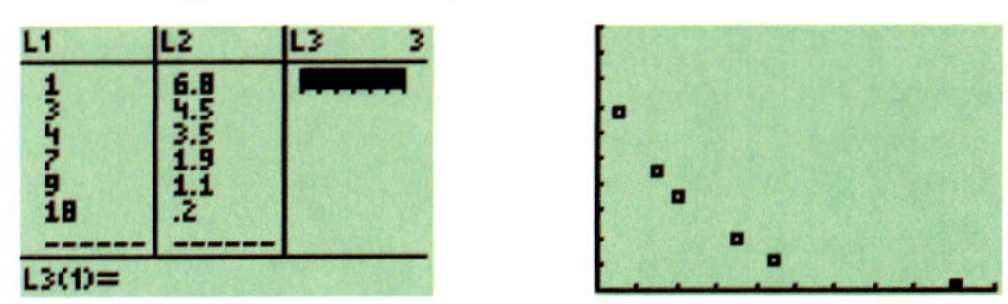

Fig. 4

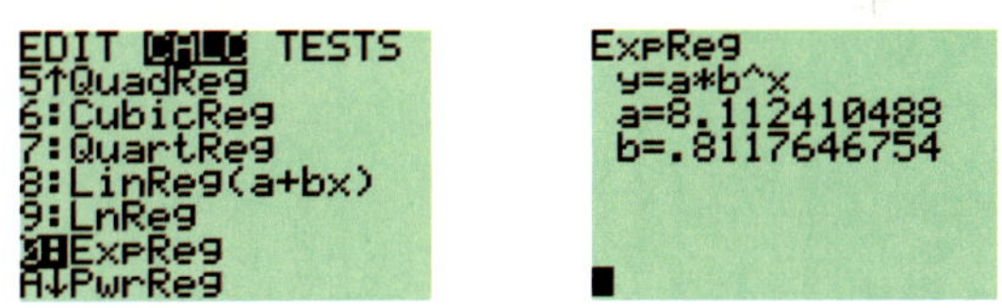

Fig. 5

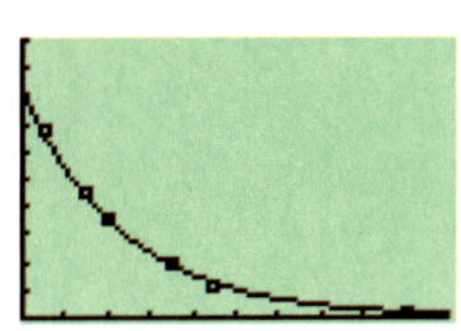

Fig. 6

Kapitel V, Bist du sicher? Seite 127

1

a) $m = \frac{f(2) - f(0)}{2 - 0} = \frac{4 - 0}{2} = 2$

b) $m = \frac{f(3) - f(-1)}{3 - (-1)} = \frac{9 - 1}{4} = 2$

c) $m = \frac{f(1) - f(-1)}{1 - (-1)} = \frac{1 - 1}{2} = 0$

d) $m = \frac{f(-1) - f(-2)}{-1 - (-2)} = \frac{1 - 4}{1} = -3$

Kapitel V, Bist du sicher? Seite 130

1

a) $f'(-3) = \lim\limits_{h \to 0} \frac{f(-3 + h) - f(-3)}{h}$
$= \lim\limits_{h \to 0} \frac{4 \cdot (-3 + h)^2 + 2 - [4 \cdot (-3)^2 + 2]}{h}$
$= \lim\limits_{h \to 0} \frac{4h^2 - 24h}{h}$
$= \lim\limits_{h \to 0} \frac{h \cdot (4h - 24)}{h}$
$= \lim\limits_{h \to 0} (4h - 24) = -24$

b) $f'(3) = \lim\limits_{h \to 0} \frac{f(3 + h) - f(3)}{h}$
$= \lim\limits_{h \to 0} \frac{\frac{1}{3 + h} - \frac{1}{3}}{h}$
$= \lim\limits_{h \to 0} \frac{-h}{(3 + h) \cdot 3 \cdot h}$
$= \lim\limits_{h \to 0} \left(\frac{h}{h} \cdot \frac{-1}{(3 + h) \cdot 3}\right)$
$= \lim\limits_{h \to 0} \left(-\frac{1}{(3 + h) \cdot 3}\right) = -\frac{1}{9}$

2

a) $f'(-2) = \lim\limits_{h \to 0} \frac{f(-2 + h) - f(-2)}{h}$
$= \lim\limits_{h \to 0} \frac{-0{,}5 \cdot (-2 + h)^2 + 3 - [-0{,}5 \cdot (-2)^2 + 3]}{h}$
$= \lim\limits_{h \to 0} \frac{-0{,}5h^2 + 2h}{h}$
$= \lim\limits_{h \to 0} \frac{h \cdot (-0{,}5h + 2)}{h}$
$= \lim\limits_{h \to 0} (-0{,}5h + 2) = 2$

b) $f'(0) = \lim\limits_{h \to 0} \frac{f(0 + h) - f(0)}{h}$
$= \lim\limits_{h \to 0} \frac{-0{,}5 \cdot (0 + h)^2 + 3 - [-0{,}5 \cdot (0)^2 + 3]}{h}$
$= \lim\limits_{h \to 0} \frac{-0{,}5 \cdot h^2}{h}$
$= \lim\limits_{h \to 0} -0{,}5h = 0$

c) $f'(5) = \lim\limits_{h \to 0} \frac{f(5 + h) - f(5)}{h}$
$= \lim\limits_{h \to 0} \frac{-0{,}5 \cdot (5 + h)^2 + 3 - [-0{,}5 \cdot 5^2 + 3]}{h}$
$= \lim\limits_{h \to 0} \frac{h \cdot (-0{,}5h - 5)}{h}$
$= \lim\limits_{h \to 0} (-0{,}5h - 5) = -5$

Kapitel V, Bist du sicher? Seite 134

1

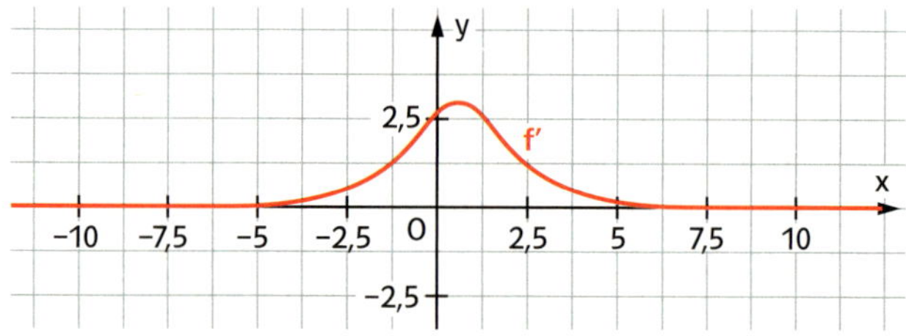

2

a) $f'(x) = \lim\limits_{h \to 0} \frac{f(x + h) - f(x)}{h}$
$= \lim\limits_{h \to 0} \frac{(x + h)^2 + (x + h) - [x^2 + x]}{h}$
$= \lim\limits_{h \to 0} \frac{x^2 + 2xh + h^2 + x + h - x^2 - x}{h}$
$= \lim\limits_{h \to 0} \frac{h \cdot (2x + h + 1)}{h}$
$= \lim\limits_{h \to 0} (2x + h + 1) = 2x + 1$

b) $f'(x) = \lim\limits_{h \to 0} \frac{f(x + h) - f(x)}{h}$
$= \lim\limits_{h \to 0} \frac{(x + h)^3 - 2 - [x^3 - 2]}{h}$
$= \lim\limits_{h \to 0} \frac{x^3 + 3x^2h + 3xh^2 + h^3 - 2 - x^3 + 2}{h}$
$= \lim\limits_{h \to 0} \frac{h \cdot (3x^2 + 3xh + h^3)}{h}$
$= \lim\limits_{h \to 0} (3x^2 + 3xh + h^3) = 3x^2$

Kapitel V, Bist du sicher? Seite 139

1

a) $f(x) = \frac{3}{x} + 3x = 3 \cdot x^{-1} + 3x$
$f'(x) = 3 \cdot (-1) \cdot x^{-1-1} + 3 = -3x^{-2} + 3 = -\frac{3}{x^2} + 3$

b) $f(x) = x^5 - \frac{12}{x^4} = x^5 - 12 \cdot x^{-4}$
$f'(x) = 5x^4 - 12 \cdot (-4) \cdot x^{-4-1} = 5x^4 + 48x^{-5} = 5x^4 + \frac{48}{x^5}$

c) $f(x) = ax^3 + cx + d$
$f'(x) = 3ax^2 + c$

2

$f(x) = 2x^3 - x^{-3} = 2x^3 - \frac{1}{x^3}$
$f'(x) = 6x^2 - (-3) \cdot x^{-4} = 6x^2 + 3x^{-4} = 6x^2 + \frac{3}{x^4}$
$f(1) = 2 \cdot 1^3 - \frac{1}{1^3} = 1$. Gesucht wird die Gleichung der Tangente im Punkt $(1|1)$.
$f'(1) = 6 \cdot 1^2 + \frac{3}{1^4} = 9 = m$.
Es ist also $y = 9x + b$.
Einsetzen der Koordinaten von P: $1 = 9 + b$, also $b = -8$.
Die Gleichung der Tangente lautet $y = 9x - 8$.

Kapitel V, Kannst du das noch? Seite 140

20

c = 5 cm; a = 7,5 cm; $\beta = 110°$

$b^2 = a^2 + c^2 - 2ac \cdot \cos(110°)$

$= 5^2 + 7{,}5^2 - 2 \cdot 5 \cdot 7{,}5 \cdot \cos(110°)$

$b^2 \approx 106{,}9 \Longrightarrow b \approx 10{,}3$

$\frac{a}{b} = \frac{\sin(\alpha)}{\sin(\beta)} \Longrightarrow \sin(\alpha) = \frac{a}{b} \cdot \sin(\beta)$

$\sin(\alpha) = \frac{7{,}5}{10{,}3} \cdot \sin(110°) \approx 0{,}6842 \Longrightarrow \alpha = 43°$

Zweite Lösung: $\alpha_2 = 180° - 43° = 137°$.

Nicht möglich, da $\beta + \alpha_2 > 180°$. Also: $\alpha = 43°$

$\gamma = 180° - (\alpha + \beta) = 180° - (43° + 110°) = 180° - 153° = 27°$

Lösung: b = 10,3 cm; $\alpha = 43°$; $\gamma = 27°$

21

Zu zeigen: $\sin^2(\alpha) + \frac{\sin^2(\alpha)}{\tan^2(\alpha)} = 1$

$$\sin^2(\alpha) + \frac{\sin^2(\alpha)}{\tan^2(\alpha)} = \sin^2(\alpha) + \frac{\sin^2(\alpha)}{\frac{\sin^2(\alpha)}{\cos^2(\alpha)}}$$

$$= \sin^2(\alpha) + \sin^2(\alpha) \cdot \frac{\cos^2(\alpha)}{\sin^2(\alpha)}$$

$$= \sin^2(\alpha) + \cos^2(\alpha) = 1$$

22

a) $\cos(165°) \approx -0{,}9659$
$\alpha_2 = 360° - 165° = 195°$

b) $\sin(\alpha) \approx -0{,}60182$
$\alpha_1 = -37°$ bzw.
$\alpha_1 = 360° - 37° = 323°$
$\alpha_2 = 180° + 37° = 217°$

c) $\alpha_1 = 45°$
$\alpha_2 = 180° + 45° = 225°$

23

a) Amplitude: 4 $\quad f(x) = -4 \cdot \sin(x)$
Periodenlänge: 2π

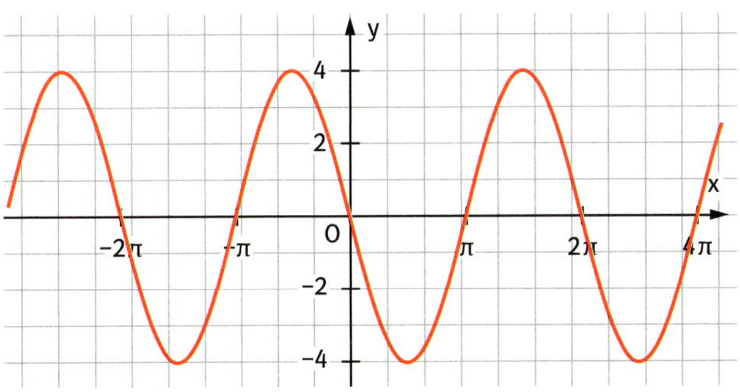

b) Amplitude: 2 $\quad f(x) = 2 \cdot \cos\left(x - \frac{\pi}{2}\right)$
Periodenlänge: 2π

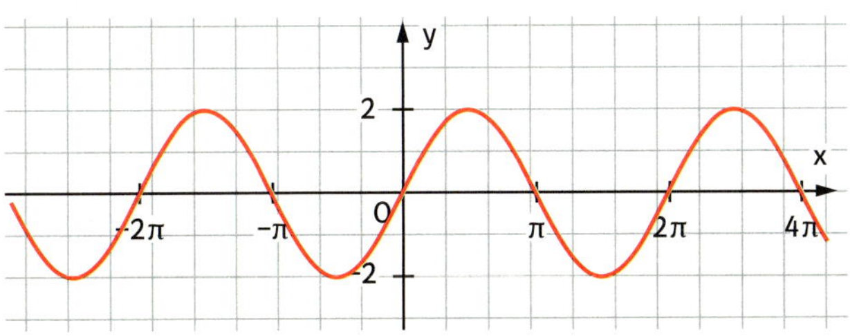

c) $f(x) = \sin(2x + \pi) = \sin\left(2\left(x + \frac{\pi}{2}\right)\right)$

Amplitude: 1 $\quad$ Periodenlänge: $\frac{2\pi}{2} = \pi$

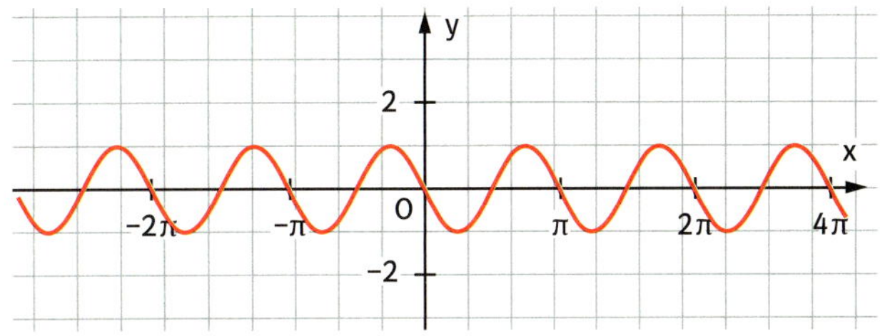

d) $f(x) = \frac{1}{2} \cdot \cos\left(\frac{1}{2}x + \frac{\pi}{2}\right)$

$= \frac{1}{2} \cdot \cos\left(\frac{1}{2}(x + \pi)\right)$

Amplitude: $\frac{1}{2}$ $\quad$ Periodenlänge: $\frac{2\pi}{\frac{1}{2}} = 4\pi$

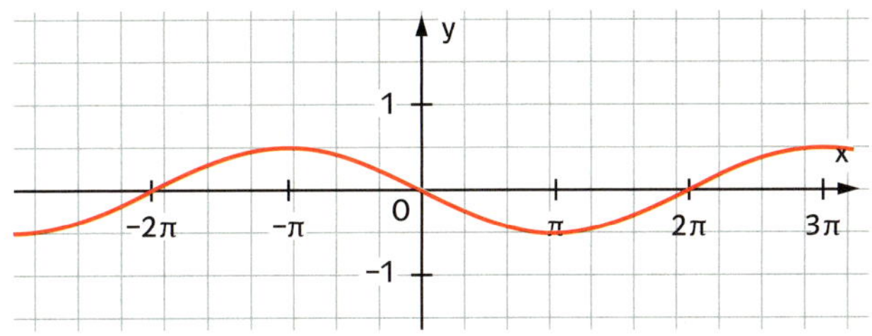

Kapitel V, Bist du sicher? Seite 143

1

$f(x) = \cos(x)$; $f'(x) = -\sin(x)$

a) $f'\left(\frac{\pi}{4}\right) = -\sin\left(\frac{\pi}{4}\right) \approx -0{,}7071 = \frac{1}{\sqrt{2}}$

b) $f'\left(-\frac{3}{2}\pi\right) = -\sin\left(-\frac{3}{2}\pi\right) = -1$

2

a) $f(x) = -2 \cdot \sin(x)$; $f'(x) = -2 \cdot \cos(x)$

$f(0) = -2 \cdot \sin(0)$, also $P(0|0)$

$f'(0) = -2 \cdot \cos(0) = -2 = m$

$y = -2x + b$ | Koordinaten von P einsetzen

$0 = 0 + b \Longrightarrow b = 0$

Gleichung der Tangente: $y = -2x$

b) $f(x) = x^2 + \sin(x)$; $f'(x) = 2x + \cos(x)$

$f\left(\frac{\pi}{2}\right) = \left(\frac{\pi}{2}\right)^2 + \sin\left(\frac{\pi}{2}\right) = \frac{\pi^2}{4} + 1$, also $P\left(\frac{\pi}{2} \middle| \frac{\pi^2}{4} + 1\right)$

$f'\left(\frac{\pi}{2}\right) = -2 \cdot \frac{\pi}{2} + \cos\left(\frac{\pi}{2}\right) = \pi = m$

$y = \pi \cdot x + b$ | Koordinaten von P einsetzen

$\frac{\pi^2}{4} + 1 = \pi \cdot \frac{\pi}{2} + b$

$b = \frac{\pi^2}{4} + 1 - \frac{\pi^2}{2} = 1 - \frac{\pi^2}{4}$

Gleichung der Tangente: $y = \pi \cdot x + 1 - \frac{\pi^2}{4}$

Kapitel V, Training Runde 1, Seite 153

1

a) $f'(x) = 14x$

b) $f'(x) = 8x - 5$

c) $f'(x) = -1 \cdot x^{-2} - 4 = -\frac{1}{x^2} - 4$

d) $f'(x) = -3 \cdot \cos(x) + (-\sin(x)) = -3 \cdot \cos(x) - \sin(x)$

2

a) Zutreffend. Für $x < 2$ ist die Steigung negativ, für $x = 2$ ist die Steigung = 0 und für $x > 2$ ist die Steigung positiv.

b) Falsch. Die Steigung des Graphen im Punkt $(0 \mid f(0))$ ist positiv, daher schneidet der Graph der Ableitungsfunktion an dieser Stelle nicht die x-Achse.

c) Falsch. Die Steigung ist für $-1 \leqq x < 2$ negativ, in diesem Bereich verläuft der Graph unterhalb der x-Achse. Für $x = 2$ ist die Steigung = 0, der Graph der Ableitungsfunktion schneidet an dieser Stelle die x-Achse, verläuft also nicht unterhalb von ihr.

3

$R(d) = -0{,}5\,d^3 + 2\,d^2$

a) $R'(d) = -1{,}5\,d^2 + 4\,d$

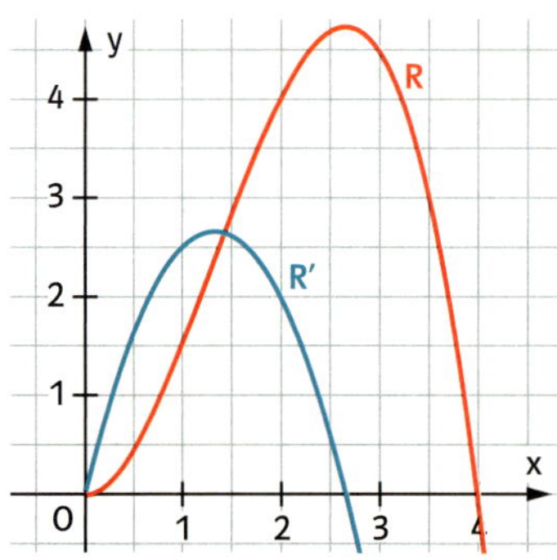

b) Aus den Graphen von R und R' entnimmt man:
Für $d \approx 2{,}7$ ist die Reaktionsstärke am größten,
für $d \approx 1{,}3$ st die Empfindlichkeit am größten.

Kapitel V, Training Runde 2, Seite 153

1

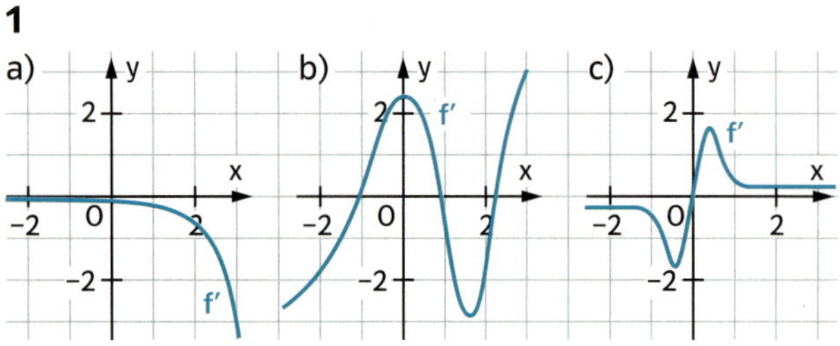

2

a) $f(x) = x^2 + 0{,}5x$; $f'(x) = 2x + 0{,}5$

$f(-3) = (-3)^2 + 0{,}5 \cdot (-3) = 7{,}5$, also $P(-3 \mid 7{,}5)$

$f'(-3) = 2 \cdot (-3) + 0{,}5 = -5{,}5 = m$

$y = -5{,}5x + b$ | P einsetzen

$7{,}5 = -5{,}5 \cdot (-3) + b$

$b = -9$

Gleichung der Tangente: $y = -5{,}5x - 9$

b) $f(x) = -2 \cdot \sin(x)$; $f'(x) = -2 \cdot \cos(x)$

$f\left(\frac{\pi}{4}\right) \approx -1{,}4142 = \frac{\sqrt{2}}{2} \cdot (-2)$, also $P\left(\frac{\pi}{4} \middle| -1{,}4142\right)$ bzw. $P\left(\frac{\pi}{4} \middle| -\sqrt{2}\right)$

$f'\left(\frac{\pi}{4}\right) = -\sqrt{2} = m$

$y = -\sqrt{2}x + b$ | P einsetzen

$-\sqrt{2} = -\sqrt{2} \cdot \frac{\pi}{4} + b$

$b \approx -0{,}3035$

Gleichung der Tangente: $y = -\sqrt{2}x - 0{,}3035$

3

a) $f(x) = 3\sqrt{x}$; $f'(x) = 3 \cdot \frac{1}{2\sqrt{x}} = \frac{3}{2\sqrt{x}}$

$f(4) = 3 \cdot \sqrt{4} = 3 \cdot 2 = 6$, also $P(4 \mid 6)$

$f'(4) = \frac{3}{2\sqrt{4}} = \frac{3}{4} = m_t$

$m_n = -\frac{1}{m_t} = -\frac{4}{3}$

$y = -\frac{4}{3}x + b$ | P einsetzen

$6 = -\frac{4}{3} \cdot 4 + b$

$b = \frac{34}{3} = 11\frac{1}{3}$

Gleichung der Normalen: $y = -\frac{4}{3}x + \frac{34}{3}$

b) $f(x) = \frac{2}{x} + x^2 = 2 \cdot x^{-1} + x^2$; $f'(x) = -\frac{2}{x^2} + 2x$

$f(-1) = \frac{2}{-1} + (-1)^2 = -2 + 1 = -1$, also $P(-1 \mid -1)$

$f'(-1) = -\frac{2}{(-1)^2} + 2 \cdot (-1) = -2 - 2 = -4 = m_t$

$m_n = -\frac{1}{m_t} = \frac{1}{4}$

$y = \frac{1}{4}x + b$ | P einsetzen

$-1 = \frac{1}{4} \cdot (-1) + b$

$b = -\frac{3}{4}$

Gleichung der Normalen: $y = \frac{1}{4}x - \frac{3}{4}$

4

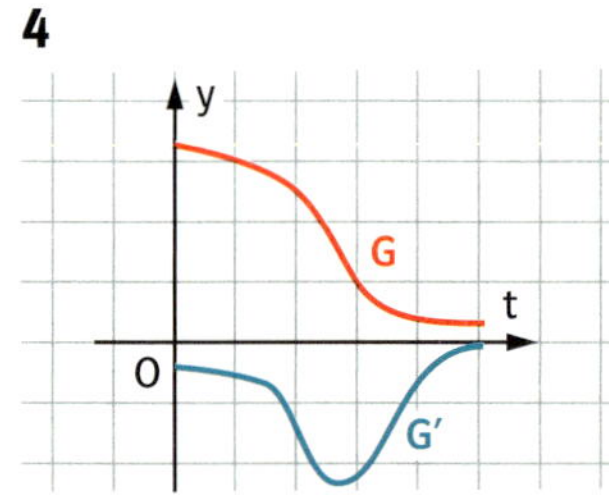

Am Graphen von G kann man erkennen, dass das Papier verbrannt ist, wenn sich das Papiergewicht nicht mehr ändert. Der Graph von G' schneidet an dieser Stelle die x-Achse.

Kapitel VI, Bist du sicher? Seite 159

1

a) Die Funktion f ist streng monoton abnehmend für $x \leqq 0$ und streng monoton zunehmend für $x \geqq 0$.

b) Die Funktion f ist streng monoton zunehmend für $x \leqq -\sqrt{3}$ und für $x \geqq \sqrt{3}$. Sie ist streng monoton abnehmend für $-\sqrt{3} \leqq x \leqq \sqrt{3}$.

c) Die Funktion f ist streng monoton zunehmend für alle

$x \in \mathbb{R}$.

d) Die Funktion f ist streng monoton abnehmend für $x \leqq 0$ und streng monoton zunehmend für $x \geqq 0$.

2

a) Falsche Aussage, weil $f'(x)$ für $x < 1$ und für $x > 3$ positiv ist. Die Funktion f ist nur im Intervall $[-\infty; 1]$ und $[3; \infty]$ streng monoton zunehmend.

b) Wahre Aussage, weil $f'(x)$ im Intervall $[-4; -3]$ positiv ist.

c) Falsche Aussage, weil $f'(x)$ im Teilintervall $[0; 1]$ nicht negativ ist. Der Graph von f ändert an der Stelle 1 sein Monotonieverhalten von steigendem zu fallendem Verlauf.

d) Wahre Aussage, da $f'(x)$.

Kapitel VI, Kannst du das noch? Seite 159

13

a) $\pm\sqrt{7}$	b) —	c) -3; 0
d) 0	e) ± 2	f) 3
g) -1; 1; 2	h) -2; 0	i) $\pm\sqrt{5}$; $k\pi$

14

a) $S(0|2)$

b) $S_1(-2|-4)$; $S_2(2+\sqrt{2}|6+6\sqrt{2})$; $S_3(2-\sqrt{2}|6-6\sqrt{2})$;

15

a) $\left(\frac{1}{2}\middle|0\right)$ b) $(-3|-21)$

Kapitel VI, Bist du sicher? Seite 163

1

a) $H(-1{,}5|2{,}25)$; $T(1|-0{,}5)$; $S(0|0)$

b)

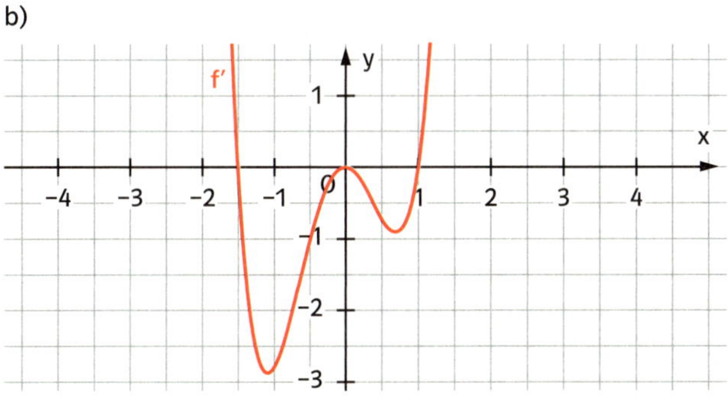

2

a) $f'(x) = 2x + 2 = 0$; Lösung: -1; $f(-1) = -1$

Die Ableitungsfunktion f' wechselt an der Stelle -1 von negativen zu positiven Werten. Also hat der Graph von f den Tiefpunkt $T(-1|-1)$.

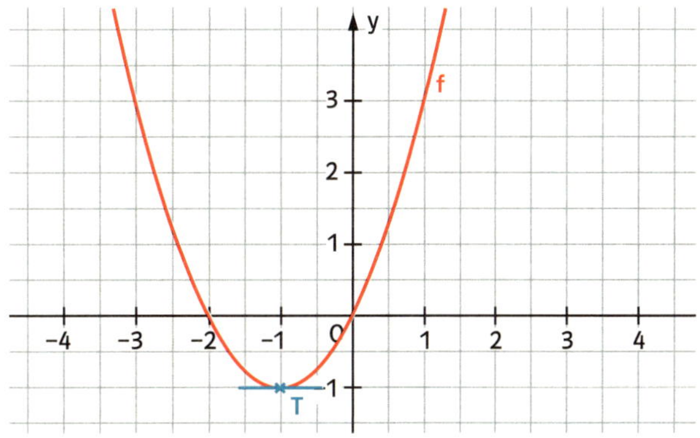

b) $f'(x) = \frac{3}{2}x^2 - 6x + 6 = \frac{3}{2}(x^2 - 4x + 4) = \frac{3}{2}(x-2)^2 = 0$;

Lösung: 2; $f(2) = 1$

Die Ableitungsfunktion f' hat an der Stelle 2 eine Nullstelle, jedoch keinen Vorzeichenwechsel. Also hat der Graph von f den Sattelpunkt $(2|1)$.

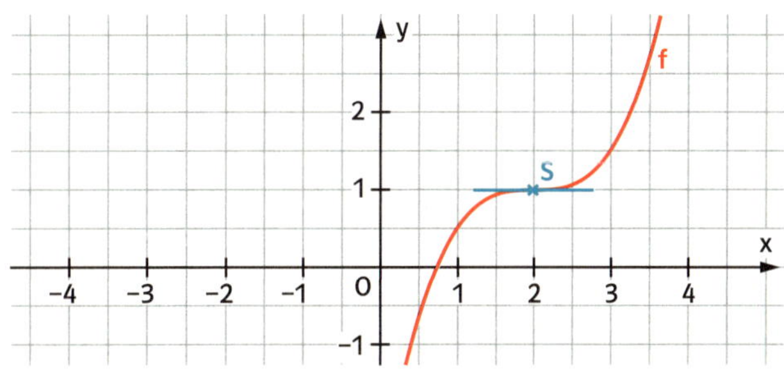

c) $f'(x) = 4x^3 - 12x^2 + 8x = 4x(x^2 - 3x + 2) = 0$;

Lösungen: $x = 0$, $x = 1$ und $x = 2$; $f(0) = f(2) = 0$, $f(1) = 1$

Die Ableitungsfunktion f' wechselt an den Stellen 0 und 2 von negativen zu positiven Werten, an der Stelle 1 umgekehrt von positiven zu negativen Werten. Also hat der Graph von f die Tiefpunkte $T_1(0|0)$ und $T_2(2|0)$ sowie den Hochpunkt $H(1|1)$.

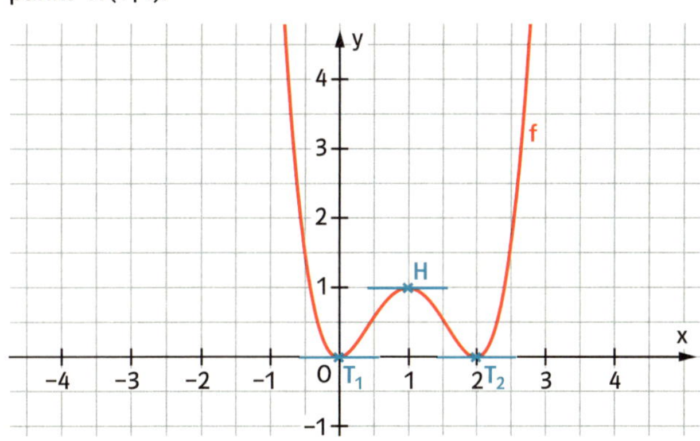

Kapitel VI, Bist du sicher? Seite 169

1

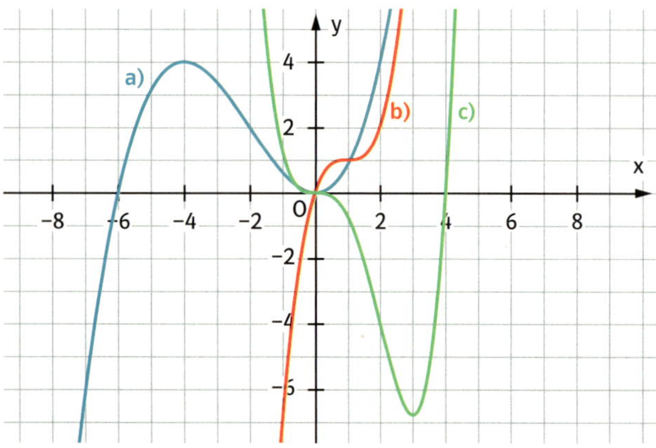

a) $f(x) = \frac{1}{8}x^3 + \frac{3}{4}x^2$

Nullstellen von f′: $f'(x) = \frac{3}{8}x^2 + \frac{3}{2}x = \frac{3}{8}x(x + 4) = 0$

Lösungen: 0 und −4

zugehörige Funktionswerte: $f(0) = 0$; $f(-4) = 4$

Nullstellen von f″: $f''(x) = \frac{3}{4}x + \frac{3}{2} = 0$; Lösung: −2

zugehöriger Funktionswert: $f(-2) = 2$

Untersuchung der Nullstellen von f′ mithilfe von f″ und der Nullstelle von f″ mithilfe von f‴:

$f''(0) = \frac{3}{4} \cdot 0 + \frac{3}{2} = \frac{3}{2} > 0$; $f''(-4) = \frac{3}{4} \cdot (-4) + \frac{3}{2} = -\frac{3}{2} < 0$;

$f'''(x) = \frac{3}{4}$, also $f'''(-2) = \frac{3}{4} \neq 0$

Deutung:

Der Graph von f hat den Hochpunkt H(−4 | 4), den Wendepunkt W(−2 | 2) und den Tiefpunkt T(0 | 0).

b) $f(x) = x^3 - 3x^2 + 3x$

Nullstellen von f′:

$f'(x) = 3x^2 - 6x + 3 = 3(x^2 - 2x + 1) = 3(x - 1)^2 = 0$

Lösung: 1

zugehöriger Funktionswert: $f(1) = 1$

Nullstellen von f″: $f''(x) = 6x - 6 = 0$; Lösung: 1

Untersuchung der Nullstelle von f′ und f″ mithilfe von f‴:

$f'''(x) = 6$, also $f'''(1) = 6 \neq 0$

Deutung:

Der Graph von f hat keine Extrempunkte, jedoch den Sattelpunkt S(1 | 1).

c) $f(x) = \frac{1}{4}x^4 - x^3$

Nullstellen von f′: $f'(x) = x^3 - 3x^2 = x^2(x - 3) = 0$;

Lösungen: 0 und 3

zugehörige Funktionswerte: $f(0) = 0$; $f(3) = -6{,}75$

Nullstellen von f″: $f''(x) = 3x^2 - 6x = 3x(x - 2) = 0$;

Lösungen: 0 und 2

zugehörige Funktionswerte: $f(0) = 0$; $f(2) = -4$

Untersuchung der Nullstellen von f′ mithilfe von f″ und der Nullstellen von f″ mithilfe von f‴:

$f''(0) = 0$; $f''(3) = 3 \cdot (3)^2 - 6 \cdot 3 = 9 > 0$;

$f'''(x) = 6x - 6$, also $f'''(0) = -6 \neq 0$ und $f'''(2) = 6 \neq 0$

Deutung:

Der Graph von f hat den Tiefpunkt H(3 | −6,75), den Sattelpunkt S(0 | 0) und einen weiteren Wendepunkt bei W(2 | −4).

2

Der Graph von f ist für $x < 2$ rechtsgekrümmt, hat an der Stelle 2 einen Krümmungswechsel und verläuft für $x > 2$ linksgekrümmt.

Graph von f′:

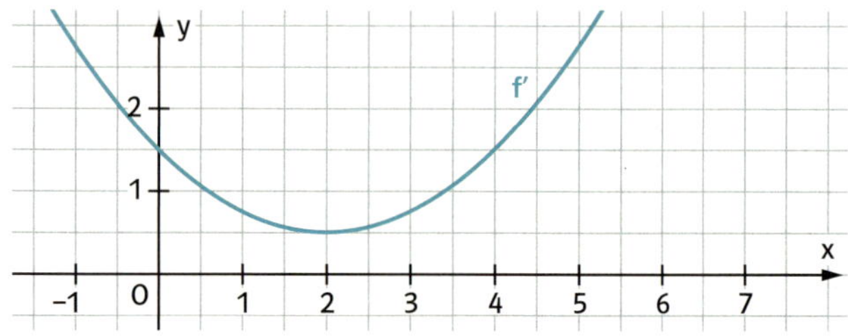

Graph von f″

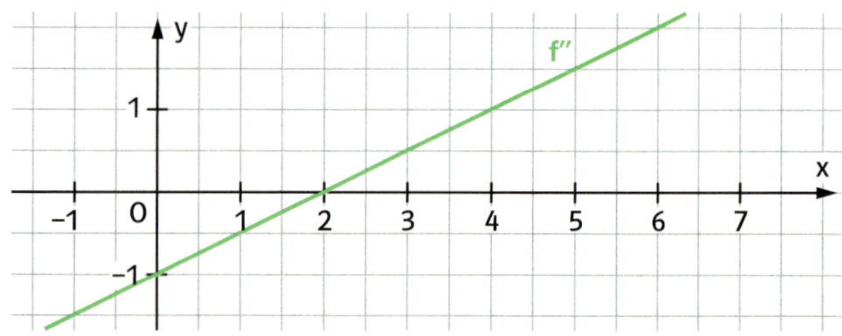

3

Wendepunkt W: $g(x) = x^3 - 3x^2 + 4$; $g'(x) = 3x^2 - 6x$;

$g''(x) = 6x - 6 = 0$; Lösung: 1

zugehöriger Funktionswert: $g(1) = 2$

Untersuchung von $g'''(1)$: $g'''(x) = 6$, also $g'''(1) = 6 \neq 0$

Der Wendepunkt liegt bei W(1 | 2).

Wendetangente t und Normale n:

Steigung im Wendepunkt: $g'(1) = -3$

$t(x) = -3(x - 1) + 2 = -3x + 5$

$n(x) = \frac{1}{3}(x - 1) + 2 = \frac{1}{3}x + \frac{5}{3}$

Nullstelle von t: $t(x) = -3x + 5 = 0$; Lösung: $\frac{5}{3}$

Nullstelle von n: $n(x) = \frac{1}{3}x + \frac{5}{3} = 0$; Lösung: −5

a) Die Wendetangente t schließt mit den Koordinatenachsen ein rechtwinkliges Dreieck mit dem Flächeninhalt $A = \frac{1}{2} \cdot \frac{5}{3} \cdot 5 = \frac{25}{6}$ ein.

b) Die Normale n schließt mit den Koordinatenachsen ein rechtwinkliges Dreieck mit dem Flächeninhalt $A = \frac{1}{2} \cdot |-5| \cdot \frac{5}{3} = \frac{25}{6}$ ein.

Hinweis: Die von den Geraden t und n jeweils mit den Koordinatenachsen eingeschlossenen Dreiecke sind kongruent.

Kapitel VI, Bist du sicher? Seite 180

1

a) $f(x) = x \cdot (x+1)$; $-\frac{1}{2}$; $+\frac{1}{2}$

b) $f(x) = x + \frac{1}{x}$; Minimum ist 2 für $x = 1$.

2

Flächeninhalt A und Umfang U des Rechtecks ABCD hängen jeweils von u ab, wobei $0 \leqq u \leqq 3$ ist:

$A(u) = 2u \cdot p(u) = 2u(9 - u^2) = -2u^3 + 18u$;

$U(u) = 2 \cdot 2u + 2 \cdot p(u) = 4u + 2(9 - u^2) = -2u^2 + 4u + 18$.

a) Extremwerte von A:

$A'(u) = -6u^2 + 18 = 0$; Lösung: $\sqrt{3}$

($-\sqrt{3}$ entfällt wegen $u \geqq 0$)

$A''(u) = -12u$, also $A''(\sqrt{3}) = -12\sqrt{3} < 0$

$A(\sqrt{3}) = 2\sqrt{3}\left(9 - (\sqrt{3})^2\right) = 12\sqrt{3} \approx 20{,}8$

Der maximale Flächeninhalt wird für $u = \sqrt{3}$ erreicht. Das Rechteck hat in diesem Extremfall einen Flächeninhalt von etwa 20,8 Flächeneinheiten.

Graph der Flächeninhaltsfunktion A:

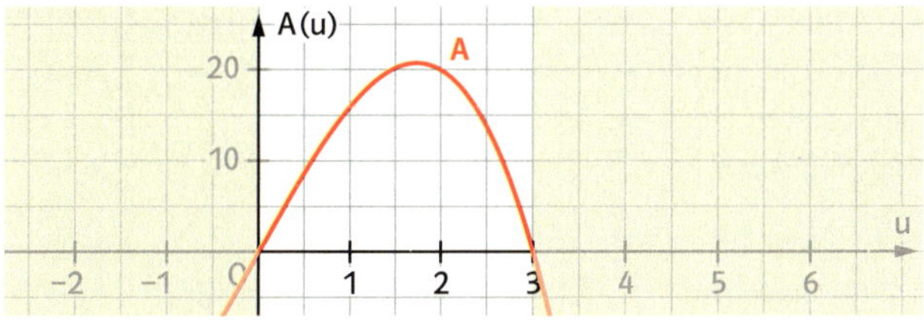

b) Extremwerte von U:

$U'(u) = -4u + 4 = 0$; Lösung: 1

$U''(u) = -4$, also $U''(1) = -4 < 0$

$U(1) = 2 \cdot 2 + 2 \cdot 8 = 20$

Der maximale Umfang wird für $u = 1$ (nicht für $u = \sqrt{3}$) erreicht. Das Rechteck hat in diesem Extremfall einen Umfang von 20 Längeneinheiten.

Hinweis: Um den maximalen Flächeninhalt zu erreichen, ist der Umfang $U(\sqrt{3}) = 2 \cdot 2\sqrt{3} + 2 \cdot 6 = 4\sqrt{3} + 12 \approx 18{,}9$ erforderlich $\left(U(\sqrt{3}) < 20\right)$.

Graph der Umfangsfunktion U:

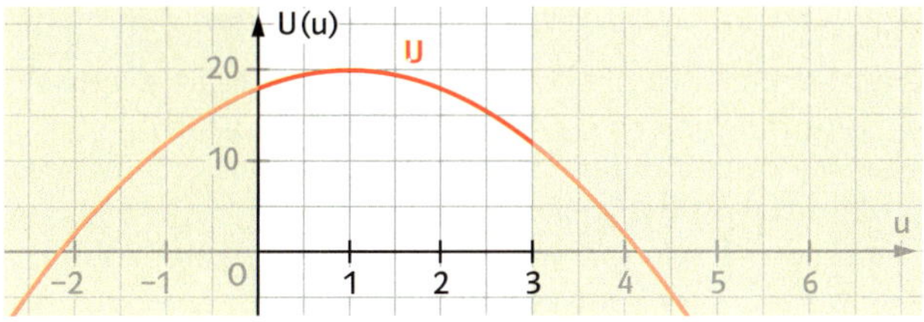

Kapitel VI, Training Runde 1, Seite 199

1

a) Der Graph ist achsensymmetrisch.

Nullstellen: $x_1 = \sqrt{2}$; $x_2 = -\sqrt{2}$.

b) Hochpunkt $H(0|4)$; Tiefpunkte: $T_1\left(\sqrt{2}\,|\,0\right)$ und $T_2\left(-\sqrt{2}\,|\,0\right)$.

Wendepunkte: $W_1\left(\frac{1}{3}\sqrt{6}\,\middle|\,\frac{16}{9}\right)$ und $W_2\left(-\frac{1}{3}\sqrt{6}\,\middle|\,\frac{16}{9}\right)$.

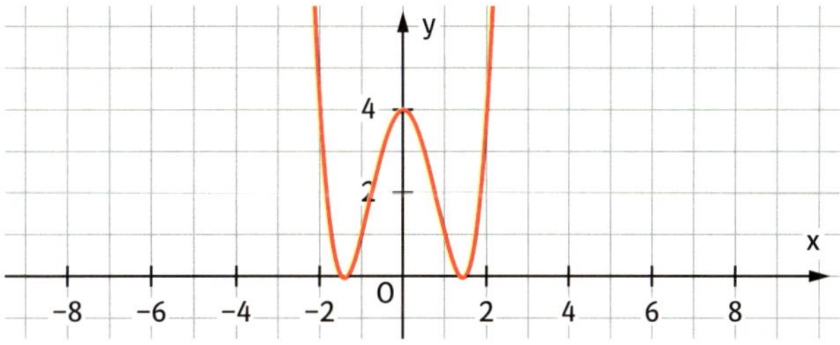

c) Ansatz: $g(x) = ax^2 + bx + c$

Aus $g(1) = f(1)$; $g'(1) = -\frac{1}{f'(1)}$ und $g(-1) = f(-1)$ folgt

$g(x) = \frac{1}{8}x^2 + \frac{7}{8}$.

Schnittpunkte der beiden Graphen:

$S_1(1|1)$; $S_2(-1|1)$; $S_3\left(\frac{5}{4}\sqrt{2}\,\middle|\,\frac{81}{64}\right)$; $S_4\left(-\frac{5}{4}\sqrt{2}\,\middle|\,\frac{81}{64}\right)$.

2

Der Graph von f fällt für $x < -1$ streng monoton, weil $f'(x)$ hier negativ ist, hat im Punkt $(-1|f(-1))$ einen Tiefpunkt, steigt für $x > -1$ streng monoton, weil $f'(x)$ hier nicht negativ ist, und hat im Punkt $(1|f(1))$ einen Sattelpunkt.

Hinweis: Alle möglichen Graphen von f sind zueinander kongruent. Die zugehörigen Funktionsterme unterscheiden sich lediglich um eine additive Konstante.

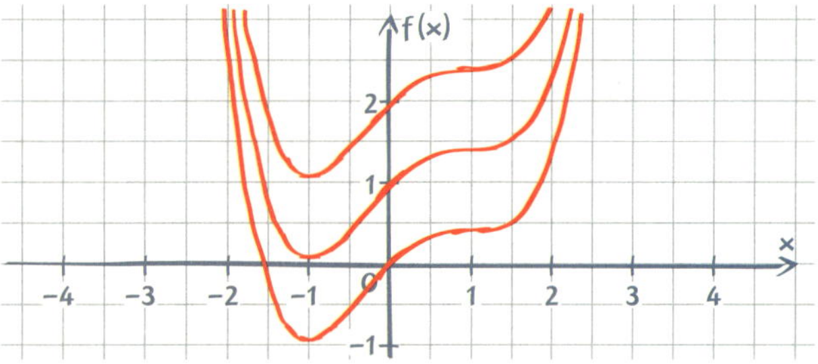

3

a) $f(x) = \frac{x}{2} + \frac{2}{x} = \frac{1}{2}x - 2x^{-1}$; $x > 0$

$f'(x) = \frac{1}{2} - 2x^{-2} = \frac{1}{2} - \frac{2}{x^2} = 0$; Lösung: 2 (da $x > 0$)

Extremwert: $f(2) = \frac{2}{2} + \frac{2}{2} = 2$

Art des Extremums: $f''(x) = 4x^{-3} = \frac{4}{x^3}$,

also $f''(2) = \frac{4}{2^3} = \frac{4}{8} = \frac{1}{2} > 0$

Der Extremwert 2 an der Stelle 2 ist ein lokales Minimum.

Der Graph von f hat im Punkt $T(2|2)$ einen Tiefpunkt.

b) Der Graph von f ist für alle $x > 0$ linksgekrümmt, weil $f''(x) = \frac{4}{x^3}$ für alle $x > 0$ positiv ist.

4

Für die Maßzahl des Flächeninhalts des gefärbten Dreiecks gilt in Abhängigkeit von a:

$A(x) = a^2 - \frac{1}{2}x^2 - 2 \cdot \frac{1}{2}a \cdot (a - x)$ bzw.

$A(x) = -\frac{1}{2}x^2 + ax;\ 0 < x \leqq a.$

A wird maximal für $x = a$.

Kapitel VI, Training Runde 2, Seite 199

1

a) Funktionsgleichung und Ableitungen:

$f(x) = -x^3 + 6x^2 = -x^2(x - 6);$

$f'(x) = -3x^2 + 12x = -3x(x - 4);$

$f''(x) = -6x + 12 = -6(x - 2);$

$f'''(x) = -6 \neq 0$

Nullstellen: 0 und 6;

Extremstellen: 0 und 4;

Wendestelle: 2;

Funktionswerte: $f(0) = 0$, $f(4) = 32$ und $f(2) = 16$

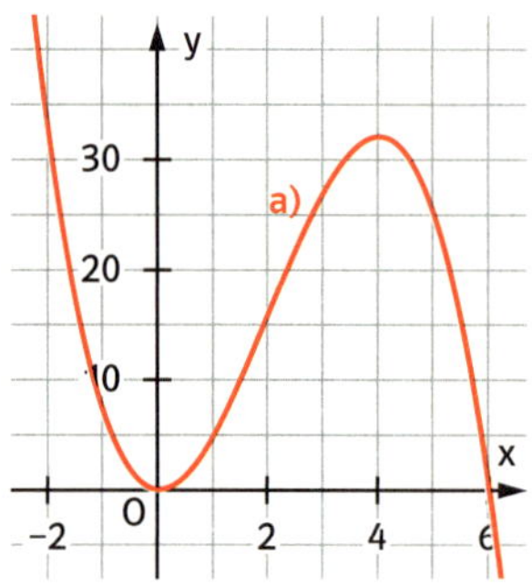

b) Funktionsgleichung und Ableitungen:

$f(x) = -\frac{1}{3}x^3 + x = -\frac{1}{3}x(x^2 - 3);\ f'(x) = -x^2 + 1;$

$f''(x) = -2x;\ f'''(x) = -2 \neq 0$

Nullstellen: $-\sqrt{3}$, 0 und $\sqrt{3}$;

Extremstellen: -1 und 1;

Wendestelle: 0;

Funktionswerte: $f(-1) = -\frac{2}{3}$, $f(1) = \frac{2}{3}$ und $f(0) = 0$

c) Funktionsgleichung und Ableitungen:

$f(x) = -\frac{1}{18}x^4 + x^2 = -\frac{1}{18}x^2(x^2 - 18);$

$f'(x) = -\frac{2}{9}x^3 + 2x = -\frac{2}{9}x(x^2 - 9);$

$f''(x) = -\frac{2}{3}x^2 + 2 = -\frac{2}{3}(x^2 - 3);\ f'''(x) = -\frac{4}{3}x$

Nullstellen: $-3\sqrt{2}$, 0 und $3\sqrt{2}$;

Extremstellen: -3, 0 und 3;

Wendestellen: $-\sqrt{3}$ und $\sqrt{3}$;

Funktionswerte: $f(-3) = f(3) = 4{,}5$, $f(0) = 0$ und $f(-\sqrt{3}) = f(\sqrt{3}) = 2{,}5$

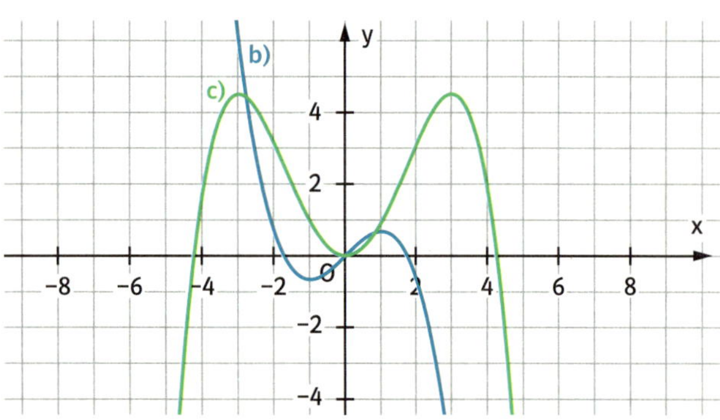

d) Funktionsgleichung und Ableitungen:

$f(x) = \frac{1}{6}x^3 - x^2 + \frac{8}{3};\ f'(x) = \frac{1}{2}x^2 - 2x = \frac{1}{2}x(x - 4);$

$f''(x) = x - 2;\ f'''(x) = 1 \neq 0$

Nullstellen: $2 - 2\sqrt{3}$, 2 und $2 + 2\sqrt{3}$;

Extremstellen: 0 und 4;

Wendestelle: 2;

Funktionswerte: $f(0) = \frac{8}{3}$, $f(4) = -\frac{8}{3}$ und $f(2) = 0$

e) Funktionsgleichung und Ableitungen:

$f(x) = \frac{1}{6}x^4 - x^3 + 2x^2 = \frac{1}{6}x^2(x^2 - 6x + 12);$

$f'(x) = \frac{2}{3}x^3 - 3x^2 + 4x = \frac{2}{3}x\left(x^2 - \frac{9}{2}x + 6\right);$

$f''(x) = 2x^2 - 6x + 4;\ f'''(x) = 4x - 6$

Nullstelle: 0;

Extremstelle: 0;

Wendestellen: 1 und 2;

Funktionswerte: $f(0) = 0$, $f(1) = \frac{7}{6}$ und $f(2) = \frac{8}{3}$

f) Funktionsgleichung und Ableitungen:

$f(x) = \frac{1}{10}x^4 - x^2 + \frac{9}{10} = \frac{1}{10}(x^4 - 10x^2 + 9);$

$f'(x) = \frac{2}{5}x^3 - 2x = \frac{2}{5}x(x^2 - 5);$

$f''(x) = \frac{6}{5}x^2 - 2 = \frac{6}{5}\left(x^2 - \frac{5}{3}\right);\ f'''(x) = \frac{12}{5}x$

Nullstellen: -3, -1, 1 und 3;

Extremstellen: $-\sqrt{5}$, 0 und $\sqrt{5}$;

Wendestellen: $-\sqrt{\frac{5}{3}}$ und $\sqrt{\frac{5}{3}}$;

Funktionswerte: $f(-\sqrt{5}) = f(\sqrt{5}) = -1{,}6$, $f(0) = 0{,}9$ und $f\left(-\sqrt{\frac{5}{3}}\right) = f\left(\sqrt{\frac{5}{3}}\right) = -\frac{22}{45}$

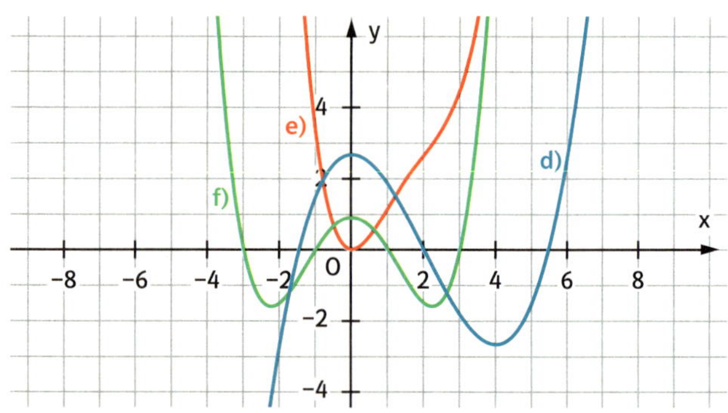

2

Der Graph von f′ steigt für $x < 2$ streng monoton (f″ hat hier positive Werte), hat im Punkt $(2\,|\,f'(2))$ einen Hochpunkt und fällt für $x > 2$ streng monoton (f″ hat hier negative Werte). Aus $f''(x) = -\frac{1}{2}x + 1$ ergibt sich zum Beispiel $f'(x) = -\frac{1}{4}x^2 + x$ (Fig. 1, Seite 237).

(Zu dem angegebenen Funktionsterm von f′ kann eine beliebige additive Konstante c hinzugefügt werden.)

Der Graph von f ist für $x < 2$ linksgekrümmt, für $x > 2$ rechtsgekrümmt, im Punkt $(2\,|\,f(2))$ ergibt sich ein Krümmungswechsel. Aus $f'(x) = -\frac{1}{4}x^2 + x$ ergibt sich als mögliche

Funktionsgleichung von f zum Beispiel $f(x) = -\frac{1}{12}x^3 + \frac{1}{2}x^2$ (Fig. 2).
Hinweis: Die Funktionsgleichung von f kann allgemein die Form $f(x) = -\frac{1}{12}x^3 + \frac{1}{2}x^2 + cx + d$ mit beliebigen Konstanten c und d haben. Fig. 2 zeigt die Graphen jeweils für $c = 0$ und für $d = 0$, $d = 1$ und $d = -1$.

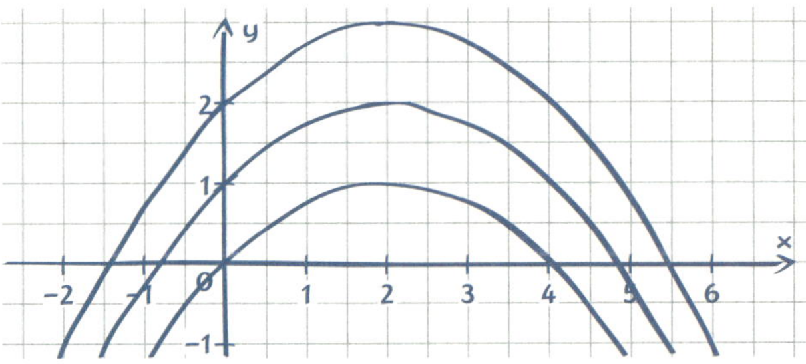

Fig. 1

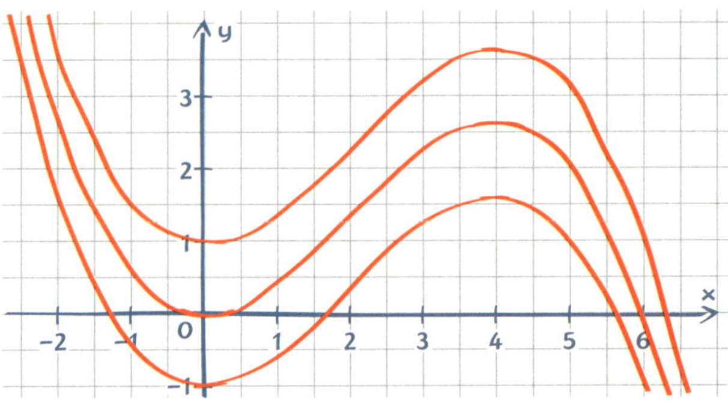

Fig. 2

3

Das Dreieck OPP′ hat den von u abhängigen Flächeninhalt $A(u) = \frac{1}{2} \cdot 2u \cdot p(u) = u\left(4 - \frac{1}{4}u^2\right) = 4u - \frac{1}{4}u^3$.

a)

u	0,5	1	1,5	2
p(u)	3,9375	3,75	3,4375	3
A(u)	1,96875	3,75	5,15625	6

u	2,5	3	3,5
p(u)	2,4375	1,75	0,9375
A(u)	6,09375	5,25	3,28125

Für $u \to 0$ strebt p(u) gegen 4 und der Flächeninhalt A(u) gegen null. Für $u \to 4$ strebt p(u) und damit auch der Flächeninhalt A(u) gegen null. Sowohl für $u \to 0$ als auch für $u \to 4$ entartet das Dreieck OPP′ zu einer Strecke.

b) Untersuchung der Flächeninhaltsfunktion $u \to A(u)$ auf Extremwerte:

$A(u) = 4u - \frac{1}{4}u^3;\ 0 \leqq u \leqq 4$

$A'(u) = 4 - \frac{3}{4}u^2 = 0$; Lösung: $\frac{4}{\sqrt{3}} \approx 2{,}31$

$A''(u) = -\frac{3}{2}u$ und damit $A''\left(\frac{4}{\sqrt{3}}\right) = -\frac{6}{\sqrt{3}} < 0$

Die Flächeninhaltsfunktion hat an der Stelle $\frac{4}{\sqrt{3}}$ ihr Maximum.

Ordinate von P: $p\left(\frac{4}{\sqrt{3}}\right) = 4 - \frac{1}{4} \cdot \left(\frac{4}{\sqrt{3}}\right)^2 = 4 - \frac{4}{3} = \frac{8}{3}$

Maximum von A: $A\left(\frac{4}{\sqrt{3}}\right) = \frac{4}{\sqrt{3}} \cdot \frac{8}{3} = \frac{32}{3\sqrt{3}} \approx 6{,}16$

Das Dreieck OPP′ erreicht maximal einen Flächeninhalt von etwa 6,16 Flächeneinheiten. Dieses Maximum wird mit dem Punkt $P\left(\frac{4}{\sqrt{3}} \middle| \frac{8}{3}\right)$ erreicht.

4

Ansatz: $f(x) = ax^3 + bx^2 + cx + d$.
Aus den Bedingungen $f(0) = 0$; $f'(0) = 0$; $g(2) = 2$; $g'(2) = 0$ ergibt sich $g(x) = -\frac{1}{2}x^3 + \frac{3}{2}x^2$.
Nullstellen: $x_1 = 0$; $x_2 = 3$

Register

Bildquellennachweis

Cover.1 Getty Images RF (PhotoDisc / Reese), München; **Cover.2** Getty Images (Neleman), München; **4.1** Getty Images (Science Faction), München; **4.2** Bildagentur-online (Begsteiger), Burgkunstadt; **4.3** PhotoDisc; **4.4** FOCUS (Howle / SPL), Hamburg; **5.1** Klett-Archiv, Stuttgart; **5.2** Alamy Images (CoverSpot), Abingdon, Oxon; **5.3** MEV Verlag GmbH, Augsburg; **8.1** Deutsche Bahn AG (Claus Weber), Berlin; **8.2** iStockphoto (xyno), Calgary, Alberta; **8.3** Getty Images (Science Faction), München; **8.4** VISUM Foto GmbH (Fotofinder), Hamburg; **10** Corbis (Roger Ressmeyer), Düsseldorf; **13** MEV Verlag GmbH, Augsburg; **14** Cira Moro, Stuttgart; **35** iStockphoto (mypicksy), Calgary, Alberta; **37.1** Deutsches Museum, München; **37.2** Deutsches Museum, München; **37.3** Wikimedia Foundation Inc., St. Petersburg FL; **37.4** Artothek, Weilheim; **37.5** Ullstein Bild GmbH (Granger Collection), Berlin; **37.6** Interfoto, München; **40.1** Bildagentur-online (Begsteiger), Burgkunstadt; **40.2** Mauritius Images (George Mattei), Mittenwald; **40.3** Okapia (Claude Cortier), Frankfurt; **41** Okapia (Claude Cortier), Frankfurt; **42** Varnhorn, Andreas, Bad Vilbel; **45** Klett-Archiv (Aribert Jung), Stuttgart; **48** shutterstock, New York, NY; **52.1** Cira Moro, Stuttgart; **52.2** Cira Moro, Stuttgart; **52.3** Cira Moro, Stuttgart; **52.4** Okapia (David Scharf / P. Arnold, Inc.), Frankfurt; **54** Getty Images (FoodPix), München; **56** Wikimedia Foundation Inc. (Public domain), St. Petersburg FL; **63** Okapia (Konrad Wothe), Frankfurt; **66.1** Stadtbibliothek, Nürnberg; **66.2** Deutsches Museum, München; **66.3** Deutsches Museum, München; **67.1** Deutsches Museum, München; **67.2** Klett-Archiv (Cira Moro), Stuttgart; **68** Getty Images (Altrendo), München; **69.1** South Tyrol Museum of Archaeology, Bolzano, Italy / Wolfgang Neeb / The Bridgeman Art Library; **69.2** Ruth Hecker, Lautert; **69.3** Ruth Hecker, Lautert; **71** Keystone (Volkmar Schulz), Hamburg; **72.1** PhotoDisc; **72.2** Corbis (Erik P. / zefa), Düsseldorf; **72.3** Corbis (van der Wal), Düsseldorf; **72.4** vario images GmbH & Co.KG (Photostock), Bonn; **72.5** Astrofoto (Shigemi Numazawa), Sörth; **72.6** FOCUS (Lambert / SPL), Hamburg; **73** Corbis (Kennedy), Düsseldorf; **74** Fotosearch Stock Photography (Stock Disc), Waukesha, WI; **80** Getty Images RF (Arrnulf Husmo), München; **94** Corbis (MAST IRHAM / epa), Düsseldorf; **98.1** FOCUS (Ashfield/SPL), Hamburg; **98.2** FOCUS (GustoImages/SPL), Hamburg; **98.3** FOCUS (Howle / SPL), Hamburg; **99** FOCUS (SPL), Hamburg; **100** iStockphoto (Jeroen Peys), Calgary, Alberta; **105** Wikimedia Foundation Inc., St. Petersburg FL (Foto: Kolossos), http://upload.wikimedia.org/wikipedia/commons/a/af/Artesischer_Brunnen2.JPG, Lizenz: CC-BY-2.5; **106** Getty Images (Husmo-Foto, Skoye), München; **107** Corel Corporation Deutschland, Unterschleissheim; **110.1** shutterstock (Baloncici), New York, NY; **110.2** Picture-Alliance (ZB-FUNKREGIO OST), Frankfurt; **112.1** Fotolia LLC (Steven Gibson), New York; **112.2** Göckler-Feuerschutz, Kehl; **113.1** Teamwork GmbH (Duwentaester), Essen; **113.2** shutterstock (Bateleur), New York, NY; **113.3** Ullstein Bild GmbH, Berlin; **113.4** Corel Corporation Deutschland, Unterschleissheim; **113.5** Alamy Images (Friedrich von Hörsten), Abingdon, Oxon; **114** Conrad Electronic SE, Hirschau; **115.1** all images direct (Michael Hartmann), Deisenhofen; **115.2** Fotolia LLC (Monja Wessel), New York; **116.1** shutterstock (Tropinina Olga), New York, NY; **116.2** MEV Verlag GmbH, Augsburg; **117** Getty Images (iconica/ Bryan Mullennix), München; **118** Corbis (Thierry Prat / Sygma), Düsseldorf; **121.1** Klett-Archiv, Stuttgart; **121.2** imago sportfotodienst, Berlin; **122** f1 online digitale Bildagentur (Score. by Aflo), Frankfurt; **123.1** Klett-Archiv, Stuttgart; **123.2** Corbis (Schlegelmilch), Düsseldorf; **124.1** Cinetext GmbH (Schultes), Frankfurt; **124.2** Verein Förderer und Freunde der Nerobergbahn, Wiesbaden; **135.1** Avenue Images GmbH (Corbis RF), Hamburg; **135.2** Keystone (Zick, Jochen), Hamburg; **146** Wikimedia Foundation Inc., St. Petersburg FL; **148** Fotolia LLC (Christian Jung), New York; **149.1** Deutsches Museum, München; **149.2** Interfoto, München; **150** Corbis (Bettmann), Düsseldorf; **151.1** AKG, Berlin; **151.2** AKG, Berlin; **154** Getty Images (Faint), München; **155.1** Corbis (Chapple), Düsseldorf; **155.2** Alamy Images (CoverSpot), Abingdon, Oxon; **156** ddp Deutscher Depeschendienst GmbH (ddp / Latz), Berlin; **160** Roland Sigwart Photographie, Hüfingen; **165** Fotolia LLC, New York; **176** iStockphoto, Calgary, Alberta; **177** Picture-Alliance, Frankfurt; **186.1** imago sportfotodienst (Sven Simon), Berlin; **186.2** Mauritius Images (Reinhard Kliem), Mittenwald; **192.1** VISUM Foto GmbH, Hamburg; **192.2** shutterstock, New York, NY; **200.1** Michael Kohn, Remscheid; **200.2** Caro Fotoagentur (Jandke), Berlin; **201** Dr. Margot Fälker, Hürth; **202.1** MEV Verlag GmbH, Augsburg; **202.2** Freelens Media GmbH (Olaf Doering), Hamburg; **203.1** Siemens Pressebild; **203.2** Jürgen Christ (Christ, Juergen), Köln; **204.1** Corbis (M. Thomsen / zefa), Düsseldorf; **204.2** vario images GmbH & Co.KG, Bonn; **205.1** Argus (Mike Schroeder), Hamburg; **205.2** Okapia, Frankfurt; **206.1** MEV Verlag GmbH, Augsburg; **206.2** MEV Verlag GmbH, Augsburg; **207** Freelens Media GmbH (Lehner / blowup-images), Hamburg

Nicht in allen Fällen war es uns möglich, den Rechteinhaber der Abbildungen ausfindig zu machen. Berechtigte Ansprüche werden selbstverständlich im Rahmen der üblichen Vereinbarungen abgegolten.